附赠超值实用海量资料下载说明

资料下载方法

用手机 QQ 扫描封底二维码或输入群号加入 QQ 群，在群文件中找到本书资料的下载链接，并参照“书籍附赠资料下载步骤说明”Word 文档中的操作步骤，下载所有附赠资料。

附赠资料内容一览

扫码附赠 50 段本书配套教学视频、本书配套实例文件、30 段 Office 2016 语音教学视频、141 段 Office 2013 语音教学视频、300 分钟经典案例教学视频、601 组 VBA 源代码、2000 个常用 Office 办公模板及 3000 个设计素材、实用办公电子书、正版小软件等。

本书Office 2019配套教学视频、实例文件内容预览

创建SmartArt图形　多张明细表生成汇总表

投资决策分析　制作公司考勤制度　制作软件使用说明书

插入声音和影片对象　固定资产折旧表　上半年工作汇报

输入公式　折扣后营业额　制作企业年度简报

附赠Word/Excel/PPT语音视频教学预览

赠送Office相关语音教学视频内容预览

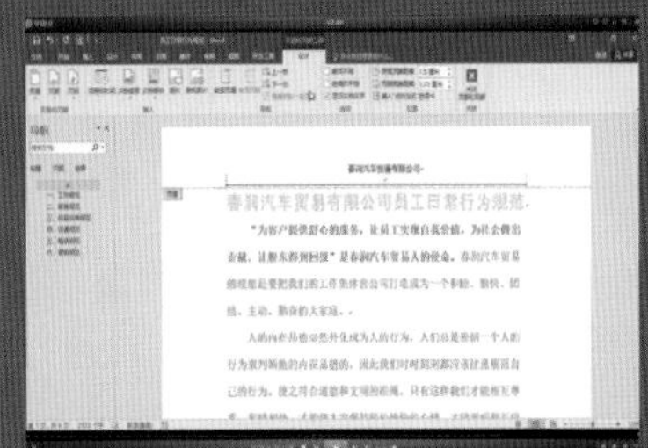

制作企业员工日常行为规范

制作家庭理财规划方案

制作软件说明书

制作工作证

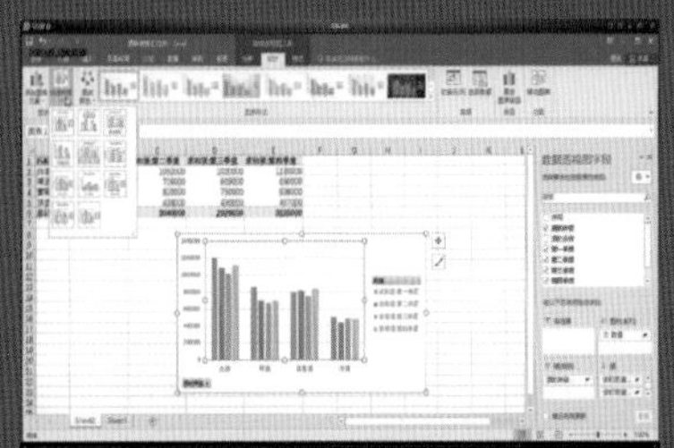

制作酒类销售汇总表

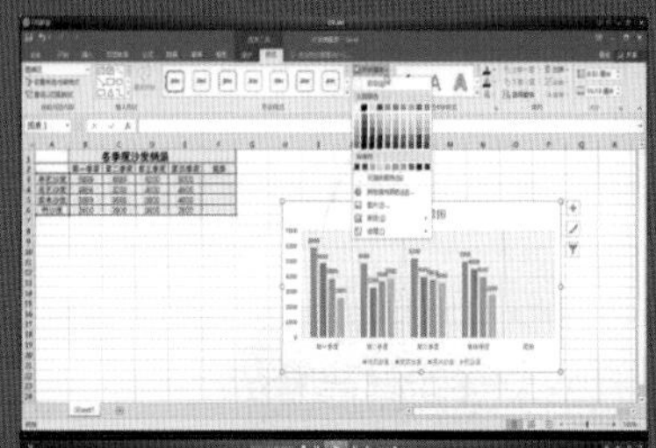

制作沙发销量展示图

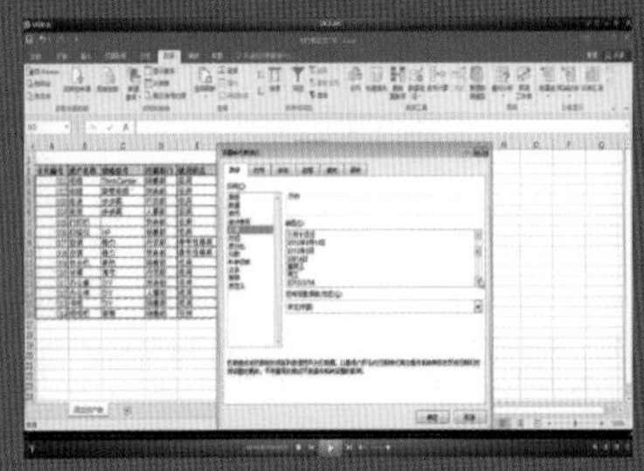

制作固定资产表

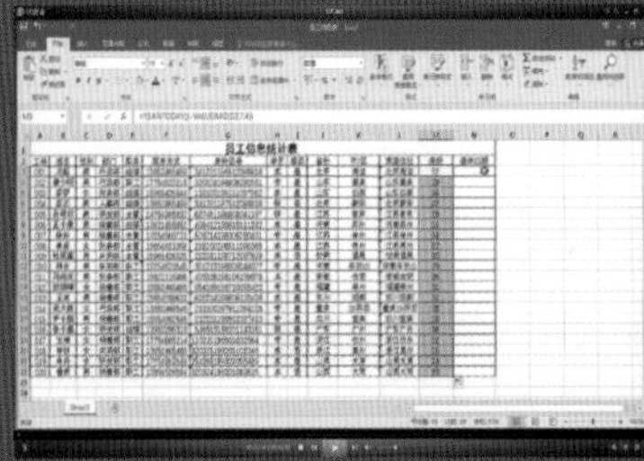

制作员工信息统计表

制作企业宣传文稿

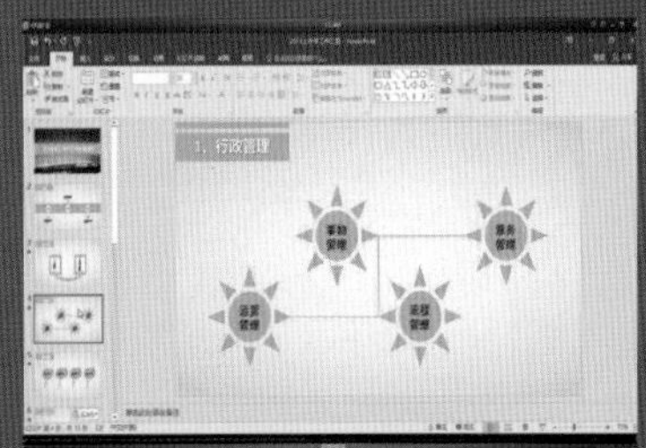

制作工作报告文档

制作自我介绍文稿

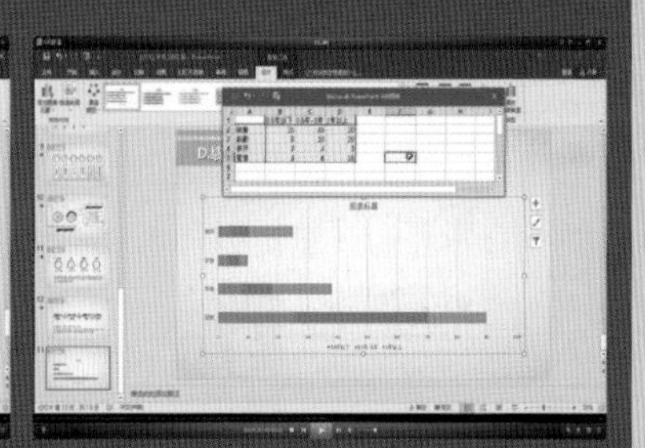

制作工作汇报文稿

最新Office 2019高效办公三合一（Word/Excel/PPT）

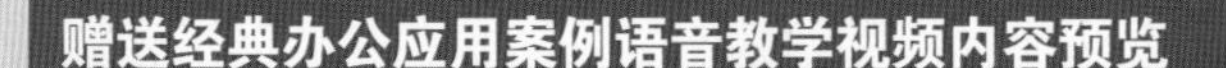
附赠经典办公应用案例语音视频教学及实用PDF电子书

赠送经典办公应用案例语音教学视频内容预览

制作办公招聘流程表

制作产品目录及价格表

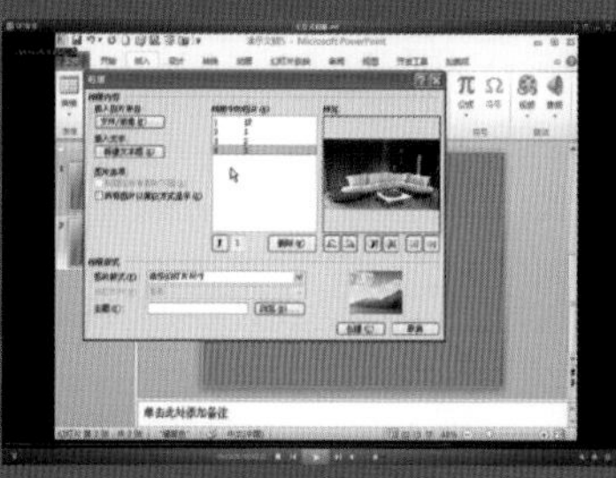

制作交互式相册

制作可行性研究报告

制作劳动合同

制作企业日常费用表

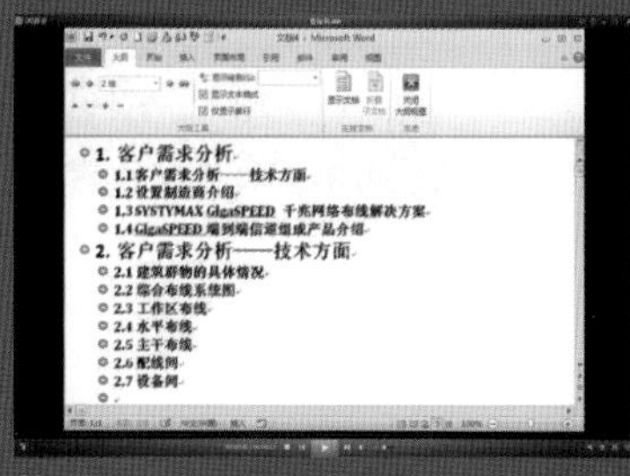

制作投标书

制作现金流量表

设计营销案例分析演示文稿

赠送实用PDF电子书内容部分预览

电脑常见故障及解决方法

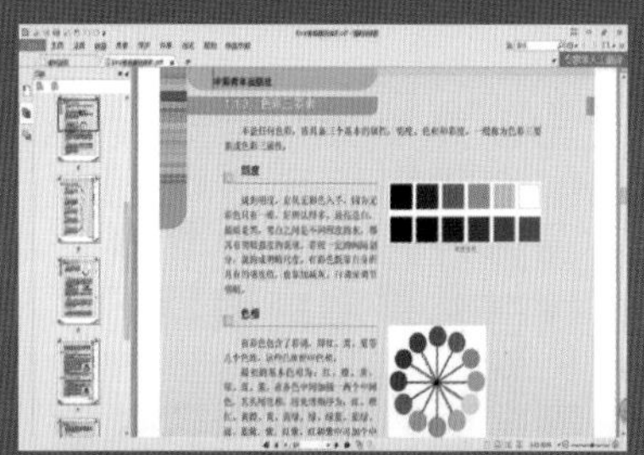

Excel表格配色知识

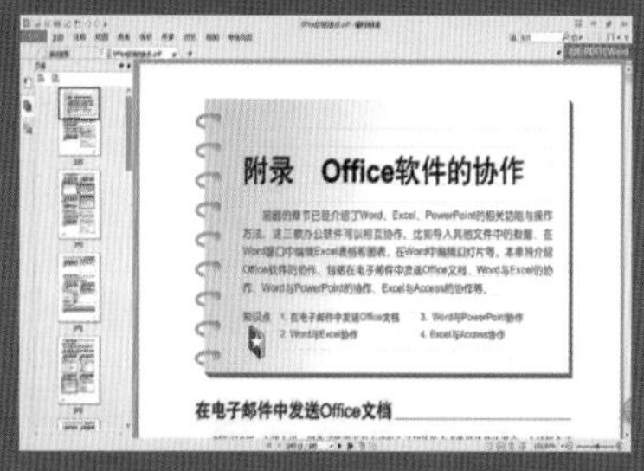

Office软件的协作应用

附赠丰富的办公模板及海量设计素材

赠送实用Office办公模板部分预览

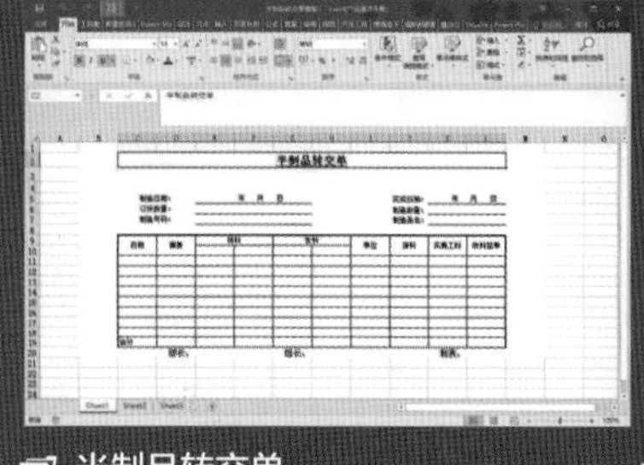

半制品转交单

公司邮件

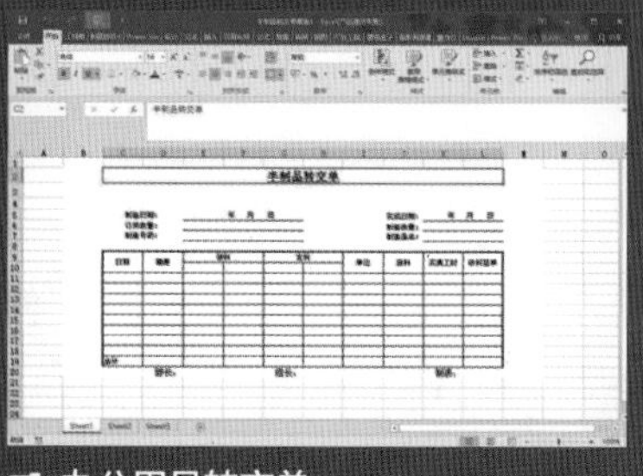

办公用品转交单

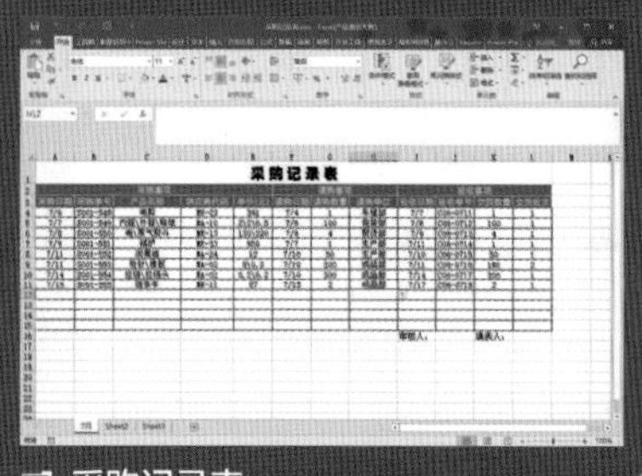

采购记录表

公司简介PPT

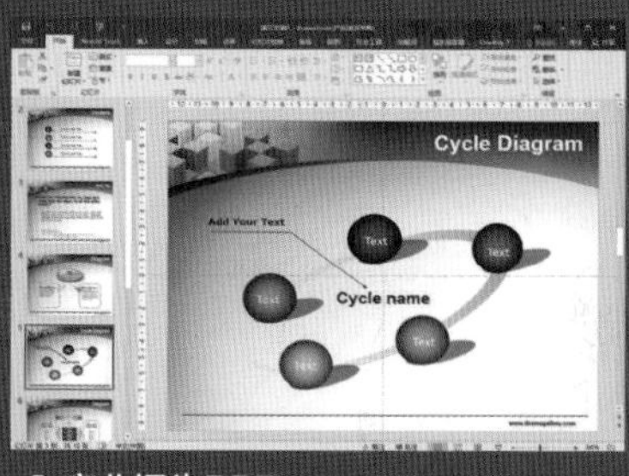

商业报告PPT

赠送设计素材部分预览

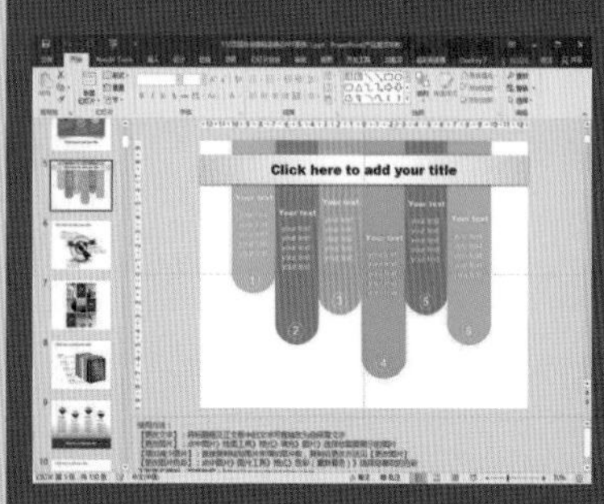

国外精美PPT模板素材1

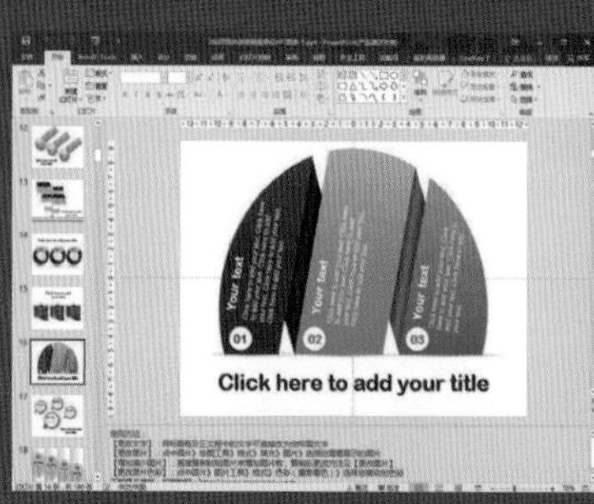

国外精美PPT模板素材2

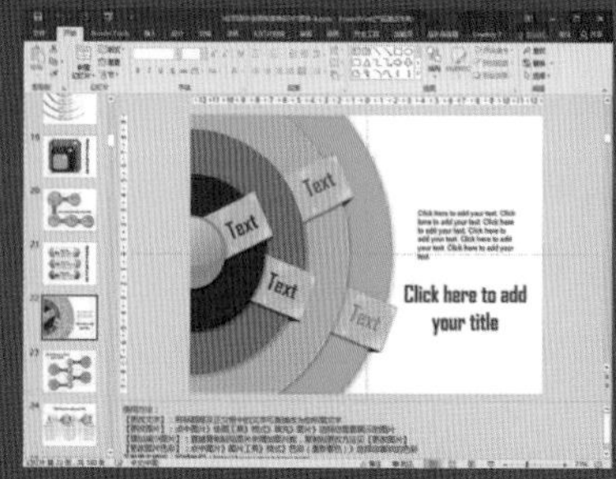

国外精美PPT模板素材3

剪贴画素材1

剪贴画素材2

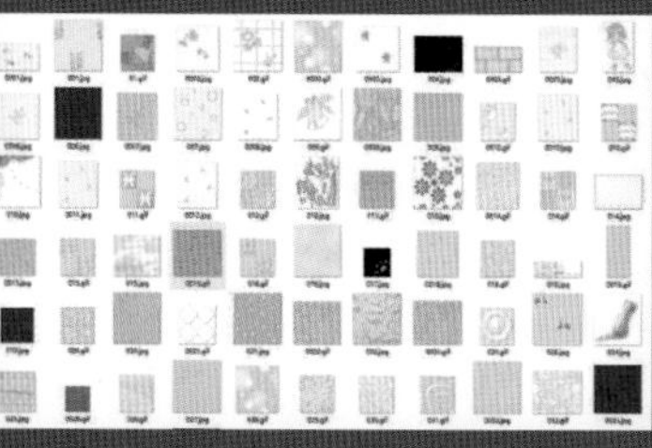
GIF背景图片素材

最新 Office 2019 高效办公三合一

德胜书坊／编著

Word/Excel/PPT

图书在版编目（CIP）数据

最新 Office 2019 高效办公三合一：Word/Excel/PPT/ 德胜书坊编著 . — 北京：中国青年出版社，2019.1
ISBN 978-7-5153-5224-4
I. ①最… II. ①德… III. ①办公自动化—应用软件 IV. ① TP317.1
中国版本图书馆 CIP 数据核字（2018）第 166133 号

最新Office 2019高效办公三合一: Word/Excel/PPT

德胜书坊 编著

出版发行：中国青年出版社
地　　址：北京市东四十二条 21 号
邮政编码：100708
电　　话：（010）50856188 / 50856199
传　　真：（010）50856111
企　　划：北京中青雄狮数码传媒科技有限公司

策划编辑：张　鹏
责任编辑：张　军

印　　刷：湖南天闻新华印务有限公司
开　　本：787 × 1092　1/16
印　　张：19.75
版　　次：2019 年 1 月北京第 1 版
印　　次：2020 年 8 月第 7 次印刷
书　　号：ISBN 978-7-5153-5224-4
定　　价：69.90 元（附赠案例素材文件、办公模板、语音视频教学、PDF 电子书等海量资源）

本书如有印装质量等问题，请与本社联系　　电话：（010）50856188 / 50856199
读者来信：reader@cypmedia.com　　投稿邮箱：author@cypmedia.com
如有其他问题请访问我们的网站：http://www.cypmedia.com

Preface

前 言

编写目的

随着科技的进步以及互联网与计算机的融合，计算机的使用已经成为人们生活中不可分割的一部分。在当今社会，掌握计算机的基本知识和操作方法不仅是立足社会的必要条件，也是人们工作和生活中不可或缺的一项技能。为了使更多想要学习电脑办公的读者快速掌握这门知识，并能将其应用到现代办公中，我们特别推出了这本简单、易学、方便、实用的Office 2019高效办公三合一图书。相信本书全面的知识点展示、细致地讲解过程以及富有变化性的结构层次，能够让您感觉物超所值。

内容导读

本书以“Office办公知识的讲解”为主，以“实际应用案例的解析”为辅，全面系统地对Office 2019应用程序中的三大组件进行阐述。全书共14章，各部分内容介绍如下：

章 节	内 容 简 介
Chapter 01	总起章节，引领全书，主要对Office 2019的新功能、工作界面、基本操作以及学习时获取帮助的方法进行介绍
Chapter 02~05	Word应用部分，依次对Word文档的创建、编辑、美化、图文混排、表格应用、输出打印等内容进行了详细地阐述
Chapter 06~10	Excel应用部分，依次对Excel电子表格的新建、数据的录入、工作表的格式化、公式与函数的应用、数据的分析与处理、数据透视表/图的应用、图表的应用等内容进行了系统地阐述
Chapter 11~14	PowerPoint应用部分，依次对PowerPoint演示文稿的创建、幻灯片的制作与管理、母版的应用、动画效果的设计、切换动画的设计、演示文稿的放映与输出等内容进行了全面的阐述
附录	分别对Word 2019、Excel 2019、PowerPoint 2019的常用快捷键进行了汇总

随书附赠

- 超长播放时间的重点知识语音视频教学；
- 海量办公通用模板；
- 电脑日常故障排除与维护PDF电子书；
- 含10000个汉字的五笔电子编码字典；
- 电脑实用小软件，含金山毒霸、暴风影音、Apabi Reader、文件夹加密、超级大师、Windows清理助手等。

适用读者群

- **电脑初学者**。作为电脑入门到提高级的图书，本书从实用性、易学易用性出发，使读者可以从零学起，最终达到学以致用的目的。
- **电脑办公人员**。本书适用于文秘、打字排版员、教师、国家公务员等人员学习和使用，也可作为电脑办公一族学习Office的参考用书。
- **社会培训班学员**。本书从读者的切实需要出发，对Office办公软件的使用和操作技巧进行深入讲解，特别适合社会培训班作为教材使用。
- **中老年朋友以及中小学生**。本书组织结构合理，语言通俗易懂，且一步一图便于模仿，对电脑知识感兴趣的中老年朋友或想利用电脑辅助学习的中小学生，本书也非常适用。

本书在编写过程中力求严谨细致，但由于时间与精力有限，疏漏之处在所难免，望广大读者批评指正。

编 者

Learning Guide
学习指导

在学习本书之前，请您先仔细阅读“学习指导”，其中指明了书中各个部分的重点内容和学习方法，有利于您正确使用本书进行学习。

章节名称

在您学习本节之前，可以先参考此处的知识点简介，大致了解要讲解的内容，从而抓住重点进行学习。另外，您还可以打开光盘文件，通过观看视频教学进行学习。

知识点拨

在书中随处可见“知识点拨”内容，通过这些提示可以了解更多操作技巧和注意事项，是提高工作效率的好帮手。

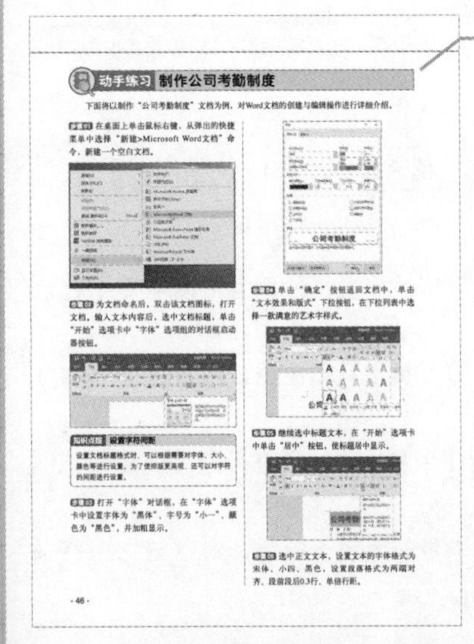

动手练习

每章最后为您提供提高工作效率的高招、妙招，总结日常工作中可以节省时间的操作和方法，方便、实用。

秒杀疑惑

在进行实践演练之前，可以先参考此处的知识点和光盘文件，对本实例有大致的了解，在后面的制作过程中抓住关键步骤，重点学习。对于初学者，还可以观看教学视频，学习案例的制作方法。

Contents

目录

Chapter 03 Word文档的美化

Chapter 04 Word表格的应用

Part 02 Excel应用篇

Chapter 08 数据的分析与处理

Chapter 12 幻灯片动画效果的设计

Chapter 13 幻灯片的放映与输出

Chapter 14 制作公司宣传演示文稿

附录 高效办公实用快捷键汇总

Chapter 01

Office 2019要学好

办公软件的应用范围非常广泛，大到社会统计，小到会议记录，都离不开它的鼎力支持。随着版本的不断升级，办公软件向着操作简单化、功能细致化的方向发展。本章将对常见的办公软件系列进行概括性介绍，希望通过对这些内容的了解，使读者对Office 2019有一个较全面的认识，从而为后期的学习奠定良好的基础。

1.1 认识办公家族

目前，办公越发趋于电子化，电脑办公族必须要掌握很多本领才能胜任各工作岗位的要求，如文档的排版、数据的统计、幻灯片的制作等。那么常见的办公软件有那些呢？

1.1.1 常见办公软件介绍

常说的办公软件是指可以进行文字处理、表格制作、幻灯片制作、简单数据库处理等工作的软件，如微软Office系列、金山WPS系列、永中Office系列等。下面将对这几个系列的办公软件进行简单介绍。

1. 微软Office系列

Microsoft Office系列办公软件包括Word、Excel、PowerPoint、Access、Outlook、OneNote、Publisher、OneDrive、Skype等组件，其最新版本为Office 2019。该办公软件，除了在功能上更全面外，在流畅度上也得到非常大的提升。Office 2019中亮眼细节增多，如切换工具栏标签页时出现过渡动画、Word迎来全新阅读模式、Excel新增多组函数以及PPT支持涂鸦等。

2. 金山WPS系列

WPS即指文字处理系统，英文全称为Word Processing System，是金山软件公司推出的一种办公软件。WPS集编辑与打印等功能为一体，不但具有丰富的全屏幕编辑功能，而且还提供了各种控制输出格式功能，从而使打印出的文稿即美观又规范，基本上能满足各界文字工作者编辑、打印各种文件的需求。目前最新版本为WPS Office 2019，其中包括WPS文字、WPS表格、WPS演示三大功能软件，是一款跨平台的办公软件。覆盖Windows、Linux、Android、iOS等多个平台。

3. 永中Office系列

永中集成Office是一款自主创新的优秀国产办公软件。传统Office是将文字处理、电子表格等不同应用程序整合打包，各自采用独立的程序，所产生的文件格式也各不相同。而永中集成Office开创性地将文字处理、电子表格和简报制作三大应用集成在一套软件程序中执行，各应用具有统一的标准用户界面，并且产生的数据都保存于一个相同格式的文件中，有效解决了Office各应用之间的数据集成问题。在使用过程中，用户可以轻松切换应用，统一管理数据，较传统的Office办公软件更为方便、高效。

1.1.2 Microsoft Office 2019 简介

由微软推出的新一代办公软件Office 2019，包含了多个应用组件，下面对一些常见组件的应用进行简单介绍。

1. Word 2019

Microsoft Word 2019为文档编辑工具，主要用于创建和编辑具有专业外观的文档，如信函、论文、报告和小册子等。利用Word文档，用户不仅可以创建和共享美观的文档或对文档进行审阅、批注，还可以快速美化图片和表格，甚至可以创建书法字帖。

2. Excel 2019

Microsoft Excel 2019为数据处理应用程序，主要用于执行计算、分析信息以及可视化电子表格中的数据等，是Office所有组件里面功能最多、技术含量最高的一个。该版本增加了多组函数和表格，可以有效提高工作效率。

3. PowerPoint 2019

Microsoft PowerPoint 2019为幻灯片制作程序，主要用于创建和编辑演示文稿，从而进行产品演示、广告宣传、教师授课以及专家报告等幻灯片的播放。在PowerPoint 2019中，可以使用在线插入图标，借助图形填充功能，快速为图标换色，也可以使用“墨迹书写”功能增添绘画体验，对演示文稿直接进行涂鸦，快速添加符号和批注。

4. Access 2019

Microsoft Access 2019为数据库管理系统，主要用于创建数据库和程序来跟踪与管理信息。该组件可以帮助信息工作者迅速开始跟踪信息，轻松创建有意义的报告，更安全地使用Web共享信息。即便用户不懂深层次的数据库知识，也能用简便的方式创建、跟踪、报告和共享数据信息。

5. Outlook 2019

Microsoft Outlook 2019为电子邮件客户端，主要用于发送和接收电子邮件，记录活动，管理日程、联系人和任务等。该组件从重新设计的外观到高级电子邮件组织、搜索、通信和社交网络功能，以世界级的体验来保持用户的效率并与个人和商业网络保持联系。

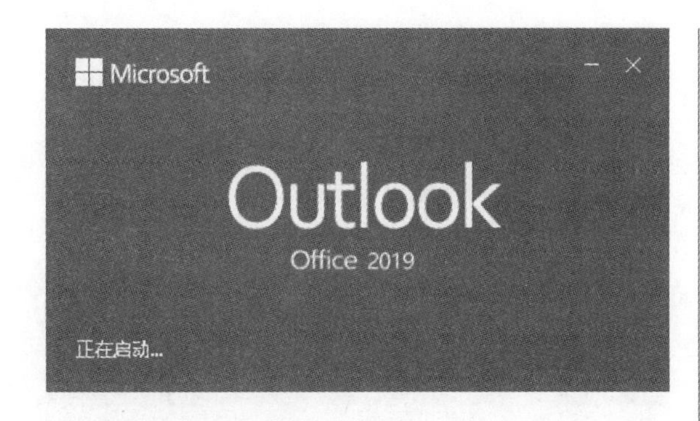

6. Publisher 2019

Microsoft Publisher 2019为出版物制作应用程序，主要用于创建新闻稿和小册子等专业品质出版物及营销素材。该应用程序包括用户创建和分发高效而有力的打印、Web和电子邮件出版物所需的所有工具。

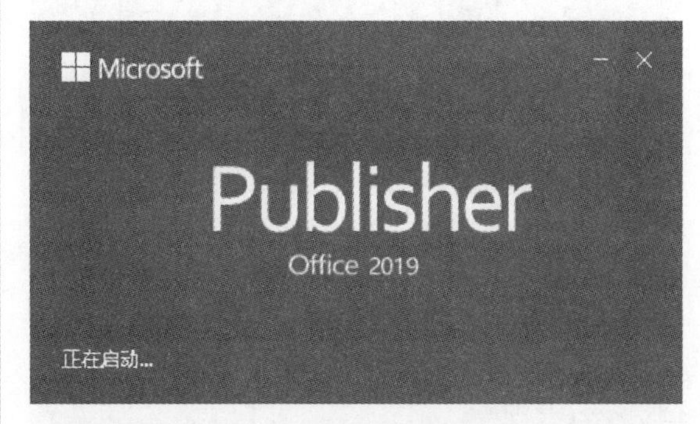

知识点拨 Office 2019操作平台

Microsoft Office 2019出于系统兼容性，仅支持Win10系统，增加多个亮眼细节，流畅性十分出色。

1.2 首次接触Office 2019

与以往版本相比，新版Office 2019的工作界面变化不大，但功能方面增强了很多，这一点可以从功能区直接看到。

1.2.1 Office 2019操作界面

Office 2019推出后，受到了很多人的关注，其简洁的界面、强大的功能牢牢地吸引住许多办公用户。下面将主要对其新增的功能进行介绍。

1. 快速访问工具栏

Office 2019的快速访问工具栏位于标题栏的左端，默认情况下由保存、撤销、恢复三个按钮组成。单击该工具栏右侧下拉按钮，在弹出的"自定义快速访问工具栏"快捷菜单中，用户可根据需要对快速访问工具栏的显示模式进行相应的设置，下图分别为PowerPoint和Word组件的快速访问工具栏。

2. 功能区

Office 2019功能区与以往相比，新版本增添了图标功能，能够让用户轻松的找到某个操作命令。

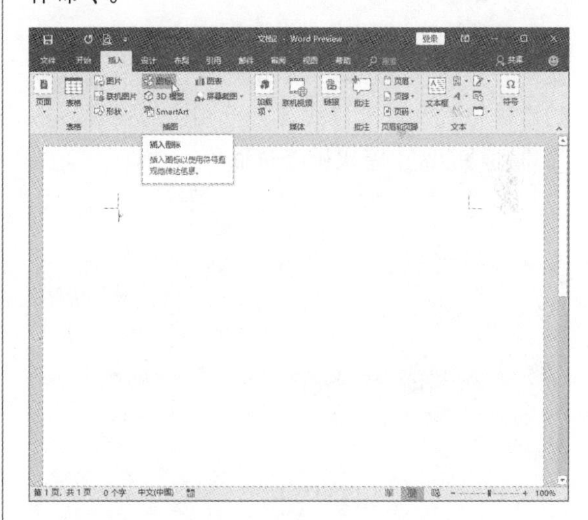

用户在选择命令的同时，将会显示该命令对应的操作功能提示，其中列出了该命令的名称、快捷键、使用特性等简要描述。

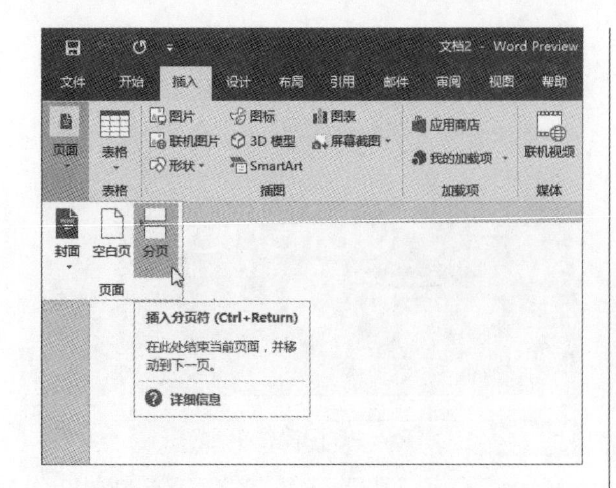

3. 动态选项卡

在使用Office 2019制作文档、表格、图像或数据库时，系统将会在功能区中弹出下拉菜单，为用户提供更多的编辑操作。

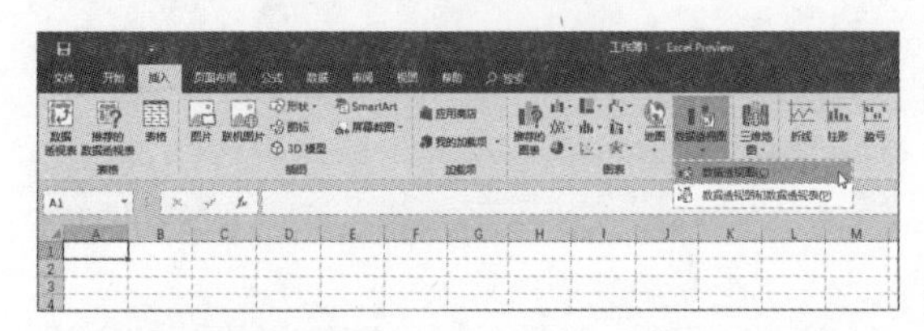

4. 浮动格式面板

在Office 2019中，当选定文本内容时，会显示一个浮动面板，从中用户可以对所选文本的字体格式和段落格式等进行相应的设置，不用再到功能区中查找相应的命令。

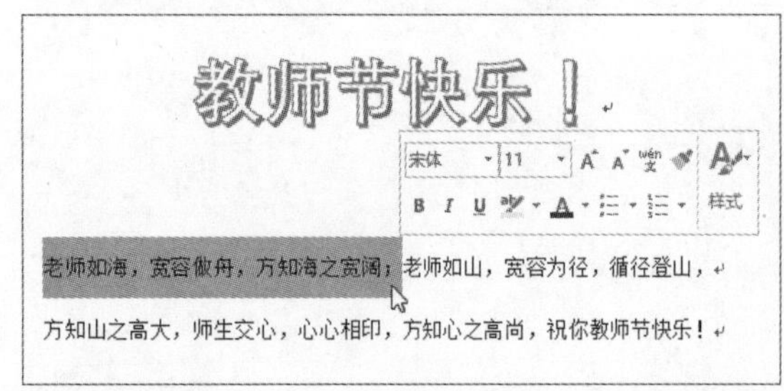

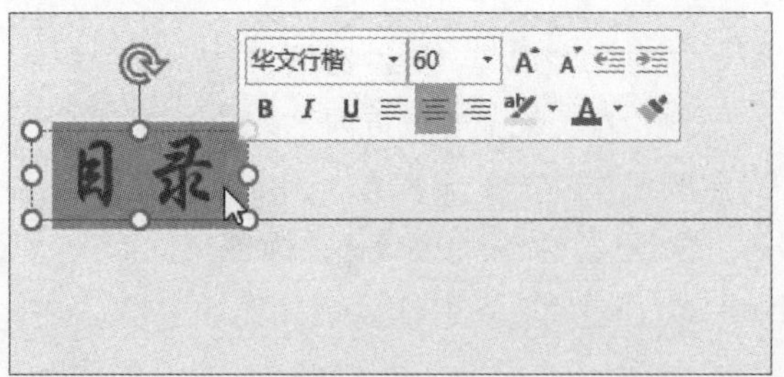

5. 3D模型工具

在Office 2019中增加了“3D模型”工具，使用该工具将会在很大程度上方便用户插入电脑中或者连接到的其他电脑中的3D模型。在“插入”选项卡中，单击“3D模型”按钮，即可浏览本机所保存的3D模型。

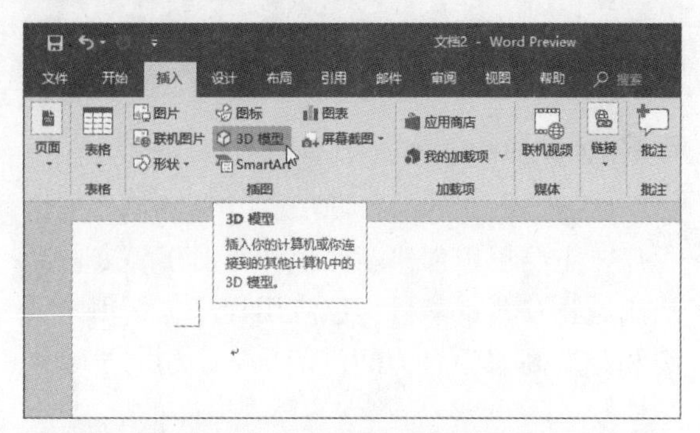

知识点拨　3D模型工具的使用平台

3D模型工具只有在Office 2019版本才可以使用。据说在Office 365版本中也有3D模型工具，但是测试版，不太稳定。在Office 2019版本中的3D模型工具已发展成熟，用户可以安心使用。

6. 绘制涂鸦功能

在使用Office 2019演示文档时，为了突出重点内容，可以利用功能区中的墨迹书写功能为当前文档内容进行绘制涂鸦，如突出重点文本、将墨迹转换为形状、调整各种颜色效果等。这样将免去调用其他图像编辑工具的麻烦。

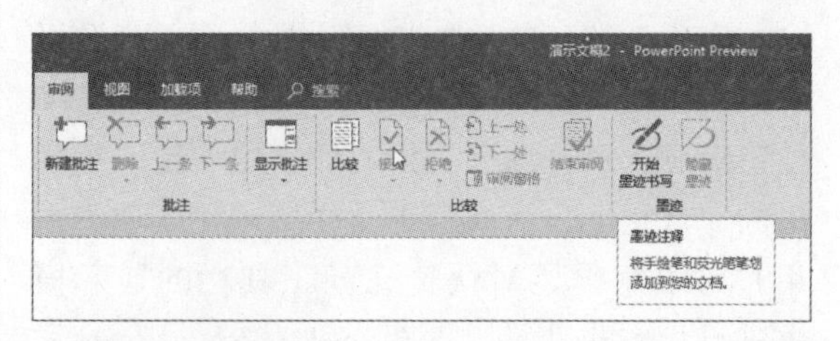

7. 新增多组函数

在使用Office处理庞大数据时，用户经常会使用函数功能进行运算。较以往版本，新增了多组函数的Office 2019可以更有效地提高用户的工作效率。

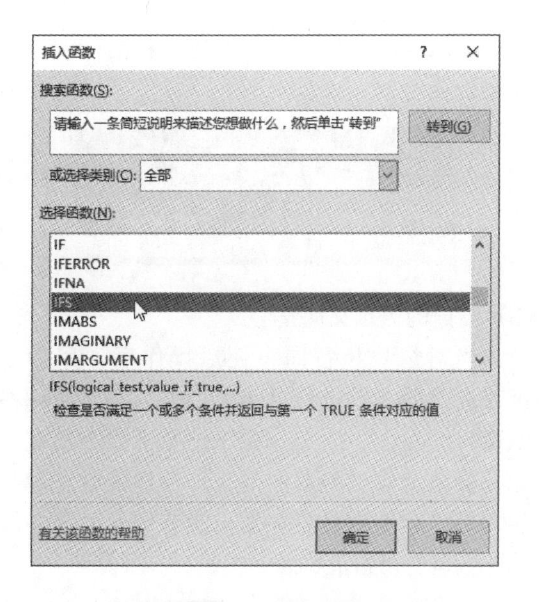

1.2.2 启动与退出Office 2019

在了解了Office 2019的操作界面后，下面将对组件的启动与退出方法进行介绍。

1. 启动操作

启动Office 2019应用组件时，其常用的操作方法介绍如下。

- **方法1：通过“开始”菜单启动**

以Windows10操作系统为例，单击“开始”按钮，在开始菜单中依次选择“所有应用>Word”选项，即可启动Word 2019。

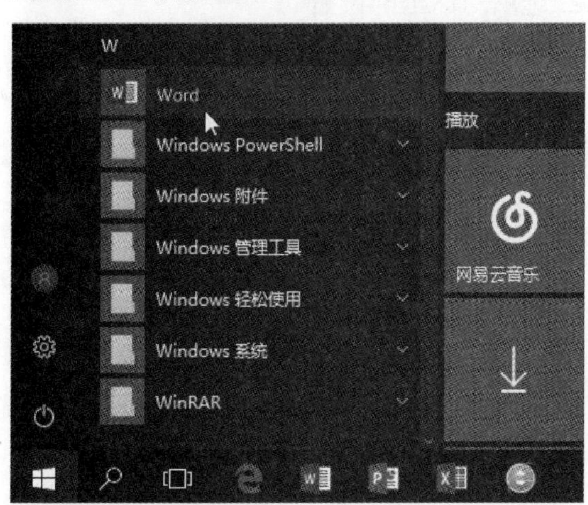

- **方法2：通过快捷方式启动**

若桌面上存在Word组件的快捷方式，则可以双击该图标启动Word文档。

- **方法3：通过已有Word文档启动**

选中已保存好的Word文档，双击即可启动Word文档。

2. 退出操作

处理完Word文档后，则可以将其退出，常见的退出方法介绍如下。

- **方法1：利用“关闭”按钮退出**

单击窗口右上角的“关闭”按钮即可。

- **方法2：通过文件菜单退出**

打开“文件”菜单，从打开的列表中选择“关闭”选项即可。

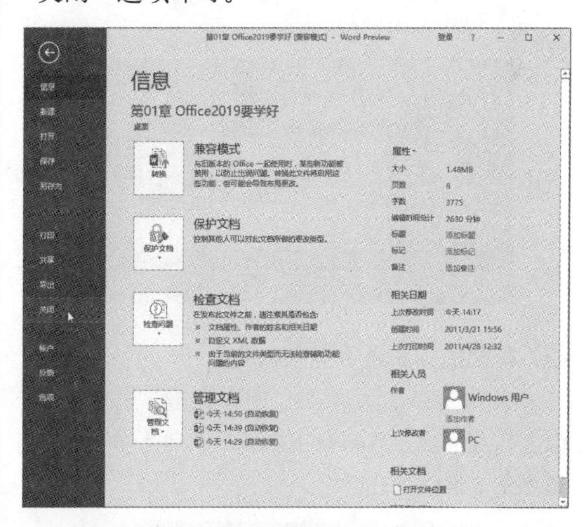

- **方法3：通过任务栏退出**

右击任务栏中Word文档图标，在弹出的快捷菜单中选择“关闭窗口”命令即可。

1.2.3 Office 2019的基本操作

下面将以Word组件为例，向用户简单介绍一下Office 2019的基本操作，如窗口大小的调整、功能显示的设置等。

1. 窗口的基本操作

启动Word 2019后，即可进入Word 2019的工作窗口。在默认情况下，Office 2019的工作窗口为“最大化”显示，那么该如何对显示窗口进行调整呢？

(1) 窗口的最小化/最大化

通过单击窗口右上角的“最小化”按钮，可实现窗口最小化操作，最小化后将在任务栏中显示出来。

之后单击位于任务栏中的Word显示图标，即可将其最大化显示。

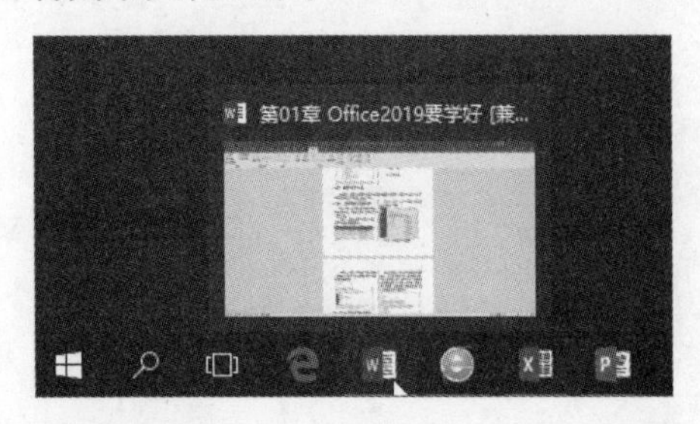

(2) 窗口的向下还原与最大化

单击窗口右上角的“向下还原”按钮，可以实现缩小工作窗口的操作，以便于同时显示更多的文档。

随后单击“最大化”按钮，将文档窗口最大化显示。

(3) 窗口的自定义调整

当对窗口执行向下还原操作后，用户还可对窗口的大小进行自定义调整。即将光标移至窗口的左上、右上、左下、右下四个顶点，光标会变为倾斜的双向箭头，按住鼠标左键不放，将显示窗口任意拖放至满意位置，放开鼠标即可调整窗口大小。

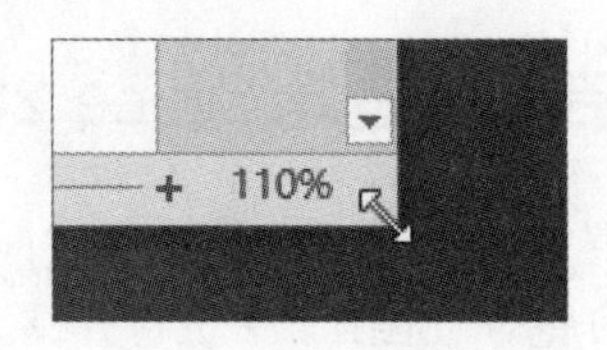

若将光标移至窗口的左右边缘或上下边缘，光标则变为左右向箭头和上下向箭头形状，此时拖动鼠标，同样可调整窗口大小。

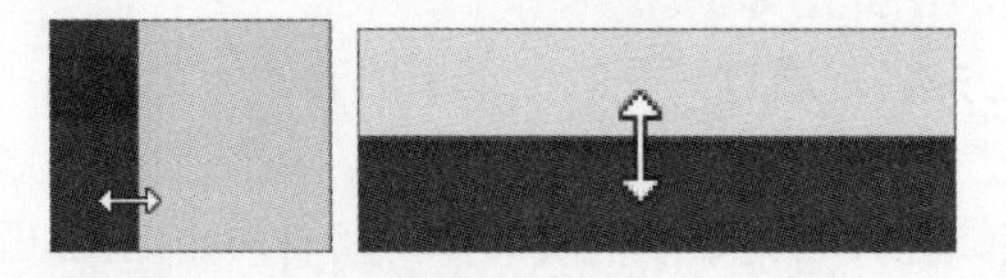

2. 选项对话框的设置

通过选择“文件”菜单中的“选项”选项，可打开各组件相对应的选项对话框，从而对该组件的功能进行设置。

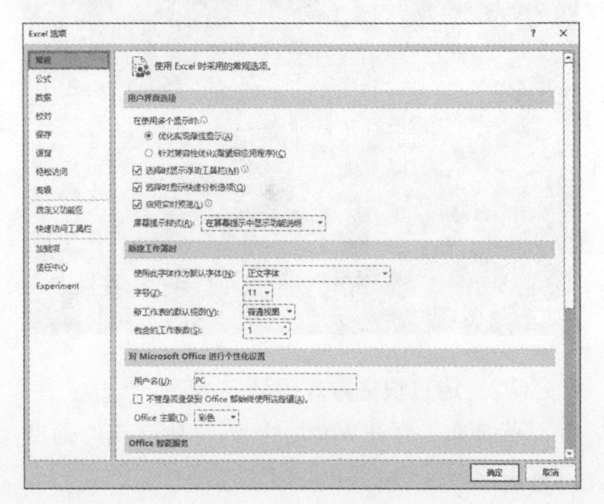

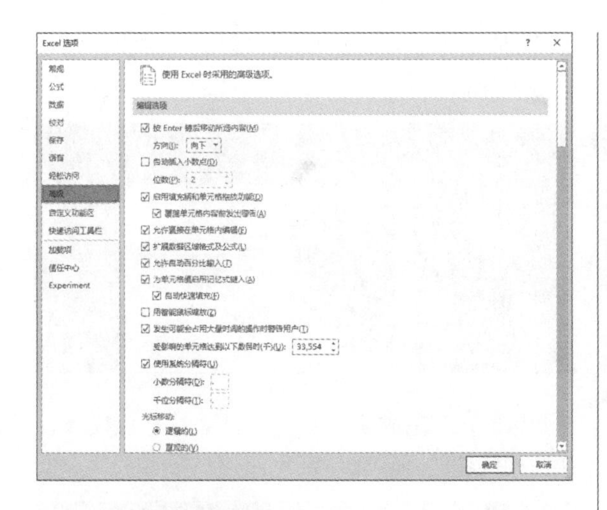

3. 文件的基本操作

无论是要编写一个说明书还是要制作一个采购清单，都要从Word文档的基本操作开始，包括新建文档、打开文档、保存文档、关闭文档等，下面分别对其进行介绍。

（1）新建文档

新建文档的方法有很多，下面将向用户介绍几种常用的操作方法。

● **方法1：从“开始”菜单新建**

步骤01 执行“开始>所有应用”命令，在展开的应用列表中选择Word选项。

步骤02 启动Word 2019应用程序，在模板列表中选择合适的模板即可，若选择“空白文档”选项，则可创建一个空白的文档。

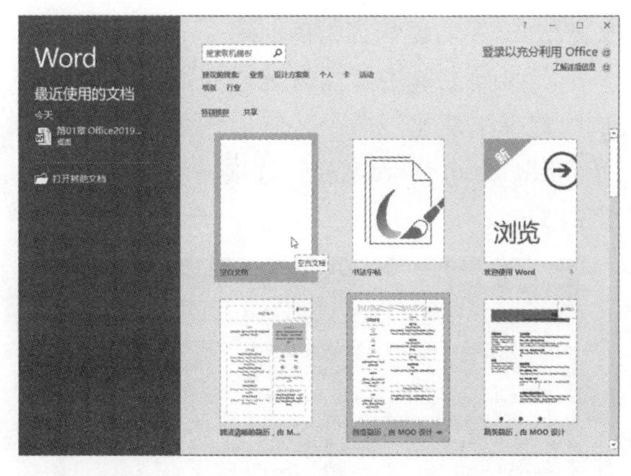

步骤03 选择“感谢卡”模板，则会弹出预览窗口，可以预览当前模板样式。单击“上一个”按钮，可切换到上一模板；单击“下一个”按钮，可切换到下一模板；单击“创建”按钮，即可下载该模板。

步骤04 下载完成后，将自动打开该文档，用户根据需要进行编辑即可。

● **方法2：从右键快捷菜单创建**

在桌面上单击鼠标右键，从弹出的快捷菜单中选择“新建”命令，然后在级联菜单中选择“Microsoft Word文档”选项，即可创建一个空白文档。

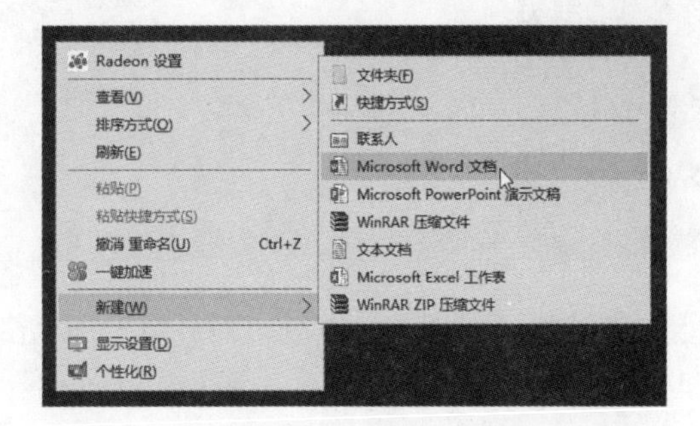

● **方法3：从“文件”菜单列表中创建**

启动Word 2019应用程序，执行“文件>新建”命令，在模板列表中选择合适的模板选项进行创建。下面以创建联机模板文档为例进行介绍。

步骤01 在“新建”面板的搜索栏中输入“简历”文本，单击“开始搜索”按钮。

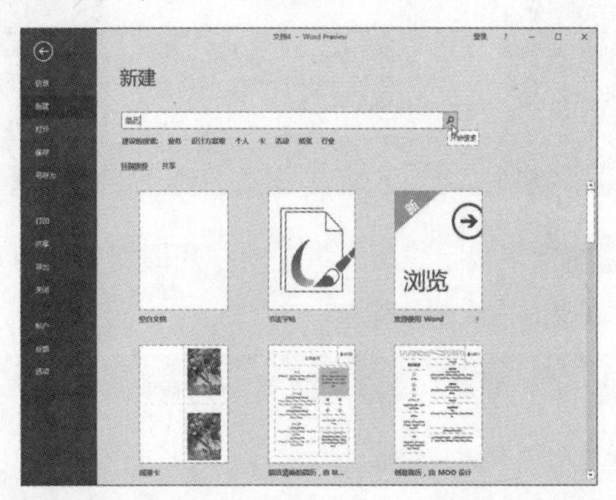

步骤02 在搜索结果列表中，选择想要应用的模板选项。

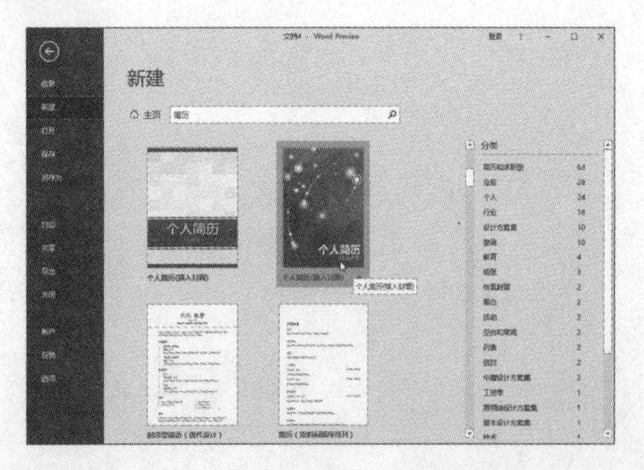

步骤03 在预览窗口中单击“创建”按钮，即可下载该模板。

步骤04 下载完成后，系统会自动打开该模板，用户可根据需要编辑即可。

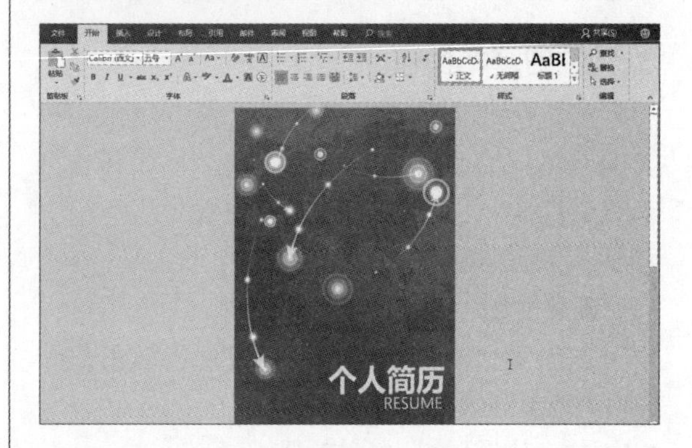

(2) 打开文档

● **方法1：在资源管理器中打开**

找到文档所在的文件夹，双击即可打开该文档。

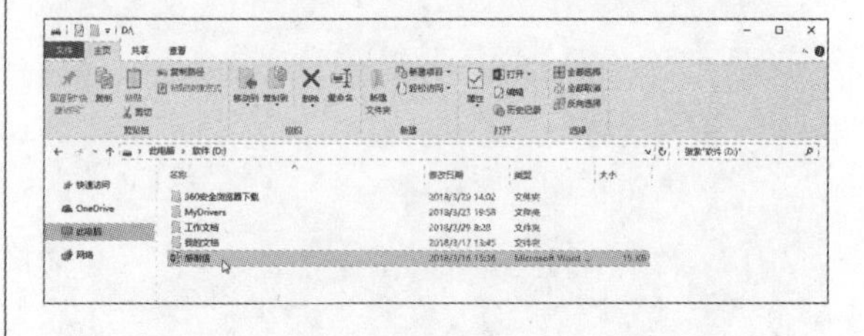

用户也可以右击所需文档，在打开的快捷菜单中选择“打开”命令，即可打开该文档。

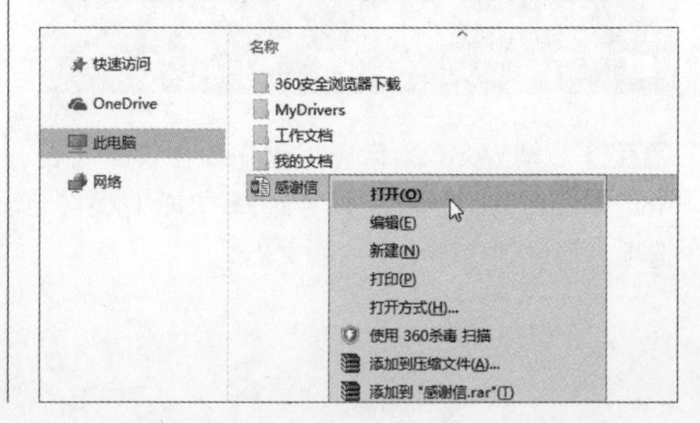

● **方法2：打开最近使用的文档**

执行“文件>打开”命令，然后在右侧列表中选择所需文档即可打开。

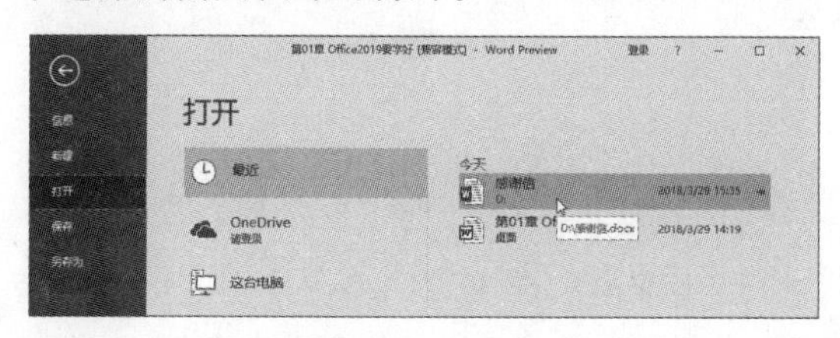

● **方法3：通过对话框打开**

步骤 01 执行“文件>打开”命令，然后在右侧列表中选择“浏览”选项。

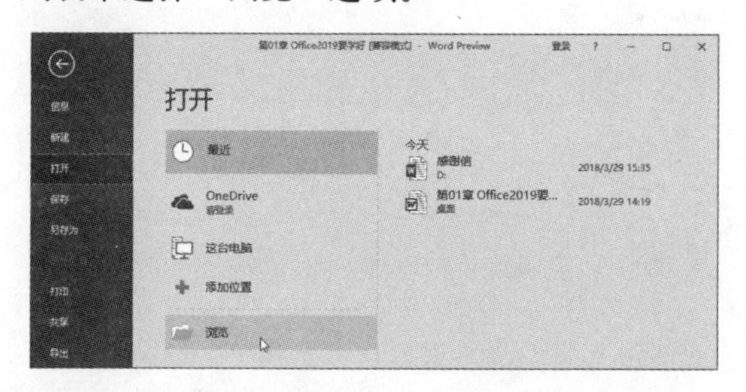

步骤 02 在“打开”对话框中选择所需文档，单击“打开”按钮，即可打开该文档。

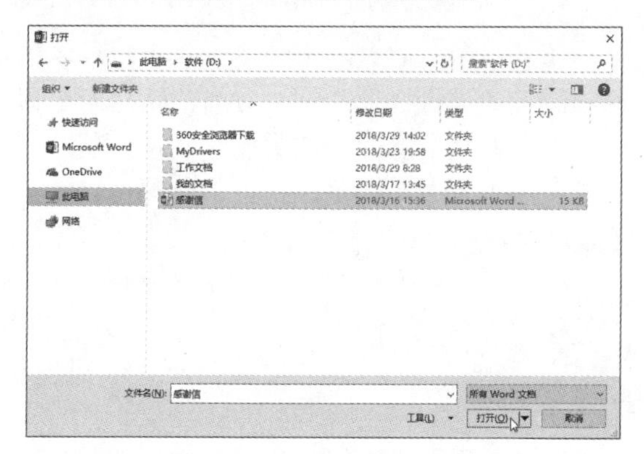

（3）保存文档

文档制作完成后，需要将其保存，这样才能在需要使用的时候将其打开，否则费尽心力编辑的文档就会丢失。那么如何保存文档呢？

● **方法1：文档另存为**

步骤 01 执行“文件>另存为”命令，在打开的面板中选择“浏览”选项。

步骤 02 打开“另存为”对话框，选择文件的保存位置并输入文件名，单击“保存”按钮，即可完成文档的保存操作。

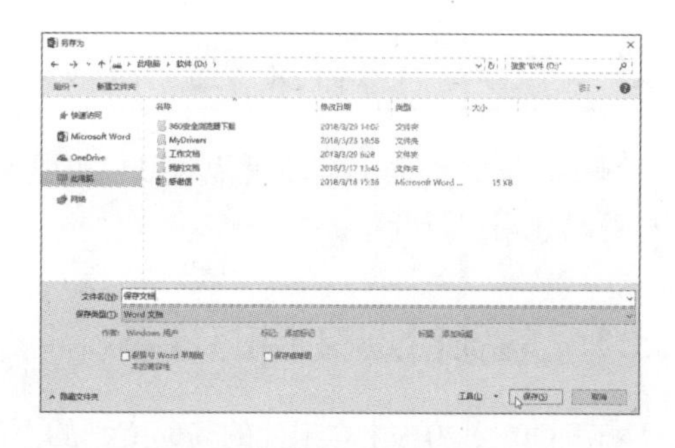

● **方法2：将文档保存为其他版本**

步骤 01 对于保存过的文档，若需要将其保存在其他位置，或者以其他名字进行保存，则执行“文件>另存为>浏览”命令。

步骤 02 打开“另存为”对话框，选择合适的保存位置，输入文件名，单击“保存类型”下三角按钮，从弹出的列表中选择合适的保存类型，这里选择“Word 97-2003文档”，单击“保存”按钮即可。

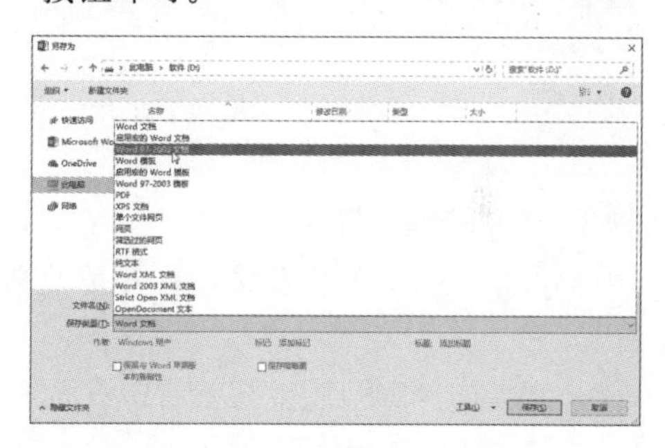

（4）关闭文档

如果想要关闭文档，可单击窗口右上角的“关闭”按钮，即可关闭当前文档。

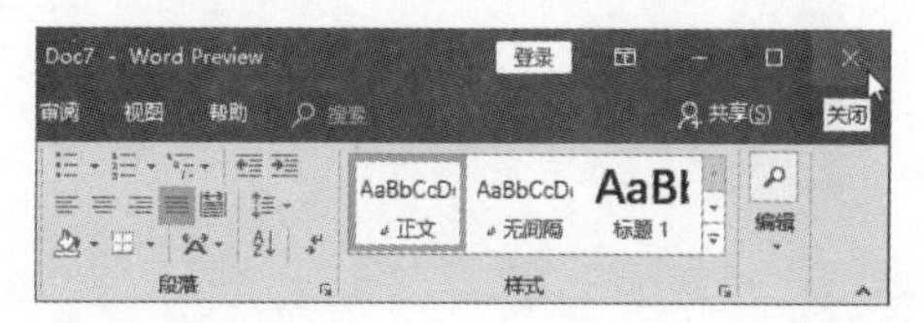

用户也可以执行“文件>关闭”命令或按Ctrl+W组合键，来执行文档关闭操作。

1.3 使用帮助文档

顾名思义，帮助文档即指帮助用户实现各种编辑操作的文档，下面将对Office 2019中帮助文档的打开与使用进行介绍。

1.3.1 系统帮助文档的查看

打开Office 2019中各组件的帮助文档的方法有很多种，下面介绍几种常见的打开操作方法。

● **方法1：在窗口界面打开**

在搜索窗口中输入内容，然后按Enter键获得帮助。

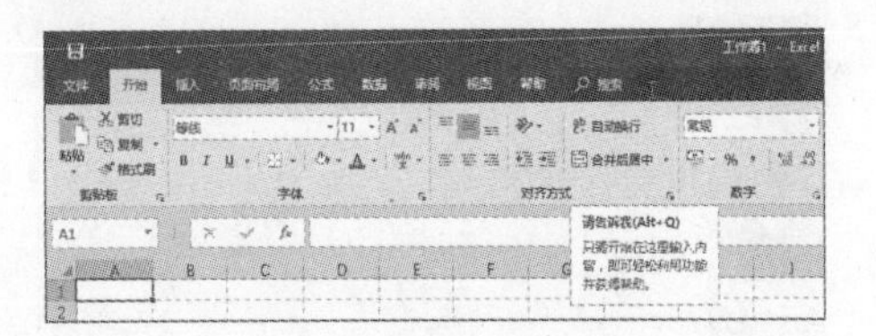

● **方法2：在“文件”菜单面板中打开**

打开“文件”菜单，单击窗口右上角的 ? 按钮。

● **方法3：使用快捷键打开**

用户可直接按下F1快捷键，打开帮助文档窗口。

打开帮助文档窗口后，用户可以在搜索框中输入关键字来搜索相关帮助。

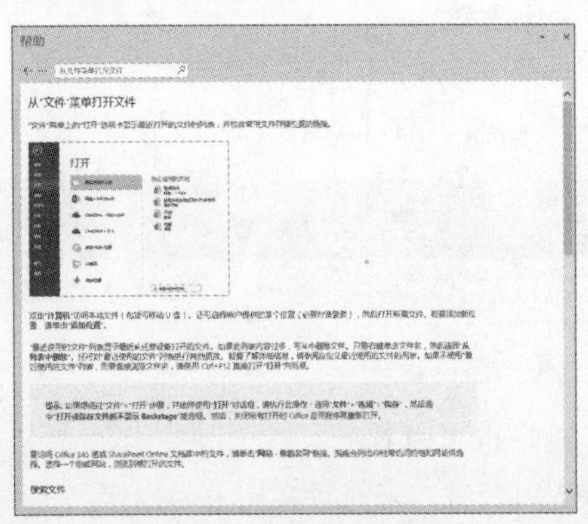

1.3.2 在线帮助功能的使用

若当前电脑连接了网络，使用在线帮助功能用户可以查看非常详细的帮助内容。

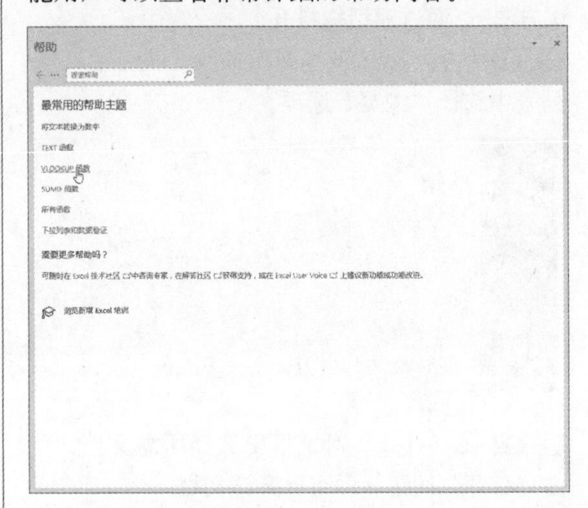

在“帮助”面板的主菜单中，用户可以按照功能分类进行详细查询，对当前软件有个基本认识，并且能够学会相关操作。打开某一分类后，再进入下一级菜单，单击即可打开相关文章，进行详细查阅。

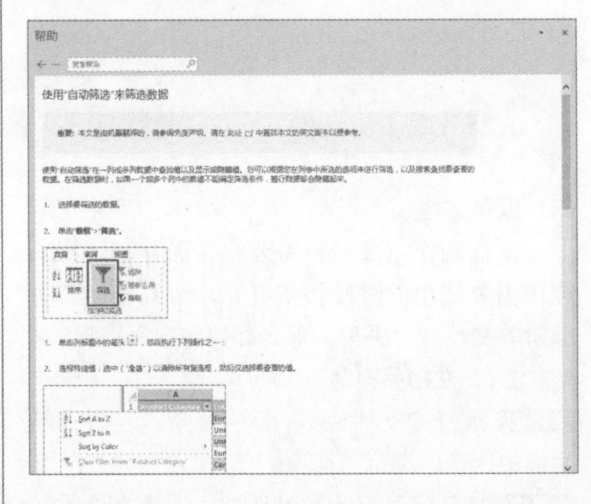

Part 01

Word应用篇

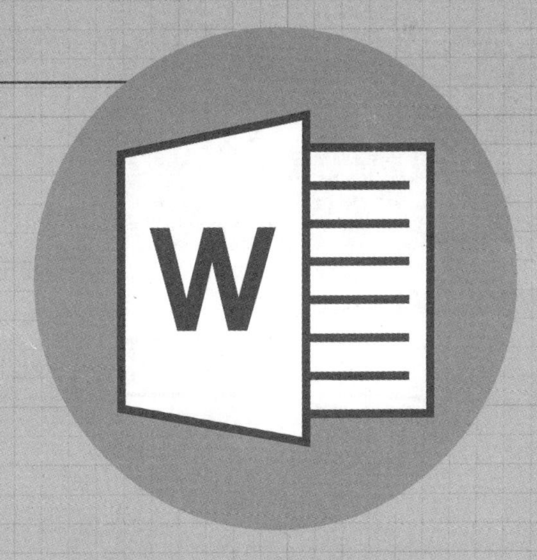

Chapter 02 Word文档的编辑

在日常办公中，制定工作计划、制作简历、汇报工作、起草合同等，都离不开Word文档的使用。本章将从Word 2019最基本的操作讲起，逐一对Word文档编辑操作的相关功能进行详细介绍。

2.1 文本的输入与编辑

在任何文档中，文本内容都是不可或缺的，因此首先需要输入文本，然后再进行相应的编辑操作。下面介绍如何输入文本、输入特殊符号、选择文本以及编辑文本。

2.1.1 输入文本内容

一般来说，Word文档中都会包含大量的文本，那么该如何输入这些文本呢？

步骤01 打开文档后，用户可以直接按Ctrl + Shift组合键切换到所需输入法，也可以单击输入法工具栏，在弹出的列表中选择合适的输入法。

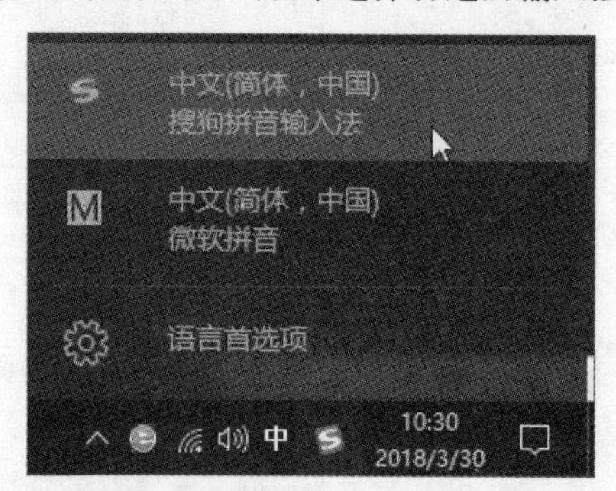

步骤02 根据需要输入文本内容。

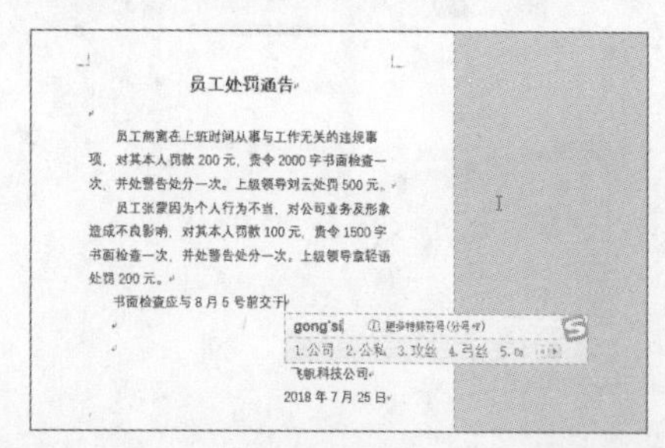

步骤03 输入完成后查看效果。

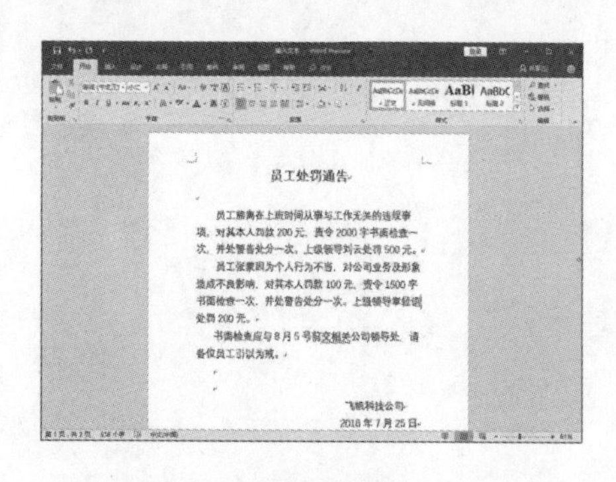

2.1.2 输入特殊符号

在编辑文档过程中，经常需要插入一些键盘无法输入的特殊字符，例如，数字序号、拼音符号等。下面介绍在Word文档中输入特殊符号的常用方法。

1. 功能区命令法

步骤01 将光标定位至需插入的符号的位置，单击“插入”选项卡上的“符号”按钮，从列表中选择“其他符号”选项。

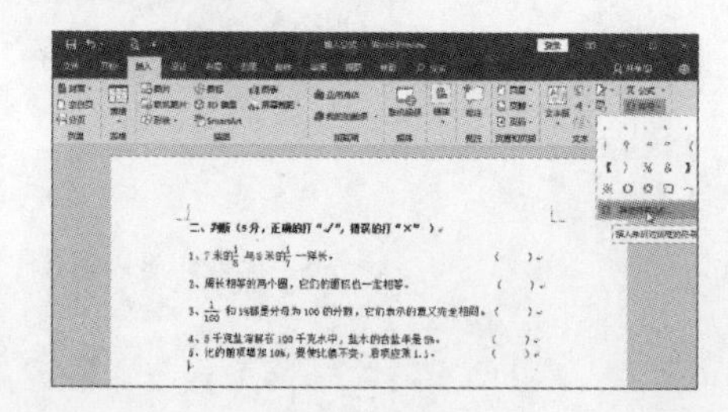

步骤02 打开“符号”对话框，单击“子集”下拉按钮，从展开的列表中选择需要的子集选项。

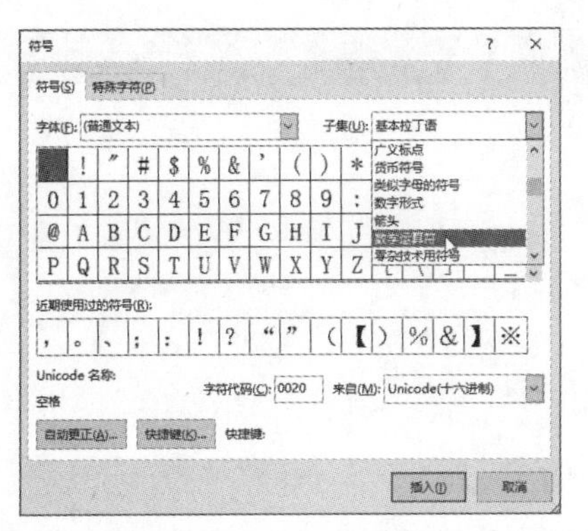

步骤03 然后选择需要插入的符号，如果需要多次用到该符号，可以单击“快捷键”按钮。

步骤04 打开“自定义键盘”对话框，将光标定位至“请按新快捷键”文本框中，在键盘上按下想要设置的快捷键，这里按下Ctrl + 0 组合键，此时快捷键会出现在文本框中，单击“指定”按钮。

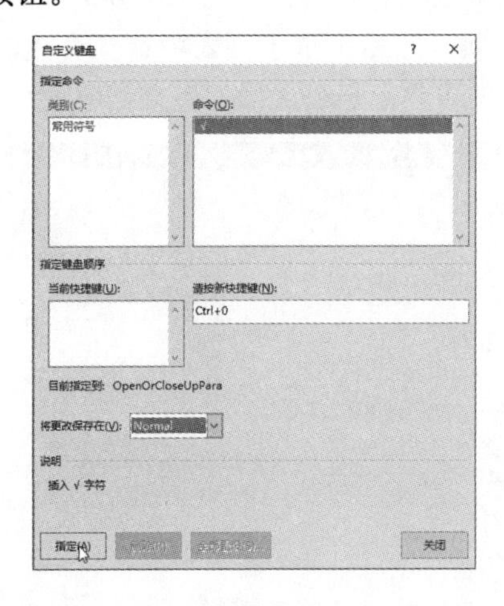

步骤05 返回“符号”对话框，单击“插入”按钮插入所选符号，或者关闭对话框按设置的快捷键插入。

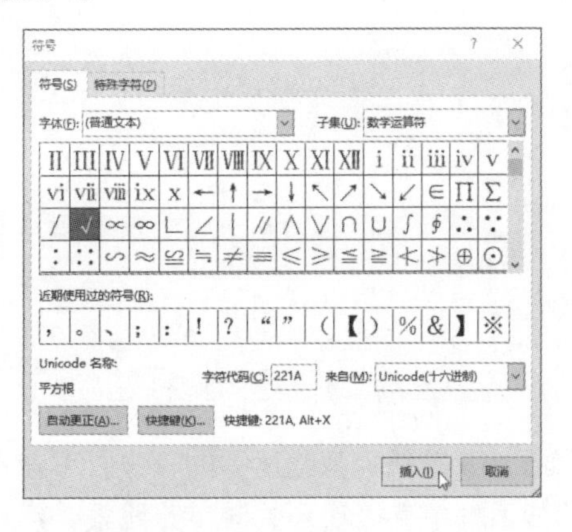

步骤06 按照同样的方法，插入其他符号。

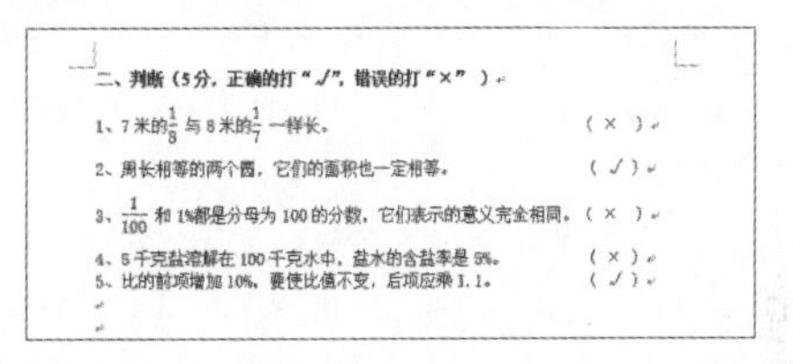

二、判断（5分，正确的打“√”，错误的打“×”）

1、7米的$\frac{1}{8}$与8米的$\frac{1}{7}$一样长。（ × ）

2、周长相等的两个圆，它们的面积也一定相等。（ √ ）

3、$\frac{1}{100}$和1%都是分母为100的分数，它们表示的意义完全相同。（ × ）

4、5千克盐溶解在100千克水中，盐水的含盐率是5%。（ × ）

5、比的前项增加10%，要使比值不变，后项应乘1.1。（ √ ）

2. 搜狗输入法插入法

步骤01 将光标定位至需要插入符号的位置，在搜狗输入法工具栏上右击，从快捷菜单中选择“表情&符号>符号大全”命令。

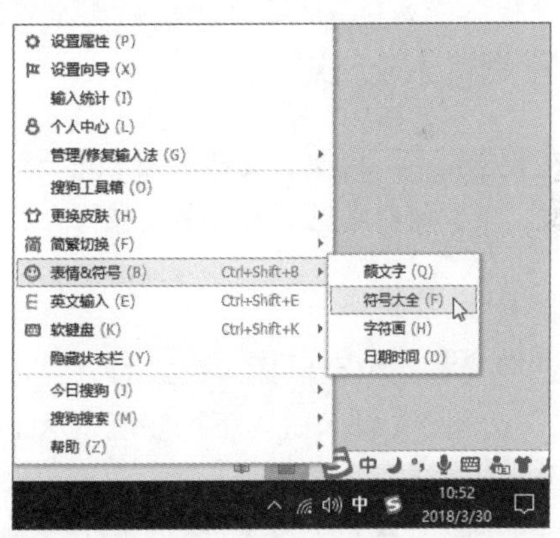

步骤02 打开“符号大全”窗格，选择一种合适的分类，然后在右侧面板中所需符号上单击，即可将该符号插入至文档中。

> **知识点拨 输入汉字偏旁部首**
>
> 将插入点定位至所需位置，切换至搜狗输入法，按U键打开词库提示栏，从中选择合适的选项插入汉字偏旁部首。

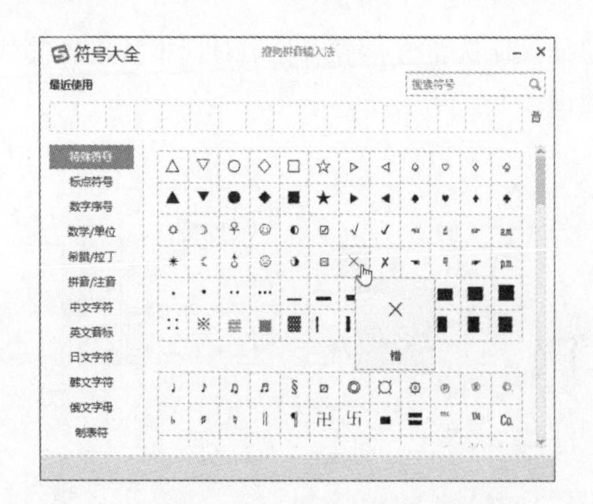

步骤03 如果想快速找到所需的符号，可在右上角的搜索框中直接输入关键字并搜索，然后在搜索结果中选择符号。

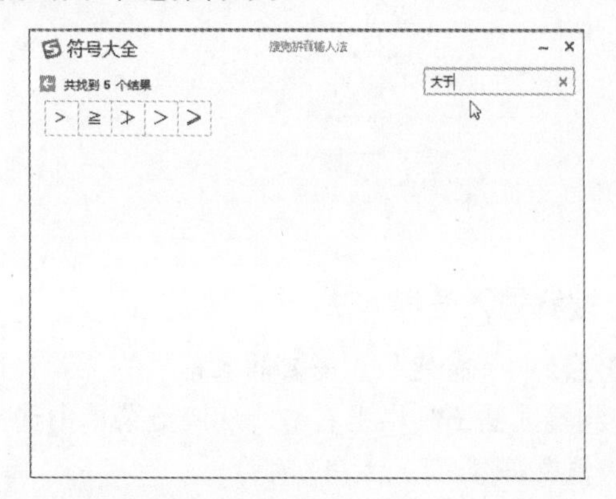

2.1.3 输入公式

在数学试卷、论文等文档中经常需要输入一些公式，下面将对常见的公式输入进行介绍。

1. 插入内置公式

步骤01 将光标定位至需插入公式的位置，单击“插入”选项卡上“公式”下拉按钮，从下拉列表中选择合适的内置公式。

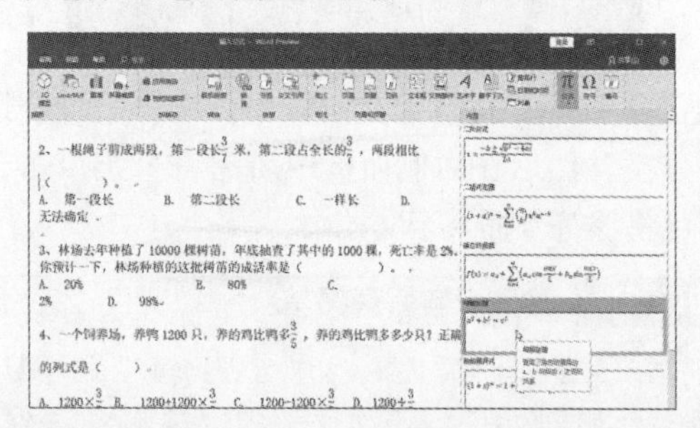

步骤02 将内置公式插入文档后，会打开“公式工具—设计”选项卡，通过功能区中的命令可更改公式的系数、符号以及增减项等。

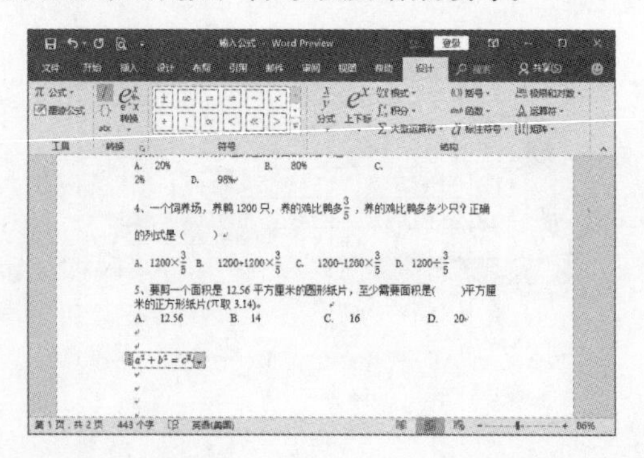

步骤03 如果想更改公式在文档中的对齐方式，可选择公式后右击，从弹出的快捷菜单中选择“对齐方式”命令，然后从其子菜单中选择合适的选项。

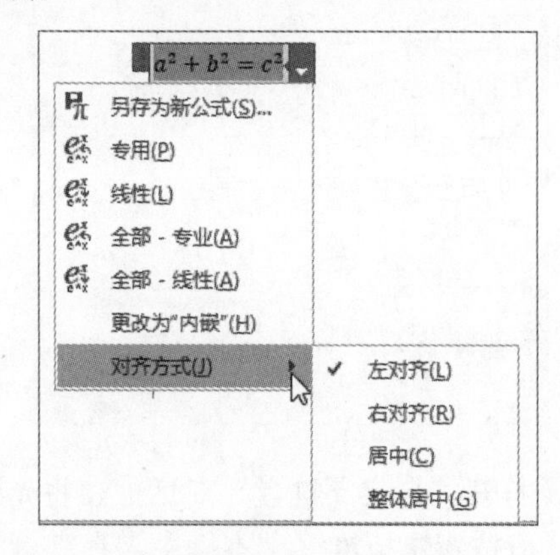

2. 插入Office.com中的公式

单击“插入”选项卡上“公式”下拉按钮，从下拉列表中选择“Office.com中的其他公式”选项，然后再从子列表中选择合适的公式选项，即可将所选公式插入到文档中。

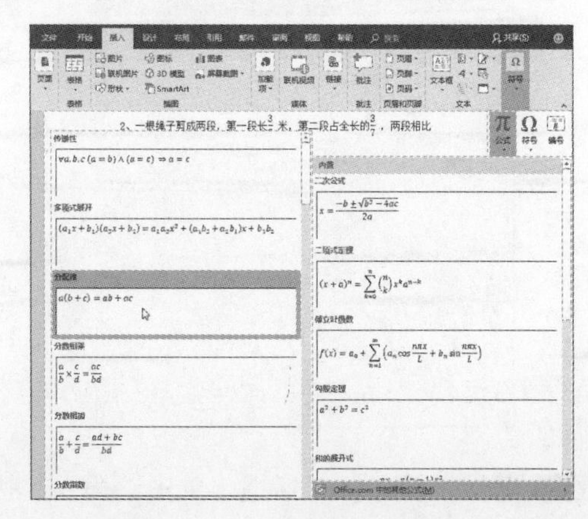

3. 插入自定义公式

步骤01 直接单击“插入”选项卡下的“公式”按钮，即可插入一个“在此处键入公式”窗格，然后单击“公式工具—设计”选项卡上的“分式”按钮，从下拉列表中选择合适的分式样式。

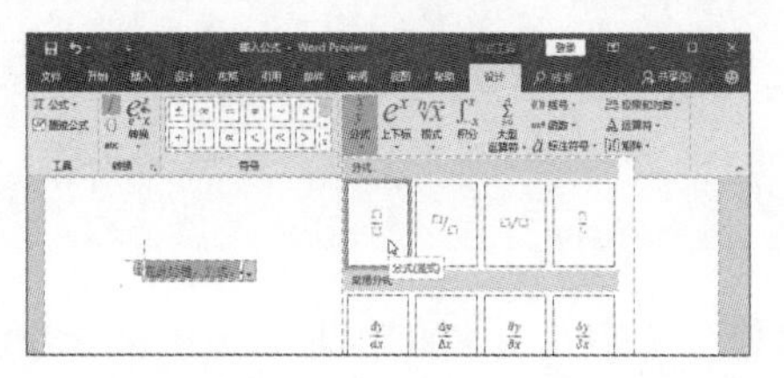

步骤02 将光标定位至虚线框中，输入数字。

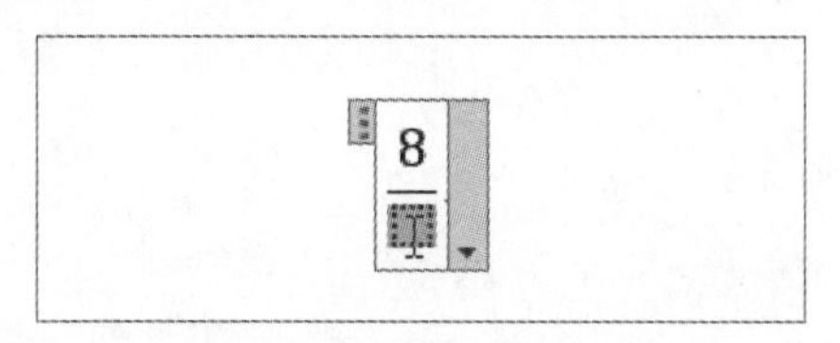

步骤03 随后按照同样的方法，还可以插入对数、分式等。

$$\frac{9}{11}a^2+\frac{-b\pm\sqrt{b^2-4ac}}{2a}+x_{y^2}+\log_3 11+\frac{1}{0}\begin{matrix}0\\1\end{matrix}+$$

2.1.4 选择文本

要想对文档中的文本进行编辑，首先需要选中文本，那么该如何选择文本呢？下面将对常见的选择文本的方法进行介绍。

步骤01 若选择词语，则将插入点放置在文档某词语中间双击，即可将其选中。

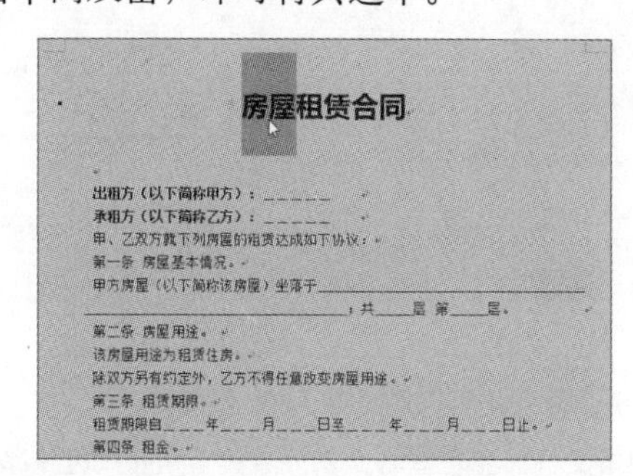

房屋租赁合同

出租方（以下简称甲方）：______
承租方（以下简称乙方）：______
甲、乙双方就下列房屋的租赁达成如下协议：
第一条 房屋基本情况。
甲方房屋（以下简称该房屋）坐落于________________________，共____层第____层。
第二条 房屋用途。
该房屋用途为租赁住房。
除双方另有约定外，乙方不得任意改变房屋用途。
第三条 租赁期限。
租赁期限自___年___月___日至___年___月___日止。
第四条 租金。

步骤02 若选择一行文本，则将光标移至所需选中行的左侧，当光标变为箭头形状时单击，即可选中该行文本。

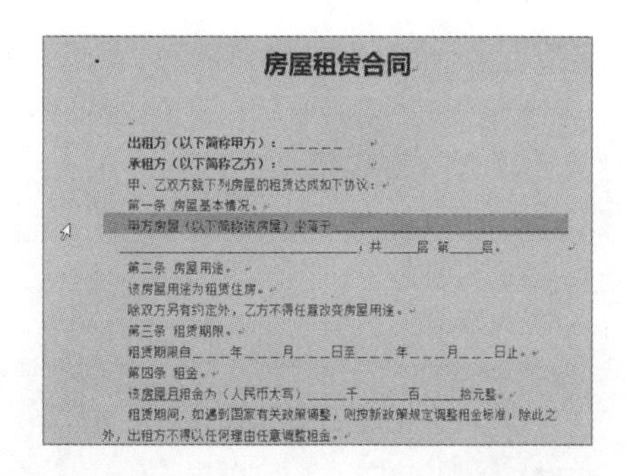

房屋租赁合同

出租方（以下简称甲方）：______
承租方（以下简称乙方）：______
甲、乙双方就下列房屋的租赁达成如下协议：
第一条 房屋基本情况。
甲方房屋（以下简称该房屋）坐落于________________________，共____层第____层。
第二条 房屋用途。
该房屋用途为租赁住房。
除双方另有约定外，乙方不得任意改变房屋用途。
第三条 租赁期限。
租赁期限自___年___月___日至___年___月___日止。
第四条 租金。
该房屋月租金为（人民币大写）____千____百____拾元整。
租赁期间，如遇到国家有关政策调整，则按新政策规定调整租金标准；除此之外，出租方不得以任何理由任意调整租金。

步骤03 若选中段落文本，则在需要选择的段落中快速单击3次，或将光标移至该段落左侧，当光标变为箭头形状时双击即可。

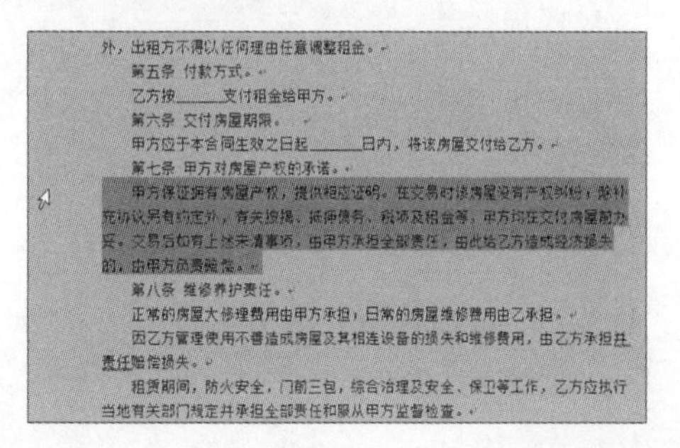

外，出租方不得以任何理由任意调整租金。
第五条 付款方式。
乙方按______支付租金给甲方。
第六条 交付房屋期限。
甲方应于本合同生效之日起______日内，将该房屋交付给乙方。
第七条 甲方对房屋产权的承诺。
甲方保证拥有房屋产权，提供相应证明。在交易时该房屋没有产权纠纷；除补充协议另有约定外，有关按揭、抵押债务、税项及租金等，甲方均在交付房屋前办妥。交易后如有上述未清事项，由甲方承担全部责任，由此给乙方造成经济损失的，由甲方负责赔偿。
第八条 维修养护责任。
正常的房屋大修理费用由甲方承担，日常的房屋维修费用由乙承担。
因乙方管理使用不善造成房屋及其相连设备的损失和维修费用，由乙方承担并责任赔偿损失。
租赁期间，防火安全，门前三包，综合治理及安全、保卫等工作，乙方应执行当地有关部门规定并承担全部责任和服从甲方监督检查。

步骤04 若选中连续区域，则在需要选中区域的起始位置按住鼠标左键，拖动鼠标至文本区域的结尾处，释放鼠标左键，即可选中连续区域。

第十条 房屋押金。
甲、乙双方自本合同签订之日起，由乙方支付甲方（相当于一个月房租的金额）作为押金。
第十一条 租赁期满。
1、租赁期满后，如乙方要求继续租赁，甲方则优先同意继续租赁；
2、租赁期满后，如甲方未明确表示不续租的，则视为同意乙方继续承租；
第十二条 违约责任。
租赁期间双方必须信守合同，任何一方违反本合同的规定，按年度须向对方交纳三个月租金作为违约金。
第十三条 因不可抗力原因导致该房屋毁损和造成损失的，双方互不承担责任。
第十四条 本合同未尽事项，由甲、乙双方另行议定，并签订补充协议。补充协议与本合同不一致的，以补充协议为准。
第十五条 本合同之附件均为本合同不可分割之一部分。本合同及其附件内，空格部分填写的文字与印刷文字具有同等效力。
本合同及其附件和补充协议中未规定的事项，均遵照中华人民共和国有关法律、法规和政策执行。

步骤05 若选中连续行，则将光标移至需选择行的起始位置，当光标变为箭头形状时，按住鼠标左键向下拖动至尾行即可。

第十六条 其他约定
（一）出租方为已提供物品如下：
（1）____________________
（2）____________________
（3）____________________
（4）____________________
（二）当前的水、电等表状况：
（1）水表现为：　度；（2）电表现为：　度；（3）煤气表现为：　度。
第十七条 本合同在履行中发生争议，由甲、乙双方协商解决。协商不成时，甲、乙双方可向人民法院起诉。
第十八条 本合同自甲、乙双方签字之日起生效，一式两份，甲、乙双方各执一份，具有同等效力。

甲方（签章）：______　　乙方（签章）：______
电话：__________　　电话：__________

步骤06 若选中全文，则将光标移至文档左侧空白处，当光标变为箭头形状时，快速单击鼠标左键3次，或者直接在键盘上按下Ctrl + A组合键，即可选中全文。

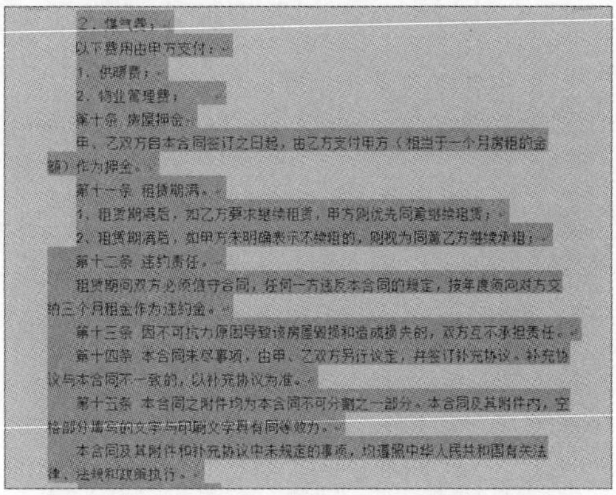

2．煤气费；
以下费用由甲方支付：
1．供暖费；
2．物业管理费；
第十条 房屋押金
甲、乙双方自本合同签订之日起，由乙方支付甲方（相当于一个月房租的金额）作为押金。
第十一条 租赁期满。
1、租赁期满后，如乙方要求继续租赁，甲方则优先同意继续租赁；
2、租赁期满后，如甲方未明确表示不续租的，则视为同意乙方继续承租；
第十二条 违约责任。
租赁期间双方必须信守合同，任何一方违反本合同的规定，按年度须向对方交纳三个月租金作为违约金。
第十三条 因不可抗力原因导致该房屋毁损和造成损失的，双方互不承担责任。
第十四条 本合同未尽事项，由甲、乙双方另行议定，并签订补充协议。补充协议与本合同不一致的，以补充协议为准。
第十五条 本合同之附件均为本合同不可分割之一部分。本合同及其附件内，空格部分填写的文字与印刷文字具有同等效力。
本合同及其附件和补充协议中未规定的事项，均遵照中华人民共和国有关法律、法规和政策执行。

步骤07 用户也可以按下Shift + ↑ 或Shift + ↓ 组合键，选择从插入点向上或向下的一整句。

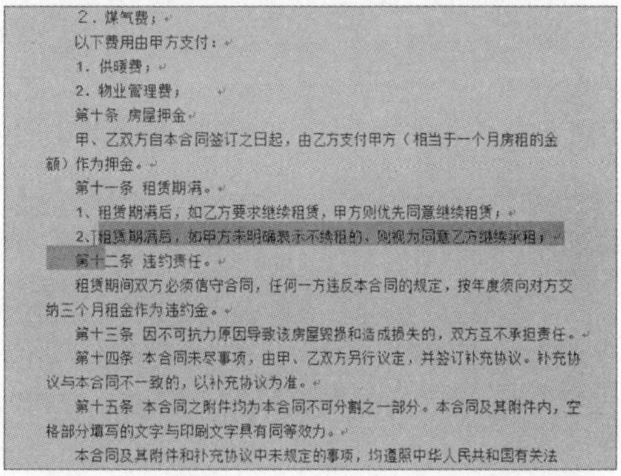

2．煤气费；
以下费用由甲方支付：
1．供暖费；
2．物业管理费；
第十条 房屋押金
甲、乙双方自本合同签订之日起，由乙方支付甲方（相当于一个月房租的金额）作为押金。
第十一条 租赁期满。
1、租赁期满后，如乙方要求继续租赁，甲方则优先同意继续租赁；
2、租赁期满后，如甲方未明确表示不续租的，则视为同意乙方继续承租；
第十二条 违约责任。
租赁期间双方必须信守合同，任何一方违反本合同的规定，按年度须向对方交纳三个月租金作为违约金。
第十三条 因不可抗力原因导致该房屋毁损和造成损失的，双方互不承担责任。
第十四条 本合同未尽事项，由甲、乙双方另行议定，并签订补充协议。补充协议与本合同不一致的，以补充协议为准。
第十五条 本合同之附件均为本合同不可分割之一部分。本合同及其附件内，空格部分填写的文字与印刷文字具有同等效力。
本合同及其附件和补充协议中未规定的事项，均遵照中华人民共和国有关法

步骤08 若按下Shift +Home或Shift +End组合键，可选择从插入点起至本行行首或行尾之间的文本。

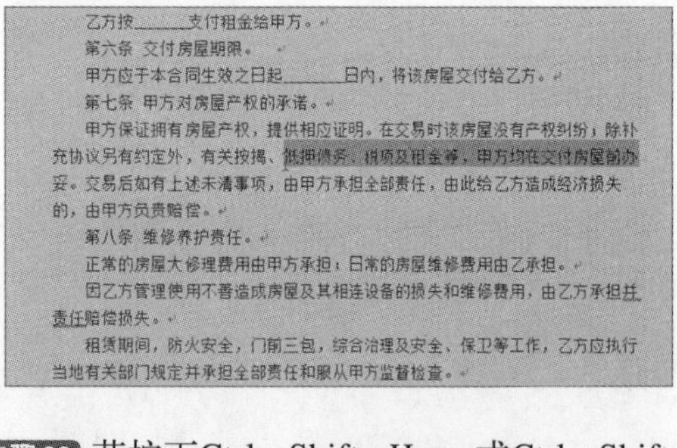

乙方按______支付租金给甲方。
第六条 交付房屋期限。
甲方应于本合同生效之日起______日内，将该房屋交付给乙方。
第七条 甲方对房屋产权的承诺。
甲方保证拥有房屋产权，提供相应证明。在交易时该房屋没有产权纠纷；除补充协议另有约定外，有关按揭、抵押债务、税项及租金等，甲方均在交付房屋前办妥。交易后如有上述未清事项，由甲方承担全部责任，由此给乙方造成经济损失的，由甲方负责赔偿。
第八条 维修养护责任。
正常的房屋大修理费用由甲方承担；日常的房屋维修费用由乙方承担。
因乙方管理使用不善造成房屋及其相连设备的损失和维修费用，由乙方承担并责任赔偿损失。
租赁期间，防火安全，门前三包，综合治理及安全、保卫等工作，乙方应执行当地有关部门规定并承担全部责任和服从甲方监督检查。

步骤09 若按下Ctrl +Shift +Home或Ctrl +Shift + End组合键，可选择从插入点起始位置至文档开始或结尾处的文本。

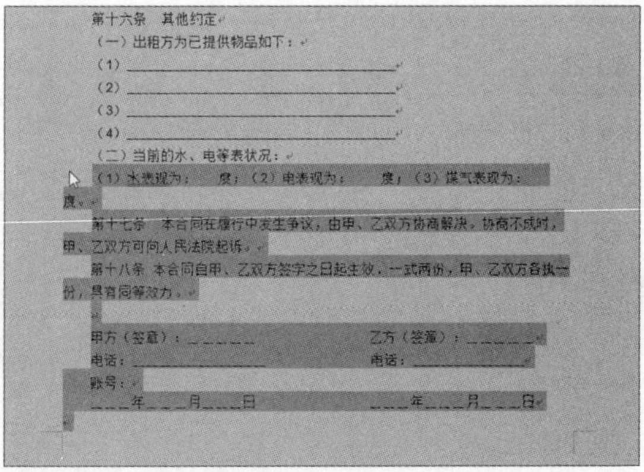

第十六条 其他约定
（一）出租方为已提供物品如下：
（1）______
（2）______
（3）______
（4）______
（二）当前的水、电等表状况：
（1）水表现为： 度；（2）电表现为： 度；（3）煤气表现为： 度。
第十七条 本合同在履行中发生争议，由甲、乙双方协商解决。协商不成时，甲、乙双方可向人民法院起诉。
第十八条 本合同自甲、乙双方签字之日起生效，一式两份，甲、乙双方各执一份，具有同等效力。
甲方（签章）：______ 乙方（签章）：______
电话：______ 电话：______
账号：
____年___月___日 ____年___月___日

步骤10 在按住Shift键的同时，单击鼠标左键，可以选择起始点与结束点之间的所有文本。

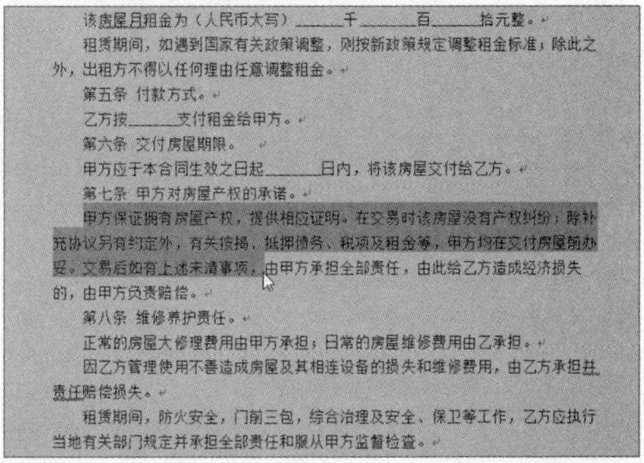

该房屋月租金为（人民币大写）______千______百______拾元整。
租赁期间，如遇到国家有关政策调整，则按新政策规定调整租金标准；除此之外，出租方不得以任何理由任意调整租金。
第五条 付款方式。
乙方按______支付租金给甲方。
第六条 交付房屋期限。
甲方应于本合同生效之日起______日内，将该房屋交付给乙方。
第七条 甲方对房屋产权的承诺。
甲方保证拥有房屋产权，提供相应证明。在交易时该房屋没有产权纠纷；除补充协议另有约定外，有关按揭、抵押债务、税项及租金等，甲方均在交付房屋前办妥。交易后如有上述未清事项，由甲方承担全部责任，由此给乙方造成经济损失的，由甲方负责赔偿。
第八条 维修养护责任。
正常的房屋大修理费用由甲方承担；日常的房屋维修费用由乙方承担。
因乙方管理使用不善造成房屋及其相连设备的损失和维修费用，由乙方承担并责任赔偿损失。
租赁期间，防火安全，门前三包，综合治理及安全、保卫等工作，乙方应执行当地有关部门规定并承担全部责任和服从甲方监督检查。

步骤11 在按住Ctrl键的同时，拖动鼠标可以选择多个不连续区域。

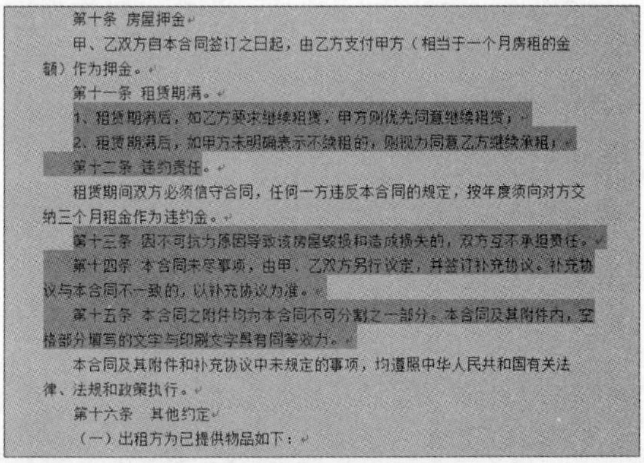

第十条 房屋押金
甲、乙双方自本合同签订之日起，由乙方支付甲方（相当于一个月房租的金额）作为押金。
第十一条 租赁期满。
1、租赁期满后，如乙方要求继续租赁，甲方则优先同意继续租赁；
2、租赁期满后，如甲方未明确表示不续租的，则视为同意乙方继续承租；
第十二条 违约责任。
租赁期间双方必须信守合同，任何一方违反本合同的规定，按年度须向对方交纳三个月租金作为违约金。
第十三条 因不可抗力原因导致该房屋毁损和造成损失的，双方互不承担责任。
第十四条 本合同未尽事项，由甲、乙双方另行议定，并签订补充协议。补充协议与本合同不一致的，以补充协议为准。
第十五条 本合同之附件均为本合同不可分割之一部分。本合同及其附件内，空格部分填写的文字与印刷文字具有同等效力。
本合同及其附件和补充协议中未规定的事项，均遵照中华人民共和国有关法律、法规和政策执行。
第十六条 其他约定
（一）出租方为已提供物品如下：

知识点拨 使用快捷键移动文本或段落

在编辑文档时，若需将文本或者段落从一个位置移动到另一个位置，可选中需要移动的文本，并按F2功能键，接着将光标置于新的起点，然后按Enter键，即可完成文本或段落的移动操作。

2.2 文本格式的设置

在制作Word文档时，用户可以对需要重点显示的文本进行设置，以使其能突出显示。当文本需要分段时，也可以根据具体情况对段落进行设置，下面分别对文本和段落的设置方法进行介绍。

2.2.1 设置字符格式

字符格式的设置包括字体、字号、字体颜色、加粗、倾斜、阴影、增加删除线、字符上标或下标、更改大小写、为字符添加底纹和边框、为文字添加拼音等，下面分别对其进行具体介绍。

1. 设置字体、字号以及字体颜色

步骤01 若设置文本字体，则选择文本，单击“开始”选项卡上的“字体”下拉按钮，从展开的列表中选择“等线”命令。

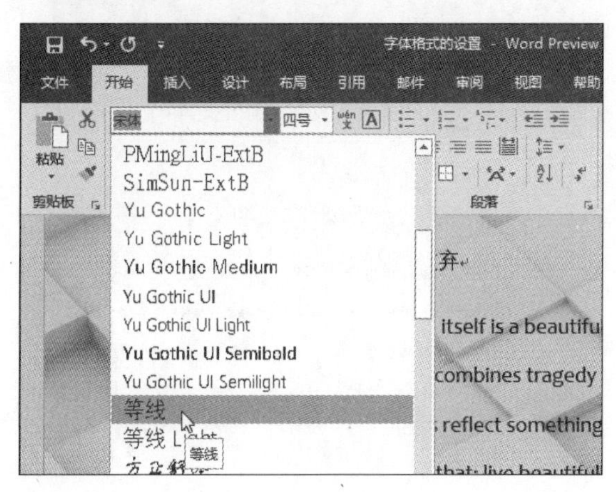

步骤02 若设置字号，则单击“字号”下拉按钮，从展开的列表中选择所需的字号大小选项。如果只是微调字号，也可以直接单击“增大字号”A或者“减小字号”A按钮，直接增大或者减小字号。

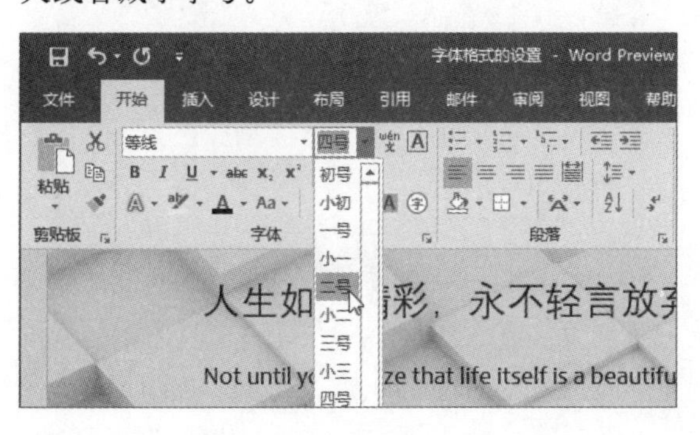

步骤03 若设置字体颜色，则单击“字体颜色”下拉按钮，从列表中选择所需的颜色选项。

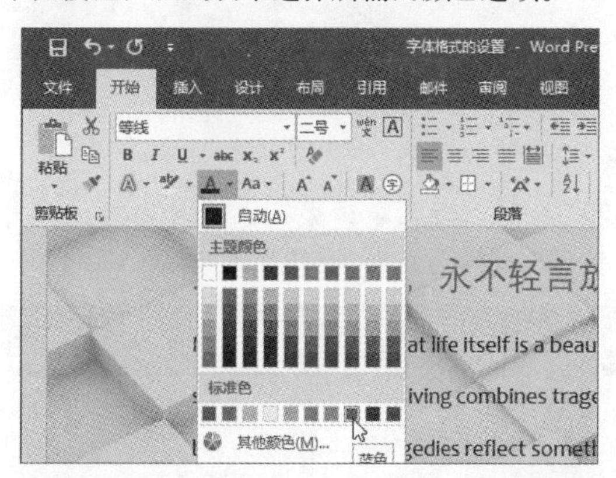

步骤04 用户也可以在“字体颜色”列表中选择“渐变”选项，然后从子列表中选择所需效果，此处选择“从中心”渐变效果。

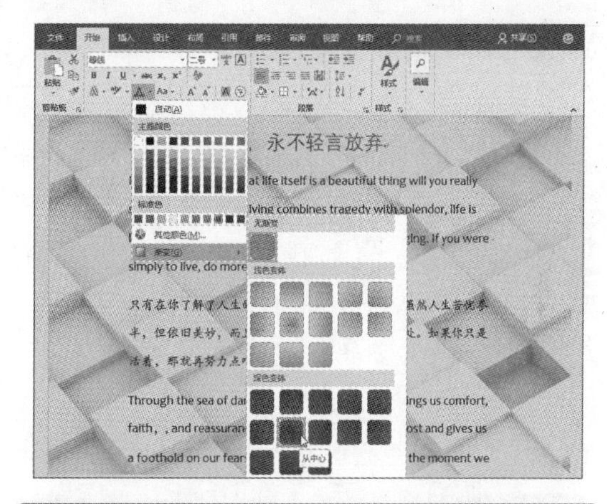

知识点拨　使用“字体”对话框设置字体格式

除了在“字体”选项组中设置文字的格式外，还可以按Ctrl+D组合键打开“字体”对话框，在其中根据需要设置文本的字体、字号、颜色等参数选项。

步骤05 在“字体颜色”列表中选择“其他颜色”选项，打开“颜色”对话框，切换到“标准”选项卡，从色板中选取合适的颜色。用户也可在“自定义”选项卡中自定义一种颜色，最后单击“确定”按钮。

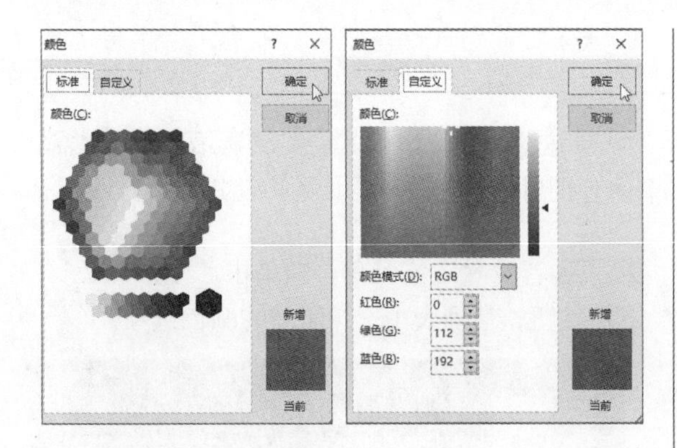

2. 设置文本特殊效果

步骤01 要设置加粗效果，则选择文本，单击“开始”选项卡中的“加粗”按钮。

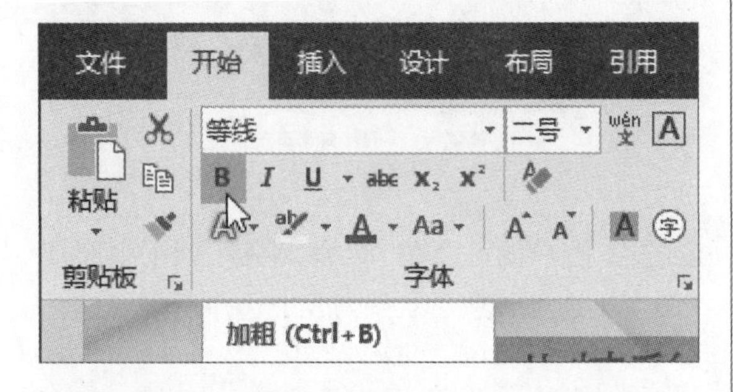

步骤02 操作完成后，选中的文字已加粗显示。

步骤03 要设置倾斜效果，则在“字体”选项组中单击“倾斜”按钮。

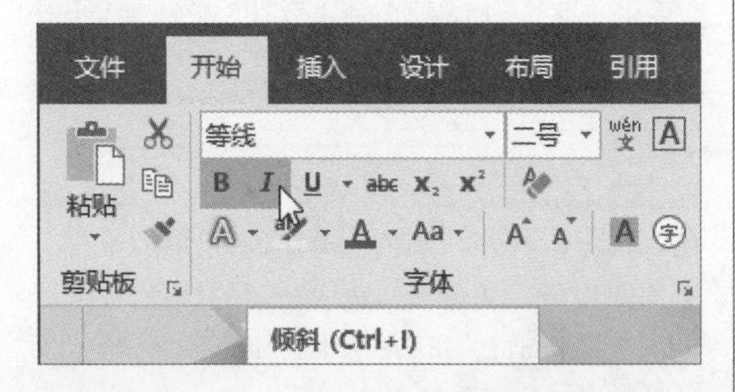

步骤04 操作完成后，被选文字已倾斜显示。

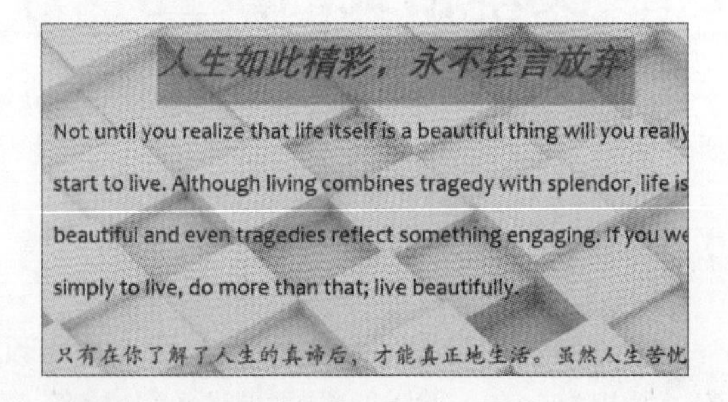

步骤05 要设置下划线效果，则在“字体”选项组中单击“下划线”按钮。

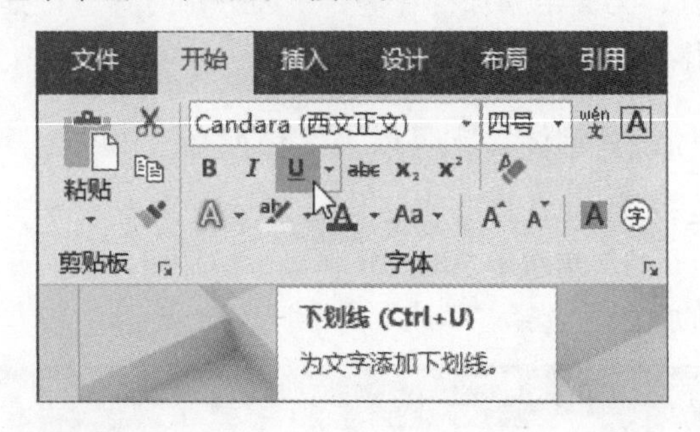

步骤06 操作完成后，被选中的文本下已添加了下划线。

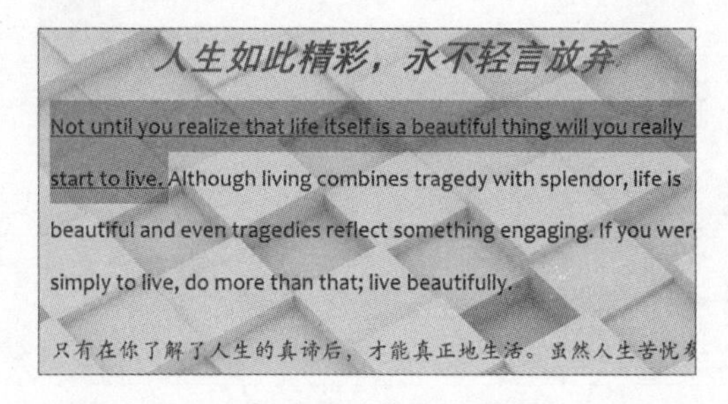

步骤07 如果想要使用其他线型，则可以单击“下划线”下拉按钮，从列表中选择一种合适的线型作为下划线。

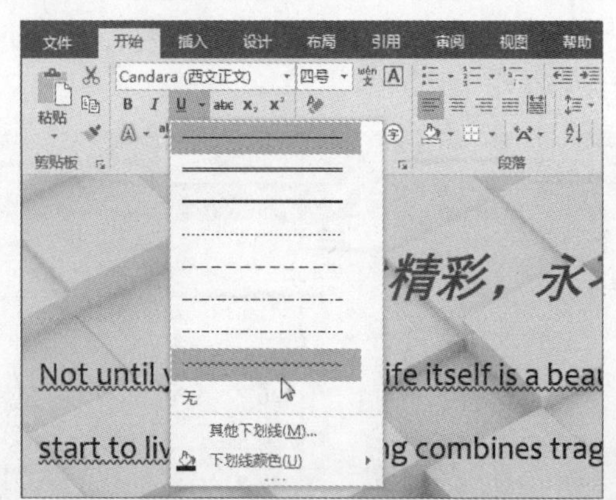

步骤08 如果对下划线颜色不满意，用户还可以在“下划线”下拉列表中选择“下划线颜色”选项，从子列表中选择所需颜色作为下划线颜色。

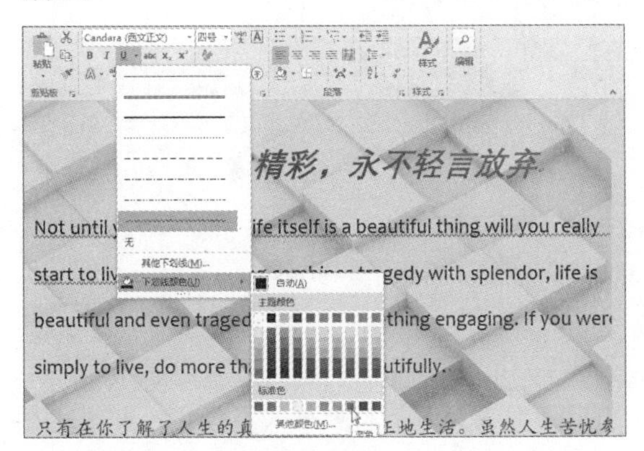

步骤09 单击“文本效果和版式”按钮，在下拉列表中选择合适的效果选项，可为所选文本设置艺术字效果。

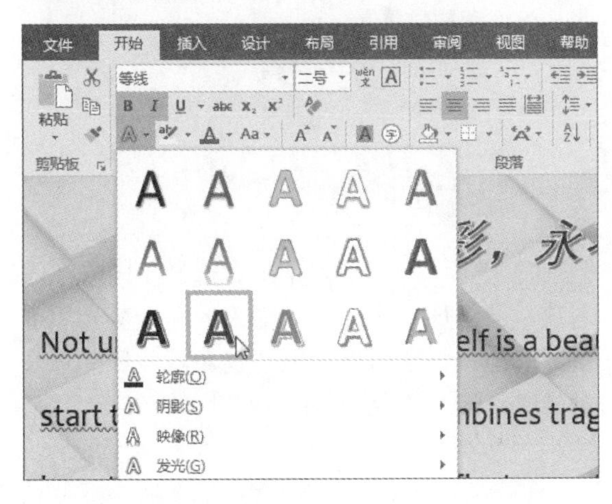

3. 更改字母大小写

步骤01 选择文本，单击“更改大小写”按钮，从展开的下拉列表中选择合适的选项即可，这里选择“句首字母大写”选项。

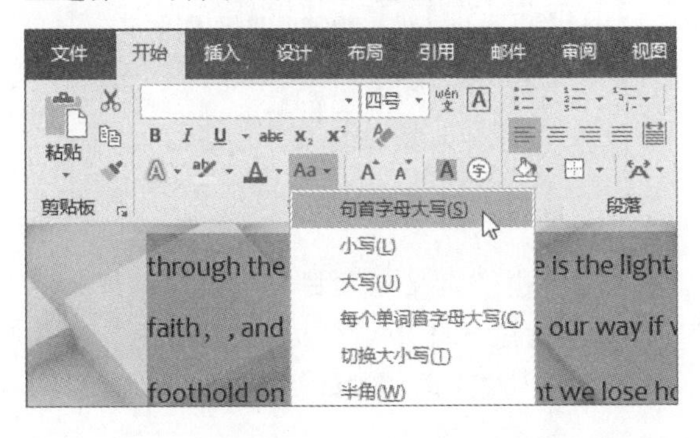

步骤02 操作完成后，所选文本的句首字母已转化为大写形式。

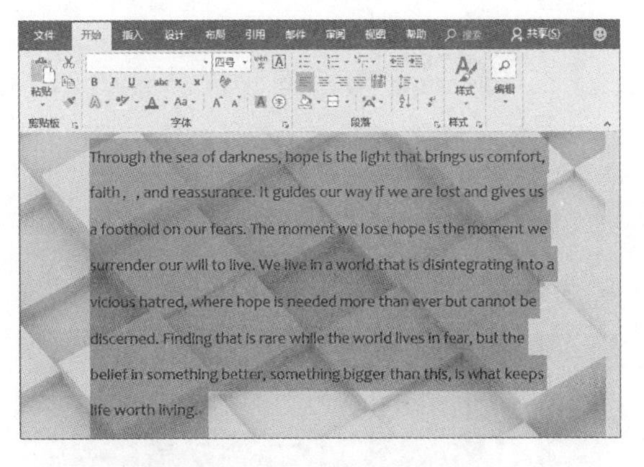

4. 为文本添加边框、底纹等特效

步骤01 单击“字符边框”按钮，即可为所选文本添加边框。

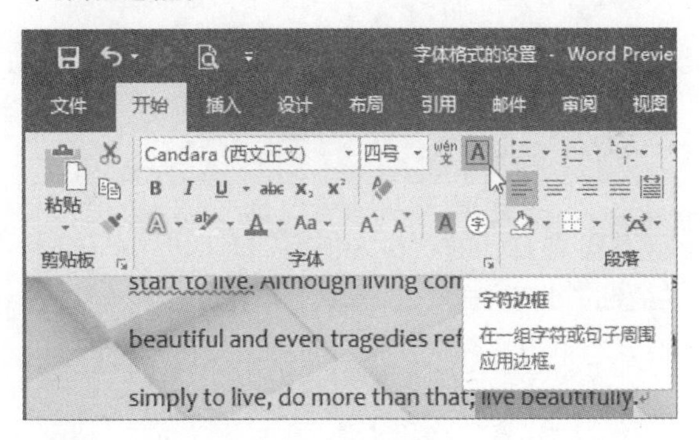

步骤02 单击“字符底纹”按钮，即可为所选文本添加底纹。

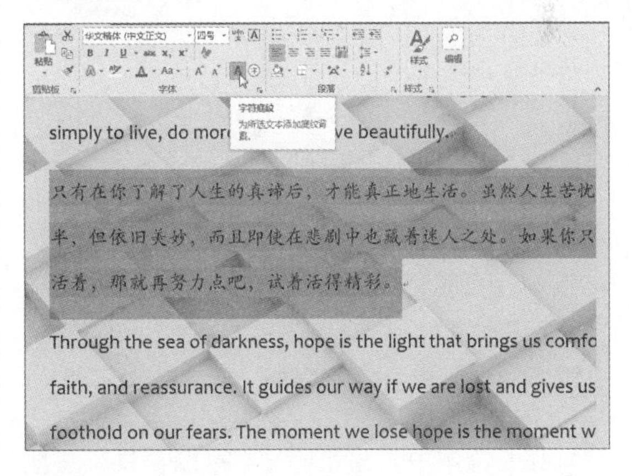

步骤03 选择需要突出显示的文本，单击“以不同颜色突出显示文本”下拉按钮，从列表中选择所需颜色选项，这里选择“鲜绿”，即可突出显示选中的文本。

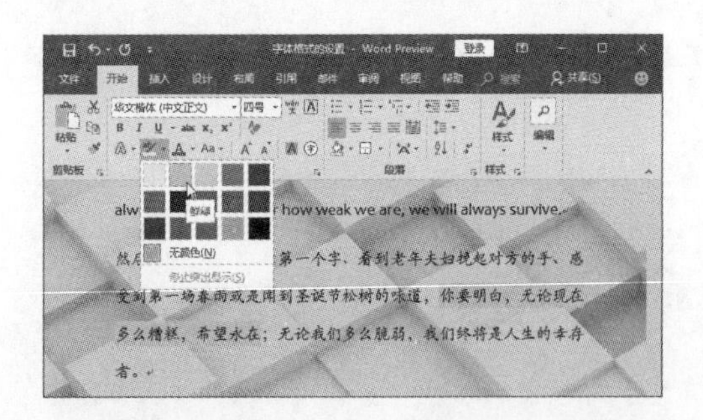

5. 为生僻字注音

步骤 01 选择需要注释的汉字，单击“拼音指南”按钮。

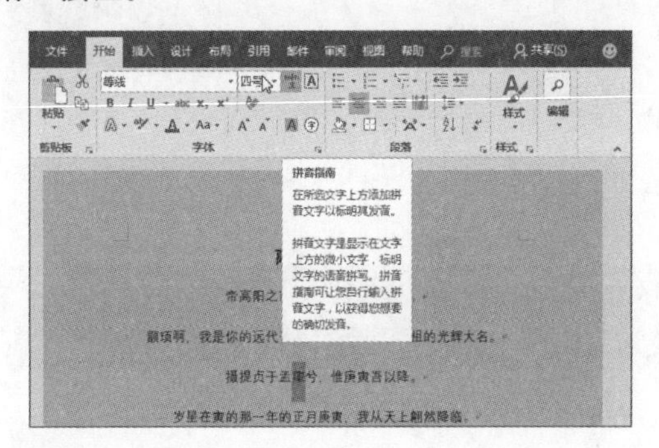

步骤 02 在打开的“拼音指南”对话框中可以对拼音的对齐方式、偏移量、字体、字号等进行设置，单击“确定”按钮即可。

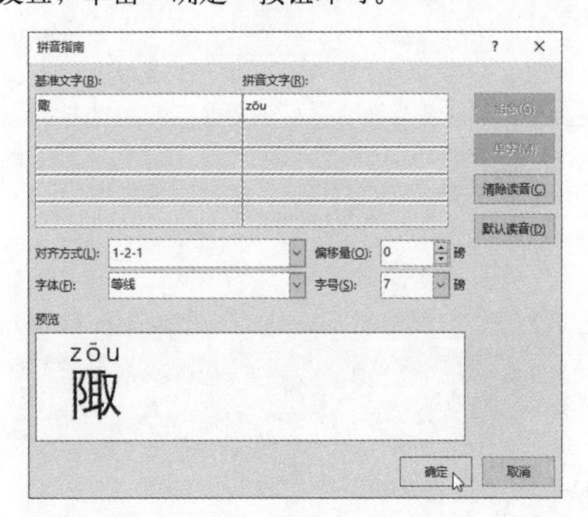

2.2.2 设置段落格式

在长文本中，为了让文本可以一目了然地呈现出来，可以对段落进行适当设置，例如添加项目符号和编号、使用多级列表、设置文本对齐方式和段落间距等，下面将详细介绍如何对段落格式进行设置。

1. 为文本添加项目符号

步骤 01 选择文本，单击“开始”选项卡上“项目符号”下拉按钮，从展开的列表中选择合适的符号样式即可。

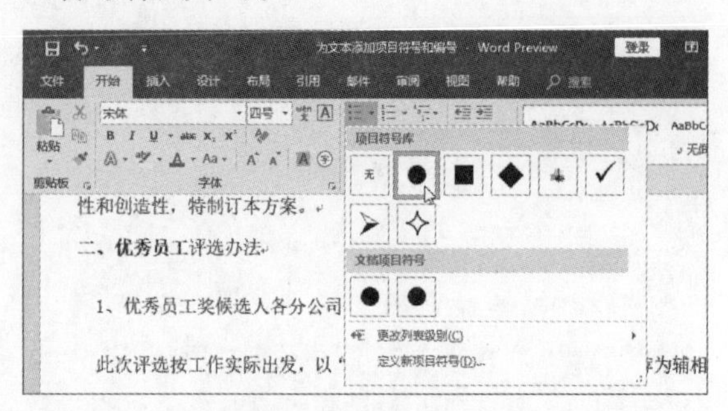

步骤 02 若对添加的符号样式不满意，可在列表中选择“定义新项目符号”选项，打开“定义新项目符号”对话框，单击“符号”按钮。

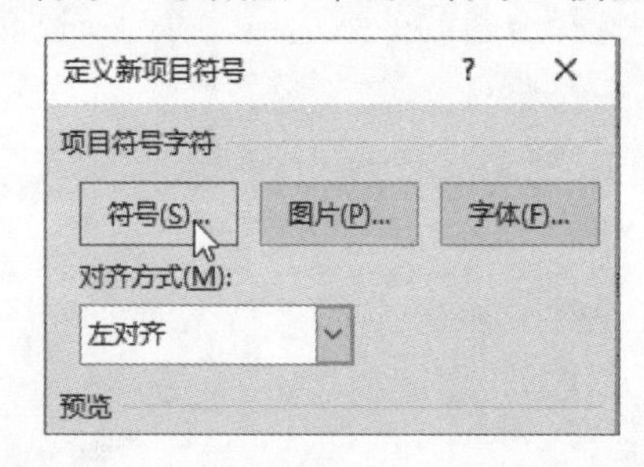

步骤 03 打开“符号”对话框，选择不同的字体选项，会出现不同的符号样式。选择符号后单击“确定”按钮，返回至“定义新项目符号”对话框，单击“确定”按钮即可。

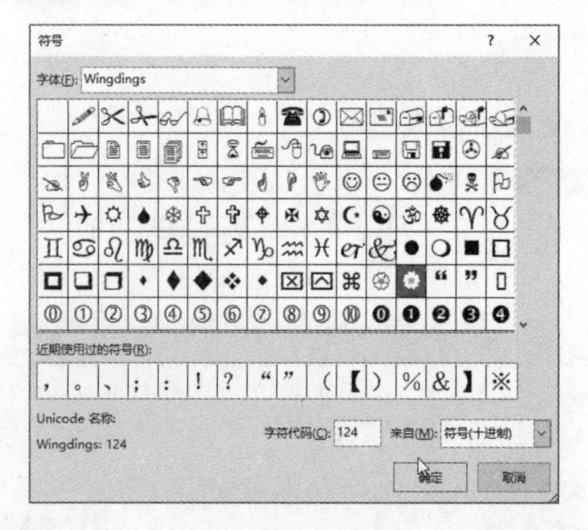

步骤 04 单击“定义新项目符号”对话框中的“图片”按钮，打开“插入图片”面板，单击“来自文件”右侧的“浏览”按钮。

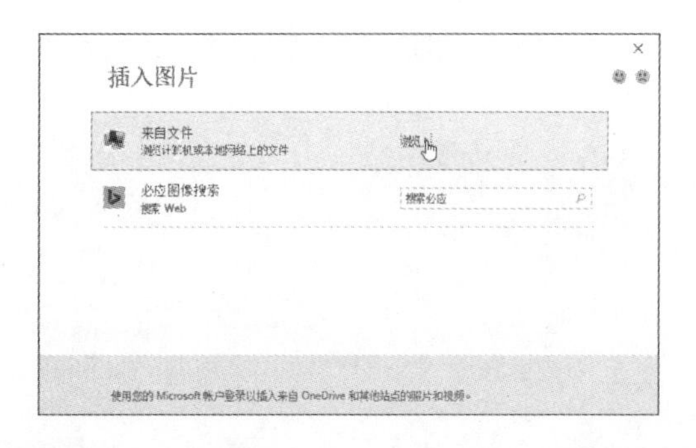

步骤05 打开“插入图片”对话框，选择图片后单击“插入”按钮。

步骤06 返回上一级对话框，设置符号对齐方式，这里保持默认的左对齐方式，单击“确定”按钮。

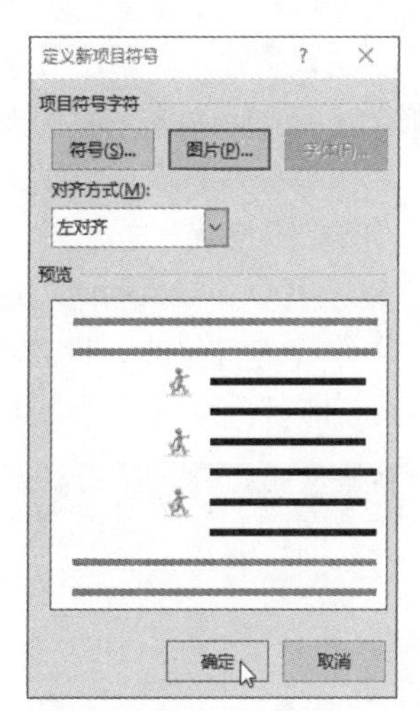

2. 为文本添加项目编号

步骤01 选择文本，单击“开始”选项卡中的“项目编号”下拉按钮，从展开的列表中选择合适的编号样式即可。

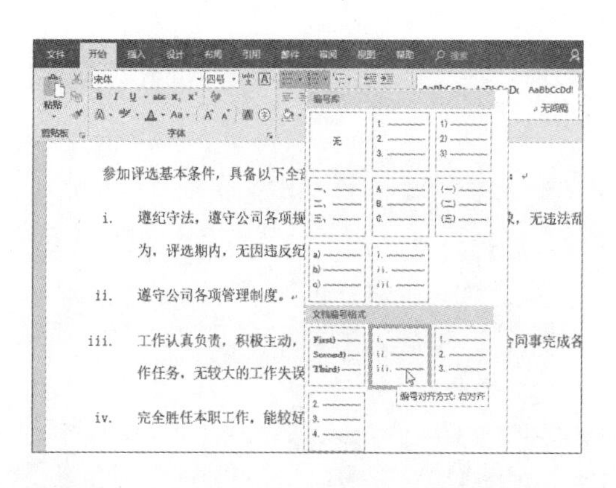

步骤02 若项目编号库中没有满意的样式，可在“项目符号”下拉列表中选择“定义新项目编号”选项，打开“定义新编号格式”对话框，单击“编号样式”下拉按钮，从展开的列表中选择合适的样式，单击“确定”按钮。

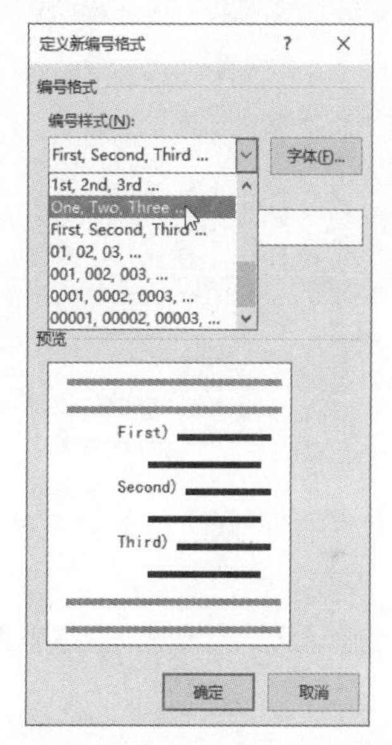

> **知识点拨　设置编号字体格式**
>
> 在“定义新编号格式”对话框中单击“字体”按钮，在打开的对话框中对编号的字体格式进行设置，设置完成后，单击“确定”按钮即可。

3. 使用多级列表

在编写大型文档时，需要对多个条目进行排列，这就需要用到Word的多级列表功能。

步骤01 选择文本，单击“开始”选项卡中的“多级列表”下拉按钮，从展开的列表中选择合适的列表样式。

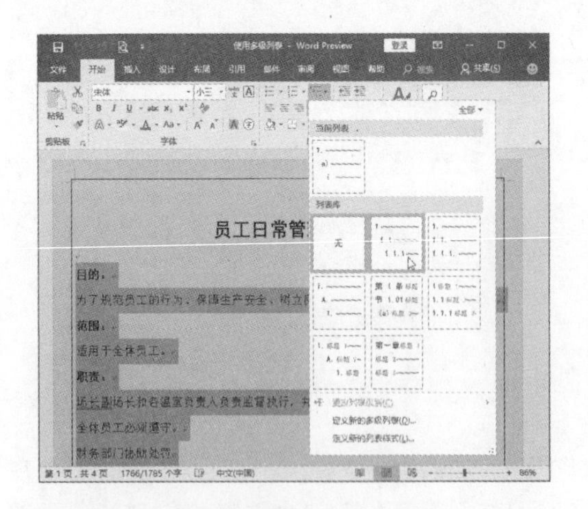

步骤02 如果需要更改标题级别，可在“多级列表”的列表中选择“更改列表级别”选项，从子列表中选择合适的列表级别。

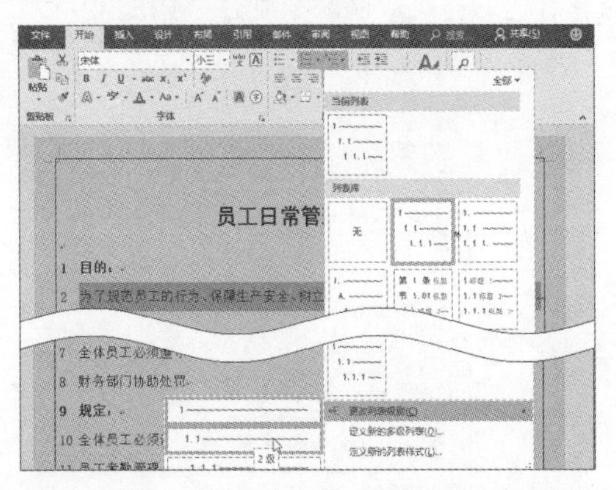

步骤03 根据相同的方法，继续更改其他标题级别。

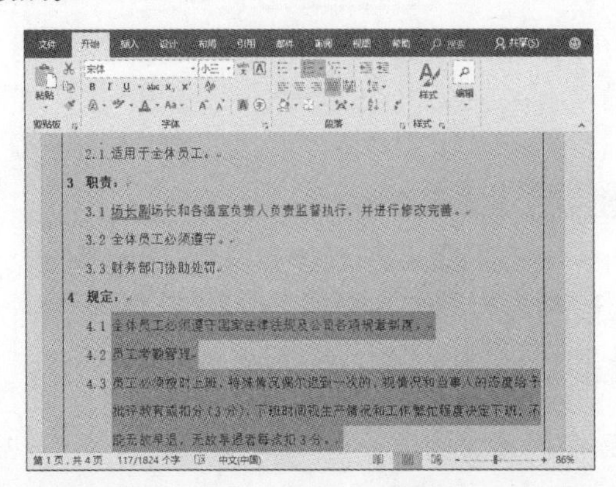

步骤04 若定义新的列表样式，则选择要设置的编号，在“多级列表”的列表中选择“定义新的列表样式”选项。

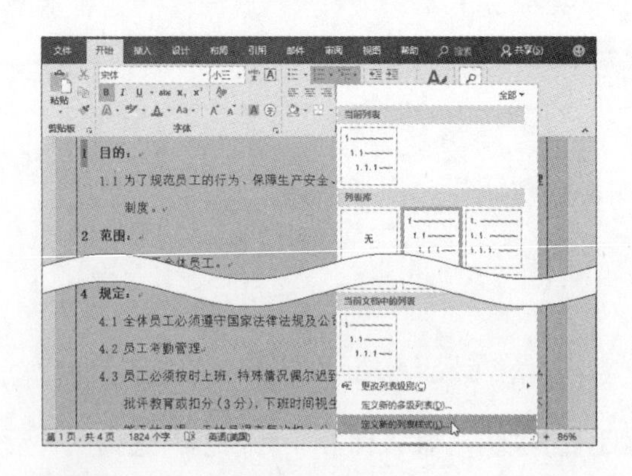

步骤05 打开“定义新列表样式”对话框，在“名称”文本框中为新列表命名。在“格式”选项区域中，用户可对编号级别、编号格式进行相应的设置，然后单击“确定”按钮。

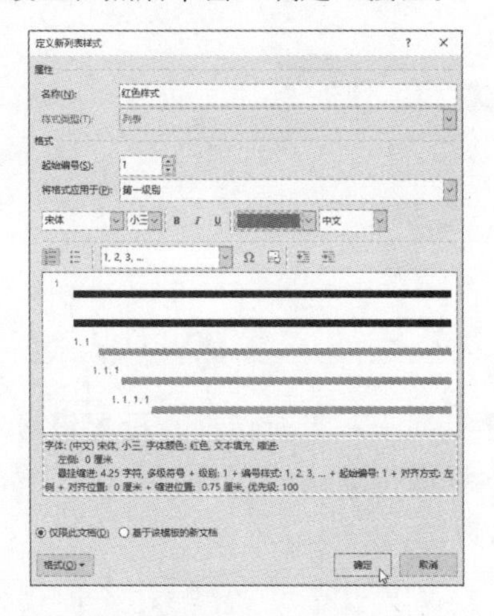

步骤06 若修改定义的新列表样式，则打开多级编号列表，右击要修改的列表样式，在打开的快捷菜单中，选择“修改”命令。

打开“修改样式”对话框，对样式的名称、格式、字体等进行修改，设置完成后，单击“确定”按钮即可。

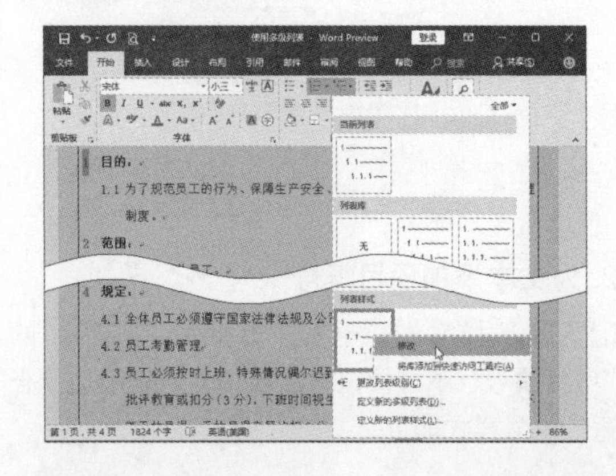

2.3 查找和替换文本

Word的查找和替换功能，可以对文档中的特定内容进行批量的查找或者替换操作，下面分别对查找和替换功能的应用进行介绍。

2.3.1 查找文本

在对文档进行编辑时，若需要快速查找特定文本，可使用Word的查找功能，下面对其操作方法进行介绍。

1. 查找指定文本

步骤01 打开文档，单击“开始”选项卡中的“查找”下拉按钮，在列表中选择“查找”选项。

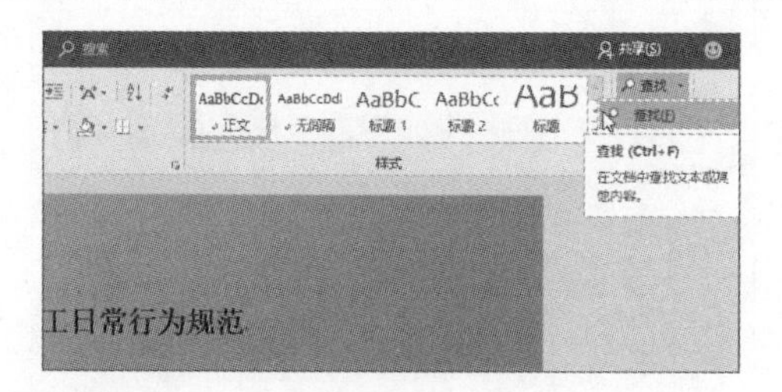

步骤02 打开“导航”窗格，在搜索文本框中输入要搜索的文本，单击右侧“搜索”按钮，此时查找到的文本会突出显示。

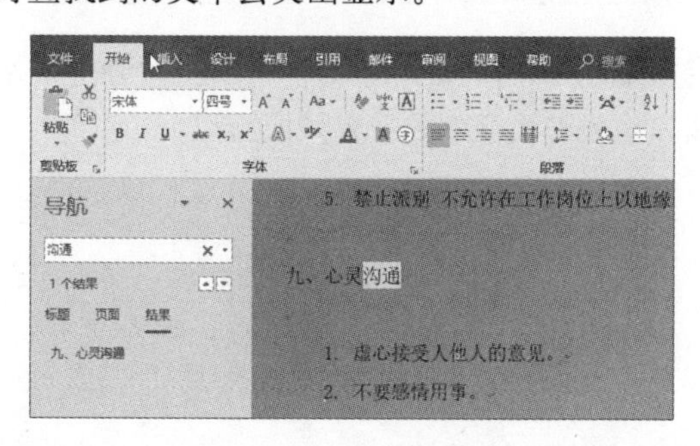

步骤03 若需要进行精确查找操作，则在“查找”列表中选择“高级查找”选项，在打开的对话框中单击“更多”按钮，在打开的扩展面板中单击“格式”下拉按钮，选择“字体”选项。

知识点拨 查找空白区域

在“查找和替换”对话框中单击“特殊格式”按钮，从展开的列表中选择“空白区域”选项，然后单击“查找下一处”按钮，即可查找文档中的空白区域。

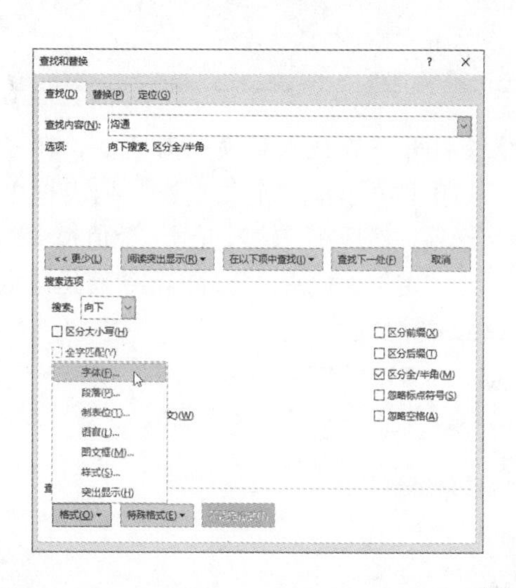

步骤04 在“查找字体”对话框中，可以设置查找字体的格式，单击“确定”按钮返回上一级对话框，单击“查找下一处”按钮，查找相同格式的文本。

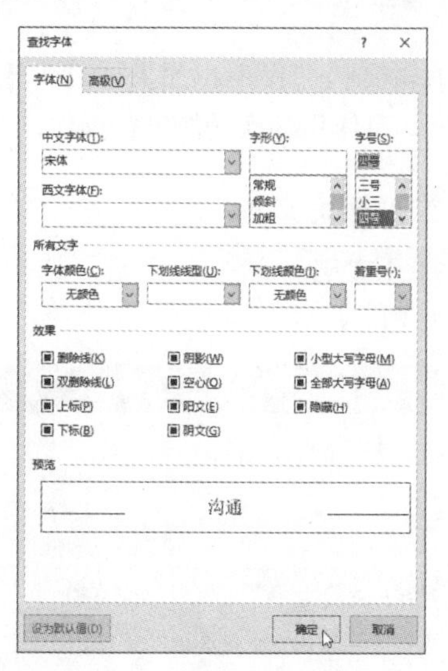

2. 通过查找快速定位文档

对长篇文档进行浏览或编辑时，若需要快速定位文档某处，可以使用“定位”功能，具体操作方法如下。

步骤01 单击“开始”选项卡中的“查找”下拉按钮，从列表中选择“转到”选项。

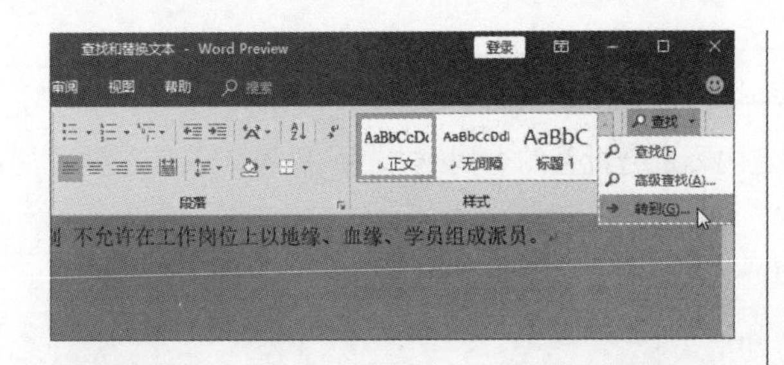

步骤02 打开“查找和替换”对话框，在“定位”选项卡中选择“定位目标”列表框中的“页”选项，然后在“输入页号”数值框中输入4，单击“定位”按钮，此时，系统将迅速定位到文档的第4页。

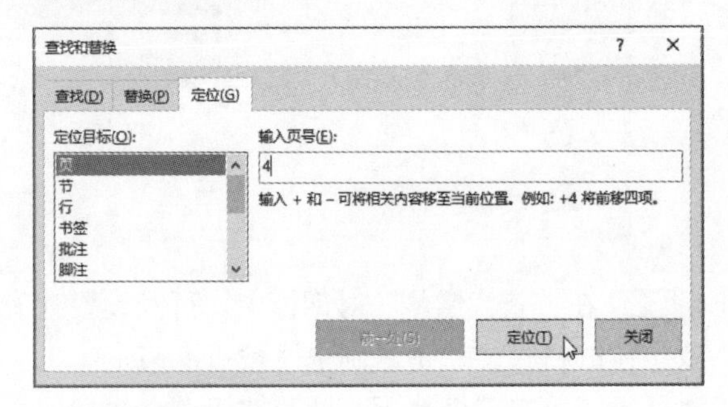

2.3.2 替换文本

在编辑文档过程中，如果需要大量修改相同的文本，可使用替换功能进行操作。

1. 批量替换指定文本

步骤01 打开文档，单击“开始”选项卡中的“替换”按钮。

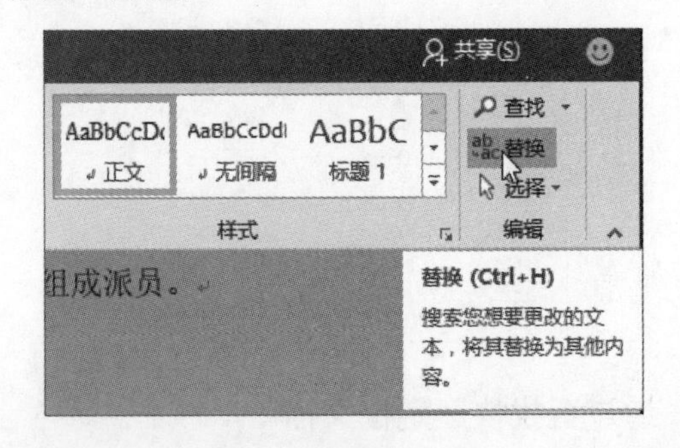

步骤02 打开“查找和替换”对话框，在“查找内容”文本框中输入需查找的文本，在“替换为”文本框中输入替换的文本，单击“更多”按钮。

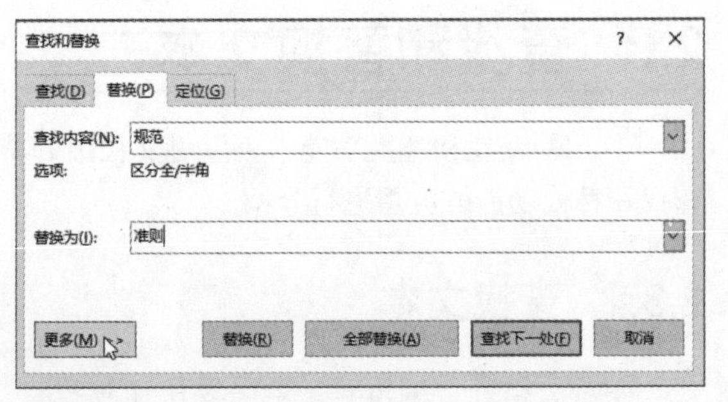

步骤03 然后单击“搜索”下拉按钮，选择“向下”选项，单击“全部替换”按钮。

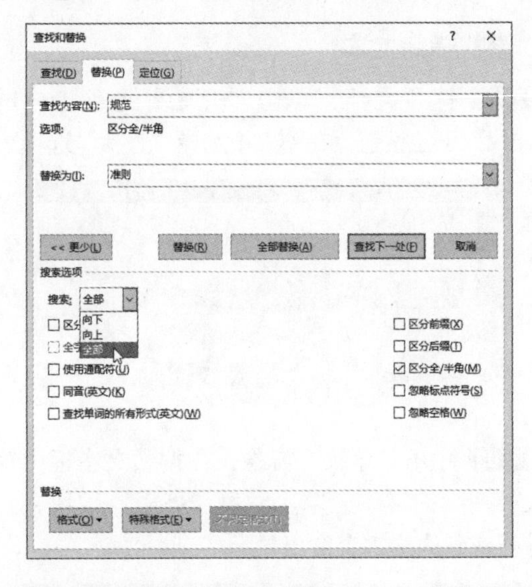

步骤04 在弹出的提示对话框中单击“确定”按钮，完成替换文本的批量替换操作。

2. 文本格式的替换

替换功能除了可以替换文本外，还可以对文本格式进行替换。例如，更改文档中的字体、删除文档中的空行或者将文字替换为图片等等。

（1）文本字体的替换

步骤01 打开文档，单击“开始”选项卡中的“替换”按钮。打开“查找和替换”对话框，将光标定位至“查找内容”文本框中，单击“格式”下拉按钮，选择“字体”选项。

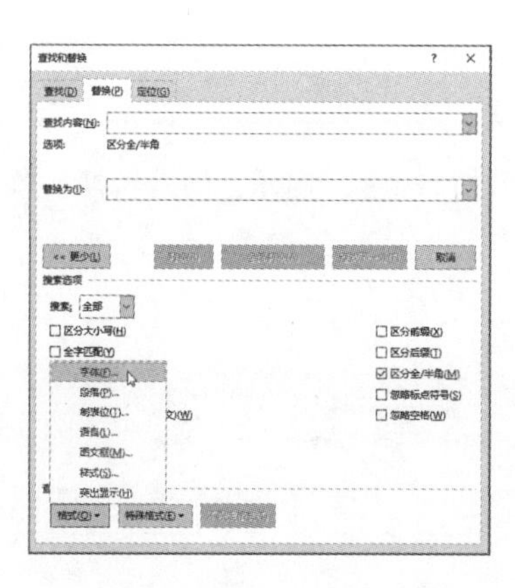

步骤02 打开“查找字体”对话框，选择要查找的字体为“宋体”，单击“确定”按钮。

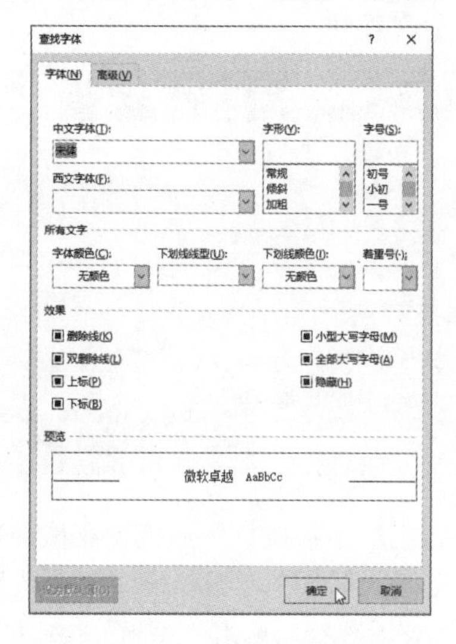

步骤03 返回“查找和替换”对话框，将光标定位至“替换为”文本框中，按照同样的方法设置其字体格式为“等线”并单击“确定”按钮。

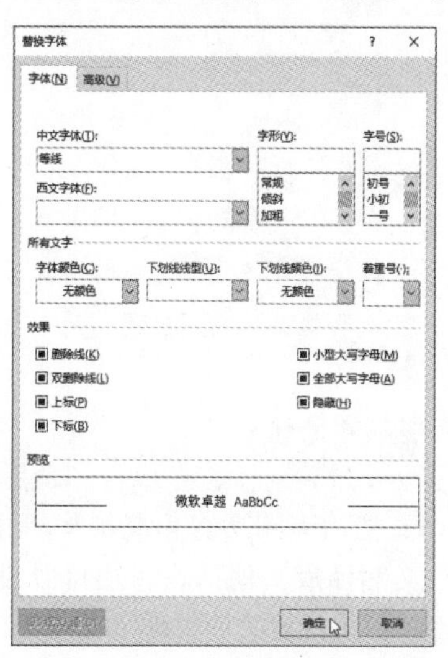

步骤04 返回至“查找和替换”对话框，单击“全部替换”按钮即可。

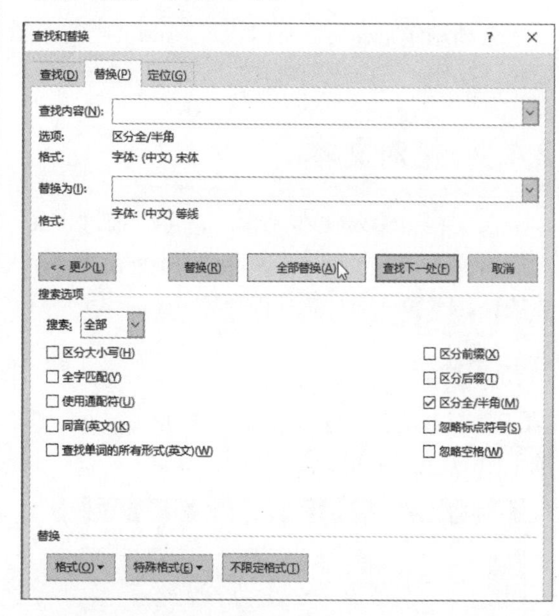

(2) 将文字替换为图片

步骤01 打开文档并复制图片，在“开始”选项卡中单击“替换”按钮，打开“查找和替换”对话框。

步骤02 在“查找内容”文本框中输入被替换的内容，这里输入“工作”，在“替换为”文本框中输入“^c”，然后单击“全部替换”按钮，即可将指定文本全部替换为图片。

2.4 审阅功能的应用

文档制作完成后，可以通过Word文档的审阅功能对文档进行校对、翻译、简繁转换、添加批注或修订操作，下面分别对其进行介绍。

2.4.1 校对文本

在文档中输入文本内容后，可以通过审阅功能对文本进行校对，包括拼写检查和文档字数统计，下面分别对其进行介绍。

1. 拼写检查

步骤01 打开文档，选择文本，单击“审阅”选项卡中的“拼写和语法”按钮。

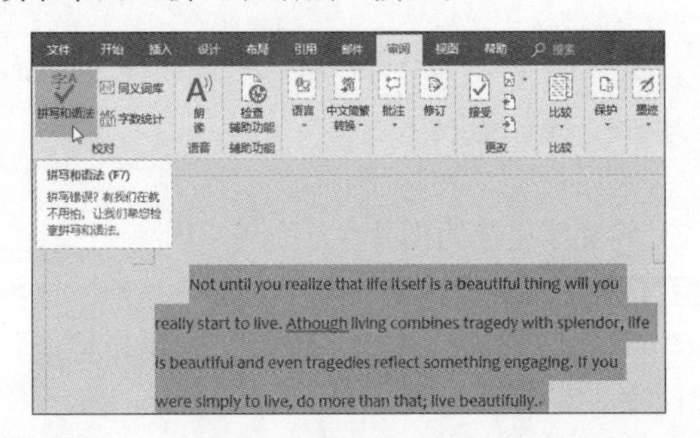

步骤02 打开“校对”窗格，在“建议”列表中选择需要更改项，即可对拼写错误的单词进行更改。如果有多处错误，会继续弹出要更改的单词，单击进行更改即可。

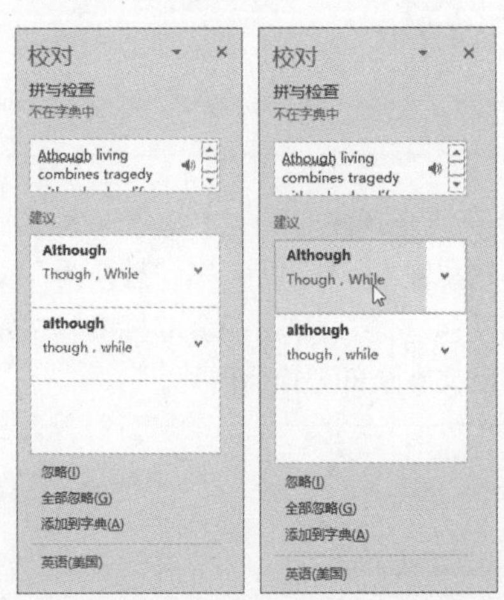

步骤03 全部更改后，在打开的提示对话框中单击“是”按钮继续检查，检查完成后，系统会打开另一个提示对话框，单击“确定”按钮即可。

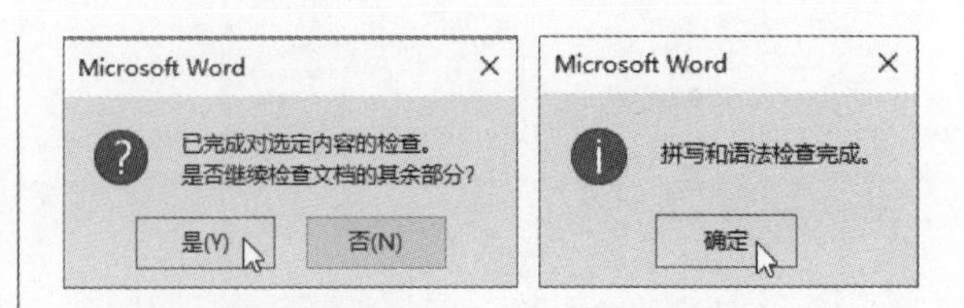

2. 文档字数统计

步骤01 打开文档，单击“审阅”选项卡中的“字数统计”按钮。

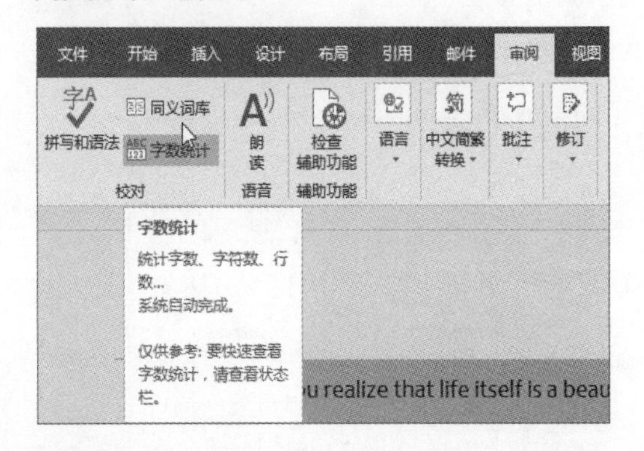

步骤02 弹出“字数统计”面板，在该面板中可以查看文档的页数、字数、字符数、段落数、行数等，查看数据后单击“关闭”按钮即可。

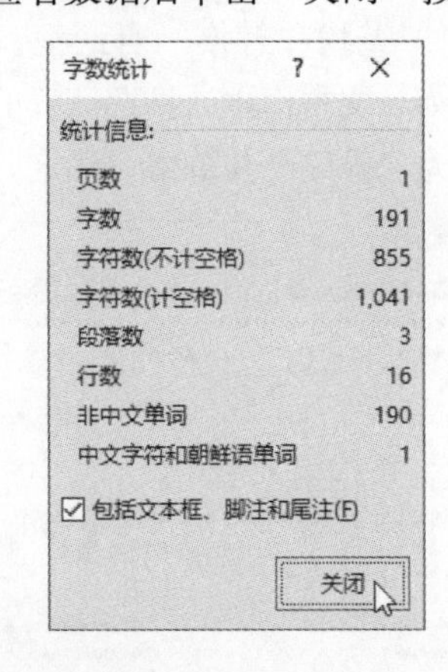

2.4.2 翻译文档

Word文档的审阅功能非常强大，可以将文档中的中文翻译成其他语言，还可以设置文档的校对语言和语言首选项，具体介绍如下。

步骤01 选择文本，单击“翻译”下拉按钮，从展开的列表中选择“翻译所选内容”选项。

步骤02 在弹出的一个提示框中单击“打开”按钮，确认继续。

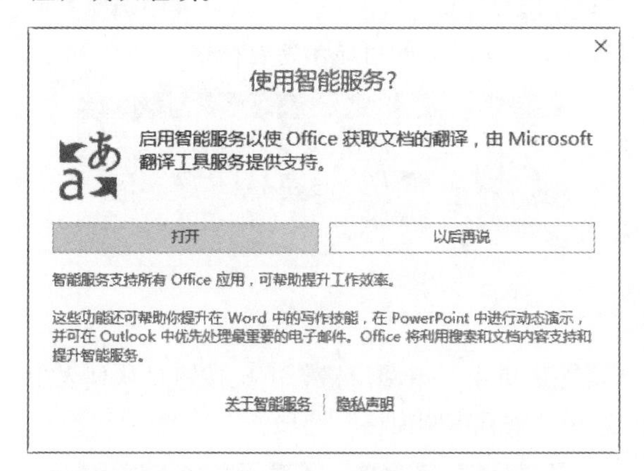

步骤03 打开“翻译工具”窗格，单击“目标语言”下拉按钮，从列表中选择所需语言项，单击“插入”按钮。

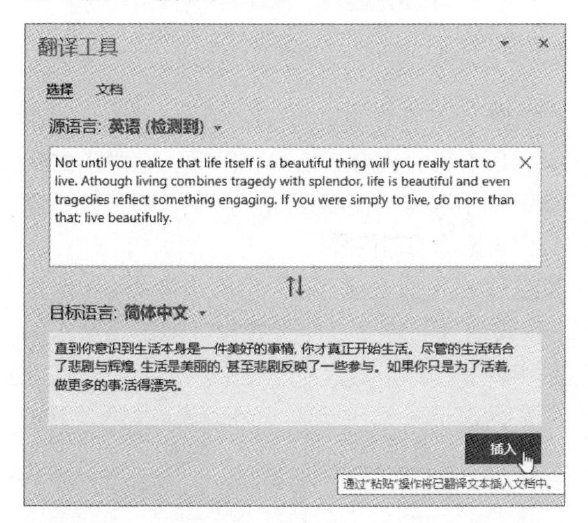

步骤04 将翻译的文本插入到所选文本的上方，然后关闭翻译工具窗格即可。

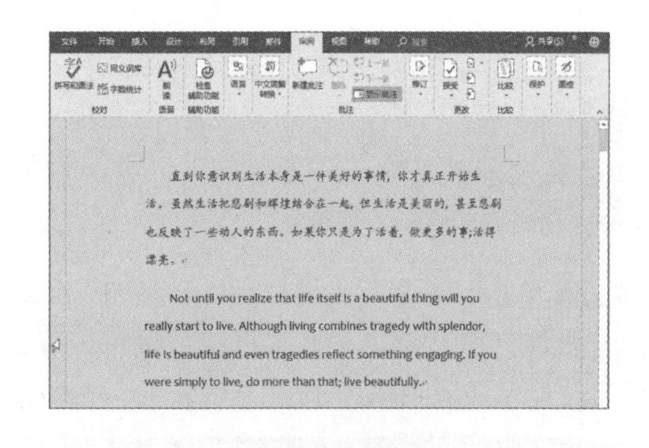

2.4.3 为文档添加批注

在对文档内容进行审阅时，如果对某些内容有疑问，可以对其添加批注，下面介绍操作方法。

步骤01 将光标定位至需要添加批注的位置，单击“审阅”选项卡中的“新建批注”按钮。

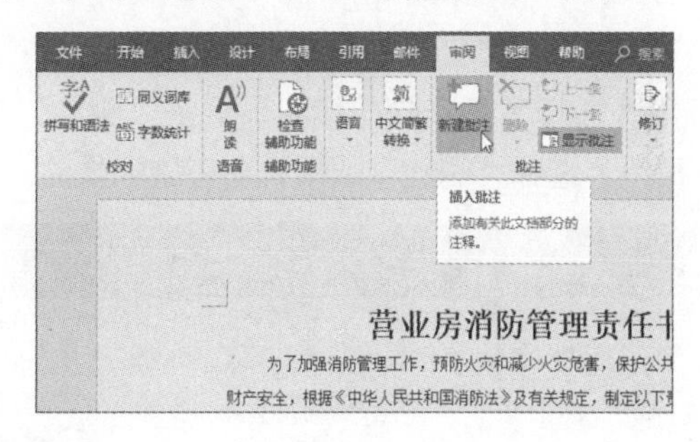

步骤02 此时，在光标处插入一个批注，然后在批注框中输入相关文字。

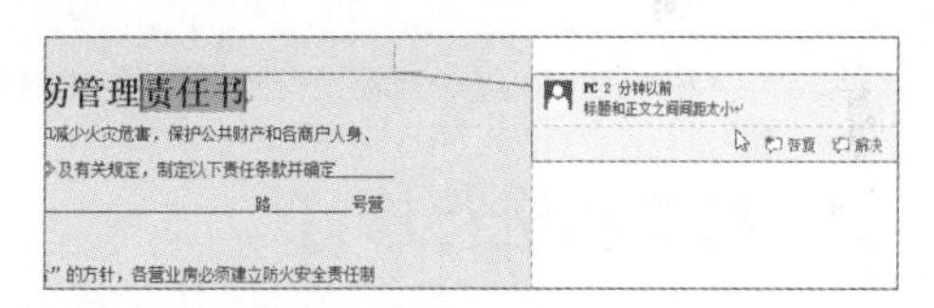

步骤03 如果想要查看批注，可以直接单击批注标记。

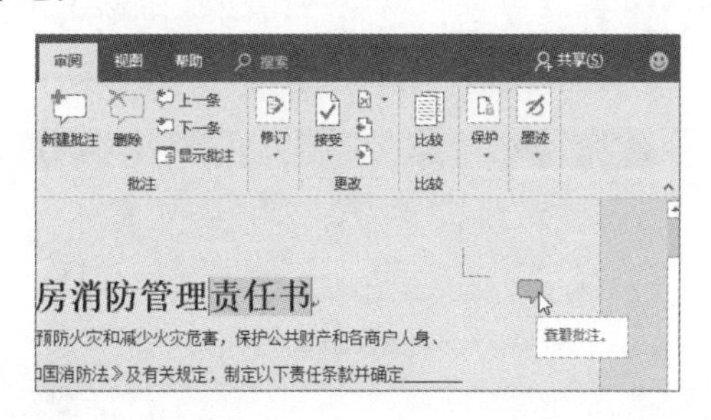

步骤04 如果添加了多个批注，将会显示所有的批注内容。

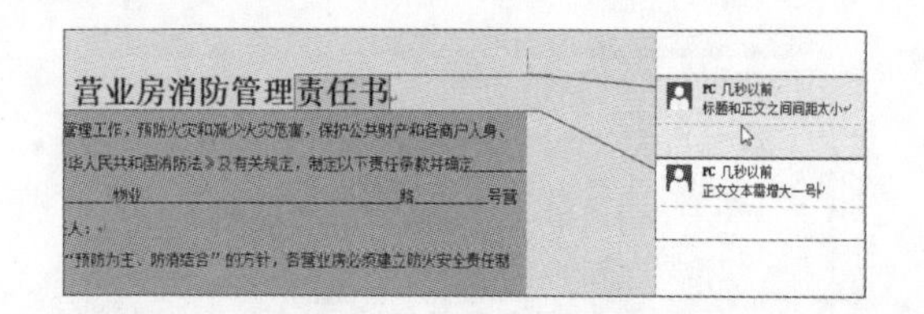

步骤05 单击“答复”或者“解决”按钮，可以回复批注问题。单击“显示批注”按钮，可以将批注显示或者隐藏。

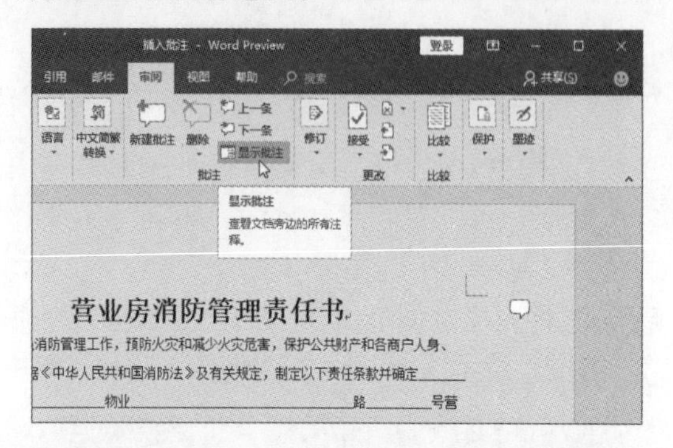

步骤06 选择需要删除的批注，单击“删除”下拉按钮，选择“删除”选项，即可删除批注。

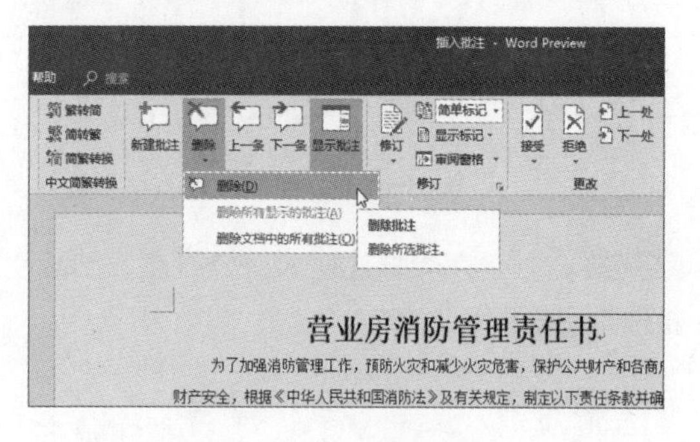

2.4.4 对文档进行修订

如果文档中存在需要修改的地方，可以使用修订功能进行修订，具体操作介绍如下。

步骤01 打开文档，单击“审阅”选项卡中的“修订”下拉按钮，选择“修订”选项。

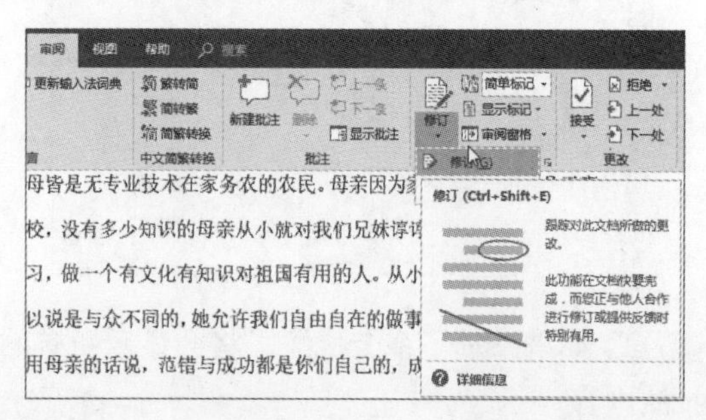

步骤02 根据需要，删除错误处，并且添加新的内容。随后单击“显示标记”下拉按钮，从下拉列表中选择合适的选项。

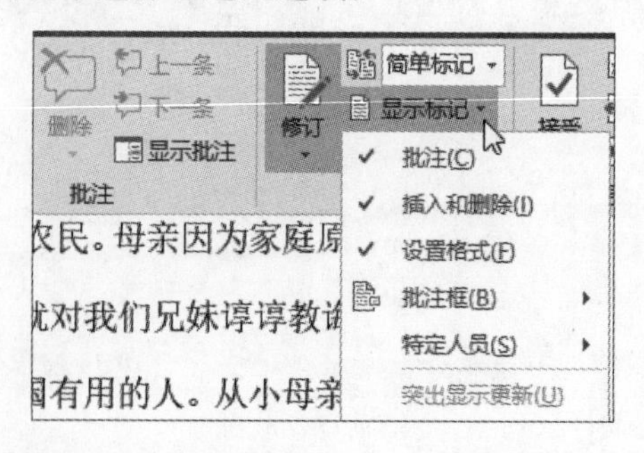

步骤03 如果想显示或者隐藏标记，可以单击“显示以供审阅”下拉按钮，从列表中选择“所有标记”选项，即可显示所有标记。

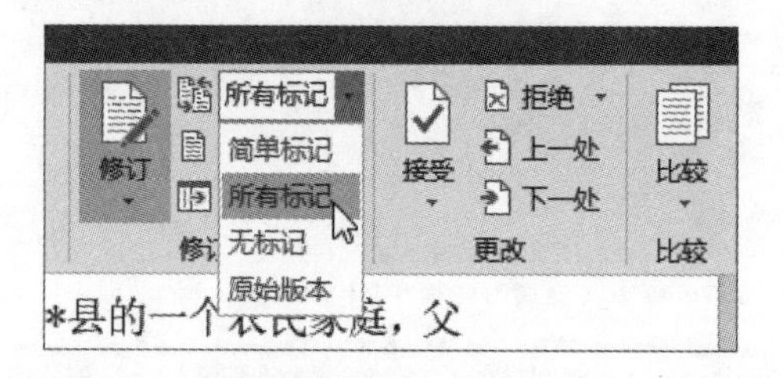

步骤04 单击“审阅窗格”下拉按钮，从列表中选择“垂直审阅窗格”选项。

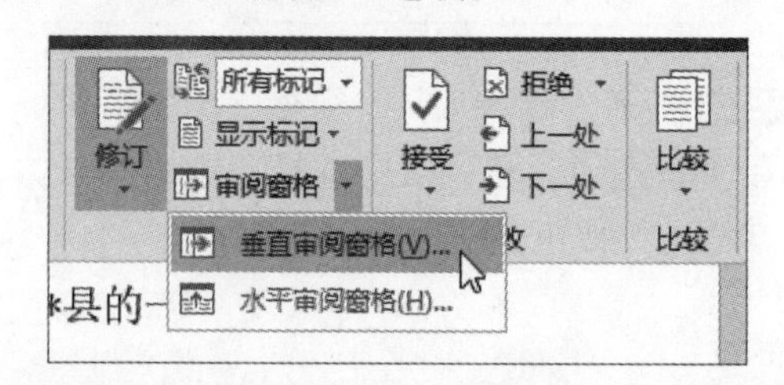

步骤05 打开垂直显示的审阅窗格，在文档左侧显示所有修订内容。右击删除项，在弹出的快捷菜单中选择“接收删除”命令，即可按照修订内容删除当前内容。

步骤06 右击插入项，在弹出的快捷菜单中选择“接受插入”命令，即可将修订的内容插入文档中。

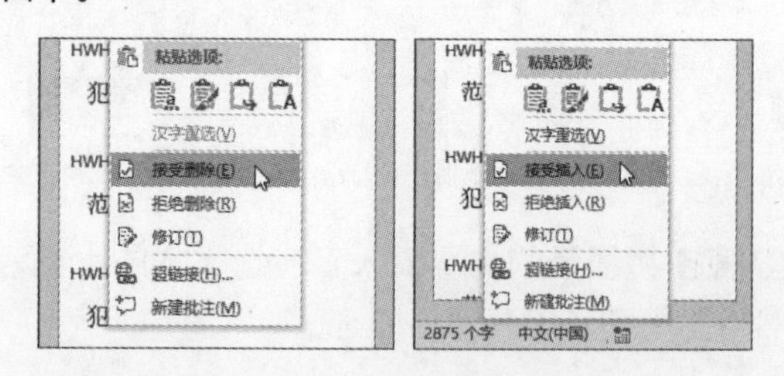

2.5 轻松提取文档目录

如标书、论文等大型文档，需要在文档前添加目录，以方便他人查看。在Word文档中，通过目录中的标题还可以快速定位至文档相应位置，下面将介绍文档目录的使用。

2.5.1 插入目录

对于长篇文档来说，目录对文档非常重要，下面介绍目录的插入方法。

步骤01 打开文档，单击“引用”选项卡中的“目录”按钮，从展开的列表中选择“自动目录1”选项。

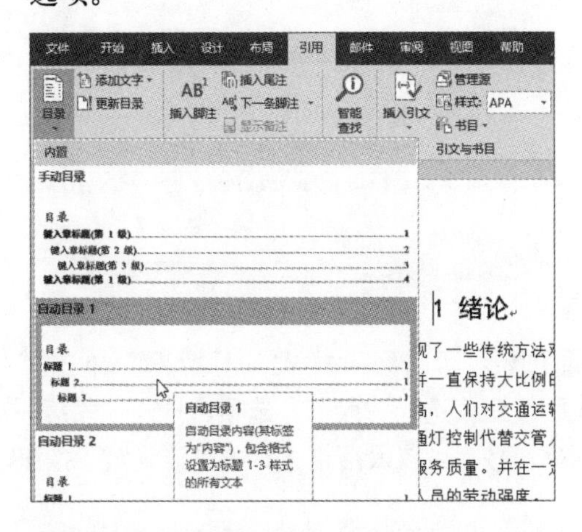

步骤02 即可自动在光标定位处生成目录。

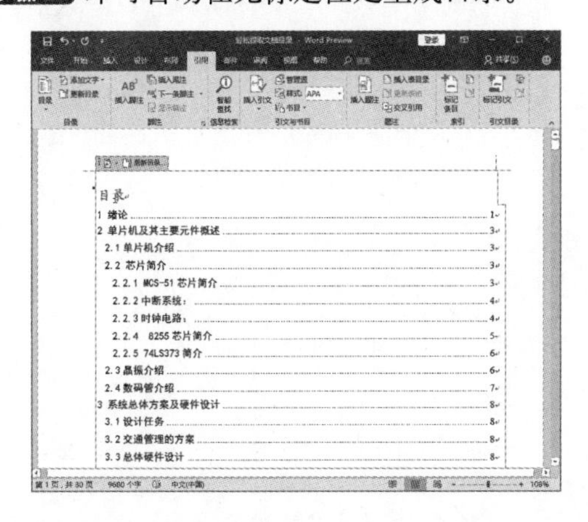

如果对文档内置的目录样式不满意，或者需要插入规定的目录样式，用户可以自定义目录，下面介绍具体操作方法。

步骤01 打开文档，单击“引用”选项卡上的“目录”按钮，从展开的列表中选择“自定义目录”选项。

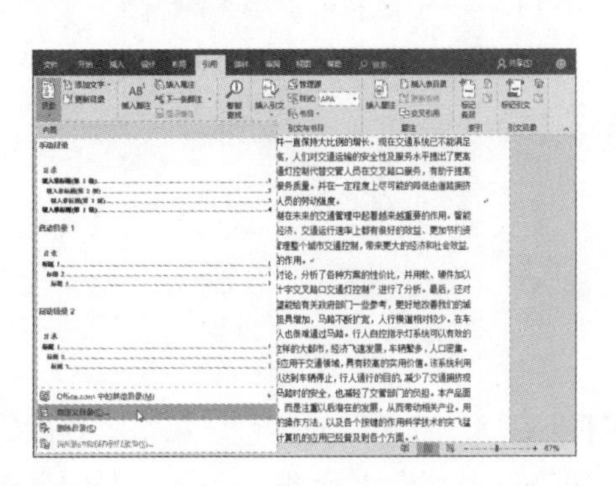

步骤02 打开“目录”对话框，在“目录”选项卡中单击“制表符前导符”右侧的下拉按钮，从列表中选择所需的样式选项。

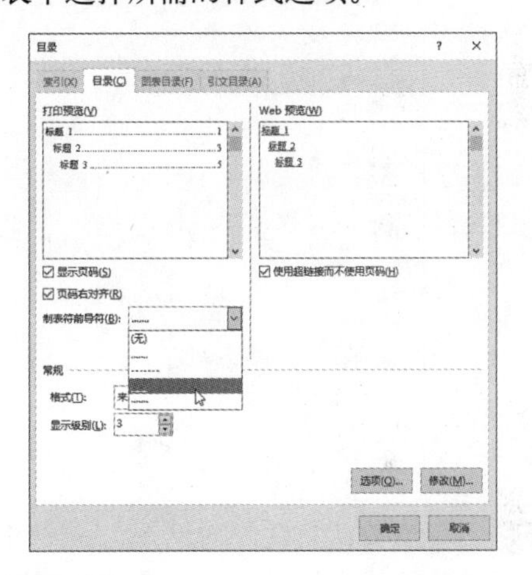

步骤03 将“显示级别”设为4级，然后单击“选项”按钮。

步骤04 打开“目录选项”对话框，根据需要勾选要显示的目录选项，这里保持默认设置，单击“确定”按钮。

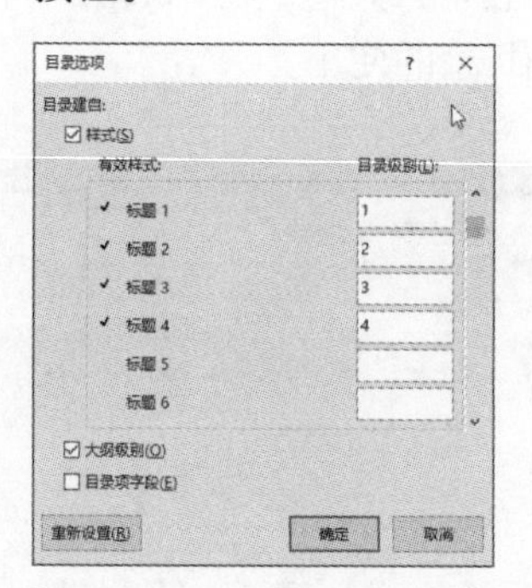

步骤05 返回“目录”对话框，单击“修改”按钮，打开“样式”对话框，选择“目录1”选项后单击“修改”按钮。

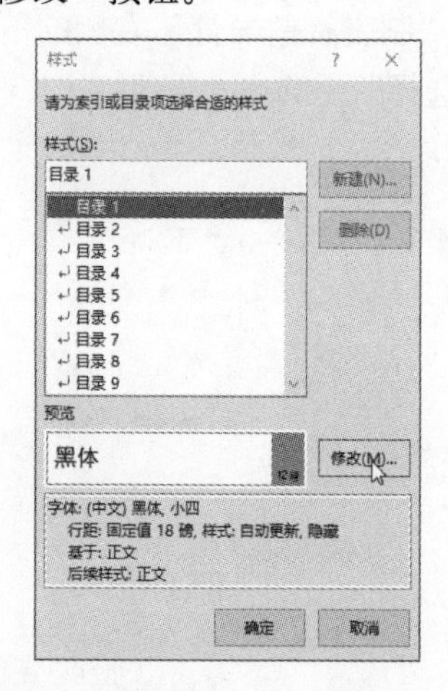

步骤06 打开“修改样式”对话框，用户可以简单的设置目录的字体格式，如果需要更详细地设置，需要单击“格式”按钮，从展开的列表中选择“字体”选项。

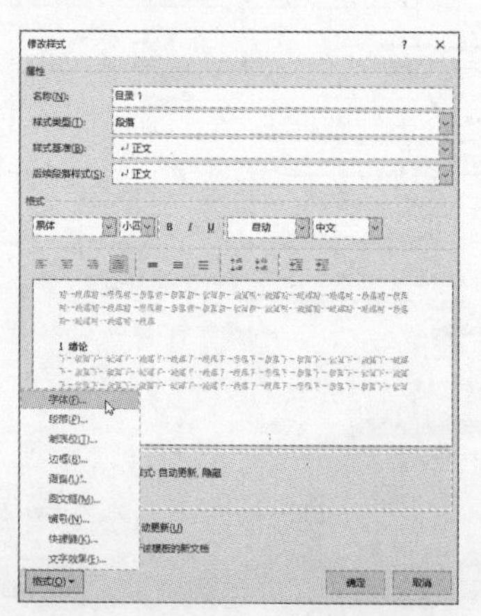

步骤07 打开“字体”对话框，设置字体格式为等线、小二、加粗、红色，然后单击“确定”按钮。

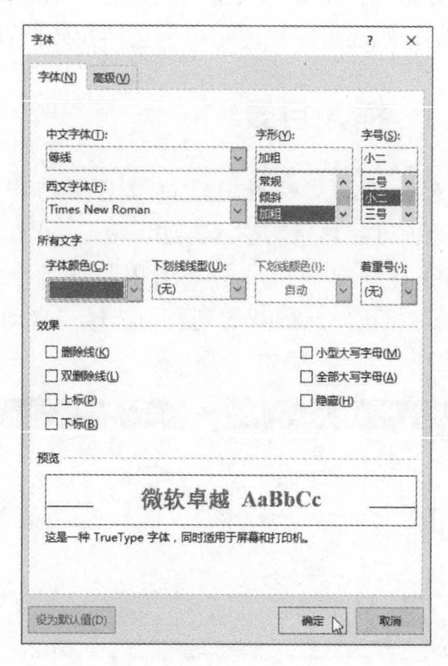

步骤08 返回“修改样式”对话框，单击“格式”按钮，选择“段落”选项，打开“段落”对话框，按需设置段落格式，单击“确定”按钮。

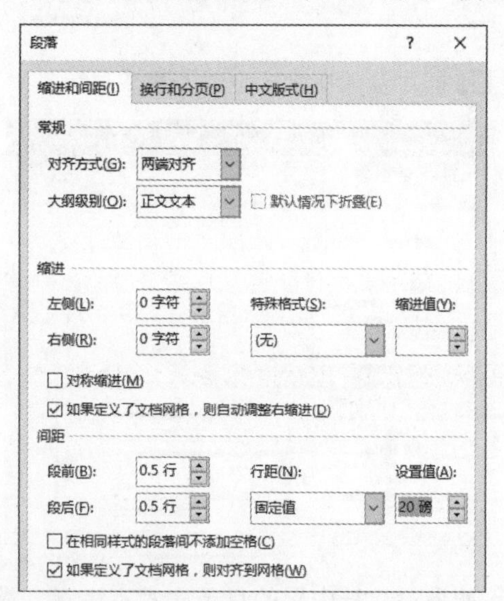

步骤09 返回“修改样式”对话框，单击“确定”按钮。然后按照同样的方法，依次修改目录2、目录3、目录4的字体格式和段落格式，设置完成后，返回至“样式”对话框，单击“确定”按钮。

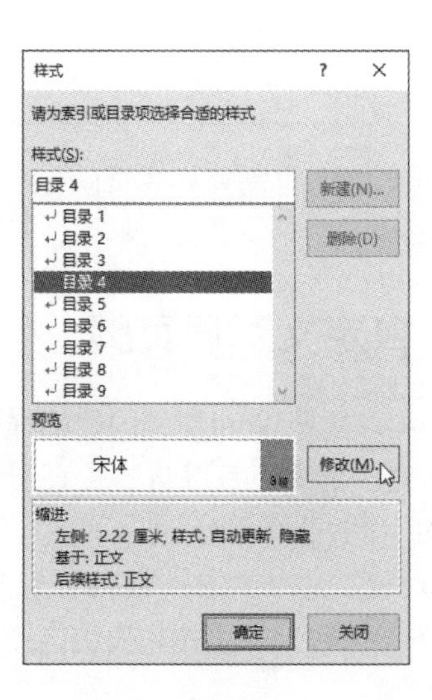

步骤10 返回“目录”对话框，可以预览目录的样式，如果对目录样式不满意还可以按照同样的方法进行修改。

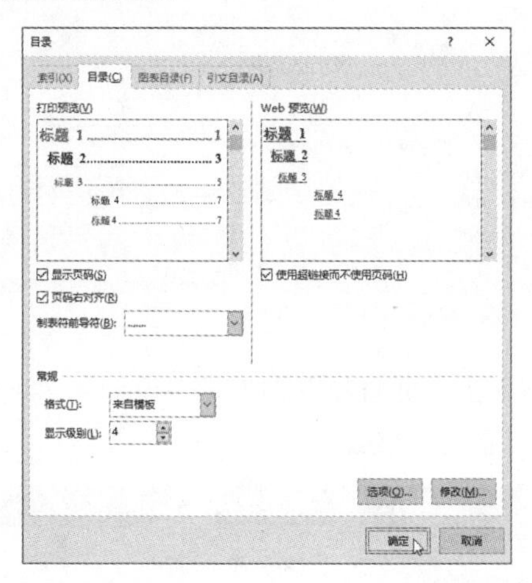

步骤11 按照设置的自定义目录样式在文档中插入目录。

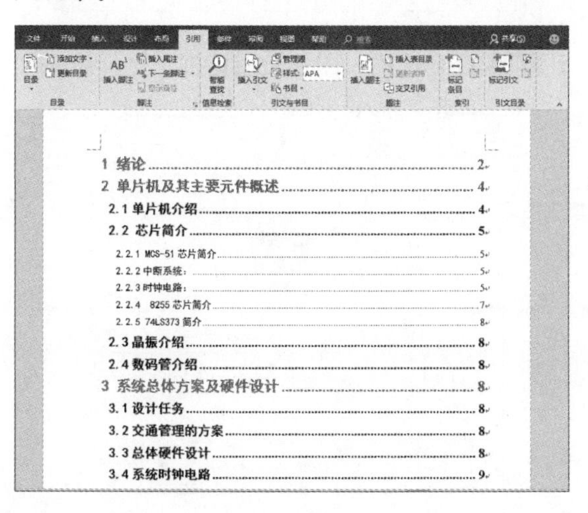

2.5.2 更新和删除目录

如果对文档标题进行了修改，则目录就需要做出相应的更新；如果文档中不再需要目录，则可将其删除。

步骤01 打开文档，单击“引用”选项卡中的“更新目录”按钮。

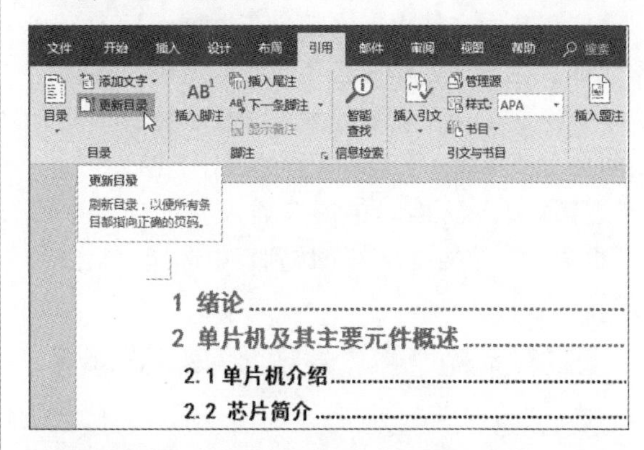

步骤02 打开“更新目录”对话框，选中“更新整个目录”单选按钮，然后单击“确定”按钮，即可更新整个目录。

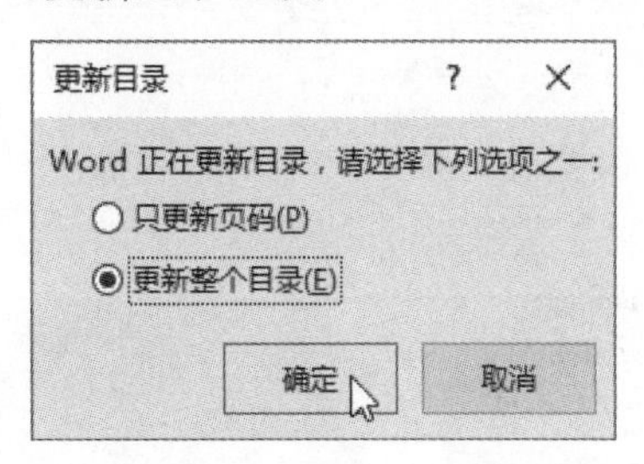

步骤03 如果想要删除目录，只需在“目录”列表中选择“删除目录”选项即可。用户还可以选中整个目录后，在键盘上直接按Delete键来删除。

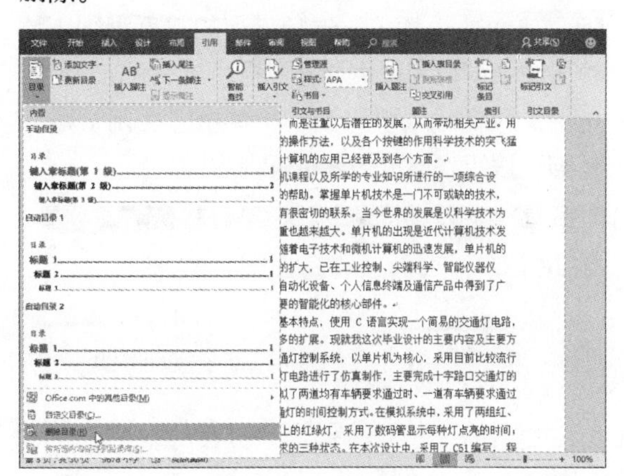

2.6 页眉页脚的添加

在制作合同、标书和论文等文档时，经常需要插入页眉和页脚，也需要标注页码，下面对其分别进行介绍。

2.6.1 插入页眉页脚

在公司文档中，通常会在页眉处插入公司名称，在页脚处插入公司网址或者格言等。而学生论文则会在页眉处插入学校名称。下面介绍在文档中插入页眉和页脚的操作方法。

步骤01 打开文档，单击“插入”选项卡中的“页眉”下拉按钮，在下拉列表中选择“空白”样式选项。

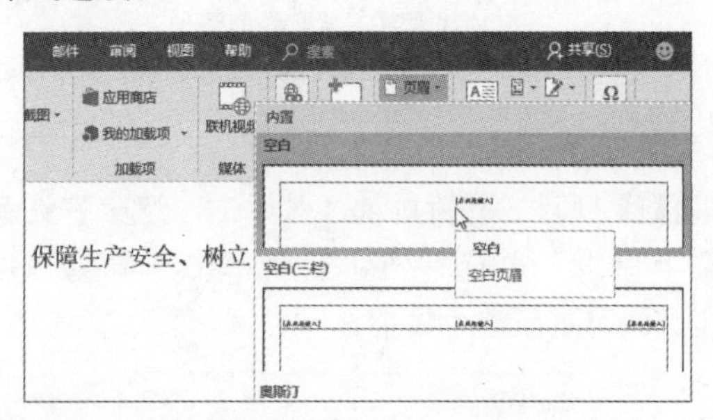

步骤02 按需输入页眉文字，然后单击“关闭页眉和页脚”按钮即可。

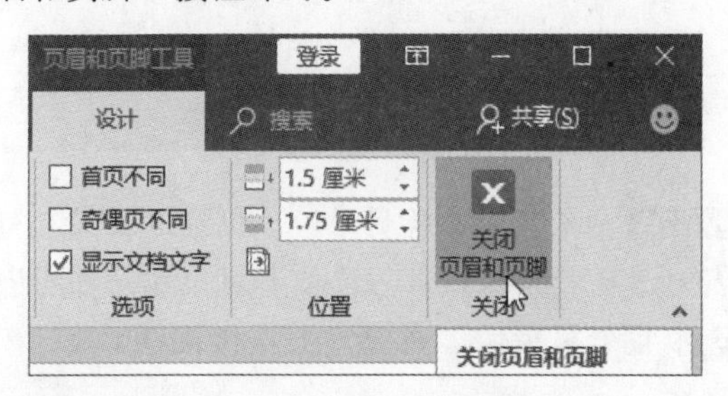

步骤03 单击“插入”选项卡中的“页脚”下拉按钮，从下拉列表中选择“空白（三栏）”样式选项。按需输入页脚文字，单击“关闭页眉和页脚”按钮，即可插入页脚内容。

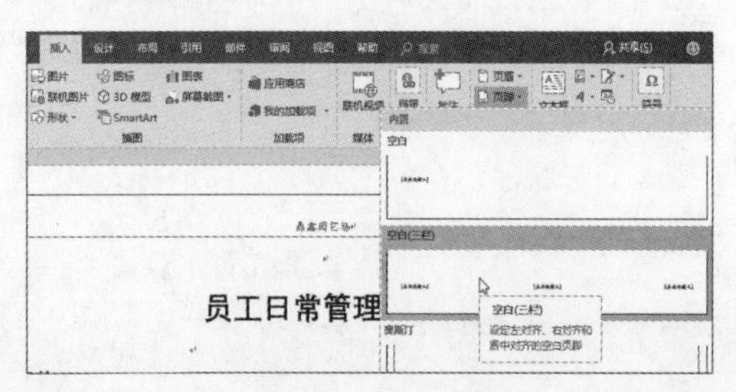

2.6.2 自定义页眉页脚

除了可以按照Word文档内置的样式添加页眉和页脚外，用户还可以自定义页眉和页脚样式，具体操作方法介绍如下。

步骤01 打开文档，单击“插入”选项卡中的“页眉”下拉按钮，从下拉列表中选择“编辑页眉”选项。

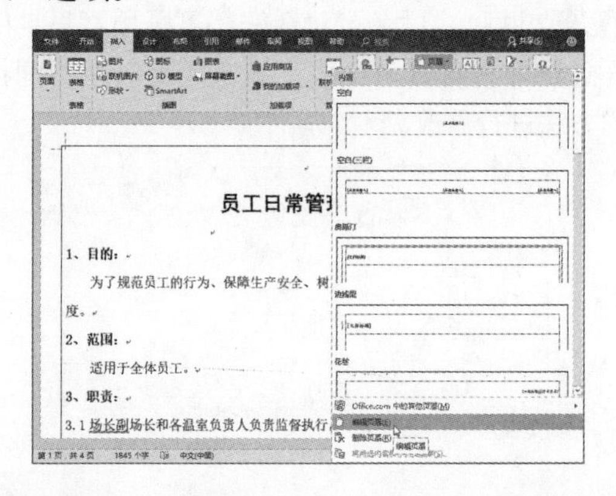

步骤02 在“页眉和页脚工具—设计”选项卡中单击“图片”按钮。

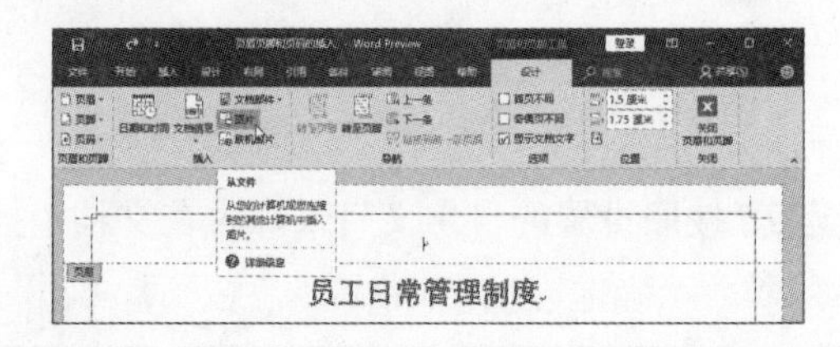

步骤03 打开“插入图片”对话框，选择所需图片后，单击“插入”按钮。

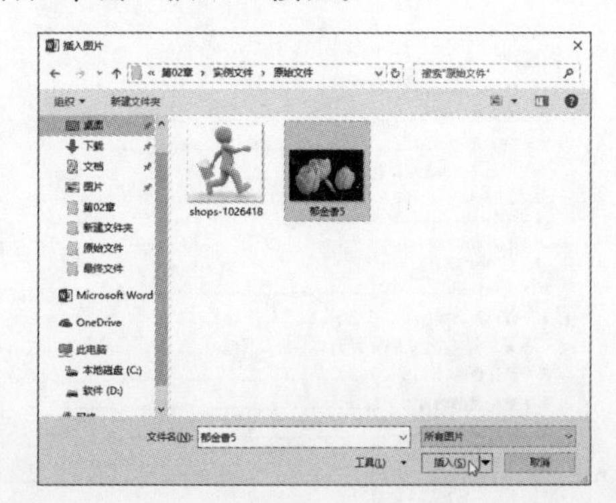

步骤04 按需调整图片大小和位置后，复制多个图片，然后在“位置”选项组设置“页眉顶端距离”和“页脚底端距离”数值来调整页眉和页脚距页面的距离。

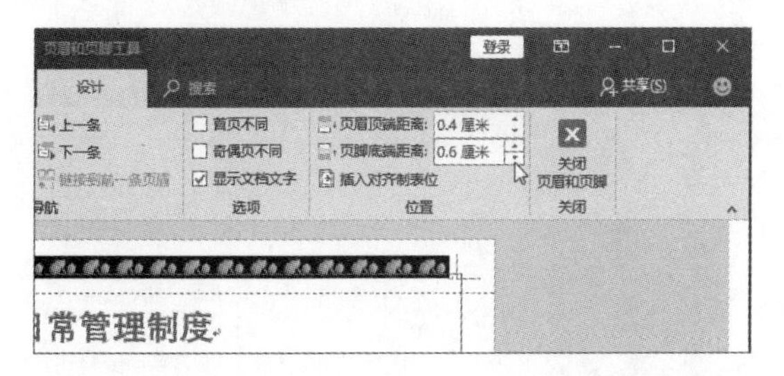

步骤05 单击“转至页脚”按钮，可切换至页脚，并对页脚进行设置。

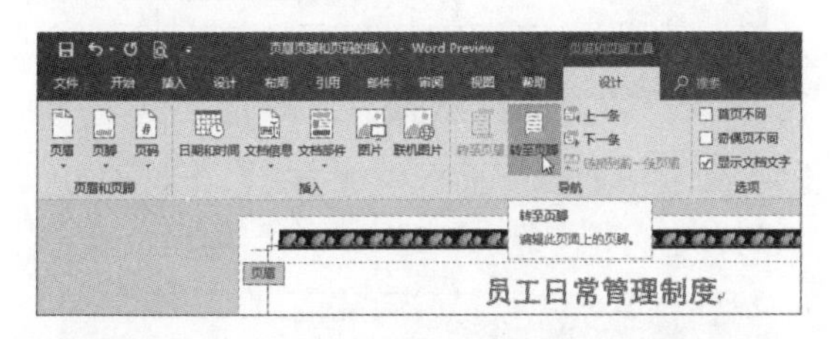

步骤06 单击“日期和时间”按钮。

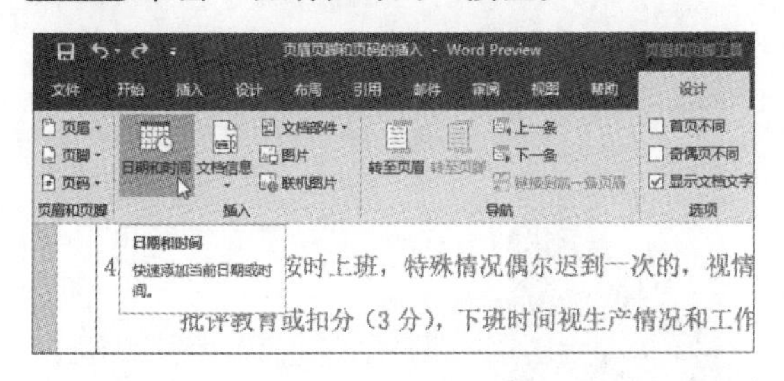

步骤07 弹出“日期和时间”对话框，选择合适的日期和时间格式，勾选“自动更新”复选框，单击“确定”按钮。单击“关闭页眉和页脚”按钮，即可完成页眉页脚的设置。

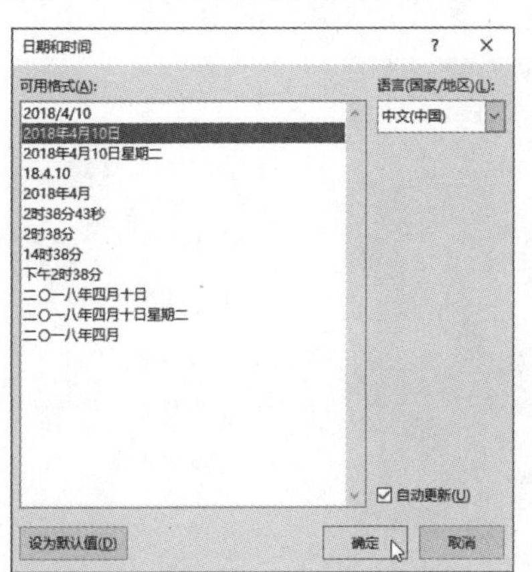

2.6.3 为文档添加页码

如果需要在文档中添加页码，可以按照以下方法进行操作。

步骤01 单击“插入”选项卡中的“页码”按钮，选择“页面底端>普通数字2”选项。

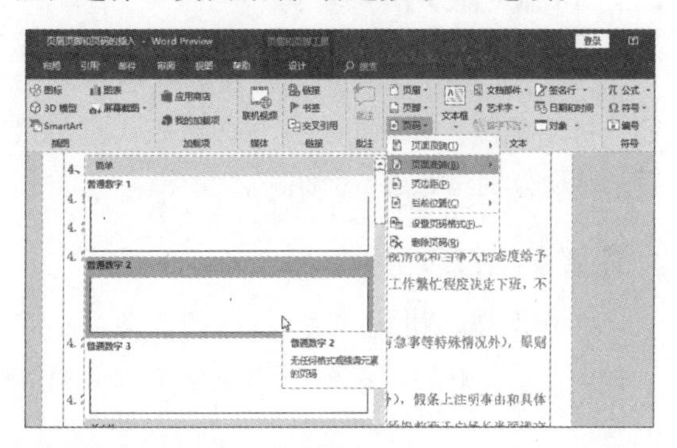

步骤02 即在文档中插入所选样式的页码。在“页眉和页脚工具—设计”选项卡中单击“页码”按钮，在列表中选择“设置页码格式”选项。

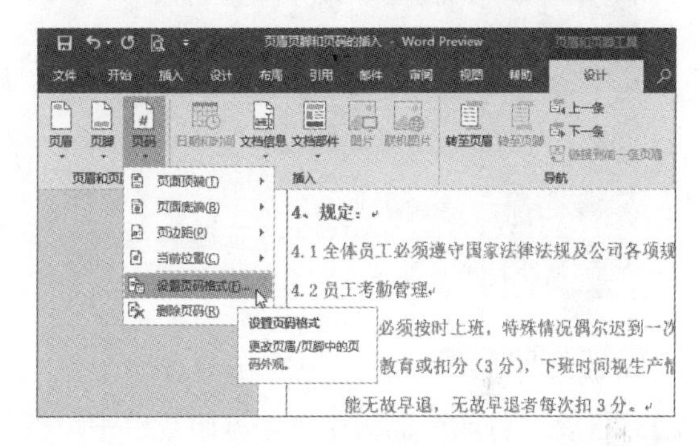

步骤03 打开“页码格式”对话框，对页码格式进行设置后，单击“确定”按钮。单击“关闭页眉和页脚”按钮，即可退出编辑状态。

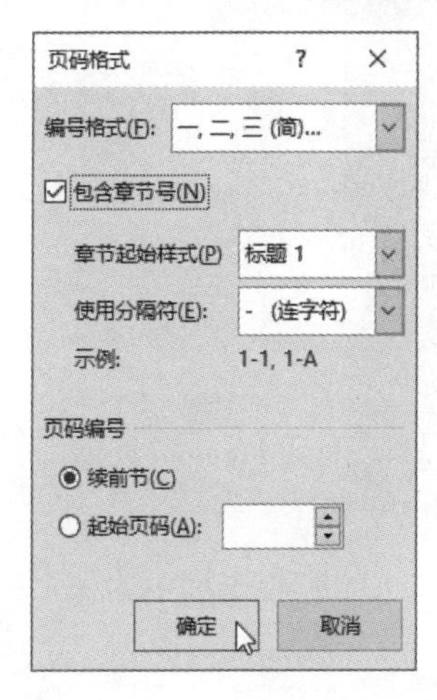

2.7 文档的打印设置

文档制作完成后，通常需要以纸质形式呈现出来，在打印之前，首先需要对文档的页面进行设置，然后预览并打印。

2.7.1 设置打印参数

在打印文档之前，可以对文档的打印份数、打印范围、打印方向、打印纸张等进行设置，下面分别对其进行介绍。

1. 设置文档打印份数

打开文档，执行“文件>打印”命令，在“打印”面板中的“份数”数值框中设置打印份数。

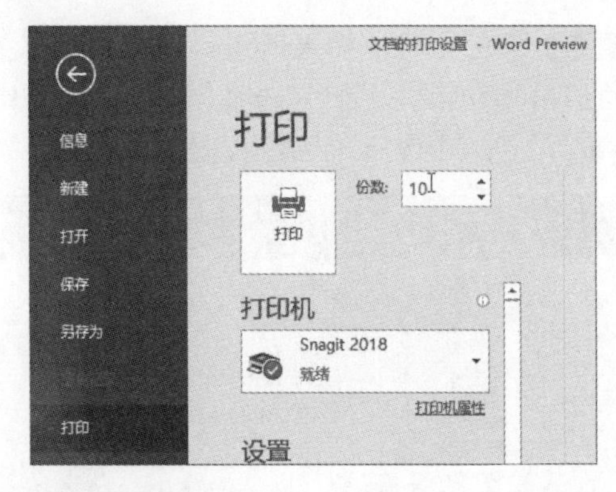

2. 设置打印范围

步骤 01 在“打印”面板中单击打印范围下拉按钮，从展开的列表中选择“自定义打印范围”选项。

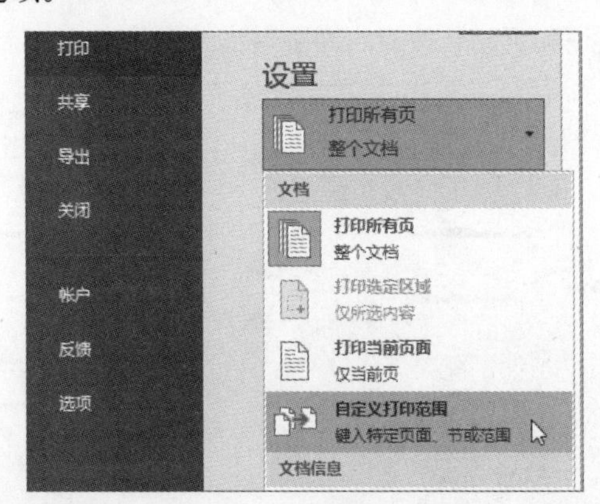

步骤 02 在“页数”数值框中输入页码或页码范围即可。

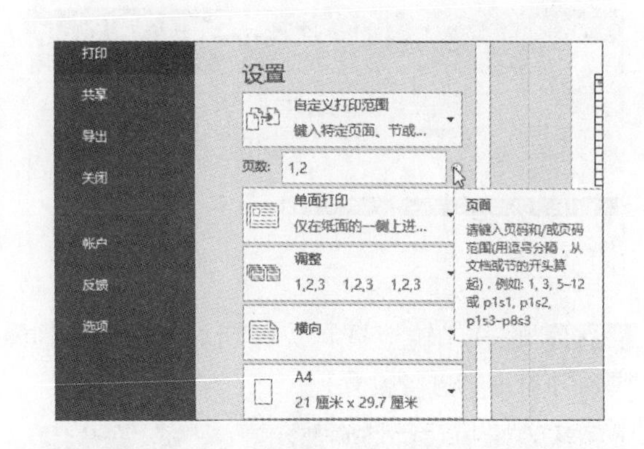

3. 设置打印方向、纸张、页边距

步骤 01 在“打印”面板中单击方向下拉按钮，从列表中选择“纵向”或“横向”选项。

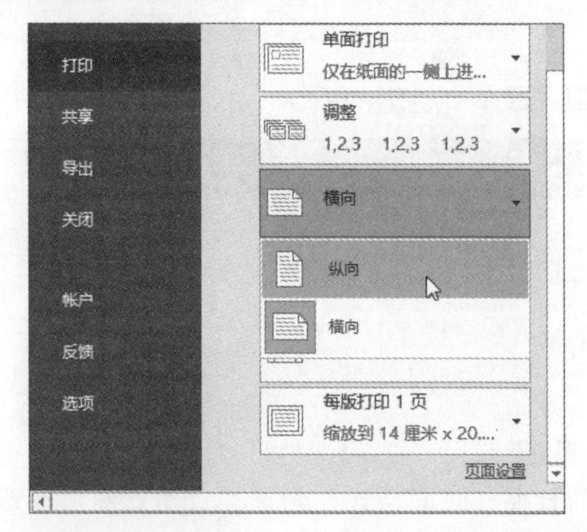

步骤 02 单击纸张大小下拉按钮，从列表中选择合适的纸张大小选项。

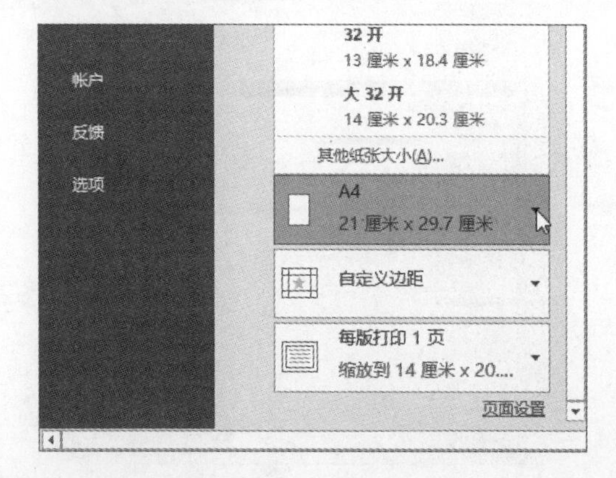

步骤03 单击页边距下拉按钮，从展开的列表中选择合适的页边距选项即可。

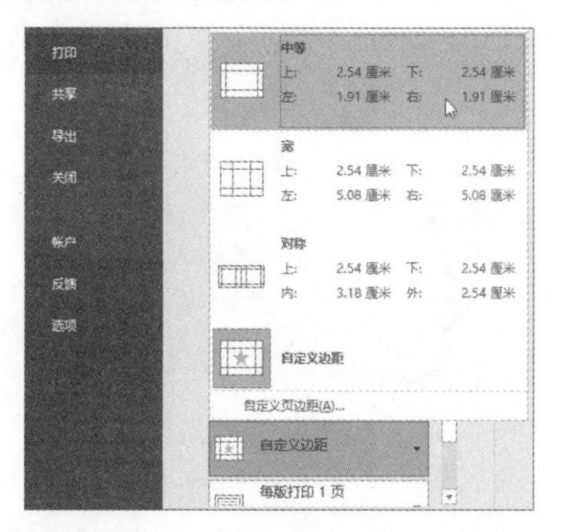

4. 设置打印版式并选择打印机

步骤01 在“打印”面板中单击打印版式下拉按钮，从列表中选择合适的打印版式选项。

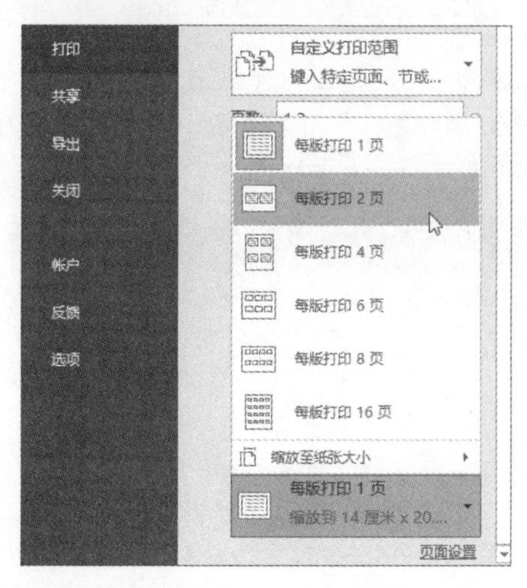

步骤02 单击“打印机”下拉按钮，从展开的列表中选择用于打印文档的打印机。

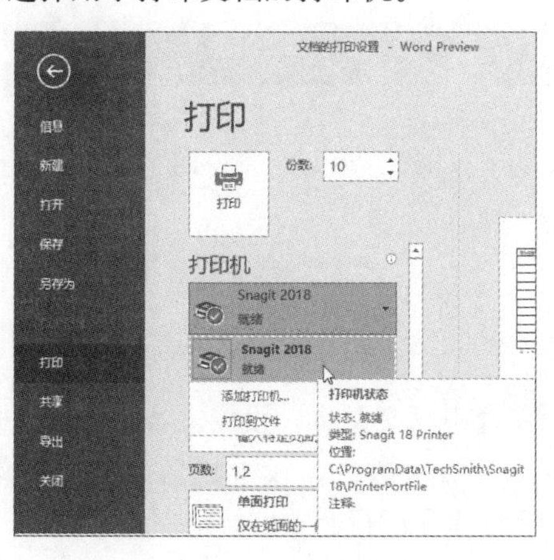

2.7.2 打印预览与打印

在打印文档之前，可以先预览文档的打印效果，下面介绍打印预览和打印文档的操作方法。

步骤01 单击快速访问工具栏中的“打印预览和打印”按钮。

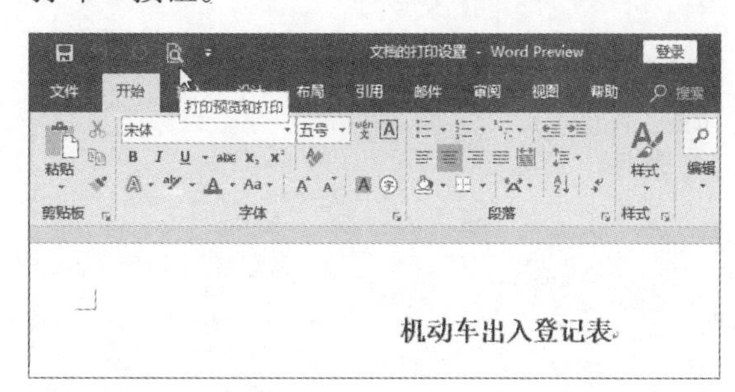

步骤02 在打开的“打印”面板的预览区域，预览文档的打印效果。

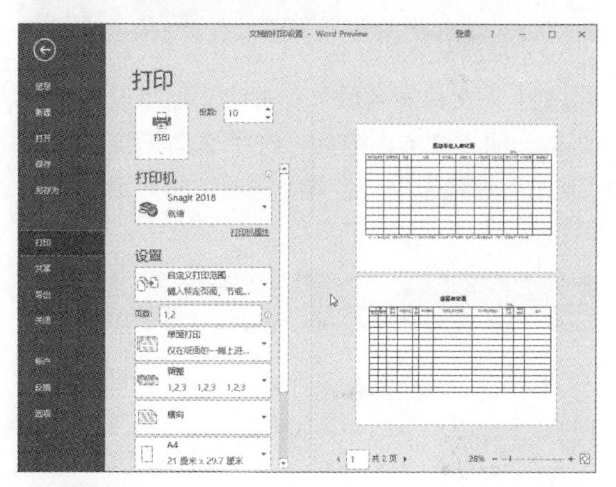

步骤03 单击“打印”按钮，即可将文档打印出来。

动手练习 制作公司考勤制度

下面将以制作“公司考勤制度”文档为例，对Word文档的创建与编辑操作进行详细介绍。

步骤 01 在桌面上单击鼠标右键，从弹出的快捷菜单中选择“新建>Microsoft Word文档”命令，新建一个空白文档。

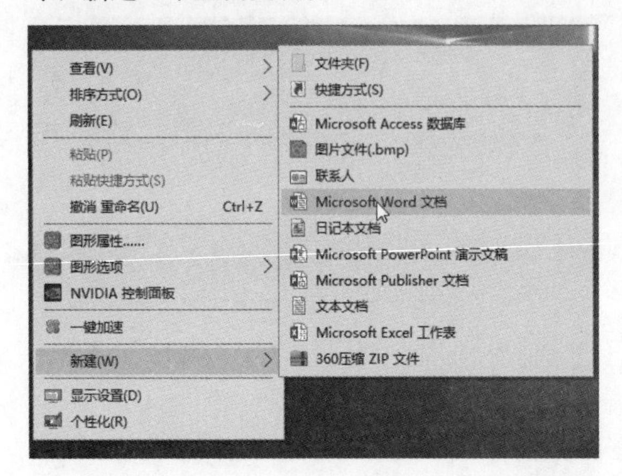

步骤 02 为文档命名后，双击该文档图标，打开文档。输入文本内容后，选中文档标题，单击“开始”选项卡中“字体”选项组的对话框启动器按钮。

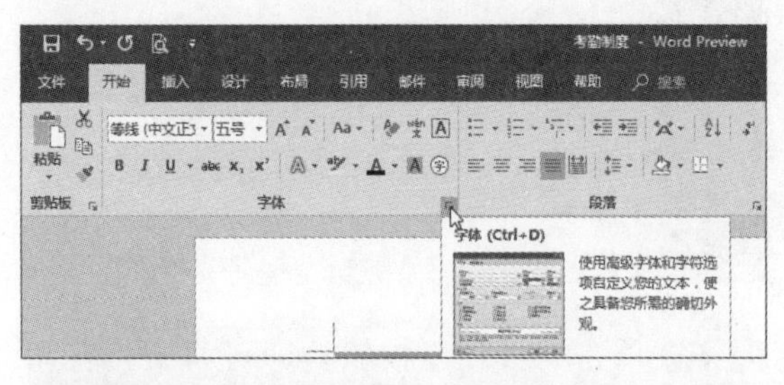

知识点拨 设置字符间距

设置文档标题格式时，可以根据需要对字体、大小、颜色等进行设置。为了使排版更美观，还可以对字符的间距进行设置。

步骤 03 打开“字体”对话框，在“字体”选项卡中设置字体为“黑体”、字号为“小一”、颜色为“黑色”，并加粗显示。

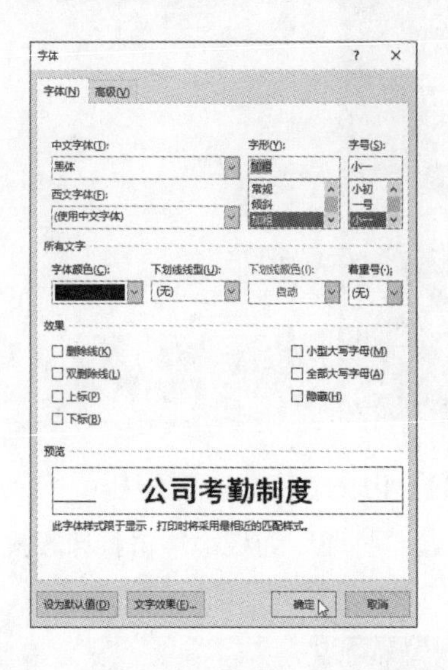

步骤 04 单击“确定”按钮返回文档中，单击“文本效果和版式”下拉按钮，在下拉列表中选择一款满意的艺术字样式。

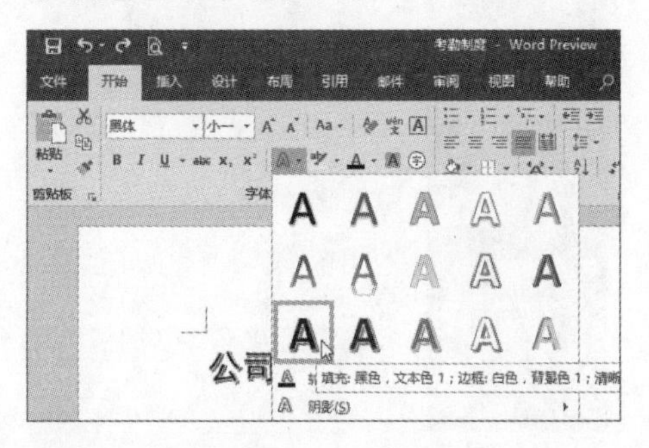

步骤 05 继续选中标题文本，在“开始”选项卡中单击“居中”按钮，使标题居中显示。

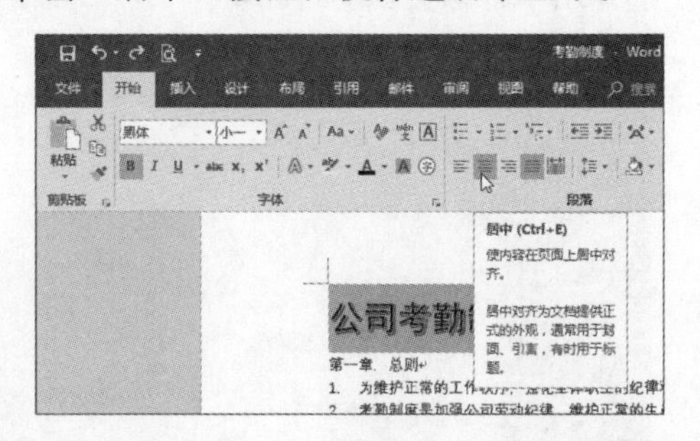

步骤 06 选中正文文本，设置文本的字体格式为宋体、小四、黑色，设置段落格式为两端对齐、段前段后0.3行、单倍行距。

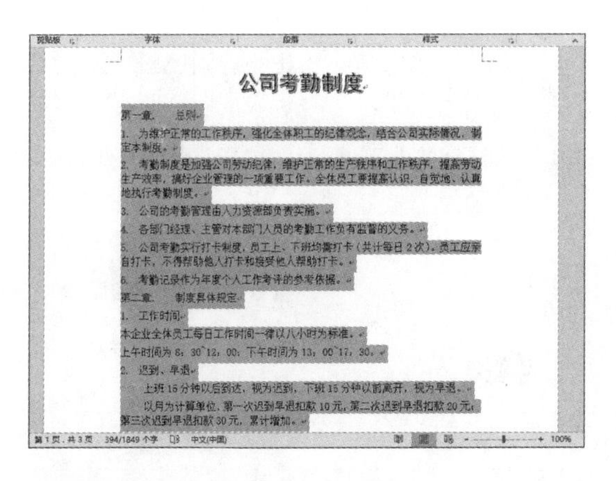

步骤07 设置二级标题文本格式为黑体、小三、黑色，然后设置其段落格式为两端对齐、段前段后0.5行、单倍行距。

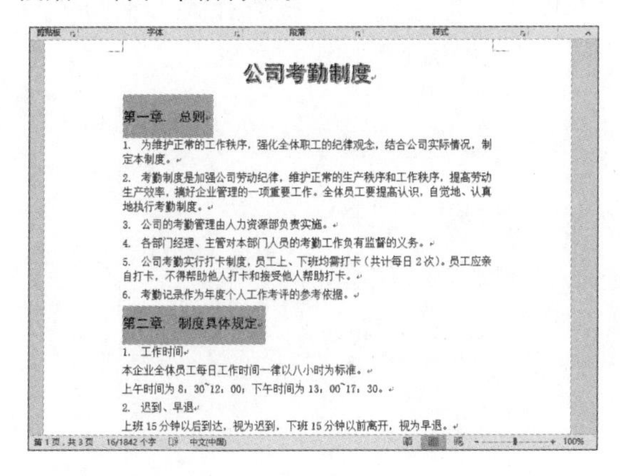

步骤08 选择需要文本，单击“开始”选项卡中的“项目符号”下拉按钮，从列表中选择合适的项目符号样式，即可为选中文本添加相应的项目符号。

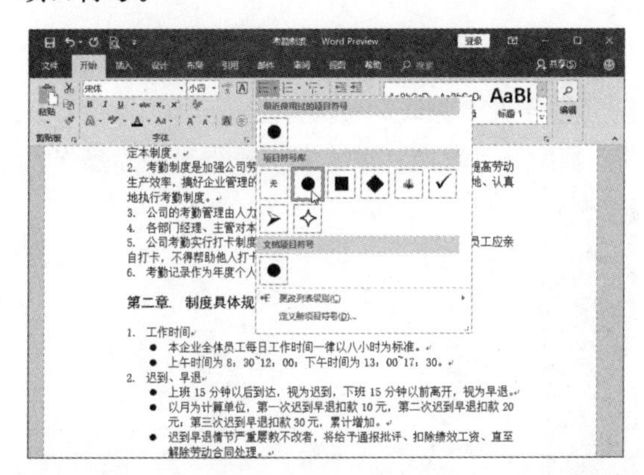

步骤09 在“插入”选项卡中单击“页眉”下拉按钮，在下拉列表中选择“空白”样式选项，为文档添加页眉。

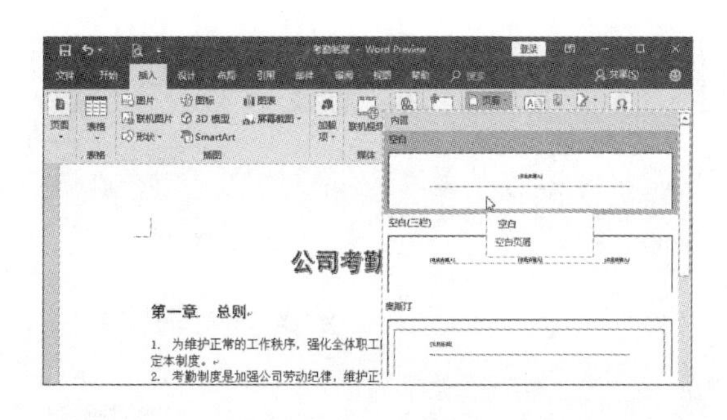

步骤10 输入页眉文本，并设置页眉字体格式为等线、10号、黑色。

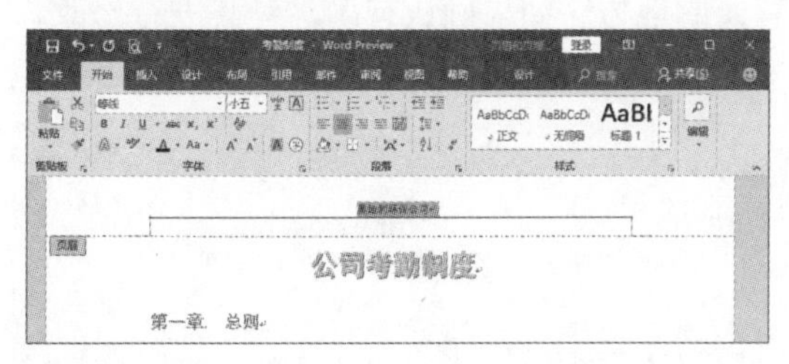

步骤11 切换至“页眉和页脚工具—设计”选项卡，单击“页码”下拉按钮，选择“页面底端”选项，在子列表中选择“粗线”样式选项，为文档添加页码。

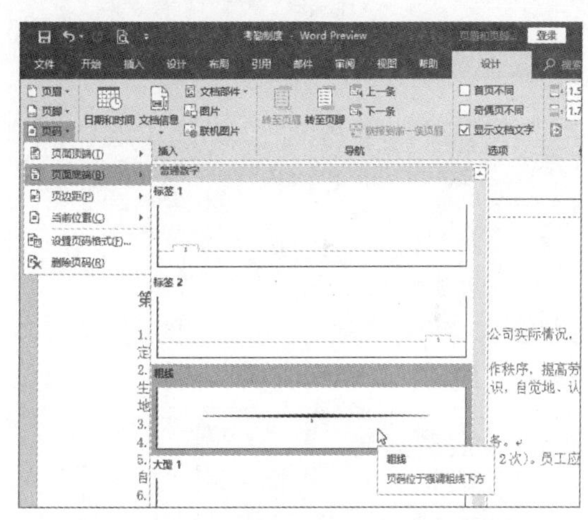

步骤12 设置页眉顶端距离和页脚底端距离均为1.5厘米后，单击“关闭页眉和页脚”按钮。

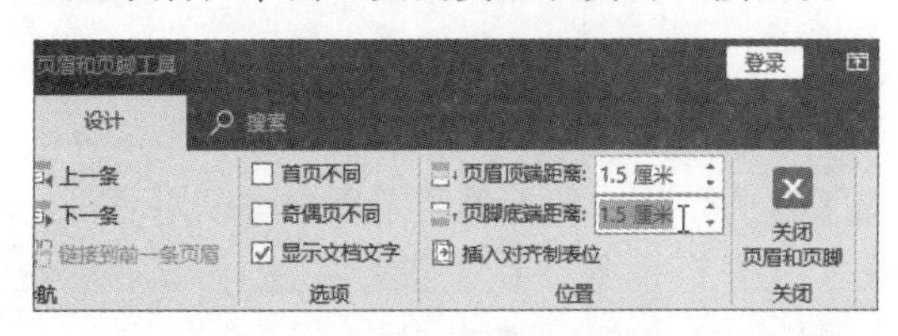

步骤13 至此，完成文档的基本设置。单击“审阅”选项卡中的“拼写和语法”按钮。

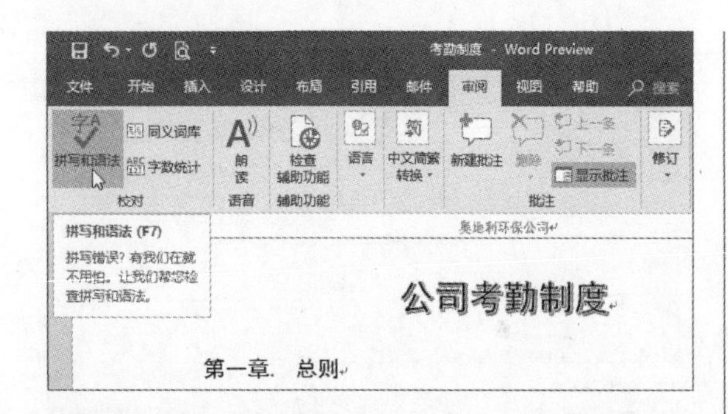

步骤14 系统会自动审查并标出文档拼写或语法有误的地方。如果确认有误，对其进行修改；如果确认无误，只需单击“忽略”按钮即可。

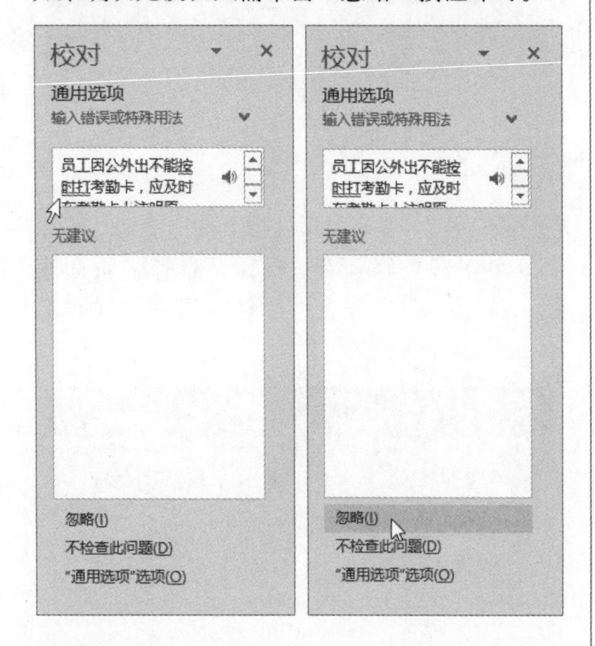

步骤15 拼写检查完毕后，在弹出的提示对话框中单击“确定”按钮即可。

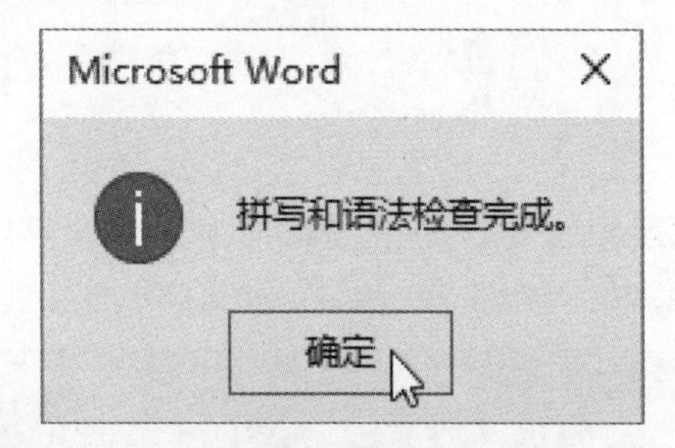

步骤16 为了使文档更美观，用户可以对页面的背景色进行设置。在“设计”选项卡中单击“页面颜色”按钮，选择“填充效果”选项。

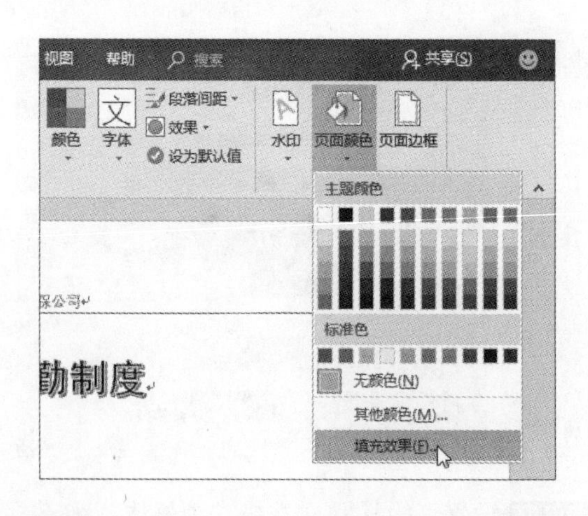

步骤17 在“填充效果”对话框中选中“双色”单选按钮，将“颜色1”设为白色，将“颜色2”设为浅橙色，将“底纹样式”设为“斜下”，单击“确定”按钮。

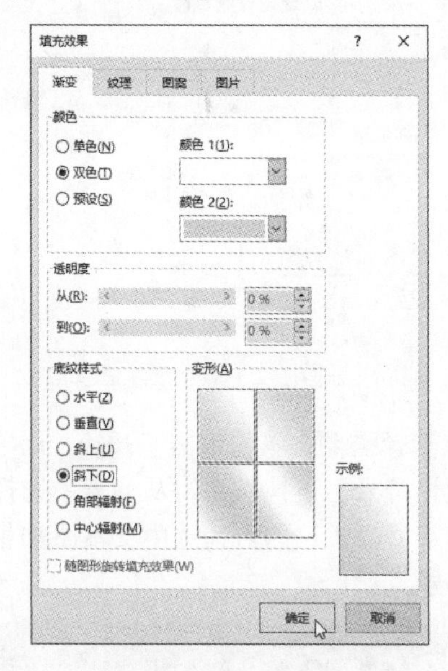

步骤18 至此，完成文档所有设置操作。执行“文件>另存为”命令，对该文档执行另存为操作。

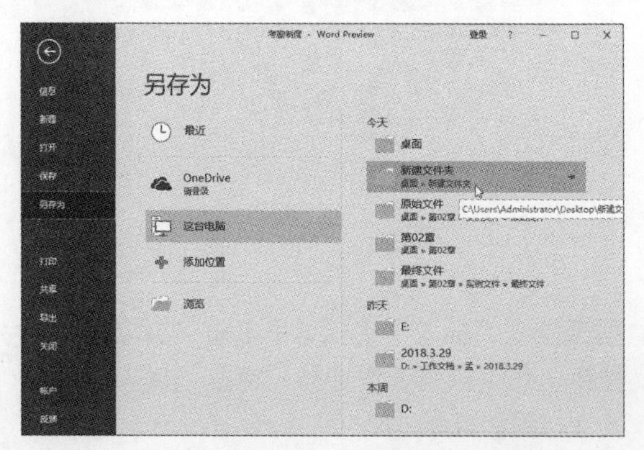

秒杀疑惑

1. 如何快速检查拼写和语法错误？

若文档已经编辑完成，需要检查是否存在拼写和语法错误，只需在键盘上按F7功能键，即可自动检查文档中是否有拼写和语法错误。

2. 剪贴板到底有什么作用？

如果需要一次性剪切/复制多个对象到当前文档，可以使用剪贴板快速实现目标。

01 单击“开始”选项卡中“剪贴板”选项组的对话框启动器按钮。

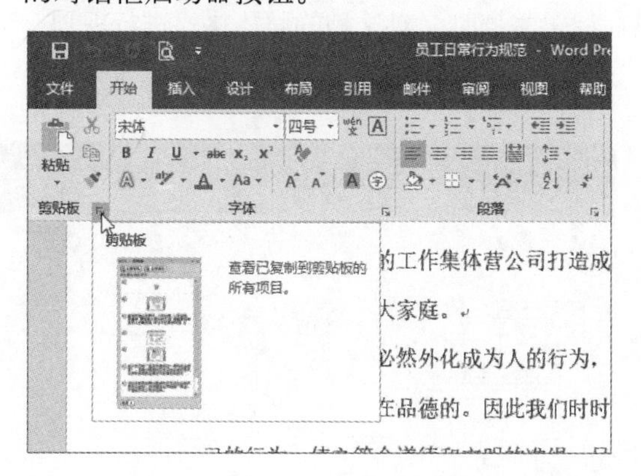

02 打开“剪贴板”窗格，一次性剪切/复制多个对象后，当光标移动至剪贴板中的对象上时，在其右侧会出现一个下拉按钮，单击该按钮，可以根据需要选择“粘贴”或“删除”选项。

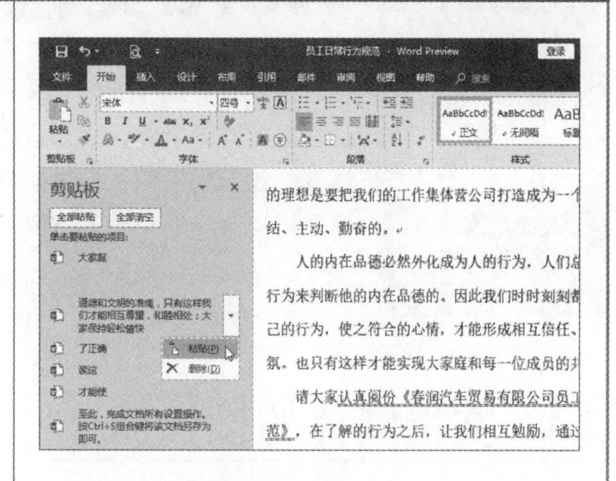

3. 知道F4功能键的作用吗？

F4功能键有点像格式刷，不同的是，格式刷复制的是格式，而F4功能键复制的是操作。例如，如果之前执行了剪切操作，再次选择文本后，在键盘上按F4功能键，可同样进行剪切文本操作；而如果之前执行的是复制操作，那么选择文本后，再次按F4功能键，将复制所选文本。

4. 在删除页眉时，如何去除页眉中的横线？

在删除页眉时，选中页眉中的横线，切换至“开始”选项卡，在“样式”选项组中选择“正文”样式，即可删除页眉中的横线。

Chapter 03 Word文档的美化

上一章介绍了Word文档的创建与编辑操作，本章将对Word文档的美化操作进行详细讲解，比如页面效果的设计、文档的分栏显示、图片的应用、图形的绘制与编辑、文本框与艺术字的应用等。通过对本章内容的学习，可以使用户创建的文档达到锦上添花的效果。

3.1 文档整体的设计

为了避免逐一设计文本格式的麻烦，用户可以在编辑文档时，对文档的整体格式进行规划。下面将对文档格式的设置操作进行详细介绍。

3.1.1 设计文档格式

文档格式由文档的主题颜色、字体样式、段落间距以及效果组成。在设计文档格式时，可以应用Word内置的文档主题效果中的格式，也可以自定义文档格式。

1. 应用内置文档格式

步骤01 创建文档后，单击“设计”选项卡中的“主题”按钮，从展开的主题列表中选择“大都市”主题选项。

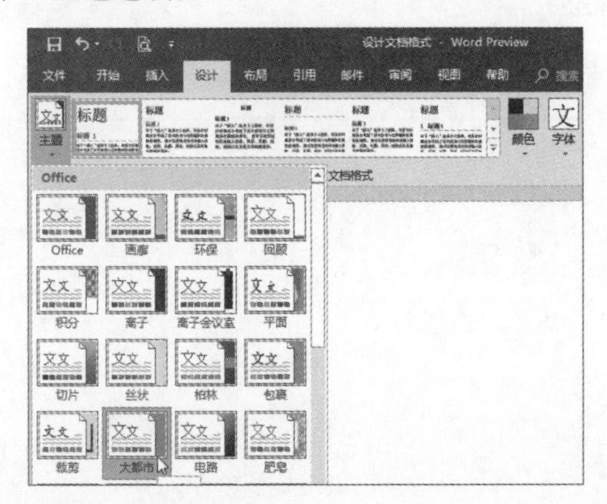

步骤02 单击“文档格式”选项组中的“其他”下三角按钮，从展开的列表中选择一种合适的样式集，这里选择“黑白（经典）”样式集，即可完成内置主题格式的应用。

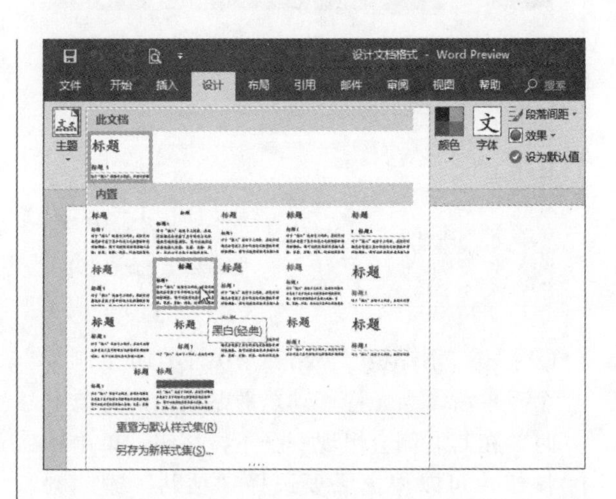

此外，用户还可以对内置文档样式的颜色、字体、段落间距、效果进行更改。

步骤01 单击“设计”选项卡中的“颜色”按钮，从展开的列表中选择一种合适的主题颜色即可，这里选择“绿色”选项。

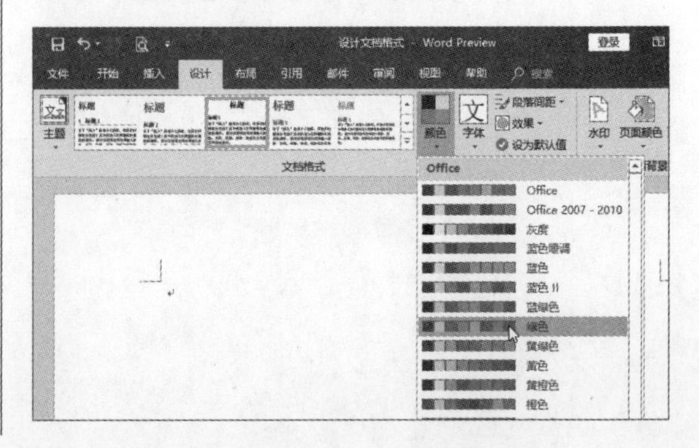

步骤02 单击“字体”按钮，从展开的列表中选择一种合适的字体样项选项。

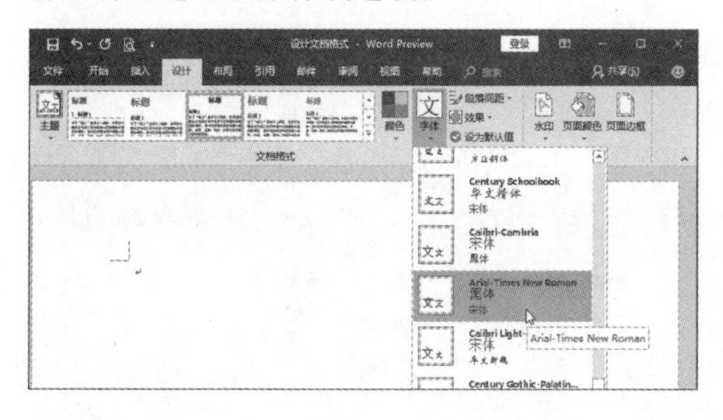

步骤03 单击“段落间距”按钮，从展开的列表中选择“松散”样式选项。

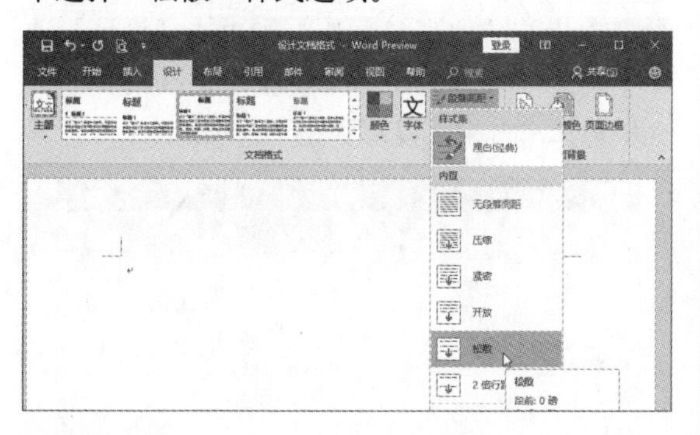

步骤04 将光标定位至输入标题处，单击“开始”选项卡中的“样式”下拉按钮，从展开的字体样式列表中选择“标题”样式选项。

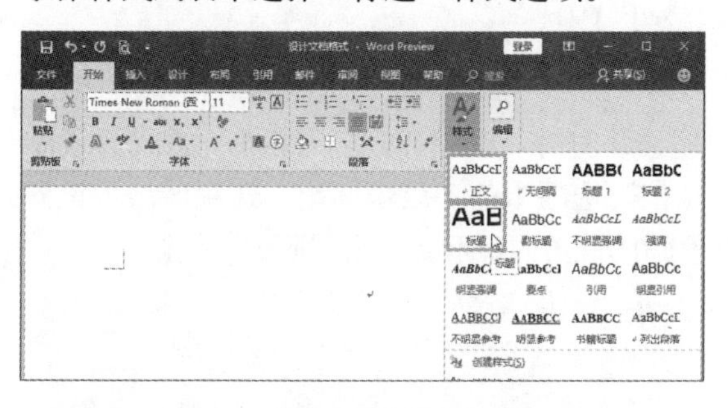

步骤05 按照同样的方法，输入其他文本即可。

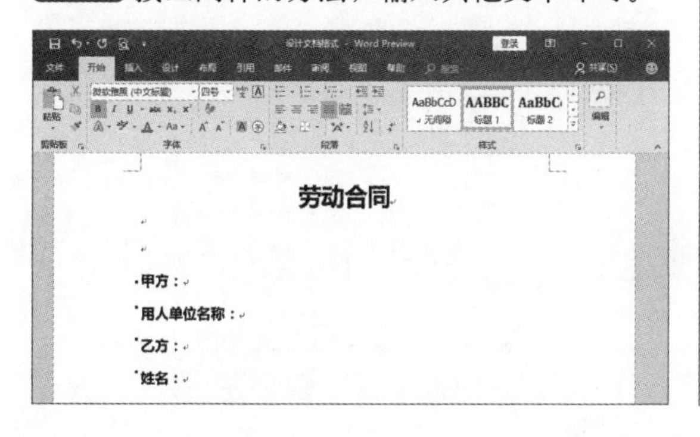

2. 自定义文档主题格式

如果用户对内置的主题格式不满意，还可以自定义文档主题格式，包括主题颜色、主题字体、段落间距的设计等，下面对其操作进行详细介绍。

步骤01 若要自定义主题颜色，则打开文档后，单击“设计”选项卡中的“颜色”下拉按钮，从列表中选择“自定义颜色”选项。

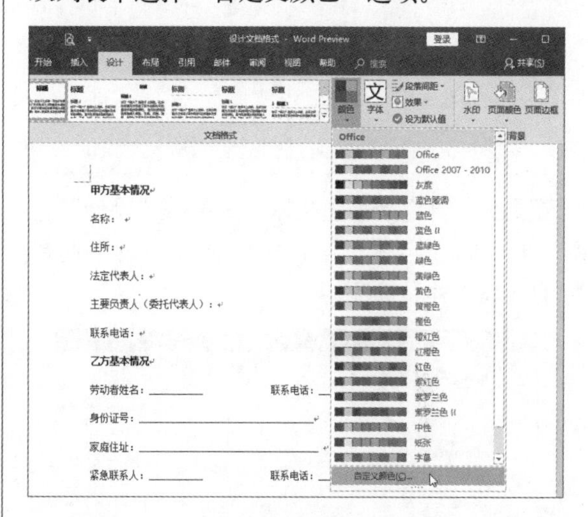

步骤02 打开“新建主题颜色”对话框，用户可以通过“主题颜色”选项区域的各选项对主题颜色进行设置。例如，单击“文字/背景-深色2”按钮，在颜色面板中选取合适的颜色。

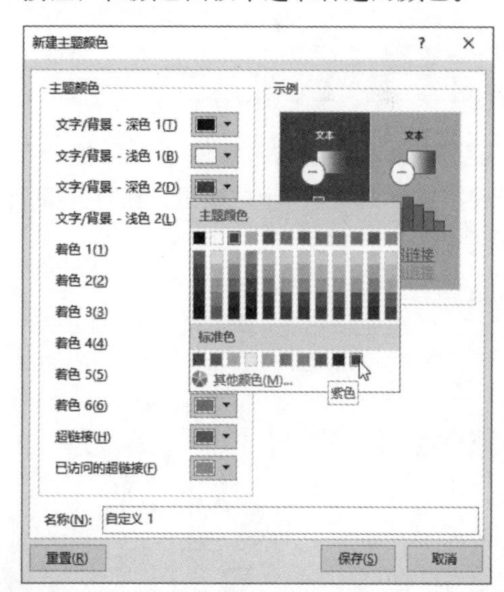

步骤03 在“名称”右侧的文本框中输入名称，然后单击“保存”按钮。

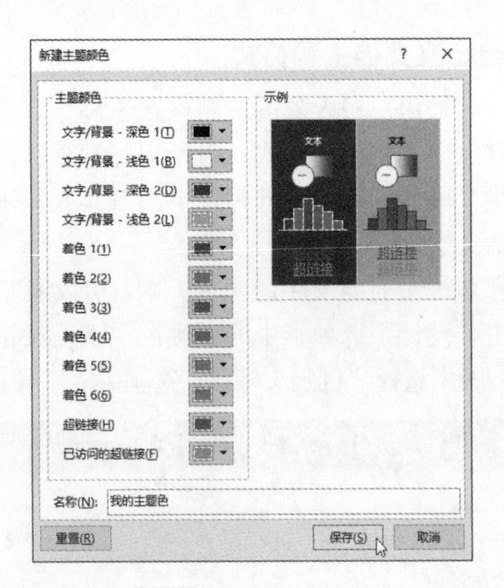

步骤04 若自定义主题字体，则单击“设计”选项卡中的“字体”下拉按钮，从列表中选择“自定义字体”选项。

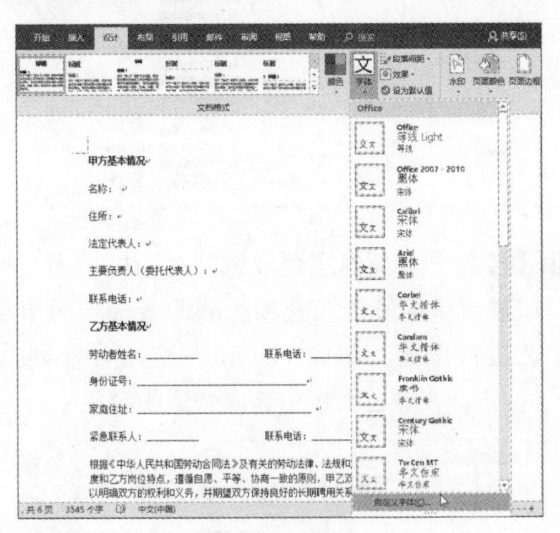

步骤05 打开“新建主题字体”对话框，单击“标题字体（西文）”下拉按钮，在打开的列表中选择合适的字体选项。

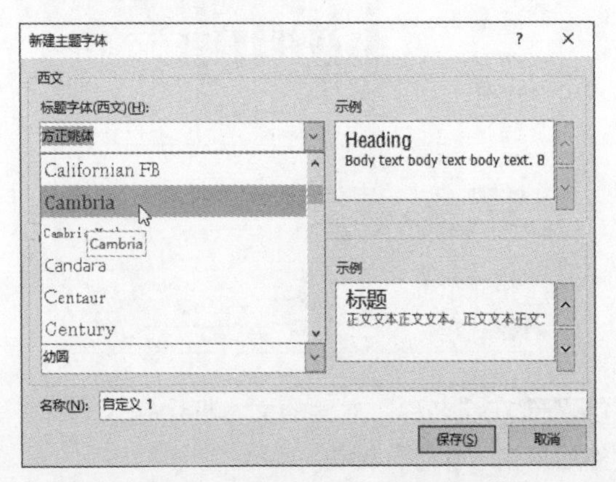

步骤06 按照同样的方法，设置其他字体样式，输入自定义主题名称，最后单击“保存”按钮。

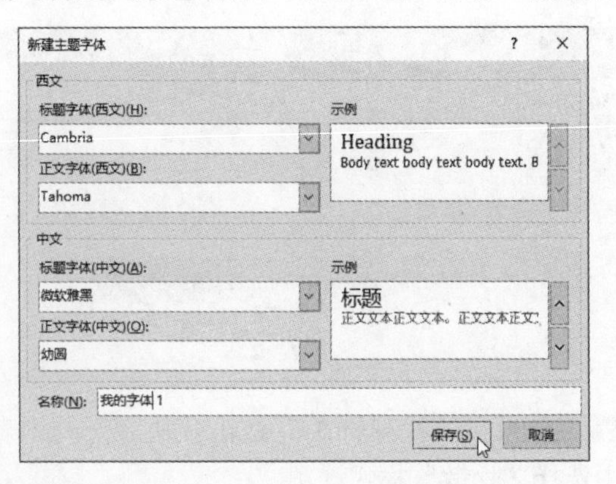

步骤07 若自定义段落间距，则单击“设计”选项卡中的“段落间距”下拉按钮，从展开的列表中选择“自定义段落间距”选项。

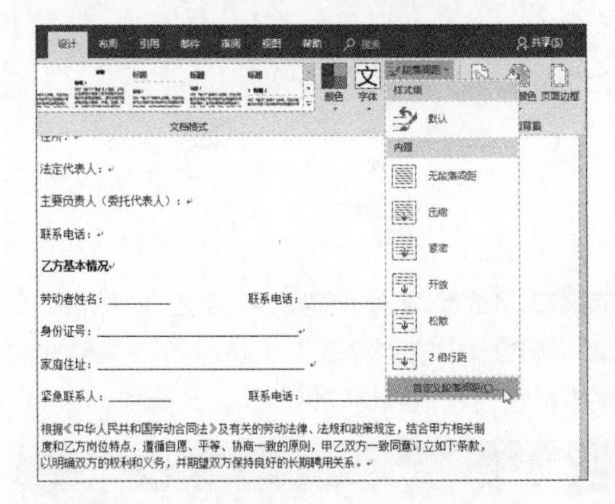

步骤08 打开“管理样式”对话框，在“设置默认值”选项卡的“段落间距”选项区域中设置合适的段落间距后，单击“确定”按钮。

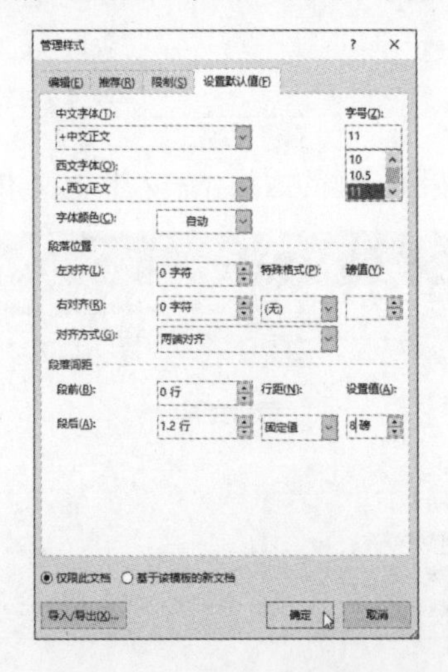

步骤09 要创建字体样式，则首先打开“管理样式”对话框，单击“编辑”选项卡中的“新建样式”按钮。

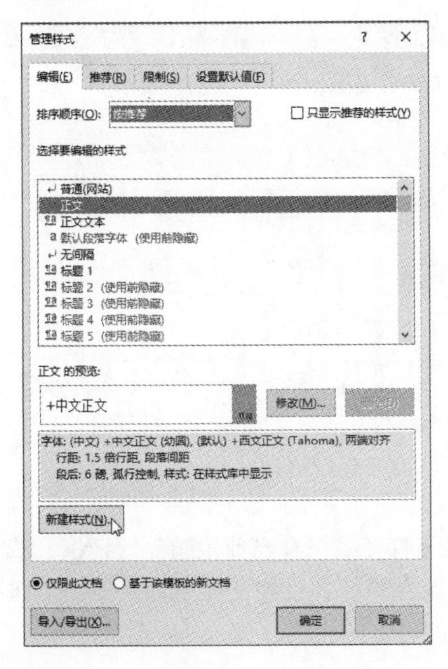

步骤10 打开“根据格式设置创建新样式”对话框，设置名称、样式类型、样式基准、后续段落样式。然后单击“格式”按钮，选择合适的选项进行更详细地设置，这里以设置字体格式为例进行介绍，则在“格式”列表中选择“字体”选项。

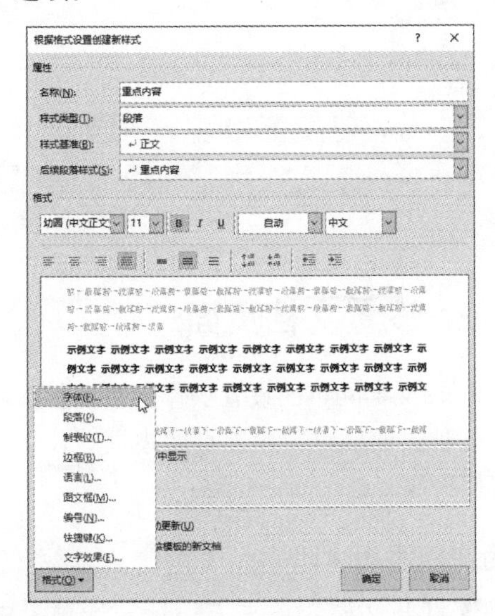

步骤11 打开“字体”对话框，对字体的格式进行详细设置后，单击“确定”按钮。

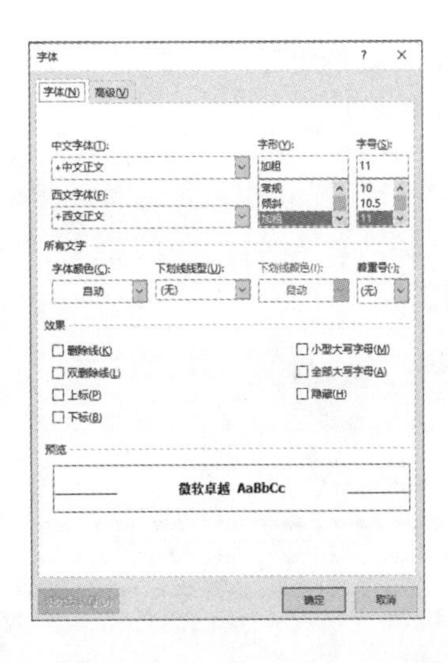

步骤12 返回上一级对话框，勾选“添加到样式库”复选框，然后单击“确定”按钮。

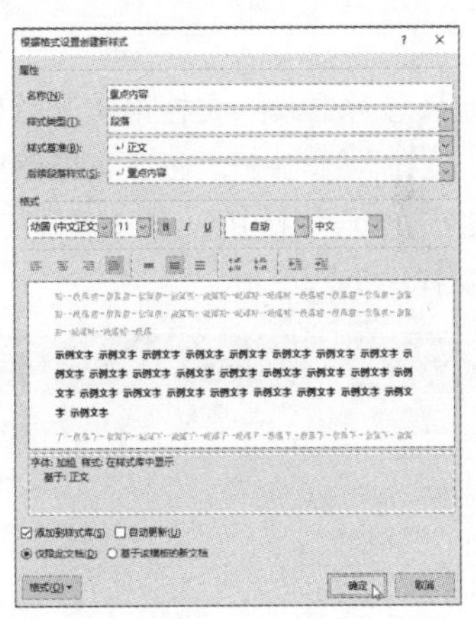

步骤13 若要更改字体样式，则返回至“管理样式”对话框，选择该字体样式后，单击“修改”按钮。

步骤14 打开“修改样式”对话框，修改字体样式后并保存即可。

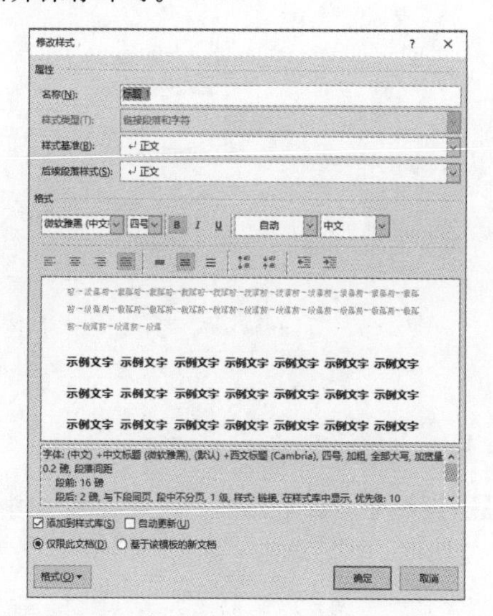

步骤15 如果想对更改的文档格式进行保存，则切换至“设计”选项卡，在“文档格式”选项组中单击“其他”按钮，从下拉列表中选择“另存为新样式集”选项。

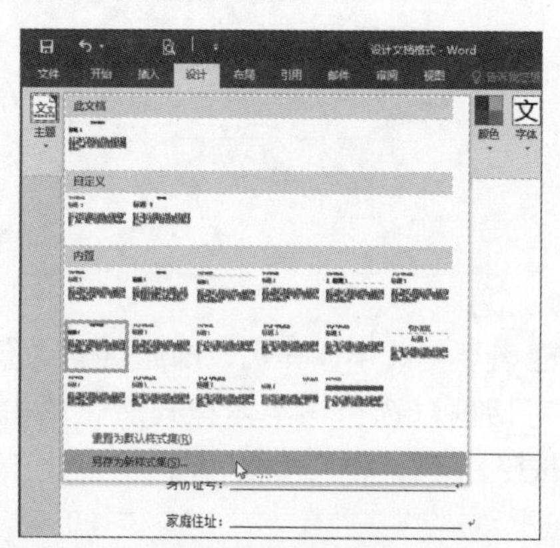

步骤16 打开“另存为新样式集”对话框，单击“保存”按钮即可。

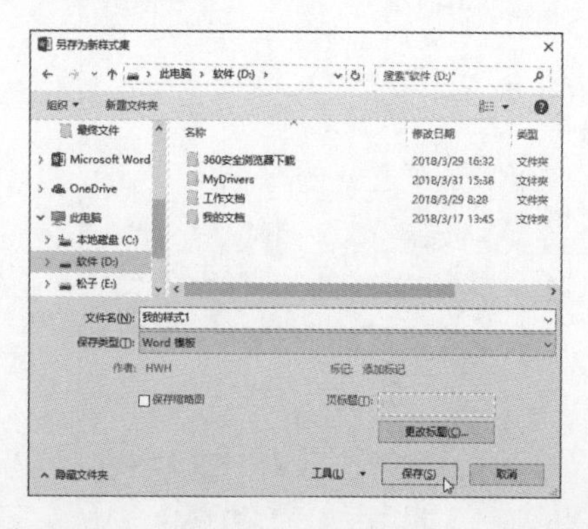

步骤17 若想对所有的更改进行保存，可单击“设计”选项卡中的“主题”下拉按钮，选择“保存当前主题”选项。

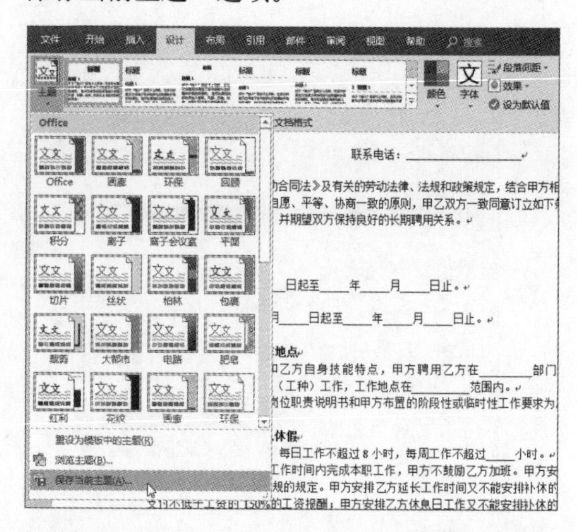

步骤18 打开“保存当前主题”对话框，选择合适的保存路径并设置文件名称，单击“保存”按钮即可。

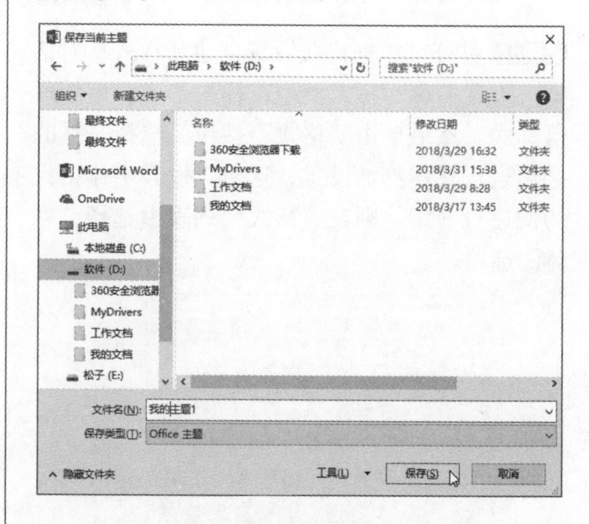

3.1.2 设置文档页面

Word文档的页面设置操作包括添加水印效果、添加页面颜色、设置页面边框等，下面将对其相关操作进行逐一介绍。

1. 为文档添加水印

步骤01 打开文档，单击“设计”选项卡中的“水印”下拉按钮，从展开的列表中选择“严禁复制1”选项，即可为文档添加该水印效果。

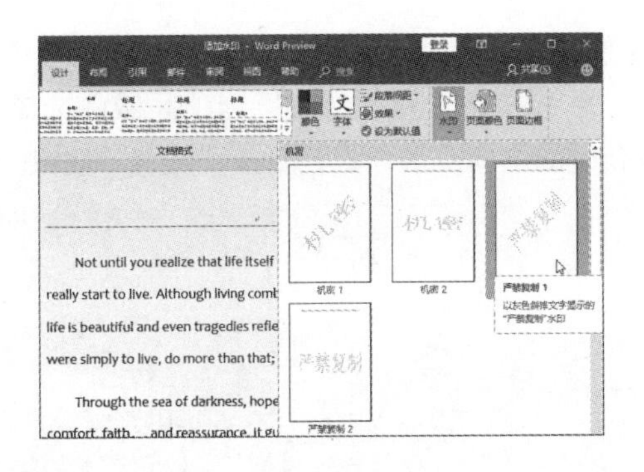

步骤 02 如果对内置的水印样式不满意，可以在上一步骤中选择“自定义水印”选项，打开“水印”对话框，选中“文字水印”单选按钮，然后按需进行设置，设置完成后，单击“应用”按钮即可。

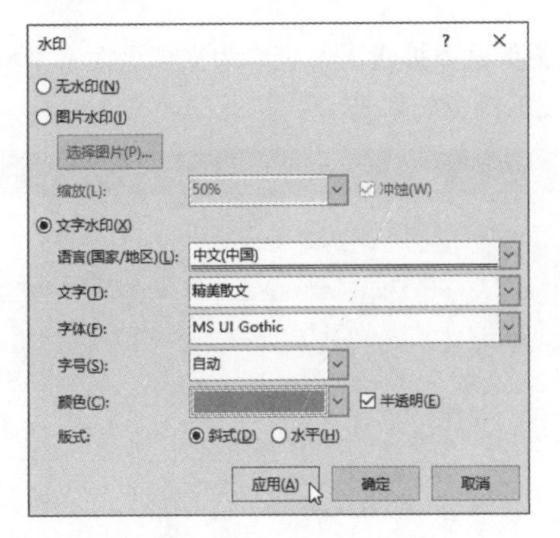

步骤 03 如果想要使用图片作为水印，可以在“水印”对话框中选中“图片水印”单选按钮，单击“选择图片”按钮。

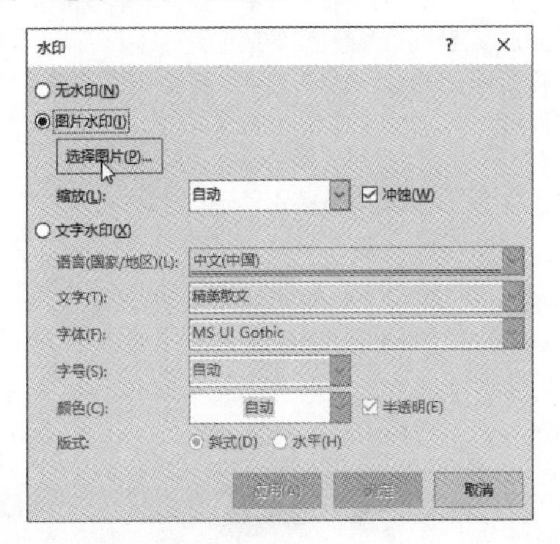

步骤 04 弹出“插入图片”面板，单击“从文件”右侧的“浏览”按钮。

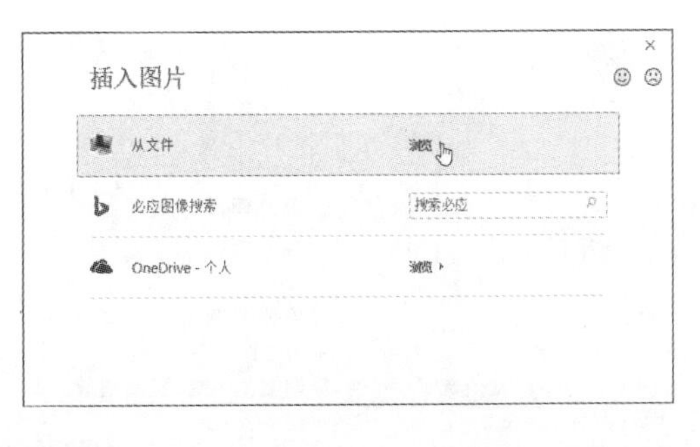

步骤 05 打开“插入图片”对话框，选择图片后，单击“插入”按钮。

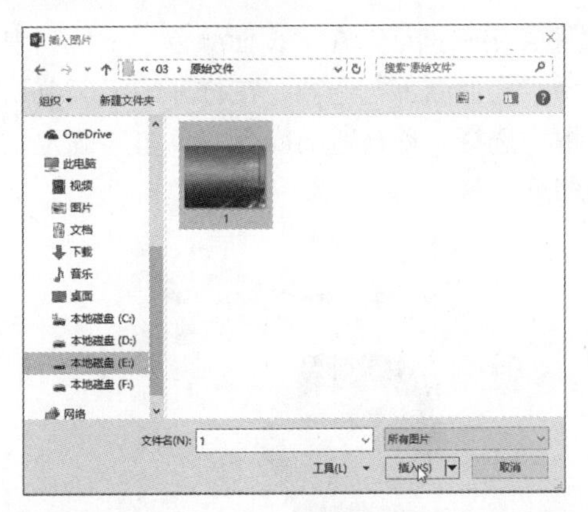

步骤 06 返回至“水印”对话框，可以对图片的缩放、冲蚀效果进行设置，然后单击“应用”按钮即可。

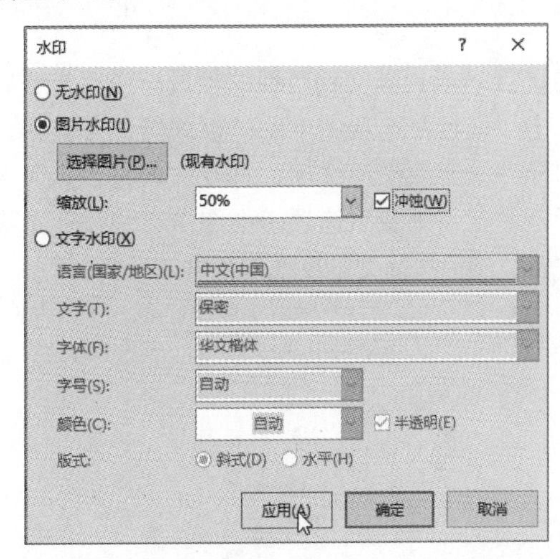

2. 更改文档页面颜色

步骤 01 若要设置文档页面的纯色填充，则打开文档，切换至“设计”选项卡，单击“页面颜色”按钮，从展开的列表中选择合适的颜色作为页面背景色即可。

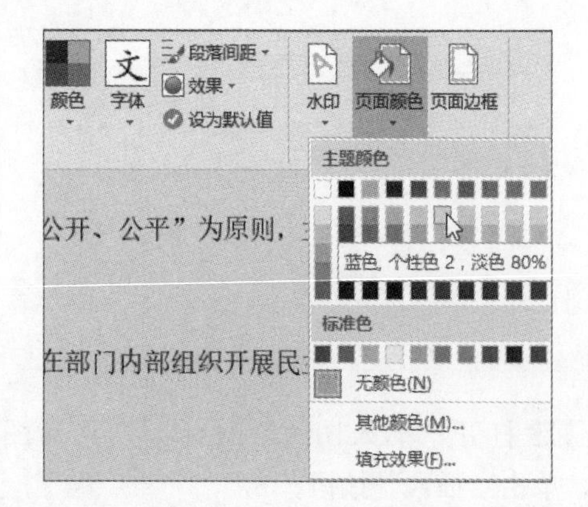

步骤02 用户也可以在“页面颜色”下拉列表中选择“其他颜色”选项，在打开的“颜色”对话框中选择一种合适的颜色并单击“确定”按钮即可。

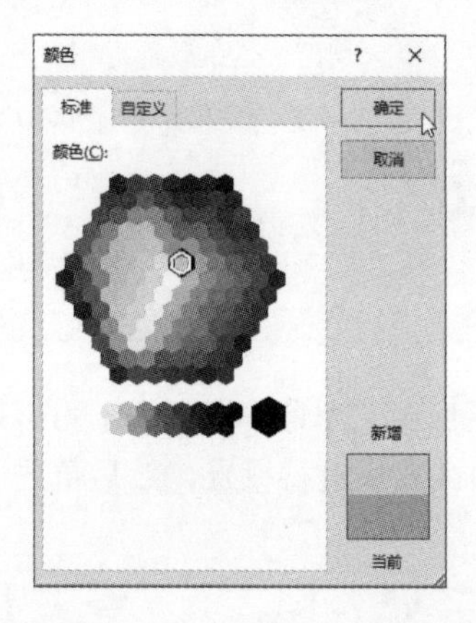

步骤03 若要设置文档页面的预设渐变填充，则单击“设计”选项卡中的“页面颜色”按钮，选择“填充效果”选项，打开“填充效果”对话框，在“渐变”选项卡中选中“预设”单选按钮，然后选择“羊皮纸”预设效果。

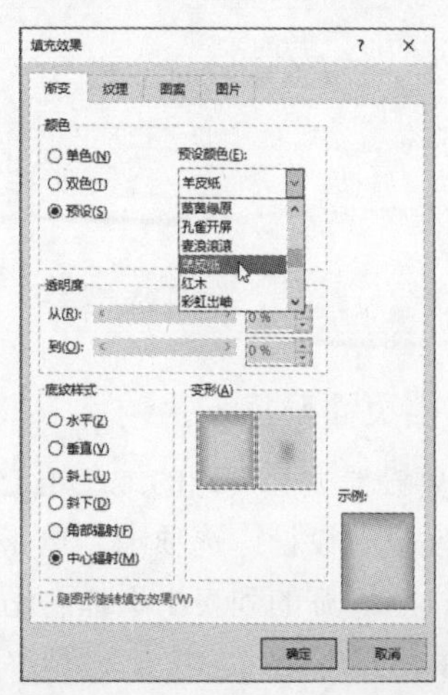

步骤04 接着选中“底纹样式”选项组中的“斜下”单选按钮，在“变形”选项区域中选择一种合适的渐变变形样式，单击“确定”按钮。

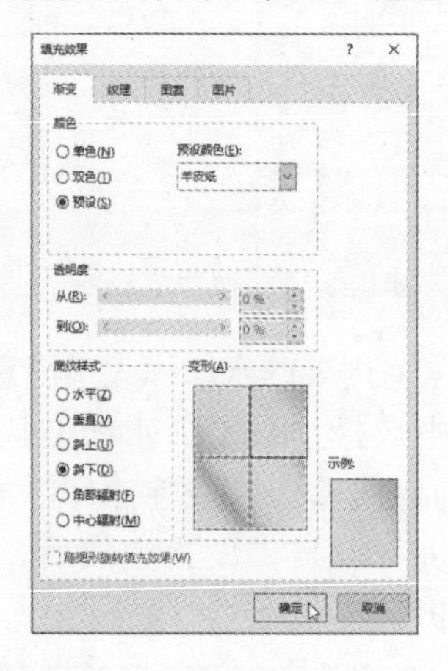

步骤05 返回编辑区，查看为文档页面背景应用羊皮纸渐变的效果。

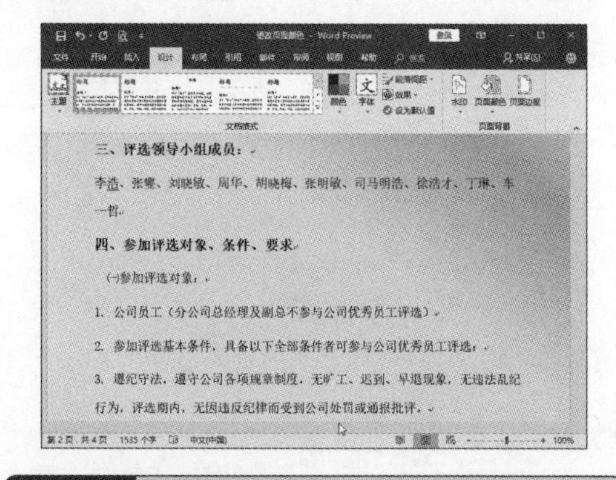

知识点拨　为文档背景添加双色渐变填充

在“填充效果”对话框中选中“双色”单选按钮，然后分别设置颜色1和颜色2的颜色，再选择“水平”渐变样式和一种合适的变形选项，最后单击“确定”按钮即可。

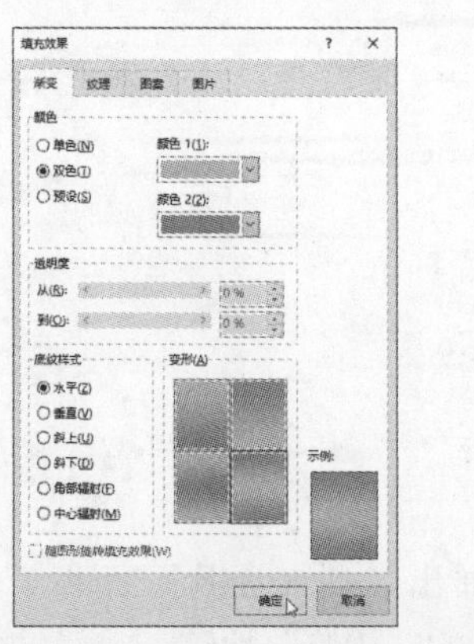

步骤06 若要图片填充，则在“填充效果”对话框的“图片”选项卡中单击“选择图片”按钮。

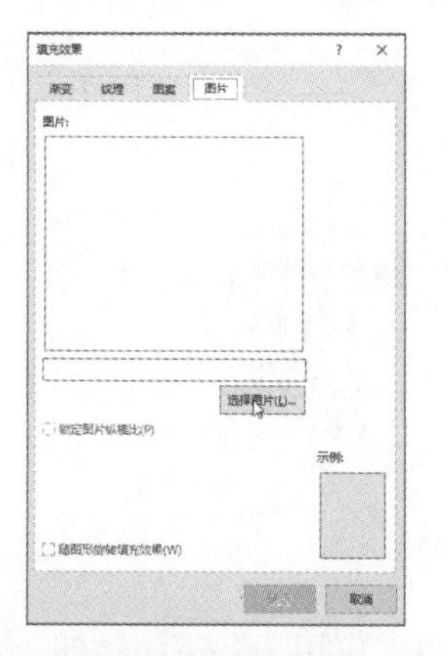

知识点拨 为文档添加图案填充

在“填充效果”对话框的“图案”选项卡中，选择一种图案效果，并设置合适的前景和背景色，单击“确定”按钮。

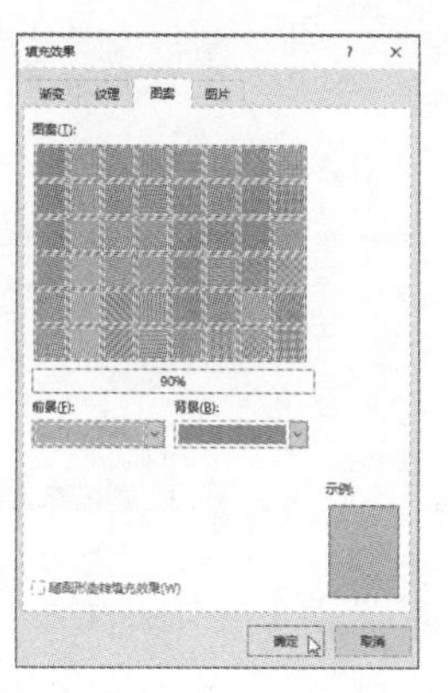

步骤07 弹出“插入图片”面板，单击“从文件”选项右侧的“浏览”按钮。打开“选择图片”对话框，选择合适的图片，单击“插入”按钮。

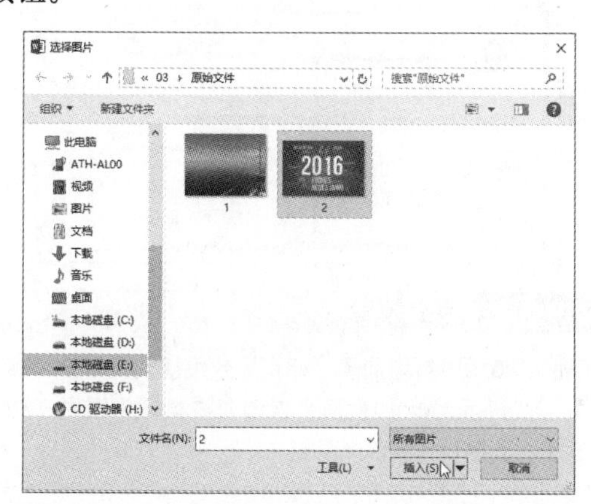

步骤08 返回“填充效果”对话框，单击“确定”按钮，即可将选择的图片设置为文档页面背景。

知识点拨 为文档添加纹理填充

在“填充效果”对话框的“纹理”选项卡中，选择一种纹理效果，单击“确定”按钮即可。

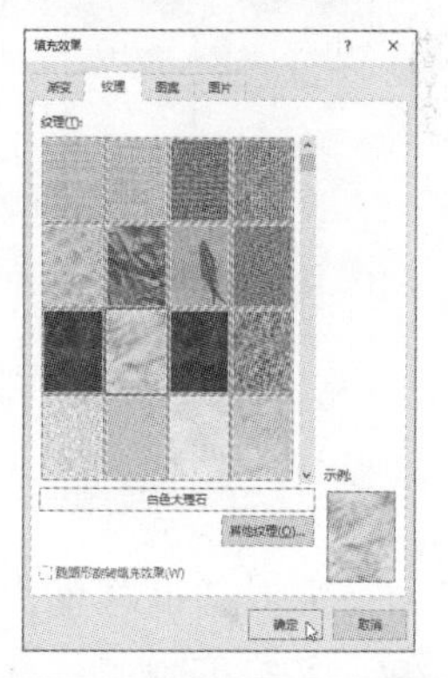

3. 为文档添加常规边框

步骤01 若要为文档添加常规边框，则单击“设计”选项卡中的“页面边框”按钮。

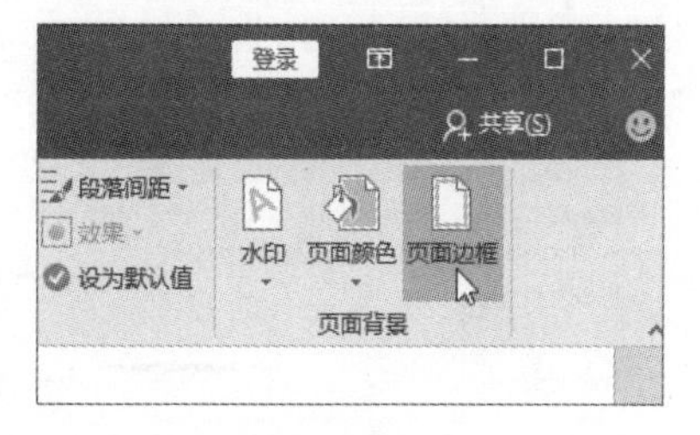

步骤02 打开“边框和底纹”对话框，切换至“页面边框”选项卡，在“设置”选项组中选择“方框”选项，然后选择合适的边框样式、颜色和宽度，单击“选项”按钮。

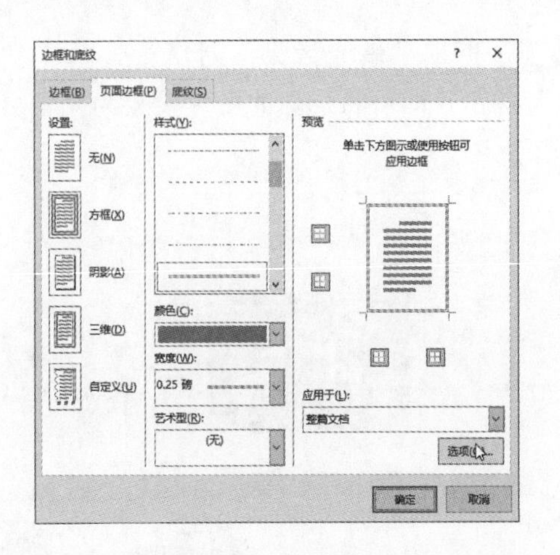

步骤03 打开“边框和底纹选项”对话框，设置边距后单击“确定”按钮。

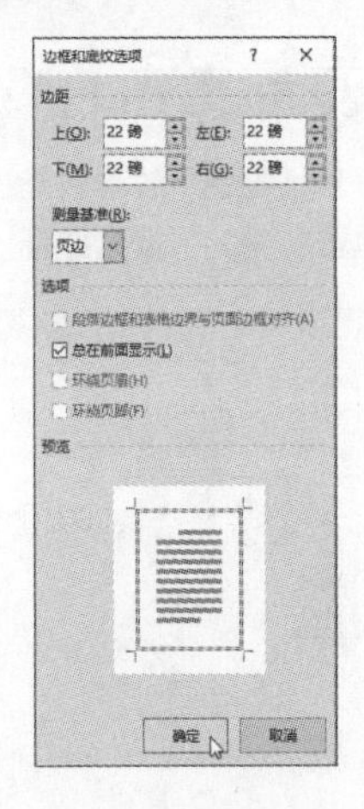

步骤04 返回上一级对话框并单击“确定”按钮，即可完成文档边框的添加。

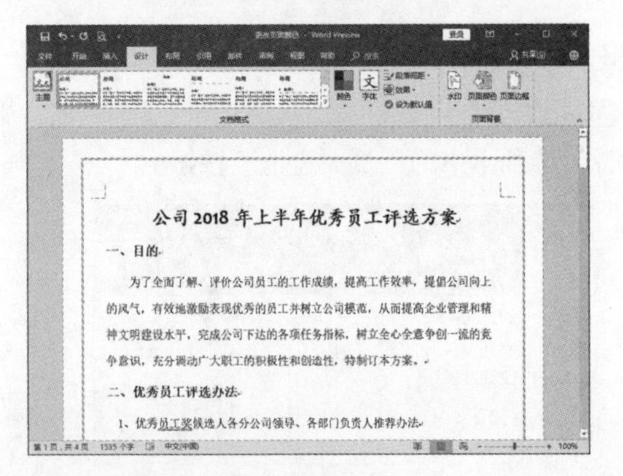

4. 为文档添加艺术型边框

步骤01 打开“页面边框”对话框，单击“艺术型”下拉按钮，从列表中选择一种合适的边框选项。

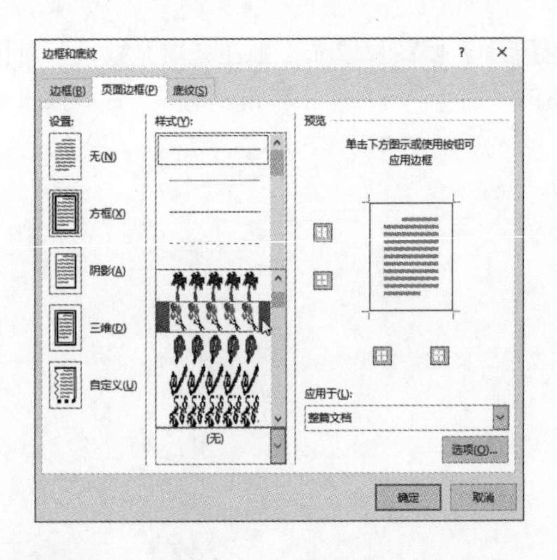

步骤02 单击“应用于”下拉按钮，从列表中选择边框的应用范围。

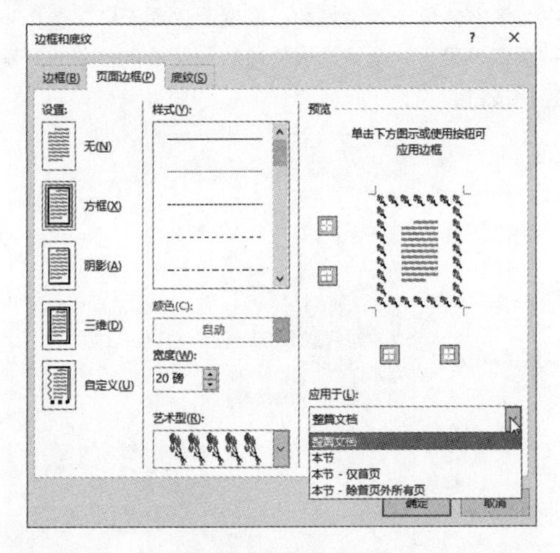

步骤03 单击“确定”按钮，即可为文档添加一个艺术型边框。

知识点拨 翻页效果

Office 2019中新增加了“翻页”效果模式，单击“翻页”按钮后，Word页面会自动变成类似于图书一样的左右式翻页效果。

3.2 文档的分栏显示

在编辑文档页面中的内容时，使用Word的分栏功能，可以展示文档内容的并列关系，并且可以整齐地规划文本。

3.2.1 轻松为文档分栏

为文档内容分栏操作很简单，其具体操作介绍如下。

步骤01 打开文档后，选择需要分栏的文本，单击“布局”选项卡中的“栏”按钮，从展开的列表中选择“两栏”选项，便可将所选文本分为两栏显示。

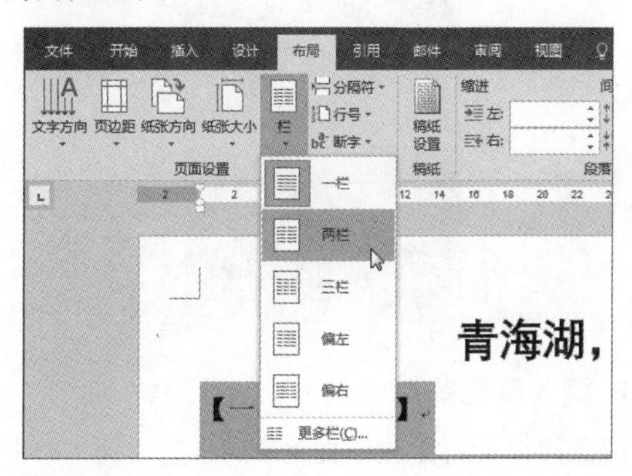

步骤02 如果需要对分栏效果进行进一步设置，可以在上一步骤中选择“更多栏”选项，打开“栏”对话框。在该对话框中可以设置是否显示分割线、栏宽和栏间距、应用范围，设置完成后单击“确定”按钮。

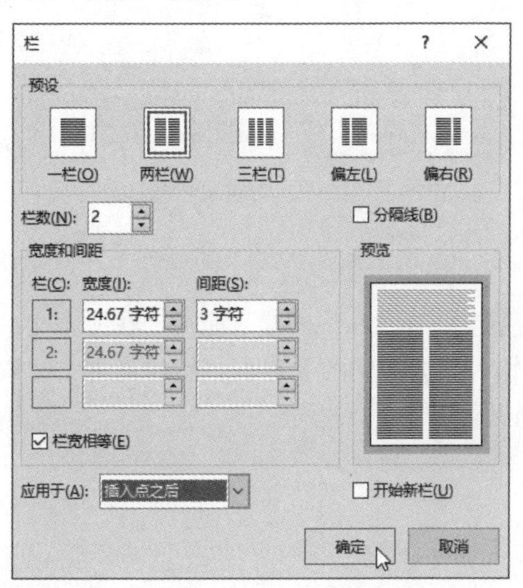

步骤03 返回文档中查看分栏效果。

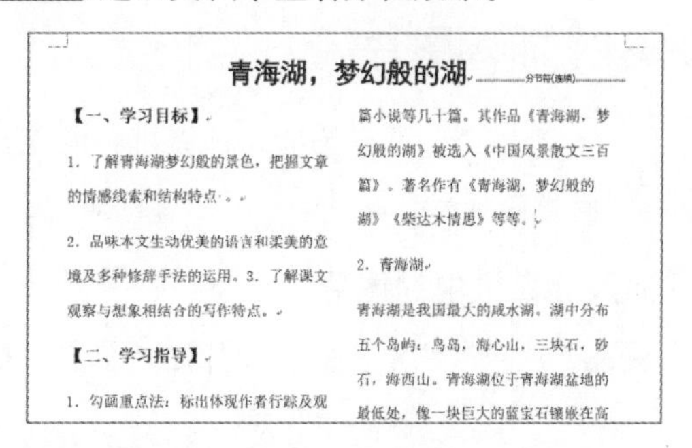

3.2.2 使用分隔符辅助分栏

在对文档分栏过程中，若希望文本可以直接切换至下一栏，可按照下面的步骤进行操作。

步骤01 将光标定位至需要转至下一栏的文本开始处，单击“布局”选项卡中的“分隔符”按钮，从列表中选择“分栏符”选项。

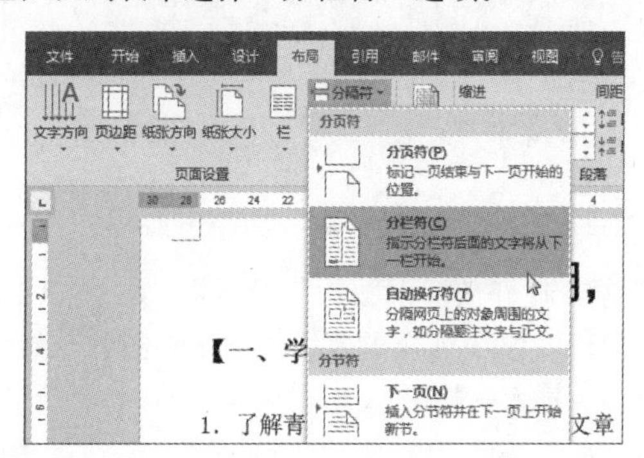

步骤02 操作完成后便可将光标之后的文本调整到下一栏。

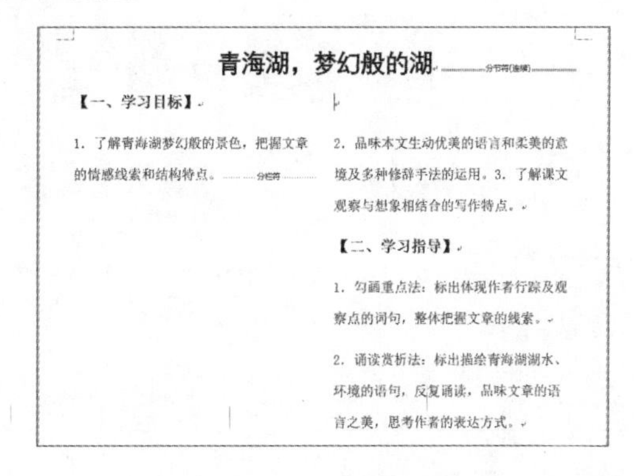

3.3 图片的插入与美化

在制作文档时，为了使文档图文并茂、更具有说服力，用户可以在文档中插入图片。在Word文档中如何插入图片，并对其进行编辑呢？下面将对图片的插入、编辑、美化等一系列操作进行介绍。

3.3.1 插入图片

插入图片的方式分为插入计算机中的图片和插入联机图片两种。

1. 插入计算机中的图片

步骤 01 将光标定位至需插入图片处，单击“插入”选项卡中的“图片”按钮。

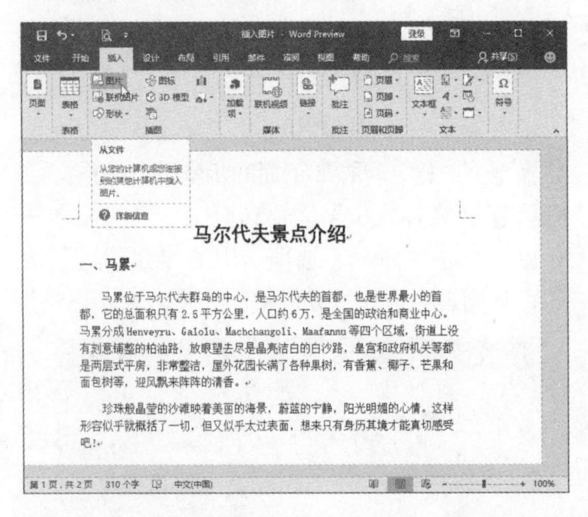

步骤 02 打开“插入图片”对话框，按住Ctrl键不放依次单击选择需要插入的多张图片，然后单击“插入”按钮。

步骤 03 返回文档编辑区，即可看到选择的图片已插入到文档中。

2. 插入联机图片

步骤 01 将光标定位至文档中的合适位置，单击“插入”选项卡中的“联机图片”按钮。

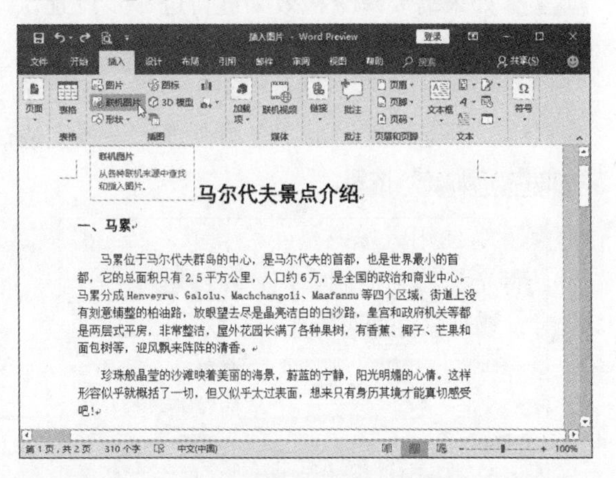

步骤 02 打开“在线图片”面板，在搜索文本框中输入需要搜索的关键词，然后单击“搜索”按钮。

步骤03 随后在搜索结果中显示了多个相关图片，在需要插入的图片上单击，然后单击“插入”按钮，即可在文档中插入选中的图片。

3.3.2 更改图片大小和位置

将图片插入到文档后，用户还可以对图片的大小、位置以及对齐方式进行设置。

1. 更改图片大小

步骤01 若使用鼠标调整图片大小，则选择图片后，将光标移到控制点上，待光标变为十字形状时，拖动鼠标即可调整其大小。

步骤02 若使用数值框调整图片大小，则选择图片后，在功能区会出现“图片工具—格式”选项卡，在“大小”选项组中设置合适的“高度”和“宽度”值即可。

步骤03 若裁剪图片，则选择图片后，单击“图片工具—格式”选项卡中的“裁剪”按钮。

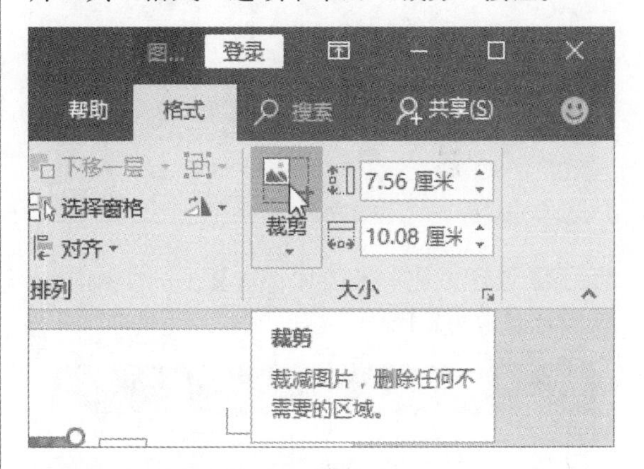

步骤04 图片周围会出现8个裁剪点，将光标移至任意一点上，当光标变为一个有方向的指示形状，提醒用户裁剪的方向。

步骤05 按住鼠标左键不放并拖动，拖动至合适位置后，释放鼠标左键，即可将图片灰色区域裁掉。

步骤06 如果想将图片裁剪为一定的形状，可在“图片工具—格式”选项卡中单击“裁剪”下拉按钮，从下拉列表中选择“裁剪为形状>椭圆”选项，即可将图片裁剪为椭圆形状。

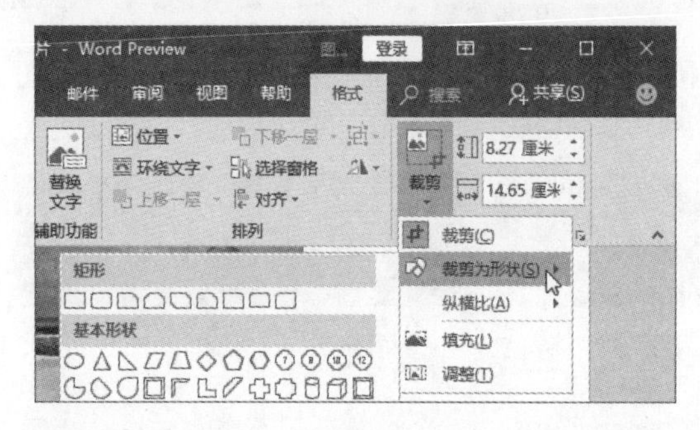

步骤07 选择另外一张图片，重复上一步操作，将图片裁剪为心形。

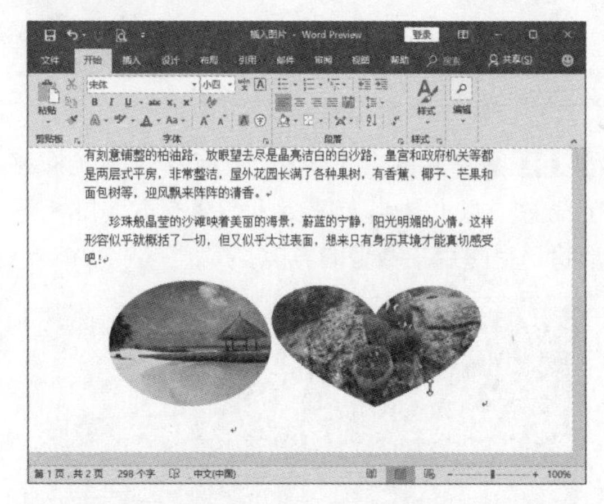

2. 调整图片位置

在Word文档中，如果想要实现图文混排效果，就需要通过功能区中的命令对图片和文字环绕方式进行设置，下面介绍具体操作方法。

步骤01 若要更改图片位置，则选择图片，单击“图片工具—格式”选项卡中的“位置”按钮，从下拉列表中选择合适的选项即可。

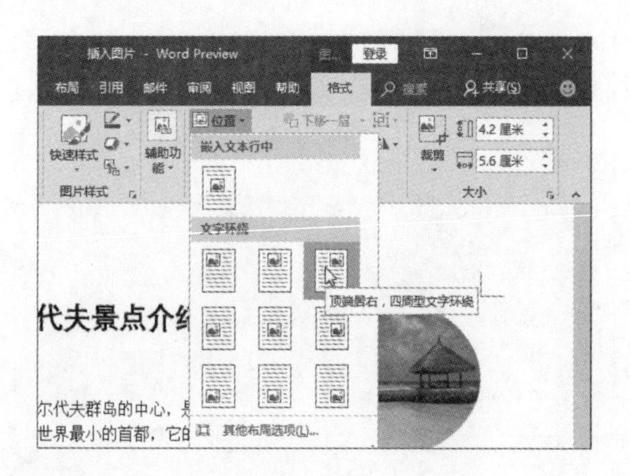

步骤02 若想改变图片在文档中的位置，可在上一步骤的“位置”下拉列表中选择“其他布局选项”选项，打开“布局”对话框，在“位置”选项卡中对图片的位置进行设置，单击“确定”按钮即可。

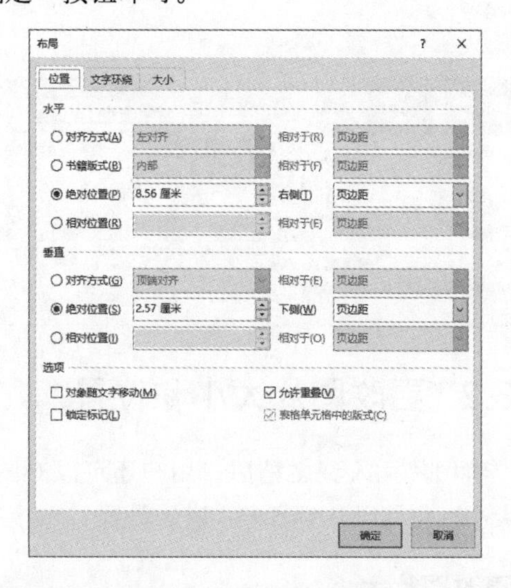

步骤03 若要更改图片文字的环绕方式，则单击“环绕文字”按钮，从下拉列表中选择合适的文字环绕方式，这里选择“衬于文字下方”选项。

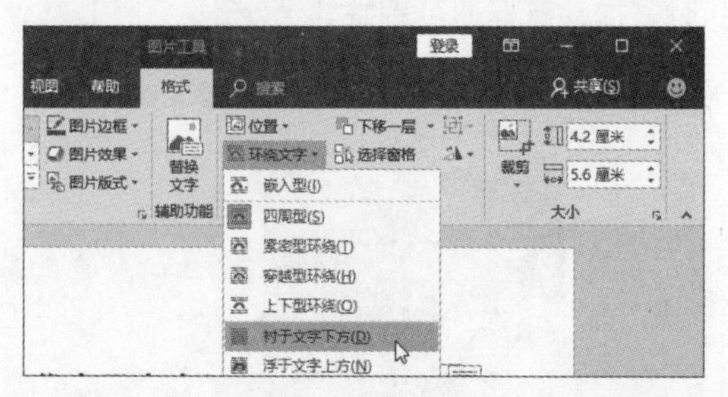

步骤04 用户也可以在上一步骤的“环绕文字”下拉列表中选择“其他布局选项”选项，打开“布局”对话框，在“文字环绕”选项卡中对图

片的环绕方式进行设置，然后单击“确定”按钮。

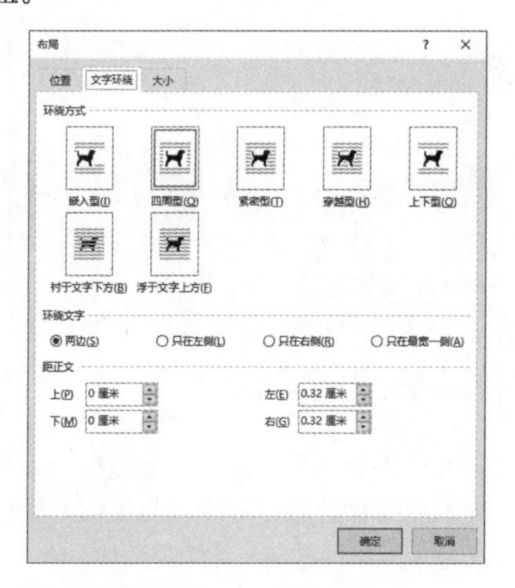

3. 对齐和旋转图片

步骤01 若要设置图片的对齐方式，则选择图片，单击“图片工具—格式”选项卡中的“对齐”按钮，从下拉列表中选择“顶端对齐”选项。

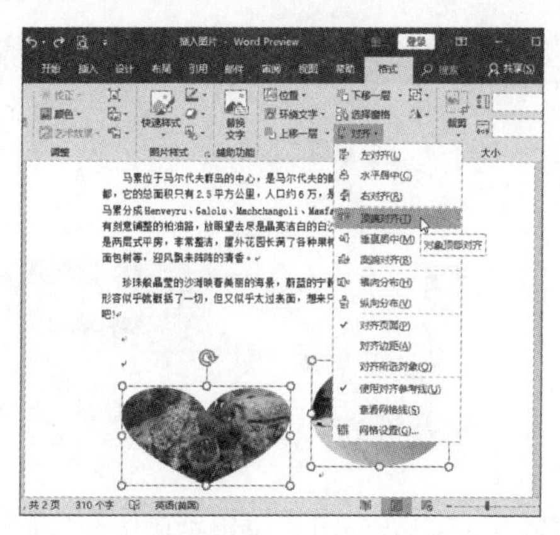

步骤02 若要旋转图片，则选择图片后，将光标移至图片的旋转柄上，按住鼠标左键不放并拖动，旋转图片至合适位置后，释放鼠标左键。

用户也可在“图片工具—格式”选项卡中单击“旋转”按钮，在下拉列表中选择满意的旋转角度，即可翻转图片。

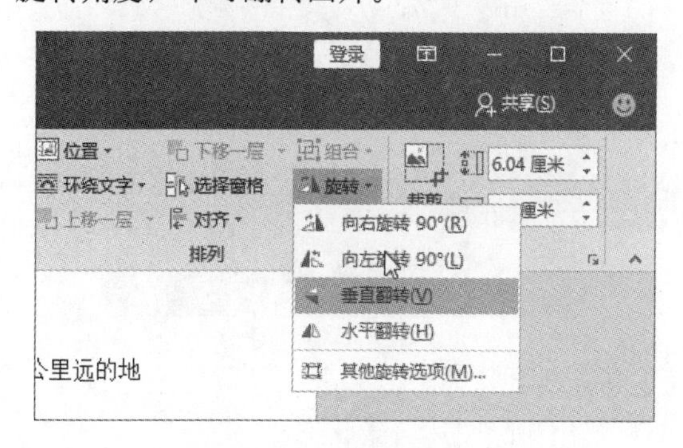

3.3.3 调整图片效果

在文档中插入图片后，还可以对图片效果进行适当地调整，包括删除图片背景、调整图片的亮度和对比度等。

1. 删除图片背景

步骤01 选择图片，单击“图片工具—格式”选项卡中的“删除背景”按钮。

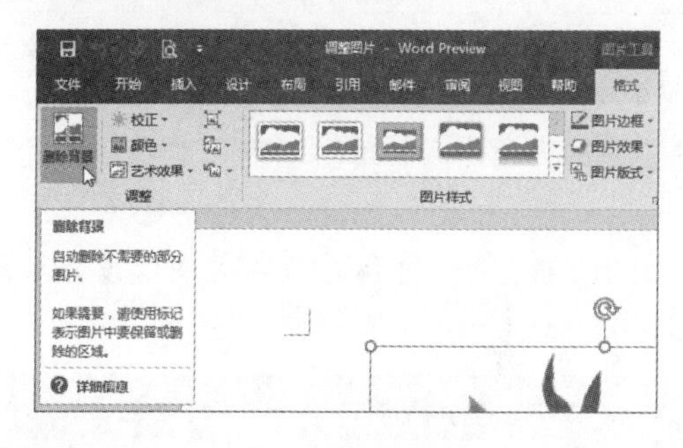

步骤02 如果有小部分区域在删除区域内，可以单击“背景消除”选项卡中的“标记要保留的区域”按钮。

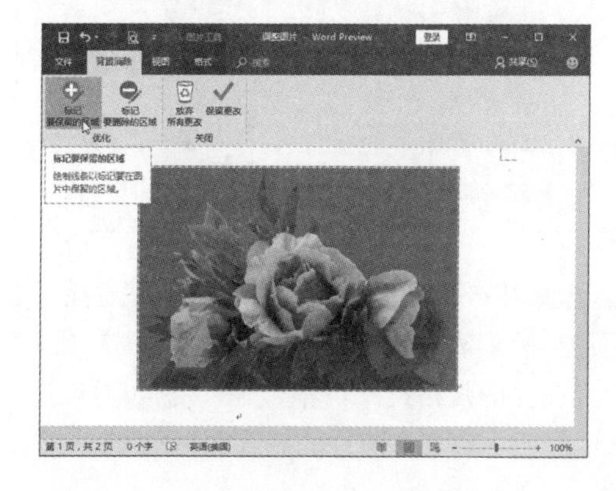

步骤 03 待光标变为笔形状时，拖动鼠标绘制线条，标记需要保留的区域。

步骤 04 删除背景后，单击“保留更改”按钮，即可退出删除图片背景状态。

2. 调整图片亮度和对比度

步骤 01 选择图片后，单击“图片工具—格式”选项卡中的“校正”按钮，在“亮度/对比度”选项区域中选择一种合适的亮度/对比度效果选项即可。

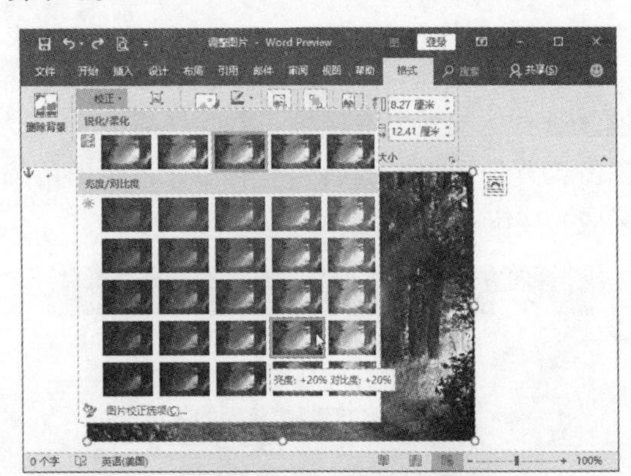

步骤 02 用户也可以在上一步骤中，选择“校正”下拉列表中的“图片校正选项”选项，打开“设置图片格式”窗格，在“亮度/对比度”选项区域中自定义图片的亮度和对比度。

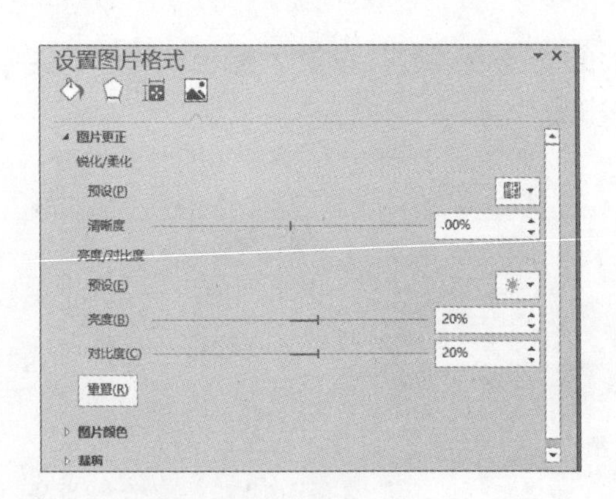

3.3.4 更改图片样式

插入图片后，为了使其更加美观，用户还可以对图片的样式进行更改，其操作方法包括应用快速样式和自定义图片样式两种。

1. 应用图片快速样式

步骤 01 选择图片，在“图片工具—格式”选项卡中单击“图片样式”选项组的“其他”按钮，从下拉列表中选择“柔化边缘矩形”样式选项。

步骤 02 即可查看为图片应用柔化边缘矩形样式后的效果。

2. 自定义图片样式

步骤01 选择图片，单击“图片样式—格式”选项卡中的“图片边框”按钮，从展开的“主题颜色”列表中选择合适的颜色作为图片边框颜色。通过列表中的“粗细”、“虚线”选项，可以设置图片边框的样式。

步骤02 单击“图片样式—格式”选项卡中的“图片效果”按钮，从下拉列表中选择“阴影”选项，在子列表中选择合适的阴影效果。按照同样的方法，可以应用预设、映像、发光等效果。

3.3.5 压缩与重设图片

当文档中含有大量图片时，文档大小也会相应地增加。为了方便传送和保存文档，需要将图片压缩。如果对文档中的图片进行了大量的更改，想要一步到位地让图片回到初始状态，可以重设图片。

1. 压缩图片

步骤01 选择图片，单击“图片工具—格式”选项卡中的“压缩图片”按钮。

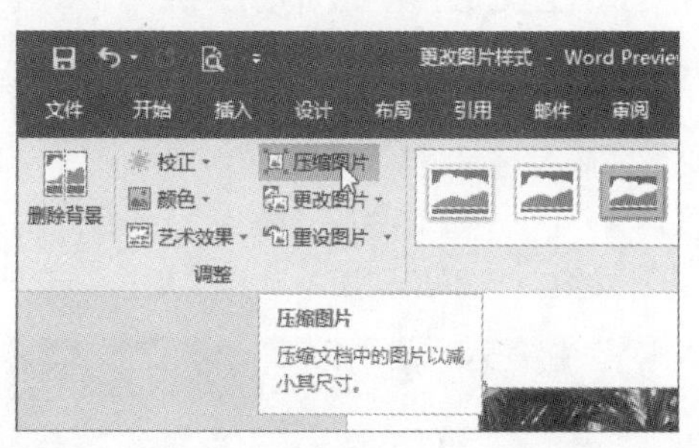

步骤02 在打开的“压缩图片”对话框中，对“压缩选项”和“分辨率”参数进行设置后，单击“确定”按钮确认压缩即可。

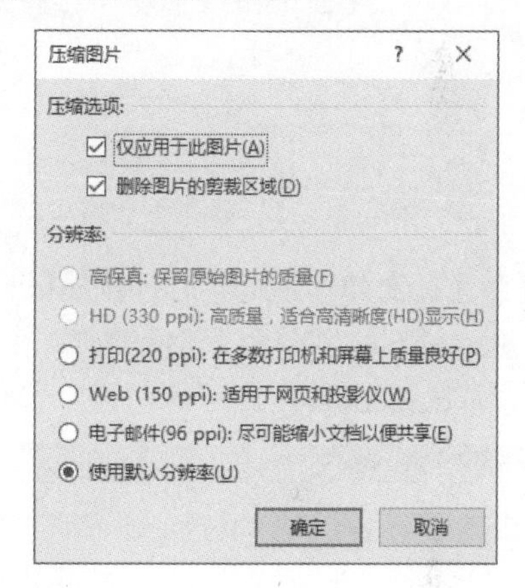

2. 重设图片

选择图片，单击“图片工具—格式”选项卡中的“重设图片”下拉按钮，从下拉列表中选择合适的选项重设图片即可。

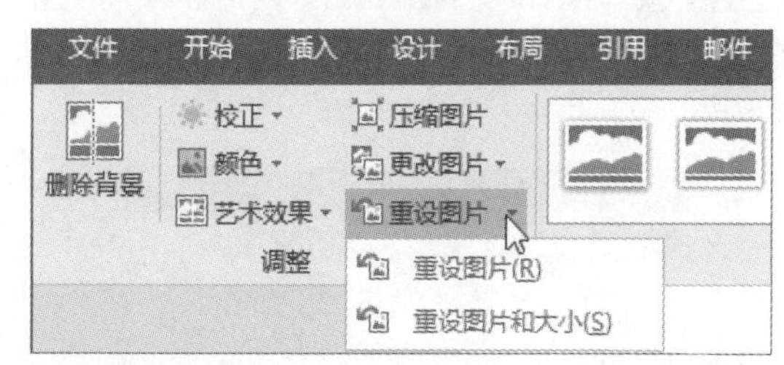

3.4 图形的绘制与编辑

在文档中使用图形进行辅助说明，可以更好地说明文档中文本内容之间的关系，使其表达明确、清晰，本节将分别对图形的绘制和编辑操作进行介绍。

3.4.1 在文档中绘制形状

在文档中插入图形，可以让枯燥的文字说明变得清晰易懂。

步骤01 打开文档，单击“插入”选项卡中的“形状”按钮，从下拉列表中选择“矩形”选项。

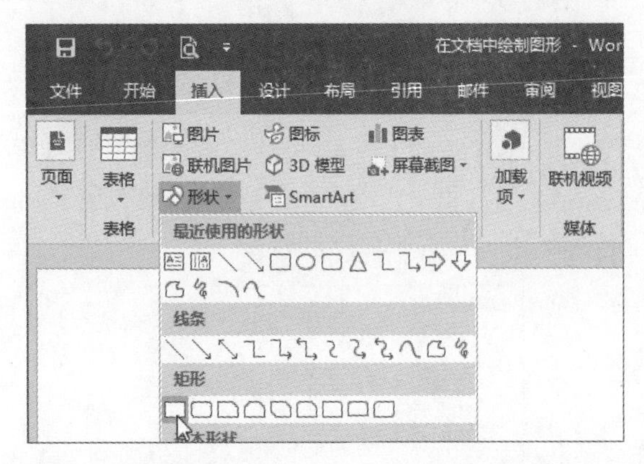

步骤02 当光标变为十字形状时，按住鼠标左键不放，拖动鼠标绘制合适大小的图形，绘制完成后，释放鼠标左键即可。

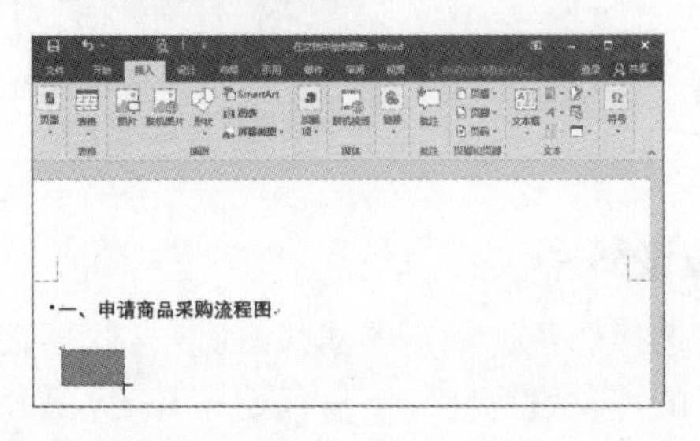

步骤03 按照同样的方法，在文档中插入箭头和直线形状，并输入文本，即可完成一个流程图的绘制。

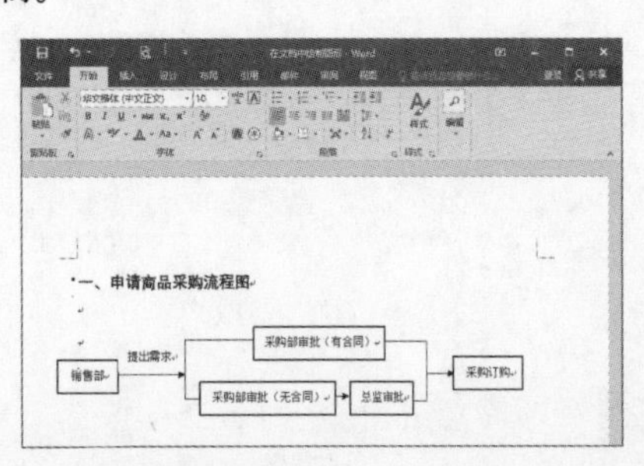

3.4.2 巧妙编辑所绘图形

绘制图形后，为了让图形更加美观、具有逻辑性，可以对插入的图形进行编辑，下面介绍具体操作方法。

1. 应用图形样式

Word文档中提供了图形内置快速样式功能，可以让用户快速对形状样式进行更改，下面对其进行介绍。

步骤01 选择图形，单击“绘图工具—格式”选项卡中“形状样式”选项组的“其他”按钮。

步骤02 在展开的列表中选择合适的形状样式即可，这里选择“细微效果-蓝色，强调颜色3”样式选项。

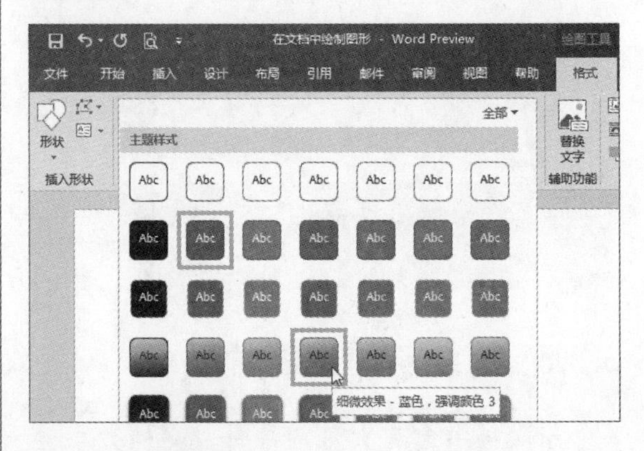

2. 自定义图形样式

如果内置形状样式不能够满足需求，用户可以自定义图形样式。

步骤01 若要设置形状颜色，则选择形状，单击“绘图工具—格式”选项卡中的“形状填充”按钮，在展开的列表中选择合适的颜色即可。

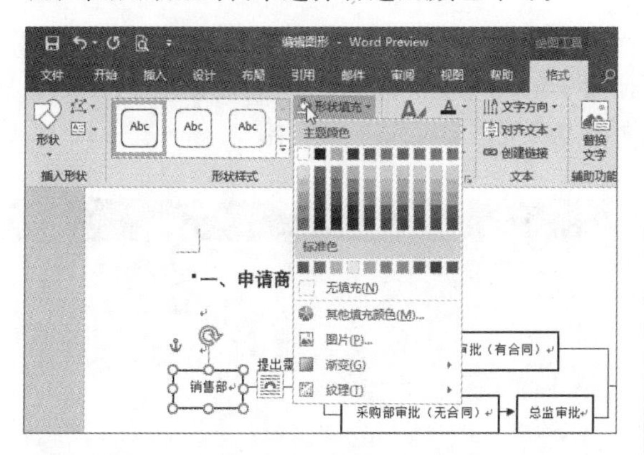

步骤02 若要设置形状轮廓，则单击“绘图工具—格式”选项卡中的“形状轮廓”按钮，在展开的列表中选择合适的选项，然后通过子列表对形状的轮廓进行设置即可。

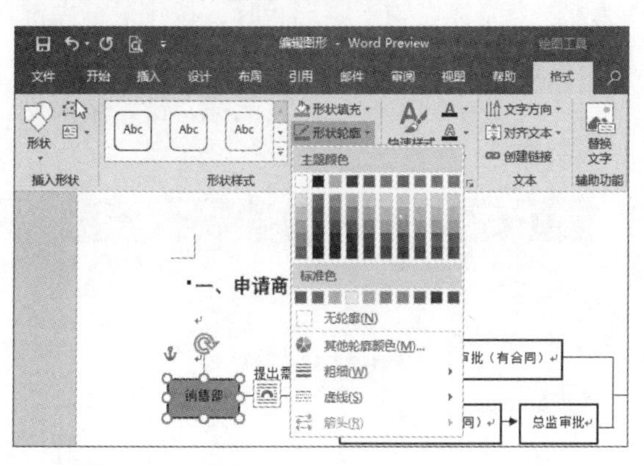

步骤03 若要设置形状效果，则单击“绘图工具—格式”选项卡中的“形状效果”按钮，在展开的列表中选择合适的效果，然后通过子列表对形状的效果进行设置即可。

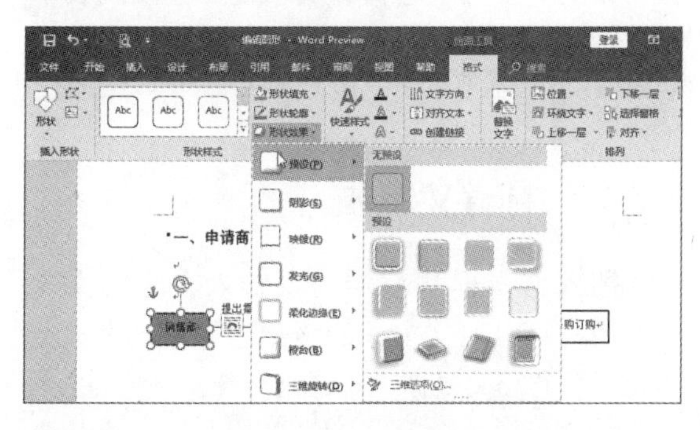

步骤04 用户也可在“设置形状格式”窗格的“效果”选项卡中，依次设置“阴影”、“映像”、“发光”、“柔化边缘”等参数。

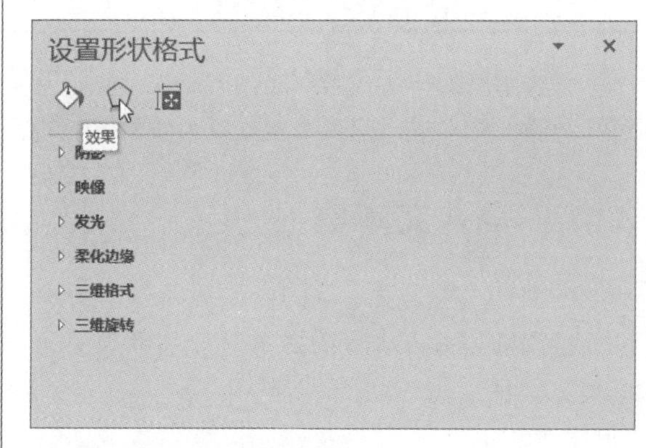

3. 快速更改图形形状

完成形状效果设置后，若需对图形形状进行更改，此时只需通过“更改形状”功能进行更改即可。

步骤01 选择形状，单击“绘图工具—格式”选项卡中“编辑形状”右侧下拉按钮，在展开的列表中选择“更改形状”选项，然后从子列表中选择“矩形：圆角”选项。

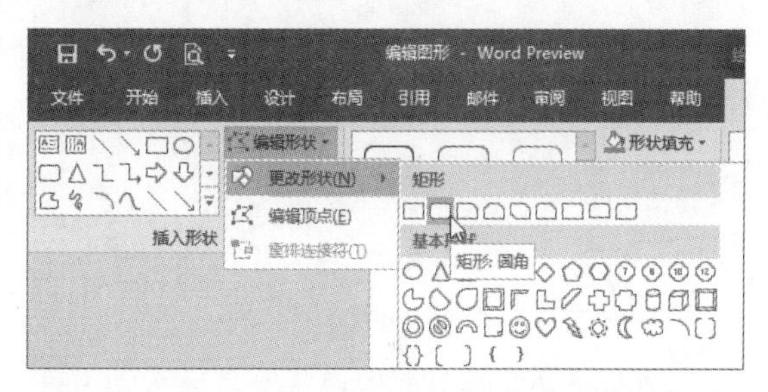

步骤02 即可将已有图形更改为圆角矩形，并保留了对形状格式的设置。

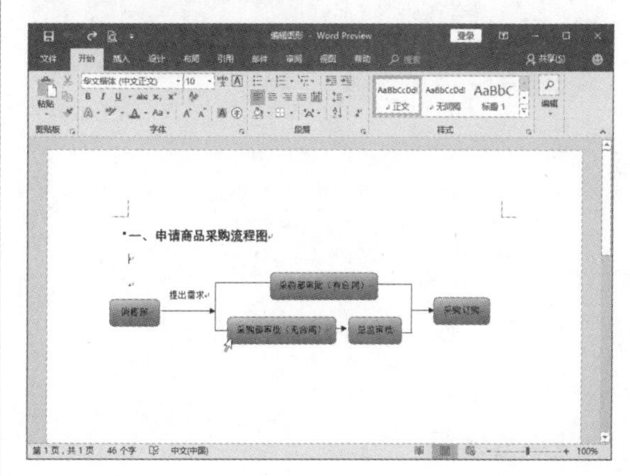

3.5 文本框的应用

在展示诸如标题或者引述内容的文字时，可以使用Word的文本框来突出显示所包含的内容。下面将对插入文本框、编辑文本框以及设置文本框在文档中的位置等操作进行介绍。

3.5.1 插入文本框

在文档中插入文本框的操作很简单，用户可以根据需要插入内置的文本框，也可以手动绘制文本框。

1. 插入内置文本框

步骤01 打开文档，将光标定位至需插入文本框的位置，单击“插入”选项卡中的“文本框”按钮，从列表中选择“边线型提要栏”文本框样式选项。

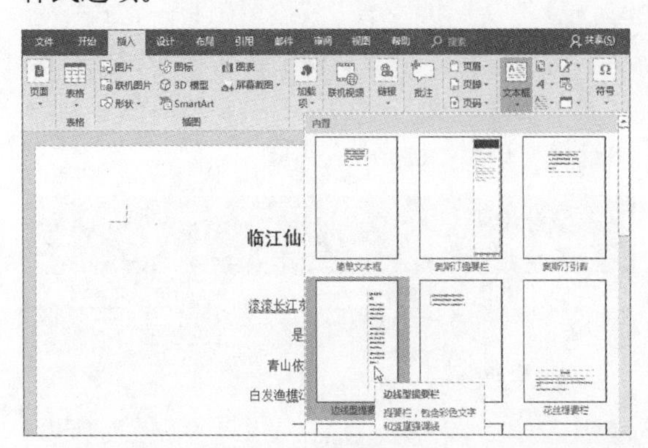

步骤02 即可在文档页面中插入所选样式的文本框，然后根据需要输入文本内容。

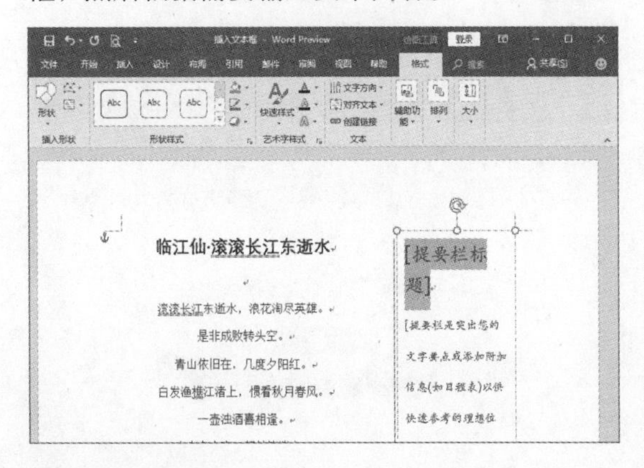

2. 绘制文本框

步骤01 单击“插入”选项卡中的“文本框”按钮，从列表中选择“绘制横排文本框”选项。

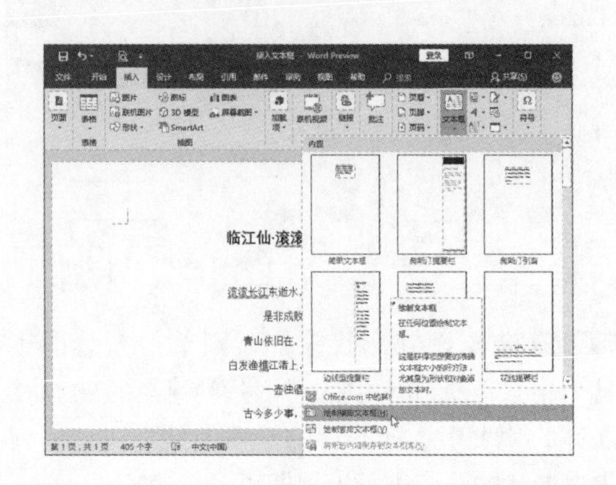

步骤02 当光标变为十字形状时，按住鼠标左键不放，拖动鼠标在文档页面的合适位置绘制所需文本框，绘制完成后释放鼠标左键，输入文本内容即可。

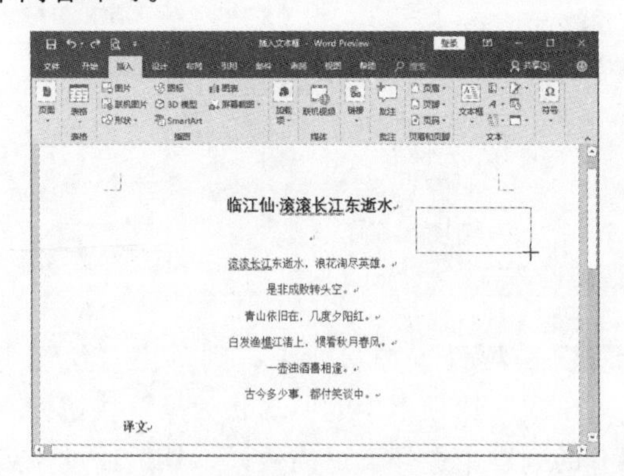

在上一步骤中选择“文本框”下拉列表中的“绘制竖排文本框”选项，可以绘制出竖排文本框。

3.5.2 编辑文本框

插入文本框并根据需要输入合适的文本后，用户可以对文本框的格式进行适当设置，在此将对其相关操作进行详细介绍。

1. 编辑文本框中的文本

步骤01 用户可以直接将光标定位至文本框中，然后按需输入文本即可。

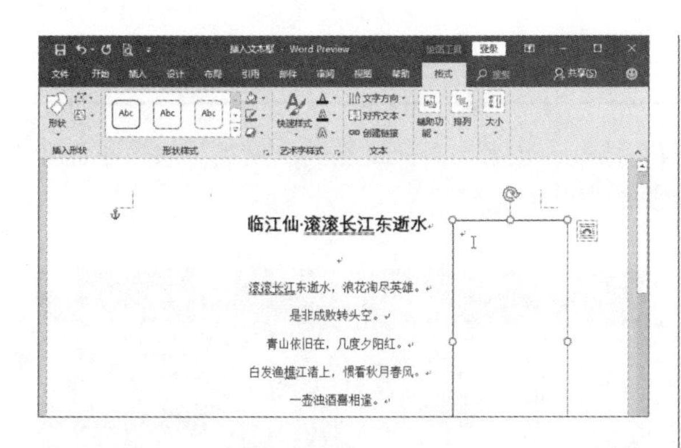

步骤02 也可以直接在文本框上右击，从弹出的快捷菜单中选择“编辑文字”命令，再根据实际情况输入文本即可。

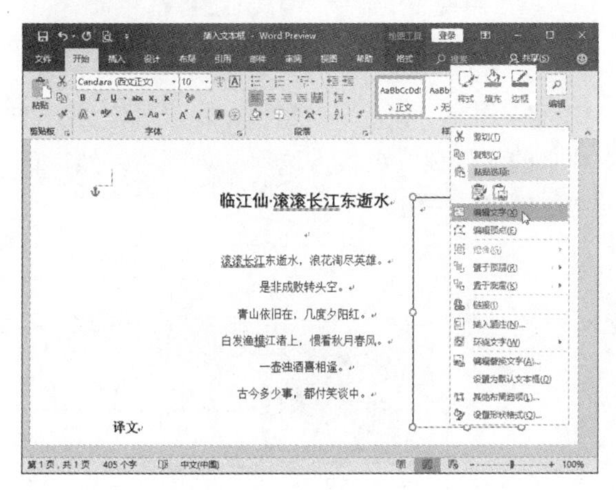

2. 设置文本框格式

步骤01 选择文本框后，打开“绘图工具—格式”选项卡，单击“形状样式”选项组中的对话框启动器按钮，可对文本框的样式进行设置。

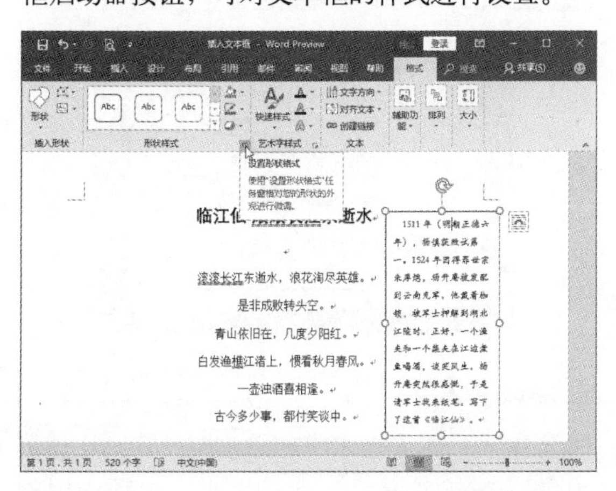

步骤02 也可以右击文本框，在弹出的快捷菜单中选择“设置形状格式”命令，打开“设置形状格式”窗格，从中对形状的样式进行适当地设置。

3.5.3 设置文本框的位置

下面将对文本框位置的调整操作进行介绍，具体如下。

步骤01 选择文本框，单击“绘图工具—格式”选项卡中的“位置”按钮，从展开的列表中选择合适的文字环绕方式选项。

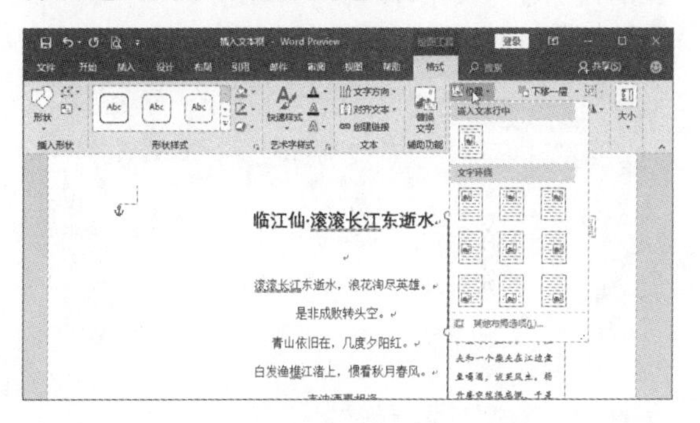

步骤02 或者单击“环绕文字”按钮，从展开的列表中选择合适的文字布局方式。

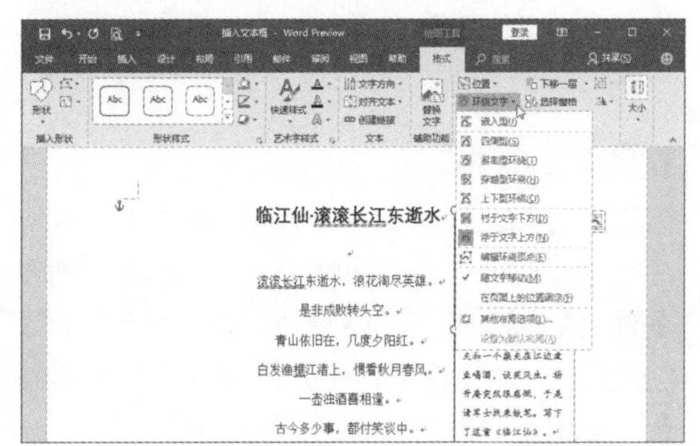

3.6 艺术字的应用

在制作贺卡、明信片等需要有突出显示内容的文档时，艺术字会让文档内容增光添彩。下面介绍插入艺术字、编辑艺术字以及设置艺术字特殊效果的操作方法。

3.6.1 插入艺术字

插入艺术字的操作很简单，下面将对其进行详细介绍。

步骤01 打开文档，单击“插入”选项卡中的“艺术字”按钮，从展开的列表中选择“填充：黑色，文本色1；阴影”艺术字效果选项。

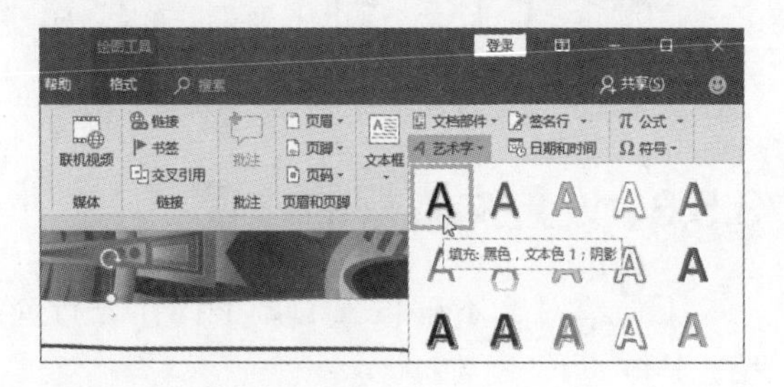

步骤02 在文档页面将出现一个“请在此放置您的文字”虚线框，拖动鼠标将其移至合适的位置后按需输入文本即可。

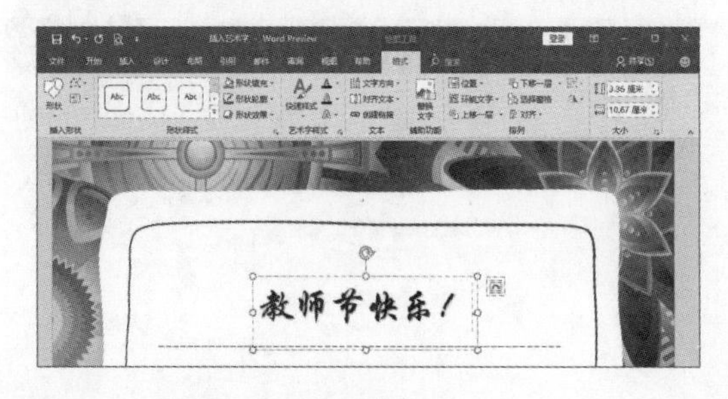

3.6.2 编辑艺术字

插入艺术字后，如果对该样式默认的字体颜色或者字体轮廓不满意，可以根据需要对艺术字的颜色和轮廓进行更改。

1. 更改艺术字颜色

步骤01 选择艺术字文本，单击“绘图工具—格式”选项卡中的“文本填充”按钮，从展开列表中的“主题颜色”选项区域中选择一种合适的颜色作为文本颜色即可。如果对列表中的颜色不满意，还可以选择“其他填充颜色”选项。

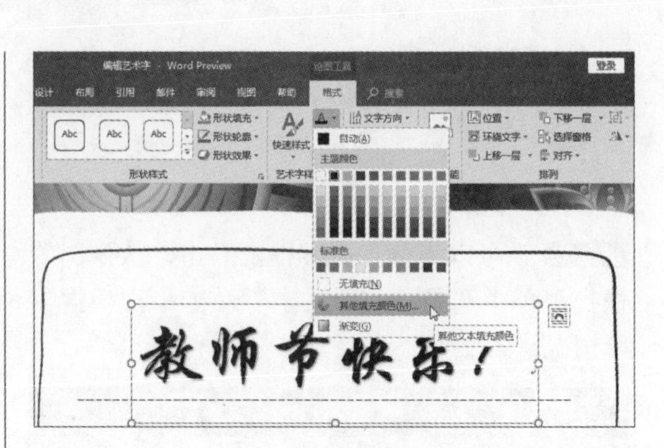

步骤02 打开“颜色”对话框，在“自定义”选项卡的“颜色”色板上选取一种颜色，然后单击“确定”按钮。

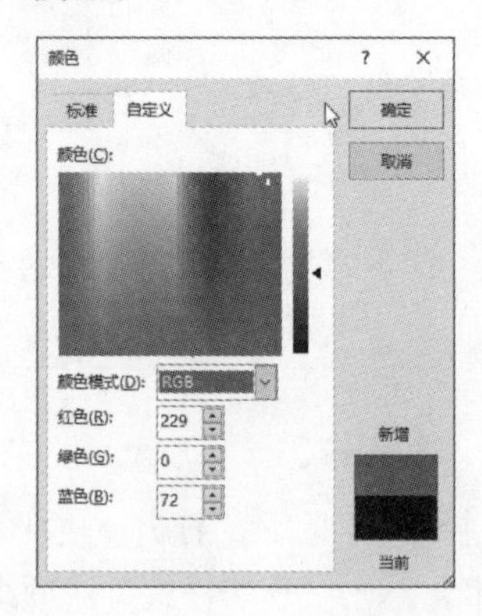

步骤03 此时，艺术字的颜色发生了变化。

2. 更改艺术字轮廓

步骤01 若要设置艺术字的轮廓颜色，则选择艺术字，单击“绘图工具—格式”选项卡中的“文本轮廓”按钮，从展开的列表中选择“黄色”选项。

步骤02 若要设置艺术字轮廓粗细，则单击“绘图工具—格式”选项卡中的“文本轮廓”按钮，从列表中选择“粗细”选项，然后从子列表中选择“1.5磅”选项。

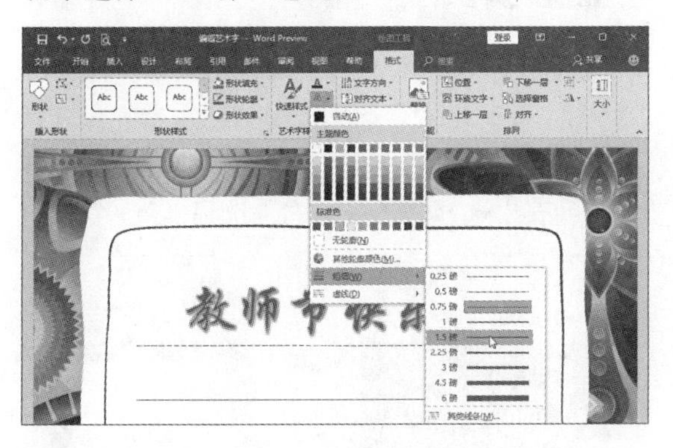

步骤03 若要设置艺术字轮廓线型，则单击“绘图工具—格式”选项卡中的“文本轮廓”按钮，从列表中选择“虚线”选项，然后从子列表中选择合适的线型，也可以选择“其他线条”选项。

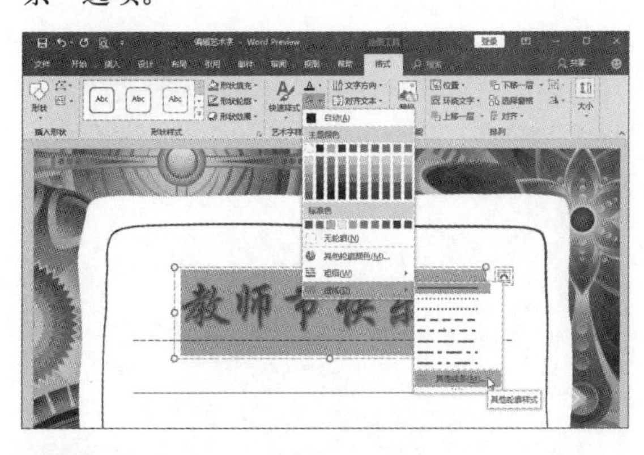

步骤04 打开“设置形状格式”窗格，选中“渐变线”单选按钮，设置左侧滑块的颜色为白色；设置中间滑块的颜色为黄色，其位置为80%、透明度为30%；设置右侧滑块的颜色为黄色。

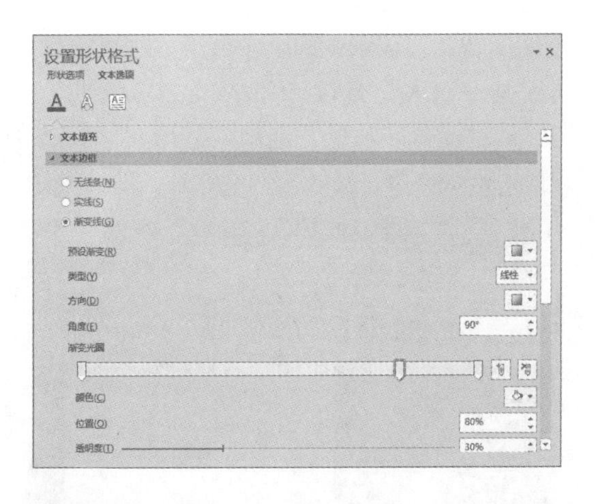

步骤05 然后设置“宽度”为2磅，其他参数保持默认设置，然后关闭“设置形状格式”窗格即可。

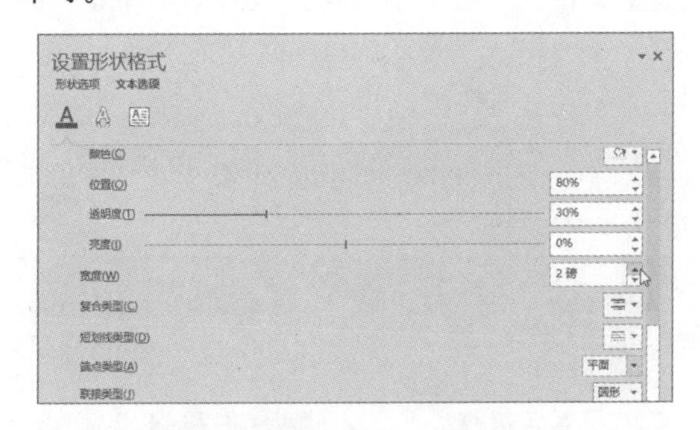

3.6.3 设置艺术字效果

为了让插入的艺术字更美观，用户还可以设置其特殊效果，包括阴影、映像、发光、棱台等，下面将对其具体操作进行介绍。

步骤01 若设置艺术字的阴影效果，则选择艺术字，单击“绘图工具—格式”选项卡中的“文本效果”按钮，从列表中选择“阴影”选项，在子列表中选择“偏移：左上”效果选项。

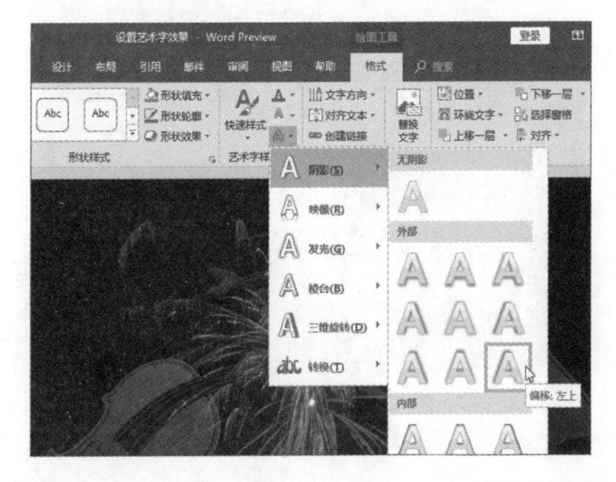

步骤02 若设置艺术字的映像效果，则单击“绘图工具—格式”选项卡中的“文本效果”按钮，从中选择“映像”选项，然后在子列表中选择“紧密映像：接触”映象效果选项。

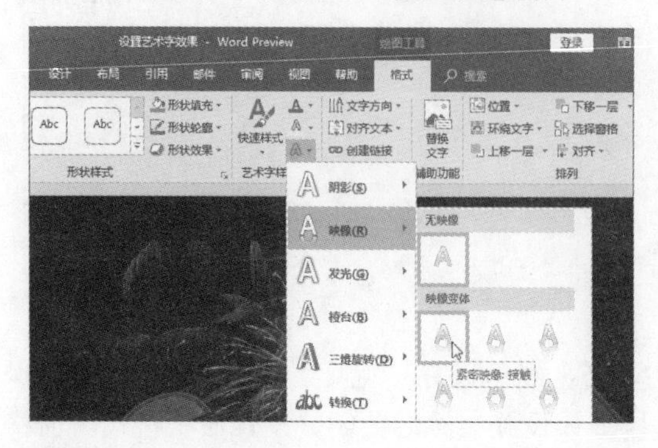

步骤03 若设置艺术字的发光效果，则单击“绘图工具—格式”选项卡中的“文本效果”按钮，从下拉列表中选择“发光”选项，并在子列表中选择“发光：5磅；灰色，主题色6”发光效果选项。

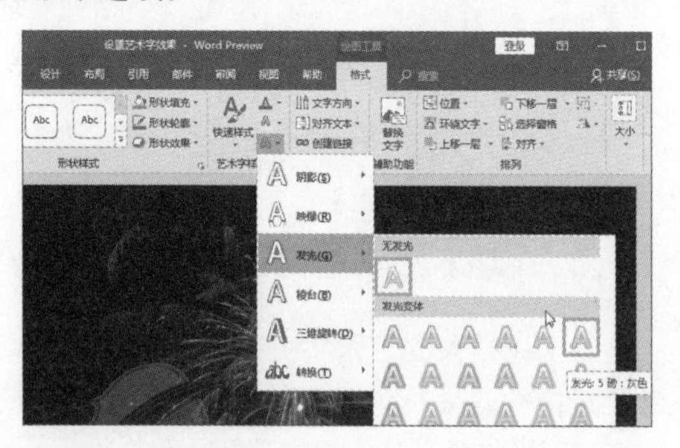

步骤04 如果对发光的颜色不满意，可以在“文本效果>发光”子列表中选择“其他发光颜色”选项，然后在色板中选择“黄色”作为发光色。

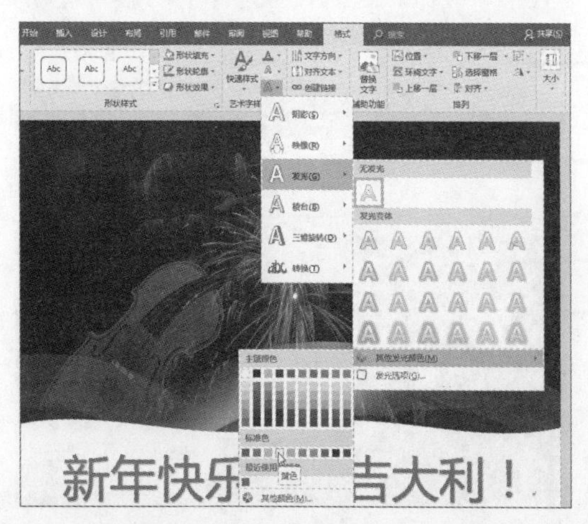

步骤05 若设置艺术字的棱台效果，则单击“绘图工具—格式”选项卡中的“文本效果”按钮，从列表中选择“棱台”选项，并在子列表中选择“凸圆形”选项。

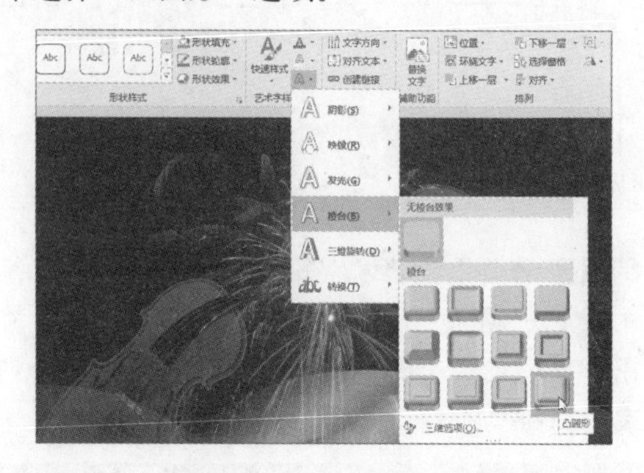

步骤06 若设置艺术字的三维旋转效果，则单击“绘图工具—格式”选项卡中的“文本效果”按钮，从下拉列表中选择“三维旋转”选项，并在子列表中选择“透视：右”选项。

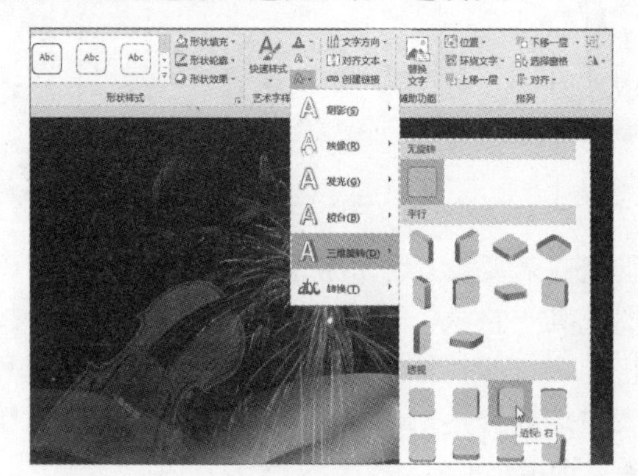

此外，用户还可以单击“艺术字样式”选项组中的对话框启动器按钮，打开“设置形状格式”窗格，从中可以设置艺术字的阴影、映像、发光等效果。

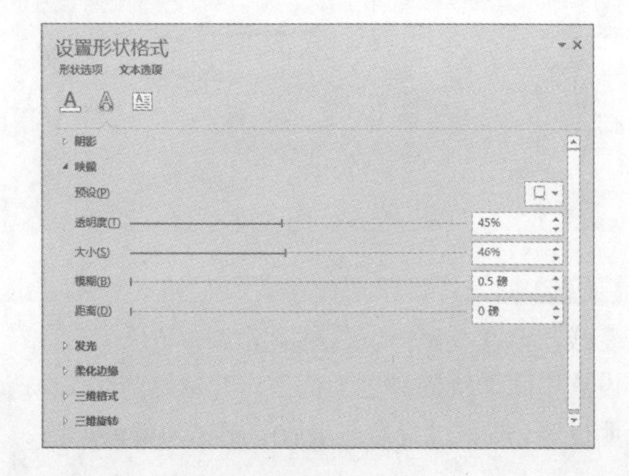

动手练习 制作Camtasia Studio软件使用说明书

学习完本章内容后，接下来练习制作一款屏幕录制软件的使用说明，其中涉及到知识点包括图片的插入、艺术字的应用等。

步骤01 双击Word 2019图标，打开Word 2019应用程序。在Word开始面板的搜索框中输入“说明”文本，然后单击“开始搜索”按钮。

步骤02 然后在弹出的预览窗格中单击“创建”按钮。

步骤03 下载完成后，自动打开该模板，单击快速访问工具栏中的“保存”按钮。

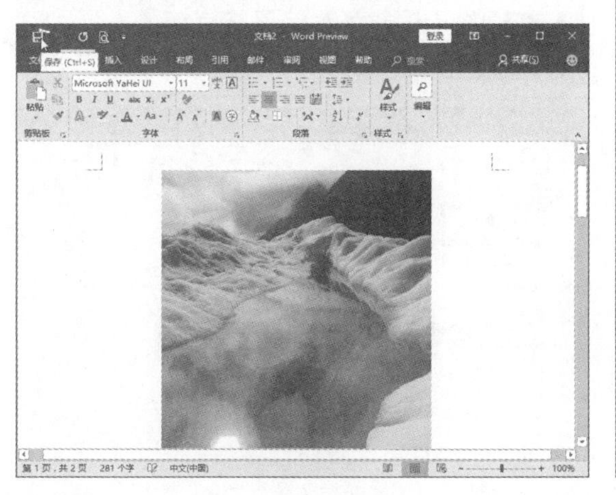

步骤04 在打开的“另存为”界面中选择“浏览”选项，在打开的“另存为”对话框中，输入文件名并单击“保存”按钮。

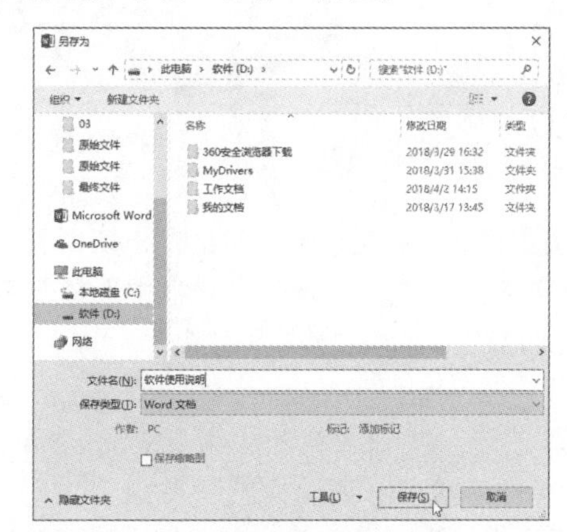

步骤05 选择封面图片，单击“图片工具—格式”选项卡中的“更改图片”下拉按钮，从下拉列表中选择“来自文件”选项。

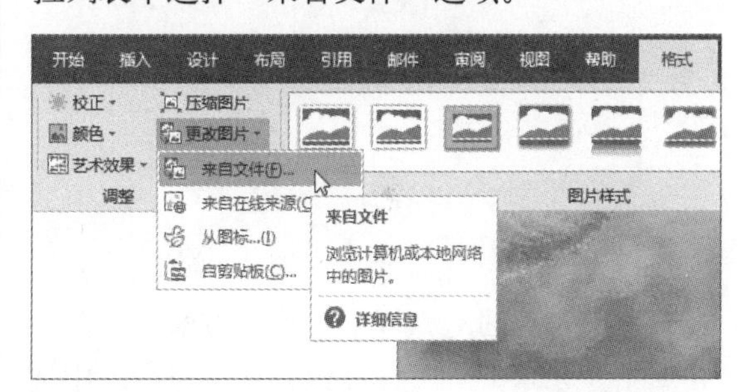

步骤06 打开“插入图片”对话框，选择图片后，单击“插入”按钮。

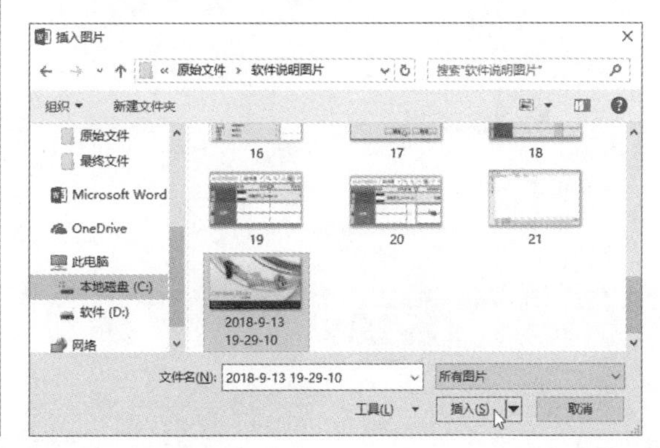

步骤07 调整图片大小并移至合适的位置后，在“设计”选项卡中单击“页面颜色”下三角按钮，从下拉列表中选择“填充效果”选项。

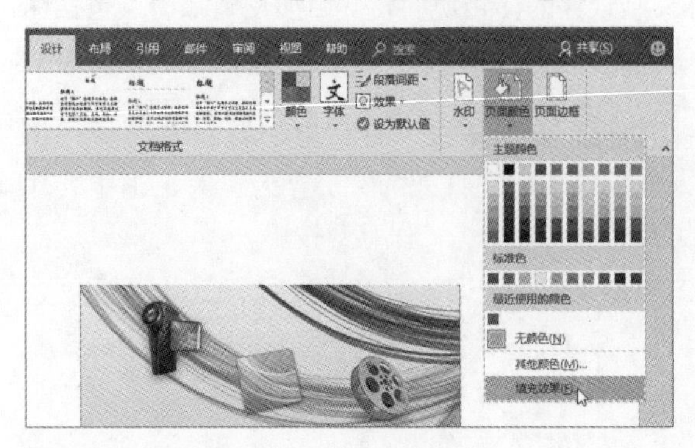

步骤08 打开“填充效果”对话框，切换至“纹理”选项卡，在“纹理”列表框中选择合适的纹理图案后，单击“确定”按钮。

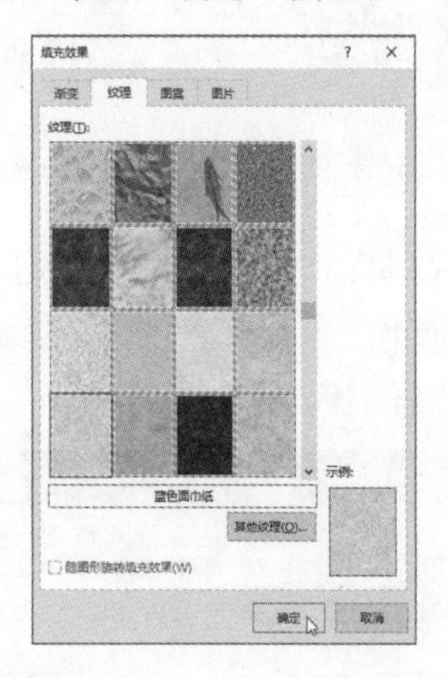

步骤09 单击“设计”选项卡中的“页面边框”按钮，在打开的对话框中选择“方框”选项，并单击“艺术型”下拉按钮，从下拉列表中选择合适的艺术边框选项。

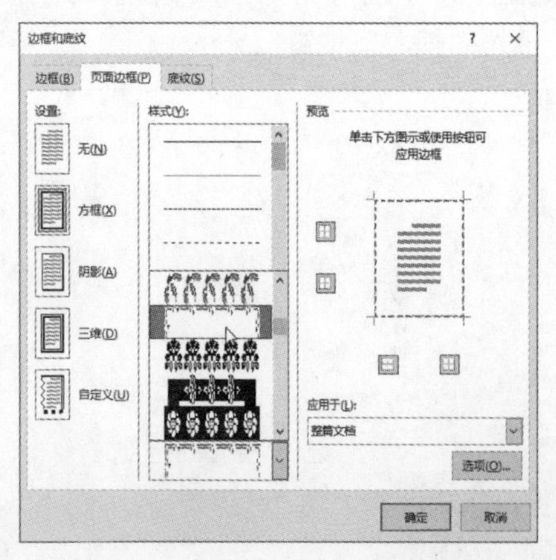

步骤10 单击“应用于”下拉按钮，从下拉列表中选择“本节-仅首页”选项，然后单击“确定”按钮。

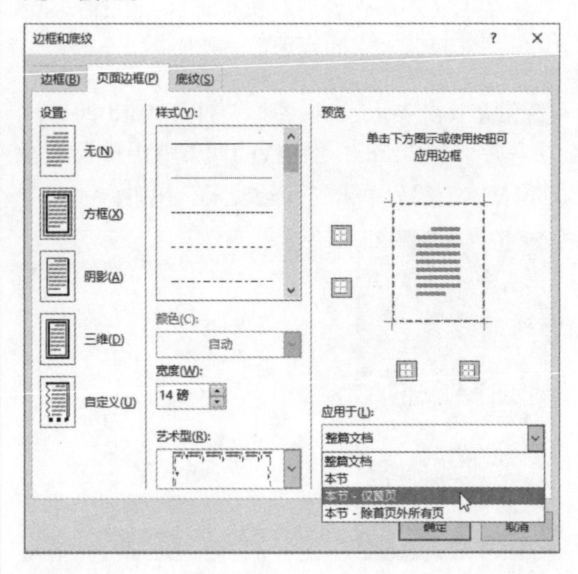

步骤11 单击“插入”选项卡中的“艺术字”按钮，从下拉列表中选择“填充：青绿，主题色4；软棱台”样式。

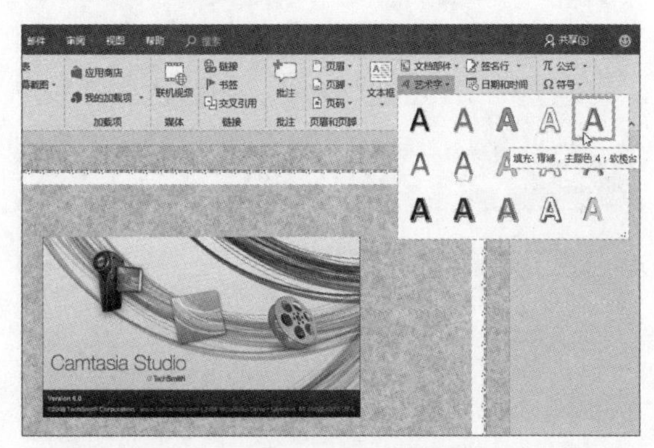

步骤12 将艺术字文本框移至页面的合适位置后，输入文本内容。

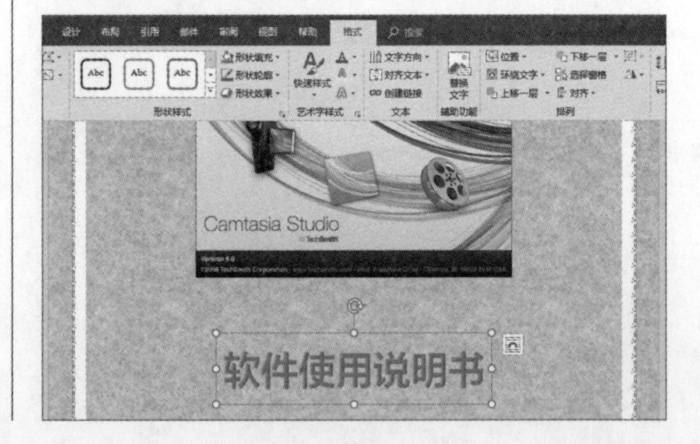

步骤13 按Ctrl+Enter组合键，新建空白页，然后单击“开始”选项卡中“样式”选项组的“其他”按钮，从展开的列表中选择“创建样式”选项。

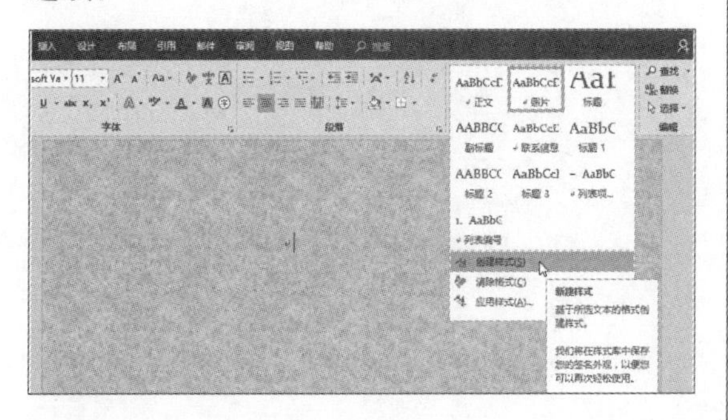

步骤14 打开“根据格式设置创建新样式”对话框，输入“名称”为一级标题”，然后单击“修改”按钮。

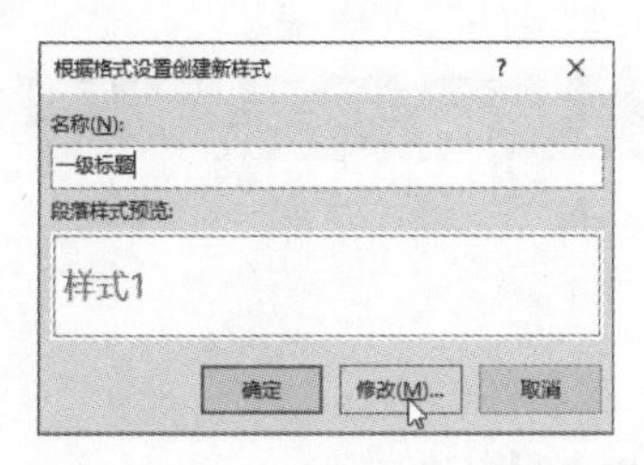

步骤15 展开“根据格式设置创建新样式”对话框，设置标题字体格式为：等线、三号、加粗、黑色，然后单击“格式”按钮，从列表中选择“段落”选项。

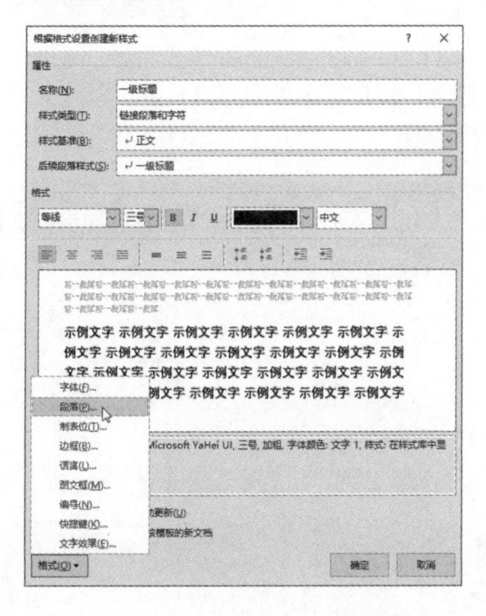

步骤16 打开“段落”对话框，在默认的“缩进和间距”选项卡中设置“大纲级别”为“1级”、行距为1.5倍，单击“确定”按钮返回上一级对话框后，单击“确定”按钮即可。

步骤17 重复以上操作，设置二级标题以及正文样式。首先输入并选中标题文本，在“开始”选项卡的“样式”列表中，选择“一级标题”选项。

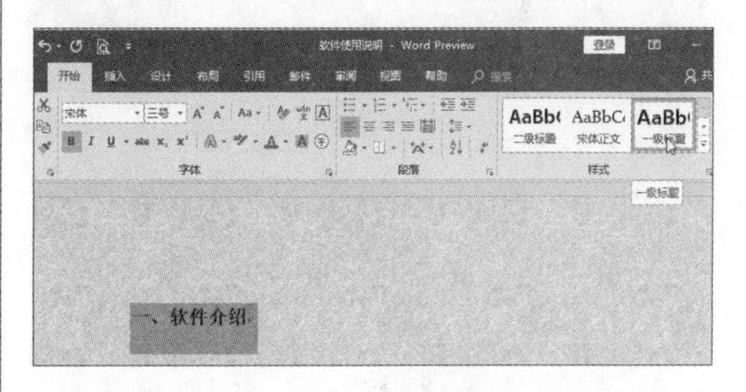

步骤18 输入其他文本，并设置合适的字体样式。将光标定位至需插入图片的位置，单击“插入”选项卡中的“图片”按钮。打开“插入图片”对话框，选择除了封面页插图外的所有图片，然后单击“插入”按钮。

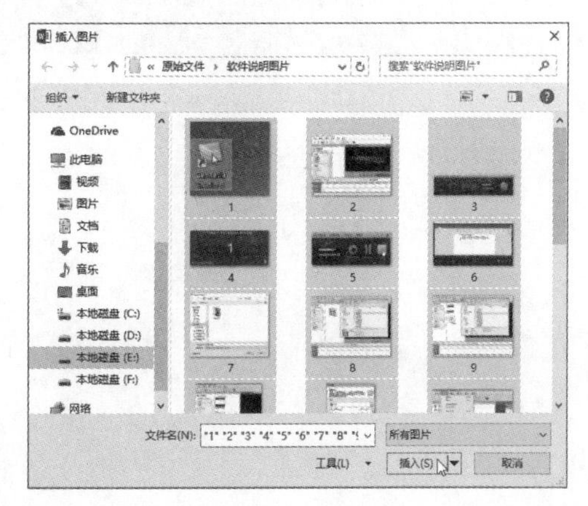

步骤19 选择图片，单击“图片工具—格式”选项卡中的“环绕文字”按钮，在列表中选择“浮于文字上方”选项，以更改图片布局。

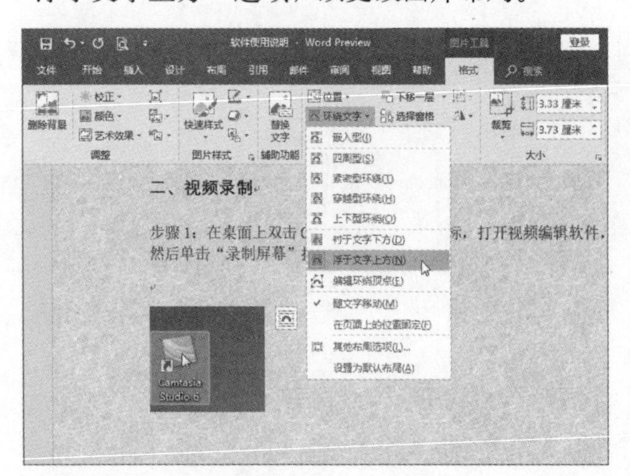

步骤20 单击“图片工具—格式”选项组中的“图片边框”按钮，在列表中选择“黑色，文字1”选项，为图片添加黑色边框。

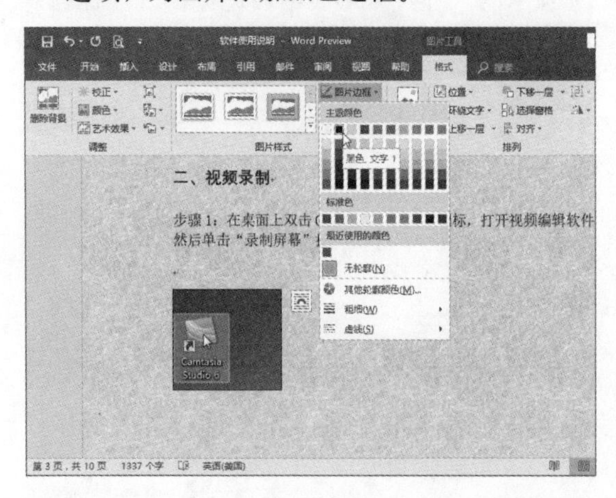

步骤21 选择图片，双击“开始”选项卡中的“格式刷”按钮。

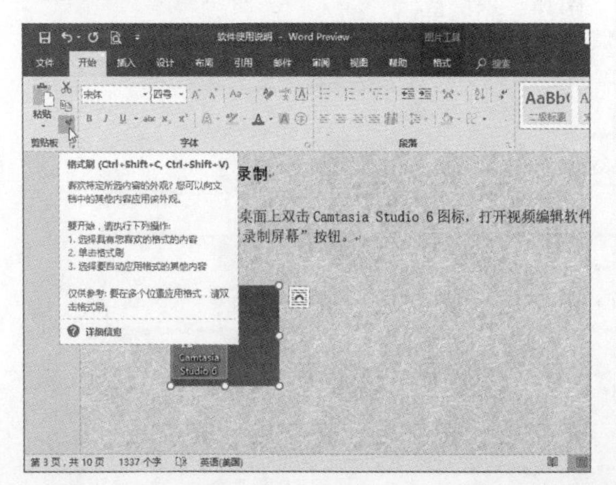

步骤22 依次单击其他图片，为所有图片添加黑色边框，然后将图片排列整齐。

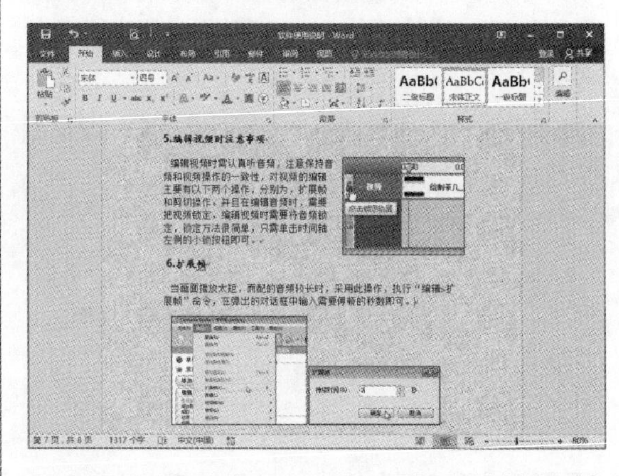

步骤23 将光标定位至需插入目录处，单击“引用”选项卡中的“目录”按钮，从下拉列表中选择“自动目录1”选项。

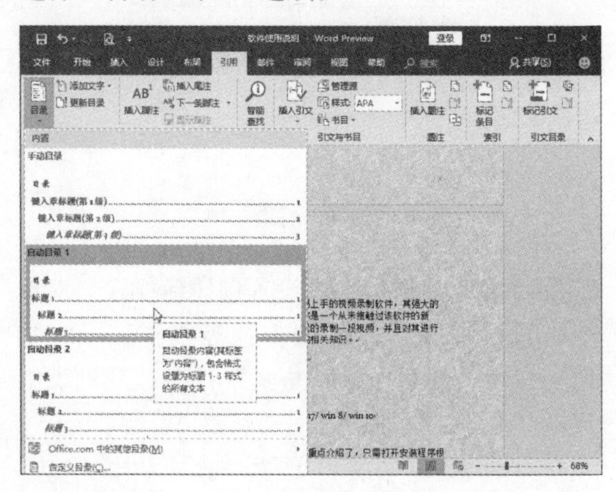

步骤24 即可在光标处插入目录，至此软件说明书制作完毕。

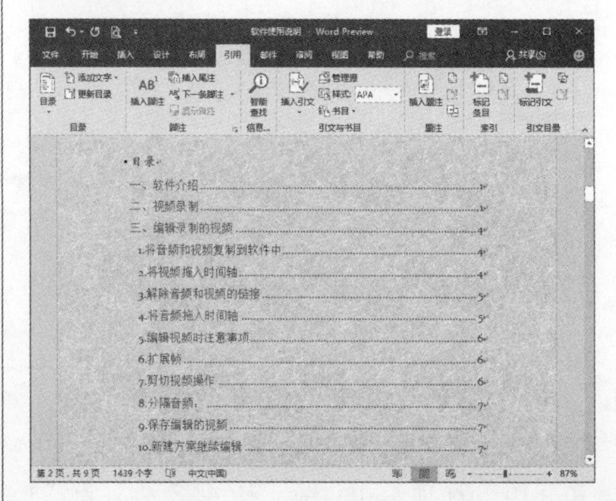

秒杀疑惑

1. 如何快速调整图形？

方法一：用户可以拖动图形的上、下、左、右控制点，分别向鼠标拖动的方向调整图形。若按住Shift键不放的同时分别拖动4角的控制点，可等比例缩放图形。

方法二：若按住Ctrl键不放的同时，拖动上、下、左、右4角的控制点，可双向缩放图形；若按住Ctrl键不放的同时，拖动4角的控制点，可保持中心点不变的同时缩放图形。

2. 如何将图片转换为SmartArt图形？

选择图片后，单击“图片工具—格式”选项卡中的“图片版式”按钮，在展开的版式列表中选择合适的图片版式即可。

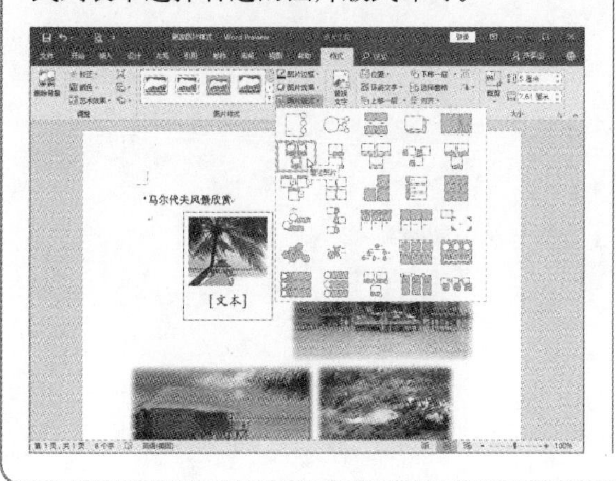

3. 如何快速清除文本格式？

选中需要清除格式的文本后，打开“开始”选项卡，单击“样式”选项组中的“其他”按钮，从下拉列表中选择“清除格式”选项，即可快速清除所选文本字体的格式。

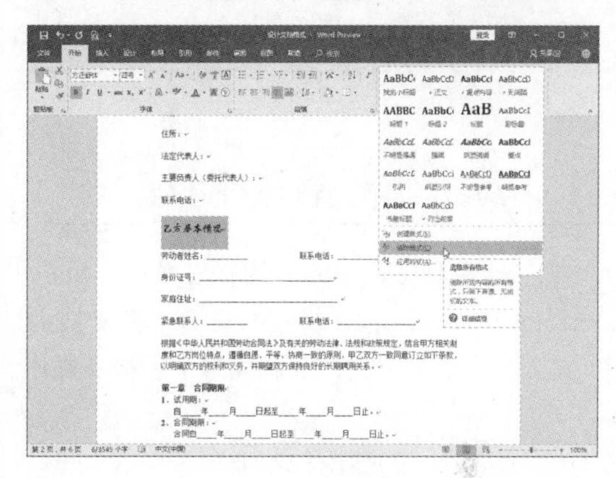

Chapter 04

Word表格的应用

在制作请假条、值班表、费用清单、购物计划表等文档时，就需要用到Word的表格功能。本章将重点对表格的创建、表格的基本操作、表格的美化、表格与文本间的转化以及在表格中实现简单运算的操作进行逐一介绍。

4.1 Word表格的创建

在Word中创建表格的方法有很多种，用户可以通过命令插入固定行/列的表格、绘制表格、插入Excel表格或插入包含样式的表格。在文档中插入表格后，用户还可以在表格中插入或删除行与列、插入或删除单元格以及删除整个表格等操作。

4.1.1 插入与删除表格

在Word 2019中，用户可以根据操作需要使用不同的方法插入表格，也可以轻松地将插入到Word中的表格删除。下面将分别对其进行介绍。

1. 常规法插入表格

步骤01 打开文档，将光标定位至需插入表格处，单击“插入”选项卡中的“表格”按钮，在展开的列表中可以选取8行10列以内的表格。

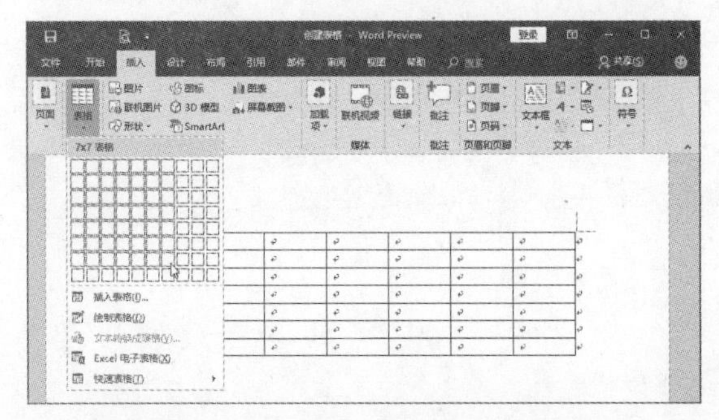

步骤02 如果需要插入指定行和列的表格，可以在“表格”列表中选择“插入表格”选项，打开“插入表格”对话框，在“列数”和“行数”数值框中设置要插入表格的行数和列数，然后单击“确定”按钮。

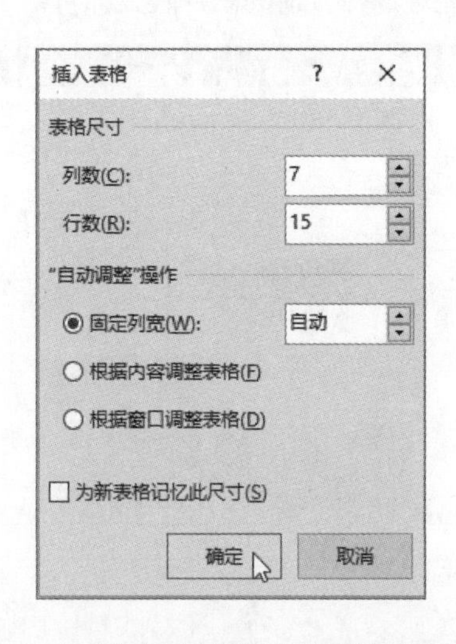

步骤03 此时系统将自动插入设置好的表格，用户根据需要输入表格标题和内容等信息。

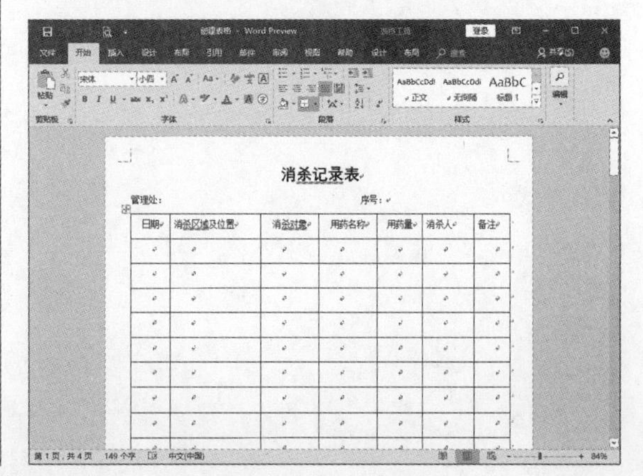

2. 绘制表格

除了上述介绍的插入表格的方法外，用户还可以手动绘制表格，其具体操作方法介绍如下。

步骤01 打开文档后，在“插入”选项卡的“表格”下拉列表中选择“绘制表格”选项。

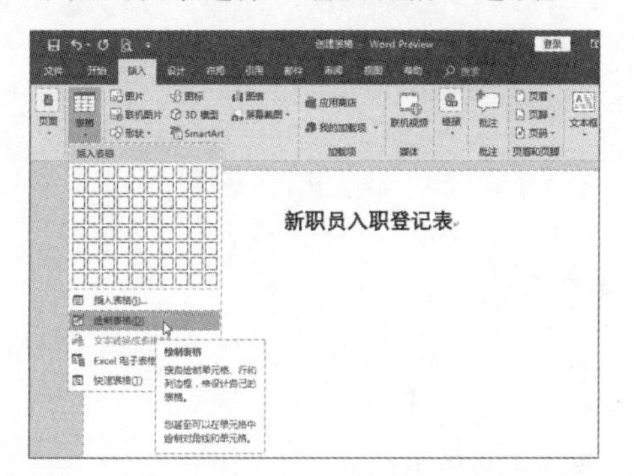

步骤02 此时光标变为笔样式，按住鼠标左键不放并拖动，绘制表格外边框。

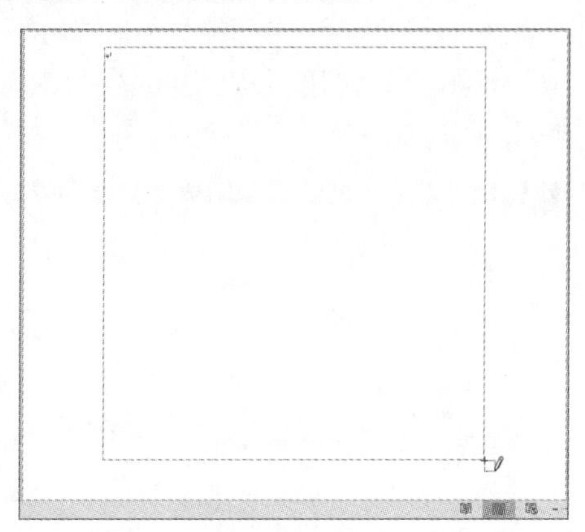

步骤03 绘制完成后释放鼠标左键，接着在边框内使用鼠标拖曳的方法，按需绘制表格的行和列。

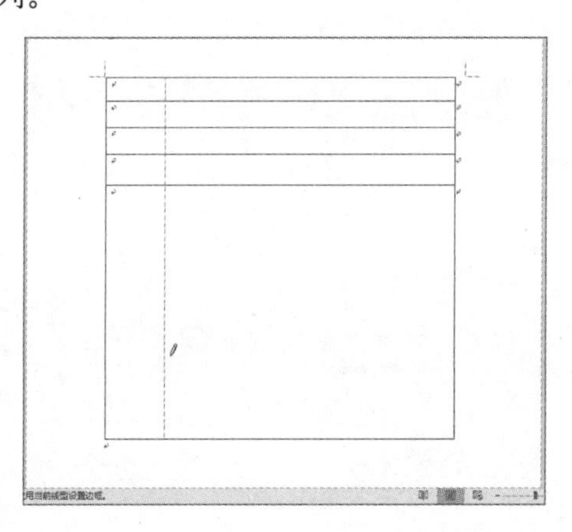

3. 插入Excel表格

如果需要在当前文档中输入大量数据，并且进行数据运算，可以插入Excel电子表格。

步骤01 打开文档后，在“插入”选项卡的“表格”下拉列表中，选择“Excel电子表格”选项。

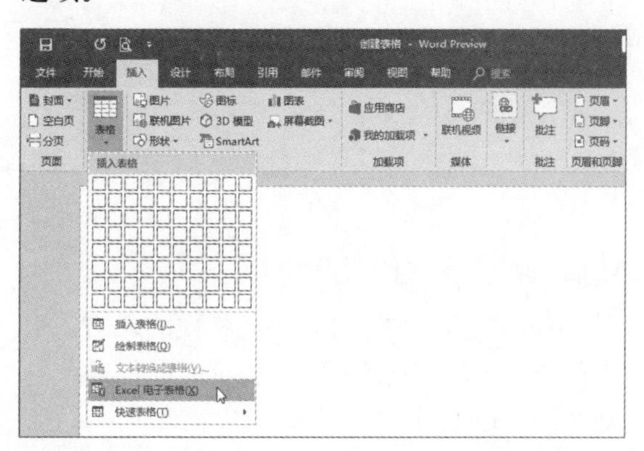

步骤02 即可在文档中插入一个Excel电子表格。

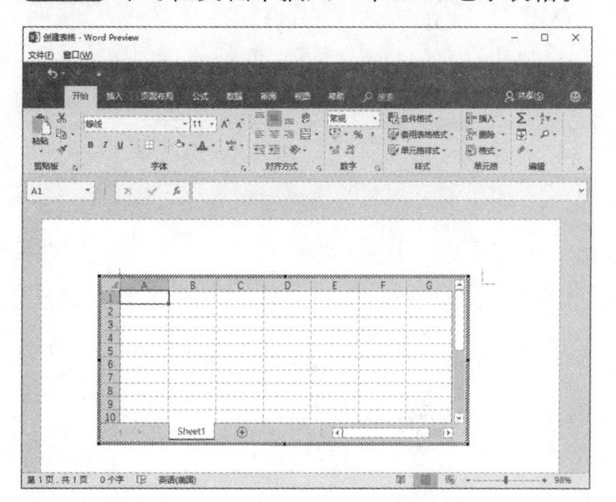

步骤03 根据需要在表格中输入文本。

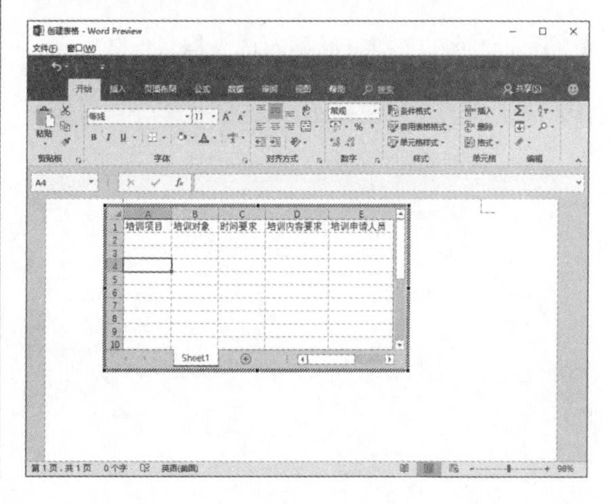

步骤04 输入完成后，单击表格外空白处，即可完成表格的插入操作。

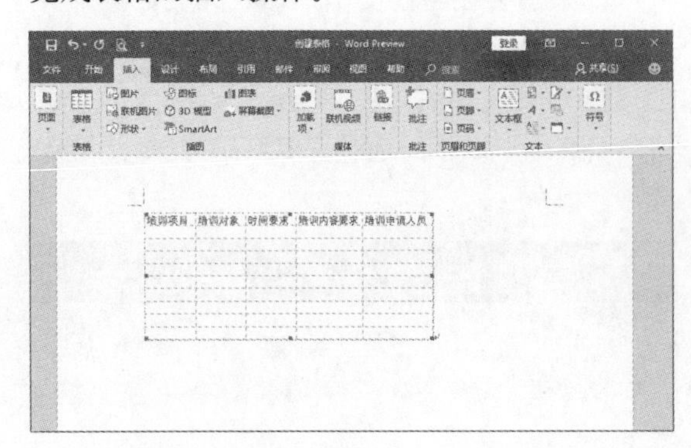

4. 插入包含样式的表格

Word文档提供了包含多种样式的表格，用以节省用户设计表格的时间，下面介绍插入包含固定样式的表格的具体操作方法。

步骤01 打开文档后，单击“插入”选项卡中的“表格”按钮，在列表中选择“快速表格”选项，在子列表中选择“带副标题2”样式选项。

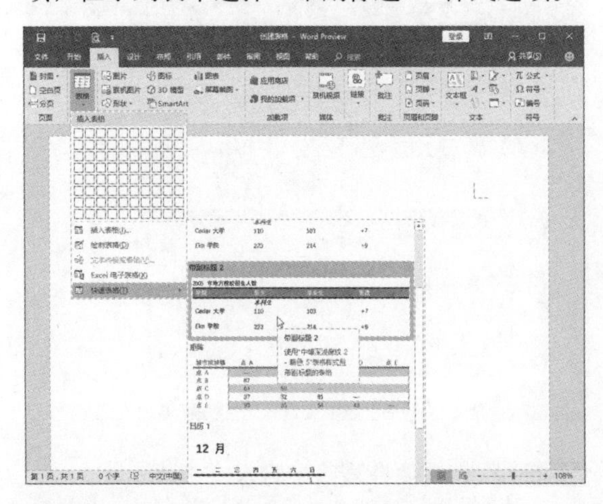

步骤02 此时在文档中已插入该表格。

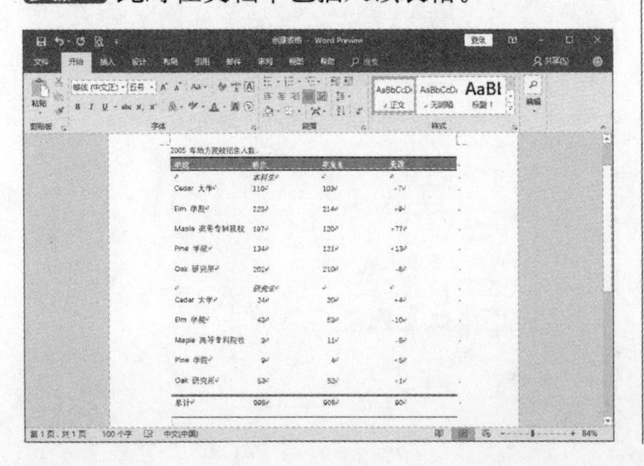

步骤03 根据需要修改表格的标题、表头及相关内容即可。

5. 删除表格

如果需要将当前文档内的表格删除，可通过下面几种方法实现。

(1) 浮动工具栏删除法

将光标移至表格上方，在表格左上角处会出现选取图标⊞，单击该图标可全选表格。此时在光标右侧会显示浮动工具栏，单击该工具栏中的“删除”按钮，从展开的列表中选择“删除表格”选项即可。

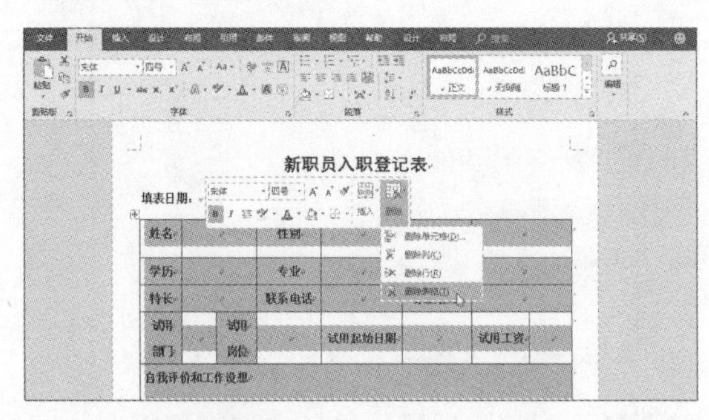

(2) 右键快捷菜单法

全选表格并单击鼠标右键，从弹出的快捷菜单中选择“删除表格”命令。

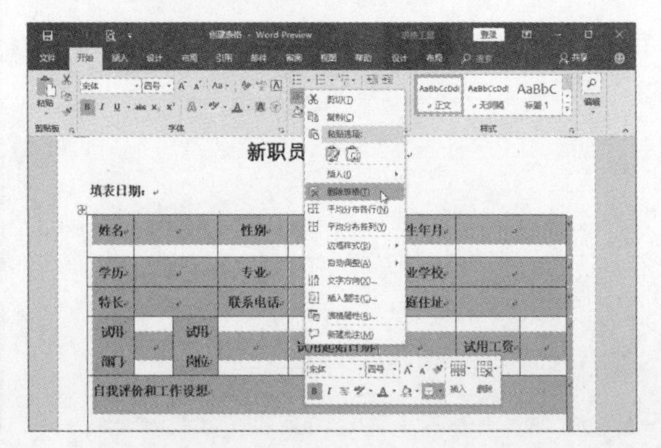

(3) 功能区命令法

全选表格，在“表格工具—布局”选项卡中单击“删除”按钮，从展开的列表中选择“删除表格”选项。

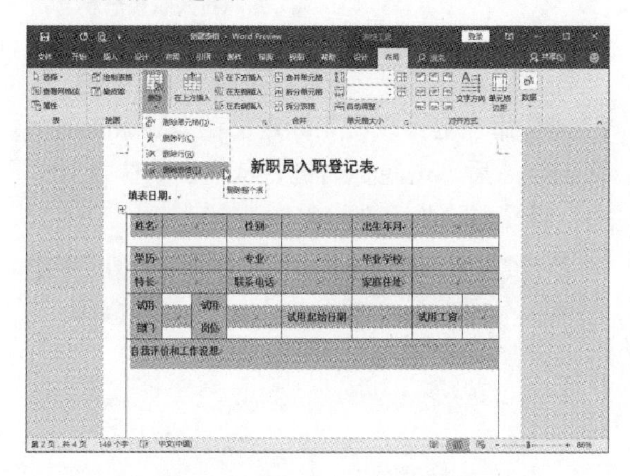

4.1.2 插入与删除表格行/列

插入表格后，在编辑表格内容过程中经常会遇到需要增添行/列或者删除行/列的操作。下面分别介绍插入与删除表格行与列的操作方法。

1. 插入行/列

步骤01 要使用功能区命令插入行或列，则打开文档，将光标定位在表格的单元格内，在“表格工具—布局”选项卡中单击“在上方插入”按钮，即可在所选单元格上方插入一行；单击“在左侧插入”按钮，即可在单元格左侧插入一列。

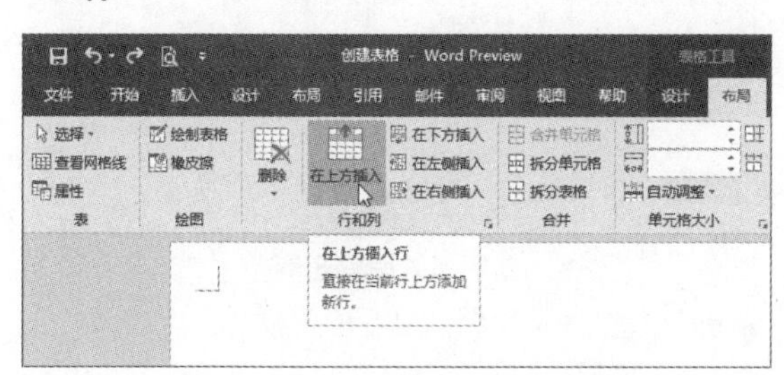

步骤02 要使用右键快捷菜单插入行或列，则将光标定位至单元格内，单击鼠标右键，从弹出的快捷菜单中选择“插入”命令，然后从其子菜单中选择合适的命令即可。

2. 删除行/列

选择单元格后，单击“表格工具—布局”选项卡中的“删除”按钮，从展开的列表中选择删除行/列命令，即可删除单元格所在的行/列。

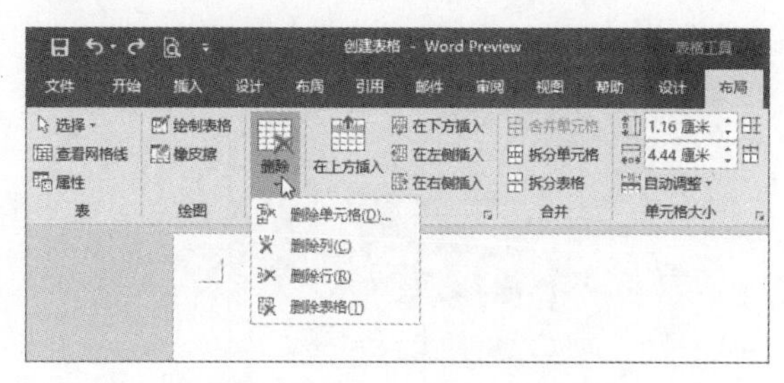

4.1.3 插入与删除单元格

如果需要在表格内添加/删除单元格，其操作方法也很简单，具体介绍如下。

1. 插入单元格

步骤01 打开文档，将光标定位在单元格内，打开“表格工具—布局”选项卡，单击“行和列”选项组的对话框启动器按钮。

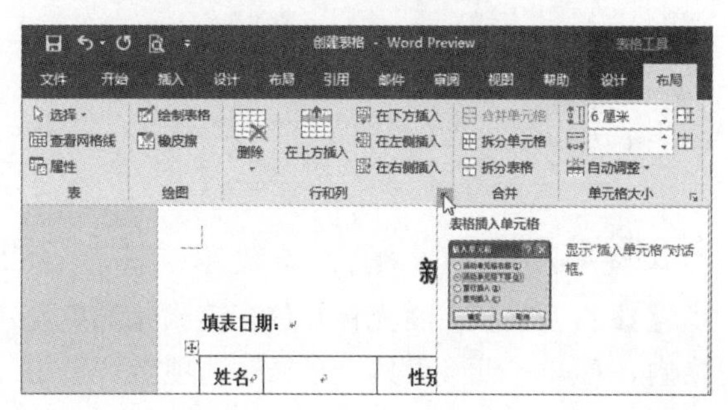

步骤02 用户也可以单击鼠标右键，在快捷菜单中选择“插入”命令，并在其子菜单中选择“插入单元格”命令。

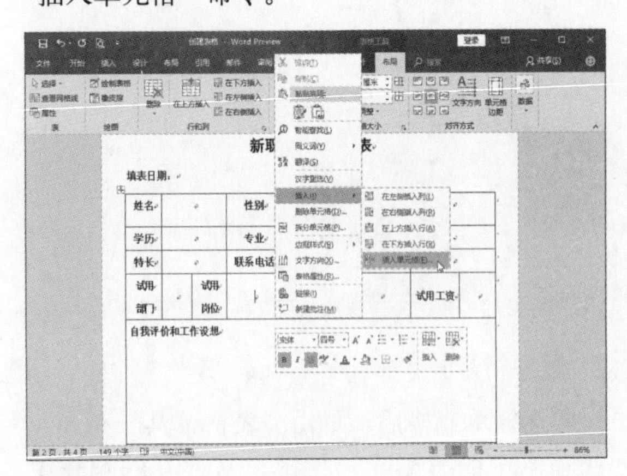

步骤03 打开“插入单元格”对话框，根据需要选择所需的单选按钮，这里选中“活动单元格右移”单选按钮，单击“确定”按钮即可。

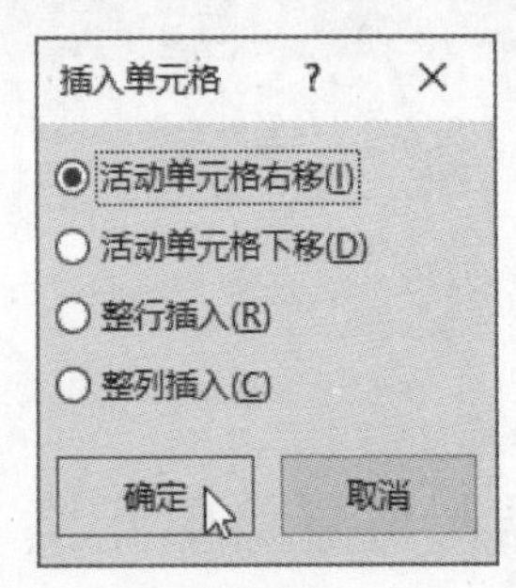

步骤04 此时在被选中的单元格右侧会新增一个空白单元格。

新职员入职登记表

填表日期：

姓名		性别		出生年月			
学历		专业		毕业学校			
特长		联系电话		家庭住址			
试用部门		试用岗位			试用起始日期		试用工资
自我评价和工作设想							

2. 删除单元格

步骤01 打开文档，将光标定位在需删除的单元格内，打开“表格工具—布局”选项卡，单击“删除”下三角按钮，从下拉列表中选择“删除单元格”选项。

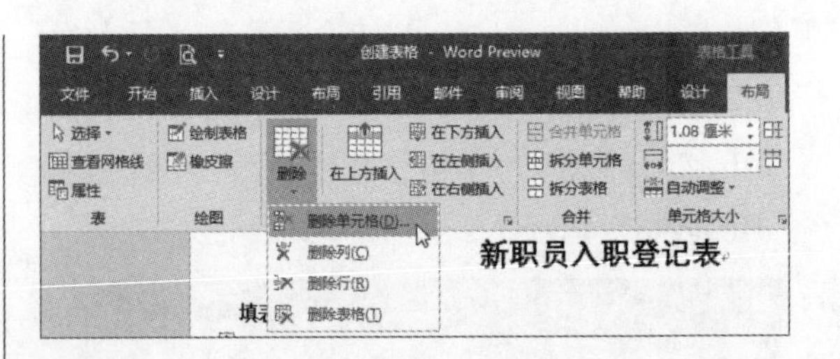

步骤02 用户也可以将光标定位在需删除的单元格内，然后单击鼠标右键，从弹出的快捷菜单中选择“删除单元格”命令。

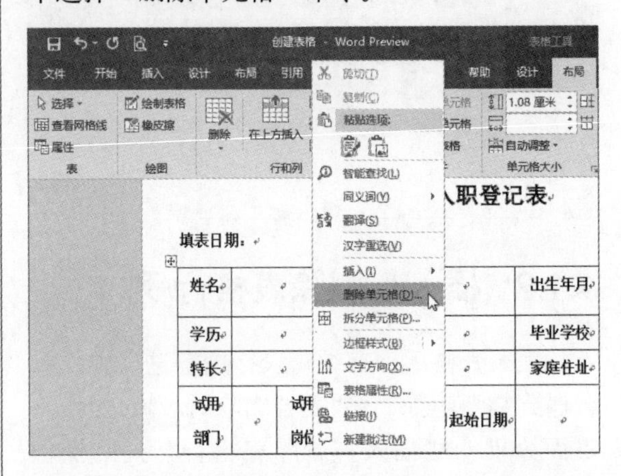

步骤03 打开“删除单元格”对话框，根据需要选择所需的单选按钮。这里选择“右侧单元格左移”单选按钮，单击“确定”按钮。

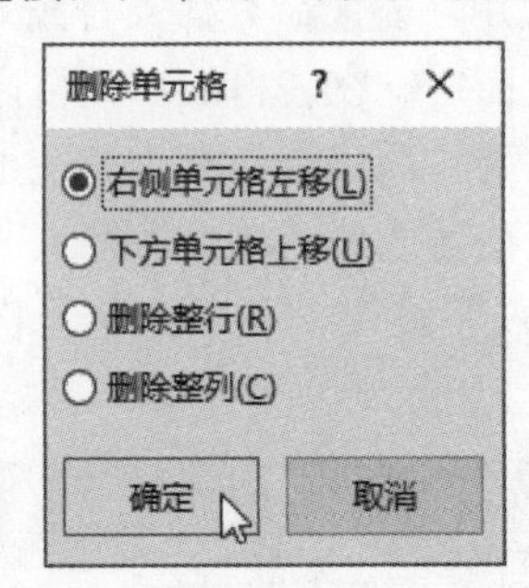

步骤04 此时被选中的单元格已被删除。

新职员入职登记表

填表日期：

姓名		性别		出生年月		
学历		专业		毕业学校		
特长		联系电话		家庭住址		
试用部门		试用岗位			试用工资	
自我评价和工作设想						

4.2 表格的基本操作

创建表格后，用户可以根据需要对表格的行高/列宽或者单元格大小进行编辑，本小节将对如何设置表格的行高/列宽、如何调整单元格的大小、如何拆分/合并单元格以及如何拆分/合并表格等的操作进行详细介绍。

4.2.1 设置行高与列宽

在编辑表格内容时，为了使整个表格中的内容布局更加美观，可以对表格的行高和列宽进行调整。

步骤01 若设置表格行高，则打开文档后，将光标移至需要调整行高的行左侧空白处并单击，选择该行。

外勤费用报销单

员工姓名		所属部门		报销时间		备注
序号	费用类别	大写		小写		
1	交通费					
2	资料费					
3	交际费					
4	补贴费					
5	其他费用					
合计						

步骤02 切换至“表格工具—布局”选项卡，在“单元格大小”选项组的“高度”数值框中设置合适的行高值。

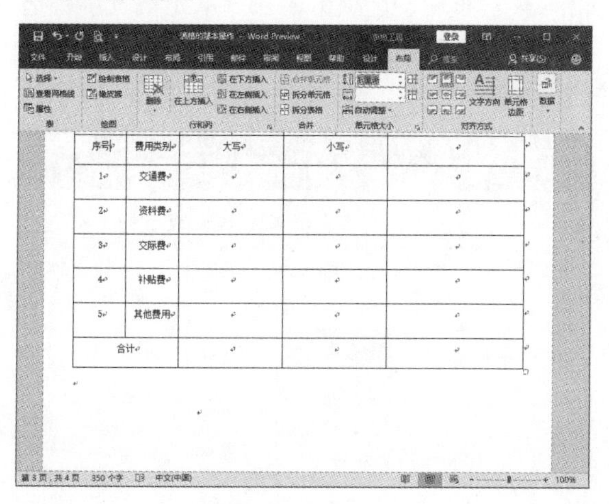

步骤03 此时被选中行的行高已发生了变化。

外勤费用报销单

员工姓名		所属部门		报销时间		备注
序号	费用类别	大写		小写		
1	交通费					
2	资料费					
3	交际费					
4	补贴费					
5	其他费用					
合计						

步骤04 若设置列宽，则将光标移至需要调整列的最上方，光标变为向下的黑色箭头时单击，选中该列。

外勤费用报销单

员工姓名		所属部门		报销时间		备注
序号	费用类别	大写		小写		
1	交通费					
2	资料费					
3	交际费					
4	补贴费					
5	其他费用					
合计						

步骤05 切换至“表格工具—布局”选项卡，在“单元格大小”选项组中的“宽度”数值框中设置合适的列宽值。

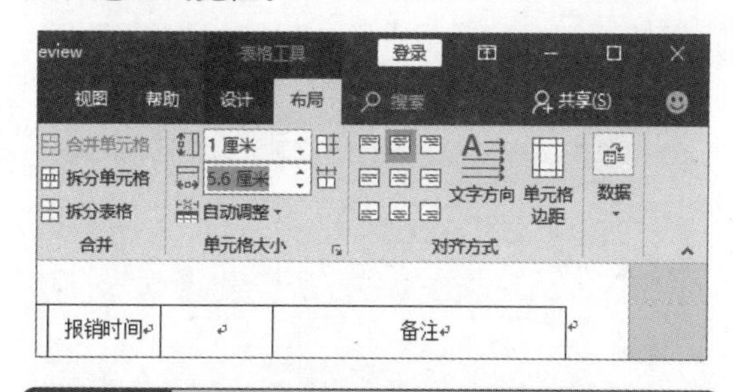

知识点拨 通过对话框中设置行高与列宽

打开“表格工具—布局”选项卡，单击“单元格大小”选项组的对话框启动器按钮，打开“表格属性”对话框。在“行”选项卡中可以对行高进行设置，在“列”选项卡中可以对列宽进行设置。

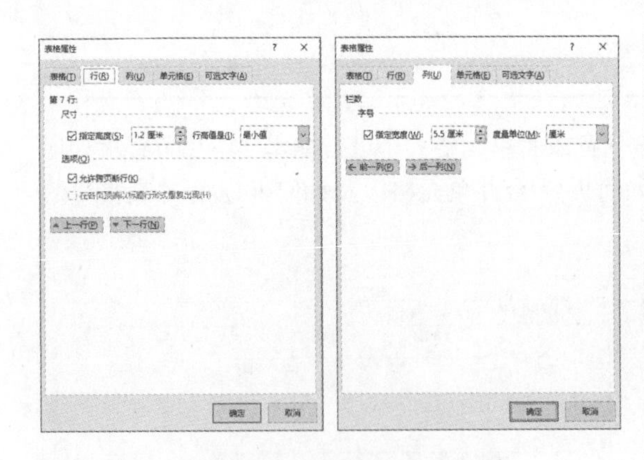

4.2.2 平均分布行高与列宽

如果希望多行/多列的间距是相同的，该怎样设置呢？下面对其操作进行介绍。

步骤 01 选择表格中的多行后，单击“表格工具—布局”选项卡中的“分布行”按钮。

序号	费用类别	大写	小写	
1	交通费			
2	资料费			
3	交际费			
4	补贴费			
5	其他费用			
合计				

步骤 02 此时被选中的行已平均分布。

1	交通费			
2	资料费			
3	交际费			
4	补贴费			
5	其他费用			
合计				

步骤 03 选择表格中的多列后，单击“表格工具—布局”选项卡中的“分布列”按钮。

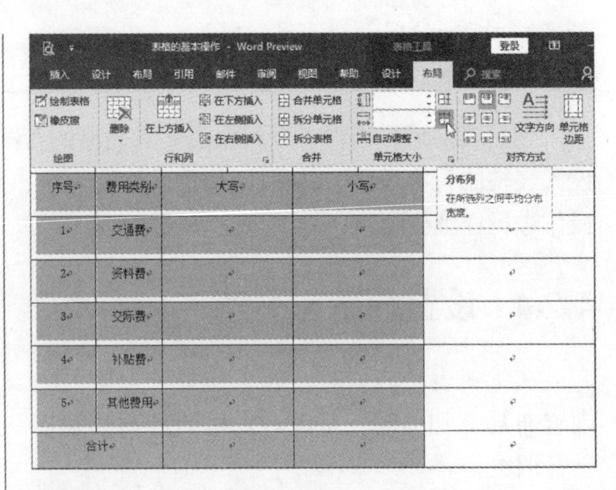

步骤 04 此时被选中的列已平均分布。

序号	费用类别	大写	小写	
1	交通费			
2	资料费			
3	交际费			
4	补贴费			
5	其他费用			
合计				

4.2.3 调整单元格的大小

如果需要对表格中单个单元格的大小进行调整，方法很简单，其操作步骤介绍如下。

步骤 01 选择要调整大小的单元格，切换至“表格工具—布局”选项卡，在“单元格大小”选项组的“高度”和“宽度”数值框中设置合适的单元格大小值。

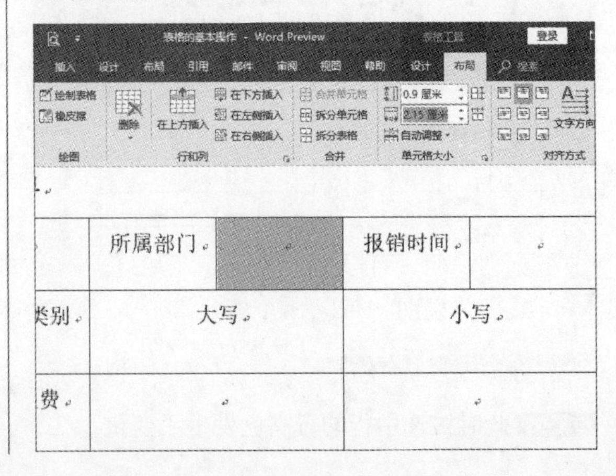

步骤02 调整完成后，被选中的单元格已发生了变化。

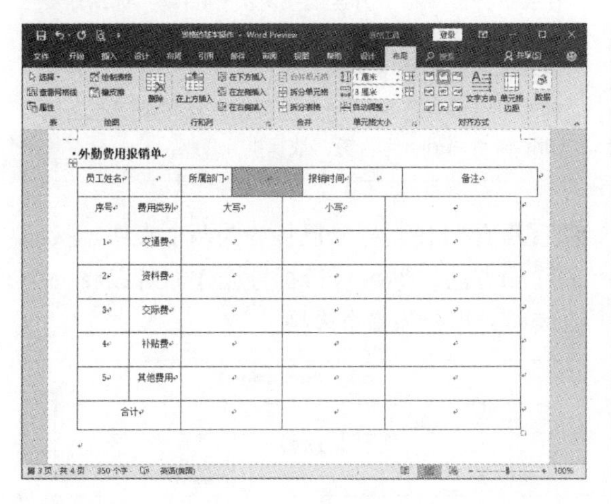

步骤03 用户还可在“表格工具—布局”选项卡中单击“单元格大小”选项组对话框启动按钮，打开“表格属性”对话框。在“单元格”选项卡中，对单元格的列宽进行设置。

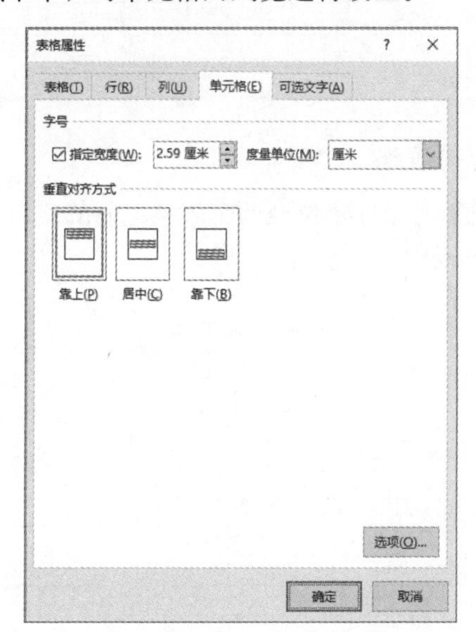

4.2.4 拆分/合并单元格

插入表格后，如果需要对表格中的单一项进行分类说明，可以拆分单元格；如果需要对多个项合并说明，可以合并单元格。下面将分别对其操作进行介绍。

1. 拆分单元格

步骤01 选择需要拆分的单元格，单击“表格工具—布局”选项卡中的“拆分单元格”按钮。

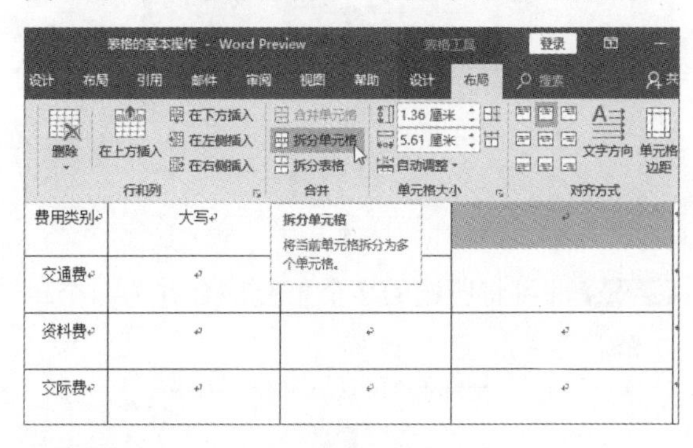

步骤02 弹出“拆分单元格”对话框，在“列数”和“行数”数值框中设置行/列值，设置完成后单击“确定”按钮即可。

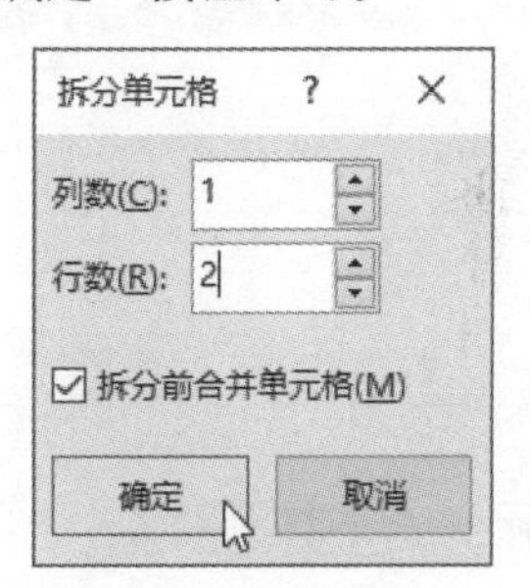

步骤03 此时被选中的单元格已进行了相应的拆分操作。

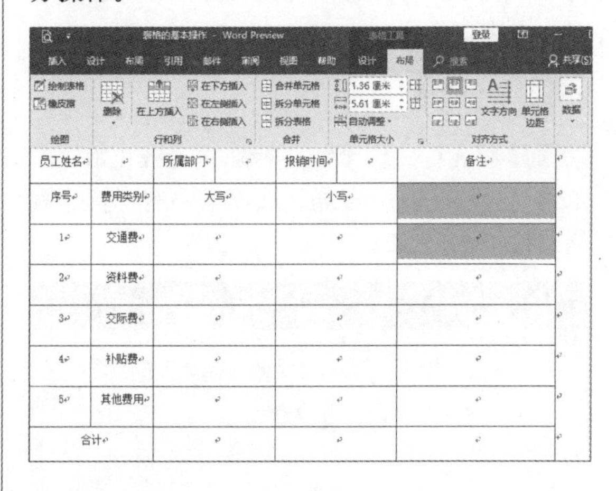

2. 合并单元格

步骤01 选择需要合并的单元格，单击“表格工具—布局”选项卡中的“合并单元格”按钮。

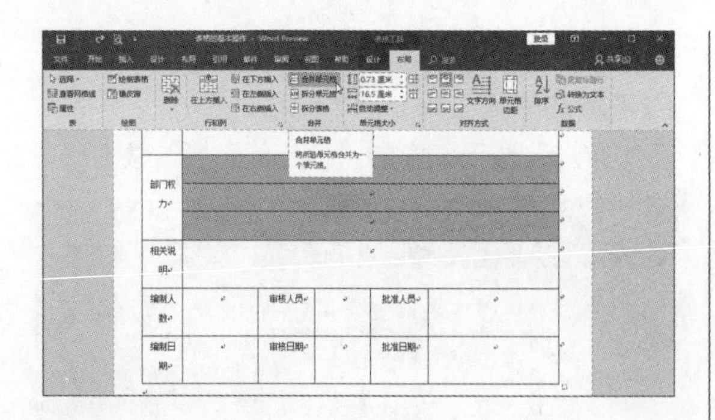

步骤 02 即可将所选的多个单元格合并为一个单元格。

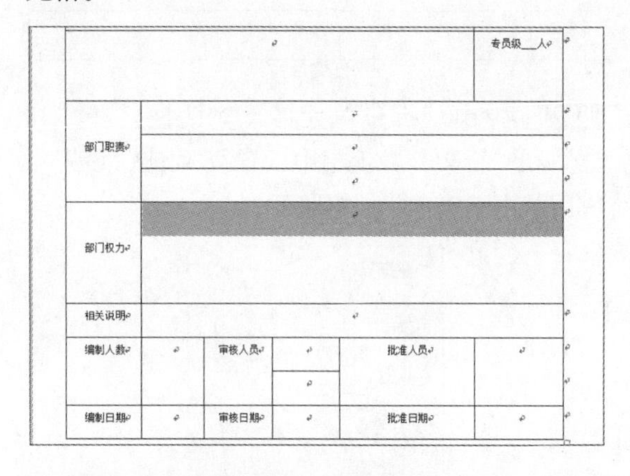

4.2.5 拆分/合并表格

如果想要将包含大量数据的报表快速拆分为多个表格，可以直接将报表拆分。反之，可以将表格合并。

1. 拆分表格

步骤 01 将光标定位至需要拆分的表格开始处，单击“表格工具—布局”选项卡中的“拆分表格”按钮。

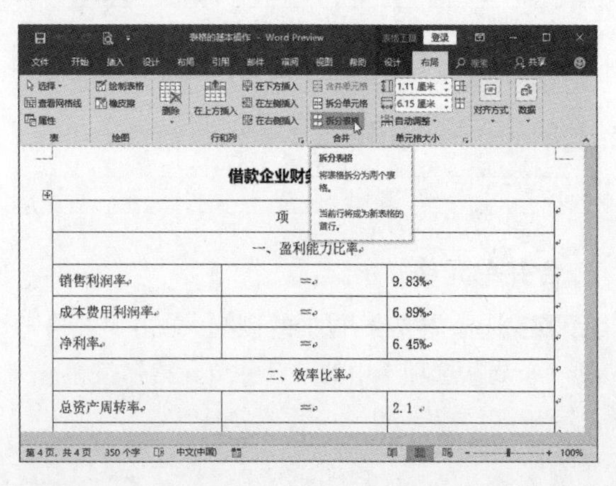

> **知识点拨　快速拆分表格**
>
> 在要拆分的表格下方连续按两次Enter键，选择需要拆分为第2个表格的所有单元格内容，按住鼠标左键并拖动至表格下方回车符位置，然后释放鼠标左键即可拆分该表格。用户也可以直接按下键盘上的Ctrl+Shift+Enter组合键，快捷拆分表格。

步骤 02 此时在光标处已拆分为两个表格。按照同样的方法，继续执行拆分操作，可以将一个大表格，拆分为多个表格。

借款企业财务比率分析

项　目		
一、盈利能力比率		
销售利润率	=	9.83%
成本费用利润率	=	6.89%
净利率	=	6.45%

二、效率比率		
总资产周转率	=	2.1
长期资产周转率	=	
流动资产周转率	=	2.483973862
资产报酬率	=	13.48%
权益报酬率	=	18.01%

2. 合并表格

步骤 01 将光标定位至两个表格之间的空白处，按Delete键删除空格。

借款企业财务比率分析

项　目		
一、盈利能力比率		
销售利润率	=	9.83%
成本费用利润率	=	6.89%
净利率	=	6.45%

二、效率比率		
总资产周转率	=	2.1
长期资产周转率	=	
流动资产周转率	=	2.483973862
资产报酬率	=	13.48%
权益报酬率	=	18.01%

步骤 02 即可将两个表格合并。若删除多个表格之间的空格，可以将多个表格合并为一个表格。

4.3 表格的美化

表格制作完成后，用户可以根据需要对其进行美化操作，例如为表格添加边框、为表格添加底纹、设置表格内容的对齐方式、自动套用表格格式等，下面分别进行介绍。

4.3.1 为表格添加边框

一个精美别致的表格边框，可以让表格看起来更美观、数据更容易读取，下面介绍为表格添加边框的操作方法。

1. 应用内置边框样式

Word文档为表格提供了几种常用的主题边框，用户可以根据需要选择合适的边框样式，下面对其操作进行介绍。

步骤01 选择表格，单击“表格工具—设计”选项卡中的“边框样式”下拉按钮，从展开的列表中选择“双实线，1/2pt，着色1”样式选项。

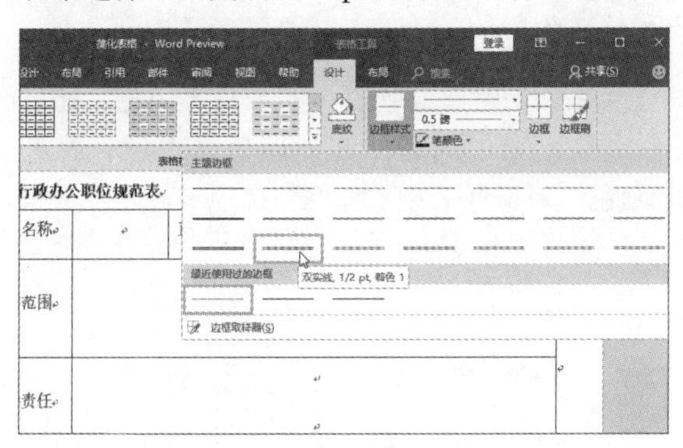

步骤02 单击“边框”按钮，从展开的下拉列表中选择“外侧框线”选项。

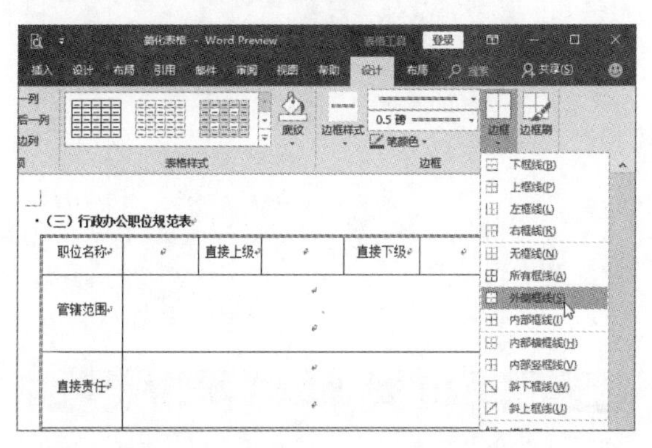

2. 自定义边框样式

如果用户对内置边框样式不满意，希望可以为表格设置更多样式的边框，可以自定义表格边框，下面对其操作进行介绍。

步骤01 选择表格，单击“表格工具—设计”选项卡中的“笔样式”按钮，从展开的下拉列表中选择合适的样式选项。

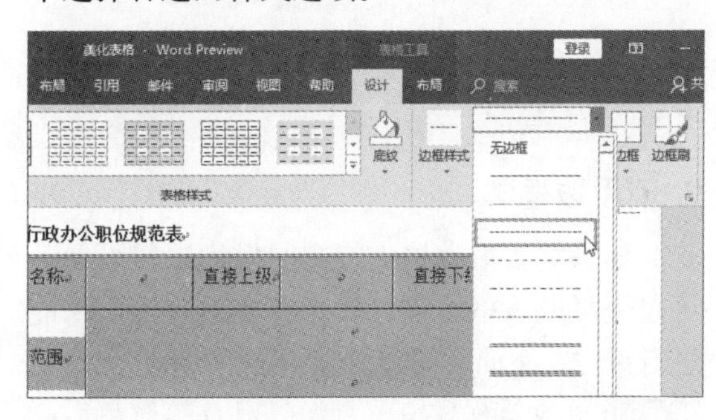

步骤02 单击“笔划粗细”按钮，从下拉列表中选择“1.0磅”选项。

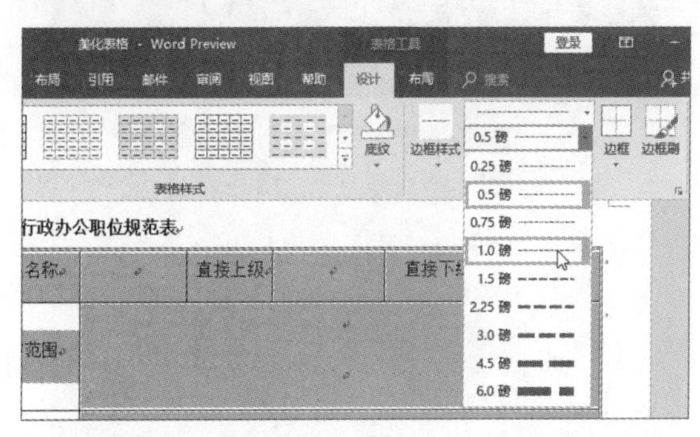

步骤03 单击“笔颜色”按钮，从下拉列表中选择“浅蓝”选项。

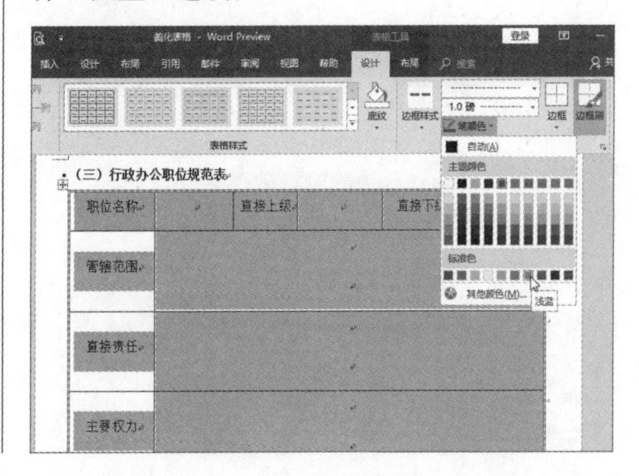

步骤04 单击“边框”按钮，从下拉列表中选择“内部框线”选项，即可为内部框线应用自定义边框。

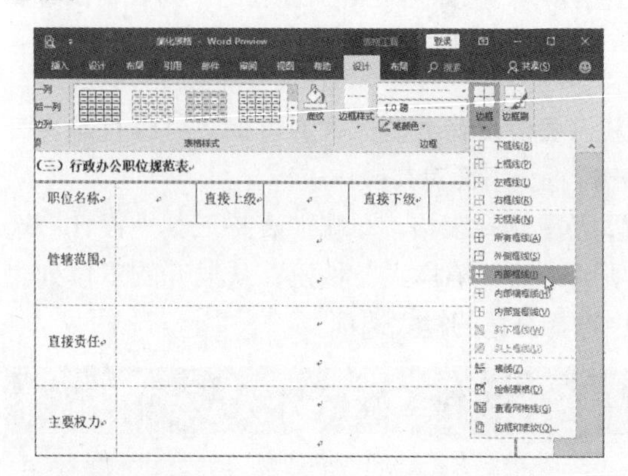

3. 使用边框刷

如果需要对表格中特定的框线进行设置，可以先更改表格边框样式，再使用边框刷功能进行设定，下面对其进行介绍。

步骤01 更改笔样式、笔划粗细以及笔颜色后，单击“边框刷”按钮。

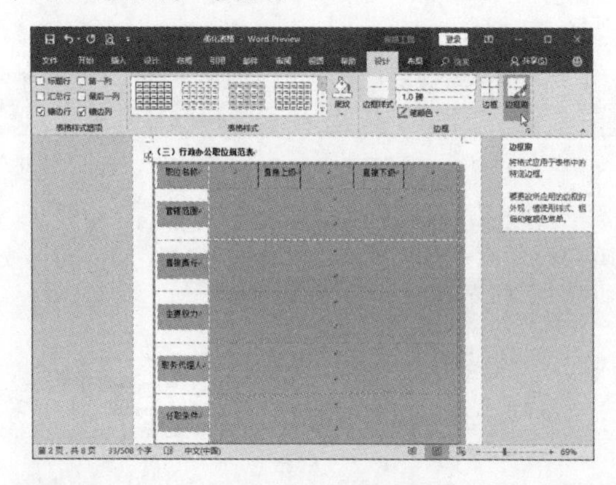

步骤02 在需要应用特定样式的框线上单击，即可套用样式。

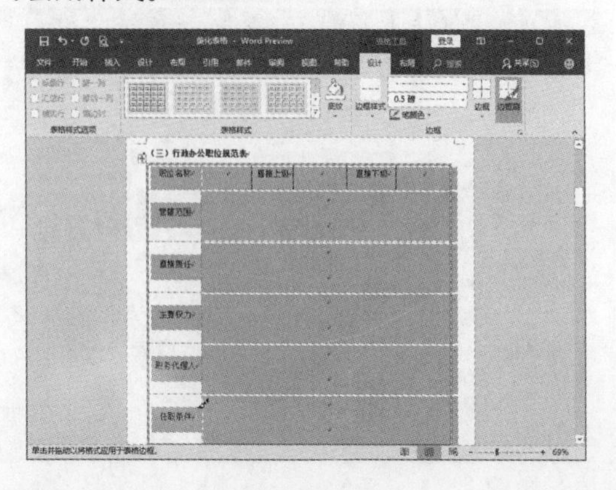

4.3.2 为表格添加底纹

对于表格中需要突出显示的内容，用户可以通过更改表格底纹来突出显示，下面介绍为表格添加底纹的操作方法。

步骤01 选择需要添加底纹的单元格，单击“表格工具—设计”选项卡中的“底纹”按钮，从展开的列表中选择合适的颜色即可。

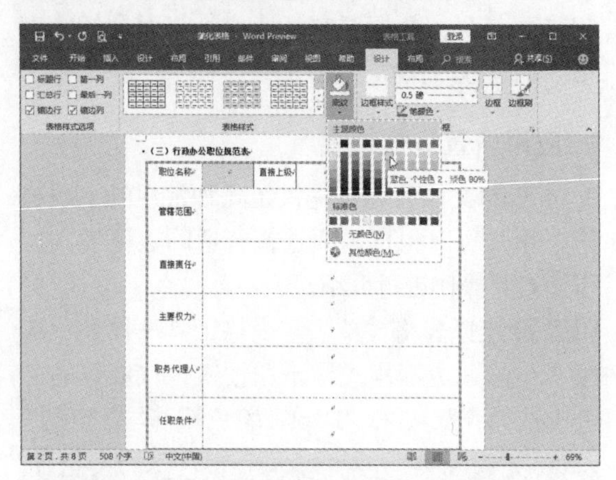

步骤02 如果对底纹列表中的颜色不满意，还可在底纹列表中选择“其他颜色”选项，打开“颜色”对话框，在“标准”选项卡或者“自定义”选项卡中设置底纹颜色。

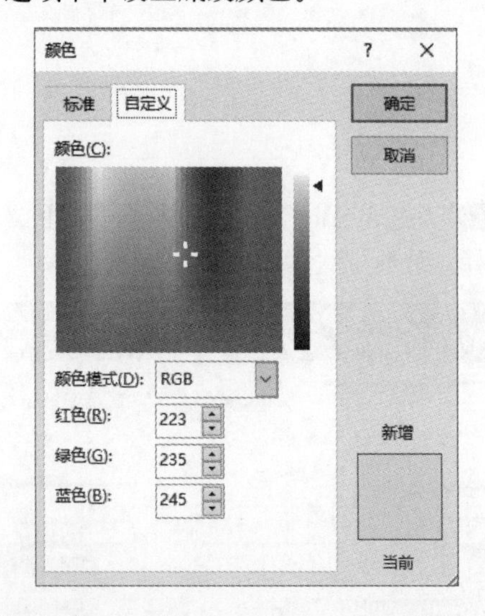

知识点拨 巧用“边框与底纹”对话框

除了上述介绍的方法外，用户还可以在“边框”下拉列表中选择“边框与底纹”选项，在打开的对话框中对边框的样式、表格底纹的效果进行设置。

4.3.3 设置对齐方式

当表格中包含大量的文本和数据时，该如何排列这些文本和数据呢？下面对表格内容的对齐设置操作进行介绍。

步骤01 选择表格中需要设置对齐方式的文本，单击“表格工具—布局”选项卡中的“水平居中”按钮。

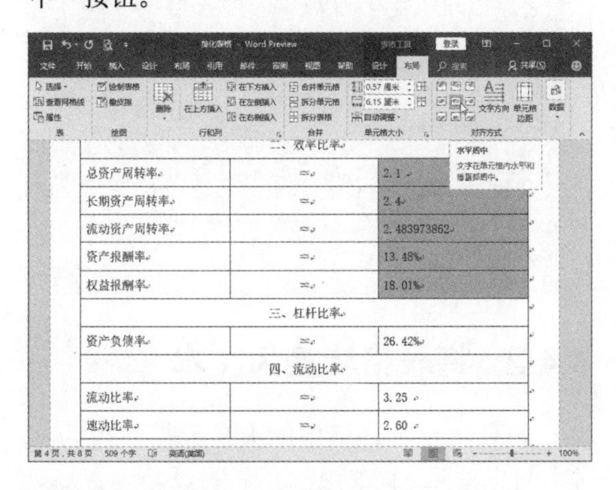

步骤02 此时，所选单元格中的文本已水平居中显示。

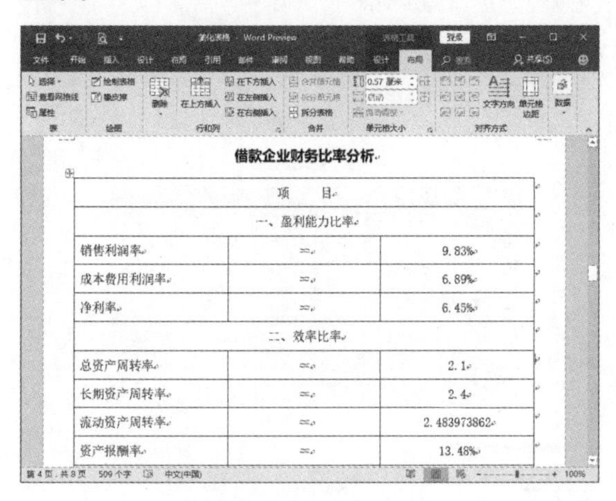

4.3.4 自动套用格式

除了可以自定义表格样式外，用户还可以通过Word提供的“表格样式”功能美化表格，下面对其操作进行介绍。

步骤01 全选表格，切换至“表格工具—设计”选项卡，在“表格样式”选项组中单击“其他”按钮。

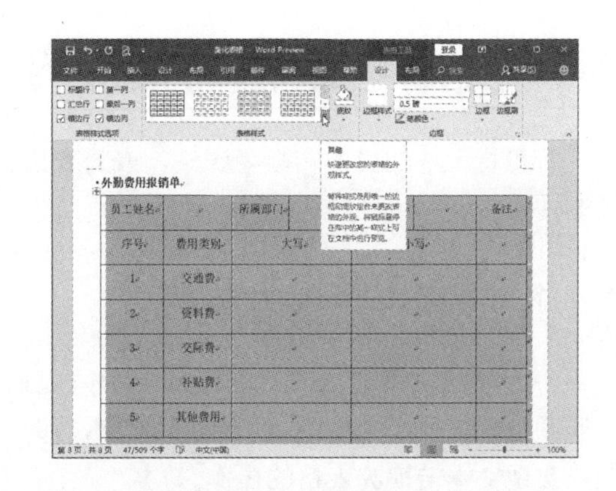

步骤02 从展开的样式列表中选择“网格表3 - 着色1”样式选项。

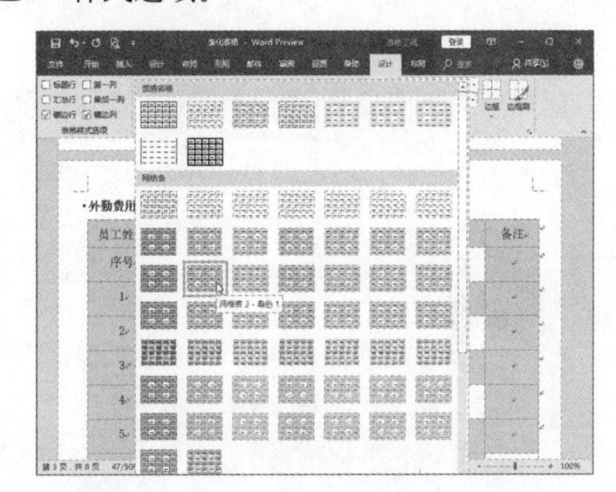

步骤03 即可看到当前表格已经成功应用了所选的表格样式。

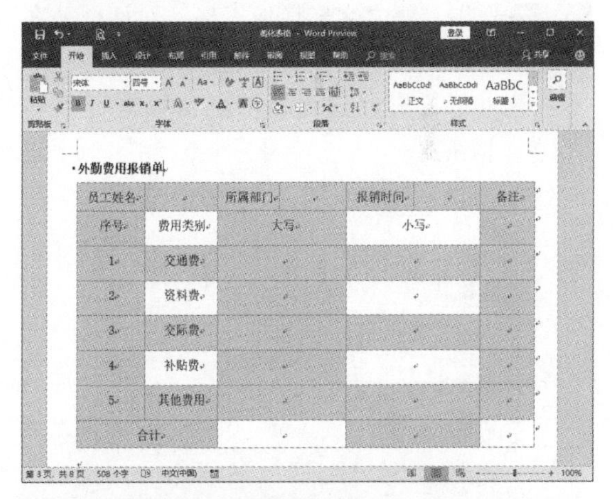

知识点拨 巧建新表格样式

除了上述介绍的方法外，用户还可以单击“表格样式”选项组的“其他”按钮，选择“新建表格样式”选项，在打开的对话框中创建新的表格样式。

4.4 文本与表格的相互转换

若想将大量的文本转换为表格，或将表格转换为文本，该怎么办呢？其实很简单，利用Word文档的转换功能即可轻松实现。

4.4.1 将文本转换为表格

将大量的文本变为表格，不需要插入表格后逐项复制，只需按照下面的操作步骤，即可轻松实现文本转换为表格的操作。

步骤01 打开文档，选择需要转换的文本，单击“插入”选项卡中的“表格”按钮，从下拉列表中选择“文本转换成表格”选项。

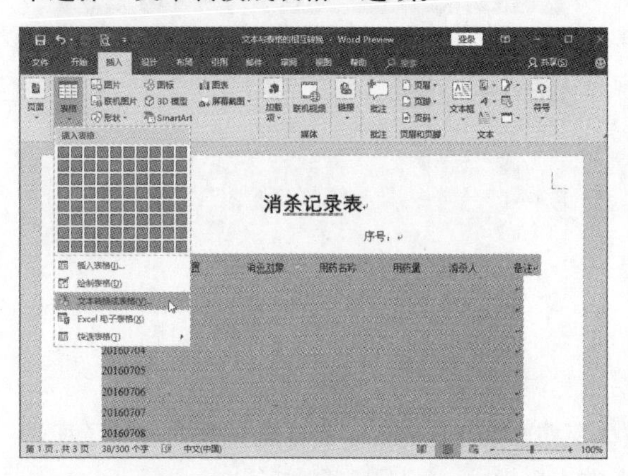

步骤02 弹出“将文字转换成表格”对话框，在此可以对表格尺寸、自动调整方式、文字分隔位置等进行设置，这里保持默认设置，单击“确定”按钮。

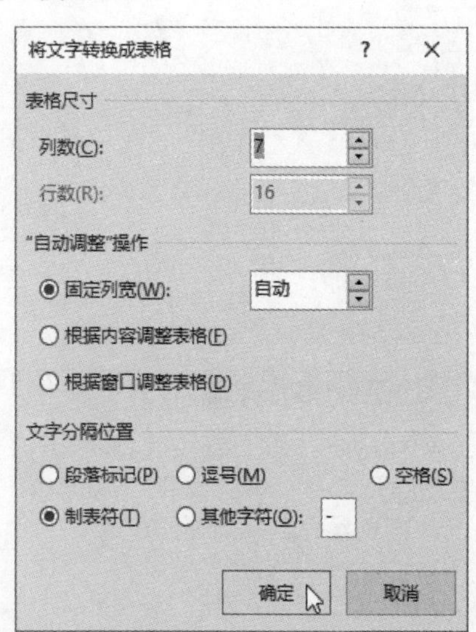

步骤03 此时所选文本已转换为表格了。

日期	消杀区域及位置	消杀对象	用药名称	用药量	消杀人	备注
20160701						
20160702						
20160703						
20160704						
20160705						
20160706						
20160707						
20160708						
20160709						
20160710						
20160711						
20160712						
20160713						

4.4.2 将表格转换为文本

如果需要将表格中的大量数据转换为文本，可以按照下面的操作步骤进行转换。

步骤01 选择表格，单击“表格工具—布局”选项卡中的“转换为文本”按钮。

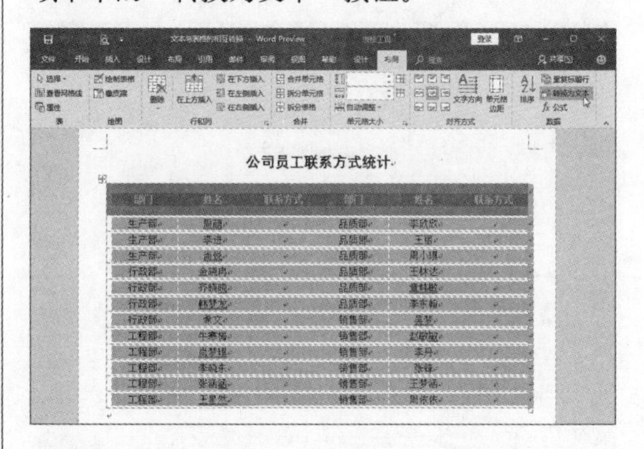

步骤02 打开“表格转换为文本”对话框，用户可以对文字分隔符进行设置，这里保持默认设置，然后单击“确定”按钮即可。

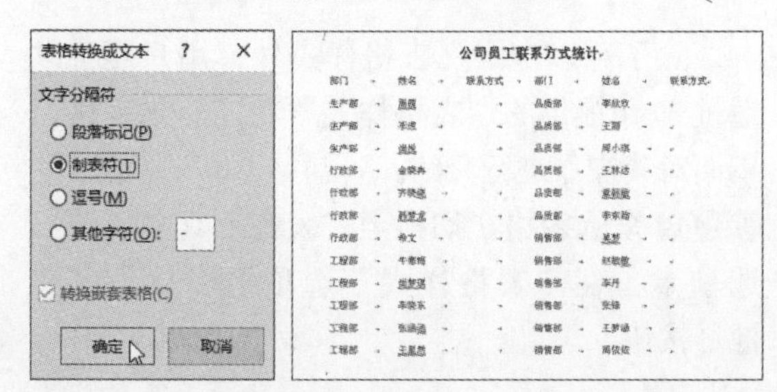

4.5 在表格中实现简单运算

如果需要在表格中进行简单地计算，那么无需通过计算器，使用Word自带的计算功能即可快速实现数据的计算，包括求和、求平均值以及数据的排序等。

4.5.1 数据求和

和值的计算在数据运算中经常会用到，下面介绍在Word文档中进行数据求和。

步骤01 打开文档，将光标定位至求和结果单元格内，单击“表格工具—布局”选项卡中的“公式”按钮。

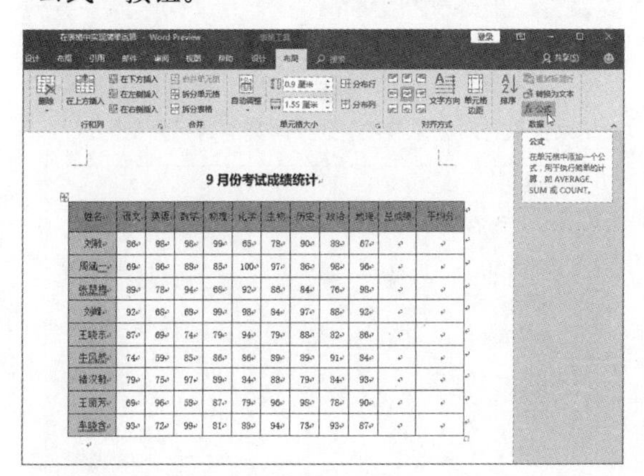

步骤02 弹出“公式”对话框，默认公式即为求和公式，单击“编号格式”按钮，从下拉列表中选择0.00格式选项。

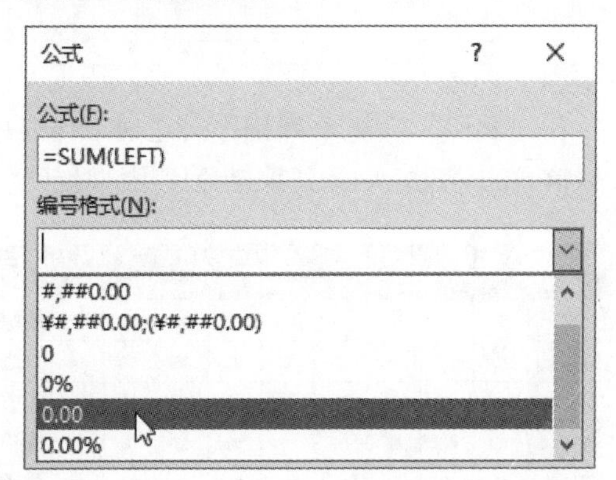

步骤03 单击“公式”对话框中的“确定”按钮，即可得出求和结果。按照同样的方法，计算剩余单元格中的数据。

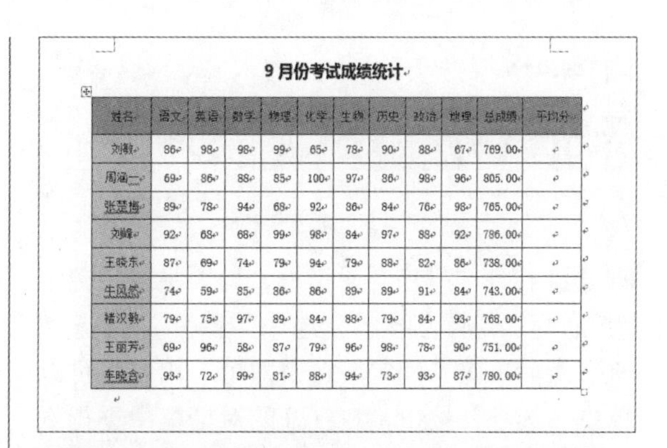

9 月份考试成绩统计

姓名	语文	英语	数学	物理	化学	生物	历史	政治	地理	总成绩	平均分
刘敏	86	98	98	99	65	78	90	88	67	769.00	
周涵一	69	86	88	85	100	97	86	98	96	805.00	
张楚梅	89	78	94	68	92	86	84	76	98	765.00	
刘峰	92	68	68	99	98	84	97	88	92	786.00	
王晓东	87	69	74	79	94	79	88	82	86	738.00	
生风然	74	59	85	86	86	89	89	91	84	743.00	
褚汉敏	79	75	97	89	84	88	79	84	93	768.00	
王丽芳	69	96	58	87	79	96	98	78	90	751.00	
车晓含	93	72	99	81	88	94	73	93	87	780.00	

知识点拨 计算平均值

计算平均值与计算和值的方法相似，只需将求和函数SUM改为平均值函数AVERAGE即可。

9 月份考试成绩统计

姓名	语文	英语	数学	物理	化学	生物	历史	政治	地理	平均分
刘敏	86	98								85.44
周涵一	69	86								89.44
张楚梅	89	78								85
刘峰	92	68								87.33
王晓东	87	69								82
生风然	74	59								82.56
褚汉敏	79	75								85.33
王丽芳	69	96	58	87	79	96	98	78	90	83.44
车晓含	93	72	99	81	88	94	73	93	87	86.67

公式
公式(F):
=AVERAGE(LEFT)
编号格式(N):
粘贴函数(U):
粘贴书签(B):
确定
取消

4.5.2 数据排序

在Word中不但可以对表格中的数据进行计算，还可以对数据进行排序，下面以将本次考试总成绩从高到低排列为例进行介绍。

步骤01 选择需要排序的数据，单击“表格工具—布局”选项卡中的“排序”按钮。

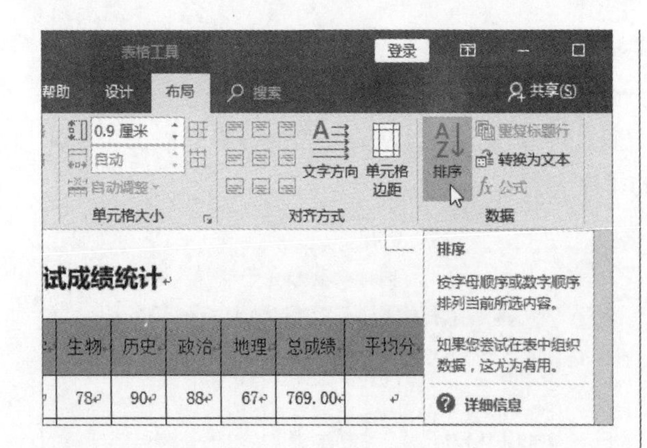

步骤02 打开“排序”对话框，设置主要关键字为列11、类型为数字，选中“降序”单选按钮，最后单击“确定”按钮即可。用户也可以单击“选项”按钮，在打开的对话框中进行更详细的设置。

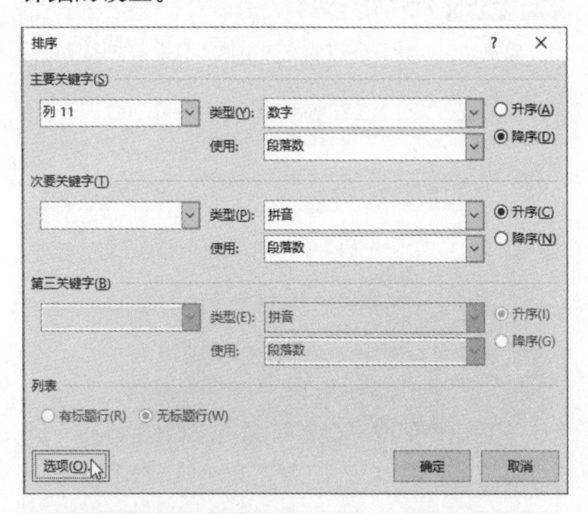

知识点拨 关键字的显示

从上图可以看出主要关键字为“列11”，而有的用户在操作时，显示为“总成绩”，这是为什么呢？原来是由于设置的“列表”选项不同而已，如果选择了标题行，则显示为“总成绩”；如果未选择标题行，则显示为“列11”。

在“排序”对话框中，除了可以设置主要关键字外，还可以设置次要关键字和第三关键字，以实现更为复杂的排序操作。

步骤03 返回编辑区，即可看到总成绩从高到低进行了排列。

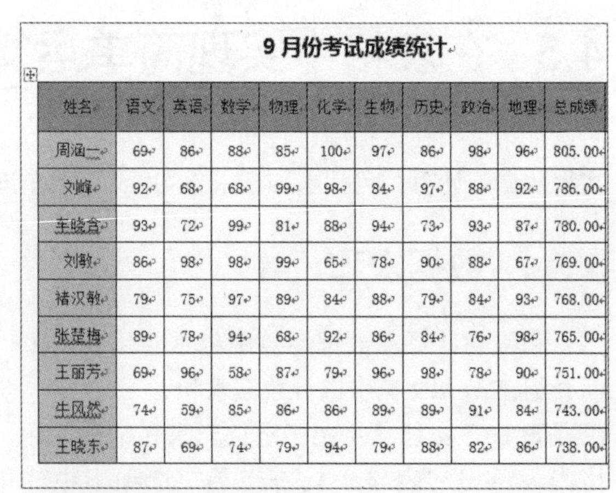

9 月份考试成绩统计

姓名	语文	英语	数学	物理	化学	生物	历史	政治	地理	总成绩
周涵一	69	86	88	85	100	97	86	98	96	805.00
刘峰	92	68	68	99	98	84	97	88	92	786.00
车晓含	93	72	99	81	88	94	73	93	87	780.00
刘敏	86	98	98	99	65	78	90	88	67	769.00
褚汉敏	79	75	97	89	84	88	79	84	93	768.00
张楚梅	89	78	94	68	92	86	84	76	98	765.00
王丽芳	69	96	58	87	79	96	98	78	90	751.00
生凤然	74	59	85	86	86	89	89	91	84	743.00
王晓东	87	69	74	79	94	79	88	82	86	738.00

知识点拨 对单列排序

如果在打开的“排序选项”对话框中勾选“仅对列排序”复选框，并单击“确定”按钮。那么随后的排序结果是只针对“总成绩”列，而其他列不会变化。

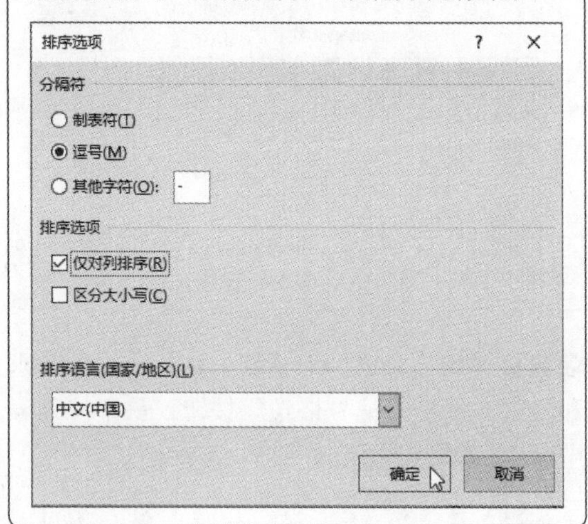

在此例中，实施单列排序会造成工作表中数据信息的错乱，因此建议避免使用该功能。

姓名	语文	英语	数学	物理	化学	生物	历史	政治	地理	总成绩
刘敏	86	98	98	99	65	78	90	88	67	805.00
周涵一	69	86	88	85	100	97	86	98	96	786.00
张楚梅	89	78	94	68	92	86	84	76	98	780.00
刘峰	92	68	68	99	98	84	97	88	92	769.00
王晓东	87	69	74	79	94	79	88	82	86	768.00
生凤然	74	59	85	86	86	89	89	91	84	765.00
褚汉敏	79	75	97	89	84	88	79	84	93	751.00
王丽芳	69	96	58	87	79	96	98	78	90	743.00
车晓含	93	72	99	81	88	94	73	93	87	738.00

动手练习 制作个人简历

学习了Word中表格应用的相关知识后，接下来将综合利用所学知识，制作一份个人简历，其中涉及到的知识点包括封面的创建、文本内容的创建、表格的创建与设计等。

步骤01 打开文件夹，单击鼠标右键，从弹出的快捷菜单中选择“新建>Microsoft Word文档”命令。

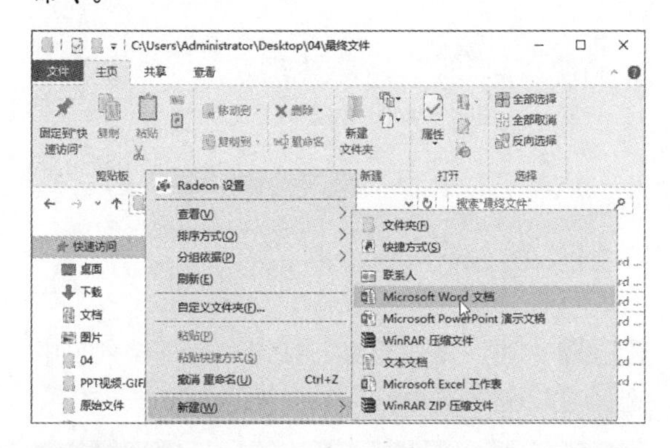

步骤02 新建文档后，输入文档名称，然后双击文档图标。

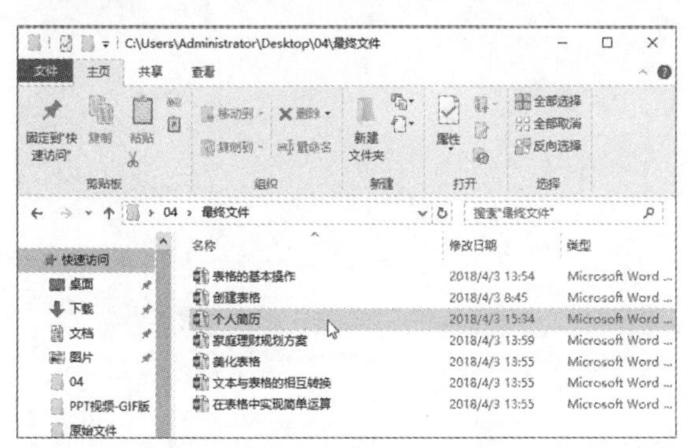

步骤03 打开新建的空白文档，单击“插入”选项卡中的“封面”按钮，从下拉列表中选择“平面”选项。

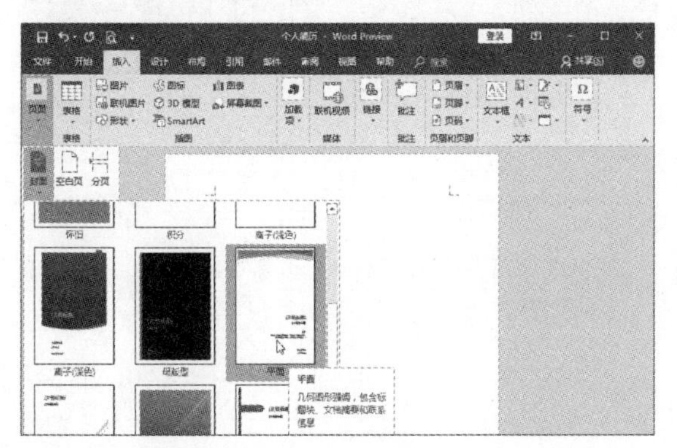

步骤04 在封面中按需输入文本内容，其中标题字体设置为“黑体”、字号为“小一”，其他文本字体设置为“黑体”、字号为“四号”。

步骤05 接着在正文页输入标题内容，设置标题字体格式为黑体、小初、加粗、左对齐，并转换为艺术字。单击“开始”选项卡中的“文本效果和板式”按钮，从下拉列表中选择“渐变填充：蓝色，主题色5；映像”样式选项。

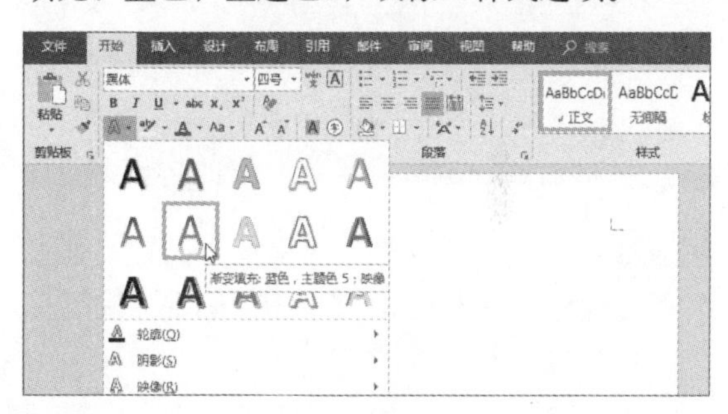

步骤06 单击“插入”选项卡中的“表格”按钮，拖动鼠标，在文档中插入6行5列的表格。

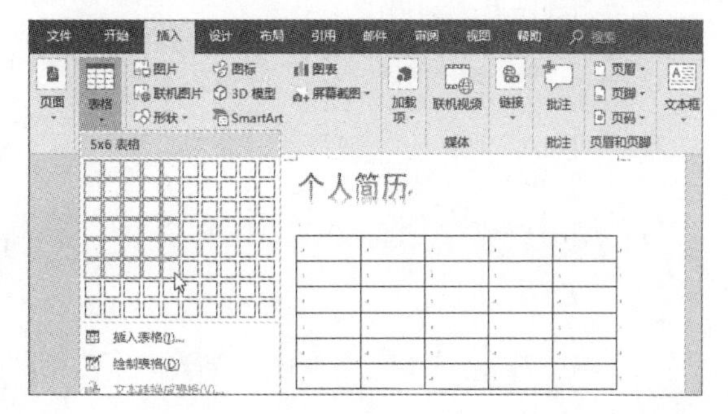

步骤07 在表格中输入文本内容，选择需要合并的单元格，单击“表格工具—布局”选项卡中的“合并单元格”按钮。

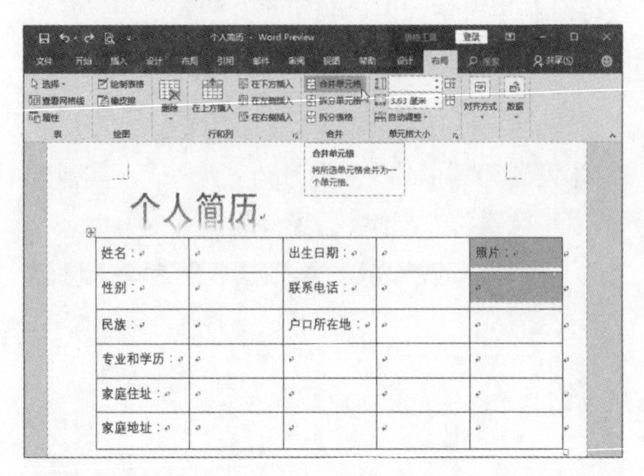

步骤08 按照上述步骤，合并其他单元格，并设置单元格对齐方式。选中单元格，单击“表格工具—布局”选项卡中“单元格大小”选项组的对话框启动器按钮。

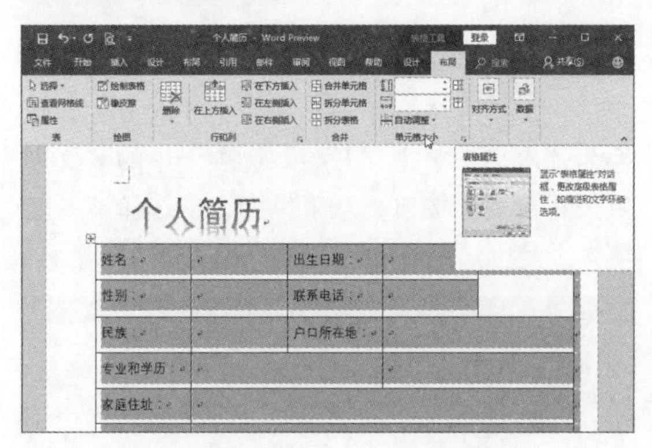

步骤09 打开“表格属性”对话框，设置“垂直对齐方式”为“居中”，并单击“确定”按钮。

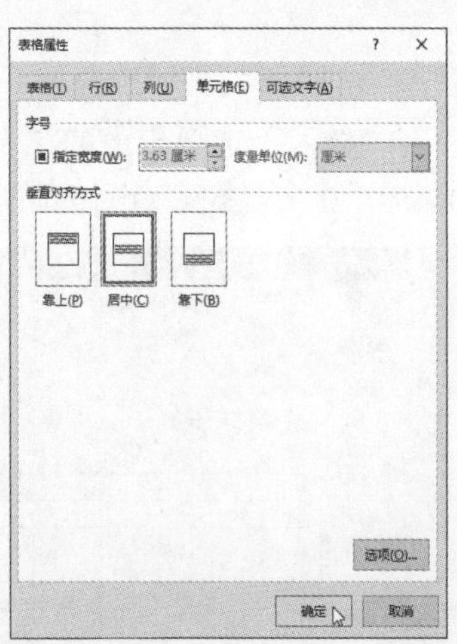

步骤10 选中表格，在“表格工具—设计”选项卡中，将“笔颜色”设为蓝色。单击“笔样式”下拉按钮，在下拉列表中选择合适的样式选项。

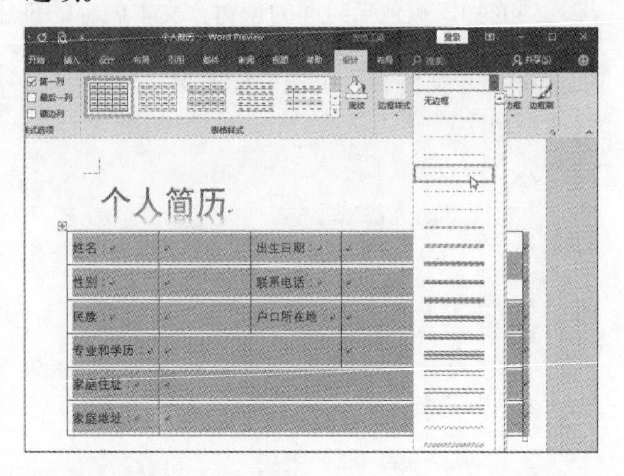

步骤11 单击“笔划粗细”按钮，在下拉列表中选择“3.0磅”选项。

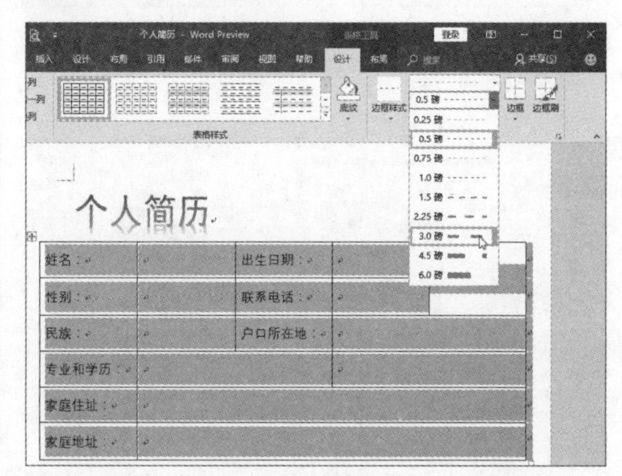

步骤12 单击“表格工具—布局”选项卡中的“边框”按钮，从下拉列表中选择“外侧框线”选项。

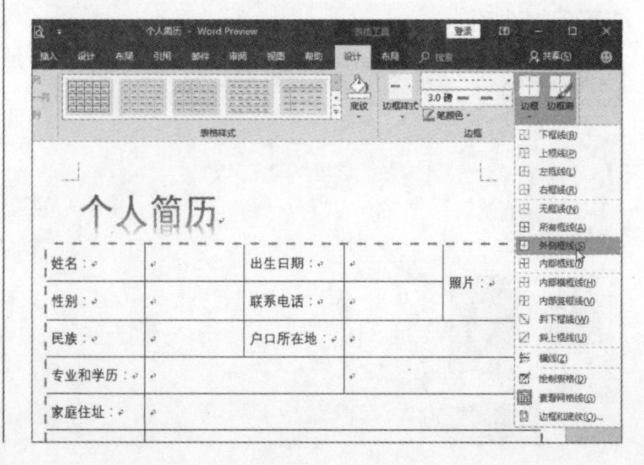

步骤13 按照上述步骤的方法，设置表格内部边框的样式。设置笔划粗细为0.5磅，并应用到表格内部框线中。

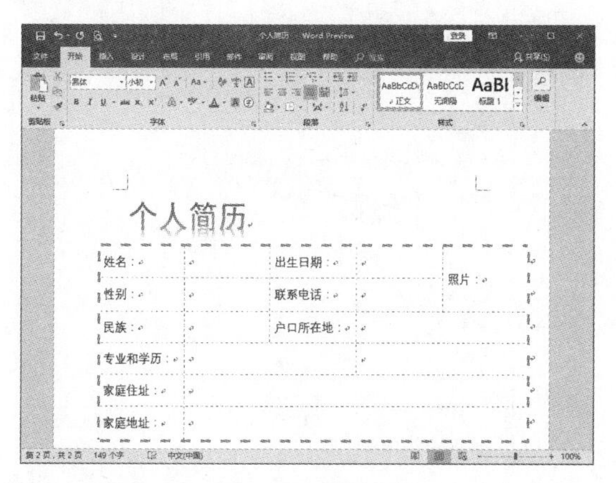

步骤14 单击“插入”选项卡中的“表格”按钮，从下拉列表中选择“插入表格”选项，插入5行2列的表格，并输入文本内容。

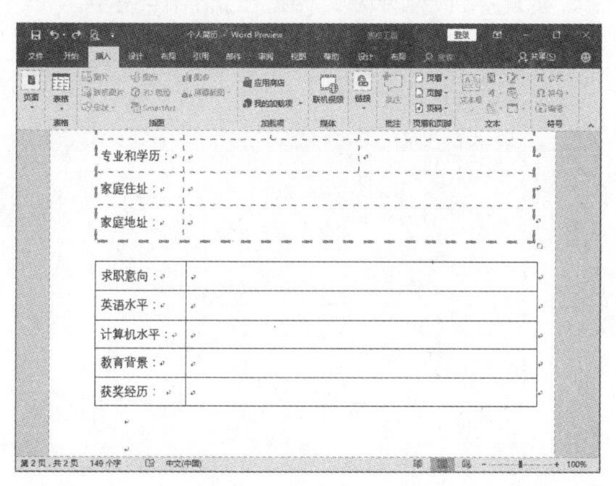

步骤15 选中新插入的表格，按上述方法应用边框样式。上、下边框线设置为3.0磅，内部框线设置为0.5磅无竖框线。

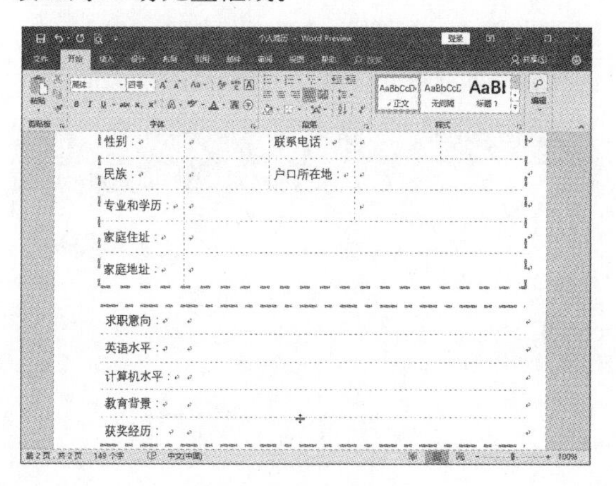

步骤16 按上述方法继续插入5行2列的表格，输入文本内容，应用边框样式。

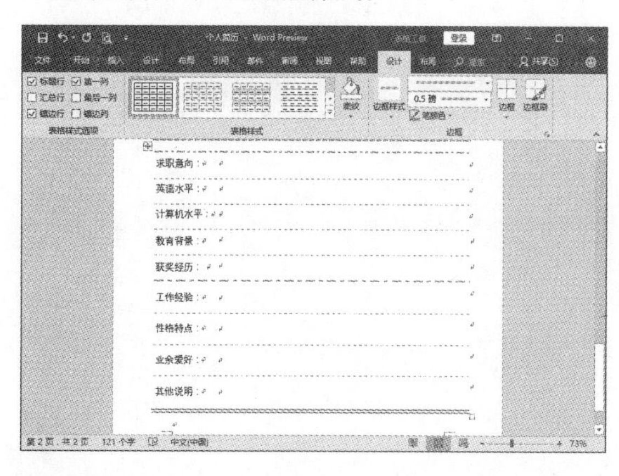

步骤17 单击“插入”选项卡中的“页眉”下拉按钮，从下拉列表中选择“母版型”样式选项。

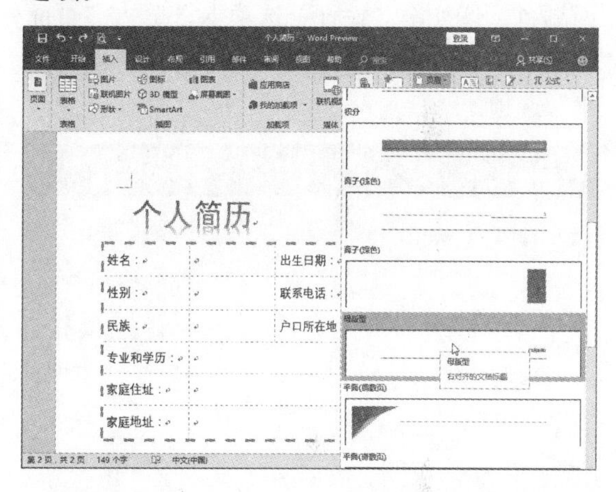

步骤18 输入页眉内容，设置字体格式为等线、小四、蓝色。

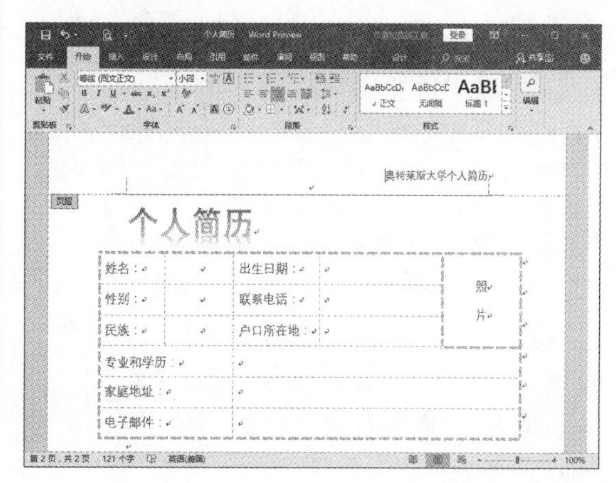

步骤19 在“页眉顶端距离”数值框中设置页眉顶端距离为1.5厘米，设置完成后，单击“关闭页眉和页脚”按钮即可。

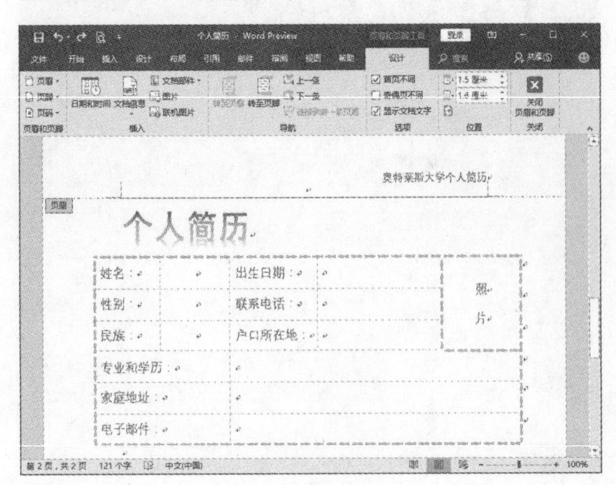

步骤20 为了使个人简历更美观，还可以设置页面颜色。切换至“设计”选项卡，单击“页面颜色”下拉按钮，从下拉列表中选择“填充效果”选项。

知识点拨　制作个人简历注意事项

在制作个人简历时，用户也可一次性插入所有表格，并根据自己的特长、特色以及掌握的技能等适当添加或删除表格的行与列。另外简历的整体风格、页面颜色、字体等要保持统一，给人以舒适的视觉效果。

步骤21 在“填充效果”对话框中选中“双色”单选按钮，将“颜色1”设为白色、“颜色2”设为浅蓝色、“底纹样式”设为“斜上”，单击“确定”按钮。

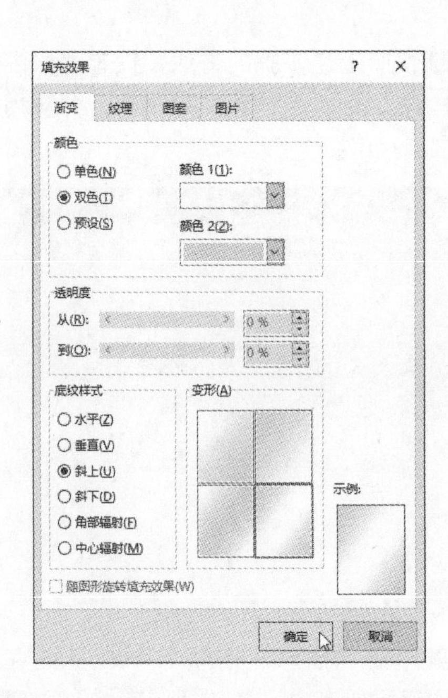

步骤22 返回文档中，查看为页面添加底纹的效果。至此，个人简历文档已全部制作完毕。

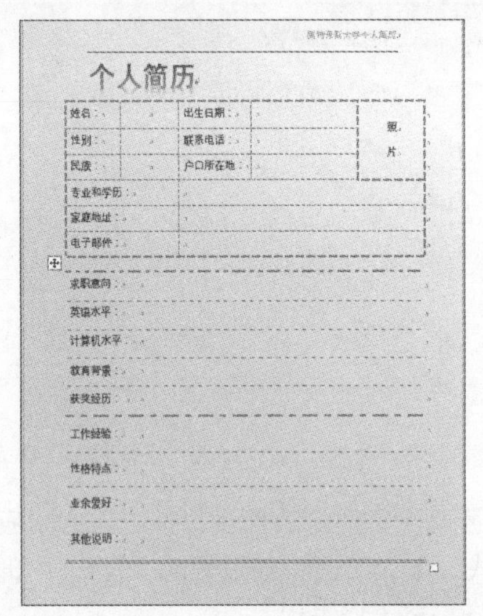

步骤23 单击“保存”按钮或按Ctrl+S组合键，保存文档。

秒杀疑惑

1. 如何更改单元格底纹？

选择需要更改底纹的单元格，单击“表格工具—设计”选项卡中的“底纹”按钮，从下拉列表中选择合适的颜色即可。

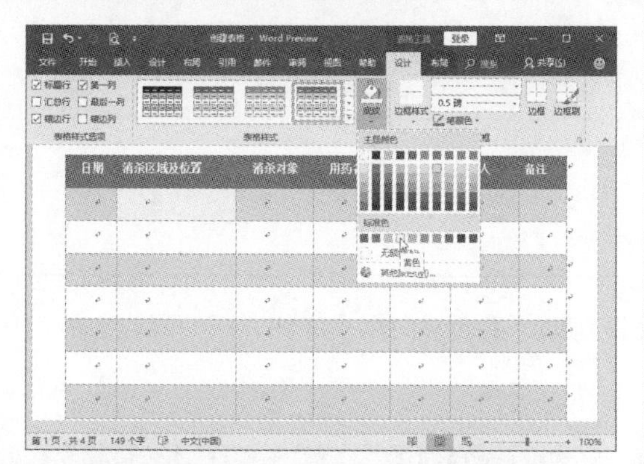

2. 如何在表格中一次性插入多行/多列？

选择表格中的多行/多列后，在“表格工具—布局”选项卡中单击“在上方插入”、“在下方插入”、“在左侧插入”、“在右侧插入”按钮即可。

3. 如何手动调整行高/列宽？

利用鼠标手动调整行高/列宽的方法为：

01 将光标移至两行/两列之间，光标变为÷/+‖+形状。

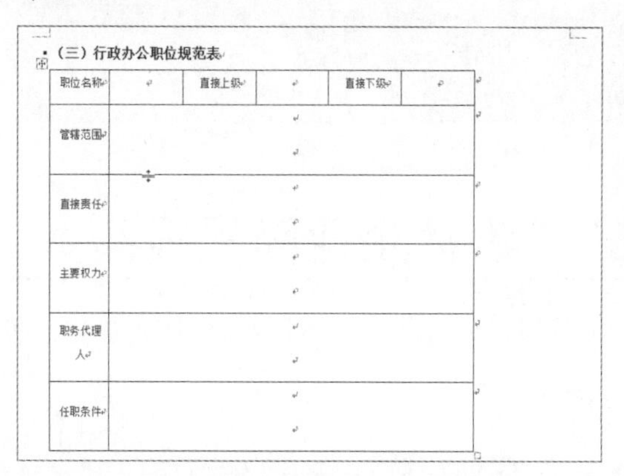

02 按住鼠标左键不放，上下/左右拖动，即可手动调整行高/列宽。

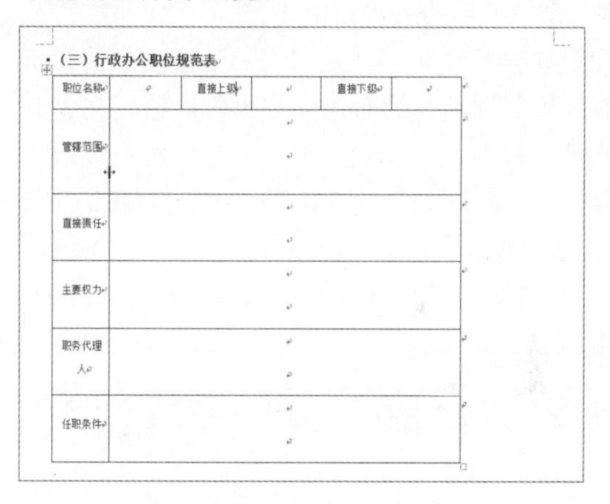

Chapter 05

制作企业年度简报

简报主要内容包括调查报告、情况报告、工作报告、消息报道等，是用于传递公司内部信息的简短小报，具有简、精、快、新、实、活和连续性等特点。本章将以制作企业年度简报为例，介绍使用Word应用程序制作简报的方法。

5.1 设计企业简报报头

简报报头内容包括简报期号、印发单位、印发日期等，下面将向用户详细介绍简报报头的制作过程。

5.1.1 制作简报标题版式

简报标题通常印在简报首页，为了醒目起见，其字号一般设置得比较大。

步骤01 新建文档，单击“布局”选项卡中“页面设置”选项组的对话框启动器按钮，在打开的对话框中，将文档上、下、左、右页边距都设为0.5。

步骤02 单击“插入”选项卡的“形状”按钮，从中选择“矩形”选项，然后在文档右上角处绘制矩形图形。

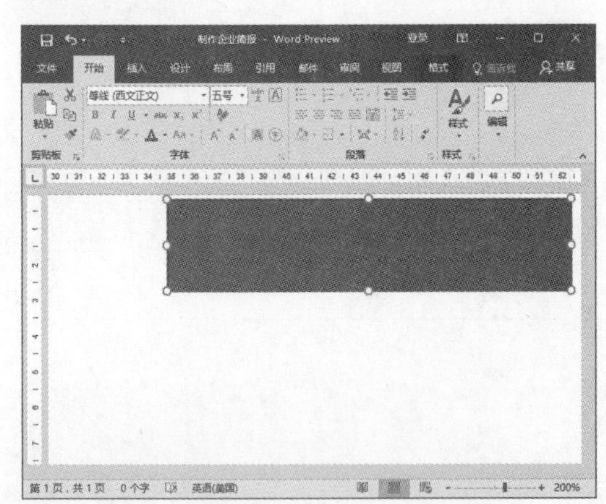

步骤03 选中矩形图形，切换至“绘图工具—格式”选项卡，在“形状样式”下拉列表中选择合适的形状样式选项。

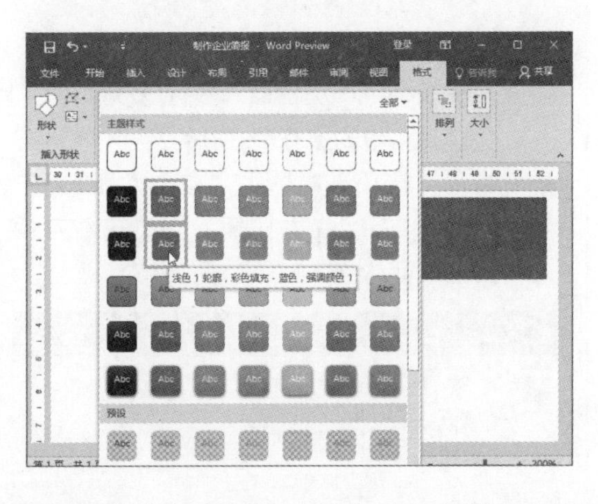

步骤04 选中矩形图形，单击“形状填充”按钮，选择“渐变>其他渐变”选项，在打开的窗格中设置形状的渐变样式。

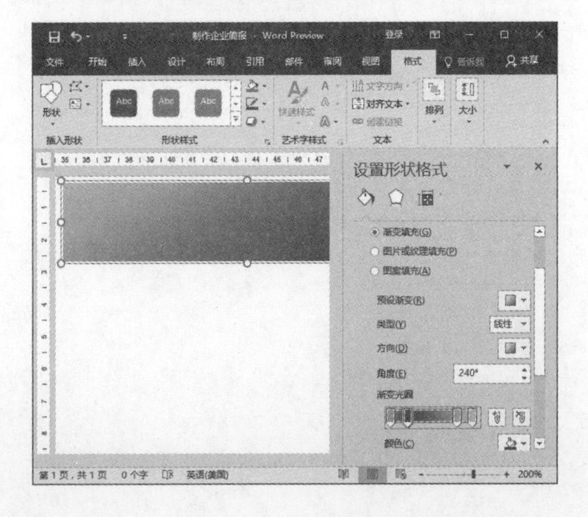

步骤05 设置完成后，单击窗格右上角的“关闭”按钮，完成矩形样式的设置操作。

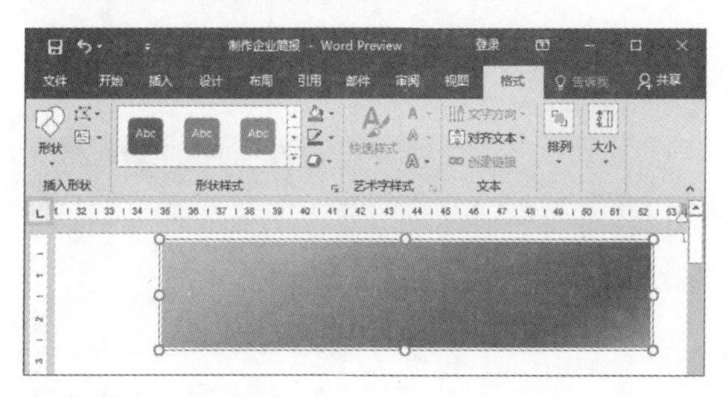

步骤06 在“插入”选项卡的“文本”选项组中，单击“艺术字”按钮，在下拉列表中选择满意的艺术字样式选项，然后在艺术字文本框中输入标题内容。

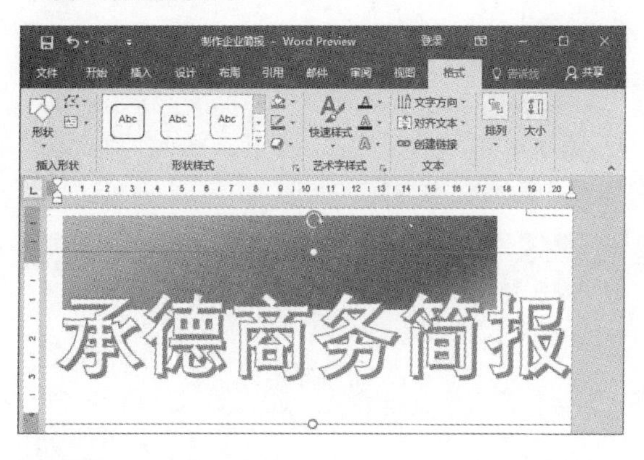

步骤07 选中标题内容，设置其字体、字号和颜色，完成艺术字的设置。

步骤08 在“插入”选项卡的“文本”选项组中，单击“文本框”按钮，在下拉列表中选择“简单文本框”选项，在文档中插入文本框，并输入公司网址内容。

步骤09 选中文本框内容，设置其文本格式，并对文本框样式进行设置。

5.1.2 制作报纸期刊号版式

报头标题制作完成后，下面将制作期刊号及报纸印发内容的版式，其具体操作如下。

步骤01 单击“插入”选项卡中的“形状”按钮，在下拉列表中选择“直线”形状，绘制直线。

步骤 02 选中绘制的直线，单击“形状轮廓”按钮，选择“粗细”选项，并在子列表中选择“3磅”选项。

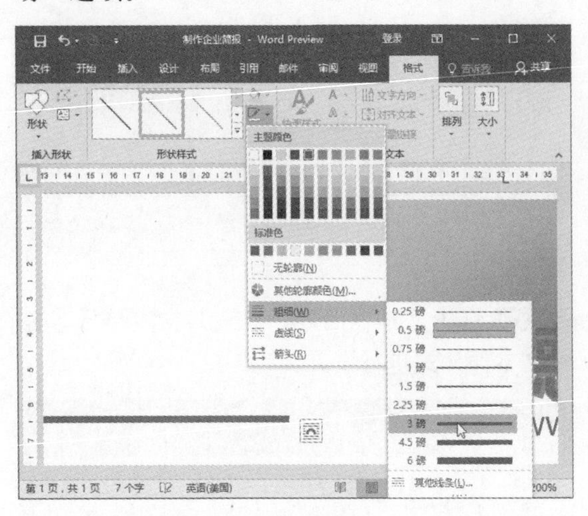

步骤 03 切换至“插入”选项卡，单击“文本”选项组中的“艺术字”下拉按钮，选择满意的艺术字样式选项。

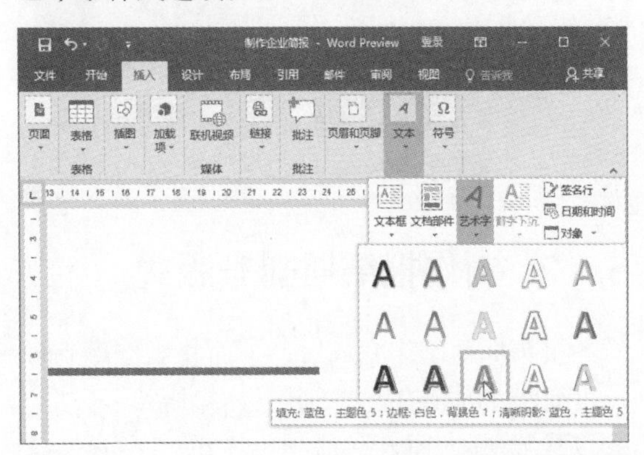

步骤 04 输入内容，并设置文本的字体和字号并将其移至合适的位置。

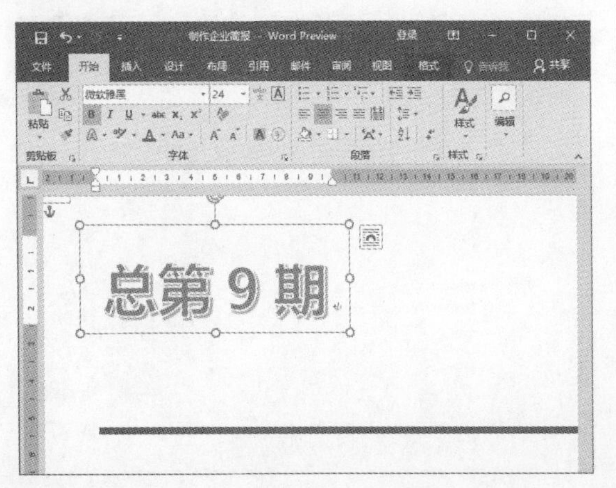

步骤 05 选中当前所有图形及艺术字，在“绘图工具—格式”选项卡的“排列”选项组中，单击“组合”按钮，在列表中选择“组合”选项。

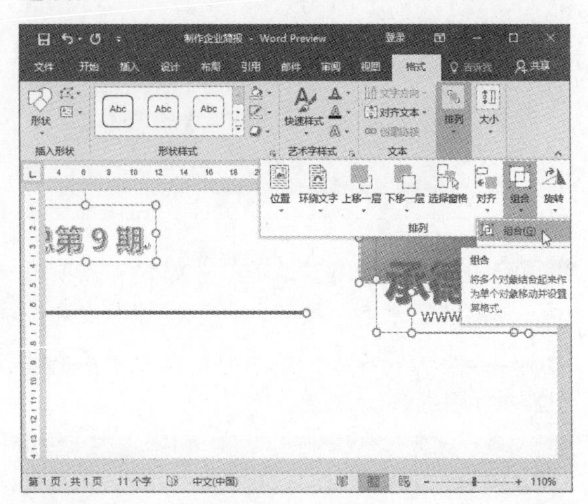

步骤 06 单击“文本框”按钮，插入简单文本框，并输入文本内容。

步骤 07 选中文本框，将其格式设为无轮廓、无填充，并对文本的字体格式进行设置，至此，完成简报报头版式的设计。

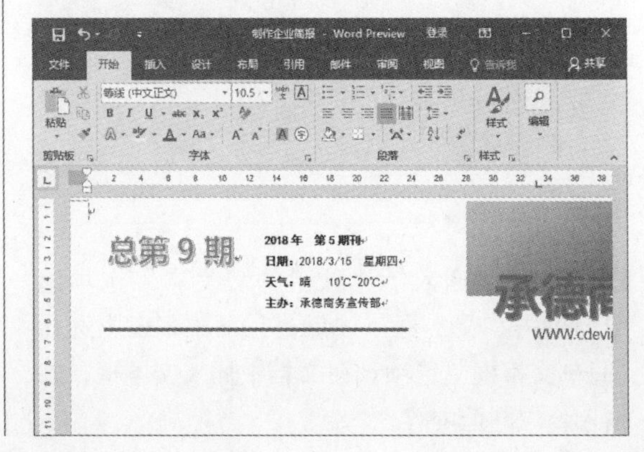

5.2 设计企业简报正文

简报报头版式设计完成后，接下来介绍设计简报正文版式的操作方法，具体如下。

5.2.1 利用文本框进行排版

为了排版方便，用户可以使用文本框功能进行版式设计。

步骤01 首先单击“插入”选项卡下的“文本框”按钮，在下拉列表中选择“简单文本框”选项，插入一个简单文本框，并将其放置在合适的位置。

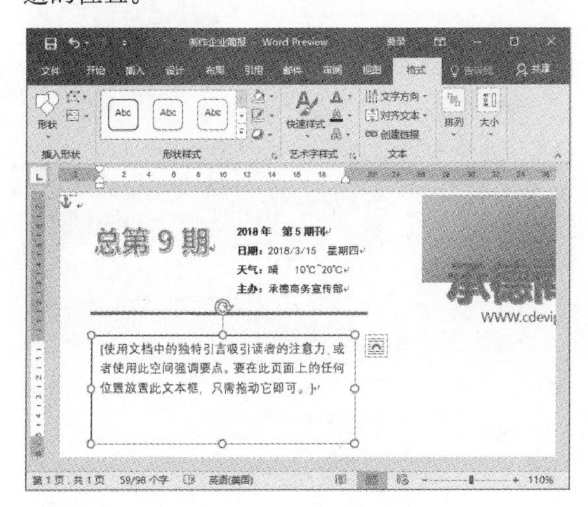

步骤02 选中文本框，并在该文本框中输入所需内容。

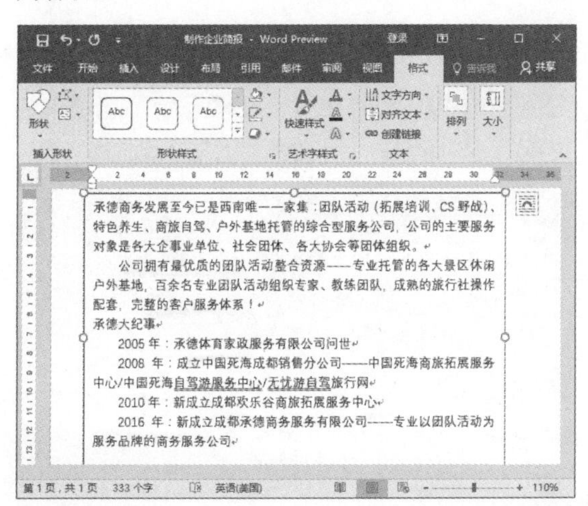

步骤03 在文本框中，选中相应的文本内容，单击“项目符号”按钮，在下拉列表中选择所需的项目符号选项，插入项目符号。

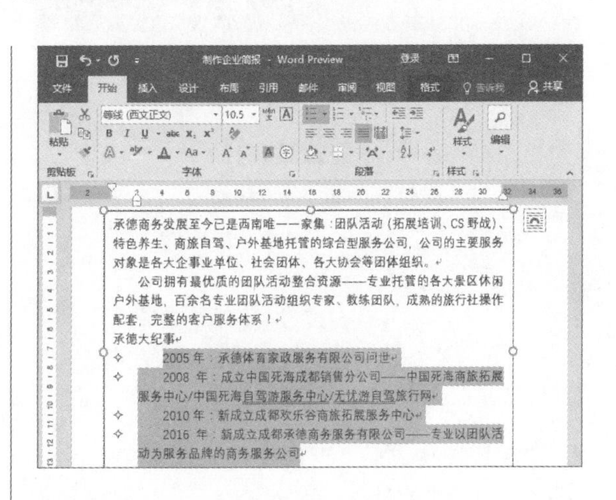

步骤04 选中文本框，单击“绘图工具—格式”选项卡中的“形状轮廓”按钮，选择“粗细”选项，并在子列表中选择“1.5磅”选项。

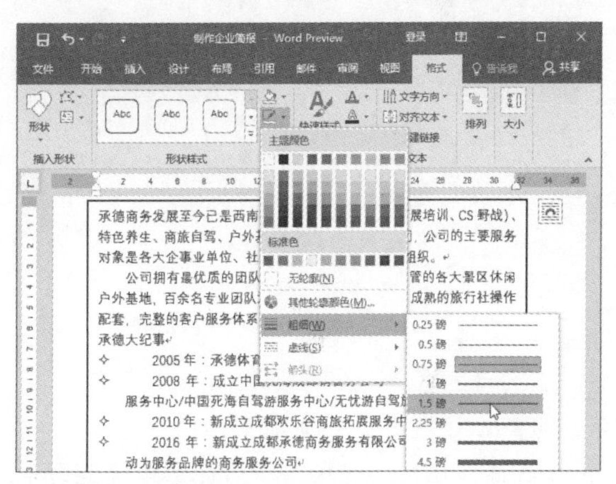

步骤05 随后单击“形状轮廓”按钮，选择“虚线”选项，在子列表中选择“圆点”选项。

步骤06 单击“形状轮廓”按钮，在下拉列表中选择满意的颜色，即可设置形状的轮廓颜色。

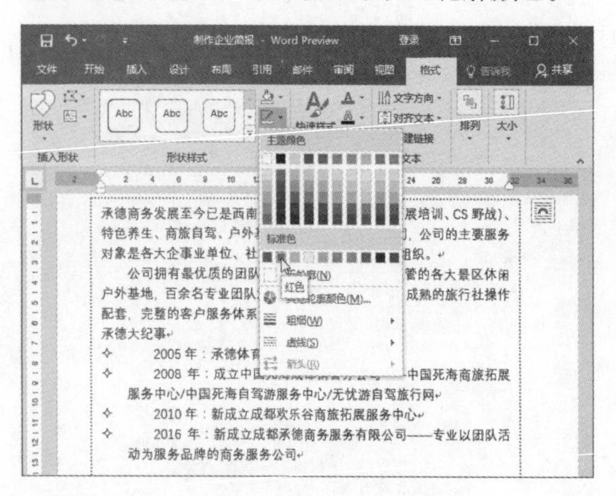

步骤07 设置完成后，返回编辑区查看文本框轮廓格式的设置效果。

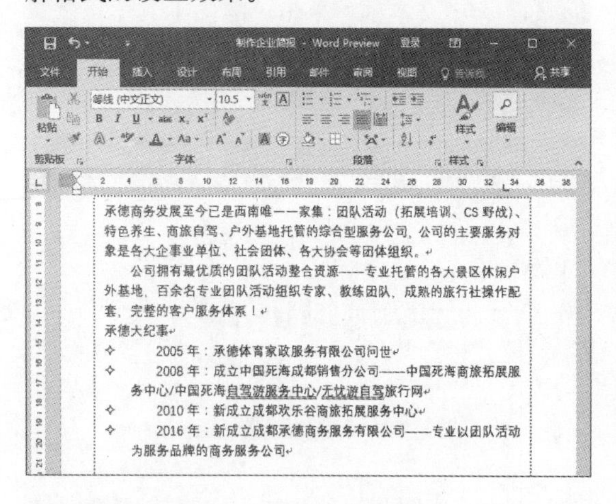

步骤08 单击“插入”选项卡中的“形状”按钮，选择“矩形”选项，然后在编辑区的合适位置进行绘制。

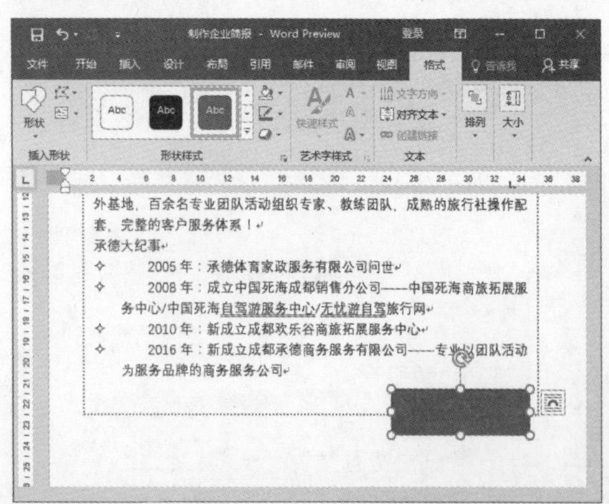

步骤09 选中绘制的矩形，单击鼠标右键，在弹出的快捷菜单中选择“添加文字”命令，输入文本内容。

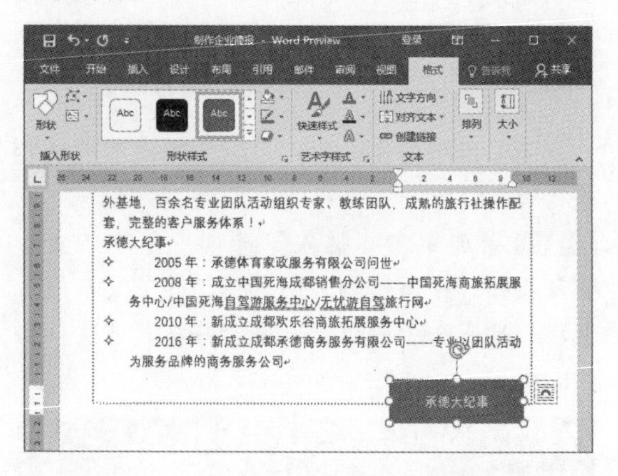

步骤10 选中矩形，将“形状填充”设为“白色”，将“形状轮廓”设为“无轮廓”。

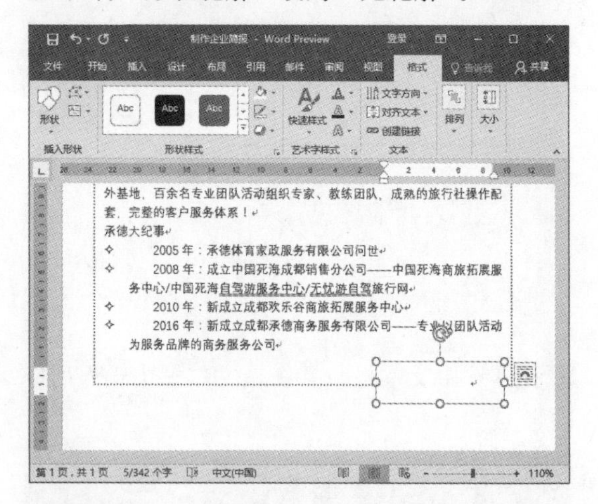

步骤11 选中输入的文本，在“开始”选项卡的“字体”选项组中，对文本格式进行设置。

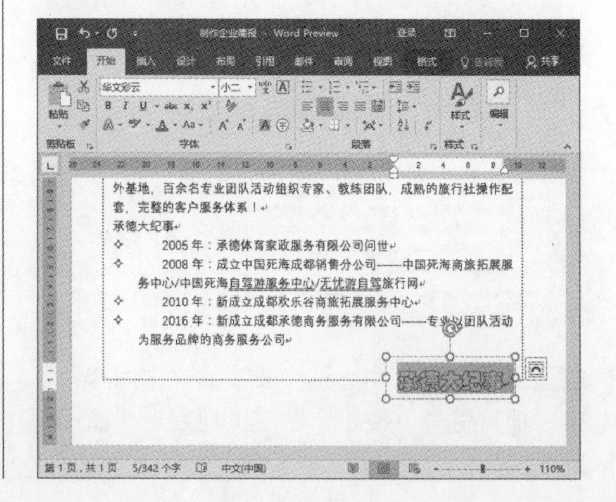

步骤12 单击“插入”选项卡下的“文本框”按钮，选择相应的选项，在文档中插入其他文本框，并设置好版式。

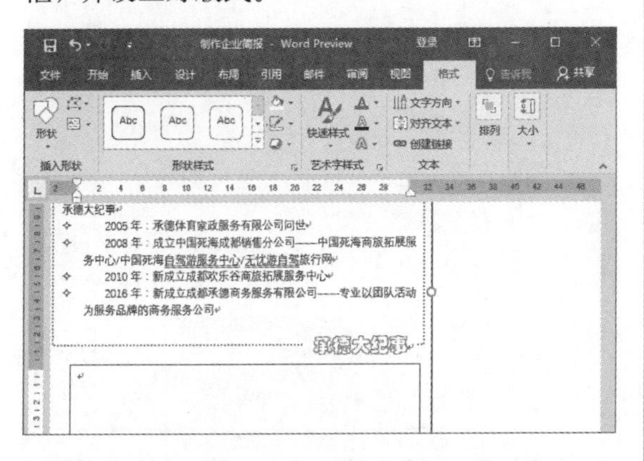

步骤13 在右侧文本框中输入相应的文本内容。

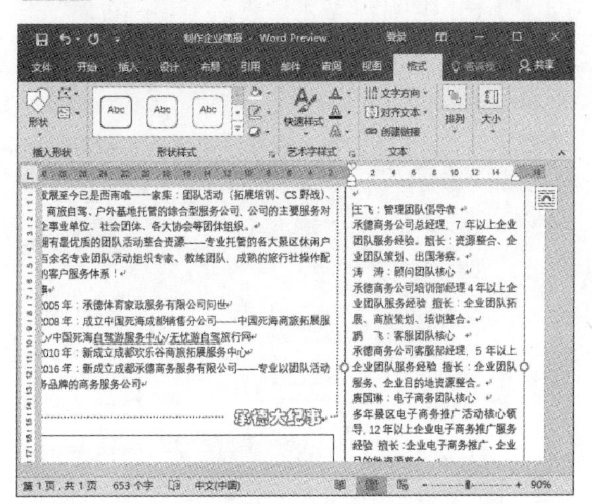

步骤14 选中该文本框，将“形状填充”设为“无填充”，将“形状轮廓”设为“无轮廓”，并设置文本格式。

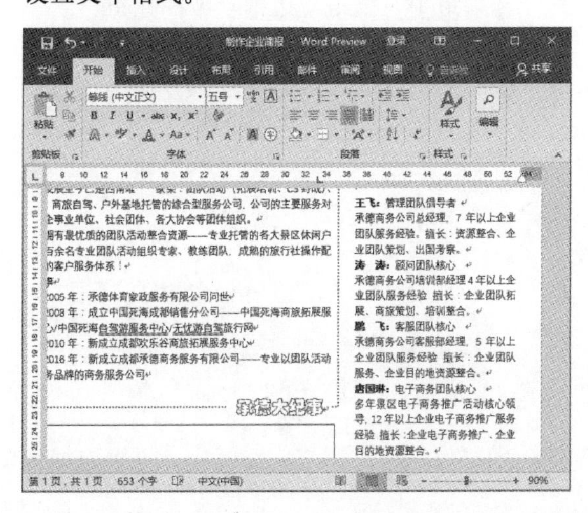

步骤15 单击“插入”选项卡中的“艺术字”下拉按钮，选择合适的艺术字样式选项。

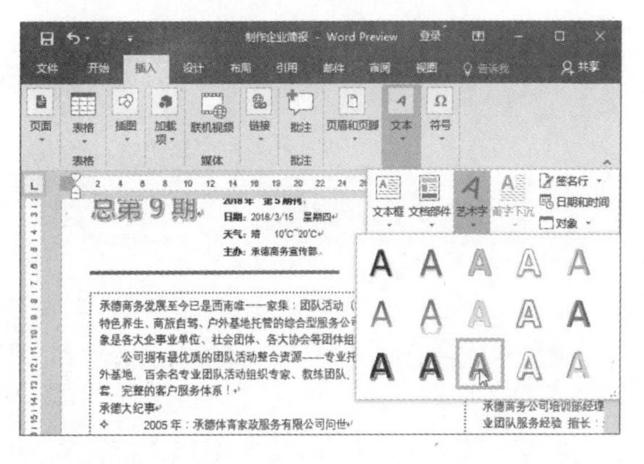

步骤16 输入标题内容，设置文本的字体和字号，然后将其移至合适的位置。

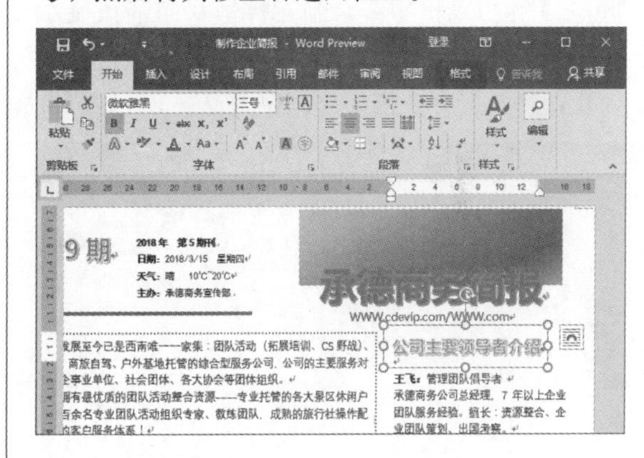

5.2.2 利用表格进行排版

下面将利用表格功能对简报内容进行排版设计，具体操作如下。

步骤01 将光标定位至底部文本框中，切换至“插入”选项卡，单击“表格”下拉按钮，插入1行2列表格。

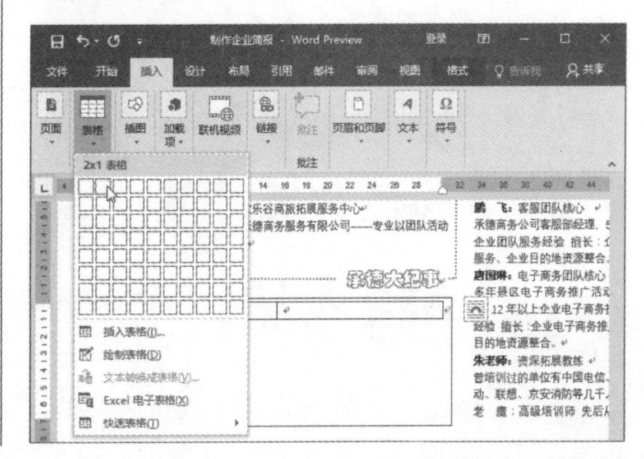

步骤 02 选中表格中的第1个单元格，输入文本内容，之后在文本框中输入标题内容。

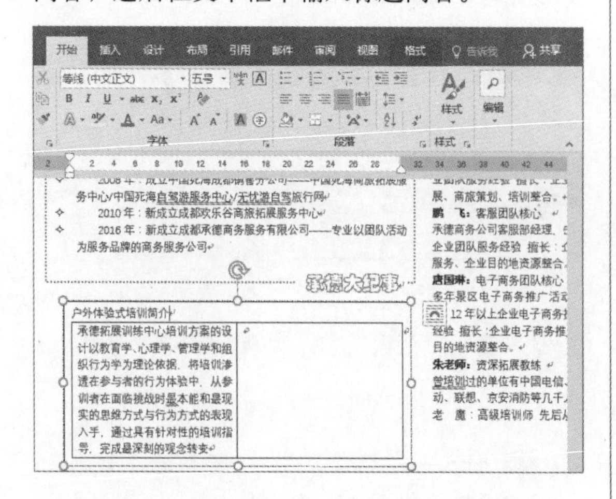

步骤 03 选中表格中线，当光标呈双向箭头显示时，按住鼠标左键不放，向右拖动至满意位置为止，释放鼠标左键即可调整列宽。

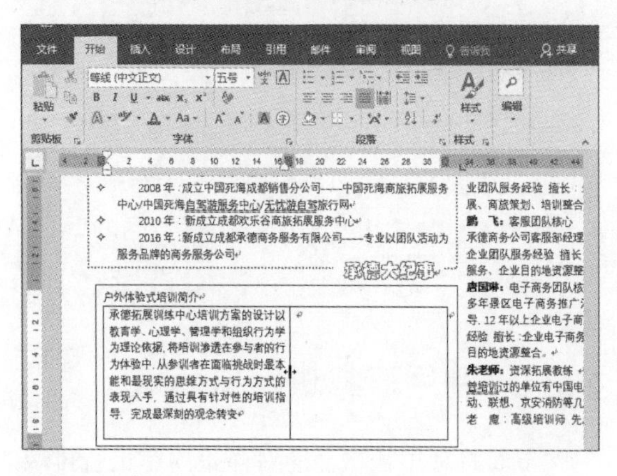

步骤 04 选中表格中的第2个单元格，切换至“插入”选项卡，单击“图片”按钮，在打开的“插入图片”对话框中选择所需图片。

步骤 05 单击“插入”按钮，即可插入该图片。选中图片任意角的控制点，按住鼠标左键并拖动至满意位置，可调整图片大小。

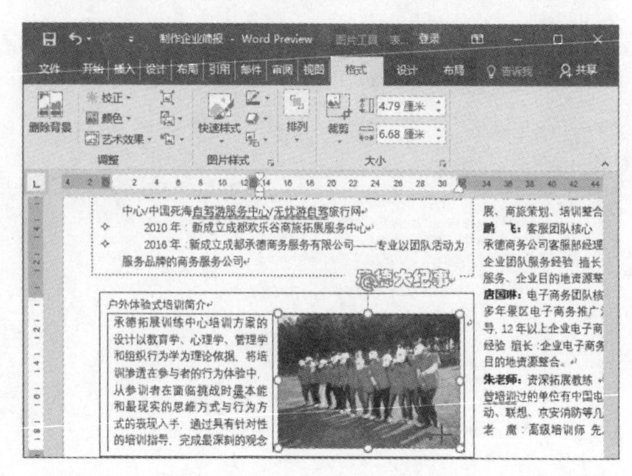

步骤 06 选中图片，单击“表格工具—布局”选项卡中的“水平居中”按钮，设置图片的对齐方式。

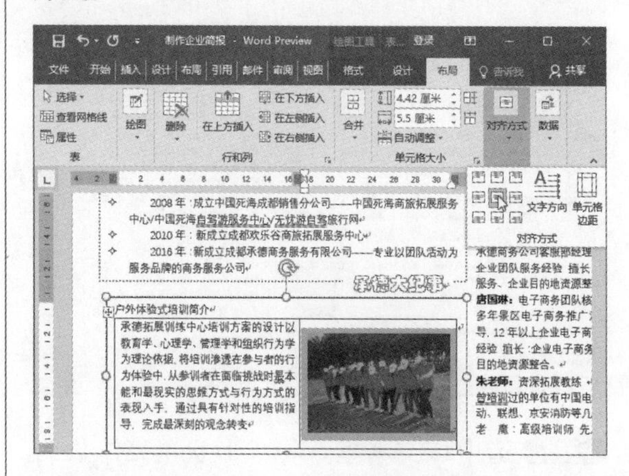

步骤 07 全选表格，在“开始”选项卡的“段落”选项组中，单击“边框”下拉按钮，选择“无框线”选项。

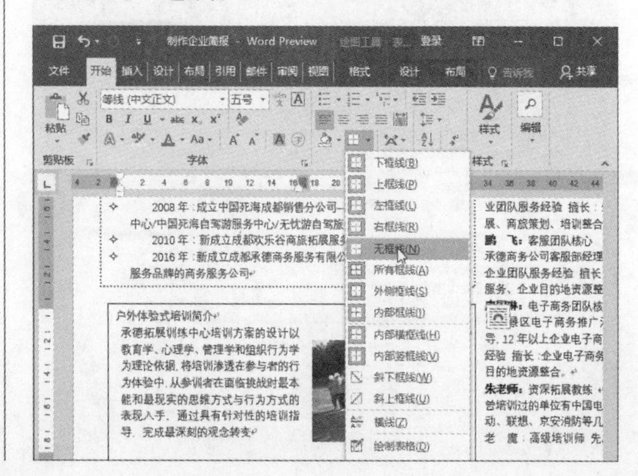

步骤08 即可隐藏表格框线，接着将文本框设置为“无填充”和“无轮廓”。

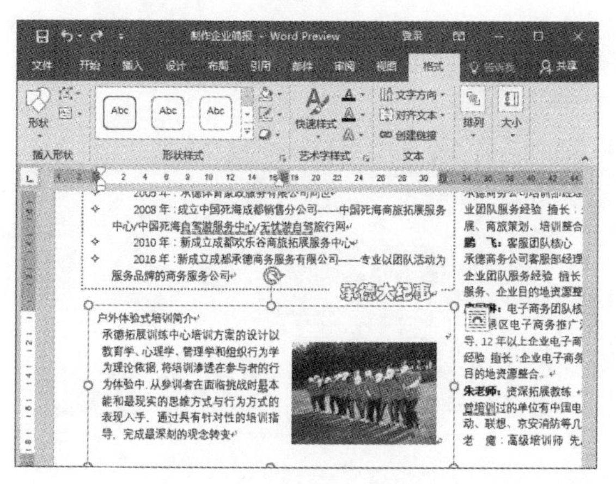

步骤09 选中该文本框的标题文本内容，切换至“开始”选项卡，在“字体”选项组中设置文本的字体、字号和颜色。

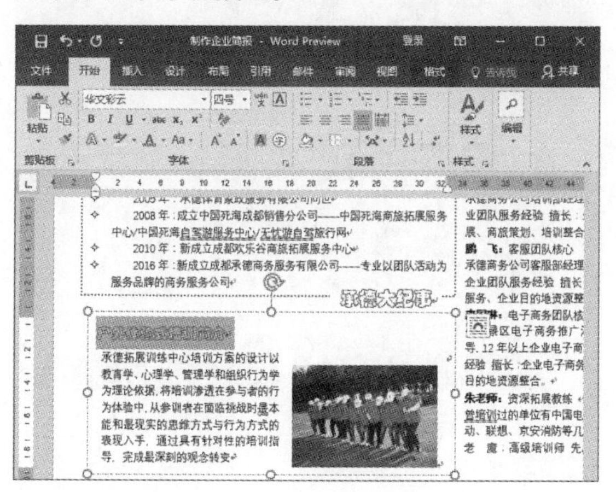

步骤10 再次选中标题文本，在“段落”选项组中单击“边框”下拉按钮，选择“边框和底纹”选项。

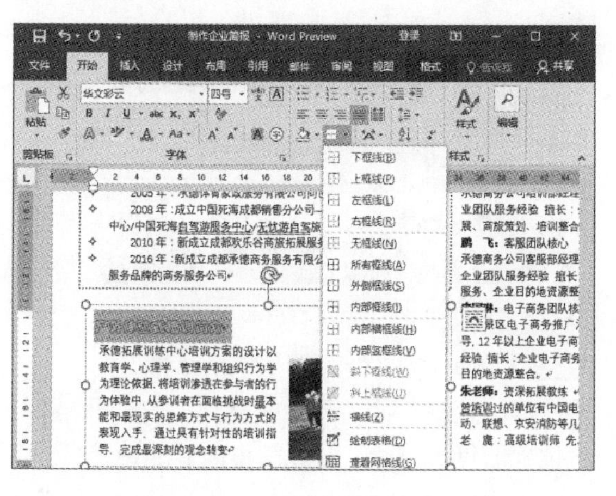

步骤11 在打开的“边框和底纹”对话框中，对底纹颜色进行设置。

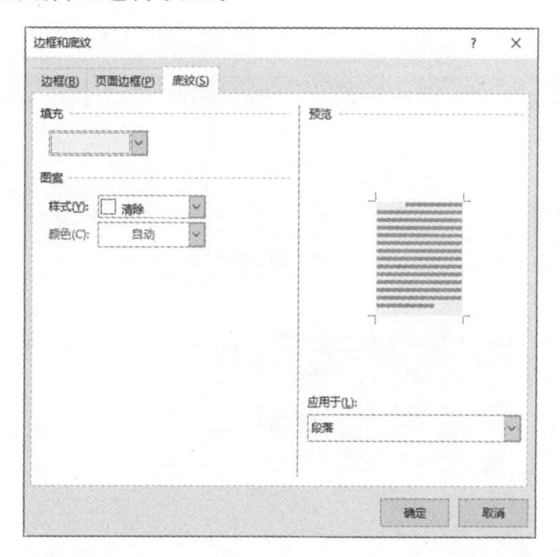

步骤12 设置完成后，单击“确定”按钮，完成标题底纹设置操作。

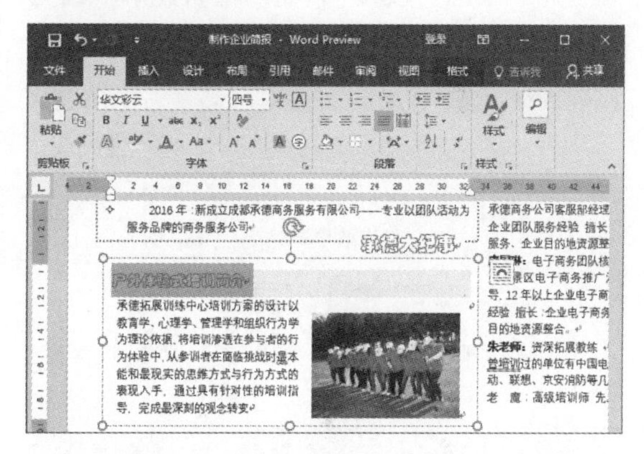

步骤13 选中下一文本框，单击“插入”选项卡下的“表格”按钮，插入1行2列表格，并选中表格中的第2个单元格，输入文本内容。

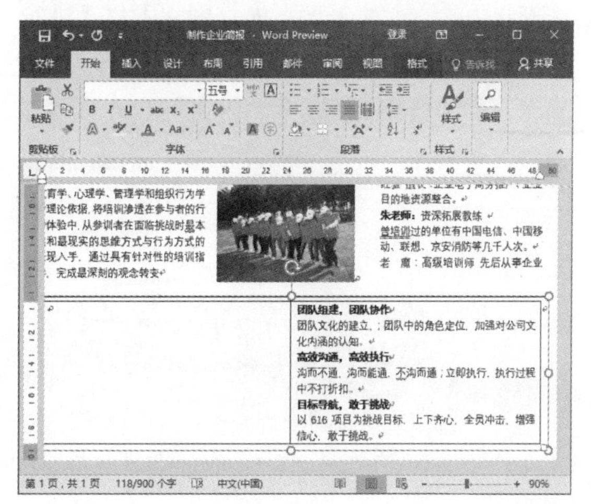

步骤14 选中表格中首个单元格，单击“插入”选项卡中的“图片”按钮，插入相应的图片，其后设置图片的对齐方式和大小。

步骤15 全选表格，单击“边框”下拉按钮，选择“无框线”选项。随后选中文本框，将“形状填充”设为“浅绿”，将“形状轮廓”设为“长划线-点”，将“粗细”设为“1.5磅”。

步骤16 在该文本框左下角绘制矩形形状，并在该形状中输入文本标题，对标题文本格式进行设置，其后将矩形设为“无填充”、“无轮廓”。

步骤17 选中最后一个文本框，单击“图片”按钮，插入相应的图片。

步骤18 选中该文本框，将“形状填充”设为“无填充”，将“形状轮廓”设为“1.5磅”，将其线型设为“圆点”，将颜色设为“红色”。

步骤19 绘制矩形形状，并输入标题内容，其后设置标题内容的文本格式。

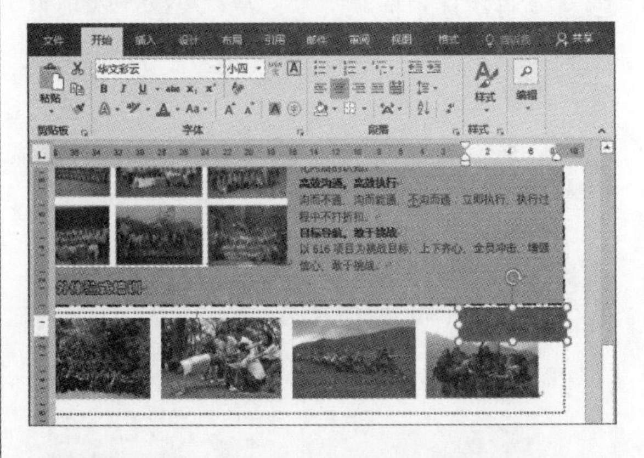

步骤20 将矩形的“形状填充”设为“白色”，将“形状轮廓”设为“无轮廓”，其后调整到合适位置即可。至此，完成简报内容的设计。

5.3 设计企业简报报尾

简报正文版式设计完成后，下面将对报尾版式进行设置，其主要内容包含页码和公司名称。

步骤01 单击“插入”选项卡中的“形状”按钮，选择“矩形”形状，绘制两个矩形，并为其套用形状样式。

步骤02 在小矩形中添加页码，然后在大矩形中输入公司名称，并对其格式进行设置。

步骤03 设置完成后，单击“文件”标签，选择“打印”选项，在右侧预览区域中查看企业简报的打印效果。

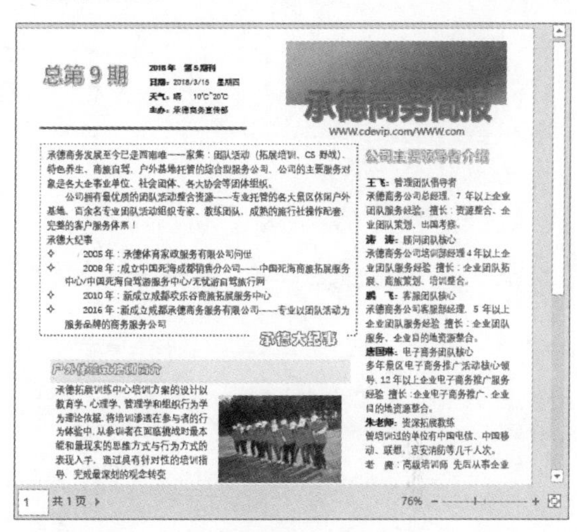

至此，企业简报文档制作完成。最后，根据需要进行打印即可。

读书笔记

Part 02

Excel应用篇

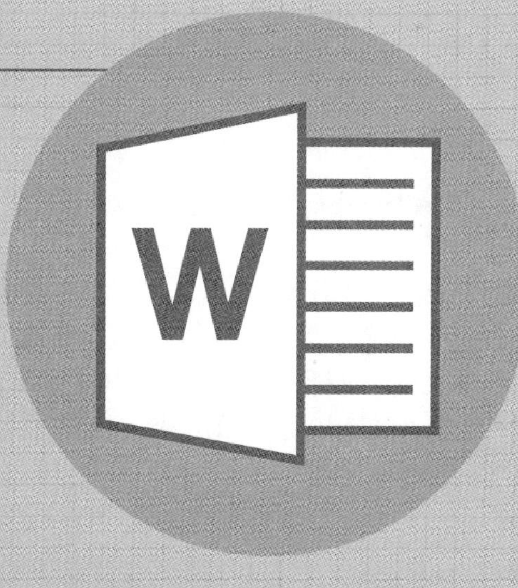

Chapter 06 Excel电子表格入门

Excel是一款常用的数据分析和处理电子表格软件，本章主要介绍Excel的一些基础操作，包括工作表的插入与删除、移动与复制、重命名以及数据的输入和编辑等。学习这些基础知识，将为进一步学习Excel的其他操作打下坚实的基础。

6.1 工作表的基本操作

工作表是管理和编辑数据的重要场所，是工作簿的必要组成部分。本节将向用户介绍工作表的基本操作，包括工作表的插入与删除、工作表的隐藏与显示、工作表的拆分与冻结以及工作表的保护等。

6.1.1 选择工作表

在Excel 2019中，工作表的选择有多种方法，下面分别进行介绍。

● **方法1：选择单个工作表**

直接使用鼠标单击需要选择的工作表标签，即可选中该工作表。

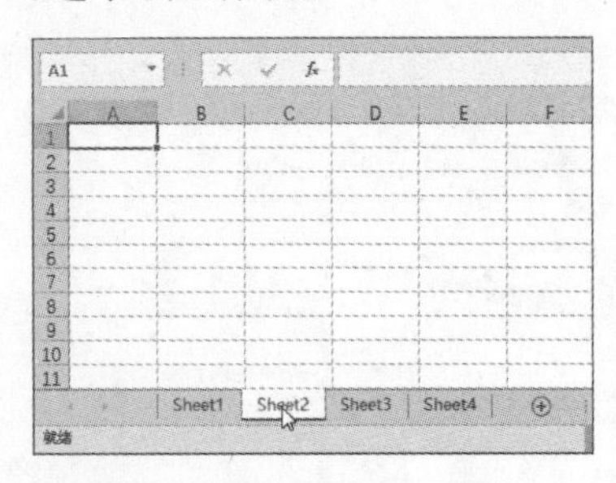

● **方法2：选择全部工作表**

在任意工作表标签上单击鼠标右键，在弹出的快捷菜单中选择“选定全部工作表”命令，即可选中工作簿中的所有工作表。

● **方法3：选择多张连续的工作表**

单击第一张工作表标签，按住Shift键的同时单击另一张工作表标签，即可选择这两张工作表之间的所有工作表。

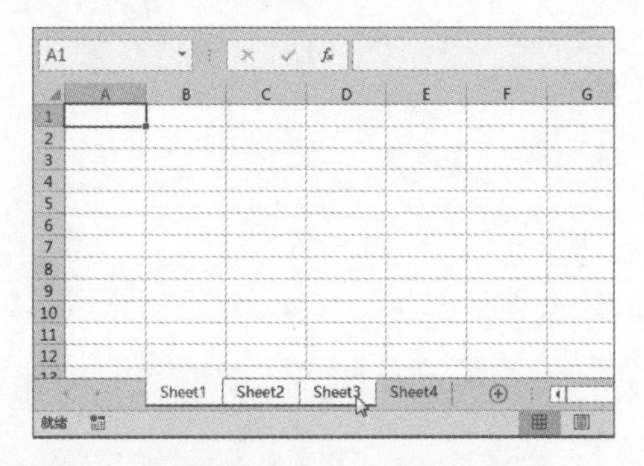

● **方法4：选择多张不连续的工作表**

按住Ctrl键不放，依次单击需要选择的工作表标签，即可选择多张不连续的工作表。

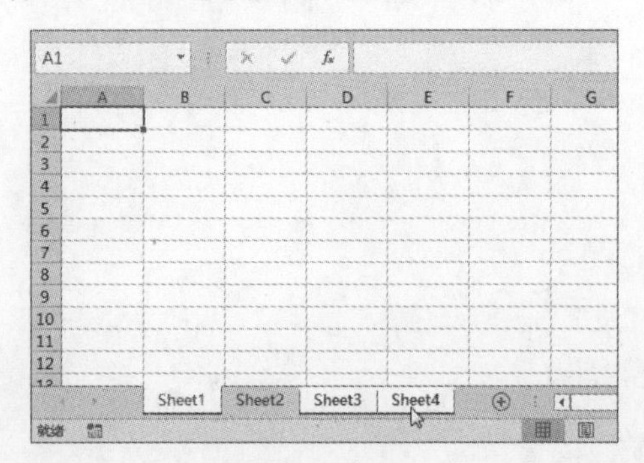

知识点拨 Excel工作组

当用户同时选择多个工作表时，即可创建工作组，Excel工作簿名称后面将显示“[组]”字样，这时可以为多张工作表进行数据的编辑和处理操作。

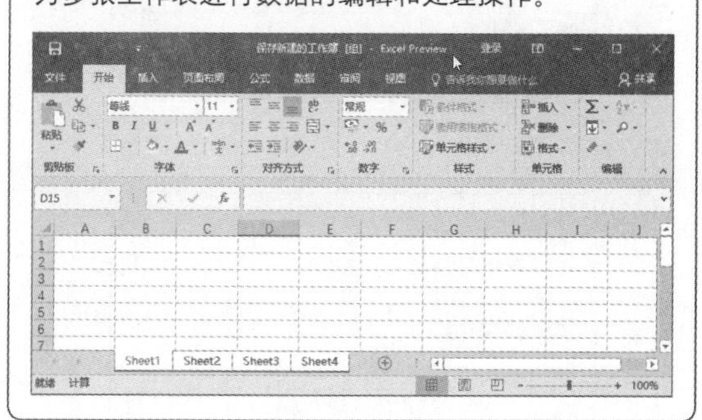

6.1.2 插入与删除工作表

默认情况下，Excel 2019的工作簿中只有一个工作表，用户可以根据需要插入更多的工作表。当然，若工作簿中有一些不再需要的工作表，用户还可以执行删除操作，具体操作方法如下。

1. 插入工作表

在Excel 2019中，常用的插入工作表的方法有两种，下面分别进行介绍。

● **方法1：单击“新工作表”按钮插入**

该方法是最常用的插入工作表的方法，打开工作簿后，单击Sheet1工作表后面的“新工作表”按钮，即可快速插入一个新工作表。

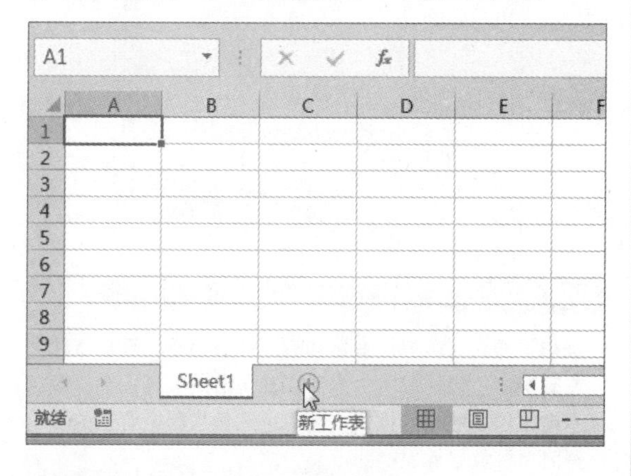

● **方法2：使用“插入”命令插入**

步骤01 打开工作簿后，选中工作表标签并右击，在弹出的快捷菜单中选择“插入”命令。

步骤02 弹出“插入”对话框，在“常用”选项卡中选择“工作表”选项，然后单击“确定”按钮。

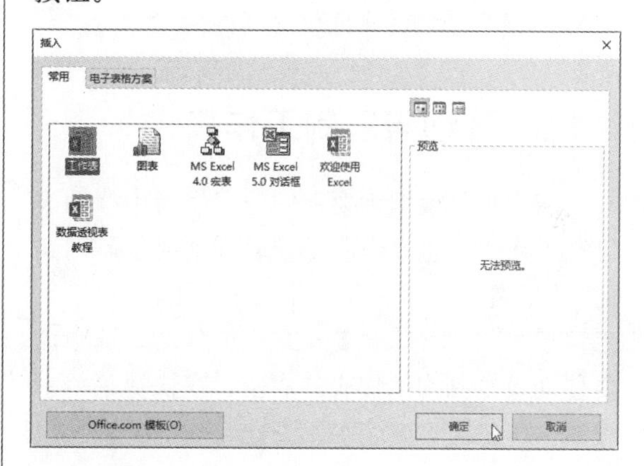

步骤03 返回工作表中，可以看到在Sheet2工作表前面插入的新工作表Sheet3。

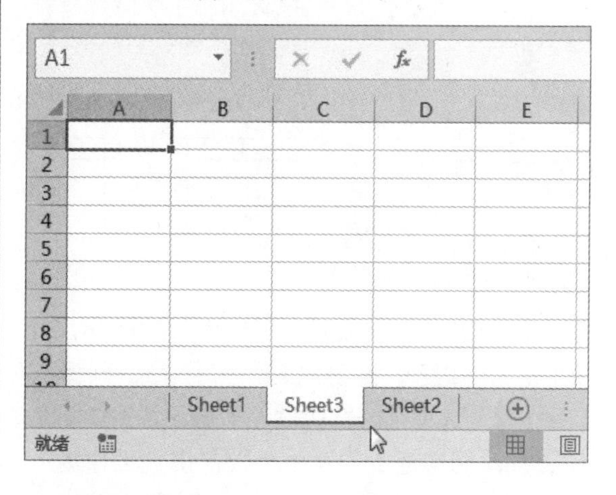

2. 删除工作表

删除工作表的操作方法非常简单，只需选中要删除的工作表并右击，在弹出的快捷菜单中选择“删除”命令，即可将其删除。

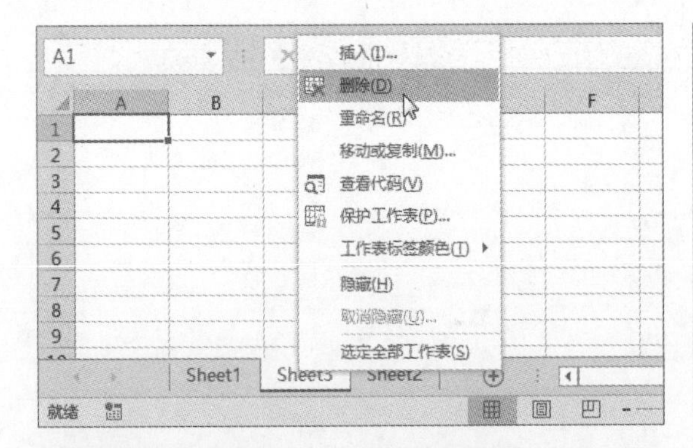

知识点拨　其他删除工作表的方法

用户还可以使用功能区中的命令删除工作表：选中要删除的工作表，切换至“开始”选项卡，单击“单元格”选项组中的“删除”下三角按钮，在列表中选择“删除工作表”选项，即可删除该工作表。

6.1.3　移动与复制工作表

用户可以根据需要在同一工作簿中移动或复制工作表，也可以将工作表移动或复制到其他工作簿中，下面介绍具体操作方法。

步骤01 打开“个人健康记录”工作簿，选中需要移动或复制的工作表并右击，在快捷菜单中选择“移动或复制”命令。

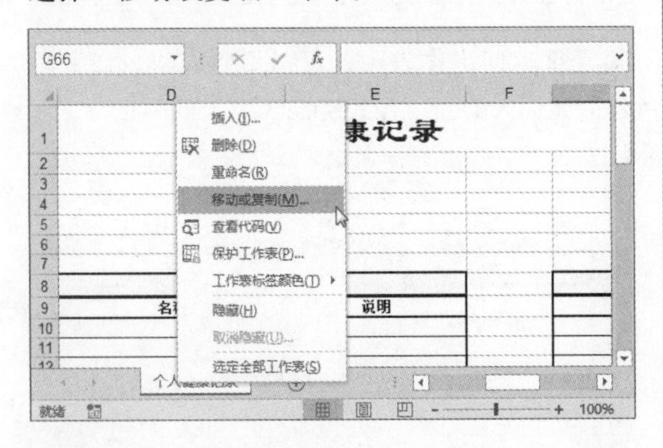

步骤02 打开“移动或复制工作表”对话框，若在同一工作簿中移动或复制工作表，则保持“工作簿”选项中的默认设置不变；若需要将工作表移动到其他工作簿中，则单击“工作簿”下三角按钮，选择要移动或复制到的工作簿名称。

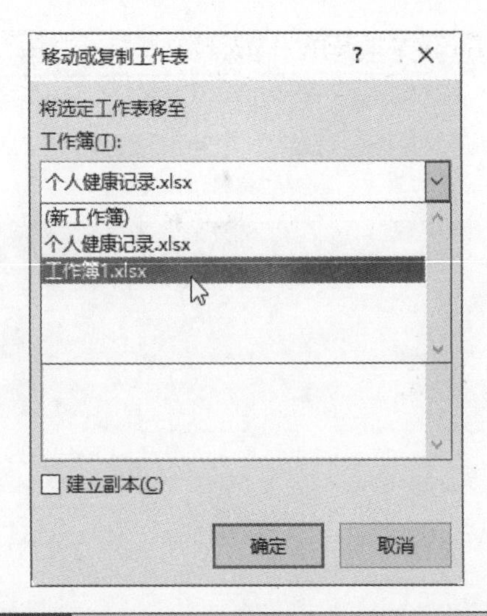

知识点拨　移动工作表到其他工作簿的注意事项

若想将工作表移动到目标工作簿，则目标工作簿必须是打开状态。

步骤03 在“下列选定工作表之前”列表框中选择移动或复制后的工作表在工作簿中的位置。若不勾选“建立副本”复选框，则移动工作表；若勾选“建立副本”复选框，则复制工作表。

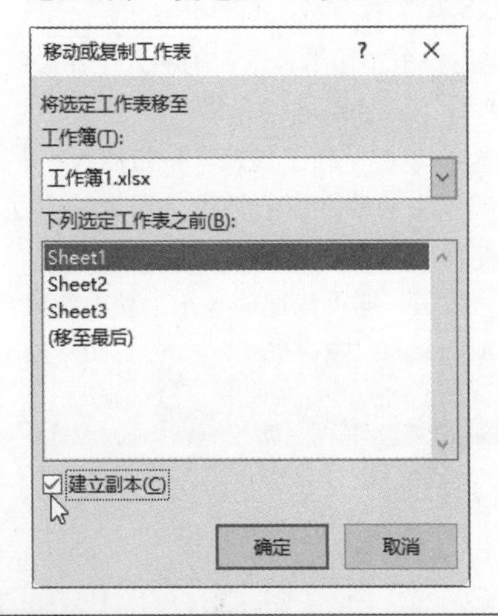

知识点拨　使用鼠标拖曳移动或复制工作表

移动工作表：选中需要移动的工作表标签，按住鼠标左键拖动，光标显示出黑色倒三角形的文档图标，表示将工作表移到的位置，当黑色三角形移至合适的位置时，释放鼠标左键即可。

移动并复制工作表：选中工作表标签，按住鼠标左键进行拖动的同时按住Ctrl键，拖曳至合适的位置时，释放鼠标左键即可。

步骤04 单击“确定”按钮返回工作表中，可以看到“个人健康记录”工作表已经复制到了“工作簿1”中。

6.1.4 重命名工作表

为了让工作簿中的工作表内容更便于区分，用户可以对系统默认的工作表名称进行重命名，具体操作步骤如下。

步骤01 打开“利润表”工作簿，选择需要重命名的工作表标签并右击，在弹出的快捷菜单中选择“重命名”命令。

2017年3月利润表						
序号	商品名称			成本总额	销售价	数量（台）
1	电饭锅			￥57,000	￥550	133
2	榨汁机			￥167,200	￥1,200	152
3	豆浆机			￥95,000	￥1,400	88
4	电压力锅			￥54,000	￥760	102
5	电烤箱			￥75,900	￥580	198
6	电磁炉			￥46,000	￥360	177
7	微波炉			￥80,000	￥800	143
8	面包机			￥42,000	￥460	109
9	咖啡机			￥73,500	￥580	184
10	煮蛋器			￥20,900	￥88	290

插入(I)...
删除(D)
重命名(R)
移动或复制(M)...
查看代码(V)
保护工作表(P)...
工作表标签颜色(T)
隐藏(H)
取消隐藏(U)...
选定全部工作表(S)

步骤02 此时Sheet1工作表标签处于可编辑状态，重命名工作表名称并按Enter键确认输入即可。

2017年3月利润表						
序号	商品名称	进货价	数量（台）	成本总额	销售价	数量（台）
1	电饭锅	￥380	150	￥57,000	￥550	133
2	榨汁机	￥880	190	￥167,200	￥1,200	152
3	豆浆机	￥950	100	￥95,000	￥1,400	88
4	电压力锅	￥450	120	￥54,000	￥760	102
5	电烤箱	￥330	230	￥75,900	￥580	198
6	电磁炉	￥230	200	￥46,000	￥360	177
7	微波炉	￥500	160	￥80,000	￥800	143
8	面包机	￥300	140	￥42,000	￥460	109
9	咖啡机	￥350	210	￥73,500	￥580	184
10	煮蛋器	￥55	380	￥20,900	￥88	290

3月份利润表 Sheet2 Sheet ...

用户也可以选中Sheet2工作表标签并双击，此时该工作表标签处于可编辑状态，重命名工作表名称并按Enter键。

2017年8月利润表						
序号	商品名称	进货价	数量（台）	成本总额	销售价	数量（台）
1	电饭锅	￥380	180	￥68,400	￥550	133
2	榨汁机	￥880	150	￥132,000	￥1,200	152
3	豆浆机	￥950	110	￥104,500	￥1,400	88
4	电压力锅	￥450	190	￥85,500	￥760	102
5	电烤箱	￥330	185	￥61,050	￥580	198
6	电磁炉	￥230	231	￥53,130	￥360	177
7	微波炉	￥500	279	￥139,500	￥800	143
8	面包机	￥300	188	￥56,400	￥460	109
9	咖啡机	￥350	219	￥76,650	￥580	184
10	煮蛋器	￥55	325	￥17,875	￥88	290

3月份利润表 8月份利润表 Sheet3 ...

6.1.5 隐藏与显示工作表

若不想让他人浏览某个工作表，可以将其隐藏，在需要查看或编辑时再将该工作表显示出来。下面介绍隐藏与显示工作表的操作步骤，具体如下。

步骤01 打开“利润表”工作簿，选中需要隐藏的工作表标签并右击，在弹出的快捷菜单中选择“隐藏”命令。

2017年8月利润表						
序号	商品名称	进货价	数量（台）	成本总额	销售价	数量（台）
1	电饭锅	￥380	180	￥68,400	￥550	133
2	榨汁机	￥880		00	￥1,200	152
3	豆浆机	￥950		00	￥1,400	88
4	电压力锅	￥450		00	￥760	102
5	电烤箱	￥330		50	￥580	198
6	电磁炉	￥230		30	￥360	177
7	微波炉	￥500		00	￥800	143
8	面包机	￥300		00	￥460	109
9	咖啡机	￥350		50	￥580	184
10	煮蛋器	￥55		75	￥88	290

插入(I)...
删除(D)
重命名(R)
移动或复制(M)...
查看代码(V)
保护工作表(P)...
工作表标签颜色(T)
隐藏(H)
取消隐藏(U)...
选定全部工作表(S)

步骤02 这时可以看到Sheet2工作表已经被隐藏起来了。

2017年10月利润表						
序号	商品名称	进货价	数量（台）	成本总额	销售价	数量（台）
1	电饭锅	￥380	330	￥125,400	￥550	133
2	榨汁机	￥880	210	￥184,800	￥1,200	152
3	豆浆机	￥950	208	￥197,600	￥1,400	88
4	电压力锅	￥450	315	￥141,750	￥760	102
5	电烤箱	￥330	186	￥61,380	￥580	198
6	电磁炉	￥230	189	￥43,470	￥360	177
7	微波炉	￥500	278	￥139,000	￥800	143
8	面包机	￥300	210	￥63,000	￥460	109
9	咖啡机	￥350	370	￥129,500	￥580	184
10	煮蛋器	￥55	290	￥15,950	￥88	290

Sheet1 Sheet3

步骤 03 若要显示工作表，则选中其他任意工作表标签并右击，在弹出的快捷菜单中选择“取消隐藏”命令。

步骤 04 在打开的“取消隐藏”对话框中，选择需要取消隐藏的工作表，单击“确定”按钮。

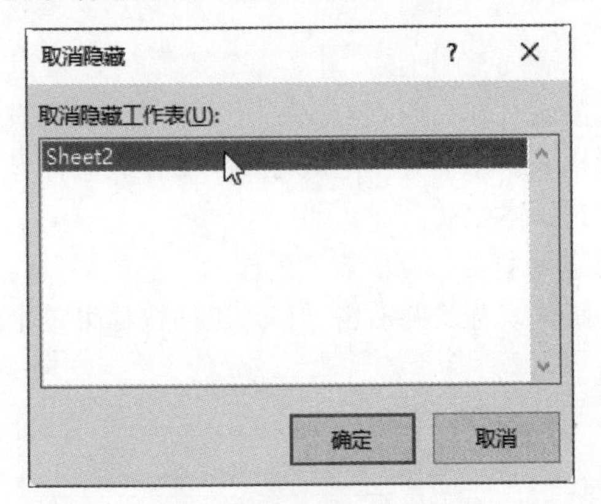

6.1.6 拆分与冻结工作表

在查看大型报表时，通常需要使用滚动条来查看全部内容。随着数据的移动，会造成报表标题等内容看不见，非常不方便。这时使用Excel的拆分与冻结功能，可以快速地解决这一问题。

1. 拆分工作表

使用“拆分”功能，可以将现有窗口拆分为多个大小可调的工作表，并能同时查看分割较远的工作表部分。下面介绍拆分工作表的操作方法，具体如下。

步骤 01 打开“利润表汇总”工作簿，选中报表中的任意单元格，切换至“视图”选项卡，单击“窗口”选项组中的“拆分”按钮。

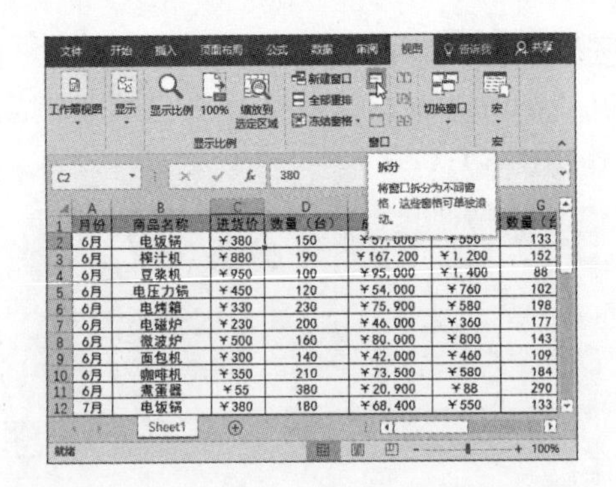

步骤 02 即可将当前表格区域沿着所选单元格左边框和上边框的方向拆分为4个窗格。

步骤 03 将鼠标指针定位到拆分条上，按住鼠标左键进行移动，即可上、下、左、右移动拆分条，改变窗口布局。

步骤 04 若要取消窗口拆分，则再次单击“窗口”选项组中的“拆分”按钮，即可恢复到工作表的初始状态。

知识点拨　水平/垂直拆分窗格

用户也可以水平或垂直拆分窗格，将光标定位在行标题上，单击“拆分”按钮，得到水平拆分的两个窗格；将光标定位在列标题上，单击“拆分”按钮，得到垂直拆分的两个窗格。

2. 冻结工作表

使用“冻结窗格”功能，可以冻结工作表的某一部分，在滚动浏览工作表时始终保持冻结部分可见，冻结工作表的操作方法如下。

步骤01 打开“利润表汇总”工作簿，选中报表中的任意单元格，切换至“视图”选项卡，单击“窗口”选项组中的“冻结窗格”下三角按钮，选择要冻结的位置选项，这里选择冻结工作表的首行。

步骤02 拖动滚动条，可以看到工作表首行一直保持可见。

	A	B	C	D	E	F	
1	月份	商品名称	进货价	数量（台）	成本总额	销售价	数量
5	6月	电压力锅	￥450	120	￥54,000	￥760	
6	6月	电烤箱	￥330	230	￥75,900	￥580	
7	6月	电磁炉	￥230	200	￥46,000	￥360	
8	6月	微波炉	￥500	160	￥80,000	￥800	
9	6月	面包机	￥300	140	￥42,000	￥460	
10	6月	咖啡机	￥350	210	￥73,500	￥580	
11	6月	煮蛋器	￥55	380	￥20,900	￥88	
12	7月	电饭锅	￥380	180	￥68,400	￥550	
13	7月	榨汁机	￥880	150	￥132,000	￥1,200	
14	7月	豆浆机	￥950	110	￥104,500	￥1,400	
15	7月	电压力锅	￥450	190	￥85,500	￥760	
16	7月	电烤箱	￥330	185	￥61,050	￥580	

步骤03 如果要取消冻结窗格，则再次单击“冻结窗格”下三角按钮，选择“取消冻结窗格”选项。

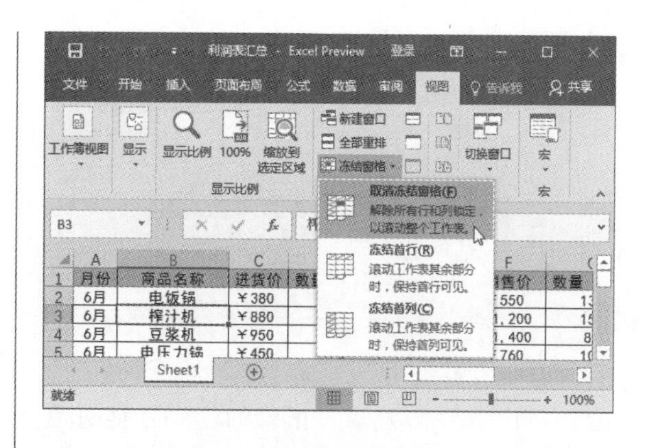

6.1.7　保护工作表

Excel提供了多种工作表的保护方式，用户可以根据实际情况，选择最适合的方式来操作。下面介绍几种常用的保护工作表的方法。

1. 设置密码禁止打开工作表

步骤01 打开需要设置打开权限的工作表，选择“文件>信息”选项，在“信息”面板中单击“保护工作簿”下三角按钮，选择“用密码进行加密”选项。

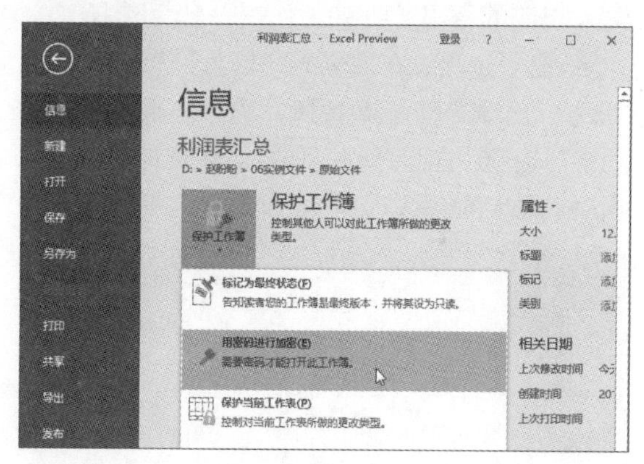

步骤02 在打开的“加密文档”对话框中设置的密码123456后，单击“确定”按钮。在弹出的“确认密码”对话框中再次输入相同的密码，单击“确定”按钮。

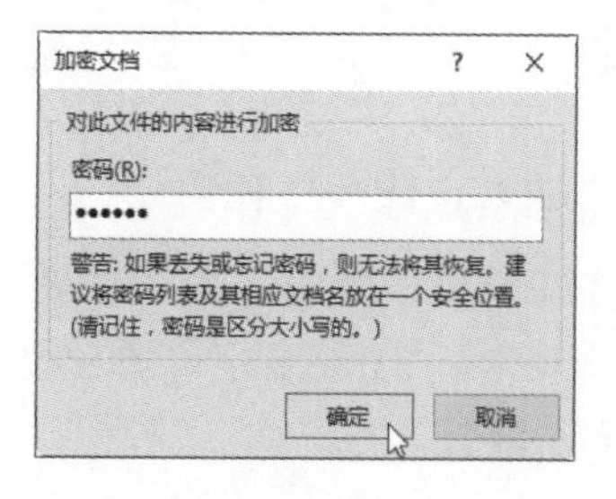

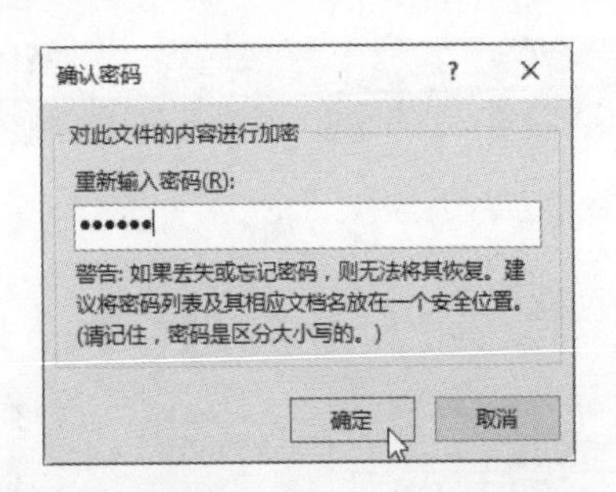

步骤03 保存并关闭工作簿后，再次打开该工作簿，可以看到需要输入正确的密码才能查看该工作表。

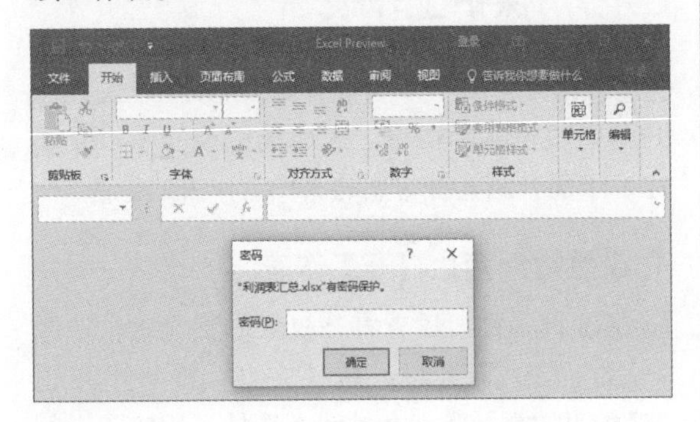

步骤04 若要取消对工作表进行密码加密，则先输入正确的密码，打开工作表。然后选择“文件>信息”选项，在右侧的“信息”面板中单击“保护工作簿”下三角按钮，选择“用密码进行加密”选项。在打开的“加密文档”对话框中清除原来设置的密码，单击“确定”按钮即可。

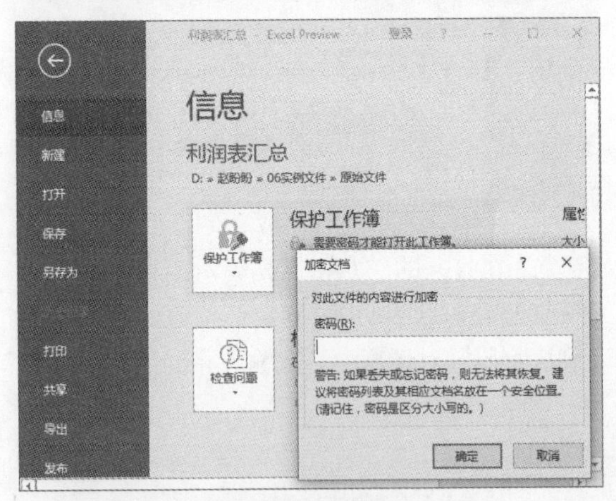

2. 设置密码禁止修改工作表

步骤01 打开需要设置密码的工作表，切换至“审阅”选项卡，单击“保护”选项组中的“保护工作表”按钮。

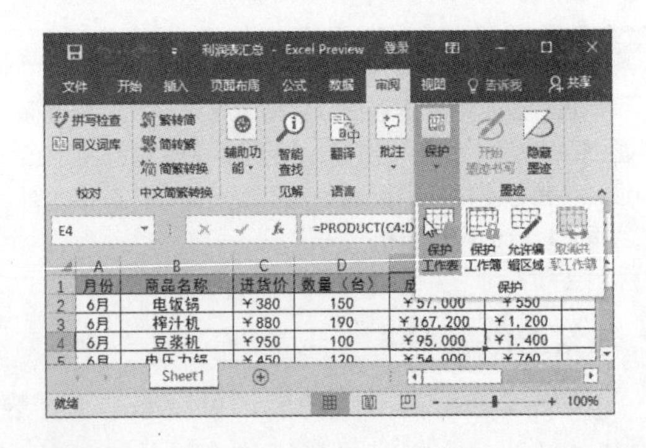

步骤02 打开“保护工作表”对话框，输入取消工作表保护时使用的密码为123456，然后根据需要勾选或取消勾选相应的复选框，最后单击“确定”按钮。

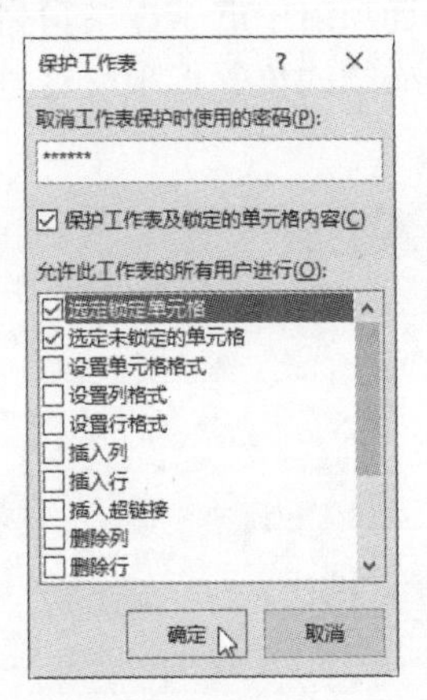

步骤03 在打开的“确认密码”对话框中输入相同的密码，然后单击“确定”按钮。

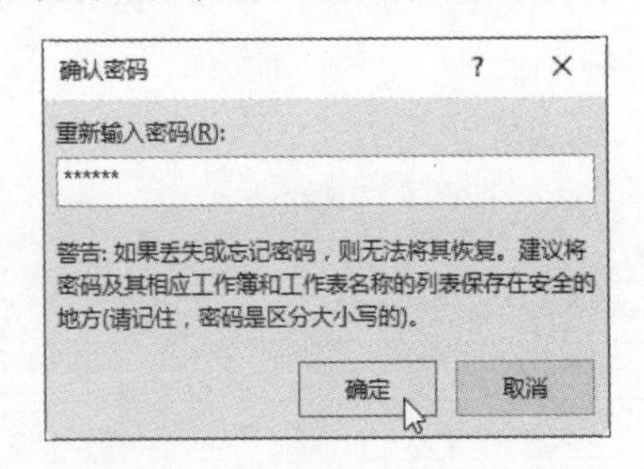

步骤04 若要取消密码保护，则单击“审阅”选项卡中的“撤消工作表保护”按钮，在弹出的对话框中输入之前设置的密码即可。

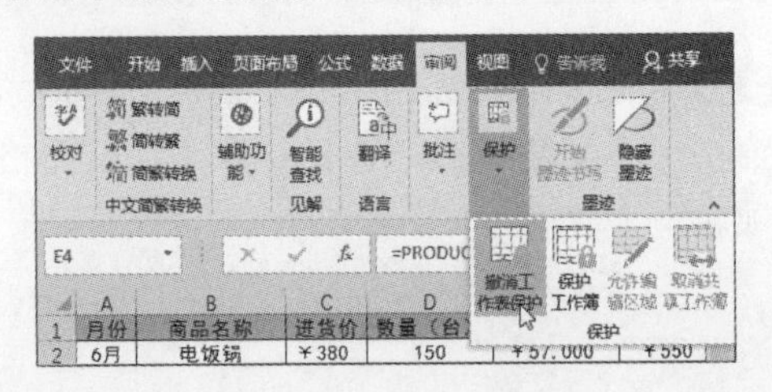

6.2 数据内容的输入

工作表创建完成后，接着就需要进行数据的输入了。Excel数据的输入类型包括文本数据、数值数据、货币数据、时间和日期数据以及一些特殊数据等，本小节将详细介绍这些数据的输入方法和技巧。

6.2.1 输入文本内容

文本内容是指Excel中的文本文字，输入方法非常简单，具体操作如下。

步骤01 新建“生产统计表”工作薄，选择需要输入文本内容的单元格，这里选择A1单元格，输入所需内容。

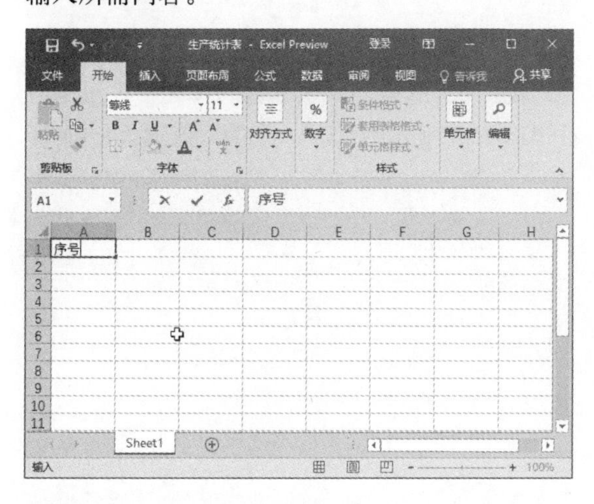

步骤02 按Enter键确认输入，这时可以看到，自动选中A2单元格。若希望按下Enter键时，自动选中右侧的B1单元格，可以进行相应设置，即选择“文件>选项”选项。

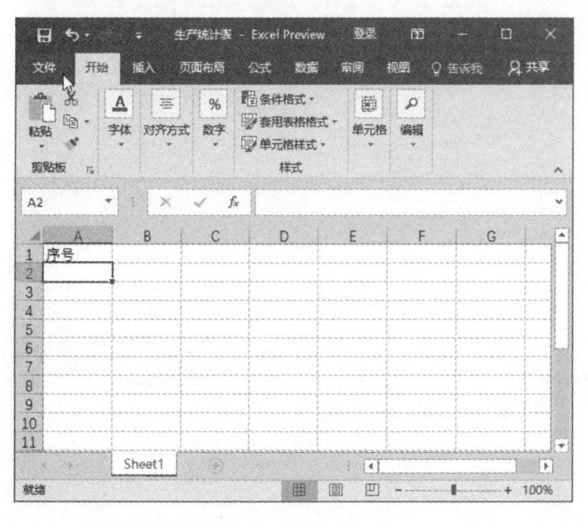

步骤03 打开“Excel选项”对话框，切换至“高级”选项面板，勾选“按Enter键后移动所选内容”复选框，单击“方向”下三角按钮，选择“向右”选项。

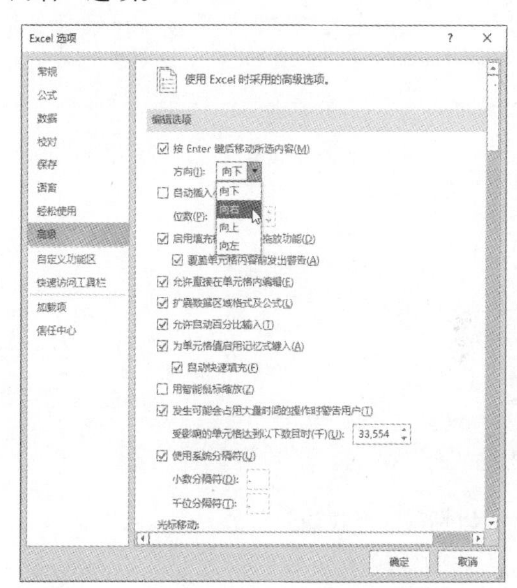

步骤04 单击“确定”按钮，返回工作表中。选中B1单元格，输入所需内容后按Enter键，可以看到自动向右选中C1单元格。

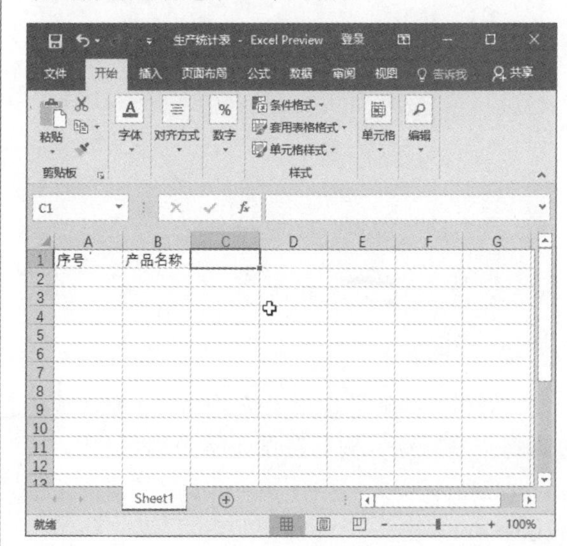

6.2.2 输入数字

在进行数据输入时，数值数据是最常用的输入类型，下面介绍几种特殊数字的输入方法。

1. 输入负数

常用的负数输入方法有以下两种，分别进行介绍。

(1) 直接输入负数

选中需要输入负数的单元格，先输入负号，再输入相应的数字，然后按Enter键确认输入即可。

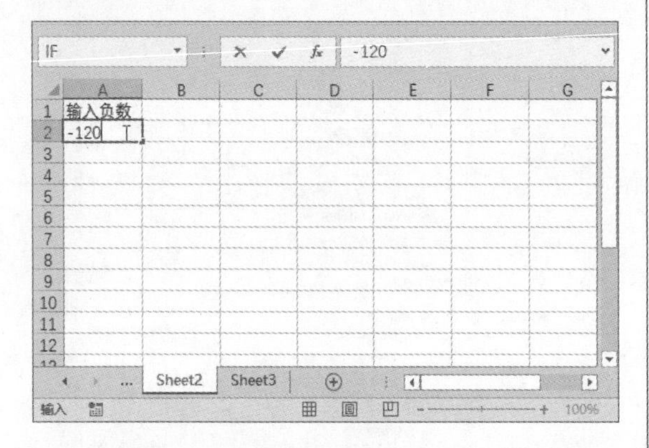

(2) 以括号的形式输入负数

选中需输入负数的单元格，在输入数字时为其添加括号，按下Enter键即可自动变为负数。

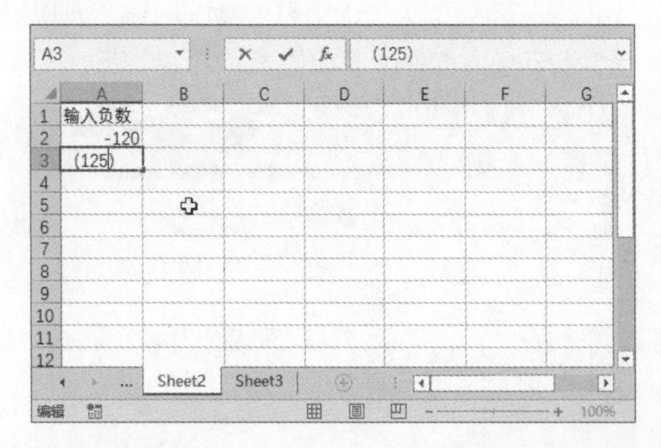

2. 输入分数

对于一些初学用户来说，输入分数常常会遇到一些麻烦，例如在单元格中输入1/5，按Enter键后就变成1月5日了。下面将具体介绍分数的输入方法。

(1) 输入带分数

步骤01 选中需要输入带分数的单元格，先输入2，按下空格键，再输入1/2，然后按Enter键即可。

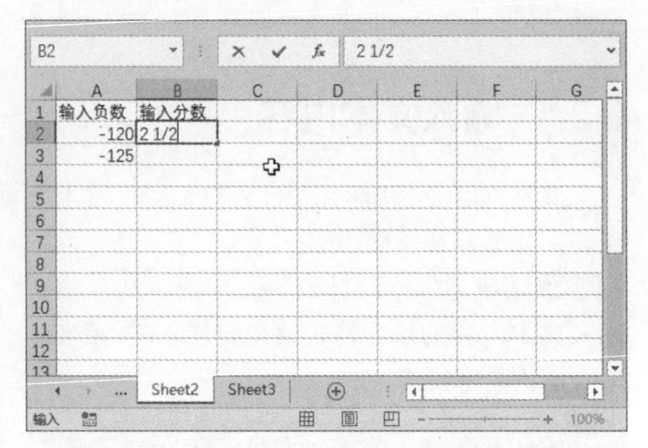

步骤02 再次选中输入带分数的单元格，可以看到编辑栏中显示的是2.5，说明分数输入正确。

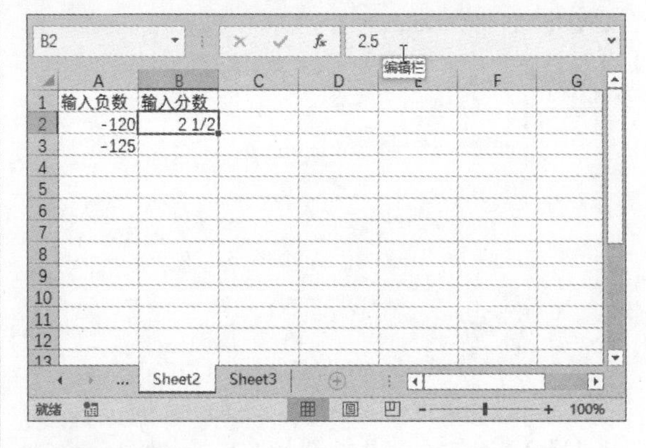

(2) 输入真分数

步骤01 要输入真分数（不含整数部分且分子小于分母的分数），需要先输入0，按下空格键，再输入1/2，然后按下Enter键。

步骤02 再次选中输入真分数的单元格，可以看到编辑栏中显示的是0.5，说明分数输入正确。

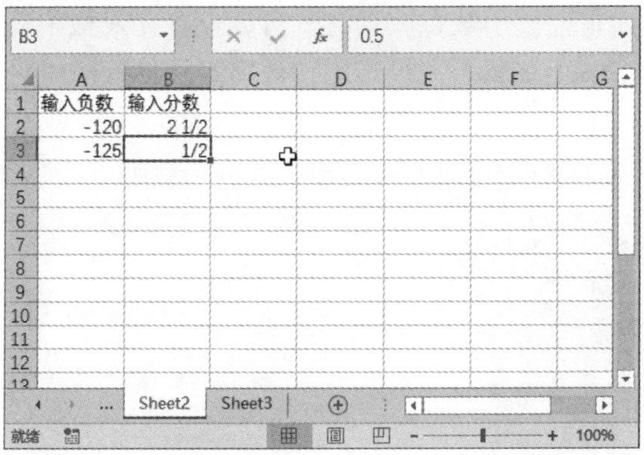

B3　0.5

	A	B	C	D	E	F	G
1	输入负数	输入分数					
2	-120	2 1/2					
3	-125	1/2					

Sheet2　Sheet3　就绪　100%

(3) 输入假分数

步骤01 用户可以使用输入带分数的方法输入假分数3/2，首先先输入1，按下空格键，再输入1/2，然后按下Enter键即可。

B4　1 1/2

	A	B	C	D	E	F	G
1	输入负数	输入分数					
2	-120	2 1/2					
3	-125	1/2					
4		1 1/2					

Sheet2　Sheet3　输入　100%

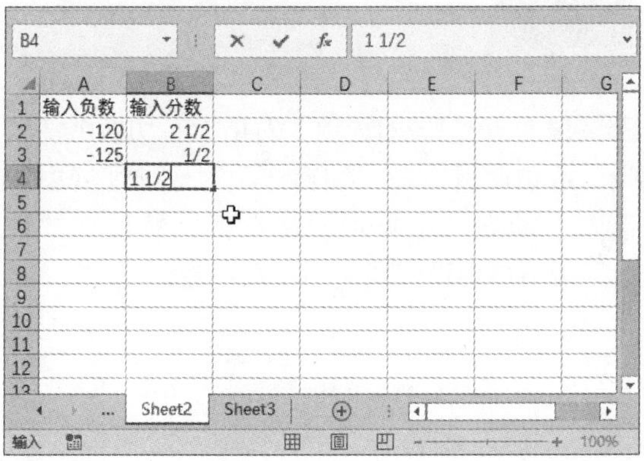

步骤02 要使用输入真分数的方法来输入假分数3/2，则先输入0，按下空格键，再输入3/2。

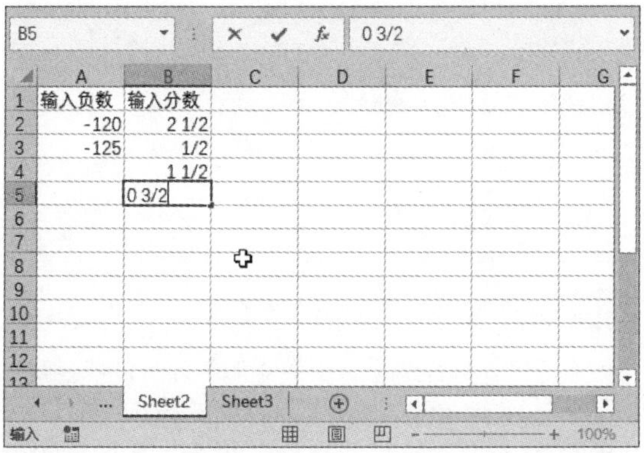

B5　0 3/2

	A	B	C	D	E	F	G
1	输入负数	输入分数					
2	-120	2 1/2					
3	-125	1/2					
4		1 1/2					
5		0 3/2					

Sheet2　Sheet3　输入　100%

步骤03 按下Enter键后，再次选中输入假分数的单元格，查看输入的效果。

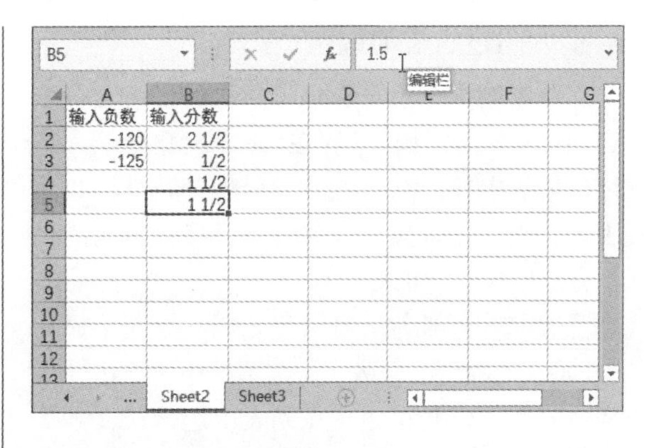

3. 输入以0开头的数字

在Excel中输入以0开头的数字时，通常只会显示后面的数字部分，而省略开头的0。下面介绍输入以0开头数字的操作方法，具体步骤如下。

步骤01 选中需要输入数字的单元格A2，输入“‘01”。

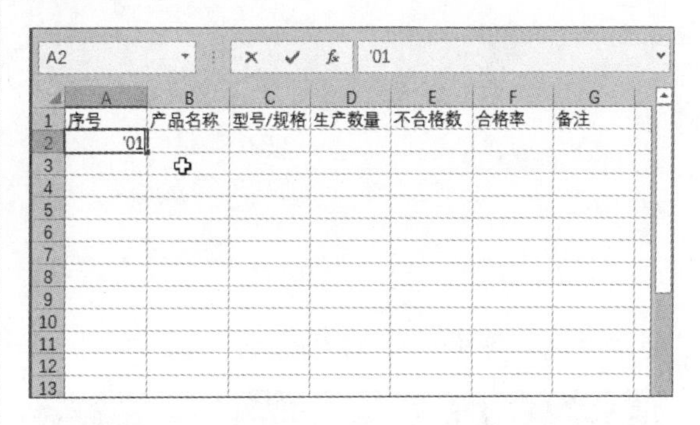

步骤02 按下Enter键，即可在A2单元格中显示输入的数字01。

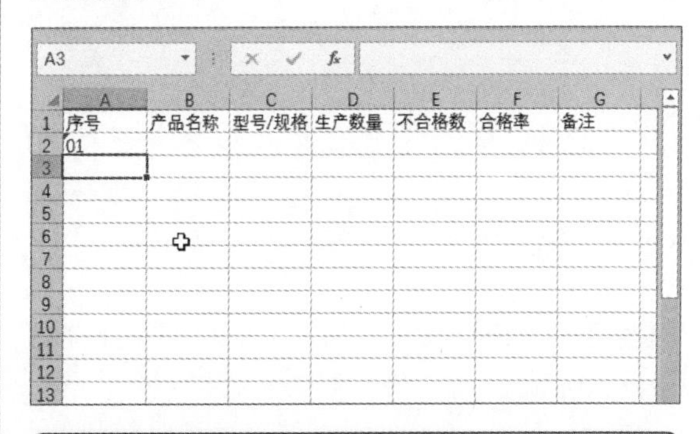

知识点拨　设置单元格的数字格式

选中需要输入以0开头数字的单元格，在“开始”选项卡的“数字”选项组中，单击“数字格式”下三角按钮，选择“文本”选项。然后在单元格中输入以0开头的数字，即可正常显示。

4. 输入超过11位的数字

在创建员工信息表时，经常需要输入员工的18位身份证号码，但在Excel单元格中输入超过11位数字时，Excel会自动转换为科学记数法表示，无法正常显示。这时可以根据下面的操作方法，让数字正常显示。

步骤01 选中需要输入身份证号码的单元格，在“开始”选项卡的“数字”选项组中，单击“数字格式”下三角按钮，在列表中选择“文本”选项。

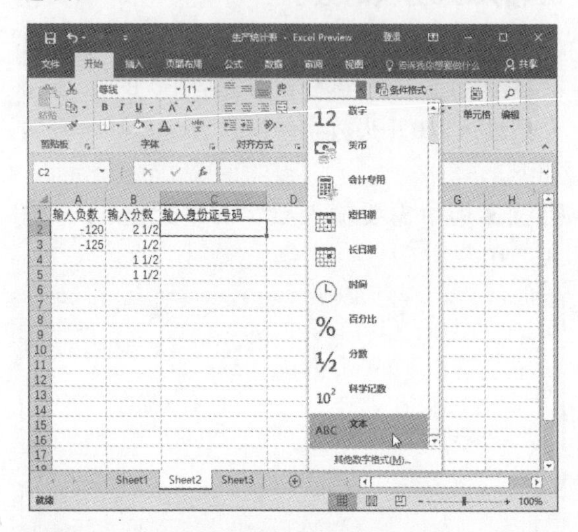

步骤02 随后直接输入18位身份证号码。

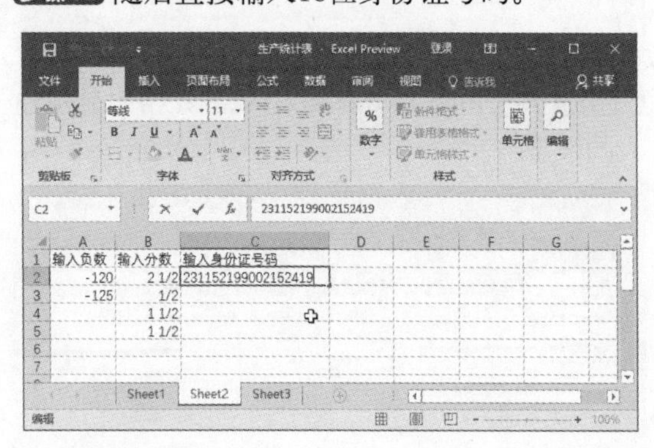

步骤03 按下Enter键后，可以看到18位的身份证号码正确显示了。

5. 自动输入小数点

在工作中，当需要向Excel表格中输入大量固定位数小数点数据时，可以设置在表格中自动添加小数点，提高工作效率，具体操作方法如下。

步骤01 打开工作簿，选择“文件>选项”选项。

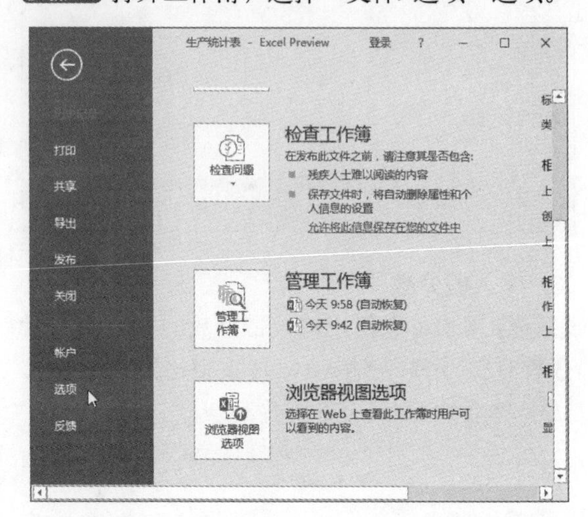

步骤02 打开“Excel选项”对话框，切换至“高级”选项面板，在“编辑选项”选项区域中勾选“自动插入小数点”复选框，然后在“位数”数值框中设置插入的小数位数。

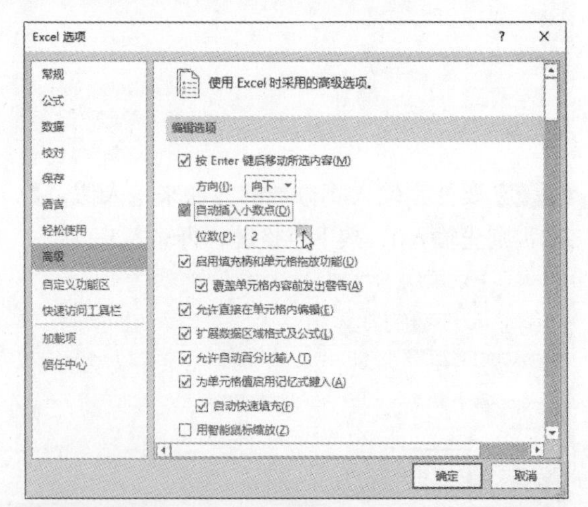

> **知识点拨　自动为数据插入小数点**
>
> 选择需要设置自动插入小数点的单元格区域，按Ctrl+1组合键，在弹出的“设置单元格格式”对话框中选择“数值”选项，在右侧的面板中设置小数位数和表达方式。

步骤03 单击“确定”按钮返回工作表中，然后输入数据。

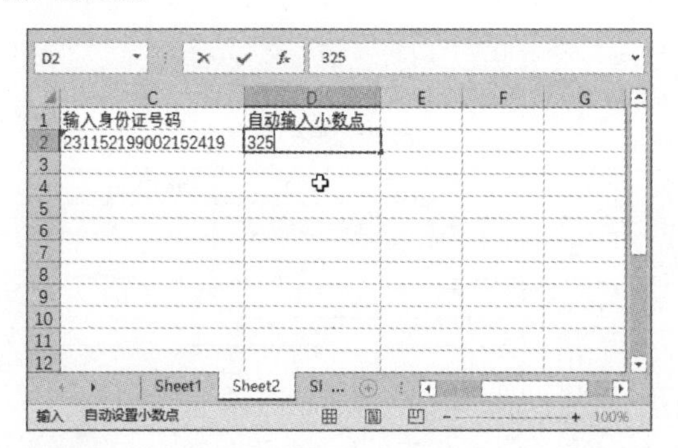

步骤04 按下Enter键，即可看到所输入的数值自动添加了两位小数点。

6.2.3 输入日期与时间

在工作表中输入时间和日期数据时，用户可以根据需要让其以不同的方式进行显示，下面介绍日期和时间的输入方法。

1. 输入日期

在Excel中有多种日期格式可供选择，下面介绍输入日期的具体方法。

步骤01 打开“考勤记录表”工作簿，在B3单元格中输入2016/7/29。

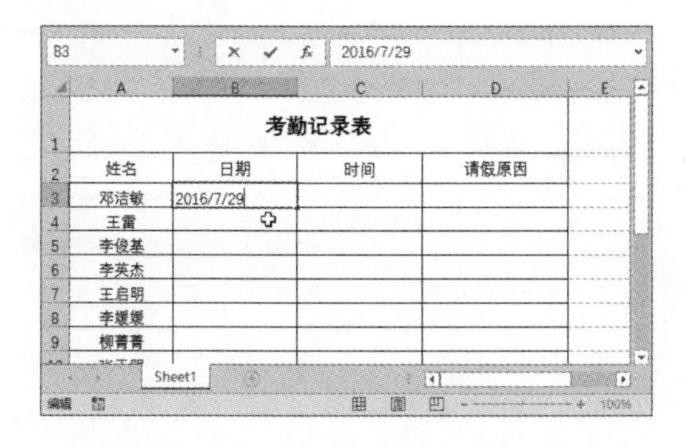

步骤02 在“开始”选项卡的“数字”选项组中，单击“数字格式”下三角按钮，在下拉列表中选择日期格式。

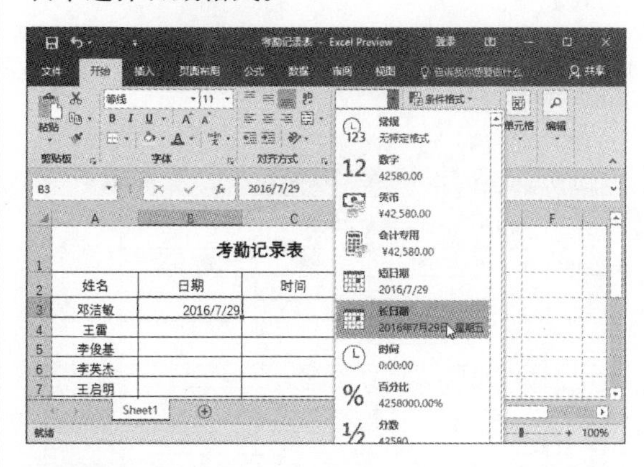

步骤03 选择“长日期”选项后，可以看到B3单元格的日期显示效果。

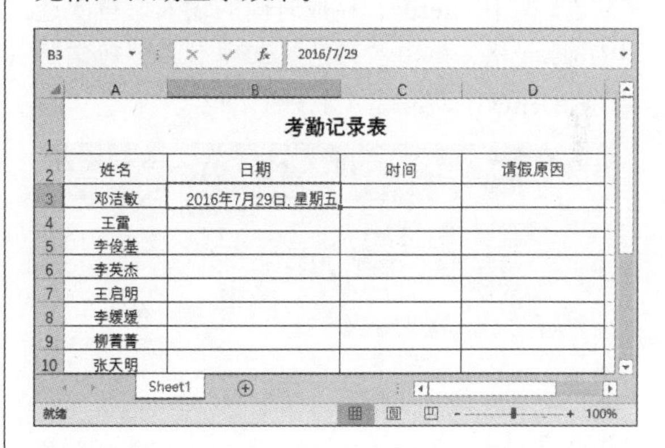

步骤04 用户还可以按下Ctrl+1组合键，在打开的对话框中选择更多的日期格式。

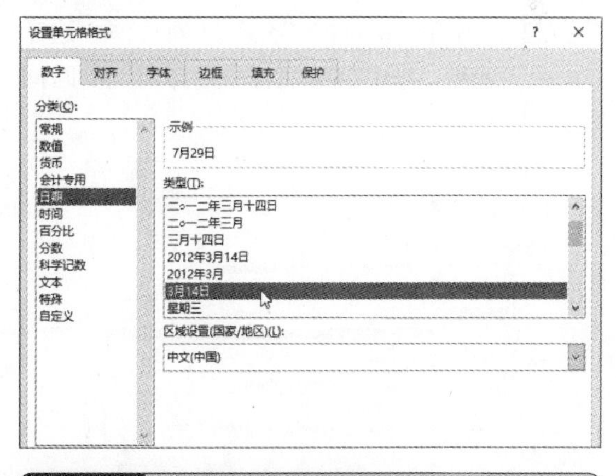

知识点拨 快速输入当前的日期

选择要输入当前日期的单元格，按下Ctrl+;组合键，即可快速输入当前的日期。

2. 输入时间

下面介绍在Excel中输入时间的方法，具体步骤如下。

步骤01 打开“考勤记录表”工作簿，在C3单元格中输入9:00。

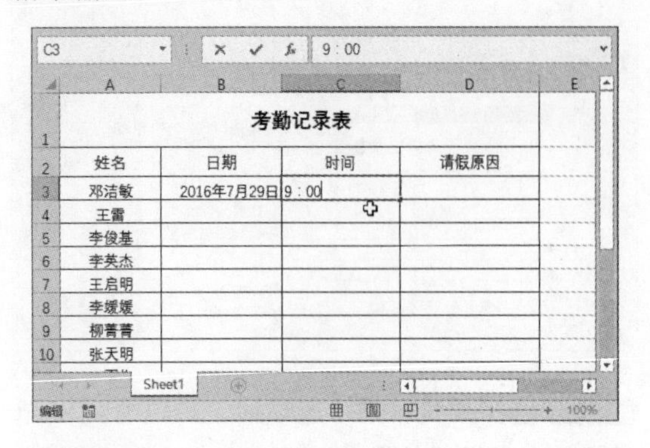

步骤02 按下Enter键，完成时间的输入。再次选中C3单元格，单击“开始”选项卡下“数字”选项组中的对话框启动器按钮。

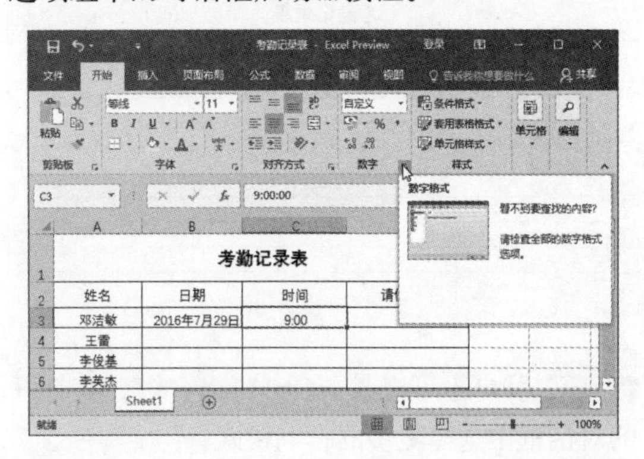

步骤03 在打开对话框的“分类”列表框中选择“时间”选项，在右侧的面板中选择所需的时间格式。

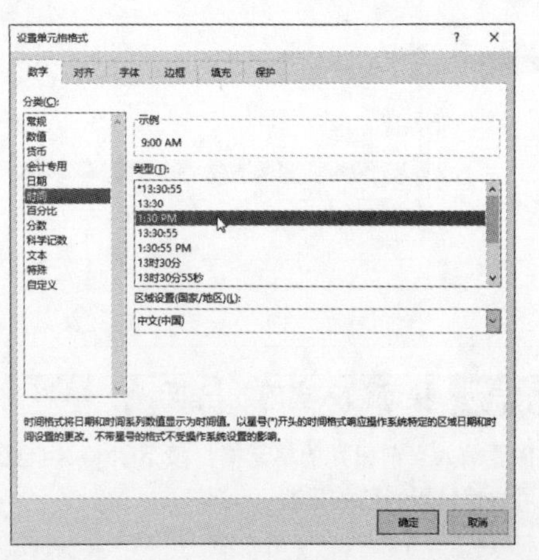

步骤04 单击“确定”按钮，返回工作表中查看设置的时间格式。

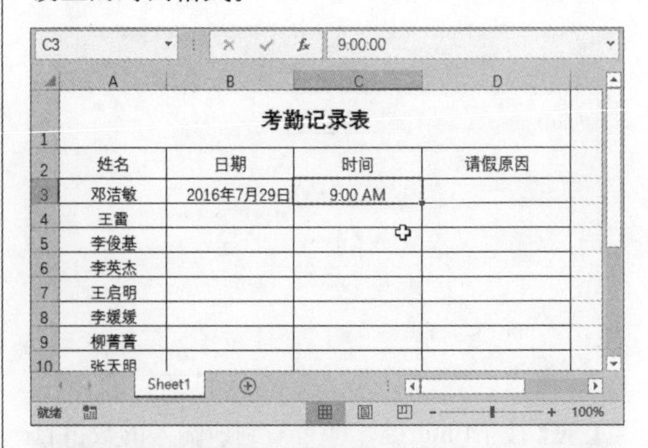

> **知识点拨　快速输入当前时间**
>
> 选择要输入当前时间的单元格，按下Ctrl+Shift+；组合键，即可快速输入当前的时间。

6.2.4 填充数据序列

在填充数据系列时，用户可以使用以下方法进行快速填充。

（1）使用填充柄填充

步骤01 选中“销售统计”工作簿的A2单元格，输入2016/7/1。然后选中A2单元格，将光标放在该单元格的右下角，待光标变为十字形状。

步骤02 按住鼠标左键不放，向下拖动至所需的A19单元格。

步骤03 此时可以看到，在A2：A19单元格区域中已经填充了所需的日期序号。单击“自动填充选项”下三角按钮，选择所需的其他填充选项即可。

(2) 使用对话框填充

步骤01 选中“生产统计表”工作簿的A2单元格，输入1。然后选中该单元格，单击“开始”选项卡“编辑”选项组中的“填充”下三角按钮，选择“序列”选项。

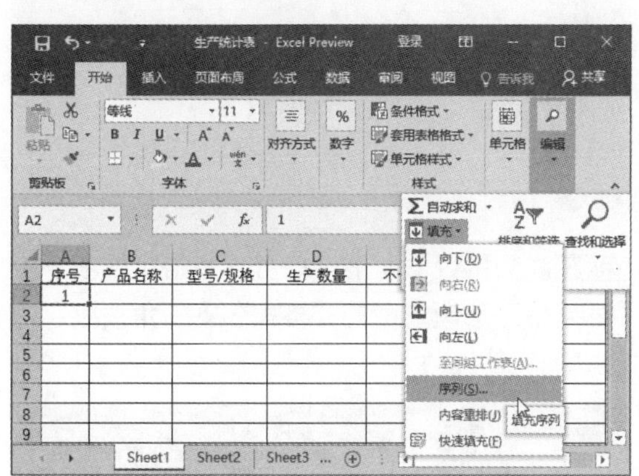

步骤02 打开“序列”对话框，对填充的序列进行设置。单击“确定”按钮，返回工作表中查看填充的序列效果。

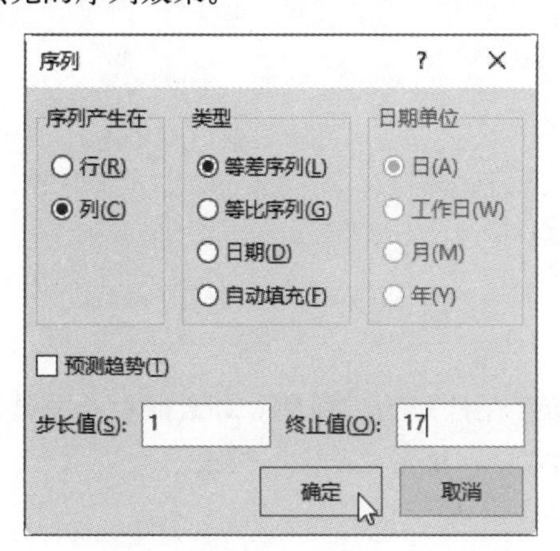

6.2.5 输入货币数据

下面介绍输入货币数据的方法，具体步骤如下。

步骤01 打开“销售统计”工作簿，选中需要输入货币数据的单元格区域。单击“开始”选项卡中“数字”选项组的对话框启动器按钮。

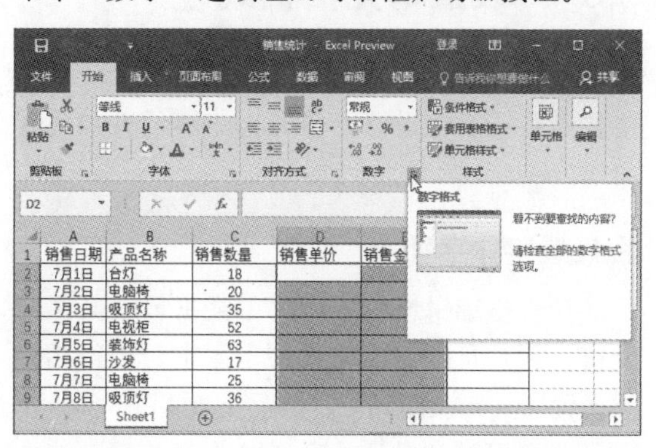

步骤02 在打开的对话框中选择“货币”选项，在右侧的面板中设置小数的位数、货币符号等参数。

步骤03 单击“确定”按钮返回工作表中，在选中的单元格中输入常规的数值，即可自动变换为设置的货币格式。

6.3 工作表的格式化操作

工作表数据输入完成后，用户可以根据需要对表格数据进行设置和美化，包括设置表格中文本的字体字号、调整行高列宽、添加边框和底纹以及套用表格样式等，本小节将具体介绍工作表格式化的相关操作。

6.3.1 设置单元格格式

在报表制作过程中，用户可以对单元格格式进行适当地设置，使数据的展示更加美观清晰。

1. 设置字体字号

在表格编辑过程中，为了突出显示某些单元格，用户可以对表格中的字体字号进行相应的设置，具体操作如下。

步骤01 打开“考勤记录表-副本”工作簿，选中A1单元格。单击“开始”选项卡中“字体”下三角按钮，选择所需字体样式。

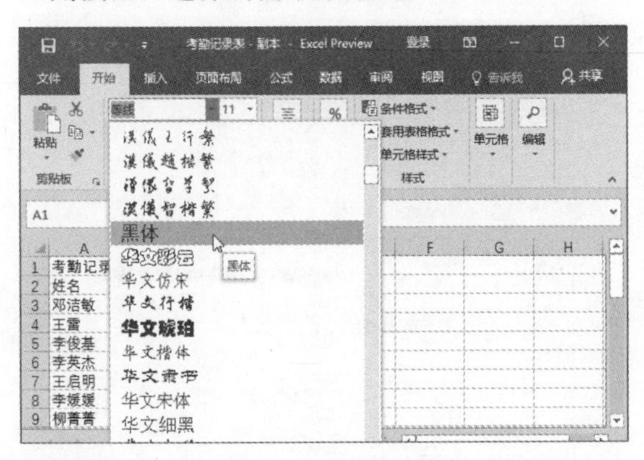

步骤02 然后单击“字号”下三角按钮，选择所需的表格标题字号选项。

2. 调整行高列宽

下面接着调整表格的行高列宽，具体操作如下。

步骤01 在“考勤记录表-副本”工作簿中，将光标放在要调整行高的行号下方的分割线上，此时光标变成上下双向箭头，按住鼠标左键不放进行拖动调整行高。

步骤02 选中A1单元格，单击“开始”选项卡下“单元格”选项组中的“格式”下三角按钮，选择“列宽”选项。

步骤03 在打开的“列宽”对话框中，设置合适的列宽值，单击“确定”按钮。

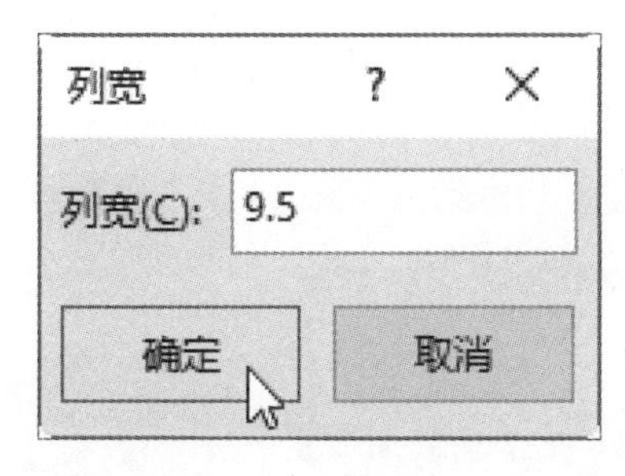

3. 设置字体效果

下面将对表格中字体的粗细、颜色和填充色进行设置，具体操作如下。

步骤01 选中A1：D2单元格区域，单击“字体”选项组中的“加粗”按钮，对所选字体进行加粗设置。

步骤02 选中A2：D2单元格区域，单击“字体”选项组中的“填充颜色”下三角按钮，在下拉列表中选择所需的填充颜色。

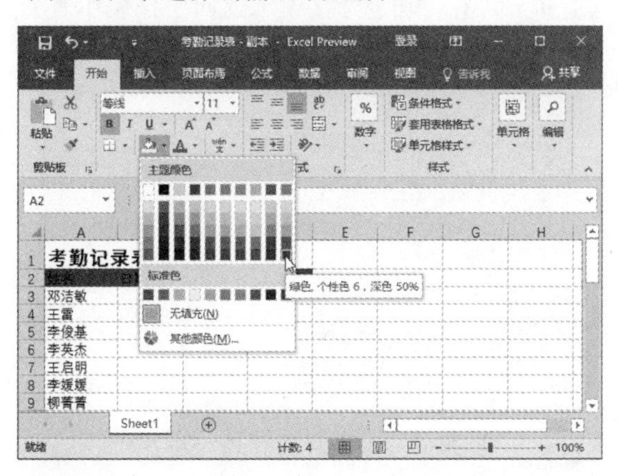

步骤03 仍然保持选中A2：D2单元格区域，单击“字体”选项组中的“字体颜色”下三角按钮，在下拉列表中选择所需的字体颜色。

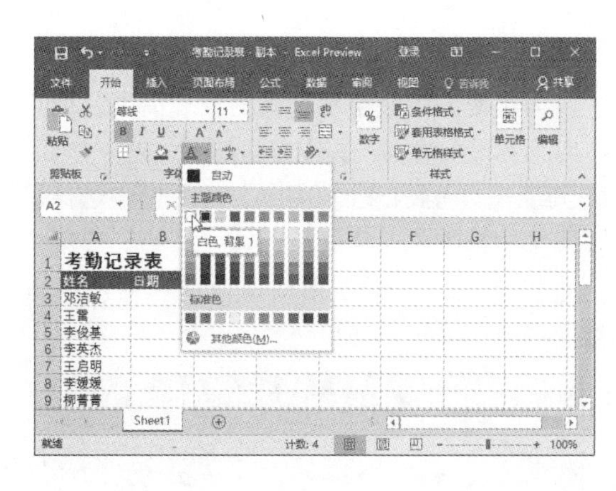

4. 合并单元格

在报表制作过程中，用户一般需要将表头所在的单元格区域进行合并居中操作，使表格更加美观，具体步骤如下。

步骤01 在“考勤记录表-副本”工作簿中选中A1：D1单元格区域，在“开始”选项卡下，单击“对齐方式”选项组中的“合并后居中”下三角按钮，选择“合并后居中”选项。

步骤02 即可查看合并居中后的效果。

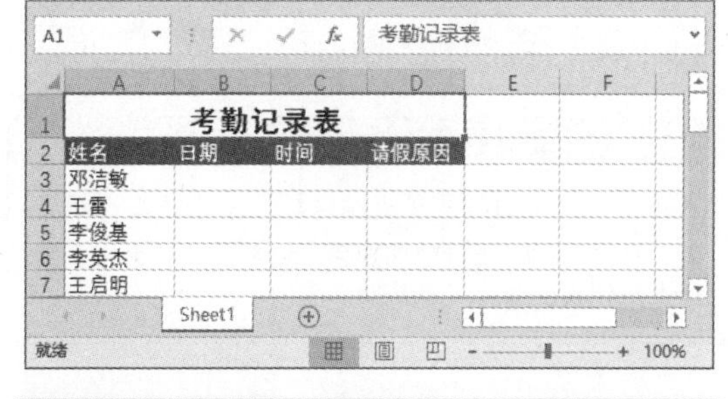

知识点拨　在对话框中设置单元格合并居中

选中A2：D2单元格区域，按下Ctrl+1组合键，在打开的对话框中切换至“对齐”选项卡，勾选“合并单元格”复选框即可。

5. 添加边框

为了使表格数据看起来更直观清晰，用户可以为其添加边框，具体方法如下。

步骤01 在“考勤记录表-副本”工作簿中选择需要添加边框的单元格区域，在“开始”选项卡下单击“边框”下三角按钮，选择“所有框线”选项。

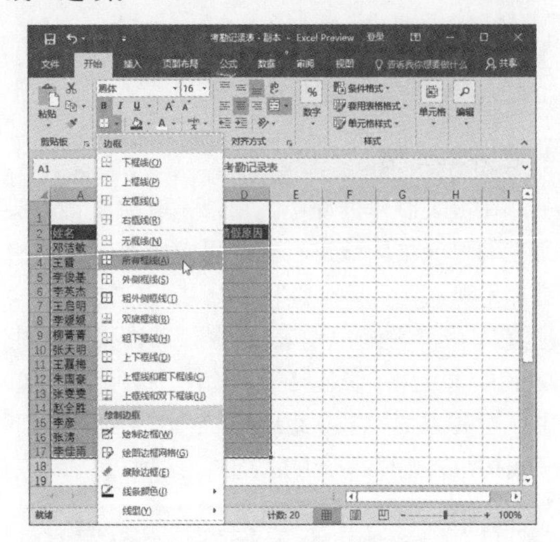

步骤02 返回工作表中，查看为表格添加边框后的效果。

	A	B	C	D
1	考勤记录表			
2	姓名	日期	时间	请假原因
3	邓洁敏			
4	王雷			
5	李俊基			
6	李英杰			
7	王启明			
8	李媛媛			
9	柳菁菁			
10	张天明			
11	王嘉梅			
12	朱国豪			
13	张雯雯			
14	赵全胜			
15	李彦			
16	张涛			
17	李佳雨			

Sheet1 就绪 100%

知识点拨 设置更多边框效果

选中需要设置边框的单元格区域，按下Ctrl+1组合键，在打开的对话框中切换至“边框”选项卡，设置更多的边框效果。

6. 设置表格对齐方式

为了使表格数据更加整齐，用户可以对表格数据的对齐方式进行设置，具体方法如下。

步骤01 打开“考勤记录表-副本”工作簿，选择需要设置表格对齐方式的单元格区域，按下Ctrl+1组合键。

步骤02 在打开的对话框中切换至“对齐”选项卡，在“文本对齐方式”选项区域中设置文本的对齐方式。

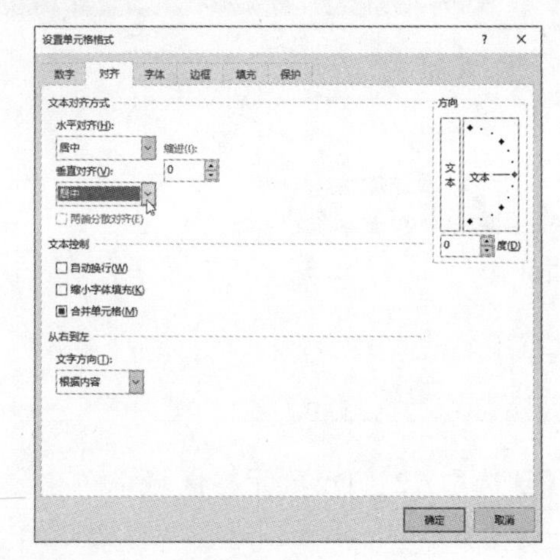

步骤03 单击“确定”按钮，返回工作表中查看设置表格居中对齐的效果。

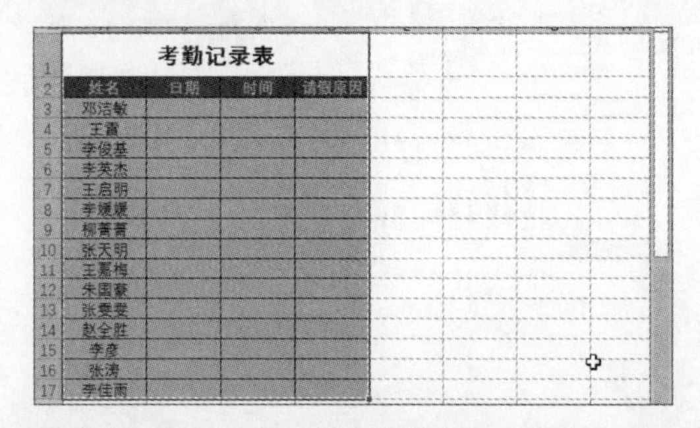

知识点拨 其他设置对齐方式的方法

用户可以直接选择需要设置对齐方式的单元格区域，单击“开始”选项卡下“对齐方式”选项组中的相关按钮，设置表格对齐方式。

6.3.2 自动套用单元格样式

在工作表格式设置和美化过程中，为了让工作表中的某些单元格更加醒目，用户可以为单元格套用Excel内置的单元格样式，来快速美化工作表。

1. 套用内置单元格样式

用户可以使用Excel内置的一些典型的单元格样式，具体方法如下。

步骤01 打开“销售统计”工作簿，选中需要套用单元格样式的A1：F1单元格区域。切换至“开始”选项卡，单击“样式”选项组中的“单元格样式”下三角按钮。

步骤02 在下拉列表中选择所需的单元格样式，单击即可应用到所选单元格区域。

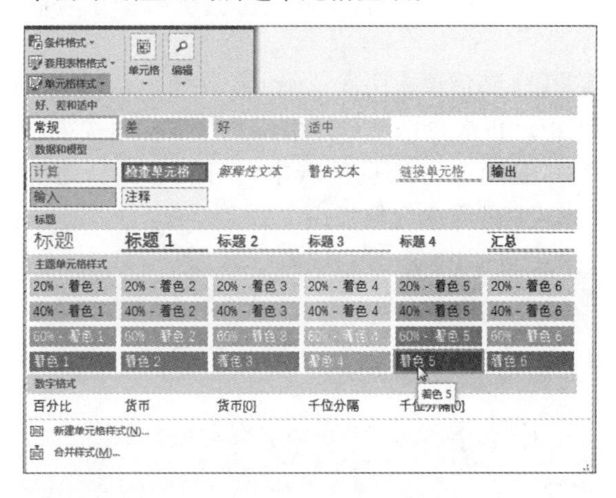

步骤03 查看应用所选单元格样式的效果。

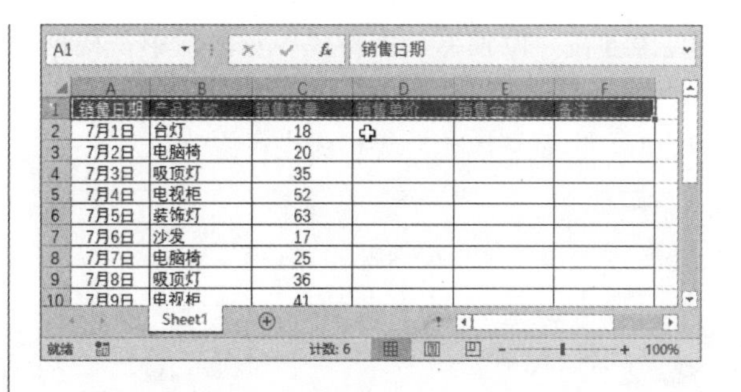

2. 修改内置单元格样式

对于内置的单元格样式，用户可以根据需要进行修改，具体方法如下。

步骤01 单击“开始”选项卡下的“单元格样式”下三角按钮，选择所需的单元格样式并右击，在弹出的快捷菜单中选择“修改”命令。

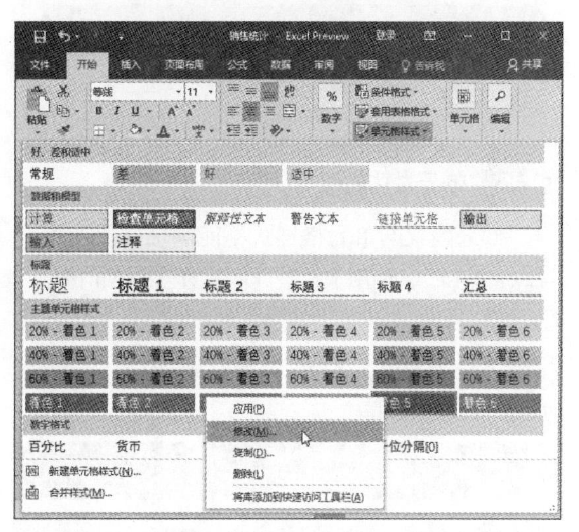

步骤02 在“样式”对话框中查看该样式所包括的格式，然后单击“格式”按钮。

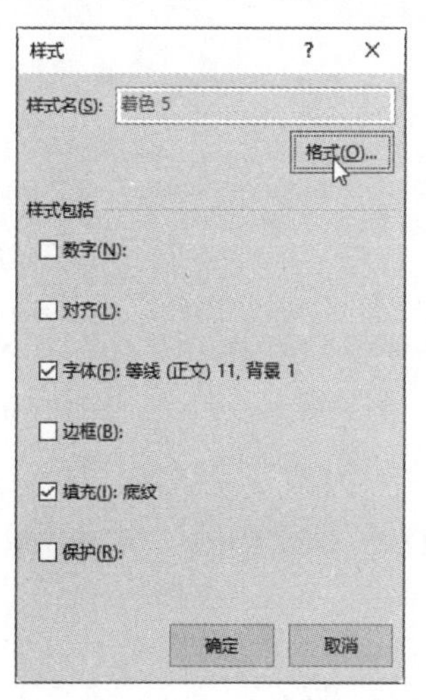

步骤03 在“设置单元格格式”对话框中，根据需要对单元格的“数字”、“对齐”、“字体”、“边框”以及“填充”等格式进行修改。

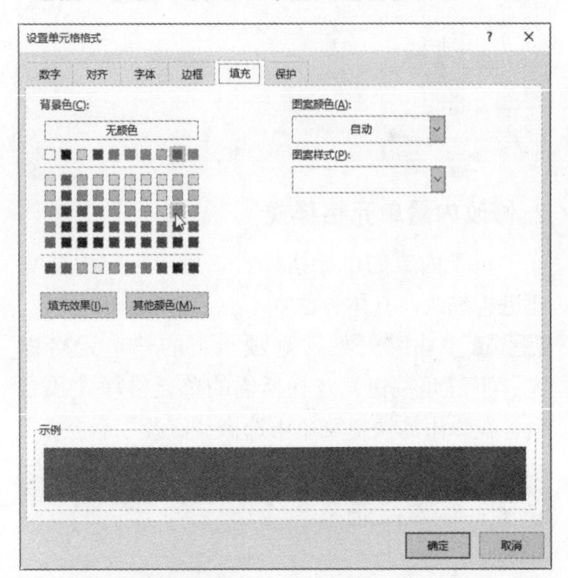

3. 新建单元格样式

如果内置的单元格样式不能满足需要，用户可以自定义单元格样式，具体操作步骤如下。

步骤01 单击“开始”选项卡下的“单元格样式”下三角按钮，在下拉列表中选择“新建单元格样式”选项。

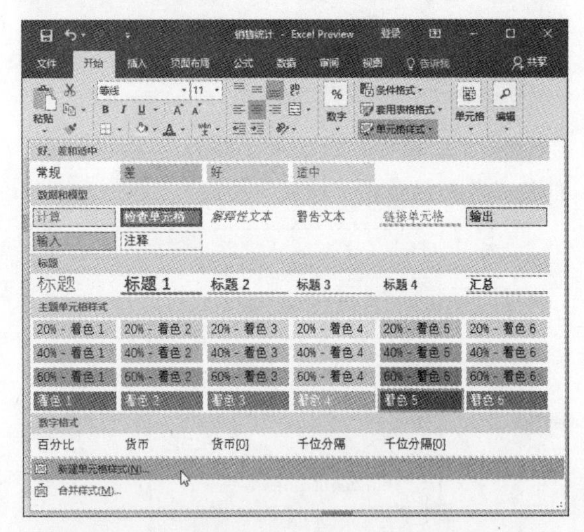

步骤02 打开“样式”对话框，在“样式名”文本框中输入“报表标题”文字，设置报表名称，然后单击“格式”按钮。

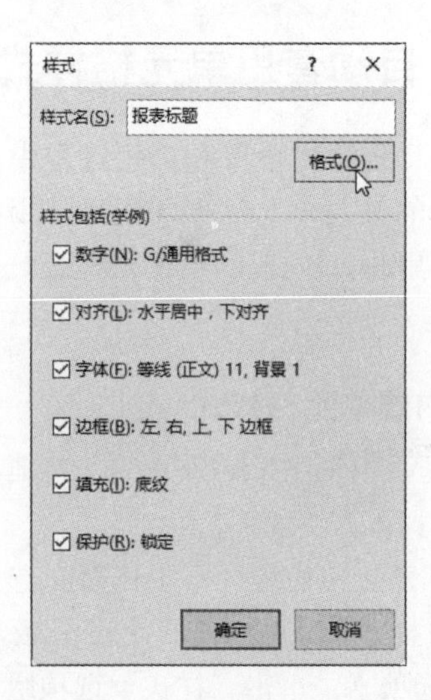

步骤03 打开“设置单元格格式”对话框，切换至“字体”选项卡，设置单元格样式的字体、字形、字号以及字体颜色等参数。

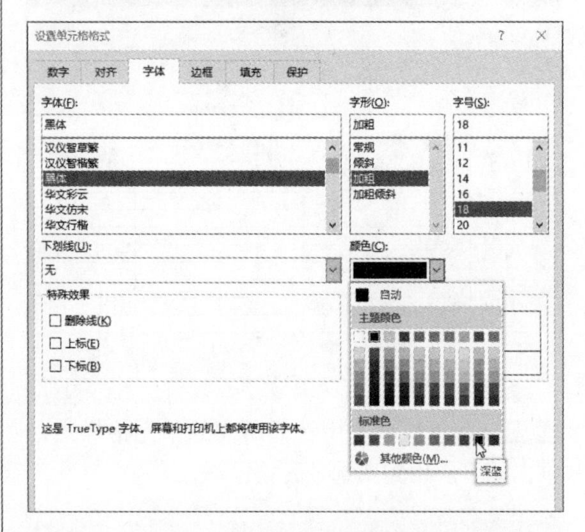

步骤04 然后单击两次“确定”按钮，返回工作表中。再次单击“单元格样式”下三角按钮，在“自定义”选项区域中，可以看到新建的“报表标题”单元格样式。

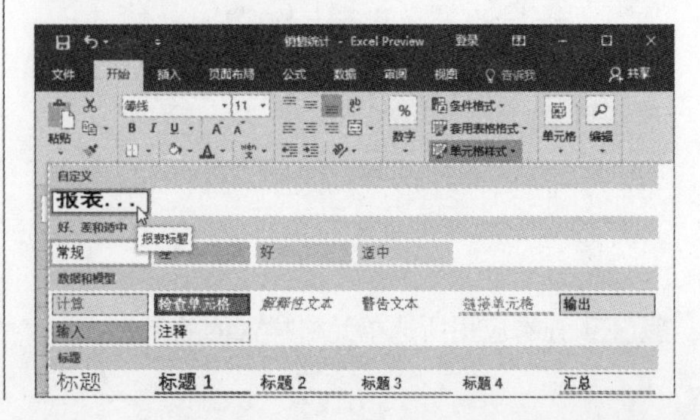

6.3.3 使用表格格式

Excel 2019提供了丰富的表格格式供用户使用，通过套用这些表格格式，可以快速设置报表的单元格样式，并将其转化为表，从而更方便地进行数据处理。

步骤01 打开“利润表汇总 - 副本”工作簿，选中表格中的任意单元格，在“开始”选项卡下单击“样式”选项组中的“套用表格格式”下三角按钮。

步骤02 在打开的表格样式库中，选择所需的表格格式。

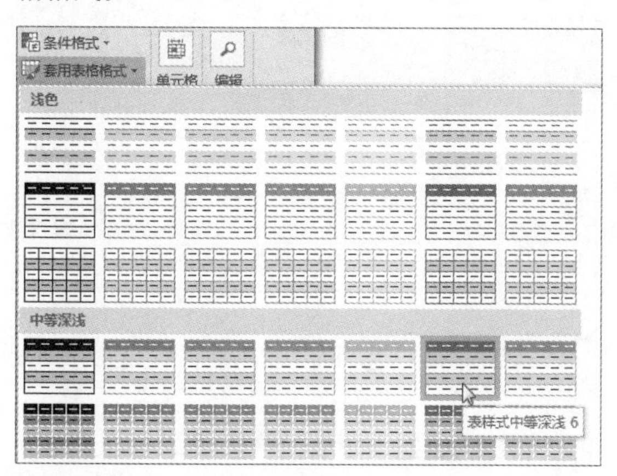

步骤03 打开“套用表格式”对话框，在“表数据的来源”文本框中自动选择了要应用的单元格区域，单击“确定”按钮。

步骤04 经过上述操作，可以看到使用表格格式后的效果。在功能区中出现了“表格工具—设计”选项卡，在该选项卡下，用户可以进行相应的表编辑操作。

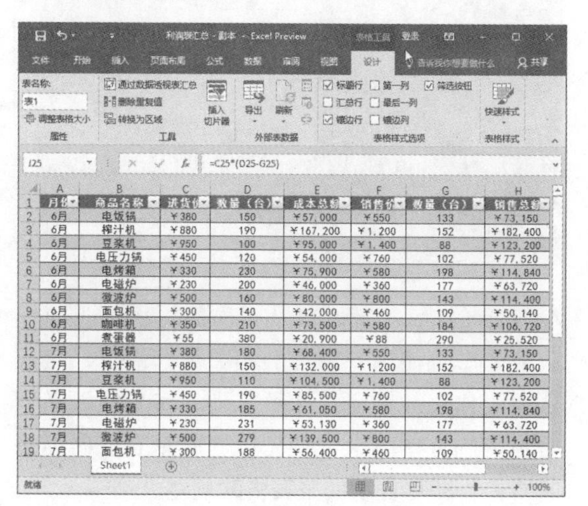

步骤05 若想将表转换为普通区域，可以在“表格工具—设计”选项卡下，单击“工具”选项组中的“转换为区域”按钮，在打开的提示对话框中单击“是”按钮。

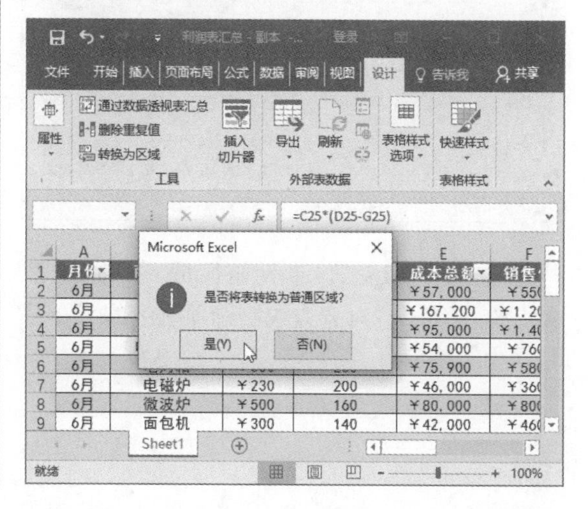

动手练习 制作公司车辆使用管理表

本章主要对Excel表格的基础知识进行了详细地介绍，其中包括新建工作簿/工作表、在工作表中输入数据信息、对工作表格式进行设置等。下面通过制作公司车辆使用管理表，对所学知识进行巩固练习。

步骤01 打开Excel开始面板，选择“空白工作簿”选项。

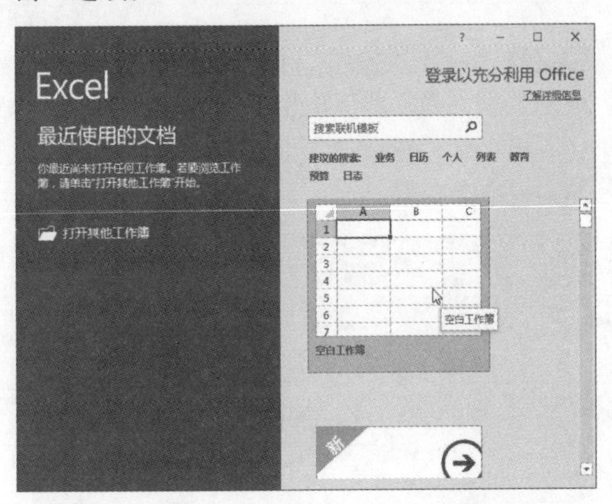

步骤02 创建“工作簿1”工作簿，根据需要输入公司车辆使用管理表的相关数据信息，然后选中工作表数据所在的所有列，将光标放在列号右侧的分割线上，待光标变成左右双向箭头时双击，即可自动调整表格的列宽。

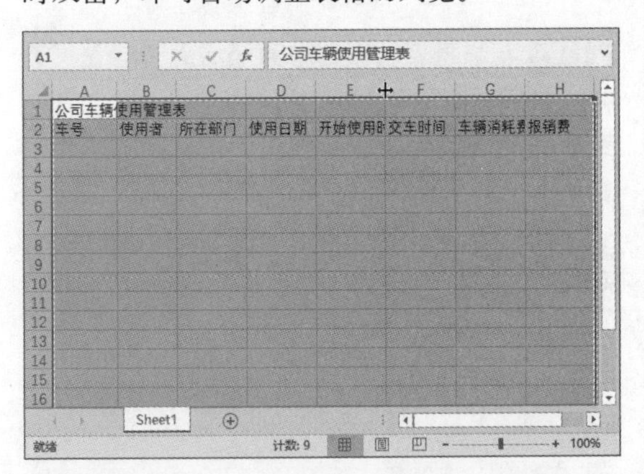

步骤03 选中A1：H1单元格区域，单击“开始”选项卡下“对齐方式”选项组中的“合并后居中”按钮。

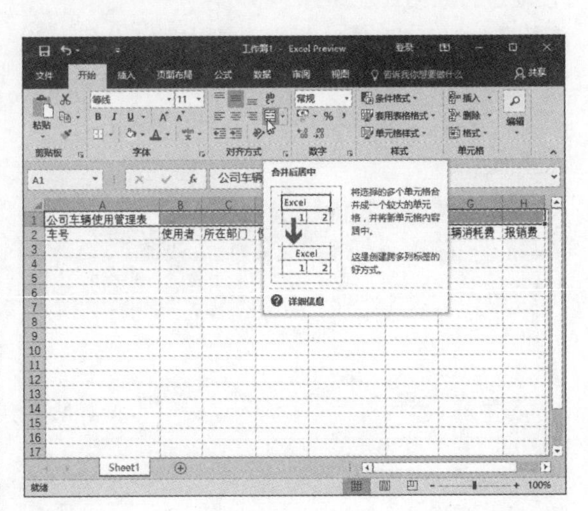

步骤04 选中A1单元格，单击“字体”选项组中的“字号”下三角按钮，为表头选择合适的字号选项。

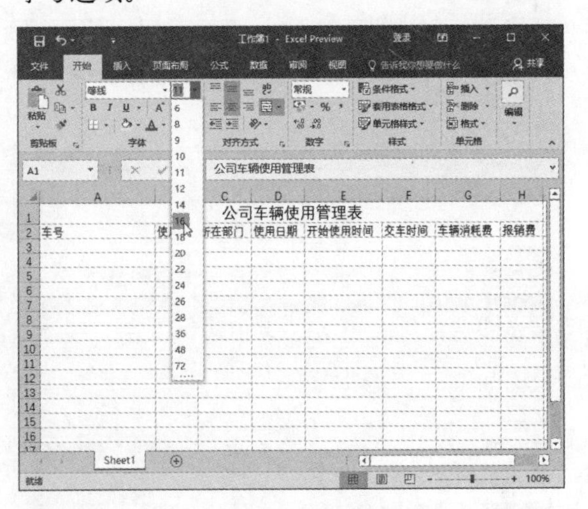

步骤05 选中A2：H2单元格区域，在“开始”选项卡的“样式”选项组中，单击“单元格样式”下三角按钮，选择所需的单元格样式。

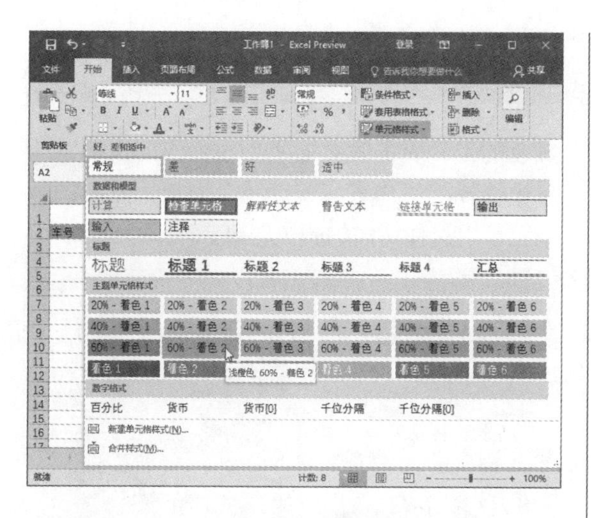

步骤06 选中表中的A1:H24单元格区域，单击“开始”选项卡下“字体”选项组的对话框启动器按钮。

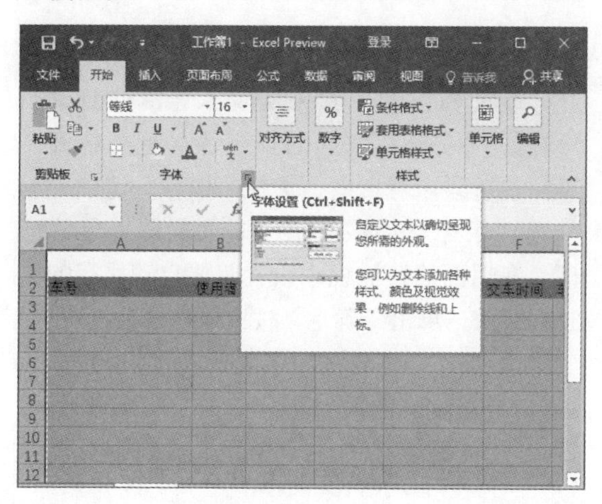

步骤07 打开“设置单元格格式”对话框，切换至“边框”选项卡，设置表格外边框和内边框样式后，单击“确定”按钮。

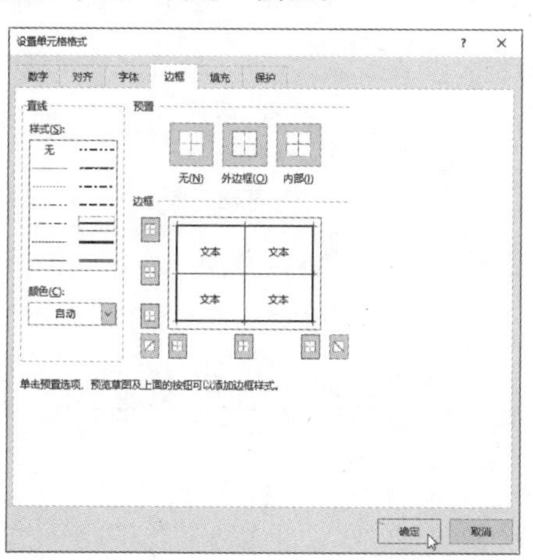

步骤08 经过上述操作后，查看创建的公司车辆使用管理表的效果。

步骤09 执行“文件>另存为”命令，在打开的“另存为”面板中选择工作表的保存位置。

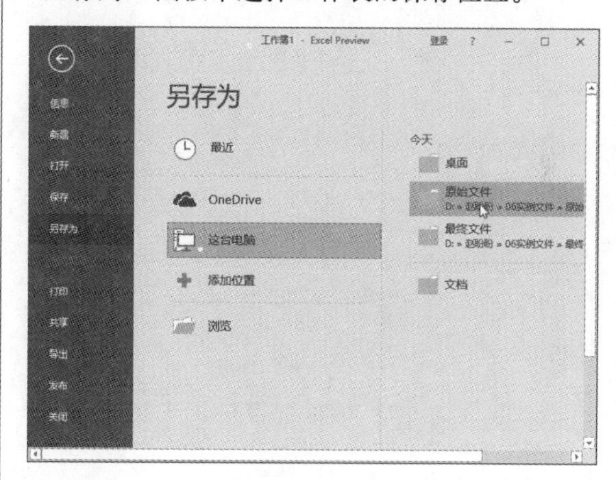

步骤10 打开“另存为”对话框，在“文件名”文本框中输入文件名后，单击“保存”按钮。

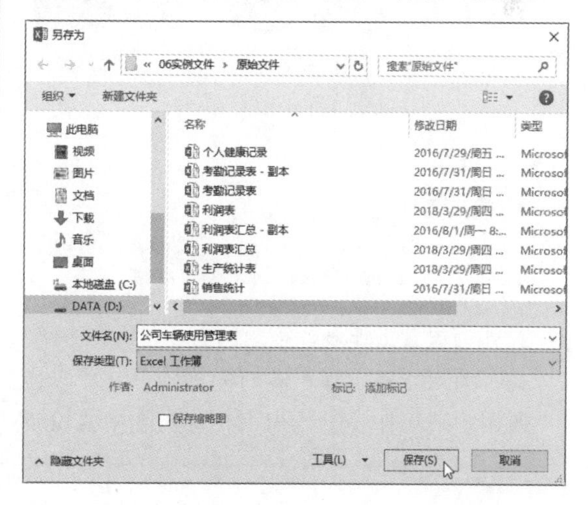

秒杀疑惑

1. 如何为表格设置背景？

为了让报表更美观，用户可以为表格设置图片背景。首先切换至“页面布局”选项卡，单击“页面设置”选项组中的“背景”按钮，在打开的“插入图片”面板中单击“从文件”右侧的“浏览”按钮。然后在打开的“工作表背景”对话框中选择所需的背景图片，单击“插入”按钮，即可为表格设置图片背景。

2. 如何设置工作表标签颜色？

为工作表设置不同的标签颜色，可以方便用户对工作表进行辨识。首先选中要设置颜色的工作表标签并右击，在弹出的快捷菜单中选择“工作表标签颜色”命令，然后在子菜单中选择所需的颜色即可。

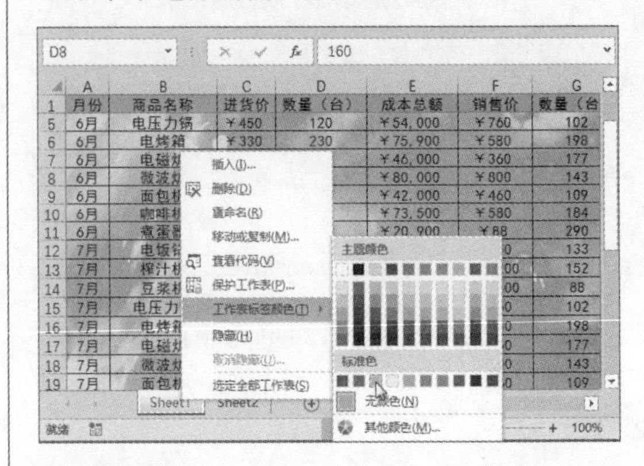

3. 如何设置工作簿定时保存？

通过相应的设置来实现工作簿的自动保存，可以提高数据的安全性。首先打开“Excel选项”对话框，选择“保存”选项，勾选“保存自动恢复信息时间间隔”复选框，在后面的数值框中设置想要自动保存的时间数值，单击“确定”按钮保存设置。

Chapter 07 公式与函数的应用

Excel具有非常强大的计算功能，要想很好地使用Excel，就必须学习其函数功能。应用Excel公式和函数可以瞬间完成非常复杂的计算，大大简化手动计算的工作。在Excel中，系统提供了多种函数类型，熟练掌握这些函数，可以大大提高工作效率。

7.1 初识Excel公式

在学习如何使用公式计算之前，需要先了解运算符的含义、运算符的优选级别以及单元格引用的类型。只有掌握本节的学习内容，才能理解并熟练地应用公式。

7.1.1 运算符

运算符是公式中各个运算对象的纽带，同时对公式中的数据进行特定类型的运算。Excel运算符包括4类，分别为算术运算符、比较运算符、文本运算符和引用运算符。下面将详细介绍这4种运算符。

1. 算术运算符

算术运算符能完成基本的数学运算，包括加、减、乘、除和百分比等，下面通过表格形式进行介绍。

算术运算符	含义	示例
+（加号）	加法	F1+G1
-（减号）	减法	F1-B1
*（乘号）	乘法	G1*H1
/（除号）	除法	A1/B1
%（百分号）	百分比	14%
^（脱字号）	乘幂	2^3=8

例如：在数码销售业绩统计表中计算各销售员的销售利润，只需要将销售单价减去采购单价，计算结果再乘以销售数量即可。在H3单元格中输入“=(F3-E3)*G3”公式，然后按Enter键计算出销售利润。

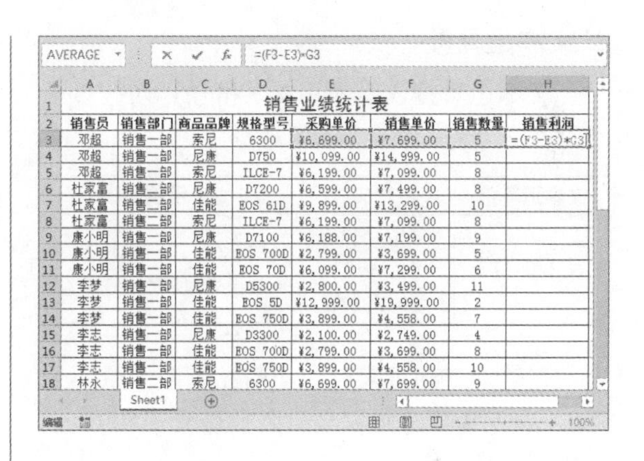

销售业绩统计表

销售员	销售部门	商品品牌	规格型号	采购单价	销售单价	销售数量	销售利润
邓超	销售一部	索尼	6300	¥6,699.00	¥7,699.00	5	=(F3-E3)*G3
邓超	销售一部	尼康	D750	¥10,099.00	¥14,999.00	5	
邓超	销售一部	索尼	ILCE-7	¥6,199.00	¥7,099.00	8	
杜家富	销售二部	尼康	D7200	¥6,599.00	¥7,499.00	8	
杜家富	销售二部	佳能	EOS 61D	¥9,899.00	¥13,299.00	10	
杜家富	销售二部	索尼	ILCE-7	¥6,199.00	¥7,099.00	8	
康小明	销售一部	尼康	D7100	¥6,188.00	¥7,199.00	9	
康小明	销售一部	佳能	EOS 700D	¥2,799.00	¥3,699.00	5	
康小明	销售一部	佳能	EOS 70D	¥6,099.00	¥7,299.00	6	
李梦	销售一部	尼康	D5300	¥2,800.00	¥3,499.00	11	
李梦	销售一部	佳能	EOS 5D	¥12,999.00	¥19,999.00	2	
李梦	销售一部	佳能	EOS 750D	¥3,899.00	¥4,558.00	7	
李志	销售一部	尼康	D3300	¥2,100.00	¥2,749.00	4	
李志	销售一部	佳能	EOS 700D	¥2,799.00	¥3,699.00	8	
李志	销售一部	佳能	EOS 750D	¥3,899.00	¥4,558.00	10	
林永	销售二部	索尼	6300	¥6,699.00	¥7,699.00	9	

2. 比较运算符

比较运算符用于比较两个值，结果返回逻辑值TRUE或者FALSE。满足条件则返回逻辑值TRUE，未满足条件则返回逻辑值FALSE。下面通过表格介绍比较运算符。

比较运算符	含义	示例
=（等于号）	等于	A1=B1
>（大于号）	大于	A1 >B1
<（小于号）	小于	A1<B1
>=(大于或等于号)	大于或等于	A1>=B1
<=（小于或等于号）	小于或等于	A1<=B1
<>（不等于号）	不等于	A1<>B1

在销售业绩对比表中，现在分析本月各销售员的业绩和上个月比较是上升了还是减少

了，只需要将本月销售利润和上月销售利润用比较运算符>（大于号）连接，按Enter键执行计算。结果若为TRUE，表示销售利润是上升的；结果若为FALSE，表示销售利润是下降的。查看最终结果，如下图所示。

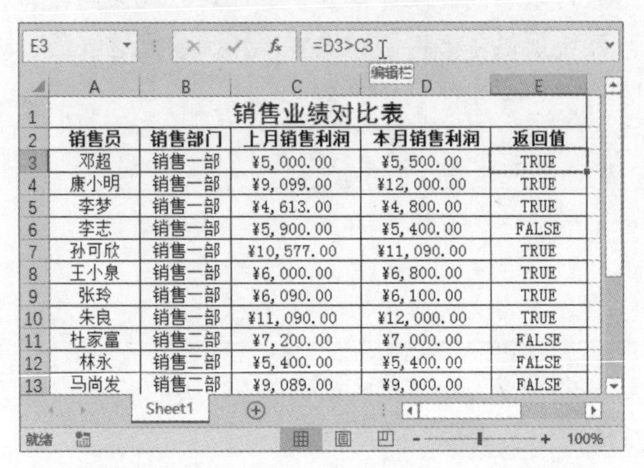

E3 =D3>C3

销售业绩对比表				
销售员	销售部门	上月销售利润	本月销售利润	返回值
邓超	销售一部	¥5,000.00	¥5,500.00	TRUE
康小明	销售一部	¥9,099.00	¥12,000.00	TRUE
李梦	销售一部	¥4,613.00	¥4,800.00	TRUE
李志	销售一部	¥5,900.00	¥5,400.00	FALSE
孙可欣	销售一部	¥10,577.00	¥11,090.00	TRUE
王小泉	销售一部	¥6,000.00	¥6,800.00	TRUE
张玲	销售一部	¥6,090.00	¥6,100.00	TRUE
朱良	销售一部	¥11,090.00	¥12,000.00	TRUE
杜家富	销售二部	¥7,200.00	¥7,000.00	FALSE
林永	销售二部	¥5,400.00	¥5,400.00	FALSE
马尚发	销售二部	¥9,089.00	¥9,000.00	FALSE

3. 文本运算符

文本运算符表示使用&（和号）连接多个字符，产生为一个文本。

文本运算符	含义	示例
&（和号）	将多个值连接为一个连续的文本值	"Excel" &" 2016" 结果表是Excel2016

在管理库存报表时，当商品剩余数量小于100，显示需要进货；当剩余数量大于100，显示货源充足。

选中L4单元格，输入"=IF (I4<100,"当前库存量为："&I4&CHAR(10)&"低于标准库存，需要进货","当前库存量为："&I4&CHAR(10)&"比较充裕，不需要进货")"公式，按Enter键执行计算。

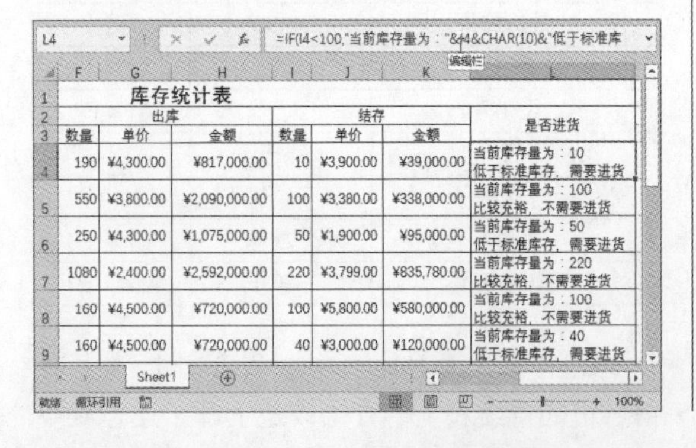

L4 =IF(I4<100,"当前库存量为："&I4&CHAR(10)&"低于标准库

库存统计表						
出库			结存			是否进货
数量	单价	金额	数量	单价	金额	
190	¥4,300.00	¥817,000.00	10	¥3,900.00	¥39,000.00	当前库存量为：10 低于标准库存，需要进货
550	¥3,800.00	¥2,090,000.00	100	¥3,380.00	¥338,000.00	当前库存量为：100 比较充裕，不需要进货
250	¥4,300.00	¥1,075,000.00	50	¥1,900.00	¥95,000.00	当前库存量为：50 低于标准库存，需要进货
1080	¥2,400.00	¥2,592,000.00	220	¥3,799.00	¥835,780.00	当前库存量为：220 比较充裕，不需要进货
160	¥4,500.00	¥720,000.00	100	¥5,800.00	¥580,000.00	当前库存量为：100 比较充裕，不需要进货
160	¥4,500.00	¥720,000.00	40	¥3,000.00	¥120,000.00	当前库存量为：40 低于标准库存，需要进货

4. 引用运算符

引用运算符主要用于在工作表中进行单元格或区域之间的引用。

引用运算符	含义	示例
：(冒号)	区域运算符，生成对两个引用之间的单元格的引用，包括这两个引用	A1：G1
，(逗号)	联合运算符，将多个引用合并为一个引用	SUM（A1：G1,A4:G4)
(空格)	交叉运算符，生成对两个引用共同的单元格引用	A1:A10 C1:C10

当需要计算折扣后总营业额时，选中E3单元格并输入"=SUMPRODUCT(MMULT(B3:B15,C2:D2),C3:D15)"公式，按Enter键执行计算，在公式中用到冒号和逗号。

E3 =SUMPRODUCT(MMULT(B3:B15,C2:D2),C3:D15)

商品	销售单价	销售数量		营业额
		98%	95%	
领带	¥50.00	2900	3000	¥7,173,920.00
男款休闲裤	¥200.00	1800	1900	
男款T恤	¥120.00	2400	2500	
男款休闲鞋	¥300.00	900	1000	
男款运动鞋	¥500.00	600	700	
女款衬衣	¥40.00	3400	3500	
女款连衣裙	¥150.00	2100	2200	
女款短裙	¥80.00	1900	2000	
女款长裤	¥200.00	2000	2100	
女款休闲鞋	¥300.00	1700	1800	
女款运动鞋	¥280.00	1400	1500	
压舌帽	¥20.00	700	800	
高跟鞋	¥260.00	1200	1300	

7.1.2 公式的运算顺序

公式输入完成后，在执行计算时，公式的运算是遵循特定的先后顺序的。公式的运算顺序不同，得到的结果也不同，因此用户熟悉公式运算的顺序以及更改顺序是非常重要的。

公式的运算是按照特定次序计算值的，通常情况下是由公式从左向右的顺序进行运算，如果公式中包含多个运算符，则要按照一定规则的次序进行计算。下面表格中的运算符是按从上到下的次序进行计算的。

运算符	说明
:（冒号）	引用运算符
（单个空格）	
,（逗号）	
-（负号）	负号
%	百分比
^	乘方
*和/	乘号和除号
+和-	加号和减号
&	连接两个文本字符串
=<>=>=<>	比较运算符

如果公式中包含相同优先级的运算符，例如包含乘和除、加和减等，则顺序为从左到右进行计算。

如果需要更改运算的顺序，可以通过添加括号的方法。

例如：6+3*8计算的结果是30，该公式运算的顺序为先乘法再加法，先计算3*8，再计算6+24。如果将公式添加括号，（6+3）*8则计算结果为72，该公式的运算顺序为先加法再乘法，先计算6+3，再计算9*8。

知识点拨 括号的使用

在公式中使用括号时，必须要成对出现，即有左括号就必须有右括号，括号内也必须遵循运算的顺序。如果公式中多组括号进行嵌套使用时，其运算顺序为从最内侧的括号逐级向外进行运算。

7.1.3 单元格引用

单元格引用在使用公式时起到非常重要的作用，Excel中单元格的引用方式有三种，分别是相对引用、绝对引用和混合引用。下面将逐一介绍这三种引用方式。

1. 相对引用

相对引用是基于包含公式和单元格引用的相对位置，即公式的单元格位置发生改变，所引用的单元格位置也随之改变。

下面以在“销售业绩统计表”中计算销售员销售利润为例，来介绍相对引用的含义。

步骤01 打开“销售业绩统计表”工作表，在H3单元格中输入“=(F3-E3)*G3”公式，计算商品的销售利润。

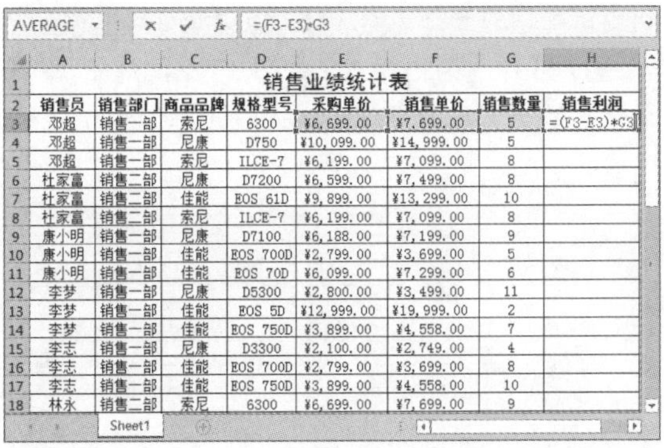

AVERAGE　=(F3-E3)*G3

	A	B	C	D	E	F	G	H
1	销售业绩统计表							
2	销售员	销售部门	商品品牌	规格型号	采购单价	销售单价	销售数量	销售利润
3	邓超	销售一部	索尼	6300	¥6,699.00	¥7,699.00	5	=(F3-E3)*G3
4	邓超	销售一部	尼康	D750	¥10,099.00	¥14,999.00	5	
5	邓超	销售一部	索尼	ILCE-7	¥6,199.00	¥7,099.00	8	
6	杜家富	销售二部	尼康	D7200	¥6,599.00	¥7,499.00	8	
7	杜家富	销售二部	佳能	EOS 61D	¥9,899.00	¥13,299.00	10	
8	杜家富	销售二部	索尼	ILCE-7	¥6,199.00	¥7,099.00	8	
9	康小明	销售一部	尼康	D7100	¥6,188.00	¥7,199.00	9	
10	康小明	销售一部	佳能	EOS 700D	¥2,799.00	¥3,699.00	5	
11	康小明	销售一部	佳能	EOS 70D	¥6,099.00	¥7,299.00	6	
12	李梦	销售一部	尼康	D5300	¥2,800.00	¥3,499.00	11	
13	李梦	销售一部	佳能	EOS 5D	¥12,999.00	¥19,999.00	2	
14	李梦	销售一部	佳能	EOS 750D	¥3,899.00	¥4,558.00	7	
15	李志	销售一部	尼康	D3300	¥2,100.00	¥2,749.00	4	
16	李志	销售一部	佳能	EOS 700D	¥2,799.00	¥3,699.00	8	
17	李志	销售一部	佳能	EOS 750D	¥3,899.00	¥4,558.00	10	
18	林永	销售二部	索尼	6300	¥6,699.00	¥7,699.00	9	

Sheet1

步骤02 按下Enter键，计算出结果，并将公式填充至H42单元格。

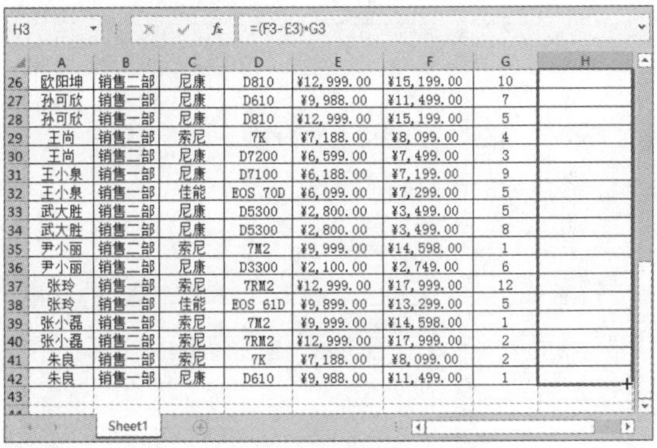

H3　=(F3-E3)*G3

	A	B	C	D	E	F	G	H
26	欧阳坤	销售二部	尼康	D810	¥12,999.00	¥15,199.00	10	
27	孙可欣	销售一部	尼康	D610	¥9,988.00	¥11,499.00	7	
28	孙可欣	销售一部	尼康	D810	¥12,999.00	¥15,199.00	5	
29	王尚	销售二部	索尼	7K	¥7,188.00	¥8,099.00	4	
30	王尚	销售二部	尼康	D7200	¥6,599.00	¥7,499.00	3	
31	王小泉	销售一部	尼康	D7100	¥6,188.00	¥7,199.00	9	
32	王小泉	销售一部	佳能	EOS 70D	¥6,099.00	¥7,299.00	5	
33	武大胜	销售二部	尼康	D5300	¥2,800.00	¥3,499.00	5	
34	武大胜	销售二部	尼康	D5300	¥2,800.00	¥3,499.00	8	
35	尹小丽	销售二部	索尼	7M2	¥9,999.00	¥14,598.00	1	
36	尹小丽	销售二部	尼康	D3300	¥2,100.00	¥2,749.00	6	
37	张玲	销售一部	索尼	7RM2	¥12,999.00	¥17,999.00	12	
38	张玲	销售一部	佳能	EOS 61D	¥9,899.00	¥13,299.00	5	
39	张小磊	销售二部	索尼	7M2	¥9,999.00	¥14,598.00	1	
40	张小磊	销售二部	索尼	7RM2	¥12,999.00	¥17,999.00	2	
41	朱良	销售一部	索尼	7K	¥7,188.00	¥8,099.00	2	
42	朱良	销售一部	尼康	D610	¥9,988.00	¥11,499.00	1	
43								

Sheet1

步骤03 随后，选中H4单元格，在编辑栏中查看公式为“=(F4-E4)*G4”，可见引用的单元格发生了变化。

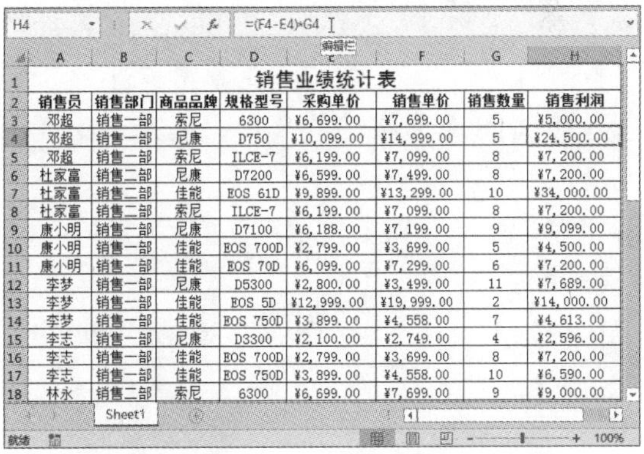

H4　=(F4-E4)*G4　编辑栏

	A	B	C	D	E	F	G	H
1	销售业绩统计表							
2	销售员	销售部门	商品品牌	规格型号	采购单价	销售单价	销售数量	销售利润
3	邓超	销售一部	索尼	6300	¥6,699.00	¥7,699.00	5	¥5,000.00
4	邓超	销售一部	尼康	D750	¥10,099.00	¥14,999.00	5	¥24,500.00
5	邓超	销售一部	索尼	ILCE-7	¥6,199.00	¥7,099.00	8	¥7,200.00
6	杜家富	销售二部	尼康	D7200	¥6,599.00	¥7,499.00	8	¥7,200.00
7	杜家富	销售二部	佳能	EOS 61D	¥9,899.00	¥13,299.00	10	¥34,000.00
8	杜家富	销售二部	索尼	ILCE-7	¥6,199.00	¥7,099.00	8	¥7,200.00
9	康小明	销售一部	尼康	D7100	¥6,188.00	¥7,199.00	9	¥9,099.00
10	康小明	销售一部	佳能	EOS 700D	¥2,799.00	¥3,699.00	5	¥4,500.00
11	康小明	销售一部	佳能	EOS 70D	¥6,099.00	¥7,299.00	6	¥7,200.00
12	李梦	销售一部	尼康	D5300	¥2,800.00	¥3,499.00	11	¥7,689.00
13	李梦	销售一部	佳能	EOS 5D	¥12,999.00	¥19,999.00	2	¥14,000.00
14	李梦	销售一部	佳能	EOS 750D	¥3,899.00	¥4,558.00	7	¥4,613.00
15	李志	销售一部	尼康	D3300	¥2,100.00	¥2,749.00	4	¥2,596.00
16	李志	销售一部	佳能	EOS 700D	¥2,799.00	¥3,699.00	8	¥7,200.00
17	李志	销售一部	佳能	EOS 750D	¥3,899.00	¥4,558.00	10	¥6,590.00
18	林永	销售二部	索尼	6300	¥6,699.00	¥7,699.00	9	¥9,000.00

Sheet1　就绪　100%

2. 绝对引用

绝对引用的单元格引用位置不会随着公式的单元格变化而变化，如果多行或多列地复制或填充公式，绝对引用的单元格也不会改变。

某公司统计出各销售人员的销售利润，然后公司按照25%为销售员提成，应用绝对引用的方式可以计算出每个销售人员的提成工资。

步骤01 打开“销售提成表”工作表，选中D3单元格，输入“=C3*E3”公式，计算销售员工的提成。

AVERAGE　=C3*E3

销售业绩对比表				
销售员	销售部门	本月销售利润	销售提成	提成率
邓超	销售一部	¥5,500.00	=C3*E3	25%
康小明	销售一部	¥12,000.00		
李梦	销售一部	¥4,800.00		
李志	销售一部	¥5,400.00		
孙可欣	销售一部	¥11,090.00		
王小泉	销售一部	¥6,800.00		
张玲	销售一部	¥6,100.00		
朱良	销售一部	¥12,000.00		
杜家富	销售二部	¥7,000.00		
林永	销售二部	¥5,400.00		
马尚发	销售二部	¥9,000.00		
欧阳坤	销售二部	¥21,980.00		
王尚	销售二部	¥4,000.00		
武大胜	销售二部	¥5,000.00		

步骤02 单击公式中E3，按1次F4功能键，变为$E$3，按Enter键执行计算。

AVERAGE　=C3*$E$3

销售业绩对比表				
销售员	销售部门	本月销售利润	销售提成	提成率
邓超	销售一部	¥5,500.00	=C3*$E$3	25%
康小明	销售一部	¥12,000.00		
李梦	销售一部	¥4,800.00		
李志	销售一部	¥5,400.00		
孙可欣	销售一部	¥11,090.00		
王小泉	销售一部	¥6,800.00		
张玲	销售一部	¥6,100.00		
朱良	销售一部	¥12,000.00		
杜家富	销售二部	¥7,000.00		
林永	销售二部	¥5,400.00		
马尚发	销售二部	¥9,000.00		
欧阳坤	销售二部	¥21,980.00		
王尚	销售二部	¥4,000.00		
武大胜	销售二部	¥5,000.00		

Sheet1

步骤03 将D3单元格中的公式，填充至D18单元格。

D3　=C3*$E$3

销售业绩对比表				
销售员	销售部门	本月销售利润	销售提成	提成率
邓超	销售一部	¥5,500.00	¥1,375.00	25%
康小明	销售一部	¥12,000.00	¥3,000.00	
李梦	销售一部	¥4,800.00	¥1,200.00	
李志	销售一部	¥5,400.00	¥1,350.00	
孙可欣	销售一部	¥11,090.00	¥2,772.50	
王小泉	销售一部	¥6,800.00	¥1,700.00	
张玲	销售一部	¥6,100.00	¥1,525.00	
朱良	销售一部	¥12,000.00	¥3,000.00	
杜家富	销售二部	¥7,000.00	¥1,750.00	
林永	销售二部	¥5,400.00	¥1,350.00	
马尚发	销售二部	¥9,000.00	¥2,250.00	
欧阳坤	销售二部	¥21,980.00	¥5,495.00	
王尚	销售二部	¥4,000.00	¥1,000.00	
武大胜	销售二部	¥5,000.00	¥1,250.00	

Sheet1

步骤04 复制公式后，选中D4单元格，在编辑栏查看公式为“=C4*$E$3”，可见绝对引用单元格E3没有改变。

D4　=C4*$E$3　编辑栏

销售业绩对比表				
销售员	销售部门	本月销售利润	销售提成	提成率
邓超	销售一部	¥5,500.00	¥1,375.00	25%
康小明	销售一部	¥12,000.00	¥3,000.00	
李梦	销售一部	¥4,800.00	¥1,200.00	
李志	销售一部	¥5,400.00	¥1,350.00	
孙可欣	销售一部	¥11,090.00	¥2,772.50	
王小泉	销售一部	¥6,800.00	¥1,700.00	
张玲	销售一部	¥6,100.00	¥1,525.00	
朱良	销售一部	¥12,000.00	¥3,000.00	
杜家富	销售二部	¥7,000.00	¥1,750.00	
林永	销售二部	¥5,400.00	¥1,350.00	
马尚发	销售二部	¥9,000.00	¥2,250.00	
欧阳坤	销售二部	¥21,980.00	¥5,495.00	
王尚	销售二部	¥4,000.00	¥1,000.00	
武大胜	销售二部	¥5,000.00	¥1,250.00	

3. 混合引用

混合引用是既包含相对引用又包含绝对引用的混合形式，混合引用具有绝对列和相对行或绝对行和相对列。

某数码商城新产品上市都会举办打折活动，市场部已经制作完成表格，现在需要分别计算各个商品不同折扣的价格。

步骤01 打开“销售折扣表”工作表，在D3单元格中输入“=C3*(1-D44)”公式。

AVERAGE　=C3*(1-D44)

数码销售折扣表					
商品品牌	规格型号	销售单价	2%折扣	5%折扣	8%折扣
索尼	6300	¥7,699.00	=C3*(1-D44)		
尼康	D750	¥14,999.00			
索尼	ILCE-7	¥7,099.00			
尼康	D7200	¥7,499.00			
佳能	EOS 61D	¥13,299.00			
索尼	ILCE-7	¥7,099.00			
尼康	D7100	¥7,199.00			
佳能	EOS 700D	¥3,699.00			
佳能	EOS 70D	¥7,299.00			
尼康	D5300	¥3,499.00			
佳能	EOS 5D	¥19,999.00			

步骤02 单击公式中的C3，按3次F4键，变为$C 3。

AVERAGE　=$C3*(1-D44)

数码销售折扣表					
商品品牌	规格型号	销售单价	2%折扣	5%折扣	8%折扣
索尼	6300		=$C3*(1-D44)		
尼康	D750	¥14,999.00			
索尼	ILCE-7	¥7,099.00			
尼康	D7200	¥7,499.00			
佳能	EOS 61D	¥13,299.00			
索尼	ILCE-7	¥7,099.00			
尼康	D7100	¥7,199.00			
佳能	EOS 700D	¥3,699.00			
佳能	EOS 70D	¥7,299.00			
尼康	D5300	¥3,499.00			
佳能	EOS 5D	¥19,999.00			

步骤03 单击公式中的D44，按2次F4功能键，变为D$44，然后按Enter键执行计算。

AVERAGE　=$C3*(1-D$44)

数码销售折扣表					
商品品牌	规格型号	销售单价	2%折扣	5%折扣	8%折扣
索尼	6300		=$C3*(1-D$44)		
尼康	D750	¥14,999.00			
索尼	ILCE-7	¥7,099.00			
尼康	D7200	¥7,499.00			
佳能	EOS 61D	¥13,299.00			
索尼	ILCE-7	¥7,099.00			
尼康	D7100	¥7,199.00			
佳能	EOS 700D	¥3,699.00			
佳能	EOS 70D	¥7,299.00			
尼康	D5300	¥3,499.00			
佳能	EOS 5D	¥19,999.00			
佳能	EOS 750D	¥4,558.00			
尼康	D3300	¥2,749.00			
佳能	EOS 700D	¥3,699.00			
佳能	EOS 750D	¥4,558.00			
索尼	6300	¥7,699.00			

步骤04 重新选中D3单元格，将光标置于D3单元格的右下角，待变成十字形状时按住鼠标左键向右拖至F3单元格。

D3　=$C3*(1-D$44)

数码销售折扣表					
商品品牌	规格型号	销售单价	2%折扣	5%折扣	8%折扣
索尼	6300	¥7,699.00	¥7,468.03		
尼康	D750	¥14,999.00			
索尼	ILCE-7	¥7,099.00			
尼康	D7200	¥7,499.00			
佳能	EOS 61D	¥13,299.00			
索尼	ILCE-7	¥7,099.00			
尼康	D7100	¥7,199.00			
佳能	EOS 700D	¥3,699.00			
佳能	EOS 70D	¥7,299.00			
尼康	D5300	¥3,499.00			
佳能	EOS 5D	¥19,999.00			
佳能	EOS 750D	¥4,558.00			
尼康	D3300	¥2,749.00			
佳能	EOS 700D	¥3,699.00			
佳能	EOS 750D	¥4,558.00			
索尼	6300	¥7,699.00			

步骤05 选中E3单元格，在编辑栏中显示"=$C3*(1-E$44)"，公式中的D$44变为E$44，可见随着公式单元格的变化，相对的列在变化，绝对行没有变化。

E3　=$C3*(1-E$44)

数码销售折扣表					
商品品牌	规格型号	销售单价	2%折扣	5%折扣	8%折扣
索尼	6300	¥7,699.00	¥7,468.03	¥7,314.05	¥7,083.08
尼康	D750	¥14,999.00			
索尼	ILCE-7	¥7,099.00			
尼康	D7200	¥7,499.00			
佳能	EOS 61D	¥13,299.00			
索尼	ILCE-7	¥7,099.00			
尼康	D7100	¥7,199.00			
佳能	EOS 700D	¥3,699.00			
佳能	EOS 70D	¥7,299.00			
尼康	D5300	¥3,499.00			
佳能	EOS 5D	¥19,999.00			
佳能	EOS 750D	¥4,558.00			
尼康	D3300	¥2,749.00			
佳能	EOS 700D	¥3,699.00			
佳能	EOS 750D	¥4,558.00			
索尼	6300	¥7,699.00			

步骤06 选中D3：F3单元格区域，将光标移至单元格区域的右下角，当光标变为黑色十字形状时双击。

D3　=$C3*(1-D$44)

数码销售折扣表					
商品品牌	规格型号	销售单价	2%折扣	5%折扣	8%折扣
索尼	6300	¥7,699.00	¥7,468.03	¥7,314.05	¥7,083.08
尼康	D750	¥14,999.00			
索尼	ILCE-7	¥7,099.00			
尼康	D7200	¥7,499.00			
佳能	EOS 61D	¥13,299.00			
索尼	ILCE-7	¥7,099.00			
尼康	D7100	¥7,199.00			
佳能	EOS 700D	¥3,699.00			
佳能	EOS 70D	¥7,299.00			
尼康	D5300	¥3,499.00			
佳能	EOS 5D	¥19,999.00			
佳能	EOS 750D	¥4,558.00			
尼康	D3300	¥2,749.00			
佳能	EOS 700D	¥3,699.00			
佳能	EOS 750D	¥4,558.00			
索尼	6300	¥7,699.00			

平均值：¥7,288.39　计数：3　求和：¥21,865.16

步骤07 即可将公式填充至整个表格，填充完公式后，查看计算各个商品不同折扣的销售单价。

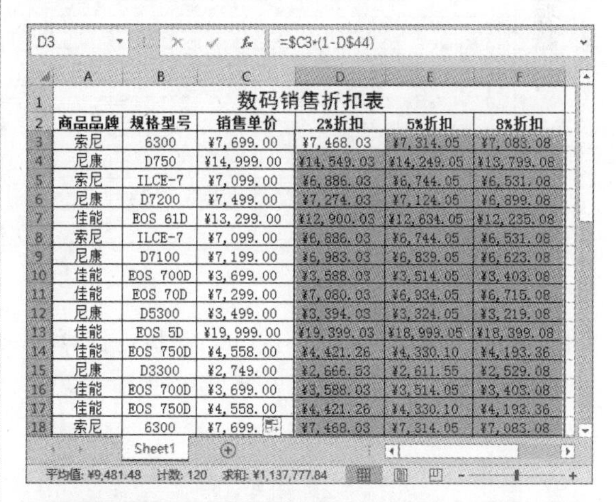

D3　=$C3*(1-D$44)

数码销售折扣表					
商品品牌	规格型号	销售单价	2%折扣	5%折扣	8%折扣
索尼	6300	¥7,699.00	¥7,468.03	¥7,314.05	¥7,083.08
尼康	D750	¥14,999.00	¥14,549.03	¥14,249.05	¥13,799.08
索尼	ILCE-7	¥7,099.00	¥6,886.03	¥6,744.05	¥6,531.08
尼康	D7200	¥7,499.00	¥7,274.03	¥7,124.05	¥6,899.08
佳能	EOS 61D	¥13,299.00	¥12,900.03	¥12,634.05	¥12,235.08
索尼	ILCE-7	¥7,099.00	¥6,886.03	¥6,744.05	¥6,531.08
尼康	D7100	¥7,199.00	¥6,983.03	¥6,839.05	¥6,623.08
佳能	EOS 700D	¥3,699.00	¥3,588.03	¥3,514.05	¥3,403.08
佳能	EOS 70D	¥7,299.00	¥7,080.03	¥6,934.05	¥6,715.08
尼康	D5300	¥3,499.00	¥3,394.03	¥3,324.05	¥3,219.08
佳能	EOS 5D	¥19,999.00	¥19,399.03	¥18,999.05	¥18,399.08
佳能	EOS 750D	¥4,558.00	¥4,421.26	¥4,330.10	¥4,193.36
尼康	D3300	¥2,749.00	¥2,666.53	¥2,611.55	¥2,529.08
佳能	EOS 700D	¥3,699.00	¥3,588.03	¥3,514.05	¥3,403.08
佳能	EOS 750D	¥4,558.00	¥4,421.26	¥4,330.10	¥4,193.36
索尼	6300	¥7,699.	¥7,468.03	¥7,314.05	¥7,083.08

平均值：¥9,481.48　计数：120　求和：¥1,137,777.84

知识点拨　混合引用结果

从上面的混合引用结果可以看出：当列号前面加$符号时，无论复制到什么地方，列引用保持不变，行引用自动调整；当行号前面加$符号，无论复制到什么地方，行引用位置不变，列引用自动调整。

7.2 公式的应用

学习了运算符、运算顺序以及单元格引用方面的知识后，下面将介绍Excel公式应用的相关操作，例如输入公式、编辑公式和复制公式。

7.2.1 输入公式

公式是Excel的重要组成部分，一个完整的公式，通常由运算符和操作数组成。下面介绍两种输入公式的方法。

1. 直接输入法

步骤01 打开“销售业绩统计表”工作表，选中H3单元格，先输入“=”（等号），然后继续输入计算销售利润的公式“(F3-E3)*G3”。

AVERAGE　=(F3-E3)*G3

销售业绩统计表							
销售员	销售部门	商品品牌	规格型号	采购单价	销售单价	销售数量	销售利润
邓超	销售一部	索尼	6300	¥6,699.00	¥7,699.00	5	=(F3-E3)*G3
林永	销售二部	索尼	6300	¥6,699.00	¥7,699.00	9	
王尚	销售二部	索尼	7K	¥7,188.00	¥8,099.00	4	
朱良	销售一部	索尼	7K	¥7,188.00	¥8,099.00	2	
尹小丽	销售二部	索尼	7M2	¥9,999.00	¥14,598.00	1	
张小磊	销售二部	索尼	7M2	¥9,999.00	¥14,598.00	1	
林永	销售二部	索尼	7RM2	¥12,999.00	¥17,999.00	6	
张玲	销售一部	索尼	7RM2	¥12,999.00	¥17,999.00	12	
张小磊	销售二部	索尼	7RM2	¥12,999.00	¥17,999.00	2	
李志	销售一部	尼康	D3300	¥2,100.00	¥2,749.00	4	
欧阳坤	销售二部	尼康	D3300	¥2,100.00	¥2,749.00	10	
尹小丽	销售二部	尼康	D3300	¥2,100.00	¥2,749.00	6	
李梦	销售一部	尼康	D5300	¥2,800.00	¥3,499.00	11	
武大胜	销售二部	尼康	D5300	¥2,800.00	¥3,499.00	5	
武大胜	销售二部	尼康	D5300	¥2,800.00	¥3,499.00	8	
孙可欣	销售一部	尼康	D610	¥9,988.00	¥11,499.00	7	

步骤02 公式输入完成后，按Enter键执行计算，查看计算结果。

H3　=(F3-E3)*G3

销售业绩统计表							
销售员	销售部门	商品品牌	规格型号	采购单价	销售单价	销售数量	销售利润
邓超	销售一部	索尼	6300	¥6,699.00	¥7,699.00	5	5000
林永	销售二部	索尼	6300	¥6,699.00	¥7,699.00	9	
王尚	销售二部	索尼	7K	¥7,188.00	¥8,099.00	4	
朱良	销售一部	索尼	7K	¥7,188.00	¥8,099.00	2	
尹小丽	销售二部	索尼	7M2	¥9,999.00	¥14,598.00	1	
张小磊	销售二部	索尼	7M2	¥9,999.00	¥14,598.00	1	
林永	销售二部	索尼	7RM2	¥12,999.00	¥17,999.00	6	
张玲	销售一部	索尼	7RM2	¥12,999.00	¥17,999.00	12	
张小磊	销售二部	索尼	7RM2	¥12,999.00	¥17,999.00	2	
李志	销售一部	尼康	D3300	¥2,100.00	¥2,749.00	4	
欧阳坤	销售二部	尼康	D3300	¥2,100.00	¥2,749.00	10	
尹小丽	销售二部	尼康	D3300	¥2,100.00	¥2,749.00	6	
李梦	销售一部	尼康	D5300	¥2,800.00	¥3,499.00	11	

2. 鼠标输入法

步骤01 选中H4单元格并输入“=(”，然后选中需要引用的F4单元格，然后输入“-”，继续使用鼠标选中需要引用的E4单元格。

AVERAGE　=(F4-E4

销售业绩统计表							
销售员	销售部门	商品品牌	规格型号	采购单价	销售单价	销售数量	销售利润
邓超	销售一部	索尼	6300	¥6,699.00	¥7,699.00	5	¥5,000.00
林永	销售二部	索尼	6300	¥6,699.00	¥7,699.00	9	=(F4-E4
王尚	销售二部	索尼	7K	¥7,188.00	¥8,099.00	4	
朱良	销售一部	索尼	7K	¥7,188.00	¥8,099.00	2	
尹小丽	销售二部	索尼	7M2	¥9,999.00	¥14,598.00	1	
张小磊	销售二部	索尼	7M2	¥9,999.00	¥14,598.00	1	
林永	销售二部	索尼	7RM2	¥12,999.00	¥17,999.00	6	
张玲	销售一部	索尼	7RM2	¥12,999.00	¥17,999.00	12	
张小磊	销售二部	索尼	7RM2	¥12,999.00	¥17,999.00	2	
李志	销售一部	尼康	D3300	¥2,100.00	¥2,749.00	4	
欧阳坤	销售二部	尼康	D3300	¥2,100.00	¥2,749.00	10	
尹小丽	销售二部	尼康	D3300	¥2,100.00	¥2,749.00	6	
李梦	销售一部	尼康	D5300	¥2,800.00	¥3,499.00	11	

步骤02 接着输入“)*”，再使用鼠标选中需要引用的G4单元格。

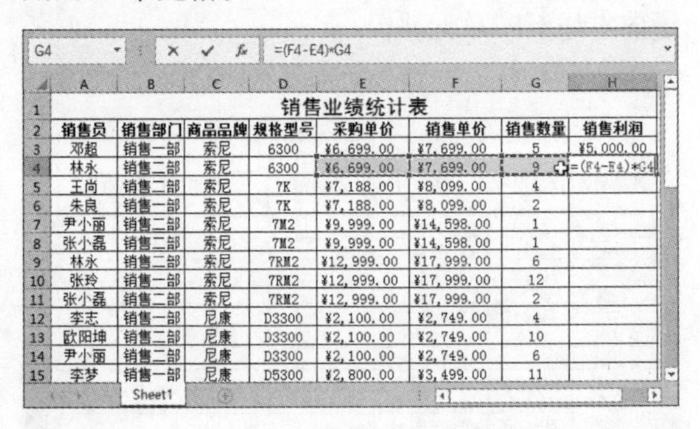

G4　=(F4-E4)*G4

销售业绩统计表							
销售员	销售部门	商品品牌	规格型号	采购单价	销售单价	销售数量	销售利润
邓超	销售一部	索尼	6300	¥6,699.00	¥7,699.00	5	¥5,000.00
林永	销售二部	索尼	6300	¥6,699.00	¥7,699.00	9	=(F4-E4)*G4
王尚	销售二部	索尼	7K	¥7,188.00	¥8,099.00	4	
朱良	销售一部	索尼	7K	¥7,188.00	¥8,099.00	2	
尹小丽	销售二部	索尼	7M2	¥9,999.00	¥14,598.00	1	
张小磊	销售二部	索尼	7M2	¥9,999.00	¥14,598.00	1	
林永	销售二部	索尼	7RM2	¥12,999.00	¥17,999.00	6	
张玲	销售一部	索尼	7RM2	¥12,999.00	¥17,999.00	12	
张小磊	销售二部	索尼	7RM2	¥12,999.00	¥17,999.00	2	
李志	销售一部	尼康	D3300	¥2,100.00	¥2,749.00	4	
欧阳坤	销售二部	尼康	D3300	¥2,100.00	¥2,749.00	10	
尹小丽	销售二部	尼康	D3300	¥2,100.00	¥2,749.00	6	
李梦	销售一部	尼康	D5300	¥2,800.00	¥3,499.00	11	

步骤03 至此公式输入完成，然后按Enter键执行计算。

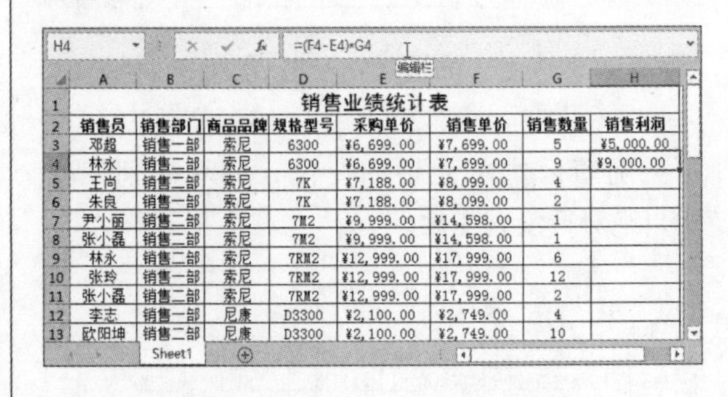

H4　=(F4-E4)*G4

销售业绩统计表							
销售员	销售部门	商品品牌	规格型号	采购单价	销售单价	销售数量	销售利润
邓超	销售一部	索尼	6300	¥6,699.00	¥7,699.00	5	¥5,000.00
林永	销售二部	索尼	6300	¥6,699.00	¥7,699.00	9	¥9,000.00
王尚	销售二部	索尼	7K	¥7,188.00	¥8,099.00	4	
朱良	销售一部	索尼	7K	¥7,188.00	¥8,099.00	2	
尹小丽	销售二部	索尼	7M2	¥9,999.00	¥14,598.00	1	
张小磊	销售二部	索尼	7M2	¥9,999.00	¥14,598.00	1	
林永	销售二部	索尼	7RM2	¥12,999.00	¥17,999.00	6	
张玲	销售一部	索尼	7RM2	¥12,999.00	¥17,999.00	12	
张小磊	销售二部	索尼	7RM2	¥12,999.00	¥17,999.00	2	
李志	销售一部	尼康	D3300	¥2,100.00	¥2,749.00	4	
欧阳坤	销售二部	尼康	D3300	¥2,100.00	¥2,749.00	10	

7.2.2 编辑公式

在“销售业绩统计表”中，计算销售利润的公式为“=(F3-E3)*G3”，现在需要修改为“=F3*G3-E3*G3”。

当需要对输入的公式进行编辑或修改时，可以采用以下方法。

1. 双击修改法

步骤01 打开“销售业绩统计表”工作表，选中H3单元格并双击，该单元格则进入可编辑状态。

AVERAGE　=(F3-E3)*G3

销售员	销售部门	商品品牌	规格型号	采购单价	销售单价	销售数量	销售利润
邓超	销售一部	索尼	6300	¥6,699.00	¥7,699.00	5	=(F3-E3)*G3
邓超	销售一部	尼康	D750	¥10,099.00	¥14,999.00	5	¥24,500.00
邓超	销售一部	索尼	ILCE-7	¥6,199.00	¥7,099.00	8	¥7,200.00
杜家富	销售二部	尼康	D7200	¥6,599.00	¥7,499.00	8	¥7,200.00
杜家富	销售二部	佳能	EOS 61D	¥9,899.00	¥13,299.00	10	¥34,000.00
杜家富	销售二部	索尼	ILCE-7	¥6,199.00	¥7,099.00	8	¥7,200.00
康小明	销售一部	尼康	D7100	¥6,188.00	¥7,199.00	9	¥9,099.00
康小明	销售一部	佳能	EOS 700D	¥2,799.00	¥3,699.00	5	¥4,500.00
康小明	销售一部	佳能	EOS 70D	¥6,099.00	¥7,299.00	6	¥7,200.00
李梦	销售一部	尼康	D5300	¥2,800.00	¥3,499.00	11	¥7,689.00
李梦	销售一部	佳能	EOS 5D	¥12,999.00	¥19,999.00	2	¥14,000.00
李梦	销售一部	佳能	EOS 750D	¥3,899.00	¥4,558.00	7	¥4,613.00
李志	销售一部	尼康	D3300	¥2,100.00	¥2,749.00	4	¥2,596.00
李志	销售一部	佳能	EOS 700D	¥2,799.00	¥3,699.00	8	¥7,200.00
李志	销售一部	佳能	EOS 750D	¥3,899.00	¥4,558.00	10	¥6,590.00
林永	销售二部	索尼	6300	¥6,699.00	¥7,699.00	9	¥9,000.00
林永	销售二部	索尼	7RM2	¥12,999.00	¥17,999.00	6	¥30,000.00

步骤02 根据需要将原有的公式修改为“=F3*G3-E3*G3”，按Enter键执行计算，在编辑栏中查看修改后的公式。

H3　=F3*G3-E3*G3

销售员	销售部门	商品品牌	规格型号	采购单价	销售单价	销售数量	销售利润
邓超	销售一部	索尼	6300	¥6,699.00	¥7,699.00	5	¥5,000.00
邓超	销售一部	尼康	D750	¥10,099.00	¥14,999.00	5	¥24,500.00
邓超	销售一部	索尼	ILCE-7	¥6,199.00	¥7,099.00	8	¥7,200.00
杜家富	销售二部	尼康	D7200	¥6,599.00	¥7,499.00	8	¥7,200.00
杜家富	销售二部	佳能	EOS 61D	¥9,899.00	¥13,299.00	10	¥34,000.00
杜家富	销售二部	索尼	ILCE-7	¥6,199.00	¥7,099.00	8	¥7,200.00
康小明	销售一部	尼康	D7100	¥6,188.00	¥7,199.00	9	¥9,099.00
康小明	销售一部	佳能	EOS 700D	¥2,799.00	¥3,699.00	5	¥4,500.00
康小明	销售一部	佳能	EOS 70D	¥6,099.00	¥7,299.00	6	¥7,200.00
李梦	销售一部	尼康	D5300	¥2,800.00	¥3,499.00	11	¥7,689.00
李梦	销售一部	佳能	EOS 5D	¥12,999.00	¥19,999.00	2	¥14,000.00
李梦	销售一部	佳能	EOS 750D	¥3,899.00	¥4,558.00	7	¥4,613.00
李志	销售一部	尼康	D3300	¥2,100.00	¥2,749.00	4	¥2,596.00
李志	销售一部	佳能	EOS 700D	¥2,799.00	¥3,699.00	8	¥7,200.00
李志	销售一部	佳能	EOS 750D	¥3,899.00	¥4,558.00	10	¥6,590.00
林永	销售二部	索尼	6300	¥6,699.00	¥7,699.00	9	¥9,000.00
林永	销售二部	索尼	7RM2	¥12,999.00	¥17,999.00	6	¥30,000.00

2. F2功能键法

选中需要修改公式的单元格，按F2功能键，该单元格进入可编辑状态，随后对单元格进行修改即可。

3. 编辑栏修改法

选中H3单元格，在编辑栏选中需要修改的位置，该单元格进入可编辑状态，随后在编辑栏中进行修改即可。

7.2.3 复制公式

如果对表格中的某列或某行应用相同的公式，通常采用复制公式的方法，既简单又节省时间。下面介绍几种常用的复制公式的方法。

1. 选择性粘贴法

步骤01 打开“销售业绩统计表”工作表，选中H3单元格并输入“=(F3-E3)*G3”公式，按Enter键执行计算，计算出产品销售利润。

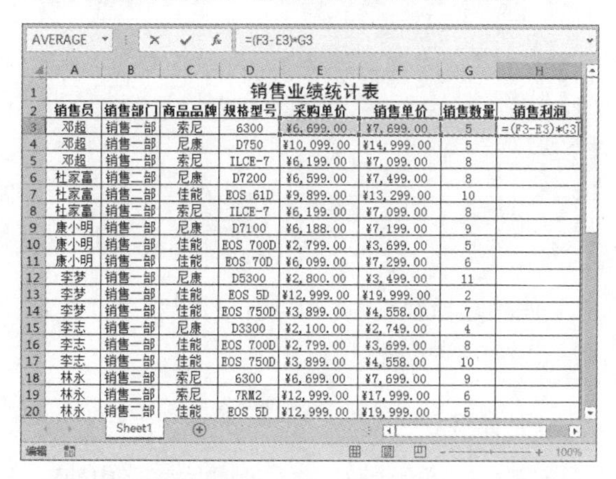

步骤02 选中H3单元格，切换至“开始”选项卡，单击“剪贴板”选项组中的“复制”按钮。

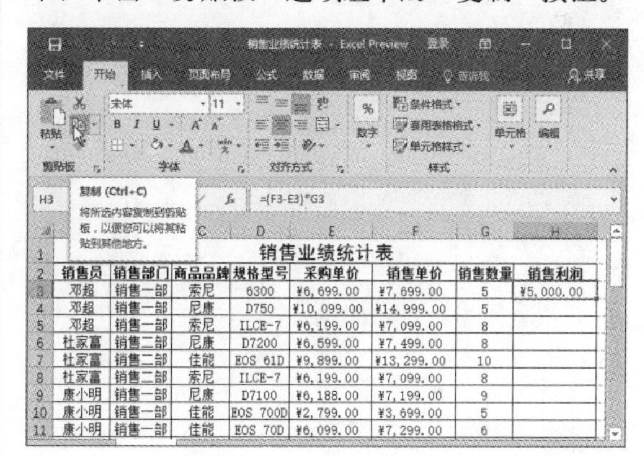

步骤03 选中需要粘贴的单元格区域，选择H4:H42单元格区域，在“开始”选项卡中单击“剪贴板”选项组的“粘贴”下三角按钮，选择“公式”选项。

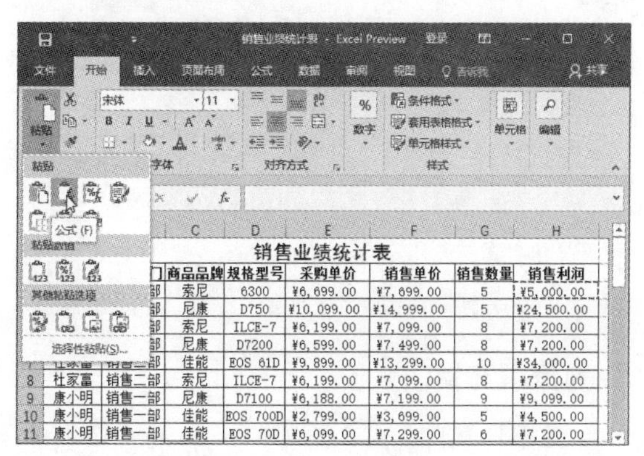

步骤04 返回工作表中，查看复制公式后的效果。

H3 =(F3-E3)*G3

销售业绩统计表							
销售员	销售部门	商品品牌	规格型号	采购单价	销售单价	销售数量	销售利润
邓超	销售一部	索尼	6300	¥6,699.00	¥7,699.00	5	¥5,000.00
邓超	销售一部	尼康	D750	¥10,099.00	¥14,999.00	5	¥24,500.00
邓超	销售一部	索尼	ILCE-7	¥6,199.00	¥7,099.00	8	¥7,200.00
杜家富	销售二部	尼康	D7200	¥6,599.00	¥7,499.00	8	¥7,200.00
杜家富	销售二部	佳能	EOS 61D	¥9,899.00	¥13,299.00	10	¥34,000.00
杜家富	销售二部	索尼	ILCE-7	¥6,199.00	¥7,099.00	8	¥7,200.00
康小明	销售一部	尼康	D7100	¥6,188.00	¥7,199.00	9	¥9,099.00
康小明	销售一部	佳能	EOS 700D	¥2,799.00	¥3,699.00	5	¥4,500.00
康小明	销售一部	佳能	EOS 70D	¥6,099.00	¥7,299.00	6	¥7,200.00
李梦	销售一部	尼康	D5300	¥2,800.00	¥3,499.00	11	¥7,689.00
李梦	销售一部	佳能	EOS 5D	¥12,999.00	¥19,999.00	2	¥14,000.00
李梦	销售一部	佳能	EOS 750D	¥3,899.00	¥4,558.00	7	¥4,613.00
李志	销售一部	尼康	D3300	¥2,100.00	¥2,749.00	4	¥2,596.00
李志	销售一部	佳能	EOS 700D	¥2,799.00	¥3,699.00	8	¥7,200.00
李志	销售一部	佳能	EOS 750D	¥3,899.00	¥4,558.00	10	¥6,590.00
林永	销售二部	索尼	6300	¥6,699.00	¥7,699.00	9	¥9,000.00
林永	销售二部	索尼	7RM2	¥12,999.00	¥17,999.00	6	¥30,000.00

使用选择性粘贴的方法，可以将公式复制到不连续的单元格中。

2. 填充命令法

步骤01 在H3单元格中输入公式后，选中H3：H42单元格区域。

H3 =(F3-E3)*G3

销售业绩统计表							
销售员	销售部门	商品品牌	规格型号	采购单价	销售单价	销售数量	销售利润
邓超	销售一部	索尼	6300	¥6,699.00	¥7,699.00	5	¥5,000.00
邓超	销售一部	尼康	D750	¥10,099.00	¥14,999.00	5	
邓超	销售一部	索尼	ILCE-7	¥6,199.00	¥7,099.00	8	
杜家富	销售二部	尼康	D7200	¥6,599.00	¥7,499.00	8	
杜家富	销售二部	佳能	EOS 61D	¥9,899.00	¥13,299.00	10	
杜家富	销售二部	索尼	ILCE-7	¥6,199.00	¥7,099.00	8	
康小明	销售一部	尼康	D7100	¥6,188.00	¥7,199.00	9	
康小明	销售一部	佳能	EOS 700D	¥2,799.00	¥3,699.00	5	
康小明	销售一部	佳能	EOS 70D	¥6,099.00	¥7,299.00	6	
李梦	销售一部	尼康	D5300	¥2,800.00	¥3,499.00	11	
李梦	销售一部	佳能	EOS 5D	¥12,999.00	¥19,999.00	2	
李梦	销售一部	佳能	EOS 750D	¥3,899.00	¥4,558.00	7	
李志	销售一部	尼康	D3300	¥2,100.00	¥2,749.00	4	
李志	销售一部	佳能	EOS 700D	¥2,799.00	¥3,699.00	8	
李志	销售一部	佳能	EOS 750D	¥3,899.00	¥4,558.00	10	
林永	销售二部	索尼	6300	¥6,699.00	¥7,699.00	9	
林永	销售二部	索尼	7RM2	¥12,999.00	¥17,999.00	6	

步骤02 切换至“开始”选项卡，单击“编辑”选项组中的“填充”下三角按钮，在下拉列表中选择“向下”选项。

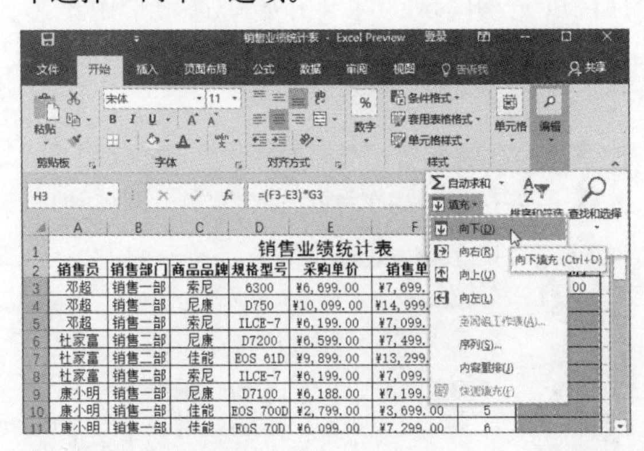

3. 拖曳填充柄法

选中H3单元格，将光标移至单元格右下角，当光标变为黑色十字形状时，按住鼠标左键向下拖曳至H42单元格。释放鼠标左键即可将公式复制到选中的单元格中，查看计算结果。

H3 =(F3-E3)*G3

销售业绩统计表							
销售员	销售部门	商品品牌	规格型号	采购单价	销售单价	销售数量	销售利润
邓超	销售一部	索尼	6300	¥6,699.00	¥7,699.00	5	¥5,000.00
邓超	销售一部	尼康	D750	¥10,099.00	¥14,999.00	5	¥24,500.00
邓超	销售一部	索尼	ILCE-7	¥6,199.00	¥7,099.00	8	¥7,200.00
杜家富	销售二部	尼康	D7200	¥6,599.00	¥7,499.00	8	¥7,200.00
杜家富	销售二部	佳能	EOS 61D	¥9,899.00	¥13,299.00	10	¥34,000.00
杜家富	销售二部	索尼	ILCE-7	¥6,199.00	¥7,099.00	8	¥7,200.00
康小明	销售一部	尼康	D7100	¥6,188.00	¥7,199.00	9	¥9,099.00
康小明	销售一部	佳能	EOS 700D	¥2,799.00	¥3,699.00	5	¥4,500.00
康小明	销售一部	佳能	EOS 70D	¥6,099.00	¥7,299.00	6	¥7,200.00
李梦	销售一部	尼康	D5300	¥2,800.00	¥3,499.00	11	¥7,689.00
李梦	销售一部	佳能	EOS 5D	¥12,999.00	¥19,999.00	2	¥14,000.00
李梦	销售一部	佳能	EOS 750D	¥3,899.00	¥4,558.00	7	¥4,613.00
李志	销售一部	尼康	D3300	¥2,100.00	¥2,749.00	4	¥2,596.00
李志	销售一部	佳能	EOS 700D	¥2,799.00	¥3,699.00	8	¥7,200.00
李志	销售一部	佳能	EOS 750D	¥3,899.00	¥4,558.00	10	¥6,590.00
林永	销售二部	索尼	6300	¥6,699.00	¥7,699.00	9	¥9,000.00
林永	销售二部	索尼	7RM2	¥12,999.00	¥17,999.00	6	¥30,000.00

4. 双击填充柄法

选中H3单元格，将光标移至单元格右下角，当光标变为黑色十字形状时双击，即可将公式复制到表格最后一行。

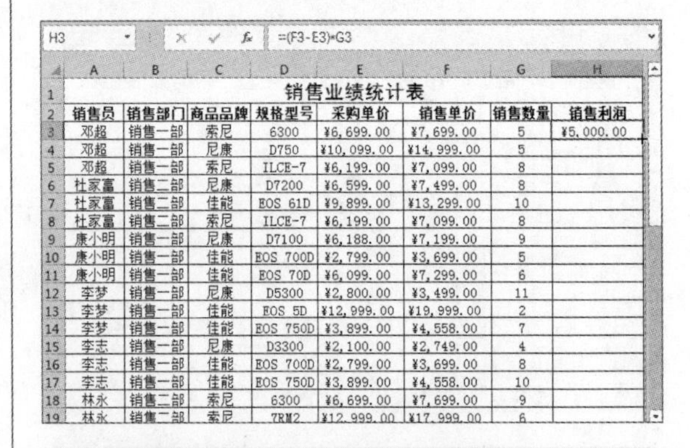

H3 =(F3-E3)*G3

销售业绩统计表							
销售员	销售部门	商品品牌	规格型号	采购单价	销售单价	销售数量	销售利润
邓超	销售一部	索尼	6300	¥6,699.00	¥7,699.00	5	¥5,000.00
邓超	销售一部	尼康	D750	¥10,099.00	¥14,999.00	5	
邓超	销售一部	索尼	ILCE-7	¥6,199.00	¥7,099.00	8	
杜家富	销售二部	尼康	D7200	¥6,599.00	¥7,499.00	8	
杜家富	销售二部	佳能	EOS 61D	¥9,899.00	¥13,299.00	10	
杜家富	销售二部	索尼	ILCE-7	¥6,199.00	¥7,099.00	8	
康小明	销售一部	尼康	D7100	¥6,188.00	¥7,199.00	9	
康小明	销售一部	佳能	EOS 700D	¥2,799.00	¥3,699.00	5	
康小明	销售一部	佳能	EOS 70D	¥6,099.00	¥7,299.00	6	
李梦	销售一部	尼康	D5300	¥2,800.00	¥3,499.00	11	
李梦	销售一部	佳能	EOS 5D	¥12,999.00	¥19,999.00	2	
李梦	销售一部	佳能	EOS 750D	¥3,899.00	¥4,558.00	7	
李志	销售一部	尼康	D3300	¥2,100.00	¥2,749.00	4	
李志	销售一部	佳能	EOS 700D	¥2,799.00	¥3,699.00	8	
李志	销售一部	佳能	EOS 750D	¥3,899.00	¥4,558.00	10	
林永	销售二部	索尼	6300	¥6,699.00	¥7,699.00	9	
林永	销售二部	索尼	7RM2	¥12,999.00	¥17,999.00	6	

知识点拨 如何显示被隐藏的填充柄

打开工作表，单击“文件”标签，选择“选项”选项。打开“Excel选项”对话框，选择“高级”选项，在右侧区域中勾选“启用填充柄和单元格拖放功能”复选框，然后单击“确定”按钮即可。

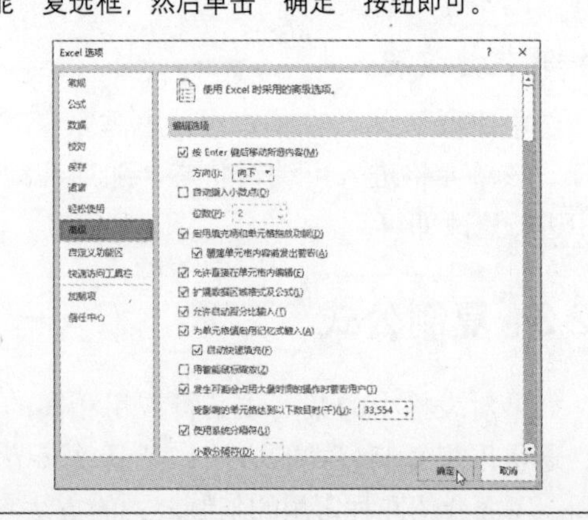

7.3 认识Excel函数

函数是预先定义好的公式，虽然与公式是两种不同的计算方式，但两者之间却有着密切的联系，下面将对函数的类型和应用进行详细介绍。

7.3.1 什么是函数

Excel中的函数是预先编好的公式，可以对一个或多个值以及引用的单元格内容进行运算，并且返回一个或是多个值。

在“期末成绩表”工作表中，要使用公式计算学生的总成绩，则选中G3单元格，输入“=B3+C3+D3+E3+F3”公式，按Enter键执行计算。

G3 =B3+C3+D3+E3+F3

期末考试成绩表						
姓名	语文	数学	英语	物理	化学	总分
邓超	88.50	90.90	85.20	87.40	88.00	440.00
康小明	75.90	87.30	79.30	67.20	77.43	
李梦	70.90	90.50	82.20	73.10	79.18	
李志	84.30	80.90	70.10	96.20	82.88	
孙可欣	90.90	86.20	78.90	80.50	84.13	
王小泉	74.50	67.70	90.20	91.20	80.90	
张玲	95.20	78.30	75.20	67.40	79.03	
朱良	70.90	89.30	75.30	70.20	76.43	
杜家富	58.50	65.80	75.20	89.60	72.28	
林永	73.70	93.30	76.20	89.30	83.13	
马尚发	70.50	92.10	73.40	83.30	79.83	
欧阳坤	78.70	91.30	80.20	86.30	84.13	
王尚	90.20	80.30	71.20	70.40	78.03	
武大胜	79.50	65.70	94.20	88.20	81.90	

如果使用Excel内置的SUM求和函数就会非常简单，即在G3单元格中输入“=SUM（B3:F3）”公式，按Enter键执行计算即可。该函数会计算出B3:F3单元格区域内数据的总和。

G3 =SUM(B3:F3)

期末考试成绩表						
姓名	语文	数学	英语	物理	化学	总分
邓超	88.50	90.90	85.20	87.40	88.00	440.00
康小明	75.90	87.30	79.30	67.20	77.43	
李梦	70.90	90.50	82.20	73.10	79.18	
李志	84.30	80.90	70.10	96.20	82.88	
孙可欣	90.90	86.20	78.90	80.50	84.13	
王小泉	74.50	67.70	90.20	91.20	80.90	
张玲	95.20	78.30	75.20	67.40	79.03	
朱良	70.90	89.30	75.30	70.20	76.43	
杜家富	58.50	65.80	75.20	89.60	72.28	
林永	73.70	93.30	76.20	89.30	83.13	
马尚发	70.50	92.10	73.40	83.30	79.83	
欧阳坤	78.70	91.30	80.20	86.30	84.13	
王尚	90.20	80.30	71.20	70.40	78.03	
武大胜	79.50	65.70	94.20	88.20	81.90	

Excel中的函数是由等号、函数名称、运算符、常量和引用单元格组成的。

以DB函数为例，介绍其组成：

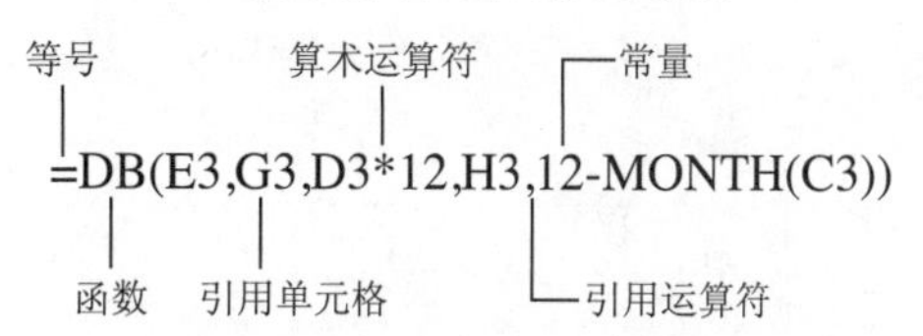

下面通过表格介绍函数的组成要素。

组成要素	说明
常量	直接输入在公式中的数值
工作表函数	在Excel中预先编写的公式，返回一个或多个值
单元格引用	单元格在工作表中所处的位置
运算符	一个标记或符号，指定表达式内执行的运算类型

参数是参与函数进行操作或计算的值，参数的类型与函数有关。函数中的参数类型包括数字、文本、单元格引用和名称。

如果按照参数的数量来区分，函数可以分为有参数和无参数两种类型，无参数函数如TODAY()，用于返回当前电脑系统的日期。绝大部分函数都是包含参数的，有的最多可包含255个参数，这些参数可分为必要参数和可选参数。函数中的参数是按照特定的顺序和结构进行排序，如果排序有误则返回错误的值。

7.3.2 函数的类型

Excel提供了13种类型的函数，例如数学与三角函数、文本函数、逻辑函数、日期与时间函数以及财务函数等，下面将详细介绍各种类型函数的应用。

1. 财务函数

财务函数可以满足一般的财务计算，例如FV、PMT、PV以及DB函数等。

某企业在10年前投资的3个项目，这些项目的投资额和每年收益各不同，现在使用NPV函数进行计算，从这三个项目中选择一个效益最大的继续投资。

步骤01 打开“现金流量表”工作表，选中B15单元格并输入“=NPV($B$2,B5:B14)”公式，按Enter键执行计算。

AVERAGE　=NPV($B$2,B5:B14)

	A	B	C	D	E	F
1	现金流量表					
2	贴现率：	10%				
3	年份	方案1	方案2	方案3		
4	期初	¥500,000	¥600,000	¥800,000		
5	2007年	¥111,000	¥133,000	¥146,000		
6	2008年	¥118,000	¥150,000	¥158,000		
7	2009年	¥120,000	¥149,900	¥144,000		
8	2010年	¥125,000	¥153,000	¥169,900		
9	2011年	¥129,000	¥161,200	¥173,000		
10	2012年	¥133,000	¥170,000	¥194,500		
11	2013年	¥140,000	¥171,000	¥199,900		
12	2014年	¥141,000	¥169,000	¥208,900		
13	2015年	¥141,300	¥181,000	¥255,800		
14	2016年	¥145,500	¥171,000	¥290,000		
15		=NPV($B$2,B5:B14)				
16	现值系数					
17	最佳投资方案					

Sheet1

步骤02 选中B15单元格，向右复制公式至D15单元格，计算其他两个方案的总现值。

B15　=NPV($B$2,B5:B14)

	A	B	C	D	E	F
1	现金流量表					
2	贴现率：	10%				
3	年份	方案1	方案2	方案3		
4	期初	¥500,000	¥600,000	¥800,000		
5	2007年	¥111,000	¥133,000	¥146,000		
6	2008年	¥118,000	¥150,000	¥158,000		
7	2009年	¥120,000	¥149,900	¥144,000		
8	2010年	¥125,000	¥153,000	¥169,900		
9	2011年	¥129,000	¥161,200	¥173,000		
10	2012年	¥133,000	¥170,000	¥194,500		
11	2013年	¥140,000	¥171,000	¥199,900		
12	2014年	¥141,000	¥169,000	¥208,900		
13	2015年	¥141,300	¥181,000	¥255,800		
14	2016年	¥145,500	¥171,000	¥290,000		
15	总线值	¥782,779	¥967,332	¥1,125,074		
16	现值系数					
17	最佳投资方案					

Sheet1

步骤03 选中B16单元格，输入现值系数的计算公式“=B15/B4”，按Enter键并将公式复制到D16单元格。

B16　=B15/B4

	A	B	C	D	E	F
1	现金流量表					
2	贴现率：	10%				
3	年份	方案1	方案2	方案3		
4	期初	¥500,000	¥600,000	¥800,000		
5	2007年	¥111,000	¥133,000	¥146,000		
6	2008年	¥118,000	¥150,000	¥158,000		
7	2009年	¥120,000	¥149,900	¥144,000		
8	2010年	¥125,000	¥153,000	¥169,900		
9	2011年	¥129,000	¥161,200	¥173,000		
10	2012年	¥133,000	¥170,000	¥194,500		
11	2013年	¥140,000	¥171,000	¥199,900		
12	2014年	¥141,000	¥169,000	¥208,900		
13	2015年	¥141,300	¥181,000	¥255,800		
14	2016年	¥145,500	¥171,000	¥290,000		
15	总线值	¥782,779	¥967,332	¥1,125,074		
16	现值系数	1.57				
17	最佳投资方案					

Sheet1

步骤04 选中B17单元格并输入“=IF(B16=MAX($B$16:$D$16),"选择该方案","/")”公式，按Enter键执行计算。

	A	B	C	D	E
1	现金流量表				
2	贴现率：	10%			
3	年份	方案1	方案2	方案3	
4	期初	¥500,000	¥600,000	¥800,000	
5	2007年	¥111,000	¥133,000	¥146,000	
6	2008年	¥118,000	¥150,000	¥158,000	
7	2009年	¥120,000	¥149,900	¥144,000	
8	2010年	¥125,000	¥153,000	¥169,900	
9	2011年	¥129,000	¥161,200	¥173,000	
10	2012年	¥133,000	¥170,000	¥194,500	
11	2013年	¥140,000	¥171,000	¥199,900	
12	2014年	¥141,000	¥169,000	¥208,900	
13	2015年	¥141,300	¥181,000	¥255,800	
14	2016年	¥145,500	¥171,000	¥290,000	
15	总线值	¥782,779	¥967,332	¥1,125,074	
16	现值系数	1.57	1.61	1.41	
17	=IF(B16=MAX($B$16:$D$16),"选择该方案","/")				

Sheet1

编辑

步骤05 选中B17单元格并向右填充至D17单元格，结果显示第二套方案为最佳方案，作为投资者的投资参考。

C17　=IF(C16=MAX($B$16:$D$16),"选择该方

	A	B	C	D	E
1	现金流量表				
2	贴现率：	10%			
3	年份	方案1	方案2	方案3	
4	期初	¥500,000	¥600,000	¥800,000	
5	2007年	¥111,000	¥133,000	¥146,000	
6	2008年	¥118,000	¥150,000	¥158,000	
7	2009年	¥120,000	¥149,900	¥144,000	
8	2010年	¥125,000	¥153,000	¥169,900	
9	2011年	¥129,000	¥161,200	¥173,000	
10	2012年	¥133,000	¥170,000	¥194,500	
11	2013年	¥140,000	¥171,000	¥199,900	
12	2014年	¥141,000	¥169,000	¥208,900	
13	2015年	¥141,300	¥181,000	¥255,800	
14	2016年	¥145,500	¥171,000	¥290,000	
15	总线值	¥782,779	¥967,332	¥1,125,074	
16	现值系数	1.57	1.61	1.41	
17	最佳投资方案	/	选择该方案	/	

Sheet1

就绪

2. 日期与时间函数

通过使用日期与时间函数，可以在公式中分析处理日期值和时间值。例如YEAR、TODAY、DATE、DAYS360函数等等。

用户可以为创建的表格添加制作时间，下面以在“现金流量表”工作表的D2单元格中输入日期为例进行介绍。

步骤01 打开“现金流量表”工作表，选中D2单元格并输入“=TODAY()”公式。

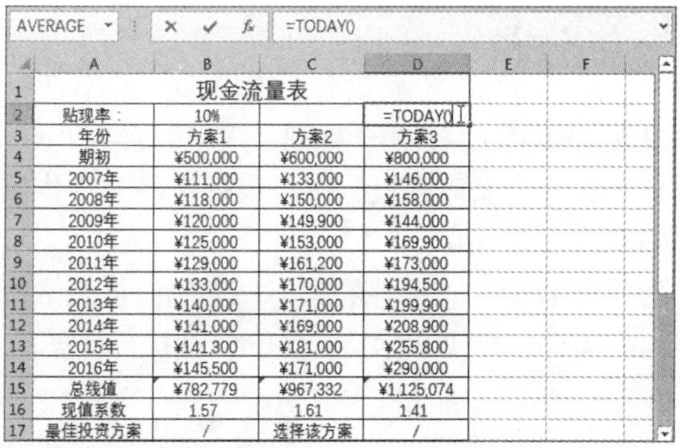

AVERAGE　=TODAY()

现金流量表			
贴现率：	10%		=TODAY()
年份	方案1	方案2	方案3
期初	¥500,000	¥600,000	¥800,000
2007年	¥111,000	¥133,000	¥146,000
2008年	¥118,000	¥150,000	¥158,000
2009年	¥120,000	¥149,900	¥144,000
2010年	¥125,000	¥153,000	¥169,900
2011年	¥129,000	¥161,200	¥173,000
2012年	¥133,000	¥170,000	¥194,500
2013年	¥140,000	¥171,000	¥199,900
2014年	¥141,000	¥169,000	¥208,900
2015年	¥141,300	¥181,000	¥255,800
2016年	¥145,500	¥171,000	¥290,000
总线值	¥782,779	¥967,332	¥1,125,074
现值系数	1.57	1.61	1.41
最佳投资方案	/	选择该方案	/

步骤02 按下Enter键执行计算，查看输入当前日期的效果。

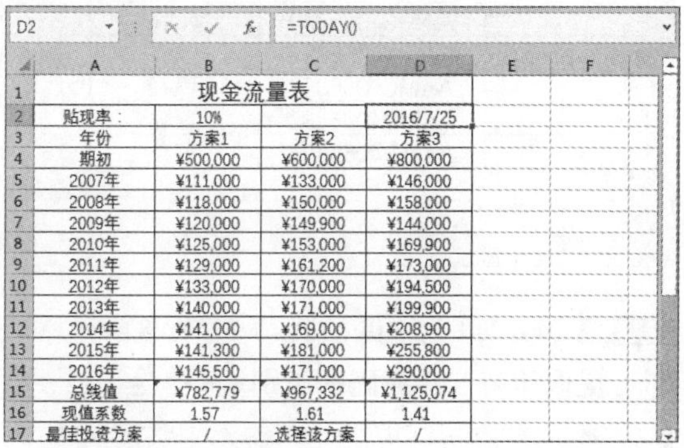

D2　=TODAY()

现金流量表			
贴现率：	10%		2016/7/25
年份	方案1	方案2	方案3
期初	¥500,000	¥600,000	¥800,000
2007年	¥111,000	¥133,000	¥146,000
2008年	¥118,000	¥150,000	¥158,000
2009年	¥120,000	¥149,900	¥144,000
2010年	¥125,000	¥153,000	¥169,900
2011年	¥129,000	¥161,200	¥173,000
2012年	¥133,000	¥170,000	¥194,500
2013年	¥140,000	¥171,000	¥199,900
2014年	¥141,000	¥169,000	¥208,900
2015年	¥141,300	¥181,000	¥255,800
2016年	¥145,500	¥171,000	¥290,000
总线值	¥782,779	¥967,332	¥1,125,074
现值系数	1.57	1.61	1.41
最佳投资方案	/	选择该方案	/

3. 数学与三角函数

使用数学与三角函数，可以处理一些简单的数据运算。数学与三角函数包括QUOTIENT、SUM、SUMIF、RAND函数等。

某企业已完成2017年购买办公用品的预算，现在需要根据预算和各个办公用品的单价计算出购买办公用品的数量。

步骤01 打开“预算分析”工作表，选中D3单元格，输入“=QUOTIENT(B3,C3)”公式，按Enter键执行计算。

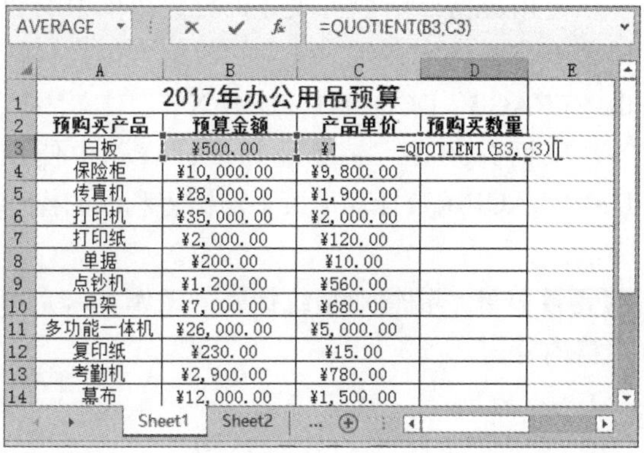

AVERAGE　=QUOTIENT(B3,C3)

2017年办公用品预算			
预购买产品	预算金额	产品单价	预购买数量
白板	¥500.00	¥1	=QUOTIENT(B3,C3)
保险柜	¥10,000.00	¥9,800.00	
传真机	¥28,000.00	¥1,900.00	
打印机	¥35,000.00	¥2,000.00	
打印纸	¥2,000.00	¥120.00	
单据	¥200.00	¥10.00	
点钞机	¥1,200.00	¥560.00	
吊架	¥7,000.00	¥680.00	
多功能一体机	¥26,000.00	¥5,000.00	
复印纸	¥230.00	¥15.00	
考勤机	¥2,900.00	¥780.00	
幕布	¥12,000.00	¥1,500.00	

Sheet1　Sheet2

步骤02 将D3单元格内的公式填充至D20单元格，查看计算结果。

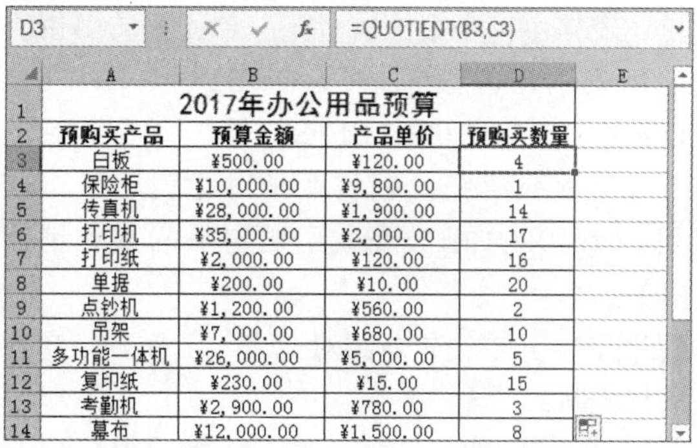

D3　=QUOTIENT(B3,C3)

2017年办公用品预算			
预购买产品	预算金额	产品单价	预购买数量
白板	¥500.00	¥120.00	4
保险柜	¥10,000.00	¥9,800.00	1
传真机	¥28,000.00	¥1,900.00	14
打印机	¥35,000.00	¥2,000.00	17
打印纸	¥2,000.00	¥120.00	16
单据	¥200.00	¥10.00	20
点钞机	¥1,200.00	¥560.00	2
吊架	¥7,000.00	¥680.00	10
多功能一体机	¥26,000.00	¥5,000.00	5
复印纸	¥230.00	¥15.00	15
考勤机	¥2,900.00	¥780.00	3
幕布	¥12,000.00	¥1,500.00	8

4. 统计函数

统计函数用于对数据区域进行统计分析。统计函数比较多，用户一般要掌握常用的几款，例如AVERAGE、COUNTIF、COUNT、MAX、MIN函数等。

在“预算分析”工作表中，使用MAX函数可以计算出需要采购办公用品数量最多的值。

步骤01 打开“预算分析”工作表，选中D21单元格，输入“=MAX(D3:D20)”公式。

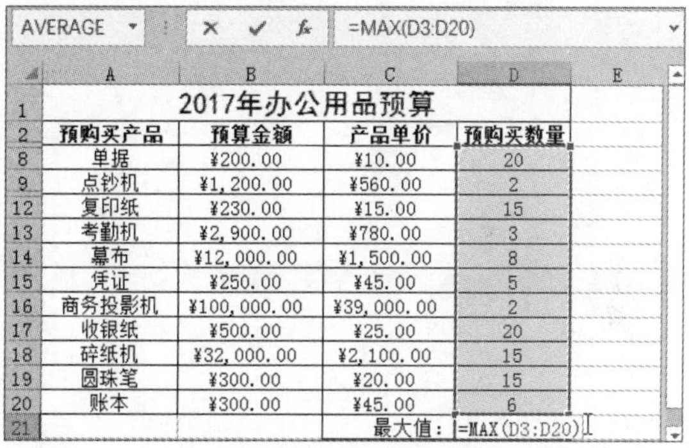

AVERAGE　=MAX(D3:D20)

2017年办公用品预算			
预购买产品	预算金额	产品单价	预购买数量
单据	¥200.00	¥10.00	20
点钞机	¥1,200.00	¥560.00	2
复印纸	¥230.00	¥15.00	15
考勤机	¥2,900.00	¥780.00	3
幕布	¥12,000.00	¥1,500.00	8
凭证	¥250.00	¥45.00	5
商务投影机	¥100,000.00	¥39,000.00	2
收银纸	¥500.00	¥25.00	20
碎纸机	¥32,000.00	¥2,100.00	15
圆珠笔	¥300.00	¥20.00	15
账本	¥300.00	¥45.00	6
		最大值：	=MAX(D3:D20)

步骤02 按Enter键执行计算，结果显示采购数量最多的产品数量为20。

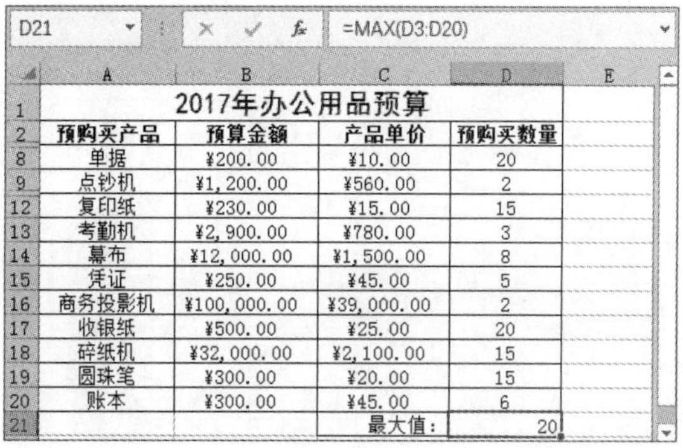

D21　=MAX(D3:D20)

2017年办公用品预算			
预购买产品	预算金额	产品单价	预购买数量
单据	¥200.00	¥10.00	20
点钞机	¥1,200.00	¥560.00	2
复印纸	¥230.00	¥15.00	15
考勤机	¥2,900.00	¥780.00	3
幕布	¥12,000.00	¥1,500.00	8
凭证	¥250.00	¥45.00	5
商务投影机	¥100,000.00	¥39,000.00	2
收银纸	¥500.00	¥25.00	20
碎纸机	¥32,000.00	¥2,100.00	15
圆珠笔	¥300.00	¥20.00	15
账本	¥300.00	¥45.00	6
		最大值：	20

5. 查找与引用函数

使用查找与引用函数可以查找数据清单、表格中特定数值或者某一单元格的引用，常用的引用函数包括CHOOSE、INDEX、LOOKUP、MATCH、OFFSET等。

下面介绍在“销售业绩对比表”中，使用VLOOKUP函数查找出销售员的本月销售利润。

步骤01 打开“销售业绩对比表”工作表，完善表格内容。

F2 | 销售员

销售业绩统计表						
销售员	销售部门	上月销售利润	本月销售利润		销售员	总销售利润
邓超	销售一部	¥5, 000. 00	¥5, 500. 00		邓超	
康小明	销售一部	¥9, 099. 00	¥12, 000. 00		康小明	
李梦	销售一部	¥4, 613. 00	¥4, 800. 00		李梦	
李志	销售一部	¥5, 900. 00	¥5, 400. 00		李志	
孙可欣	销售一部	¥10, 577. 00	¥11, 090. 00		孙可欣	
王小泉	销售一部	¥6, 000. 00	¥6, 800. 00		王小泉	
张玲	销售一部	¥6, 090. 00	¥6, 100. 00		张玲	
朱良	销售一部	¥11, 090. 00	¥12, 000. 00		朱良	
杜家富	销售二部	¥7, 200. 00	¥7, 000. 00		杜家富	
林永	销售二部	¥5, 400. 00	¥5, 400. 00		林永	
马尚发	销售二部	¥9, 089. 00	¥9, 000. 00		马尚发	
欧阳坤	销售二部	¥22, 000. 00	¥21, 980. 00		欧阳坤	
王尚	销售二部	¥3, 644. 00	¥4, 000. 00		王尚	
武大胜	销售二部	¥3, 495. 00	¥5, 000. 00		武大胜	
尹小丽	销售二部	¥3, 894. 00	¥3, 500. 00		尹小丽	
张小磊	销售二部	¥10, 000. 00	¥10, 900. 00		张小磊	

步骤02 选中G3单元格，输入“=VLOOKUP(F3,$A$3:$D$18,4,FALSE)”公式，按Enter键执行计算。

AVERAGE | =VLOOKUP(F3,$A$3:$D$18,4,FALSE)

销售业绩统计表						
销售员	销售部门	上月销售利润	本月销售利润		销售员	总销售利润
邓超	销售一部	¥5, 000. 00	¥5, 500. 00		邓超	=VLOOKUP(F3,$A$3:$D$18,4,FALSE)
康小明	销售一部	¥9, 099. 00	¥12, 000. 00		康小明	
李梦	销售一部	¥4, 613. 00	¥4, 800. 00		李梦	
李志	销售一部	¥5, 900. 00	¥5, 400. 00		李志	
孙可欣	销售一部	¥10, 577. 00	¥11, 090. 00		孙可欣	
王小泉	销售一部	¥6, 000. 00	¥6, 800. 00		王小泉	
张玲	销售一部	¥6, 090. 00	¥6, 100. 00		张玲	
朱良	销售一部	¥11, 090. 00	¥12, 000. 00		朱良	
杜家富	销售二部	¥7, 200. 00	¥7, 000. 00		杜家富	
林永	销售二部	¥5, 400. 00	¥5, 400. 00		林永	
马尚发	销售二部	¥9, 089. 00	¥9, 000. 00		马尚发	
欧阳坤	销售二部	¥22, 000. 00	¥21, 980. 00		欧阳坤	
王尚	销售二部	¥3, 644. 00	¥4, 000. 00		王尚	
武大胜	销售二部	¥3, 495. 00	¥5, 000. 00		武大胜	
尹小丽	销售二部	¥3, 894. 00	¥3, 500. 00		尹小丽	
张小磊	销售二部	¥10, 000. 00	¥10, 900. 00		张小磊	

步骤03 将G3单元格的公式填充至G18单元格，查看计算结果。

G3 | =VLOOKUP(F3,$A$3:$D$18,4,FALSE)

销售业绩统计表						
销售员	销售部门	上月销售利润	本月销售利润		销售员	总销售利润
邓超	销售一部	¥5, 000. 00	¥5, 500. 00		邓超	¥5,500.00
康小明	销售一部	¥9, 099. 00	¥12, 000. 00		康小明	¥12,000.00
李梦	销售一部	¥4, 613. 00	¥4, 800. 00		李梦	¥4,800.00
李志	销售一部	¥5, 900. 00	¥5, 400. 00		李志	¥5,400.00
孙可欣	销售一部	¥10, 577. 00	¥11, 090. 00		孙可欣	¥11,090.00
王小泉	销售一部	¥6, 000. 00	¥6, 800. 00		王小泉	¥6,800.00
张玲	销售一部	¥6, 090. 00	¥6, 100. 00		张玲	¥6,100.00
朱良	销售一部	¥11, 090. 00	¥12, 000. 00		朱良	¥12,000.00
杜家富	销售二部	¥7, 200. 00	¥7, 000. 00		杜家富	¥7,000.00
林永	销售二部	¥5, 400. 00	¥5, 400. 00		林永	¥5,400.00
马尚发	销售二部	¥9, 089. 00	¥9, 000. 00		马尚发	¥9,000.00
欧阳坤	销售二部	¥22, 000. 00	¥21, 980. 00		欧阳坤	¥21,980.00
王尚	销售二部	¥3, 644. 00	¥4, 000. 00		王尚	¥4,000.00
武大胜	销售二部	¥3, 495. 00	¥5, 000. 00		武大胜	¥5,000.00
尹小丽	销售二部	¥3, 894. 00	¥3, 500. 00		尹小丽	¥3,500.00
张小磊	销售二部	¥10, 000. 00	¥10, 900. 00		张小磊	¥10,900.00

6. 文本函数

常用的文本函数包括FIND、LEFT、LEN、RIGHT等，用于处理公式中的文字串。

在“产品库存表”中，根据产品的具体编码提取其类别编码。

步骤01 打开“产品库存表”，选中A2单元格输入公式“=LEFT(B2,4)”，按Enter键执行计算。

PV | =LEFT(B2,4)

类别编码	完成编码	类别名称
=LEFT(B2,4)	AAMB4066328	休闲鞋
	AAMB4066329	休闲鞋
	AAMC4066330	运动鞋
	AAMC4066331	运动鞋
	AAMC4066332	运动鞋
	AAMD4066333	凉鞋
	AAMD4066334	凉鞋

步骤02 将A2单元格的公式填充至A8单元格，即可提取所有产品编码的类别编码。

A2 | =LEFT(B2,4)

类别编码	完成编码	类别名称
AAMB	AAMB4066328	休闲鞋
AAMB	AAMB4066329	休闲鞋
AAMC	AAMC4066330	运动鞋
AAMC	AAMC4066331	运动鞋
AAMC	AAMC4066332	运动鞋
AAMD	AAMD4066333	凉鞋
AAMD	AAMD4066334	凉鞋

7. 数据库函数

使用数据库函数可以分析数据清单中的数值是否符合特定条件，常见的数据库函数包括DAVERAGE、DCOUNT、DMAX等。

下面介绍在“销售业绩统计表”中使用DAVERAGE函数计算尼康平均销售利润的操作方法。

步骤01 打开“销售业绩统计表”工作表，完善表格内容。

J2 商品品牌

	销售业绩统计表							
商品品牌	规格型号	采购单价	销售单价	销售数量	销售利润		商品品牌	平均销售利润
索尼	6300	¥6,699.00	¥7,699.00	5	¥5,000.00		尼康	
尼康	D750	¥10,099.00	¥14,999.00	5	¥24,500.00			
索尼	ILCE-7	¥6,199.00	¥7,099.00	8	¥7,200.00			
尼康	D7200	¥6,599.00	¥7,499.00	8	¥7,200.00			
佳能	EOS 61D	¥9,899.00	¥13,299.00	10	¥34,000.00			
索尼	ILCE-7	¥6,199.00	¥7,099.00	8	¥7,200.00			
尼康	D7100	¥6,188.00	¥7,199.00	9	¥9,099.00			
佳能	EOS 700D	¥2,799.00	¥3,699.00	5	¥4,500.00			
佳能	EOS 70D	¥6,099.00	¥7,299.00	6	¥7,200.00			
尼康	D5300	¥2,800.00	¥3,499.00	11	¥7,689.00			
佳能	EOS 5D	¥12,999.00	¥19,999.00	2	¥14,000.00			
佳能	EOS 750D	¥3,899.00	¥4,558.00	7	¥4,613.00			
尼康	D3300	¥2,100.00	¥2,749.00	4	¥2,596.00			
佳能	EOS 700D	¥2,799.00	¥3,699.00	8	¥7,200.00			
佳能	EOS 750D	¥3,899.00	¥4,558.00	10	¥6,590.00			
索尼	6300	¥6,699.00	¥7,699.00	9	¥9,000.00			
索尼	7RM2	¥12,999.00	¥17,999.00	6	¥30,000.00			
佳能	EOS 5D	¥12,999.00	¥19,999.00	5	¥35,000.00			
尼康	D7100	¥6,188.00	¥7,199.00	8	¥8,088.00			

步骤02 选中K3单元格，输入“=DAVERAGE(A2:H42,H2,J2:J3)”公式，按Enter键执行计算。

K3 =DAVERAGE(A2:H42,H2,J2:J3) 编辑栏

	销售业绩统计表							
商品品牌	规格型号	采购单价	销售单价	销售数量	销售利润		商品品牌	平均销售利润
索尼	6300	¥6,699.00	¥7,699.00	5	¥5,000.00		尼康	¥9,107.22
尼康	D750	¥10,099.00	¥14,999.00	5	¥24,500.00			
索尼	ILCE-7	¥6,199.00	¥7,099.00	8	¥7,200.00			
尼康	D7200	¥6,599.00	¥7,499.00	8	¥7,200.00			
佳能	EOS 61D	¥9,899.00	¥13,299.00	10	¥34,000.00			
索尼	ILCE-7	¥6,199.00	¥7,099.00	8	¥7,200.00			
尼康	D7100	¥6,188.00	¥7,199.00	9	¥9,099.00			
佳能	EOS 700D	¥2,799.00	¥3,699.00	5	¥4,500.00			
佳能	EOS 70D	¥6,099.00	¥7,299.00	6	¥7,200.00			
尼康	D5300	¥2,800.00	¥3,499.00	11	¥7,689.00			
佳能	EOS 5D	¥12,999.00	¥19,999.00	2	¥14,000.00			
佳能	EOS 750D	¥3,899.00	¥4,558.00	7	¥4,613.00			
尼康	D3300	¥2,100.00	¥2,749.00	4	¥2,596.00			
佳能	EOS 700D	¥2,799.00	¥3,699.00	8	¥7,200.00			
佳能	EOS 750D	¥3,899.00	¥4,558.00	10	¥6,590.00			
索尼	6300	¥6,699.00	¥7,699.00	9	¥9,000.00			
索尼	7RM2	¥12,999.00	¥17,999.00	6	¥30,000.00			
佳能	EOS 5D	¥12,999.00	¥19,999.00	5	¥35,000.00			
尼康	D7100	¥6,188.00	¥7,199.00	8	¥8,088.00			

8. 逻辑函数

使用逻辑函数可以进行真假值的判断，例如AND、FALSE、IF、OR函数等，其中较常用的逻辑函数为IF。

例如，在“销售业绩对比表”工作表中，如果员工上月利润大于或等于5500、本月利润大于或等于6000，则奖励200元，否则奖励100元。

步骤01 打开“销售业绩对比表”工作表，选中F3单元格并输入“=IF(AND(C3>=5500,D3>=6000),"奖励200","奖励100")”公式。

AVERAGE 100")

销售业绩对比表					
销售员	销售部门	上月销售利润	本月销售利润	返回值	奖励
邓超	销售一部	¥5,000.00	¥5,500.00	TRUE	=IF(AND(C3>=5500,D3>=6000),"奖励200","奖励100")
康小明	销售一部	¥9,099.00	¥12,000.00	TRUE	
李梦	销售一部	¥4,613.00	¥4,800.00	TRUE	
李志	销售一部	¥5,900.00	¥5,400.00	FALSE	
孙可欣	销售一部	¥10,577.00	¥11,090.00	TRUE	
王小泉	销售一部	¥6,000.00	¥6,800.00	TRUE	
张玲	销售一部	¥6,090.00	¥6,100.00	TRUE	
朱良	销售一部	¥11,090.00	¥12,000.00	TRUE	
杜家富	销售二部	¥7,200.00	¥7,000.00	FALSE	
林永	销售二部	¥5,400.00	¥5,400.00	FALSE	
马尚发	销售二部	¥9,089.00	¥9,000.00	FALSE	
欧阳坤	销售二部	¥22,000.00	¥21,980.00	FALSE	
王尚	销售二部	¥3,644.00	¥4,000.00	TRUE	
武大胜	销售二部	¥3,495.00	¥5,000.00	TRUE	
尹小丽	销售二部	¥3,894.00	¥3,500.00	FALSE	
张小磊	销售二部	¥10,000.00	¥10,900.00	TRUE	

步骤02 按Enter键执行计算，将F3单元格的公式填充至F18单元格。

F3 =IF(AND(C3>=5500,D3>=6000),"奖励200","奖励

销售业绩对比表					
销售员	销售部门	上月销售利润	本月销售利润	返回值	奖励
邓超	销售一部	¥5,000.00	¥5,500.00	TRUE	奖励100
康小明	销售一部	¥9,099.00	¥12,000.00	TRUE	奖励200
李梦	销售一部	¥4,613.00	¥4,800.00	TRUE	奖励100
李志	销售一部	¥5,900.00	¥5,400.00	FALSE	奖励100
孙可欣	销售一部	¥10,577.00	¥11,090.00	TRUE	奖励200
王小泉	销售一部	¥6,000.00	¥6,800.00	TRUE	奖励200
张玲	销售一部	¥6,090.00	¥6,100.00	TRUE	奖励200
朱良	销售一部	¥11,090.00	¥12,000.00	TRUE	奖励200
杜家富	销售二部	¥7,200.00	¥7,000.00	FALSE	奖励200
林永	销售二部	¥5,400.00	¥5,400.00	FALSE	奖励100
马尚发	销售二部	¥9,089.00	¥9,000.00	FALSE	奖励200
欧阳坤	销售二部	¥22,000.00	¥21,980.00	FALSE	奖励200
王尚	销售二部	¥3,644.00	¥4,000.00	TRUE	奖励100
武大胜	销售二部	¥3,495.00	¥5,000.00	TRUE	奖励100
尹小丽	销售二部	¥3,894.00	¥3,500.00	FALSE	奖励100
张小磊	销售二部	¥10,000.00	¥10,900.00	TRUE	奖励200

再如，在“员工档案”工作表中，使用IF函数计算出各个员工的性别。在身份证号码中，第17位数字为偶数则性别为女，若为奇数则性别为男。

步骤01 打开“员工档案”工作表，选中C3单元格并输入“=IF(MOD(MID(F3,17,1),2)=1,"男","女")”公式，按Enter键。

C3 =IF(MOD(MID(F3,17,1),2)=1,"男","女") 编辑栏

员工基本档案							
工号	姓名	性别	部门	职务	身份证号	年龄	出生日期
001	邓超	男	人事部	经理	341231196512098818	53	1965-12-09
002	康小明		行政部	经理	320324198806280531	30	1988-06-28
003	李梦		行政部	职工	110100198111097862	37	1981-11-09
004	李志		财务部	经理	341231197512098818	43	1975-12-09
005	孙可欣		人事部	经理	687451198808041197	30	1988-08-04
006	王小泉		研发部	主管	435412198610111232	32	1986-10-11
007	张玲		销售部	经理	520214198306280431	35	1983-06-28
008	朱良		销售部	主管	213100198511095365	33	1985-11-09
009	杜家富		财务部	主管	212231198712097619	31	1987-12-09
010	林永		采购部	主管	331213198808044377	30	1988-08-04
011	马尚发		采购部	职工	435326198106139878	37	1981-06-13
012	欧阳坤		财务部	职工	554189198710055422	31	1987-10-05
013	王尚		销售部	职工	620214198606120438	32	1986-06-12
014	武大胜		销售部	职工	213100197911094128	39	1979-11-09
015	尹小丽		行政部	职工	212231198912187413	29	1989-12-18
016	张小磊		销售部	职工	546513198101143161	37	1981-01-14

步骤02 将C3单元格的公式填充至C32单元格，查看所有员工的性别。

C3 =IF(MOD(MID(F3,17,1),2)=1,"男","女")

员工基本档案							
工号	姓名	性别	部门	职务	身份证号	年龄	出生日期
001	邓超	男	人事部	经理	341231196512098818	53	1965-12-09
002	康小明	男	行政部	经理	320324198806280531	30	1988-06-28
003	李梦	女	行政部	职工	110100198111097862	37	1981-11-09
004	李志	男	财务部	经理	341231197512098818	43	1975-12-09
005	孙可欣	男	人事部	经理	687451198808041197	30	1988-08-04
006	王小泉	男	研发部	主管	435412198610111232	32	1986-10-11
007	张玲	男	销售部	经理	520214198306280431	35	1983-06-28
008	朱良	女	销售部	主管	213100198511095365	33	1985-11-09
009	杜家富	男	财务部	主管	212231198712097619	31	1987-12-09
010	林永	男	采购部	主管	331213198808044377	30	1988-08-04
011	马尚发	男	采购部	职工	435326198106139878	37	1981-06-13
012	欧阳坤	女	财务部	职工	554189198710055422	31	1987-10-05
013	王尚	男	销售部	职工	620214198606120438	32	1986-06-12
014	武大胜	女	销售部	职工	213100197911094128	39	1979-11-09

9. 工程函数

工程函数常用于工程分析。工程函数一般分为3种类型：在不同的数字进制系统间转换、对复数进行处理和在不同的度量系统中进行转换。

10. 信息函数

使用信息函数可以确定存储在单元格中的数据的类型，例如CELL、TYPE函数等。

7.3.3 函数的应用

前面介绍了函数的定义和类型，本小节主要介绍函数的应用，如函数的输入、修改以及复制等。

1. 函数的输入

函数的输入和公式一样，先输入“=”(等号)，然后输入函数。输入函数的方法很多，下面介绍常用的3种方法。

(1) 对话框输入法

步骤01 打开“固定资产折旧表”工作表，选中H3单元格，切换至“公式”选项卡，单击“插入函数”按钮。

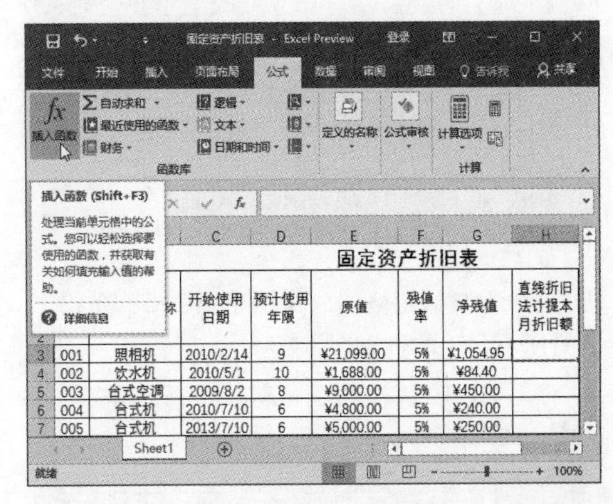

步骤02 打开“插入函数”对话框，在“或选择类别”列表中选择“财务”选项，在“选择函数”列表框中选择SLN函数。

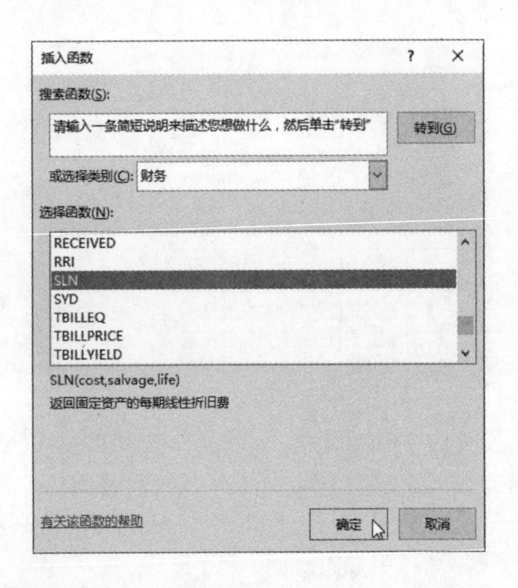

步骤03 打开“函数参数”对话框，单击Cost文本框右侧的折叠按钮。

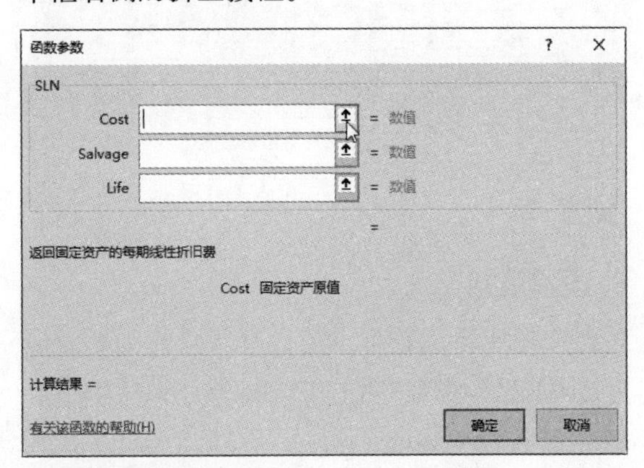

步骤04 返回工作表中，选中E3单元格，然后再次单击折叠按钮。

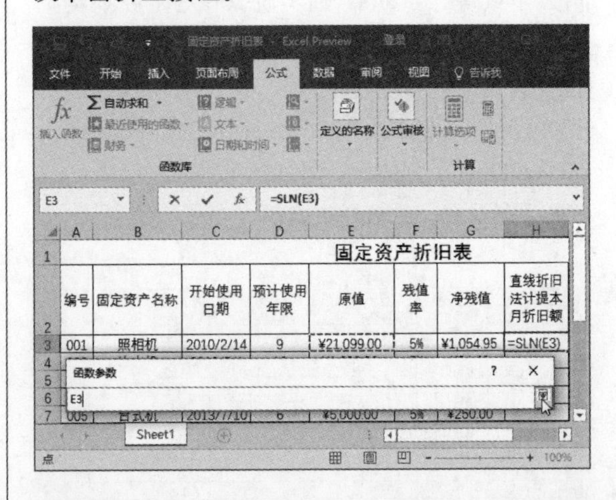

步骤05 返回“函数参数”对话框，分别在另外两个文本框中输入参数。

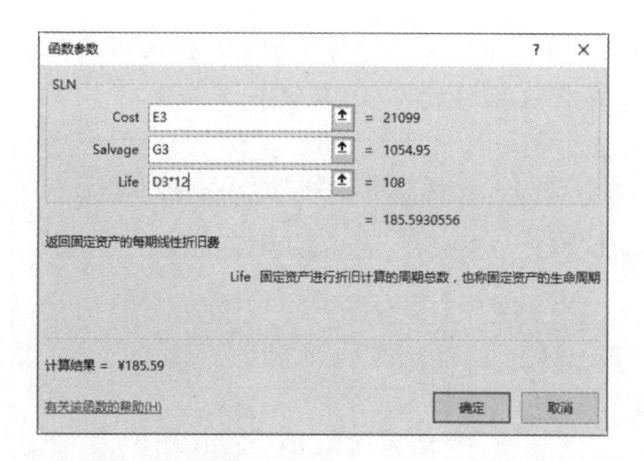

步骤06 单击"确定"按钮，返回工作表中查看计算结果。

H3 =SLN(E3,G3,D3*12)

	A	B	C	D	E	F	G	H
1	固定资产折旧表							
2	编号	固定资产名称	开始使用日期	预计使用年限	原值	残值率	净残值	直线折旧法计提本月折旧额
3	001	照相机	2010/2/14	9	¥21,099.00	5%	¥1,054.95	¥185.59
4	002	饮水机	2010/5/1	10	¥1,688.00	5%	¥84.40	
5	003	台式空调	2009/8/2	8	¥9,000.00	5%	¥450.00	
6	004	台式机	2010/7/10	6	¥4,800.00	5%	¥240.00	
7	005	台式机	2013/7/10	6	¥5,000.00	5%	¥250.00	
8	006	考勤机	2013/8/12	9	¥890.00	5%	¥44.50	
9	007	计算器	2009/1/1	10	¥89.00	5%	¥4.45	
10	008	挂式空调	2011/8/1	8	¥4,500.00	5%	¥225.00	
11	009	打印扫描一体	2010/8/3	8	¥10,000.00	5%	¥500.00	
12	010	传真机	2013/8/3	7	¥2,000.00	5%	¥100.00	

Sheet1　就绪　100%

> **知识点拨　打开"插入函数"对话框的快捷方法**
>
> 用户可以在工表中先选中需要插入函数的单元格，然后按下Shift+F3组合键，快速打开"插入函数"对话框。

（2）直接输入法

步骤01 选中H4单元格，输入"=SLN"，在弹出的提示信息中显示SLN函数的作用为"返回固定资产的每期线性折旧费"。

SLN =SLN

	A	B	C	D	E	F	G	H
1	固定资产折旧表							
2	编号	固定资产名称	开始使用日期	预计使用年限	原值	残值率	净残值	直线折旧法计提本月折旧额
3	001	照相机	2010/2/14	9	¥21,099.00	5%	¥1,054.95	¥185.59
4	002	饮水机	2010/5/1	10	¥1,688.00	5%	¥84.40	=SLN
5	003	台式空调	2005/8/2	8	¥9,000 返回固定资产的每期线性折旧费			SLN
6	004	台式机	2010/7/10	6	¥4,800.00	5%	¥240.00	
7	005	台式机	2009/7/10	6	¥5,000.00	5%	¥250.00	
8	006	考勤机	2013/8/12	9	¥890.00	5%	¥44.50	
9	007	计算器	2000/1/1	10	¥89.00	5%	¥4.45	
10	008	挂式空调	2005/8/1	8	¥4,500.00	5%	¥225.00	
11	009	打印扫描一体	2005/8/3	8	¥10,000.00	5%	¥500.00	
12	010	传真机	2005/8/3	7	¥2,000.00	5%	¥100.00	
13	011	仓库	1998/7/1	20	¥100,000.00	5%	¥5,000.00	
14	012	笔记本	2011/7/10	6	¥6,000.00	5%	¥300.00	
15	013	办公桌	2010/5/1	12	¥2,099.00	5%	¥104.95	
16	014	办公椅	2010/5/1	12	¥988.00	5%	¥49.40	

Sheet1　编辑　100%

> **知识点拨　通过函数列表插入函数**
>
> 选择需要输入函数的单元格，输入"="后，在编辑栏左侧单击函数下三角按钮，在展开的函数列表中选择需要的函数选项。
>
> SLN / AVERAGE / PRODUCT / SUM / ISEVEN / IF / HYPERLINK / COUNT / MAX / SIN / 其他函数...
>
> | | A | B | C | D | E | F | G | H |
> |---|---|---|---|---|---|---|---|---|
> | 1 | 固定资产折旧表 | | | | | | | |
> | 2 | | …资产名称 | 开始使用日期 | 预计使用年限 | 原值 | 残值率 | 净残值 | 直线折旧法计提本月折旧额 |
> | 3 | | …相机 | 2010/2/14 | 9 | ¥21,099.00 | 5% | ¥1,054.95 | ¥185.59 |
> | 4 | | …水机 | 2010/5/1 | 10 | ¥1,688.00 | 5% | ¥84.40 | ¥13.36 |
> | 5 | | …式空调 | 2005/8/2 | 8 | ¥9,000.00 | 5% | ¥450.00 | = |
> | 6 | | …式机 | 2010/7/10 | 6 | ¥4,800.00 | 5% | ¥240.00 | |
> | 7 | 005 | 台式机 | 2009/7/10 | 6 | ¥5,000.00 | 5% | ¥250.00 | |
> | 8 | 006 | 考勤机 | 2013/8/12 | 9 | ¥890.00 | 5% | ¥44.50 | |
> | 9 | 007 | 计算器 | 2000/1/1 | 10 | ¥89.00 | 5% | ¥4.45 | |
> | 10 | 008 | 挂式空调 | 2005/8/1 | 8 | ¥4,500.00 | 5% | ¥225.00 | |
> | 11 | 009 | 打印扫描一体 | 2005/8/3 | 8 | ¥10,000.00 | 5% | ¥500.00 | |
> | 12 | 010 | 传真机 | 2005/8/3 | 7 | ¥2,000.00 | 5% | ¥100.00 | |
> | 13 | 011 | 仓库 | 1998/7/1 | 20 | ¥100,000.00 | 5% | ¥5,000.00 | |
> | 14 | 012 | 笔记本 | 2011/7/10 | 6 | ¥6,000.00 | 5% | ¥300.00 | |
> | 15 | 013 | 办公桌 | 2010/5/1 | 12 | ¥2,099.00 | 5% | ¥104.95 | |
> | 16 | 014 | 办公椅 | 2010/5/1 | 12 | ¥988.00 | 5% | ¥49.40 | |
>
> Sheet1

步骤02 继续输入函数的相关系数"(E4,G4,D4*12)"。

SLN =SLN(E4,G4,D4*12)

	A	B	C	D	E	F	G	H
1	固定资产折旧表							
2	编号	固定资产名称	开始使用日期	预计使用年限	原值	残值率	净残值	直线折旧法计提本月折旧额
3	001	照相机	2010/2/14	9	¥21,099.00	5%	¥1,054.95	¥185.59
4	002	饮水机	2010/5/1	10	¥1,688.00	5%	¥84.40	=SLN(E4,G4,D4*12)
5	003	台式空调	2005/8/2	8	¥9,000.00	5%	¥450.00	
6	004	台式机	2010/7/10	6	¥4,800.00	5%	¥240.00	
7	005	台式机	2009/7/10	6	¥5,000.00	5%	¥250.00	
8	006	考勤机	2013/8/12	9	¥890.00	5%	¥44.50	
9	007	计算器	2000/1/1	10	¥89.00	5%	¥4.45	
10	008	挂式空调	2005/8/1	8	¥4,500.00	5%	¥225.00	
11	009	打印扫描一体	2005/8/3	8	¥10,000.00	5%	¥500.00	
12	010	传真机	2005/8/3	7	¥2,000.00	5%	¥100.00	
13	011	仓库	1998/7/1	20	¥100,000.00	5%	¥5,000.00	
14	012	笔记本	2011/7/10	6	¥6,000.00	5%	¥300.00	
15	013	办公桌	2010/5/1	12	¥2,099.00	5%	¥104.95	
16	014	办公椅	2010/5/1	12	¥988.00	5%	¥49.40	

Sheet1

步骤03 输入完成后，按Enter键执行计算。

H4 =SLN(E4,G4,D4*12)　编辑栏

	A	B	C	D	E	F	G	H
1	固定资产折旧表							
2	编号	固定资产名称	开始使用日期	预计使用年限	原值	残值率	净残值	直线折旧法计提本月折旧额
3	001	照相机	2010/2/14	9	¥21,099.00	5%	¥1,054.95	¥185.59
4	002	饮水机	2010/5/1	10	¥1,688.00	5%	¥84.40	¥13.36
5	003	台式空调	2005/8/2	8	¥9,000.00	5%	¥450.00	
6	004	台式机	2010/7/10	6	¥4,800.00	5%	¥240.00	
7	005	台式机	2009/7/10	6	¥5,000.00	5%	¥250.00	
8	006	考勤机	2013/8/12	9	¥890.00	5%	¥44.50	
9	007	计算器	2000/1/1	10	¥89.00	5%	¥4.45	
10	008	挂式空调	2005/8/1	8	¥4,500.00	5%	¥225.00	
11	009	打印扫描一体	2005/8/3	8	¥10,000.00	5%	¥500.00	
12	010	传真机	2005/8/3	7	¥2,000.00	5%	¥100.00	
13	011	仓库	1998/7/1	20	¥100,000.00	5%	¥5,000.00	
14	012	笔记本	2011/7/10	6	¥6,000.00	5%	¥300.00	
15	013	办公桌	2010/5/1	12	¥2,099.00	5%	¥104.95	
16	014	办公椅	2010/5/1	12	¥988.00	5%	¥49.40	

2. 函数的复制

函数的复制和公式的复制方法相同，下面

介绍具体操作步骤。

步骤01 打开“固定资产折旧表”工作表，选中H3：J3单元格区域，将光标移至单元格区域右下角，变为黑色十字形状时，按住鼠标左键向下拖曳。

H3 =SLN(E3,G3,D3*12)

固定资产折旧表							
开始使用日期	预计使用年限	原值	残值率	净残值	直线折旧法计提本月折旧额	已折旧月数	单倍余额递减法计提本月折旧额
2010/2/14	9	¥21,099.00	5%	¥1,054.95	¥185.59	77	¥71.48
2010/5/1	10	¥1,688.00	5%	¥84.40			
2005/8/2	8	¥9,000.00	5%	¥450.00			
2010/7/10	6	¥4,800.00	5%	¥240.00			
2009/7/10	6	¥5,000.00	5%	¥250.00			
2013/8/12	9	¥890.00	5%	¥44.50			
2000/1/1	10	¥89.00	5%	¥4.45			
2005/8/1	8	¥4,500.00	5%	¥225.00			
2005/8/3	8	¥10,000.00	5%	¥500.00			
2005/8/3	7	¥2,000.00	5%	¥100.00			
1998/7/1	20	¥100,000.00	5%	¥5,000.00			

步骤02 拖至J17单元格并释放鼠标左键，即可查看计算结果。

J3 =DB(E3,G3,D3*12,I3,12-MONTH(C3))

固定资产折旧表							
开始使用日期	预计使用年限	原值	残值率	净残值	直线折旧法计提本月折旧额	已折旧月数	单倍余额递减法计提本月折旧额
2010/2/14	9	¥21,099.00	5%	¥1,054.95	¥185.59	77	¥71.48
2010/5/1	10	¥1,688.00	5%	¥84.40	¥13.36	74	¥6.72
2009/8/2	8	¥9,000.00	5%	¥450.00	¥89.06	83	¥21.54
2010/7/10	6	¥4,800.00	5%	¥240.00	¥63.33	72	¥10.32
2013/7/10	6	¥5,000.00	5%	¥250.00	¥65.97	36	¥48.54
2013/8/12	9	¥890.00	5%	¥44.50	¥7.83	35	¥9.65
2009/1/1	10	¥89.00	5%	¥4.45	¥0.70	90	¥0.23
2011/8/1	8	¥4,500.00	5%	¥225.00	¥44.53	59	¥22.94
2010/8/3	8	¥10,000.00	5%	¥500.00	¥98.96	71	¥34.93
2013/8/3	7	¥2,000.00	5%	¥100.00	¥22.62	35	¥21.35
1998/7/1	20	¥100,000.00	5%	¥5,000.00	¥395.83	216	¥90.16
2011/7/10	6	¥6,000.00	5%	¥300.00	¥79.17	60	¥21.33
2010/5/1	12	¥2,099.00	5%	¥104.95	¥13.85	74	¥9.45
2010/5/1	12	¥988.00	5%	¥49.40	¥6.52	74	¥4.45
1998/7/1	20	¥150,000.00	5%	¥7,500.00	¥593.75	216	¥135.23

3. 函数的修改

用户可以根据需要对函数和引用的参数进行修改，具体操作方法如下。

步骤01 打开“销售提成表”工作表，选中D19单元格，输入“=SUM(D3:D18)”公式，按Enter键执行计算。

INT =SUM(D3:D18)

销售业绩对比表				
销售员	销售部门	本月销售利润	销售提成	提成率
邓超	销售一部	¥5,500.00	¥1,375.00	25%
孙可欣	销售一部	¥11,090.00	¥2,772.50	
王小泉	销售一部	¥6,800.00	¥1,700.00	
张玲	销售一部	¥6,100.00	¥1,525.00	
朱良	销售一部	¥12,000.00	¥3,000.00	
杜家富	销售二部	¥7,000.00	¥1,750.00	
林永	销售二部	¥5,400.00	¥1,350.00	
马尚发	销售二部	¥9,000.00	¥2,250.00	
欧阳坤	销售二部	¥21,980.00	¥5,495.00	
王尚	销售二部	¥4,000.00	¥1,000.00	
武大胜	销售二部	¥5,000.00	¥1,250.00	
尹小丽	销售二部	¥3,500.00	¥875.00	
张小磊	销售二部	¥10,900.00	¥2,725.00	
			=SUM(D3:D18)	

步骤02 选中D19单元格并双击，进入可编辑状态，将SUM修改为AVERAGE。

AVERAGE =AVERAGE(D3:D18)

销售业绩对比表				
销售员	销售部门	本月销售利润	销售提成	提成率
邓超	销售一部	¥5,500.00	¥1,375.00	25%
孙可欣	销售一部	¥11,090.00	¥2,772.50	
王小泉	销售一部	¥6,800.00	¥1,700.00	
张玲	销售一部	¥6,100.00	¥1,525.00	
朱良	销售一部	¥12,000.00	¥3,000.00	
杜家富	销售二部	¥7,000.00	¥1,750.00	
林永	销售二部	¥5,400.00	¥1,350.00	
马尚发	销售二部	¥9,000.00	¥2,250.00	
欧阳坤	销售二部	¥21,980.00	¥5,495.00	
王尚	销售二部	¥4,000.00	¥1,000.00	
武大胜	销售二部	¥5,000.00	¥1,250.00	
尹小丽	销售二部	¥3,500.00	¥875.00	
张小磊	销售二部	¥10,900.00	¥2,725.00	
			=AVERAGE(D3:D18)	

步骤03 按Enter键执行计算，结果表示销售员的平均提成。

D19 =AVERAGE(D3:D18)

销售业绩对比表				
销售员	销售部门	本月销售利润	销售提成	提成率
邓超	销售一部	¥5,500.00	¥1,375.00	25%
孙可欣	销售一部	¥11,090.00	¥2,772.50	
王小泉	销售一部	¥6,800.00	¥1,700.00	
张玲	销售一部	¥6,100.00	¥1,525.00	
朱良	销售一部	¥12,000.00	¥3,000.00	
杜家富	销售二部	¥7,000.00	¥1,750.00	
林永	销售二部	¥5,400.00	¥1,350.00	
马尚发	销售二部	¥9,000.00	¥2,250.00	
欧阳坤	销售二部	¥21,980.00	¥5,495.00	
王尚	销售二部	¥4,000.00	¥1,000.00	
武大胜	销售二部	¥5,000.00	¥1,250.00	
尹小丽	销售二部	¥3,500.00	¥875.00	
张小磊	销售二部	¥10,900.00	¥2,725.00	
			¥2,038.59	

步骤04 选中E3单元格，将提成率改为30%，然后按Enter键执行计算，可见公式中引用E3单元格的所有结果均发生变化。

E3 30%

销售业绩对比表				
销售员	销售部门	本月销售利润	销售提成	提成率
邓超	销售一部	¥5,500.00	¥1,650.00	30%
孙可欣	销售一部	¥11,090.00	¥3,327.00	
王小泉	销售一部	¥6,800.00	¥2,040.00	
张玲	销售一部	¥6,100.00	¥1,830.00	
朱良	销售一部	¥12,000.00	¥3,600.00	
杜家富	销售二部	¥7,000.00	¥2,100.00	
林永	销售二部	¥5,400.00	¥1,620.00	
马尚发	销售二部	¥9,000.00	¥2,700.00	
欧阳坤	销售二部	¥21,980.00	¥6,594.00	
王尚	销售二部	¥4,000.00	¥1,200.00	
武大胜	销售二部	¥5,000.00	¥1,500.00	
尹小丽	销售二部	¥3,500.00	¥1,050.00	
张小磊	销售二部	¥10,900.00	¥3,270.00	
			¥2,446.31	

知识点拨 进入公式可编辑状态的方法

在修改或编辑函数时，首先要让函数所在单元格进入可编辑状态，进入可编辑状态的方法为：双击单元格、选中该单元格在编辑栏中修改或按F2功能键。

7.4 数学与三角函数

在工作中，时常会用函数进行计算或分析表格内数据。用户可以使用数学与三角函数进行简单的计算，例如对数据进行求和、求平均值或对数字进行取整。常用的数学与三角函数包括SUM、SUMIF等等。

7.4.1 求和类函数

在Excel中求和类的函数很多，下面介绍几种常用的求和函数的使用方法。

1. SUM函数

SUM函数是Excel中常用的函数之一，主要是计算所有数字之和，参数包括单元格、单元格区域、数组、常量或函数的结果。

某企业人力资源部每年都要对员工进行考核，并统计在工作表中，下面介绍使用SUM函数计算每位员工的考核总成绩。

步骤01 打开“员工考核成绩”工作表，选中G3单元格，输入“=SUM(B3:F3)”公式，按Enter键执行计算。

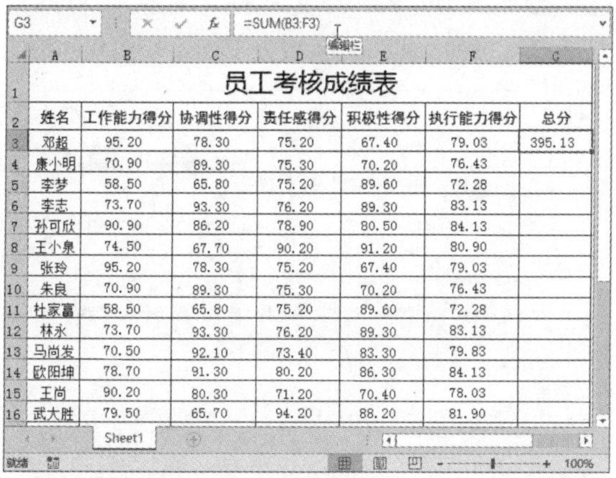

G3 =SUM(B3:F3)

员工考核成绩表

姓名	工作能力得分	协调性得分	责任感得分	积极性得分	执行能力得分	总分
邓超	95.20	78.30	75.20	67.40	79.03	395.13
康小明	70.90	89.30	75.30	70.20	76.43	
李梦	58.50	65.80	75.20	89.60	72.28	
李志	73.70	93.30	76.20	89.30	83.13	
孙可欣	90.90	86.20	78.90	80.50	84.13	
王小泉	74.50	67.70	90.20	91.20	80.90	
张玲	95.20	78.30	75.20	67.40	79.03	
朱良	70.90	89.30	75.30	70.20	76.43	
杜家富	58.50	65.80	75.20	89.60	72.28	
林永	73.70	93.30	76.20	89.30	83.13	
马尚发	70.50	92.10	73.40	83.30	79.83	
欧阳坤	78.70	91.30	80.20	86.30	84.13	
王尚	90.20	80.30	71.20	70.40	78.03	
武大胜	79.50	65.70	94.20	88.20	81.90	

知识点拨 SUM函数解析

SUM函数用于返回单元格区域中数字、逻辑值以及数字的文本表达式之和。

语法格式：SUM(number1,number2,...)

其中number1参数是必需的，为相加的第1个数值参数，number2是可选的，表示相加的第2个数值参数，最多为255个参数。

步骤02 选中G3单元格，将光标移至该单元格的右下角，当变为黑色十字形状时，按住鼠标左键向下拖动至G32单元格。

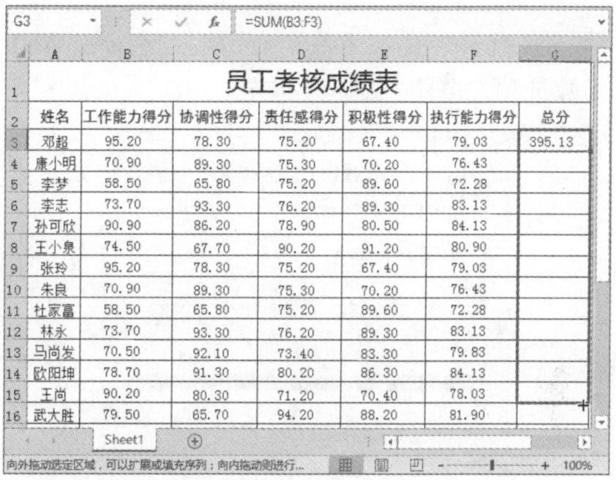

G3 =SUM(B3:F3)

员工考核成绩表

姓名	工作能力得分	协调性得分	责任感得分	积极性得分	执行能力得分	总分
邓超	95.20	78.30	75.20	67.40	79.03	395.13
康小明	70.90	89.30	75.30	70.20	76.43	
李梦	58.50	65.80	75.20	89.60	72.28	
李志	73.70	93.30	76.20	89.30	83.13	
孙可欣	90.90	86.20	78.90	80.50	84.13	
王小泉	74.50	67.70	90.20	91.20	80.90	
张玲	95.20	78.30	75.20	67.40	79.03	
朱良	70.90	89.30	75.30	70.20	76.43	
杜家富	58.50	65.80	75.20	89.60	72.28	
林永	73.70	93.30	76.20	89.30	83.13	
马尚发	70.50	92.10	73.40	83.30	79.83	
欧阳坤	78.70	91.30	80.20	86.30	84.13	
王尚	90.20	80.30	71.20	70.40	78.03	
武大胜	79.50	65.70	94.20	88.20	81.90	

2. SUMIF函数

SUMIF函数是一个条件求和函数，就是求和的参数必须满足某条件。

下面介绍在“销售业绩统计表”工作表中，计算出各个商品品牌的销售数量的操作方法。

步骤01 打开“销售业绩统计表”工作表，在J2:K5单元格区域完善表格内容。

J2 商品品牌

销售业绩统计表

商品品牌	规格型号	采购单价	销售单价	销售数量	销售利润
索尼	6300	¥6,699.00	¥7,699.00	5	¥5,000.00
尼康	D750	¥10,099.00	¥14,999.00	5	¥24,500.00
索尼	ILCE-7	¥6,199.00	¥7,099.00	8	¥7,200.00
尼康	D7200	¥6,599.00	¥7,499.00	8	¥7,200.00
佳能	EOS 61D	¥9,899.00	¥13,299.00	10	¥34,000.00
索尼	ILCE-7	¥6,199.00	¥7,099.00	8	¥7,200.00
尼康	D7100	¥6,188.00	¥7,199.00	9	¥9,099.00
佳能	EOS 700D	¥2,799.00	¥3,699.00	5	¥4,500.00
佳能	EOS 70D	¥6,099.00	¥7,299.00	6	¥7,200.00
尼康	D5300	¥2,800.00	¥3,499.00	11	¥7,689.00
佳能	EOS 5D	¥12,999.00	¥19,999.00	2	¥14,000.00
佳能	EOS 750D	¥3,899.00	¥4,558.00	7	¥4,613.00
尼康	D3300	¥2,100.00	¥2,749.00	4	¥2,596.00
佳能	EOS 700D	¥2,799.00	¥3,699.00	8	¥7,200.00
佳能	EOS 750D	¥3,899.00	¥4,558.00	10	¥6,590.00
索尼	6300	¥6,699.00	¥7,699.00	9	¥9,000.00
索尼	7RM2	¥12,999.00	¥17,999.00	6	¥30,000.00
佳能	EOS 5D	¥12,999.00	¥19,999.00	5	¥35,000.00

商品品牌	销售总数量
尼康	
佳能	
索尼	

步骤02 选中K3单元格，单击编辑栏左侧的“插入函数”按钮。

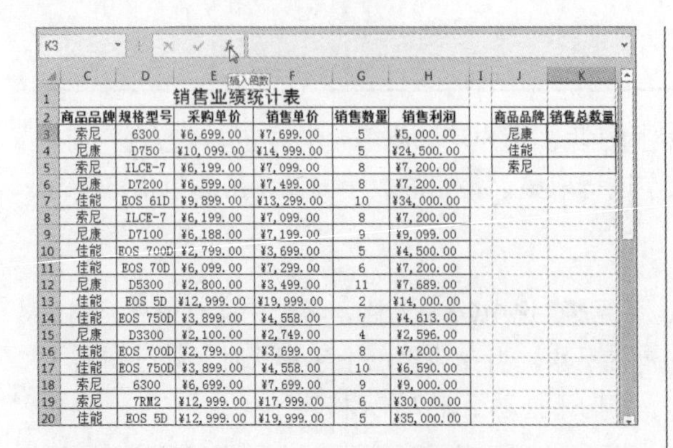

步骤03 打开“插入函数”对话框，选择SUMIF函数选项，单击“确定”按钮。

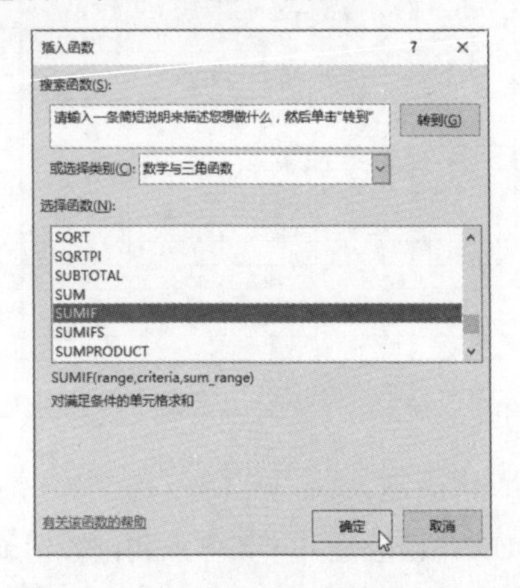

步骤04 打开“函数参数”对话框，在Range文本框中输入“$C$3:$C$42”，表示引用条件区域。

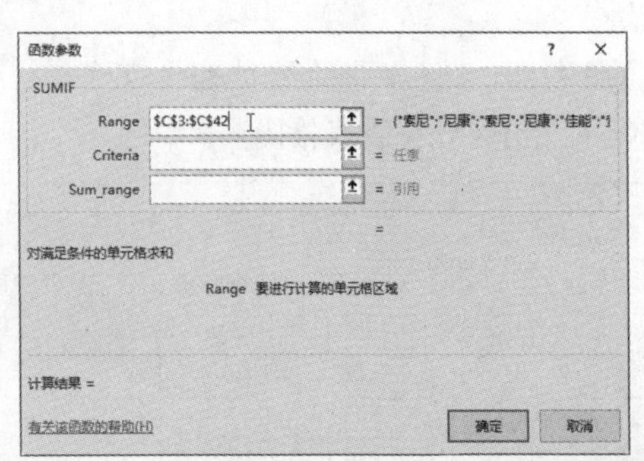

知识点拨 SUMIF函数解析

SUMIF函数是对指定区域中满足指定条件的数值进行求和。

语法格式：SUMIF(range,criteria,sum_range)

其中range参数是必需的，表示用于条件计算的区域；criteria参数是必需的，表示求和的条件；sum_range参数是可选的，表示求和的区域。

步骤05 单击Criteria文本框右侧折叠按钮。

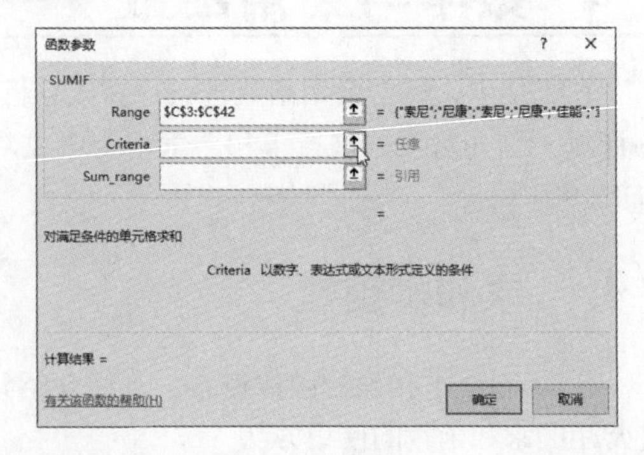

步骤06 返回工作表中，选中J3单元格，然后再次单击该折叠按钮。

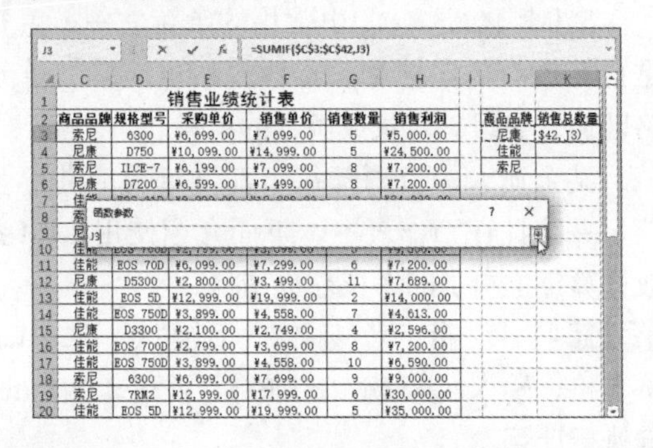

步骤07 在Sum_range文本框中输入“$G$3:$G$42”，表示求和的区域。

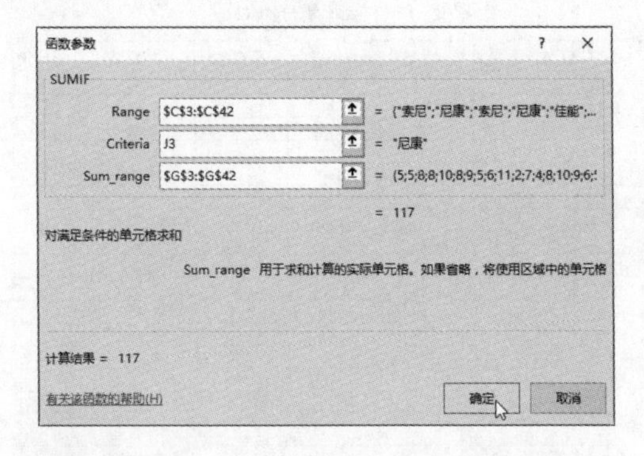

步骤08 单击“确定”按钮，查看计算结果。

步骤09 将K3单元格的公式填充至K5单元格，查看各个商品品牌的销售总数量。

K3 =SUMIF($C$3:$C$42,J3,$G$3:$G$42)

	C	D	E	F	G	H	I	J	K
1	销售业绩统计表								
2	商品品牌	规格型号	采购单价	销售单价	销售数量	销售利润		商品品牌	销售总数量
3	索尼	6300	¥6,699.00	¥7,699.00	5	¥5,000.00		尼康	117
4	尼康	D750	¥10,099.00	¥14,999.00	5	¥24,500.00		佳能	71
5	索尼	ILCE-7	¥6,199.00	¥7,099.00	8	¥7,200.00		索尼	58
6	尼康	D7200	¥6,599.00	¥7,499.00	8	¥7,200.00			
7	佳能	EOS 61D	¥9,899.00	¥13,299.00	10	¥34,000.00			
8	索尼	ILCE-7	¥6,199.00	¥7,099.00	8	¥7,200.00			
9	尼康	D7100	¥6,188.00	¥7,199.00	9	¥9,099.00			
10	佳能	EOS 700D	¥2,799.00	¥3,699.00	5	¥4,500.00			
11	佳能	EOS 70D	¥6,099.00	¥7,299.00	6	¥7,200.00			
12	尼康	D5300	¥2,800.00	¥3,499.00	11	¥7,689.00			
13	佳能	EOS 5D	¥12,999.00	¥19,999.00	2	¥14,000.00			
14	佳能	EOS 750D	¥3,899.00	¥4,558.00	7	¥4,613.00			
15	尼康	D3300	¥2,100.00	¥2,749.00	4	¥2,596.00			
16	佳能	EOS 700D	¥2,799.00	¥3,699.00	8	¥7,200.00			
17	佳能	EOS 750D	¥3,899.00	¥4,558.00	10	¥6,590.00			
18	索尼	6300	¥6,699.00	¥7,699.00	9	¥9,000.00			
19	索尼	7RM2	¥12,999.00	¥17,999.00	6	¥30,000.00			
20	佳能	EOS 5D	¥12,999.00	¥19,999.00	5	¥35,000.00			

Sheet1

3. SUMPRODUCT函数

SUMPRODUCT函数用于在指定的数组中，把数组之间的对应元素相乘，然后再求和。

下面介绍在“销售业绩统计表”工作表中，计算某销售员销售某商品的销售数量的操作方法。

步骤01 打开“销售业绩统计表”工作表，在H2:J5单元格区域完善表格内容。

H2 销售员

	A	B	C	D	E	F	G	H	I	J
1	销售业绩统计表									
2	销售员	商品品牌	采购单价	销售单价	销售数量	销售利润		销售员	商品品牌	销售总数量
3	邓超	索尼	¥6,699.00	¥7,699.00	5	¥5,000.00		邓超	尼康	
4	邓超	尼康	¥10,099.00	¥14,999.00	5	¥24,500.00		康小明	佳能	
5	邓超	索尼	¥6,199.00	¥7,099.00	8	¥7,200.00		林永	索尼	
6	杜家富	尼康	¥6,599.00	¥7,499.00	8	¥7,200.00				
7	杜家富	佳能	¥9,899.00	¥13,299.00	10	¥34,000.00				
8	杜家富	索尼	¥6,199.00	¥7,099.00	8	¥7,200.00				
9	康小明	尼康	¥6,188.00	¥7,199.00	9	¥9,099.00				
10	康小明	佳能	¥2,799.00	¥3,699.00	5	¥4,500.00				
11	康小明	佳能	¥6,099.00	¥7,299.00	6	¥7,200.00				
12	李梦	尼康	¥2,800.00	¥3,499.00	11	¥7,689.00				
13	李梦	佳能	¥12,999.00	¥19,999.00	2	¥14,000.00				
14	李梦	佳能	¥3,899.00	¥4,558.00	7	¥4,613.00				
15	李志	尼康	¥2,100.00	¥2,749.00	4	¥2,596.00				
16	李志	佳能	¥2,799.00	¥3,699.00	8	¥7,200.00				
17	李志	佳能	¥3,899.00	¥4,558.00	10	¥6,590.00				
18	林永	索尼	¥6,699.00	¥7,699.00	9	¥9,000.00				
19	林永	索尼	¥12,999.00	¥17,999.00	6	¥30,000.00				
20	林永	佳能	¥12,999.00	¥19,999.00	5	¥35,000.00				
21	马尚发	尼康	¥6,188.00	¥7,199.00	8	¥8,088.00				
22	马尚发	尼康	¥12,999.00	¥15,199.00	4	¥8,800.00				

Sheet1 Sheet2

步骤02 选中J3单元格，输入“=SUMPRODUCT(($A$3:$A$42=H3)*($B$3:$B$42=I3),$E$3:$E$42)”公式。

SUMIF =SUMPRODUCT(($A$3:$A$42=H3)*($B$3:$B$42=I3),$E$3:$E$42)

	A	B	C	D	E	F	G	H	I	J
1	销售业绩统计表									
2	销售员	商品品牌	采购单价	销售单价	销售数量	销售利润		销售员	商品品牌	销售总数量
3	邓超	索尼	¥6,699.00	¥7,699.00	5	¥5,000.00		邓超	尼康	=SUMPRODUCT(($A$3:$A$42=H3)*($B$3:$B$42=I3),$E$3:$E$42)
4	邓超	尼康	¥10,099.00	¥14,999.00	5	¥24,500.00		康小明	佳能	
5	邓超	索尼	¥6,199.00	¥7,099.00	8	¥7,200.00		林永	索尼	
6	杜家富	尼康	¥6,599.00	¥7,499.00	8	¥7,200.00				
7	杜家富	佳能	¥9,899.00	¥13,299.00	10	¥34,000.00				
8	杜家富	索尼	¥6,199.00	¥7,099.00	8	¥7,200.00				
9	康小明	尼康	¥6,188.00	¥7,199.00	9	¥9,099.00				
10	康小明	佳能	¥2,799.00	¥3,699.00	5	¥4,500.00				
11	康小明	佳能	¥6,099.00	¥7,299.00	6	¥7,200.00				
12	李梦	尼康	¥2,800.00	¥3,499.00	11	¥7,689.00				
13	李梦	佳能	¥12,999.00	¥19,999.00	2	¥14,000.00				
14	李梦	佳能	¥3,899.00	¥4,558.00	7	¥4,613.00				
15	李志	尼康	¥2,100.00	¥2,749.00	4	¥2,596.00				
16	李志	佳能	¥2,799.00	¥3,699.00	8	¥7,200.00				
17	李志	佳能	¥3,899.00	¥4,558.00	10	¥6,590.00				
18	林永	索尼	¥6,699.00	¥7,699.00	9	¥9,000.00				
19	林永	索尼	¥12,999.00	¥17,999.00	6	¥30,000.00				
20	林永	佳能	¥12,999.00	¥19,999.00	5	¥35,000.00				
21	马尚发	尼康	¥6,188.00	¥7,199.00	8	¥8,088.00				
22	马尚发	尼康	¥12,999.00	¥15,199.00	4	¥8,800.00				

Sheet1 Sheet2

知识点拨 使用SUMPRODUCT函数的注意事项

在使用SUMPRODUCT函数时，参数数组必须具有相同的维数，否则返回错误的值。

步骤03 按Enter键执行计算，然后将J3单元格中的公式填充至J5单元格，查看计算结果。

J3 =SUMPRODUCT(($A$3:$A$42=H3)*($B$3:$B$42=I3),$E$3:$E$42)

	A	B	C	D	E	F	G	H	I	J
1	销售业绩统计表									
2	销售员	商品品牌	采购单价	销售单价	销售数量	销售利润		销售员	商品品牌	销售总数量
3	邓超	索尼	¥6,699.00	¥7,699.00	5	¥5,000.00		邓超	尼康	5
4	邓超	尼康	¥10,099.00	¥14,999.00	5	¥24,500.00		康小明	佳能	11
5	邓超	索尼	¥6,199.00	¥7,099.00	8	¥7,200.00		林永	索尼	15
6	杜家富	尼康	¥6,599.00	¥7,499.00	8	¥7,200.00				
7	杜家富	佳能	¥9,899.00	¥13,299.00	10	¥34,000.00				
8	杜家富	索尼	¥6,199.00	¥7,099.00	8	¥7,200.00				
9	康小明	尼康	¥6,188.00	¥7,199.00	9	¥9,099.00				
10	康小明	佳能	¥2,799.00	¥3,699.00	5	¥4,500.00				
11	康小明	佳能	¥6,099.00	¥7,299.00	6	¥7,200.00				
12	李梦	尼康	¥2,800.00	¥3,499.00	11	¥7,689.00				
13	李梦	佳能	¥12,999.00	¥19,999.00	2	¥14,000.00				
14	李梦	佳能	¥3,899.00	¥4,558.00	7	¥4,613.00				
15	李志	尼康	¥2,100.00	¥2,749.00	4	¥2,596.00				
16	李志	佳能	¥2,799.00	¥3,699.00	8	¥7,200.00				
17	李志	佳能	¥3,899.00	¥4,558.00	10	¥6,590.00				
18	林永	索尼	¥6,699.00	¥7,699.00	9	¥9,000.00				
19	林永	索尼	¥12,999.00	¥17,999.00	6	¥30,000.00				
20	林永	佳能	¥12,999.00	¥19,999.00	5	¥35,000.00				
21	马尚发	尼康	¥6,188.00	¥7,199.00	8	¥8,088.00				
22	马尚发	尼康	¥12,999.00	¥15,199.00	4	¥8,800.00				

Sheet1 Sheet2

就绪 平均值: 10.33333333 计数: 3 求和: 31 100%

7.4.2 取余函数

在Excel中，MOD函数表示两数相除取余数，符号取决于除数。下面先介绍一下MOD函数的算法。

1. 两个异号整数求余

两个异号的整数求余时，其结果的符号与除数的符号一致。

	A	B	C
1	公式	结果	说明
2	=MOD(5,-2)	-1	5/-2的余数
3	=MOD(-5,-2)	-1	-5/-2的余数
4	=MOD(-5,2)	1	-5/2的余数
5	=MOD(5,2)	1	5/2的余数
6			

两数能整除时，结果为0（或没有显示），不能整除时，其结果为除数*（整商+1）-被除数。

	A	B	C
1	公式	结果	说明
6			
7	=MOD(4,-2)	0	4/-2的余数是0
8	=MOD(7,-5)	-3	7/-5的余数是-3
9	=MOD(-7,5)	3	-7/5的余数是3

知识点拨 MOD函数解析

MOD函数是求余函数。

语法格式：MOD(number,divisor)

其中nunber参数是必需的，表示被除数；divisor参数是必需的，表示除数，如果divisor参数为0，函数MOD返回值为#DIV/0!。

“=MOD(7,-5)”公式表示7除以5整商为1，再加1等于2，2与5的乘积为10，然后10减7等于3，符号与除数一致，所示结果为-3。

2. 两个小数求余

如果被除数或除数都是小数或其中一个数为小数时，运算规则为被除数-（整商*除数）的结果。

	A	B	C
1	公式	结果	说明
10			
11	=MOD(9.2,3)	0.2	9.2/3的余数是0.2
12	=MOD(9,1.3)	1.2	9/1.3的余数是1.2
13	=MOD(9.2,1.3)	0.1	9.2/1.3的余数是0.1
14			

“=MOD(9,1.3)”公式表示9除以1.3整商为6，再乘以1.3等于7.8，然后9减去7.8等于1.2。

下面介绍根据身份证号码判断性别，身份证号第17位若为偶数则为女，若为奇数则为男，用户可使用MOD函数判断性别。

步骤01 打开“判断性别”工作表，选中C3单元格，输入公式“=IF(MOD(MID(B3,17,1),2)=1,"男","女")”。

SUMIF　=IF(MOD(MID(B3,17,1),2)=1,"男","女")

	A	B	C	D
1	判断性别			
2	姓名	身份证号	性别	
3	邓超	32032419880б	=IF(MOD(MID(B3,17,1),2)=1,"男","女")	
4	康小明	110100198111097862		
5	李梦	341231195512098818		
6	李志	687451198808041197		
7	孙可欣	435412198610111232		
8	王小泉	520214198306280431		
9	张玲	213100198511095365		
10	朱良	212231198712097619		

步骤02 按Enter键执行计算，然后选中C3单元格，将光标移至单元格右下角，将填充柄拖动至C17单元格。

C3　=IF(MOD(MID(B3,17,1),2)=1,"男","女")

	A	B	C	D
1	判断性别			
2	姓名	身份证号	性别	
3	邓超	320324198806280531	男	
4	康小明	110100198111097862		
5	李梦	341231195512098818		
6	李志	687451198808041197		
7	孙可欣	435412198610111232		
8	王小泉	520214198306280431		
9	张玲	213100198511095365		
10	朱良	212231198712097619		
11	杜家富	331213198808044377		
12	林永	435326198106139878		
13	马尚发	554189198710055422		
14	欧阳坤	620214198606120438		
15	王尚	213100197911094128		
16	武大胜	212231198912187413		
17	尹小丽	546513198101143161		

步骤03 返回工作表中，查看计算结果。

C3　=IF(MOD(MID(B3,17,1),2)=1,"男","女")

	A	B	C	D
1	判断性别			
2	姓名	身份证号	性别	
3	邓超	320324198806280531	男	
4	康小明	110100198111097862	女	
5	李梦	341231195512098818	男	
6	李志	687451198808041197	男	
7	孙可欣	435412198610111232	男	
8	王小泉	520214198306280431	男	
9	张玲	213100198511095365	女	
10	朱良	212231198712097619	男	
11	杜家富	331213198808044377	男	
12	林永	435326198106139878	男	
13	马尚发	554189198710055422	女	
14	欧阳坤	620214198606120438	男	
15	王尚	213100197911094128	女	
16	武大胜	212231198912187413	男	
17	尹小丽	546513198101143161	女	

7.4.3 四舍五入函数

用户在处理数字时，经常根据需要按指定的位数进行取整。Excel中内置了很多对数据进行四舍五入的函数，下面以ROUND函数为例进行介绍。

	A	B	C	D
1		公式	结果	说明
2	34.563	=ROUND(A2,2)	34.56	将A2单元格四舍五入2位数
3	34.563	=ROUND(A3,1)	34.6	将A3单元格四舍五入1位数
4	34.563	=ROUND(A4,0)	35	将A4单元格四舍五入0位数
5	34.563	=ROUND(A5,-1)	30	将A5单元格左则1位四舍五入
6				

ROUND函数用于返回按指定位数进行四舍五入的数值。

语法格式为ROUND(number, num_digits)，其中number表示需要四舍五入的数字，num_digits表示四舍五入的位数。

若num_digits大于0，则数字四舍五入至指定的小数位；若num_digits等于0，则数字四舍五入至整数；若num_digits小于0，则在小数点左侧前几位进行四舍五入。

7.5 文本函数

在Excel中，文本函数是在公式中处理文字串的函数，例如可以改变大小写或确定文字串的长度。常用的文本函数包括FIND、LEFT、MID等等。

7.5.1 文本的合并

在Excel中，CONCATENATE函数可以将多个文本合并为一个文本。下面介绍在“员工档案”工作表中，将员工的姓名和职务合并到一个单元格中的操作方法。

步骤01 打开“员工档案”工作表，选中I3单元格，输入公式“=CONCATENATE(B3,E3)”。

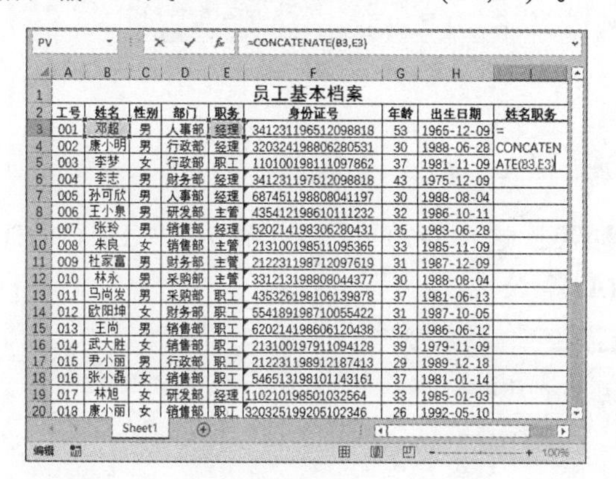

步骤02 按Enter键执行计算，然后将公式填充至I32单元格，查看合并的效果。

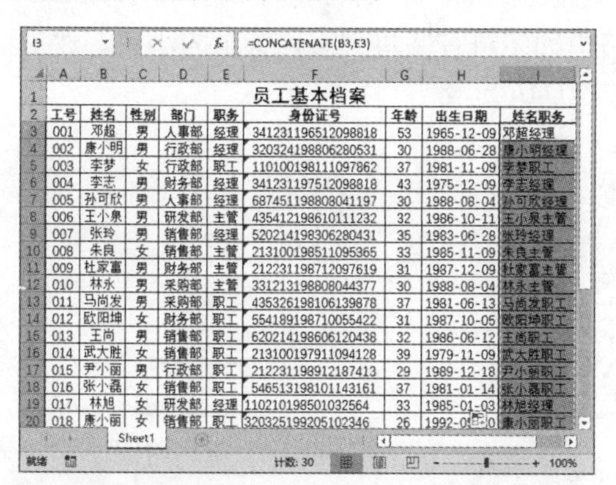

知识点拨 函数解析

CONCATENATE函数可以将最多255个文本字符串合并为一个文本字符串。

语法格式：CONCATENATE(text1,text2,…)

其中text1为必需项，表示需要连接的第一个文本；text2为可选项，最多255项文本。

知识点拨 合并文字

如果函数的参数不是引用的单元格，为文本格式的，只需要为参数加上英文状态下的双引号即可，例如输入“=CONCATENATE(“中国”,“北京市”,“海淀区”)”公式，则返回“中国北京市海淀区”。

7.5.2 提取字符

MID函数可以从一个文本字符串中提取指定数量的字符。

下面介绍在“员工档案”工作表中，使用MID函数从身份证号码中提出员工的出生日期。在身份证号码中第7位至第14位分别为出生日期的年月日。

步骤01 打开“员工档案”工作表，选中H3单元格，输入“=MID(F3,7,4)&"-"&MID(F3,11,2)&"-"&MID(F3,13,2)”公式，按Enter键执行计算。

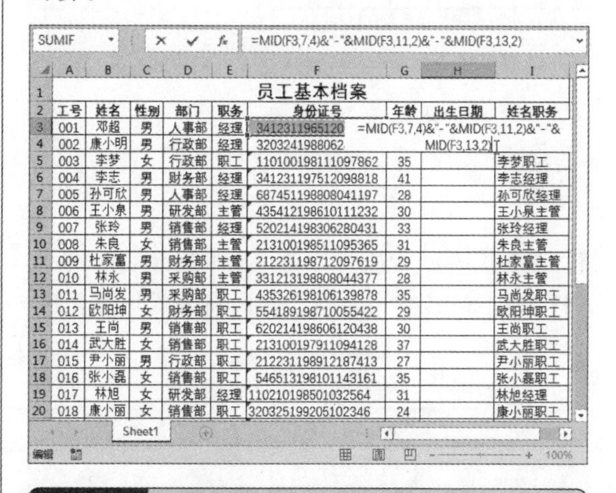

知识点拨 函数解析

MID函数用于返回文本字符串中从指定位置开始的指定数目的字符。

语法格式：MID(text,start_num,num_chars)

其中text表示提取字符的文本字符串；start_num表示方案中第一个提取字符的位置；num_chars表示从文本中返回字符的数量。

步骤02 将H3单元格中的公式填充至H32单元格，查看最终结果。

=MID(F3,7,4)&"-"&MID(F3,11,2)&"-"&MID(F3,13,2)

员工基本档案

工号	姓名	性别	部门	职务	身份证号	年龄	出生日期	姓名职务
001	邓超	男	人事部	经理	341231196512098818	53	1965-12-09	邓超经理
002	康小明	男	行政部	经理	320324198806280531	30	1988-06-28	康小明经理
003	李梦	女	行政部	职工	110100198111097862	37	1981-11-09	李梦职工
004	李志	男	财务部	经理	341231197512098818	43	1975-12-09	李志经理
005	孙可欣	男	人事部	经理	687451198808041197	30	1988-08-04	孙可欣经理
006	王小泉	男	研发部	主管	435412198610111232	32	1986-10-11	王小泉主管
007	张玲	男	销售部	经理	520214198306280431	35	1983-06-28	张玲经理
008	朱良	女	销售部	主管	213100198511095365	33	1985-11-09	朱良主管
009	杜家富	男	财务部	主管	212231198712097619	31	1987-12-09	杜家富主管
010	林永	男	采购部	主管	331213198808044377	30	1988-08-04	林永主管
011	马尚发	男	采购部	职工	435326198106139878	37	1981-06-13	马尚发职工
012	欧阳坤	女	财务部	职工	554189198710055422	31	1987-10-05	欧阳坤职工
013	王尚	男	销售部	职工	620214198606120438	32	1986-06-12	王尚职工
014	武大胜	女	销售部	职工	213100197911094128	39	1979-11-09	武大胜职工
015	尹小丽	男	行政部	职工	212231198912187413	29	1989-12-18	尹小丽职工
016	张小磊	女	销售部	职工	546513198101143161	37	1981-01-14	张小磊职工
017	林旭	女	研发部	经理	110210198501032564	33	1985-01-03	林旭经理
018	康小丽	女	销售部	职工	320325199205102346	26	1992-05-10	康小丽职工

7.5.3 字符的转换

在Excel中可以对字符串的大小写进行转换的函数有LOWER、UPPER和PROPER，下面将分别介绍其应用方法。

步骤01 打开"字符转换"工作表，选中B2单元格，输入"=UPPER(A2)"公式。

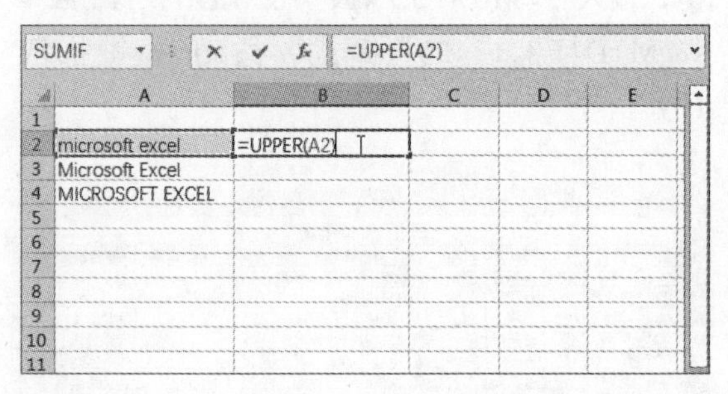

步骤02 按Enter键执行计算，结果显示将A2单元格中的字符转换为大写，然后将公式填充至B4单元格。

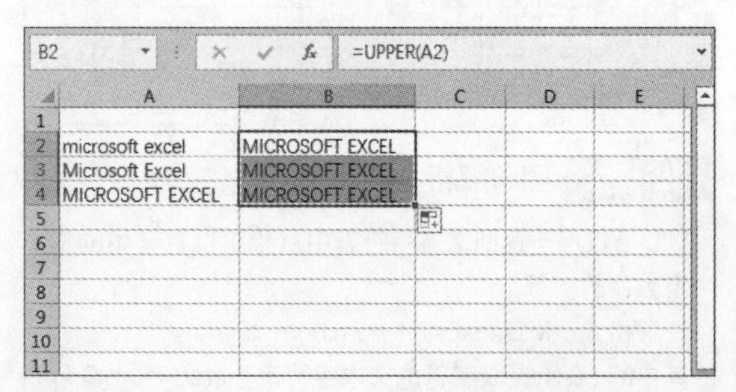

步骤03 选中C2单元格，输入"=LOWER(A2)"公式。

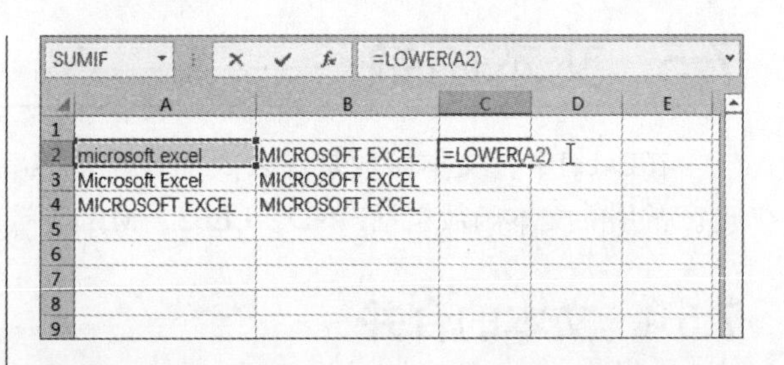

步骤04 按Enter键执行计算，结果显示将A2单元格中的字符转换为小写，然后将公式填充至C4单元格。

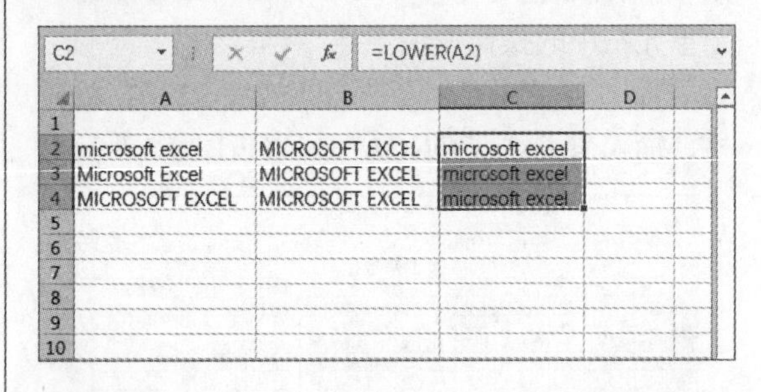

步骤05 选中D2单元格，输入"=PROPER(A2)"公式。

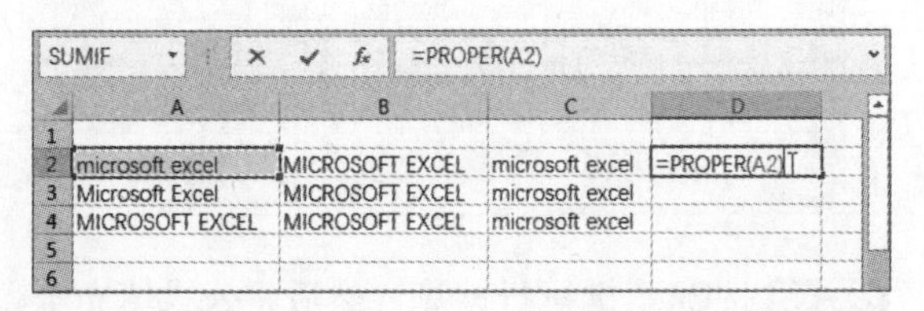

步骤06 按Enter键执行计算，结果显示将A2单元格中的字符首字母大写，其余为小写，然后填充至D4单元格。

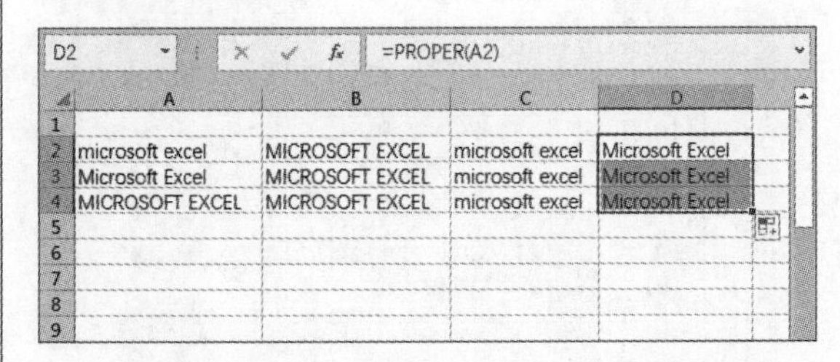

以上介绍的3个函数的参数均可以是字符本身，但必须用英文状态下的双引号。

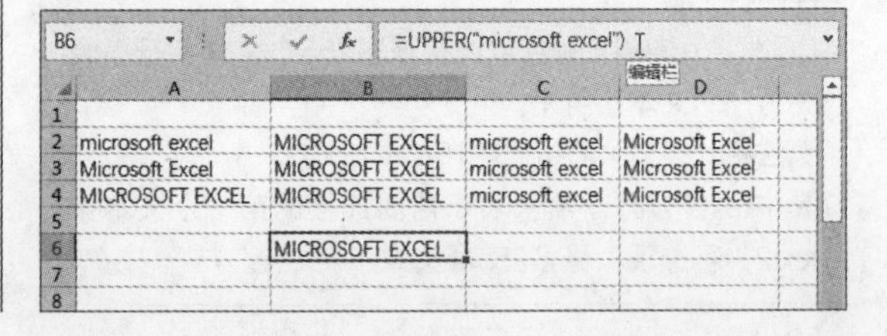

知识点拨 函数解析

LOWER函数用于将字符串中的大写字母转换为小写字母。

语法格式：LOWER(text)

其中text是要转换为小写字母的文本。

UPPER函数用于将字符串中的小写字母转换为大写字母。

语法格式：UPPER(text)

其中text是要转换为大写字母的文本。

PROPER函数用于将字符串中的首字母转换为大写，其余为小写。

语法格式：PROPER (text)

其中text是要转换为首字母大写的文本。

7.5.4 替换文本的字符

在Excel中，使用REPLACE函数可在文本中插入字符或替换文本中的某些字符，下面将详细介绍其应用方法。

步骤01 打开“替换文本的字符”工作表，选中B2单元格，输入公式“=REPLACE(A2,6,0,"2016")”。

SUMIF | 0,"2016")

	A	B	C
1			
2	Excel详情解析	=REPLACE(A2,6,0,"2016")	
3	Excel详情解析		
4			
5			
6			
7			

步骤02 按Enter键执行计算，可见在A2单元格内文本的第6位插入2016文本。

B2 | =REPLACE(A2,6,

	A	B	C
1			
2	Excel详情解析	Excel2016详情解析	
3	Excel详情解析		
4			
5			
6			
7			
8			

步骤03 选中B3单元格，输入公式“=REPLACE(A3,6,4,"2016")”。

SUMIF | 4,"2016")

	A	B	C
1			
2	Excel详情解析	Excel2016详情解析	
3	Excel详情解析	=REPLACE(A3,6,4,"2016")	
4			

步骤04 按Enter键执行计算，可见在A3单元格内文本的第6位至第9位字符被2016文本替换。

B3 | =REPLACE(A3,6,

	A	B	C
1			
2	Excel详情解析	Excel2016详情解析	
3	Excel详情解析	Excel2016	
4			

知识点拨 插入字符串

当REPLACE函数的第3个参数为0时，表示在指定位置插入字符串。

企业在统计员工信息的时候，为了防止员工的身份证号被泄漏，现在需要将身份证号的月份和日期4个数字用“*”代替。

步骤01 打开“替换身份证号”工作表，选中G3单元格，输入公式“=REPLACE(F3,11,4,"****")”。

SUMIF | =REPLACE(F3,11,4,"****")

员工基本档案

工号	姓名	性别	部门	职务	身份证号	显示效果
001	邓超	男	人事部	经理	341231196512098818	=REPLACE(F3,11,4,"****")
002	康小明	男	行政部	经理	320324198806280531	
003	李梦	女	行政部	职工	110100198111097862	
004	李志	男	财务部	经理	341231197512098818	
005	孙可欣	男	人事部	经理	687451198808041197	
006	王小泉	男	研发部	主管	435412198610111232	
007	张玲	男	销售部	经理	520214198306280431	
008	朱良	女	销售部	主管	213100198511095365	
009	杜家富	男	财务部	主管	212231198712097619	
010	林永	男	采购部	主管	331213198808044377	
011	马尚发	男	采购部	职工	435326198106139878	

步骤02 按Enter键执行计算，可见身份证号中的月份和日期被星号替换了，然后将公式填充至G32单元格。

G3 | =REPLACE(F3,11,4,"****")

员工基本档案

工号	姓名	性别	部门	职务	身份证号	显示效果
001	邓超	男	人事部	经理	341231196512098818	3412311965****8818
002	康小明	男	行政部	经理	320324198806280531	3203241988****0531
003	李梦	女	行政部	职工	110100198111097862	1101001981****7862
004	李志	男	财务部	经理	341231197512098818	3412311975****8818
005	孙可欣	男	人事部	经理	687451198808041197	6874511988****1197
006	王小泉	男	研发部	主管	435412198610111232	4354121986****1232
007	张玲	男	销售部	经理	520214198306280431	5202141983****0431
008	朱良	女	销售部	主管	213100198511095365	2131001985****5365
009	杜家富	男	财务部	主管	212231198712097619	2122311987****7619
010	林永	男	采购部	主管	331213198808044377	3312131988****4377
011	马尚发	男	采购部	职工	435326198106139878	4353261981****9878
012	欧阳坤	女	财务部	职工	554189198710055422	5541891987****5422
013	王尚	男	销售部	职工	620214198606120438	6202141986****0438
014	武大胜	女	销售部	职工	213100197911094128	2131001979****4128
015	尹小丽	男	行政部	职工	212231198912187413	2122311989****7413
016	张小磊	女	销售部	职工	546513198101143161	5465131981****3161
017	林旭	女	研发部	经理	110210198501032564	1102101985****2564
018	康小丽	女	销售部	职工	320325199205102346	3203251992****2346
019	魏娟	女	采购部	职工	254268199301055489	2542681993****5489
020	李国浩	男	研发部	职工	3203241982010806	3203241982****0615

7.6 日期与时间函数

日期与时间函数是指在公式中用来分析和处理日期值和时间值的函数。日期与时间函数是Excel中的主要函数类型之一，常用的日期与时间函数包括DATE、DAY、YEAR等等。

7.6.1 年月日函数

Excel提供了丰富的日期函数，例如YEAR、MONTH、DAY、DAYS360等函数，下面将分别介绍各种函数的应用方法。

1. 基本日期函数

基本的日期函数包括YEAR函数、MONTH函数和DAY函数，主要计算指定日期的年份、月份和天数。下面将介绍提取员工的出生年、月和日的操作方法。

步骤01 打开“员工档案”工作表，选中I3单元格，然后输入“=YEAR(H3)”公式。

员工基本档案

工号	姓名	性别	身份证号	年龄	出生日期	出生年份
001	邓超	男	341231196512098818	53	1965-12-09	=YEAR(H3)
002	康小明	男	320324198806280531	30	1988-06-28	
003	李梦	女	110100198111097862	37	1981-11-09	
004	李志	男	341231197512098818	43	1975-12-09	
005	孙可欣	男	687451198808041197	30	1988-08-04	
006	王小泉	男	435412198610111232	32	1986-10-11	
007	张玲	男	520214198306280431	35	1983-06-28	
008	朱良	女	213100198511095365	33	1985-11-09	
009	杜家富	男	212231198712097619	31	1987-12-09	
010	林永	男	331213198808044377	30	1988-08-04	
011	马尚发	男	435326198106139878	37	1981-06-13	
012	欧阳坤	女	554189198710055422	31	1987-10-05	
013	王尚	男	620214198606120438	32	1986-06-12	
014	武大胜	女	213100197911094128	39	1979-11-09	
015	尹小丽	男	212231198912187413	29	1989-12-18	
016	张小磊	女	546513198101143161	37	1981-01-14	

步骤02 按Enter键执行计算，然后将公式填充至I32单元格。

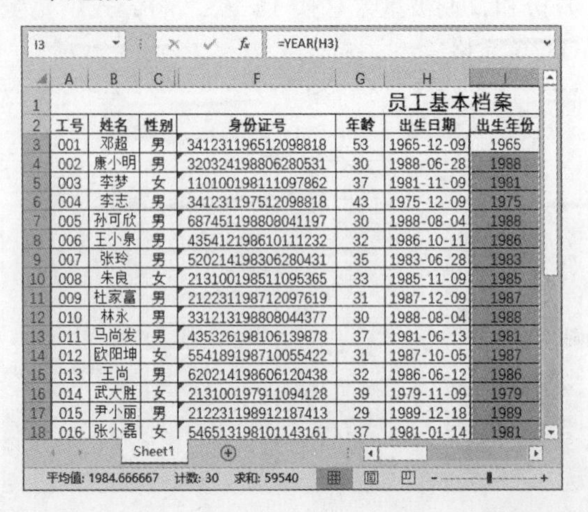

员工基本档案

工号	姓名	性别	身份证号	年龄	出生日期	出生年份
001	邓超	男	341231196512098818	53	1965-12-09	1965
002	康小明	男	320324198806280531	30	1988-06-28	1988
003	李梦	女	110100198111097862	37	1981-11-09	1981
004	李志	男	341231197512098818	43	1975-12-09	1975
005	孙可欣	男	687451198808041197	30	1988-08-04	1988
006	王小泉	男	435412198610111232	32	1986-10-11	1986
007	张玲	男	520214198306280431	35	1983-06-28	1983
008	朱良	女	213100198511095365	33	1985-11-09	1985
009	杜家富	男	212231198712097619	31	1987-12-09	1987
010	林永	男	331213198808044377	30	1988-08-04	1988
011	马尚发	男	435326198106139878	37	1981-06-13	1981
012	欧阳坤	女	554189198710055422	31	1987-10-05	1987
013	王尚	男	620214198606120438	32	1986-06-12	1986
014	武大胜	女	213100197911094128	39	1979-11-09	1979
015	尹小丽	男	212231198912187413	29	1989-12-18	1989
016	张小磊	女	546513198101143161	37	1981-01-14	1981

步骤03 选中J3单元格，输入“=MONTH(H3)”公式，然后按Enter键执行计算，并将公式填充至J32单元格。

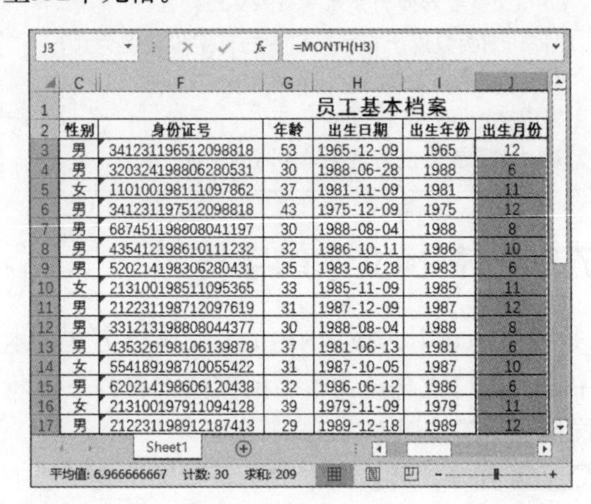

员工基本档案

性别	身份证号	年龄	出生日期	出生年份	出生月份
男	341231196512098818	53	1965-12-09	1965	12
男	320324198806280531	30	1988-06-28	1988	6
女	110100198111097862	37	1981-11-09	1981	11
男	341231197512098818	43	1975-12-09	1975	12
男	687451198808041197	30	1988-08-04	1988	8
男	435412198610111232	32	1986-10-11	1986	10
男	520214198306280431	35	1983-06-28	1983	6
女	213100198511095365	33	1985-11-09	1985	11
男	212231198712097619	31	1987-12-09	1987	12
男	331213198808044377	30	1988-08-04	1988	8
男	435326198106139878	37	1981-06-13	1981	6
女	554189198710055422	31	1987-10-05	1987	10
男	620214198606120438	32	1986-06-12	1986	6
女	213100197911094128	39	1979-11-09	1979	11
男	212231198912187413	29	1989-12-18	1989	12

步骤04 选中K3单元格，输入“=DAY(H3)”公式，按Enter键执行计算，并将公式填充至K32单元格。

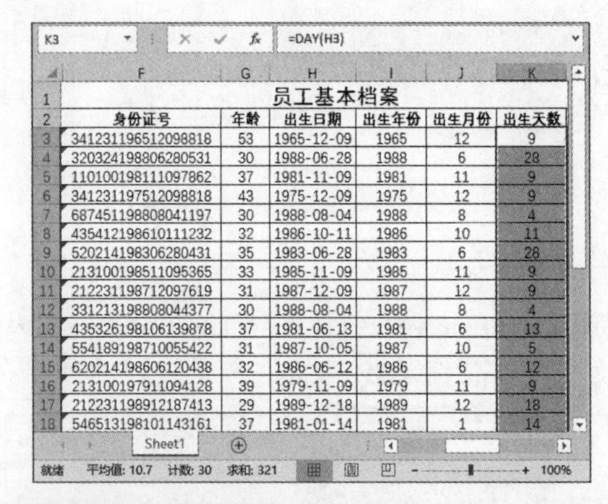

员工基本档案

身份证号	年龄	出生日期	出生年份	出生月份	出生天数
341231196512098818	53	1965-12-09	1965	12	9
320324198806280531	30	1988-06-28	1988	6	28
110100198111097862	37	1981-11-09	1981	11	9
341231197512098818	43	1975-12-09	1975	12	9
687451198808041197	30	1988-08-04	1988	8	4
435412198610111232	32	1986-10-11	1986	10	11
520214198306280431	35	1983-06-28	1983	6	28
213100198511095365	33	1985-11-09	1985	11	9
212231198712097619	31	1987-12-09	1987	12	9
331213198808044377	30	1988-08-04	1988	8	4
435326198106139878	37	1981-06-13	1981	6	13
554189198710055422	31	1987-10-05	1987	10	5
620214198606120438	32	1986-06-12	1986	6	12
213100197911094128	39	1979-11-09	1979	11	9
212231198912187413	29	1989-12-18	1989	12	18
546513198101143161	37	1981-01-14	1981	1	14

知识点拨 函数解析

YEAR、MONTH、DAY函数表示返回指定日期中的年、月、日，它们具有相同的参数。

语法格式：YEAR(serial_number)

其中serial_number表示需要提取年、月、日的日期。

2. 生成当前日期和时间

如果在工作表中生成的当前日期和时间是

固定不变的，可以使用Ctrl+;组合键输入当前电脑系统日期，使用Ctrl+Shift+;组合键输入当前电脑系统时间。

在Excel中，使用TODAY和NOW函数可以生成当前的日期和时间，重新打开工作表时自动更新为最新电脑日期和时间。

步骤01 打开“预算分析”工作表，选中C2单元格，然后输入“= TODAY()”公式，按Enter键执行计算。

2018年办公用品预算				
	当前日期:	= TODAY()	当前时间:	
序号	预购买产品	预算金额	产品单价	预购买数量
CHJ001	白板	¥500.00	¥120.00	4
CHJ002	保险柜	¥10,000.00	¥9,800.00	1
CHJ003	传真机	¥28,000.00	¥1,900.00	14
CHJ004	打印机	¥35,000.00	¥2,000.00	17
CHJ005	打印纸	¥2,000.00	¥120.00	16
CHJ006	单据	¥200.00	¥10.00	20
CHJ007	点钞机	¥1,200.00	¥560.00	2
CHJ010	复印纸	¥230.00	¥15.00	15
CHJ011	考勤机	¥2,900.00	¥780.00	3
CHJ012	幕布	¥12,000.00	¥1,500.00	8
CHJ013	凭证	¥250.00	¥45.00	5
CHJ014	商务投影机	¥100,000.00	¥39,000.00	2
CHJ015	收银纸	¥500.00	¥25.00	20
CHJ016	碎纸机	¥32,000.00	¥2,100.00	15
CHJ017	圆珠笔	¥300.00	¥20.00	15

步骤02 打开“预算分析”工作表，选中E2单元格，然后输入“= NOW()”公式，按Enter键执行计算。

2018年办公用品预算				
	当前日期:	2018/3/30	当前时间:	2018/3/30 9:23
序号	预购买产品	预算金额	产品单价	预购买数量
CHJ001	白板	¥500.00	¥120.00	4
CHJ002	保险柜	¥10,000.00	¥9,800.00	1
CHJ003	传真机	¥28,000.00	¥1,900.00	14
CHJ004	打印机	¥35,000.00	¥2,000.00	17
CHJ005	打印纸	¥2,000.00	¥120.00	16
CHJ006	单据	¥200.00	¥10.00	20
CHJ007	点钞机	¥1,200.00	¥560.00	2
CHJ010	复印纸	¥230.00	¥15.00	15
CHJ011	考勤机	¥2,900.00	¥780.00	3
CHJ012	幕布	¥12,000.00	¥1,500.00	8
CHJ013	凭证	¥250.00	¥45.00	5
CHJ014	商务投影机	¥100,000.00	¥39,000.00	2
CHJ015	收银纸	¥500.00	¥25.00	20
CHJ016	碎纸机	¥32,000.00	¥2,100.00	15
CHJ017	圆珠笔	¥300.00	¥20.00	15

知识点拨　函数解析

TODAY函数用于返回当前电脑系统中的日期。
语法格式：TODAY()
NOW函数用于返回当前电脑系统中的时间
语法格式：NOW()
这两个函数都没有参数。

下面介绍在“员工档案”工作表中，使用TODAY函数计算员工的年龄的操作方法。

步骤01 打开“员工档案”工作表，选中G3单元格，然后输入“=YEAR(TODAY())-I3”公式。

员工基本档案						
工号	姓名	性别	身份证号	年龄	出生日期	出生年份
001	邓超	男	34123119	=YEAR(TODAY())-I3		1965
002	康小明	男	320324198806280531		1988-06-28	1988
003	李梦	女	110100198111097862		1981-11-09	1981
004	李志	男	341231197512098818		1975-12-09	1975
005	孙可欣	男	687451198808041197		1988-08-04	1988
006	王小泉	男	435412198610111232		1986-10-11	1986
007	张玲	男	520214198306280431		1983-06-28	1983
008	朱良	女	213100198511095365		1985-11-09	1985
009	杜家富	男	212231198712097619		1987-12-09	1987
010	林永	男	331213198808044377		1988-08-04	1988
011	马尚发	男	435326198106139878		1981-06-13	1981
012	欧阳坤	女	554189198710055422		1987-10-05	1987
013	王尚	男	620214198606120438		1986-06-12	1986
014	武大胜	女	213100197911094128		1979-11-09	1979
015	尹小丽	男	212231198912187413		1989-12-18	1989
016	张小磊	女	546513198101143161		1981-01-14	1981

步骤02 按Enter键执行计算，并将公式填充至G32单元格。

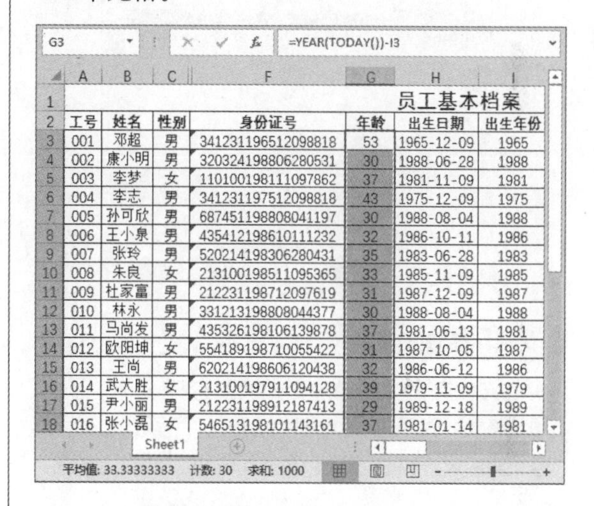

员工基本档案						
工号	姓名	性别	身份证号	年龄	出生日期	出生年份
001	邓超	男	341231196512098818	53	1965-12-09	1965
002	康小明	男	320324198806280531	30	1988-06-28	1988
003	李梦	女	110100198111097862	37	1981-11-09	1981
004	李志	男	341231197512098818	43	1975-12-09	1975
005	孙可欣	男	687451198808041197	30	1988-08-04	1988
006	王小泉	男	435412198610111232	32	1986-10-11	1986
007	张玲	男	520214198306280431	35	1983-06-28	1983
008	朱良	女	213100198511095365	33	1985-11-09	1985
009	杜家富	男	212231198712097619	31	1987-12-09	1987
010	林永	男	331213198808044377	30	1988-08-04	1988
011	马尚发	男	435326198106139878	37	1981-06-13	1981
012	欧阳坤	女	554189198710055422	31	1987-10-05	1987
013	王尚	男	620214198606120438	32	1986-06-12	1986
014	武大胜	女	213100197911094128	39	1979-11-09	1979
015	尹小丽	男	212231198912187413	29	1989-12-18	1989
016	张小磊	女	546513198101143161	37	1981-01-14	1981

7.6.2 计算员工退休日期

在管理员工信息时，计算员工的退休日期是比较重要的，下面介绍根据员工的身份证号计算员工退休日期的操作方法。

在计算员工退休日期时，需要使用DATE函数与其他函数相结合进行计算。计算的依据是男员工的退休年龄为60岁，女员工退休年龄为50岁。

步骤01 打开“员工档案”工作表，选中I3单元格，单击编辑栏左侧的“插入函数”按钮。

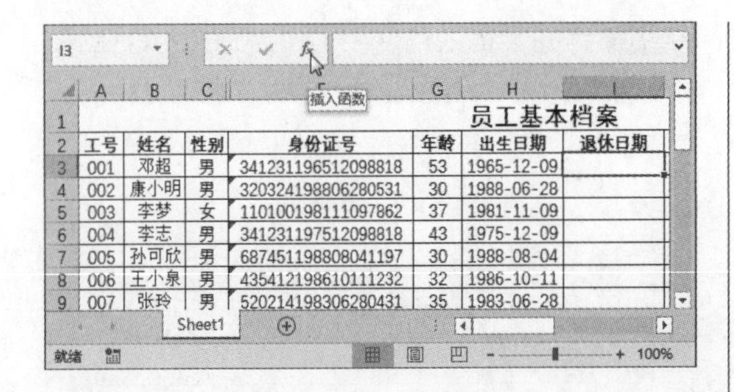

工号	姓名	性别	身份证号	年龄	出生日期	退休日期
001	邓超	男	341231196512098818	53	1965-12-09	
002	康小明	男	320324198806280531	30	1988-06-28	
003	李梦	女	110100198111097862	37	1981-11-09	
004	李志	男	341231197512098818	43	1975-12-09	
005	孙可欣	男	687451198808041197	30	1988-08-04	
006	王小泉	男	435412198610111232	32	1986-10-11	
007	张玲	男	520214198306280431	35	1983-06-28	

步骤 02 打开“插入函数”对话框，在“或选择类别”列表中选择“日期与时间”选项，在“选择函数”列表框中选择DATE函数选项，单击“确定”按钮。

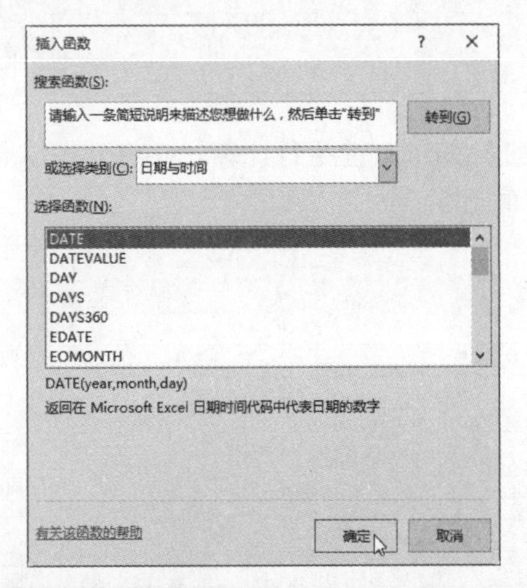

知识点拨　函数解析

DATE函数用于返回代表特定日期的序列号。

语法格式：DATE(year,month,day)

其中year表示年份，month表示每年中的月份，day表示天数。

步骤 03 打开“函数参数”对话框，在Year文本框中输入“MID(F3,7,4)+IF(C3="男",60,50)”。

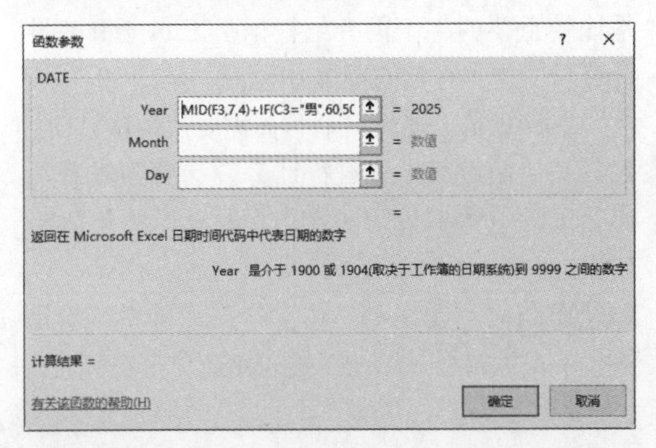

知识点拨　公式解析

“MID(F3,7,4)+IF(C3="男",60,50)”公式，先使用MID函数提取身份证号中的年份，然后使用IF函数判断员工性别，若为男员工年份则加60，若为女员工则加50。

步骤 04 然后分别在Month和Day文本框中输入“MID(F3,11,2)”和“MID(F3,13,2)-1”，单击“确定”按钮。

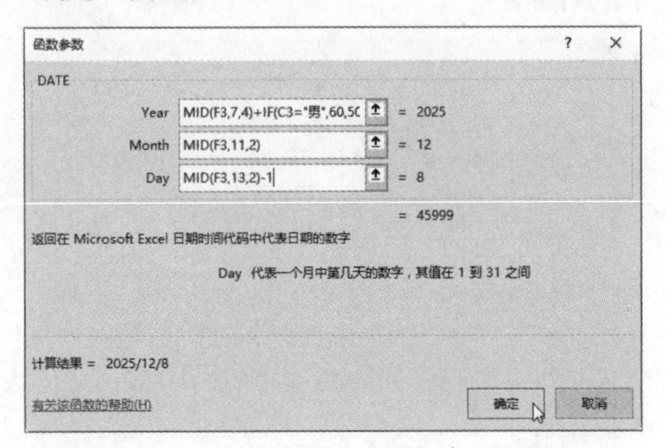

步骤 05 即可计算出员工的退休日期，然后将公式填充至I32单元格。

=DATE(MID(F3,7,4)+IF(C3="男",60,50),MID(

员工基本档案

工号	姓名	性别	身份证号	年龄	出生日期	退休日期
001	邓超	男	341231196512098818	53	1965-12-09	2025/12/8
002	康小明	男	320324198806280531	30	1988-06-28	2048/6/27
003	李梦	女	110100198111097862	37	1981-11-09	2031/11/8
004	李志	男	341231197512098818	43	1975-12-09	2035/12/8
005	孙可欣	男	687451198808041197	30	1988-08-04	2048/8/3
006	王小泉	男	435412198610111232	32	1986-10-11	2046/10/10
007	张玲	男	520214198306280431	35	1983-06-28	2043/6/27
008	朱良	女	213100198511095365	33	1985-11-09	2035/11/8
009	杜家富	男	212231198712097619	31	1987-12-09	2047/12/8
010	林永	男	331213198808044377	30	1988-08-04	2048/8/3
011	马尚发	男	435326198106139878	37	1981-06-13	2041/6/12
012	欧阳坤	女	554189198710055422	31	1987-10-05	2037/10/4
013	王尚	男	620214198606120438	32	1986-06-12	2046/6/11
014	武大胜	女	213100197911094128	39	1979-11-09	2029/11/8
015	尹小丽	男	212231198912187413	29	1989-12-18	2049/12/17
016	张小磊	女	546513198101143161	37	1981-01-14	2031/1/13

知识点拨　数字格式

如果输入函数之前单元格为常规格式，则计算结果为日期格式，如果结果为显示序列号，则需要将格式更改为日期格式。

7.6.3　计算星期值

在工作和生活中经常会遇到与星期有关的应用，例如计算某个日期的星期或是计算某年的父亲节或母亲节是星期几。

在“采购明细表”中，需要使用WEEKDAY函数计算出提货的日期，若是星期天需要提前和客户联系更改日期。

步骤01 打开“采购明细表”工作表，选中H3单元格，单击编辑栏中的“插入函数”按钮。

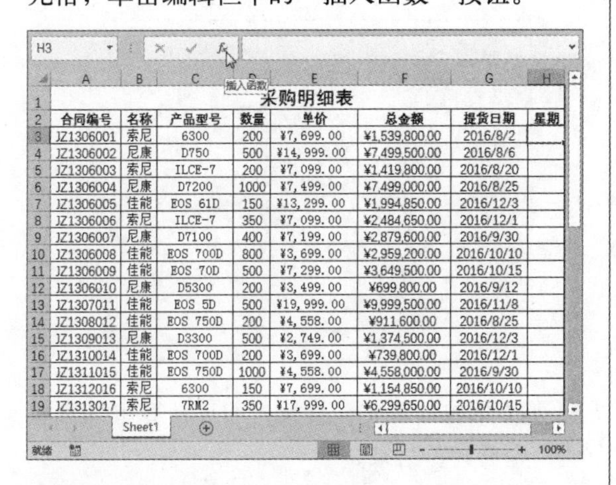

步骤02 打开“插入函数”对话框，选择WEEKDAY函数，单击“确定”按钮。

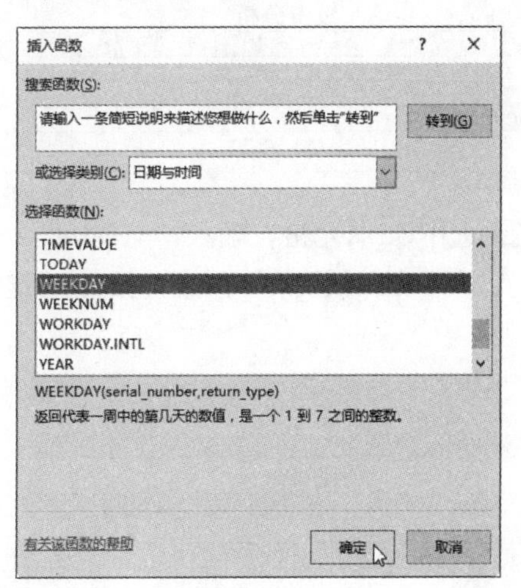

步骤03 打开“函数参数”对话框，分别输入相关参数。

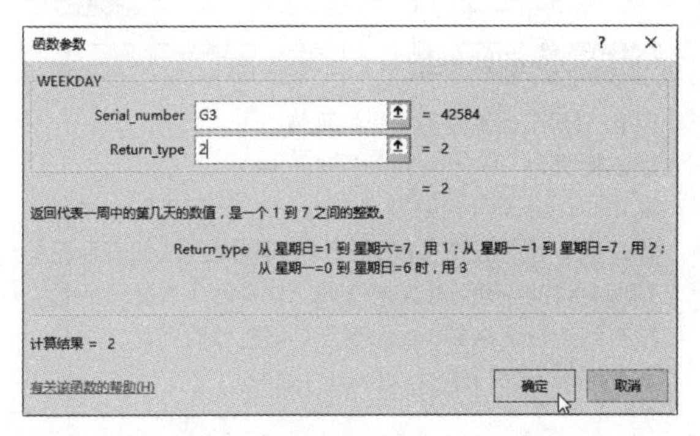

步骤04 单击“确定”按钮，查看计算结果。

步骤05 将H3单元格中的公式填充至H32单元格，查看结果。

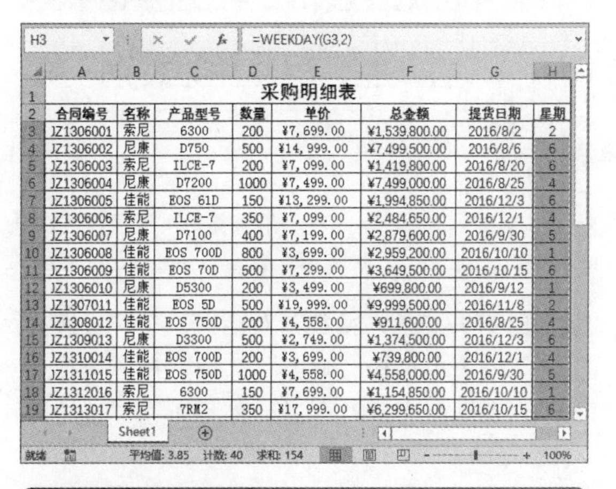

知识点拨 函数解析

WEEKDAY函数用于返回1~7的整数，表示星期几。

语法格式为：WEEKDAY(serial_number,return_type)

其中serial_number为需要返回星期几的日期，return_type为返回值类型的数字，其中不同的参数种类返回值也不同，如下表所示。

Return_type	返回结果
1或省略	把星期日作为一周开始
2	把星期一作为一周开始
3	把星期一作为一周开始
11	把星期一作为一周开始
12	把星期二作为一周开始
13	把星期三作为一周开始
14	把星期四作为一周开始
15	把星期五作为一周开始
16	把星期六作为一周开始
17	把星期日作为一周开始

7.7 财务函数

财务函数在处理财务数据方面的计算和核算起着重要作用，是Excel中重要函数类型之一，常用的财务函数包括FV、NPV、DDB等等。

7.7.1 投资决策分析

Excel提供的PV函数可以计算出投资分析中固定支付的贷款或存储的现值，下面介绍使用PV函数判断企业投资情况。

步骤01 打开“投资分析”工作表，选中B4单元格，单击编辑栏左侧的“插入函数”按钮。

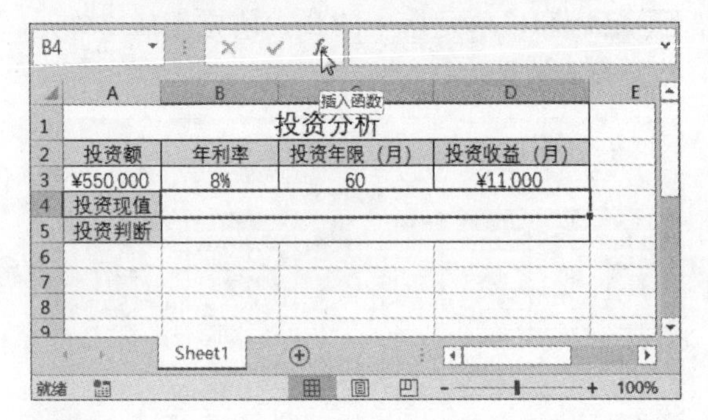

步骤02 打开“插入函数”对话框，在“或选择类别”列表中选择“财务”选项，在“选择函数”列表框中选择PV函数，然后单击“确定”按钮。

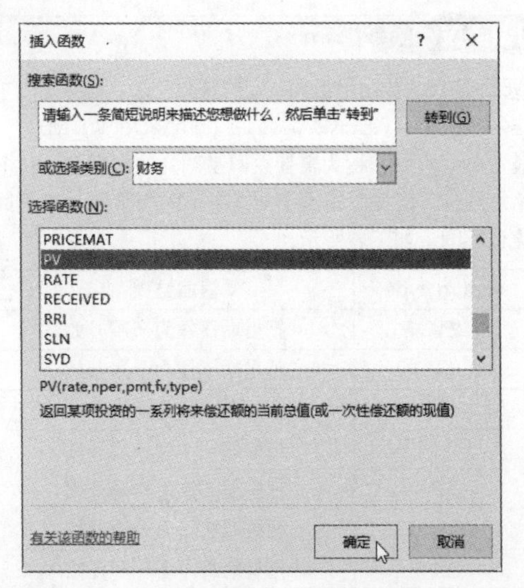

步骤03 打开“函数参数”对话框，在Rate文本框中输入“B3/12”，在Nper文本框中输入C3，在Pmt文本框中输入“-D3”。

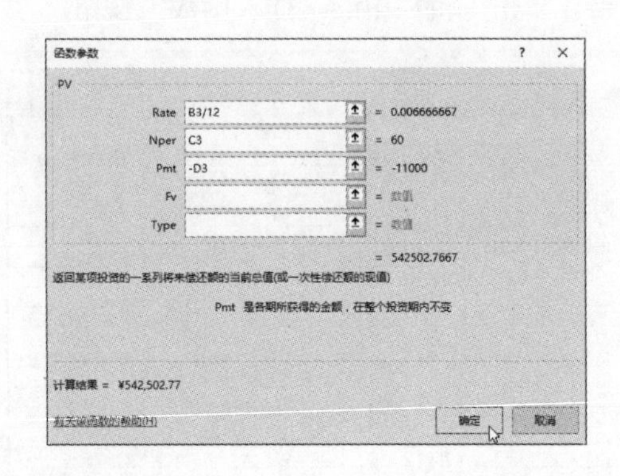

步骤04 单击“确定”按钮，即可计算出投资现值，查看计算结果。

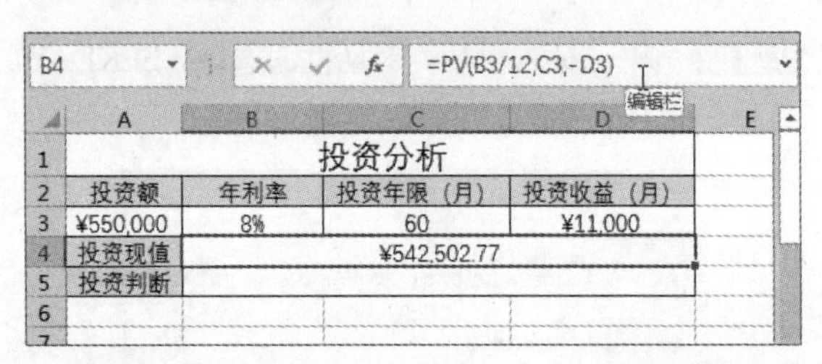

步骤05 选中C5单元格，输入“=IF(B4>A3,"可以投资","不可以投资")”公式，按Enter键执行计算。

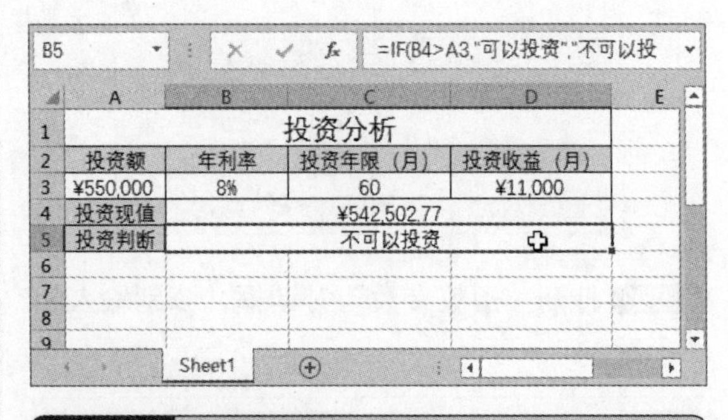

知识点拨　函数解析

PV函数用于计算返回投资的现值。

语法格式为：PV(rate,nper,pmt,fv,type)

其中，rate表示各期利率；nper表示总投资（或贷款）期，也就是该项投资的付款期总数；pmt表示各期所支付的金额；fv为未来值，或最后一次支付后希望得到的现金余额；type表示各期付款时间是在期初还是期末，0或省略为期末，1为期初。

7.7.2 判断投资分析

做财务的人都知道，净现值指的不是现金，所以计算起来很麻烦，我们可以应用Excel的NPV函数轻松计算出净现值。

某企业准备投资50万开发一个项目，经过调查分析计算出每年的收益，年贴现率为10%，计算十年后能否回本。

步骤01 打开“判断投资分析”工作表，选中B10单元格，输入“=NPV(D2, 2,B4:B8,D4:D8) -B2”公式。

PV | =NPV(D2, 2,B4:B8,D4:D8) - B2

	A	B	C	D	E
1	判断投资分析				
2	初期投资	¥500,000.00	年贴现率	10%	
3	未来年度	预计收入	未来年度	预计收入	
4	第1年	¥58,700.00	第6年	¥84,000.00	
5	第2年	¥68,100.00	第7年	¥50,000.00	
6	第3年	¥71,000.00	第8年	¥69,900.00	
7	第4年	¥56,900.00	第9年	¥66,000.00	
8	第5年	¥51,100.00	第10年	¥74,700.00	
9					
10	10年的投资净现值：	=NPV(D2, 2,B4:B8,D4:D8) - B2			

步骤02 按Enter键可得到10年的投资净现值。

B10 | =NPV(D2, 2,B4:B8,D4:D8) - B2

	A	B	C	D	E
1	判断投资分析				
2	初期投资	¥500,000.00	年贴现率	10%	
3	未来年度	预计收入	未来年度	预计收入	
4	第1年	¥58,700.00	第6年	¥84,000.00	
5	第2年	¥68,100.00	第7年	¥50,000.00	
6	第3年	¥71,000.00	第8年	¥69,900.00	
7	第4年	¥56,900.00	第9年	¥66,000.00	
8	第5年	¥51,100.00	第10年	¥74,700.00	
9					
10	10年的投资净现值：	¥-139,949.42	能否收回成本：		

步骤03 选中D10单元格，输入“=IF(B10>0,"能收回成本","不能收回成本")”公式，然后按Enter键执行计算。

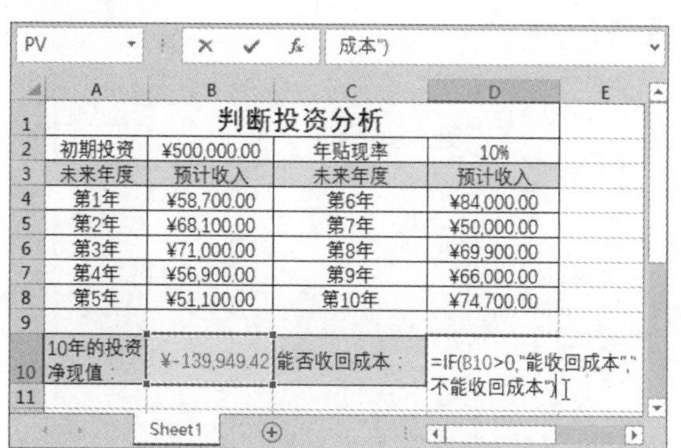

PV | 成本")

	A	B	C	D	E
1	判断投资分析				
2	初期投资	¥500,000.00	年贴现率	10%	
3	未来年度	预计收入	未来年度	预计收入	
4	第1年	¥58,700.00	第6年	¥84,000.00	
5	第2年	¥68,100.00	第7年	¥50,000.00	
6	第3年	¥71,000.00	第8年	¥69,900.00	
7	第4年	¥56,900.00	第9年	¥66,000.00	
8	第5年	¥51,100.00	第10年	¥74,700.00	
9					
10	10年的投资净现值：	¥-139,949.42	能否收回成本：	=IF(B10>0,"能收回成本","不能收回成本")	
11					

Sheet1

步骤04 如果投资发生在期初，选中B11单元格，输入“=NPV(D2,-B2,B4:B8,D4:D8)”公式。

PV | =NPV(D2,-B2,B4:B8,D4:D8)

	A	B	C	D	E
1	判断投资分析				
2	初期投资	¥500,000.00	年贴现率	10%	
3	未来年度	预计收入	未来年度	预计收入	
4	第1年	¥58,700.00	第6年	¥84,000.00	
5	第2年	¥68,100.00	第7年	¥50,000.00	
6	第3年	¥71,000.00	第8年	¥69,900.00	
7	第4年	¥56,900.00	第9年	¥66,000.00	
8	第5年	¥51,100.00	第10年	¥74,700.00	
9					
10	10年的投资净现值：	¥-139,949.42	能否收回成本：	不能收回成本	
11	期初投资净现值：	=NPV(D2,-B2,B4:B8,D4:D8)			
12					

步骤05 按Enter键执行计算，计算出期初投资净现值。

B11 | =NPV(D2,-B2,B4:B8,D4:D8)

	A	B	C	D	E
1	判断投资分析				
2	初期投资	¥500,000.00	年贴现率	10%	
3	未来年度	预计收入	未来年度	预计收入	
4	第1年	¥58,700.00	第6年	¥84,000.00	
5	第2年	¥68,100.00	第7年	¥50,000.00	
6	第3年	¥71,000.00	第8年	¥69,900.00	
7	第4年	¥56,900.00	第9年	¥66,000.00	
8	第5年	¥51,100.00	第10年	¥74,700.00	
9					
10	10年的投资净现值：	¥-139,949.42	能否收回成本：	不能收回成本	
11	期初投资净现值：	¥-94,496.70	能否收回成本：		
12					

步骤06 根据步骤3的方法判断能否回本。

D11 | =IF(B11>0,"能收回成本","不能收回

	A	B	C	D	E
1	判断投资分析				
2	初期投资	¥500,000.00	年贴现率	10%	
3	未来年度	预计收入	未来年度	预计收入	
4	第1年	¥58,700.00	第6年	¥84,000.00	
5	第2年	¥68,100.00	第7年	¥50,000.00	
6	第3年	¥71,000.00	第8年	¥69,900.00	
7	第4年	¥56,900.00	第9年	¥66,000.00	
8	第5年	¥51,100.00	第10年	¥74,700.00	
9					
10	10年的投资净现值：	¥-139,949.42	能否收回成本：	不能收回成本	
11	期初投资净现值：	¥-94,496.70	能否收回成本：	不能收回成本	
12					

Sheet1

知识点拨 函数解析

NPV函数是通过使用贴现率以及一系列未来支出或收入，返回投资的净现值。

语法格式：NPV(rate,value1,value2,…)

其中rate表示某一期的贴现率；value1,value2,…表示支出或收入的参数，其中参数最多为254个。

动手练习 制作员工信息统计表

本章重点介绍了Excel函数应用的相关知识，只有熟悉函数的应用，才能提高工作效率。下面以制作员工信息统计表为例，对本章所学知识进行巩固。

步骤01 首先制作员工信息统计表的基本框架，并输入相关员工信息。

A1 员工信息统计表

员工信息统计表

姓名	性别	部门	职务	联系方式	身份证号	学历	婚否	省份	市/区	家庭住址
邓超		行政部	经理	13852465489	341231196512098818	本	是	北京	海淀	
康小明		行政部	职工	17754823215	320324198806280531	专	是	山东	青岛	
李梦		财务部	经理	15965426544	110100198111097862	本	是	山东	日照	
李志		人事部	经理	13852465489	341231197512098818	研	否	北京	朝阳	
孙可欣		研发部	主管	14754265832	687451198808041197	研	是	江苏	南京	
王小泉		销售部	经理	13521459852	435412198610111232	本	是	河南	郑州	
张玲		销售部	主管	13254568721	520214198306280431	专	是	江苏	徐州	
朱良		财务部	主管	13654821359	213100198511095365	本	是	江苏	苏州	
杜家富		采购部	主管	15965426325	212231198712097619	本	否	甘肃	酒泉	
林永		采购部	职工	13754621548	331213198808044377	专	是	河南	平顶山	
马尚发		财务部	职工	15922115486	435326198106139878	本	是	安徽	合肥	
欧阳坤		销售部	职工	13852465489	554189198710055422	专	是	福建	泉州	
王尚		销售部	职工	15654789632	620214198606120438	本	是	四川	成都	
武大胜		行政部	职工	13852468546	213100197911094128	专	是	重庆	沙坪坝	
尹小丽		销售部	职工	15854962546	212231198912187413	专	是	四川	宜宾	
张小磊		研发部	经理	13952296318	546513198101143161	研	是	广东	广州	
王楠		销售部	职工	17754865214	110210198501032564	专	是	浙江	杭州	
李铁		采购部	职工	13852465489	320325199205102346	本	否	浙江	温州	

步骤02 选中L3单元格，输入“=CONCATENATE(J3,K3)”公式，按Enter键执行计算。

PV =CONCATENATE(J3,K3)

员工信息统计表

职务	联系方式	身份证号	学历	婚否	省份	市/区	家庭住址
经理	13852465489	341231196512098818	本	是	北京	海淀	=CONCATENATE(J3,K3)
职工	17754823215	320324198806280531	专	是	山东	青岛	
经理	15965426544	110100198111097862	本	是	山东	日照	
经理	13852465489	341231197512098818	研	否	北京	朝阳	
主管	14754265832	687451198808041197	研	是	江苏	南京	
经理	13521459852	435412198610111232	本	是	河南	郑州	
主管	13254568721	520214198306280431	专	是	江苏	徐州	
主管	13654821359	213100198511095365	本	是	江苏	苏州	
主管	15965426325	212231198712097619	本	否	甘肃	酒泉	
职工	13754621548	331213198808044377	专	是	河南	平顶山	
职工	15922115486	435326198106139878	本	是	安徽	合肥	
职工	13852465489	554189198710055422	专	是	福建	泉州	
职工	15654789632	620214198606120438	本	是	四川	成都	
职工	13852468546	213100197911094128	专	是	重庆	沙坪坝	
职工	15854962546	212231198912187413	专	是	四川	宜宾	
经理	13952296318	546513198101143161	研	是	广东	广州	
职工	17754865214	110210198501032564	专	是	浙江	杭州	
职工	13852465489	320325199205102346	本	否	浙江	温州	

步骤03 将L3单元格的公式填充至L22单元格。

L3 =CONCATENATE(J3,K3)

员工信息统计表

职务	联系方式	身份证号	学历	婚否	省份	市/区	家庭住址
经理	13852465489	341231196512098818	本	是	北京	海淀	北京海淀
职工	17754823215	320324198806280531	专	是	山东	青岛	山东青岛
经理	15965426544	110100198111097862	本	是	山东	日照	山东日照
经理	13852465489	341231197512098818	研	否	北京	朝阳	北京朝阳
主管	14754265832	687451198808041197	研	是	江苏	南京	江苏南京
经理	13521459852	435412198610111232	本	是	河南	郑州	河南郑州
主管	13254568721	520214198306280431	专	是	江苏	徐州	江苏徐州
主管	13654821359	213100198511095365	本	是	江苏	苏州	江苏苏州
主管	15965426325	212231198712097619	本	否	甘肃	酒泉	甘肃酒泉
职工	13754621548	331213198808044377	专	是	河南	平顶山	河南平顶山
职工	15922115486	435326198106139878	本	是	安徽	合肥	安徽合肥
职工	13852465489	554189198710055422	专	是	福建	泉州	福建泉州
职工	15654789632	620214198606120438	本	是	四川	成都	四川成都
职工	13852468546	213100197911094128	专	是	重庆	沙坪坝	重庆沙坪坝
职工	15854962546	212231198912187413	专	是	四川	宜宾	四川宜宾
经理	13952296318	546513198101143161	研	是	广东	广州	广东广州
职工	17754865214	110210198501032564	专	是	浙江	杭州	浙江杭州
职工	13852465489	320325199205102346	本	否	浙江	温州	浙江温州

计数: 20

步骤04 选中C3单元格，输入公式“=IF(MOD(MID(G3,17,1),2)=1,"男","女")”，按Enter键执行计算，并将公式填充至C22单元格。

C3 =IF(MOD(MID(G3,17,1),2)=1,"男","女")

员工信息统计表

姓名	性别	部门	职务	联系方式	身份证号	学历	婚否
邓超	男	行政部	经理	13852465489	341231196512098818	本	是
康小明	男	行政部	职工	17754823215	320324198806280531	专	是
李梦	女	财务部	经理	15965426544	110100198111097862	本	是
李志	男	人事部	经理	13852465489	341231197512098818	研	否
孙可欣	男	研发部	主管	14754265832	687451198808041197	研	是
王小泉	男	销售部	经理	13521459852	435412198610111232	本	是
张玲	男	销售部	主管	13254568721	520214198306280431	专	是
朱良	女	财务部	主管	13654821359	213100198511095365	本	是
杜家富	男	采购部	主管	15965426325	212231198712097619	本	否
林永	男	采购部	职工	13754621548	331213198808044377	专	是
马尚发	男	财务部	职工	15922115486	435326198106139878	本	是
欧阳坤	女	销售部	职工	13852465489	554189198710055422	专	是
王尚	男	销售部	职工	15654789632	620214198606120438	本	是
武大胜	女	行政部	职工	13852468546	213100197911094128	专	是
尹小丽	男	销售部	职工	15854962546	212231198912187413	专	是
张小磊	女	研发部	经理	13952296318	546513198101143161	研	是
王楠	女	销售部	职工	17754865214	110210198501032564	专	是

计数: 20

步骤05 选中M3单元格，输入“=YEAR(TODAY())-VALUE(MID(G3,7,4))”公式，按Enter键执行计算，并将公式填充至M22单元格。

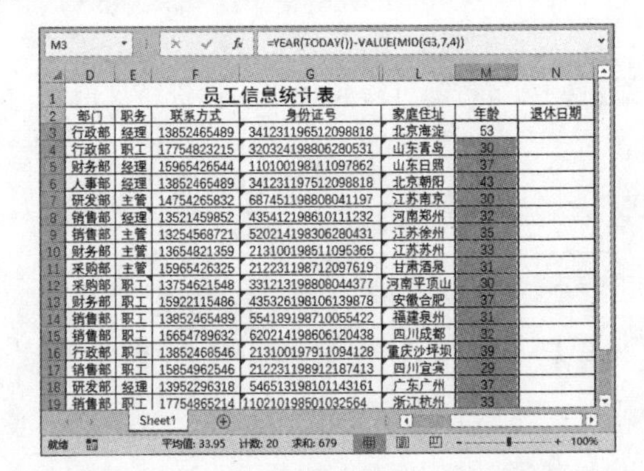

M3 =YEAR(TODAY())-VALUE(MID(G3,7,4))

员工信息统计表

部门	职务	联系方式	身份证号	家庭住址	年龄	退休日期
行政部	经理	13852465489	341231196512098818	北京海淀	53	
行政部	职工	17754823215	320324198806280531	山东青岛	30	
财务部	经理	15965426544	110100198111097862	山东日照	37	
人事部	经理	13852465489	341231197512098818	北京朝阳	43	
研发部	主管	14754265832	687451198808041197	江苏南京	30	
销售部	经理	13521459852	435412198610111232	河南郑州	32	
销售部	主管	13254568721	520214198306280431	江苏徐州	35	
财务部	主管	13654821359	213100198511095365	江苏苏州	33	
采购部	主管	15965426325	212231198712097619	甘肃酒泉	31	
采购部	职工	13754621548	331213198808044377	河南平顶山	30	
财务部	职工	15922115486	435326198106139878	安徽合肥	37	
销售部	职工	13852465489	554189198710055422	福建泉州	31	
销售部	职工	15654789632	620214198606120438	四川成都	32	
行政部	职工	13852468546	213100197911094128	重庆沙坪坝	39	
销售部	职工	15854962546	212231198912187413	四川宜宾	29	
研发部	经理	13952296318	546513198101143161	广东广州	37	
销售部	职工	17754865214	110210198501032564	浙江杭州	33	

平均值: 33.95 计数: 20 求和: 679

步骤06 选中N3单元格，输入公式“=DATE(VALUE(MID(G3,7,4))+(C3="男")*5+55,VALUE(MID(G3,11,2)),VALUE(MID(G3,13,2))-1)”，按Enter键执行计算，并将公式填充至N22单元格。

N3 =DATE(VALUE(MID(G3,7,4))+(C3="男")*5+55,VALUE(MID(G3,

员工信息统计表

部门	职务	联系方式	身份证号	家庭住址	年龄	退休日期
行政部	经理	13852465489	341231196512098818	北京海淀	53	2025/12/8
行政部	职工	17754823215	320324198806280531	山东青岛	30	2048/6/27
财务部	经理	15965426544	110100198111097862	山东日照	37	2036/11/8
人事部	经理	13852465489	341231197512098818	北京朝阳	43	2035/12/8
研发部	主管	14754265832	687451198808041197	江苏南京	30	2048/8/3
销售部	经理	13521459852	435412198610111232	河南郑州	32	2046/10/10
销售部	主管	13254568721	520214198306280431	江苏徐州	35	2043/6/27
财务部	主管	13654821359	213100198511095365	江苏苏州	33	2040/11/8
采购部	主管	15965426325	212231198712097619	甘肃酒泉	31	2047/12/8
采购部	职工	13754621548	331213198808044377	河南平顶山	30	2048/8/3
财务部	职工	15922115486	435326198106139878	安徽合肥	37	2041/6/12
销售部	职工	13852465489	554189198710055422	福建泉州	31	2042/10/4
销售部	职工	15654789632	620214198606120438	四川成都	32	2046/6/11
行政部	职工	13852468546	213100197911094128	重庆沙坪坝	39	2034/11/8

平均值: 2042/8/13 计数: 20 求和: 4752/6/1

秒杀疑惑

1. 如何查看某个单元格中的数据与其他单元格的关系？

以“销售业绩统计表”工作表为例，选择需追踪引用的H3单元格，切换至“公式”选项卡，单击“公式审核”选项组中“追踪引用单元格”按钮，可以看到引用的单元格箭头指向H3单元格。

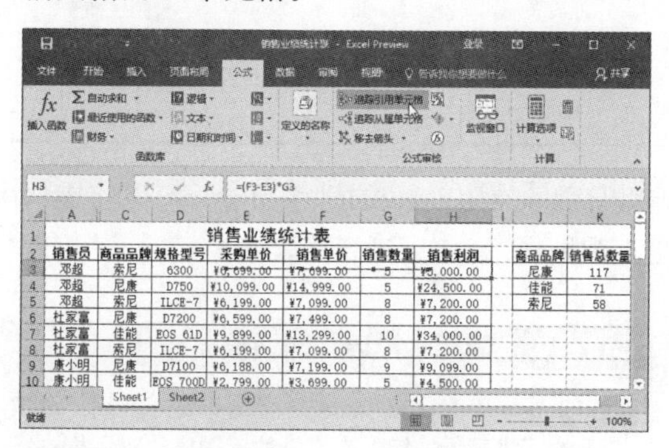

2. 在使用函数公式时，如何分步审核公式，并逐步查看计算结果呢？

以“固定资产折旧表”为例，选中需要审核公式的单元格，切换至“公式”选项卡，单击“公式审核”选项组的“公式求值”按钮，弹出“公式求值”对话框，在“求值”区域会显示公式，单击“求值”按钮，逐步计算各个步骤的值。

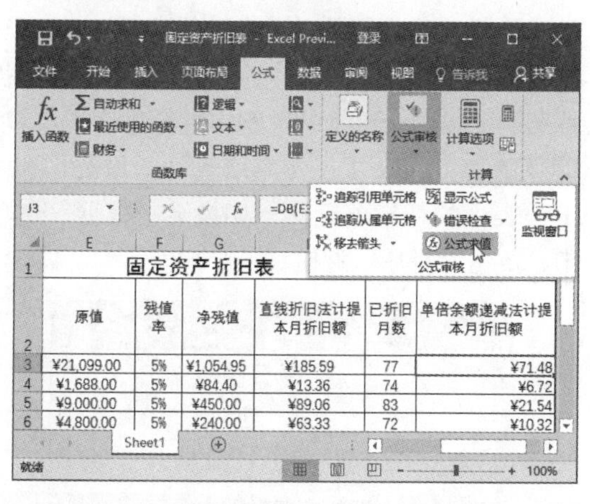

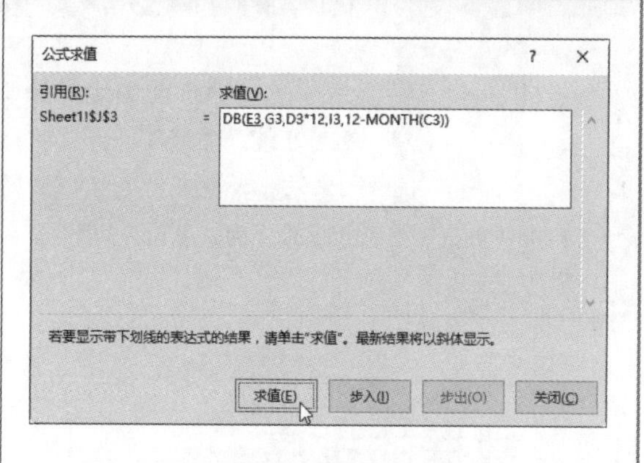

3. 如何在复杂的数据中查找数据？

查找引用函数是Excel非常重要的函数类型之一。VLOOKUP函数是一个纵向查找函数，返回所需查找列序所对应的值，以“销售业绩对比表”为例，介绍VLOOKUP函数的应用。

选中B21单元格，输入“=VLOOKUP(A21,A3:F18,6,FALSE)”公式，按Enter键执行计算，即可查找指定业务员所对应的奖励情况。

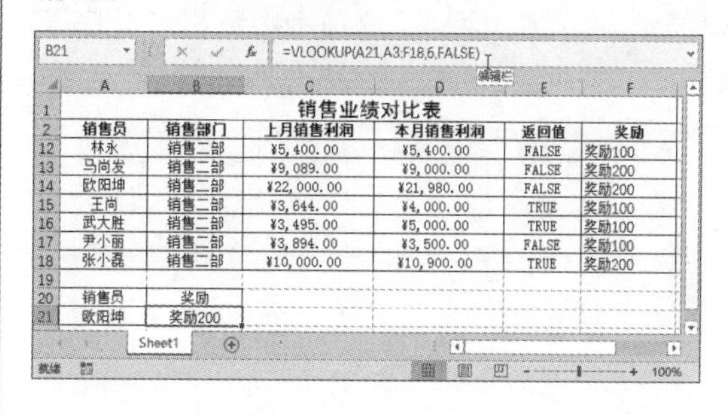

Chapter 08 数据的分析与处理

Excel强大的电子表格处理功能，可以帮助用户在日常办公中进行各种数据处理。本章首先介绍在工作表中对数据进行排序、筛选、分类汇总的操作方法，然后介绍使用条件格式功能对数据进行直观显示，最后介绍强大的数据透视表功能的应用。

8.1 数据的排序

当Excel表格中的数据过多时，会使表格显得杂乱无章，使用Excel的排序功能，可以将表格中的数据按照指定的顺序进行规律的排序，从而可以更直观地显示、查看和理解数据。

8.1.1 简单排序

简单排序多指对表格中的某一列进行排序，下面介绍对“员工工资领取表”中“工号”列从低到高进行排序的操作方法。

步骤01 打开“员工工资领取表”工作表，选中A2单元格，在“数据”选项卡中单击“升序”按钮。

步骤02 即可看到“工号”列数据已经按升序进行排序了。

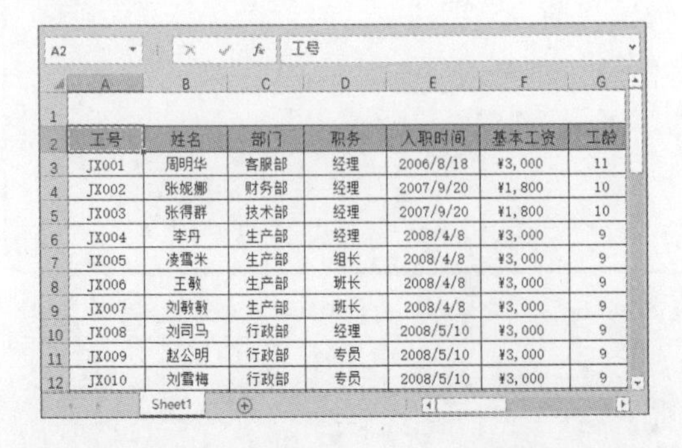

工号	姓名	部门	职务	入职时间	基本工资	工龄
JX001	周明华	客服部	经理	2006/8/18	¥3,000	11
JX002	张妮娜	财务部	经理	2007/9/20	¥1,800	10
JX003	张得群	技术部	经理	2007/9/20	¥1,800	10
JX004	李丹	生产部	经理	2008/4/8	¥3,000	9
JX005	凌雪米	生产部	组长	2008/4/8	¥3,000	9
JX006	王敏	生产部	班长	2008/4/8	¥3,000	9
JX007	刘敏敏	生产部	班长	2008/4/8	¥3,000	9
JX008	刘司马	行政部	经理	2008/5/10	¥3,000	9
JX009	赵公明	行政部	专员	2008/5/10	¥3,000	9
JX010	刘雪梅	行政部	专员	2008/5/10	¥3,000	9

知识点拨 使用“排序”对话框

选中工作表中的任意单元格，然后单击“数据”选项卡下的“排序”按钮，在打开的“排序”对话框进行排序设置。

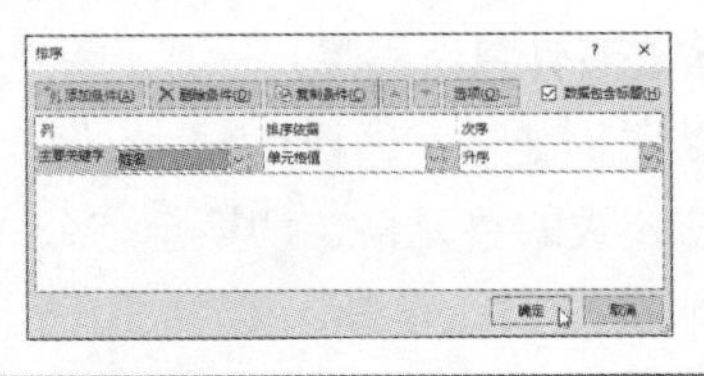

8.1.2 复杂排序

除了上述介绍的单一条件排序外，Excel还能对多个关键字进行排序，即工作表中的数据按照两个或两个以上的关键字进行排序。

步骤01 打开“员工工资领取表”工作表，选中工作表中的任意单元格，切换至“数据”选项卡，单击“排序”按钮。

步骤02 在“排序”对话框中单击“主要关键字”下三角按钮，选择“部门”选项，然后设置排序依据和排序次序。

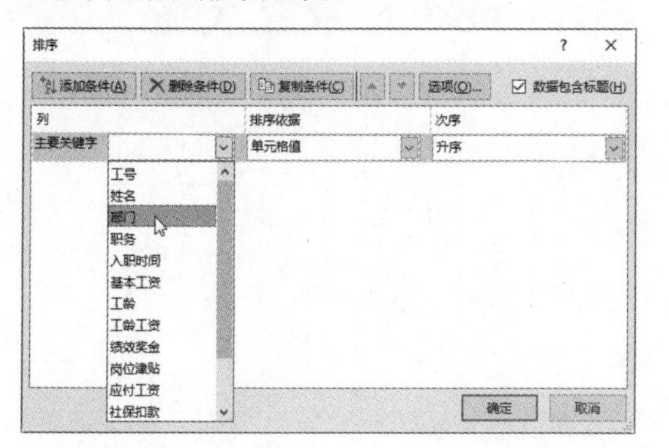

步骤03 单击对话框左上角的“添加条件”按钮，添加排序条件。

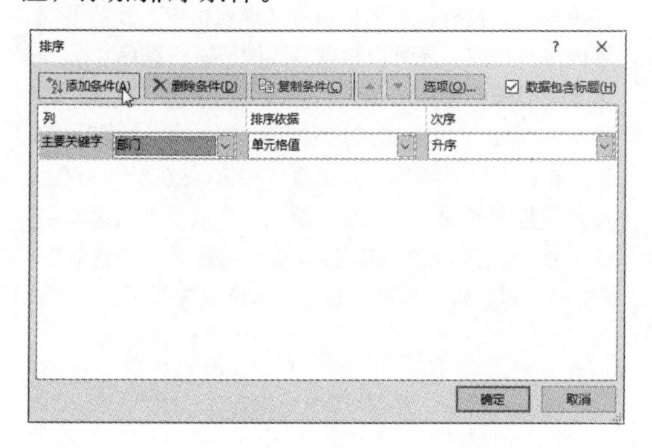

步骤04 单击“次要关键字”下三角按钮，选择“入职时间”选项后，设置次要关键字的排序依据和排序次序。

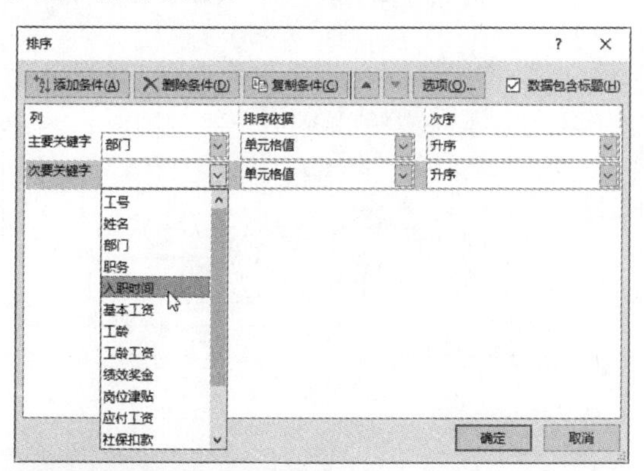

知识点拨　按笔划进行排序

对Excel中的数据按笔划进行排序时，Excel是依次按照姓名中的第一个字、第二个字、第三个字的笔划顺序进行排序，而不是按照姓名的总笔划来排序的。

步骤05 单击“确定”按钮，返回工作表中查看对“部门”和“入职时间”进行升序排序后的效果。

	A	B	C	D	E	F	G
2	工号	姓名	部门	职务	入职时间	基本工资	工龄
3	JX002	张妮娜	财务部	经理	2007/9/20	¥1,800	10
4	JX015	李晟敏	财务部	会计	2010/4/9	¥1,500	7
5	JX025	李丽	财务部	出纳	2011/9/5	¥1,500	6
6	JX024	李明明	财务部	会计	2013/9/5	¥1,500	4
7	JX026	东丽湖	财务部	出纳	2015/9/5	¥1,500	2
8	JX008	刘司马	行政部	经理	2008/5/10	¥3,000	9
9	JX009	赵公明	行政部	专员	2008/5/10	¥3,000	9
10	JX010	刘雪梅	行政部	专员	2008/5/10	¥3,000	9
11	JX017	萨好好	行政部	专员	2010/7/9	¥1,500	7
12	JX018	李军华	行政部	实习	2016/7/9	¥1,500	1
13	JX003	张得群	技术部	经理	2007/9/20	¥1,800	10
14	JX011	何密	技术部	技术员	2009/4/3	¥2,000	8
15	JX014	李日娜	技术部	专员	2009/9/28	¥1,500	8

8.1.3 自定义排序

如果需要按照特定的类别顺序进行排序，用户可以创建自定义序列，按照自定义序列进行排序。下面介绍对“部门”按照“财务部、行政部、技术部、客服部、生产部”的顺序进行排序的方法，具体步骤如下。

步骤01 选中工作表中的任意单元格，在“数据”选项卡中单击“排序”按钮。在“排序”对话框中单击“主要关键字”下三角按钮，选择“部门”选项。

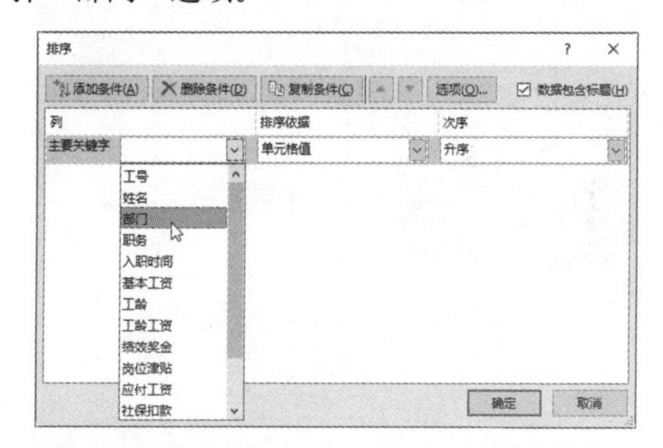

步骤02 保持“排序依据”的默认设置不变，单击“次序”下三角按钮，选择“自定义序列”选项。

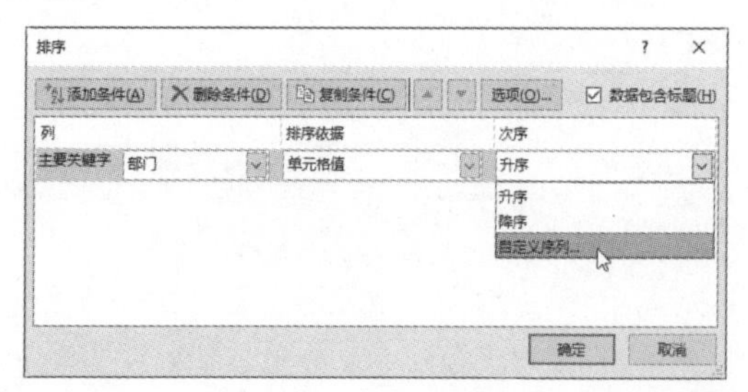

步骤03 打开“自定义序列”对话框，在“输入序列”文本框中输入自定义部门的顺序为“财务部,行政部,技术部,客服部,生产部”，然后单击“添加”按钮。需要注意的是，各部门之间用英文半角状态下的逗号隔开。

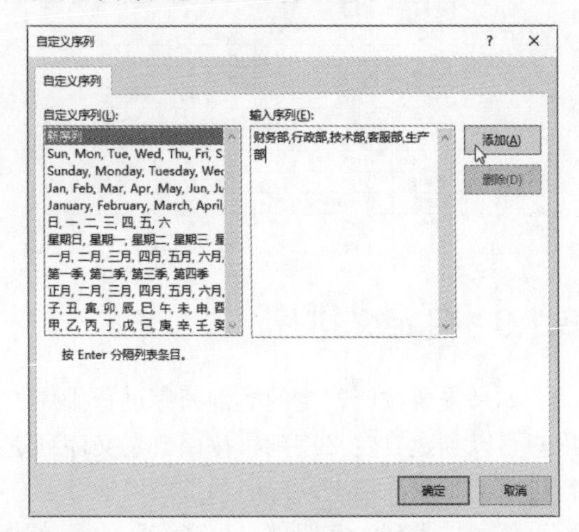

步骤04 这时可以看到，“自定义序列”列表中显示了自定义的部门序列选项，单击“确定”按钮。

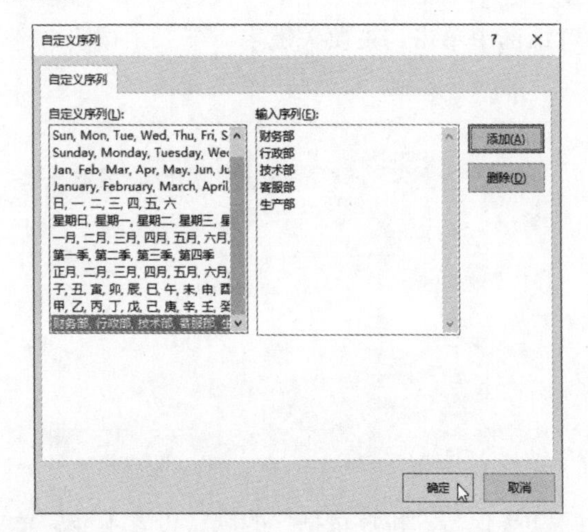

步骤05 返回“排序”对话框，在“次序”中显示了刚刚定义的部门序列。

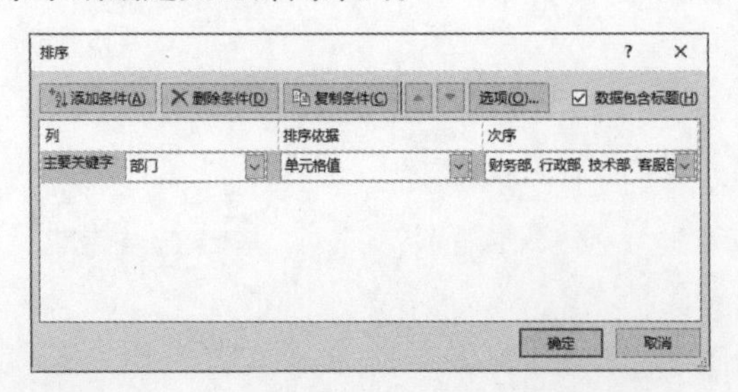

步骤06 单击“确定”按钮，返回工作表中查看按部门进行自定义排序的效果。

	A	B	C	D	E	F
2	工号	姓名	部门	职务	入职时间	基本工资
3	JX002	张妮娜	财务部	经理	2007/9/20	¥1,800
4	JX015	李晁敏	财务部	会计	2010/4/9	¥1,500
5	JX024	李明明	财务部	会计	2013/9/5	¥1,500
6	JX025	李丽	财务部	出纳	2011/9/5	¥1,500
7	JX026	东丽湖	财务部	出纳	2015/9/5	¥1,500
8	JX008	刘司马	行政部	经理	2008/5/10	¥3,000
9	JX017	萨好好	行政部	专员	2010/7/9	¥1,500
10	JX009	赵公明	行政部	专员	2008/5/10	¥3,000
11	JX018	李军华	行政部	实习	2016/7/9	¥1,500
12	JX010	刘雪梅	行政部	专员	2008/5/10	¥3,000
13	JX016	第聂霞	技术部	技术员	2010/7/4	¥2,000
14	JX014	李日娜	技术部	专员	2009/9/28	¥1,500
15	JX011	何密	技术部	技术员	2009/4/3	¥2,000
16	JX019	李本森	技术部	专员	2010/9/4	¥1,500
17	JX020	赵英彬	技术部	专员	2011/6/9	¥1,500

Sheet1 就绪 100%

知识点拨 **按行排序**

在某些同时具有行和列标题的二维表格中，我们不仅可以按列排序，还可以根据需要按行进行排序。

选定需要按行排序的单元格区域，切换至“数据”选项卡，单击“排序和筛选”选项组中的“排序”按钮，在打开的“排序”对话框中单击“选项”按钮，打开“排序选项”对话框，选中“方向”选项区域中的“按行排序”单选按钮，单击“确定”按钮返回“排序”对话框，再进行相应的排序设置即可。

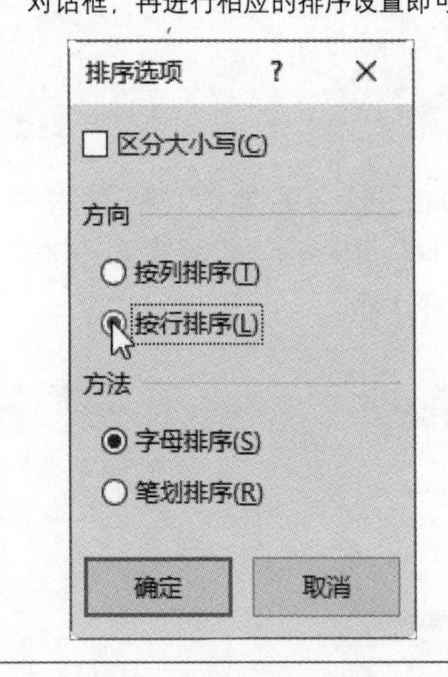

8.2 数据的筛选

筛选就是从复杂的数据中将符合条件的数据快速查找并显示出来。在Excel 2019中，筛选分为自动筛选、自定义筛选和高级筛选，下面分别进行介绍。

8.2.1 自动筛选

对于筛选条件比较简单的数据，使用自动筛选功能可以非常方便地查找和显示所需内容，具体方法如下。

步骤01 打开“员工工资领取表”工作表，选中工作表中的任意单元格，在“数据”选项卡中单击“筛选”按钮。

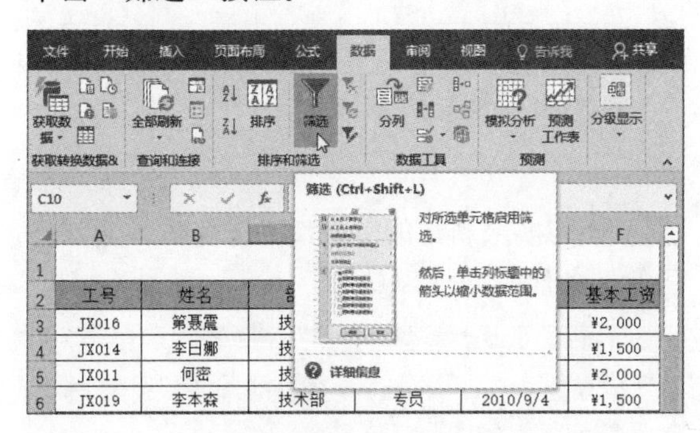

步骤02 这时可以看到Excel自动在列标题单元格右侧显示下三角筛选按钮。

工号	姓名	部门	职务	入职时间	基本工资
JX016	第聂震	技术部	技术员	2010/7/4	¥2,000
JX014	李日娜	技术部	专员	2009/9/28	¥1,500
JX011	何密	技术部	技术员	2009/4/3	¥2,000
JX019	李本森	技术部	专员	2010/9/4	¥1,500
JX001	周明华	客服部	经理	2006/8/18	¥3,000
JX002	张妮娜	财务部	经理	2007/9/20	¥1,800
JX029	邓东皋	客服部	专员	2013/5/4	¥900
JX032	舒曼罗	客服部	专员	2013/6/9	¥900
JX004	李丹	生产部	经理	2008/4/8	¥3,000
JX012	王立民	生产部	高级专员	2009/8/4	¥1,800

步骤03 单击需要筛选的字段，在展开的下拉列表中取消勾选“全选”复选框后，勾选“财务部”复选框。

步骤04 单击“确定”按钮后，可以看到工作表中显示了筛选结果。

工号	姓名	部门	职务	入职时间	基本工资
JX002	张妮娜	财务部	经理	2007/9/20	¥1,800
JX015	李晟敏	财务部	会计	2010/4/9	¥1,500
JX024	李明明	财务部	会计	2013/9/5	¥1,500
JX025	李丽	财务部	出纳	2011/9/5	¥1,500
JX026	东丽湖	财务部	出纳	2015/9/5	¥1,500

8.2.2 自定义筛选

使用自动筛选功能时，每个关键字只能选择一种筛选条件，若需要设置更过的筛选条件，可以使用Excel的自定义筛选功能，筛选出符合要求的数据。

步骤01 打开“员工工资领取表”工作表，选中工作表中的任意单元格，切换至“数据”选项卡，单击“排序和筛选”选项组中的“筛选”按钮。

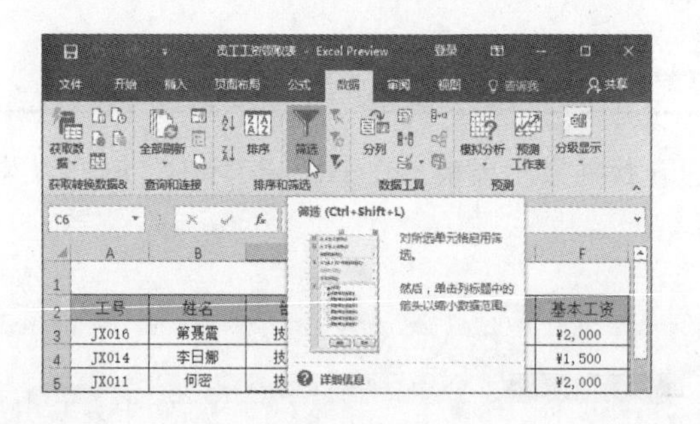

步骤02 单击“基本工资”字段的下三角筛选按钮，在下拉列表中选择“数字筛选>自定义筛选”选项。

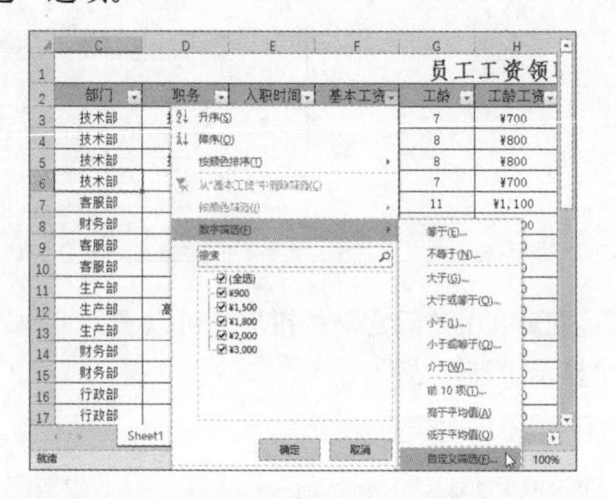

步骤03 在“自定义自动筛选方式”对话框中，设置基本工资“大于或等于”值为2000，选中“与”单选按钮后，再设置“小于或等于”值为3000。

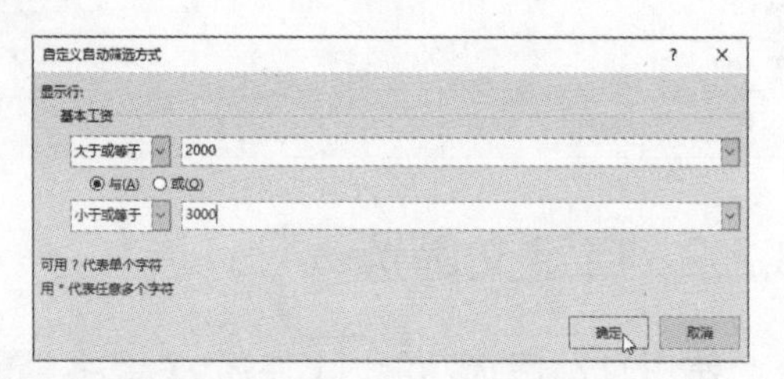

步骤04 单击“确定”按钮后，返回工作表中查看自定义筛选的结果。

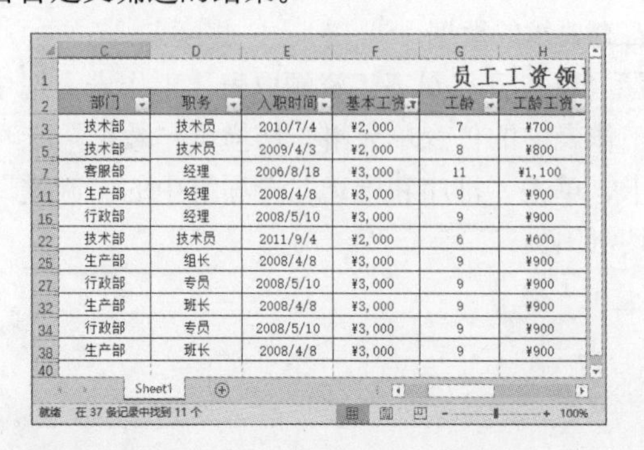

员工工资领

	部门	职务	入职时间	基本工资	工龄	工龄工资
3	技术部	技术员	2010/7/4	¥2,000	7	¥700
5	技术部	技术员	2009/4/3	¥2,000	8	¥800
7	客服部	经理	2006/8/18	¥3,000	11	¥1,100
11	生产部	经理	2008/4/8	¥3,000	9	¥900
16	行政部	经理	2008/5/10	¥3,000	9	¥900
22	技术部	技术员	2011/9/4	¥2,000	6	¥600
25	生产部	组长	2008/4/8	¥3,000	9	¥900
27	行政部	专员	2008/5/10	¥3,000	9	¥900
32	生产部	班长	2008/4/8	¥3,000	9	¥900
34	行政部	专员	2008/5/10	¥3,000	9	¥900
38	生产部	班长	2008/4/8	¥3,000	9	¥900

8.2.3 高级筛选

自动筛选和自定义筛选只能完成条件简单的数据筛选，如果需要进行条件更复杂的筛选，可以使用Excel的高级筛选功能，具体步骤如下。

步骤01 打开“员工工资领取表”工作表，单击“新工作表”按钮，新建工作表。

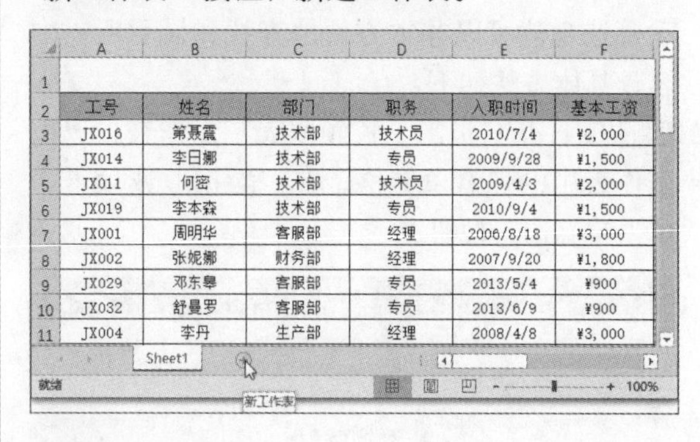

工号	姓名	部门	职务	入职时间	基本工资
JX016	第聂霞	技术部	技术员	2010/7/4	¥2,000
JX014	李日娜	技术部	专员	2009/9/28	¥1,500
JX011	何密	技术部	技术员	2009/4/3	¥2,000
JX019	李本森	技术部	专员	2010/9/4	¥1,500
JX001	周明华	客服部	经理	2006/8/18	¥3,000
JX002	张妮娜	财务部	经理	2007/9/20	¥1,800
JX029	邓东皋	客服部	专员	2013/5/4	¥900
JX032	舒曼罗	客服部	专员	2013/6/9	¥900
JX004	李丹	生产部	经理	2008/4/8	¥3,000

步骤02 切换至新建的Sheet2工作表中，输入高级筛选条件。

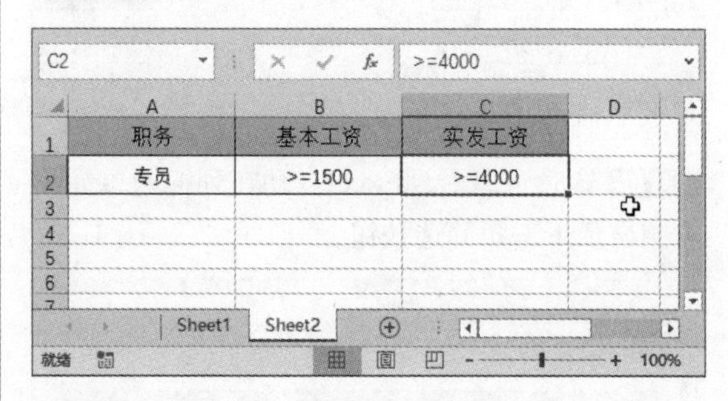

职务	基本工资	实发工资
专员	>=1500	>=4000

步骤03 选中Sheet1数据清单中的任意单元格，切换至“数据”选项卡，单击“排序和筛选”选项组中的“高级”按钮。

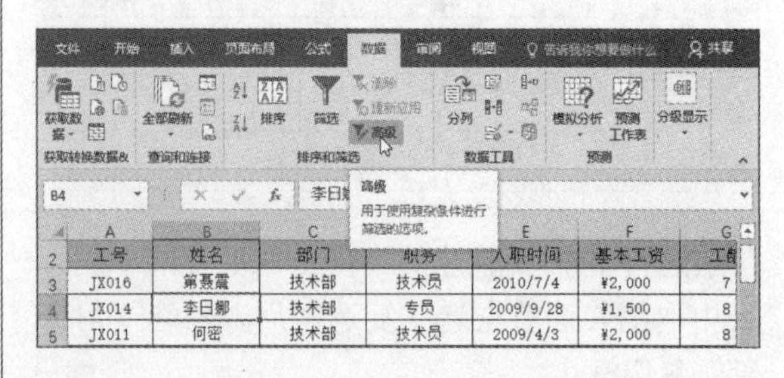

步骤04 在打开的“高级筛选”对话框中，保持“列表区域”文本框中默认选择的单元格区域不变，单击“条件区域”后面的折叠按钮。

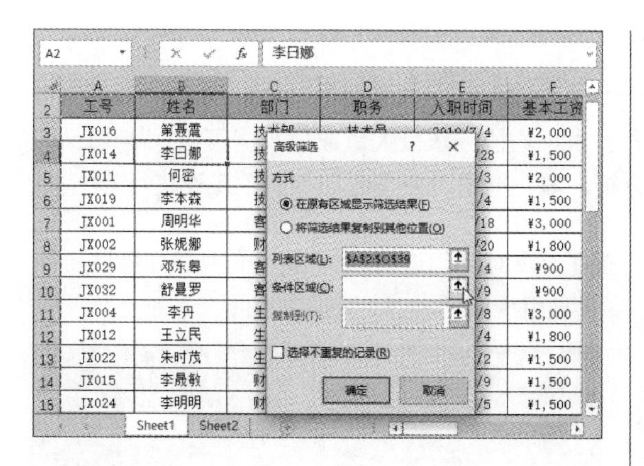

步骤05 切换至Sheet2工作表中，选中原来设置筛选条件的单元格区域，再次单击折叠按钮返回“高级筛选”对话框，单击“确定”按钮。

知识点拨　应用自动筛选

如果应用快速筛选的方式，需要先筛选指定的职务，在筛选的结果中再筛选基本工资大于或等于1500的结果，然后再筛选实发工资大于或等于4000的结果。这样一项项地筛选比较麻烦，应用高级筛选设置筛选条件进行筛选会更方便快捷。

步骤06 返回Sheet1工作表中，即可查看高级筛选的结果。

	工号	姓名	部门	职务	入职时间	基本工资	工龄	工龄工资	绩效奖金	岗位津贴	应付工资
27	JX009	赵公明	行政部	专员	2008/5/10	¥3,000	9	¥900	¥600	¥600	¥5,100
34	JX010	刘雪梅	行政部	专员	2008/5/10	¥3,000	9	¥900	¥600	¥600	¥5,100

8.2.4 模糊筛选

当筛选条件不能明确指定某项内容而是某类内容的时候，用户可以使用通配符进行模糊筛选。下面将以“员工工资领取表”工作表为例，查找职位为专员和高级专员的工资信息。

步骤01 选中工作表中的任意单元格，切换至“数据”选项卡，单击“筛选”按钮，即可进入筛选模式。单击“职务”字段右侧的下三角筛选按钮，在下拉列表中选择“文本筛选>自定义筛选”选项，打开“自定义自动筛选方式”对话框。

步骤02 在对话框中设置“职务”为“等于”、“*专员*”，然后单击“确定”按钮。

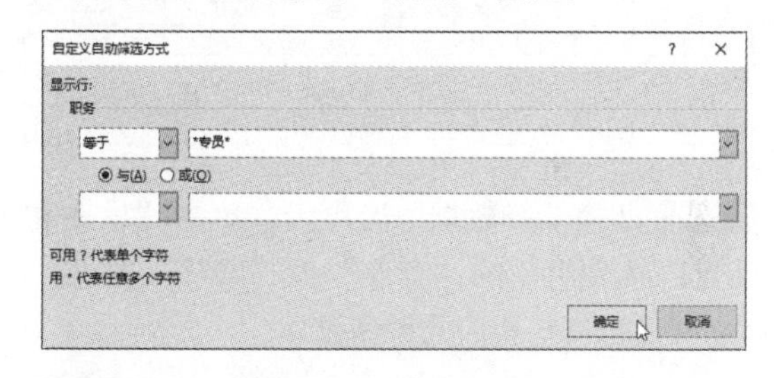

步骤03 返回工作表中可以看到，职务为专员和高级专员的工资信息都筛选出来了。

	工号	姓名	部门	职务	入职时间	基本工资	工龄
4	JX014	李日娜	技术部	专员	2009/9/28	¥1,500	8
6	JX019	李本森	技术部	专员	2010/9/4	¥1,500	7
9	JX029	邓东皋	客服部	专员	2013/5/4	¥900	4
10	JX032	舒曼罗	客服部	专员	2013/6/9	¥900	4
12	JX012	王立民	生产部	高级专员	2009/8/4	¥1,800	8
13	JX022	朱时茂	生产部	专员	2011/9/2	¥1,500	6
17	JX017	萨好好	行政部	专员	2010/7/9	¥1,500	7
18	JX020	赵英彬	技术部	专员	2011/6/9	¥1,500	6
19	JX027	曾艳月	技术部	高级专员	2012/9/22	¥1,800	5
21	JX033	赵明曩	客服部	专员	2013/6/9	¥900	4
23	JX030	邓洁	客服部	专员	2013/5/4	¥900	4
24	JX034	舒小英	客服部	专员	2013/6/9	¥900	4
27	JX009	赵公明	行政部	专员	2008/5/10	¥3,000	9
29	JX021	赵磊	技术部	专员	2011/6/9	¥1,500	6
31	JX035	吴志明	客服部	专员	2013/6/9	¥900	4

8.3 数据的分类汇总

在管理日常数据时，经常需要对数据进行求和、求平均值、求最大值或最小值等等。使用Excel的分类汇总功能可以非常方便地对数据进行汇总分析，本小节将对分类汇总的相关操作进行介绍。

8.3.1 单项分类汇总

所谓单项分类汇总，是指对某类数据进行汇总求和等操作，从而按类别来分析数据。下面介绍对“部门”字段进行分类汇总的操作方法，具体步骤如下。

步骤01 要进行分类汇总，需先对要分类汇总的字段进行排序操作，首先打开“员工工资领取表”工作表，选中“部门”列的任意单元格。

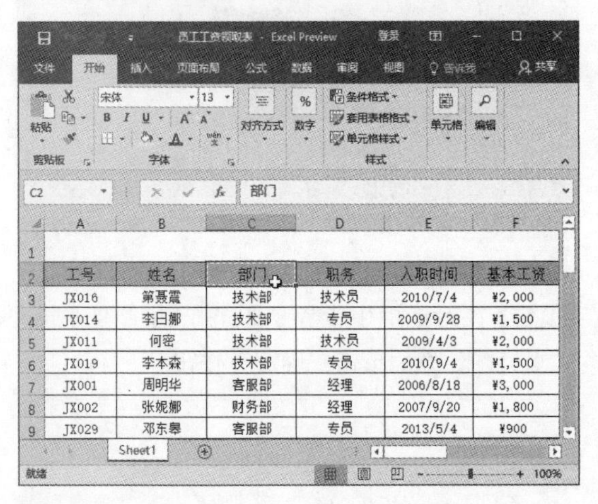

步骤02 切换至“数据”选项卡，单击“排序和筛选”选项组中的“升序”或“降序”按钮，对C列数据进行相应的排序操作。

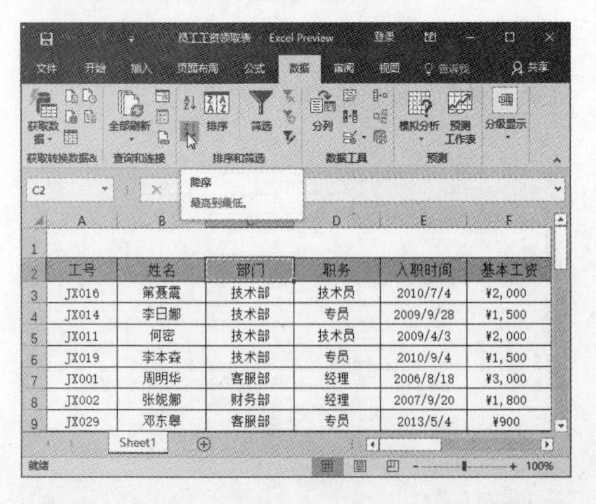

步骤03 对部门进行排序后，单击“分级显示”选项组中的“分类汇总”按钮。

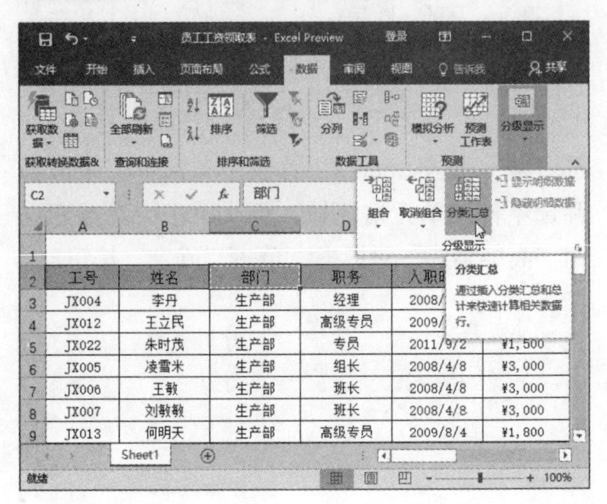

步骤04 在打开的“分类汇总”对话框中，设置“分类字段”为“部门”、“汇总方式”为“求和”、“选定汇总项”为“实发工资”后，单击“确定”按钮。

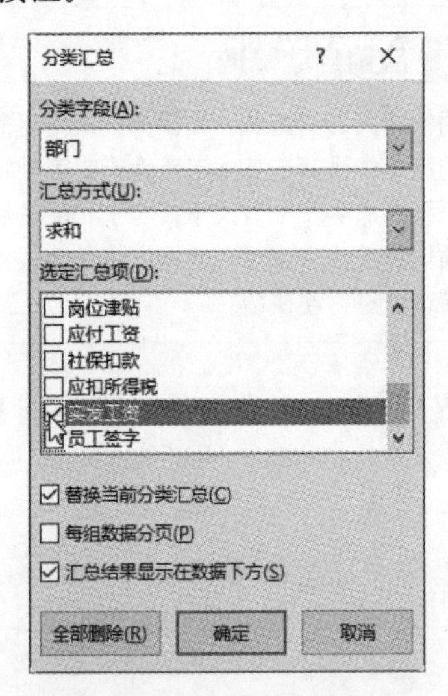

步骤05 返回工作表中，可以看到Excel已经完成了对“部门”字段进行求和的分类汇总操作。单击工作表左上角的数字按钮，可显示相应级别的数据。

员工工资领取表

工号	姓名	部门	职务	入职时间	基本工资	工龄	工龄工资
JX004	李丹	生产部	经理	2008/4/8	¥3,000	9	¥900
JX012	王立民	生产部	高级专员	2009/8/4	¥1,800	8	¥800
JX022	朱时茂	生产部	专员	2011/9/2	¥1,500	6	¥600
JX005	凌雪米	生产部	组长	2008/4/8	¥3,000	9	¥900
JX006	王敏	生产部	班长	2008/4/8	¥3,000	9	¥900
JX007	刘敏敏	生产部	班长	2008/4/8	¥3,000	9	¥900
JX013	何明天	生产部	高级专员	2009/8/4	¥1,800	8	¥800
		生产部 汇总					
JX001	周明华	客服部	经理	2006/8/18	¥3,000	11	¥1,100
JX029	邓东惠	客服部	专员	2013/5/4	¥900	4	¥400
JX032	舒曼罗	客服部	专员	2013/6/9	¥900	4	¥400
JX037	罗小妹	客服部	实习	2013/7/1	¥900	4	¥400
JX033	赵明曼	客服部	专员	2013/6/9	¥900	4	¥400
JX030	邓洁	客服部	专员	2013/5/4	¥900	4	¥400

步骤06 单击数字2，即显示第二级别的数据，这时可以看到Excel分别显示了各部门的实发工资金额，并在工作表的最后显示了总计的金额。

员工工资领取表

姓名	部门	职务	入职时间	基本工资	工龄	工龄工资	绩效奖金	岗位津贴	应付工资	社保扣款	应扣所得税	实发工资
	生产部 汇总											¥25,893
	客服部 汇总											¥23,442
	技术部 汇总											¥29,799
	行政部 汇总											¥18,937
	财务部 汇总											¥12,636
	总计											¥110,707

8.3.2 嵌套分类汇总

当需要处理的数据比较复杂时，Excel允许在一个分类汇总的基础上，对其他字段进行再次分类汇总，即嵌套分类汇总。

下面通过对“部门”和“职务”字段进行分类汇总的操作，具体介绍嵌套分类汇总的操作步骤。

步骤01 打开“员工工资领取表”工作表后，切换至“数据”选项卡，单击“排序”按钮。在打开的“排序”对话框中，分别设置“主要关键字”和“次要关键字”的排序条件后，单击“确定”按钮。

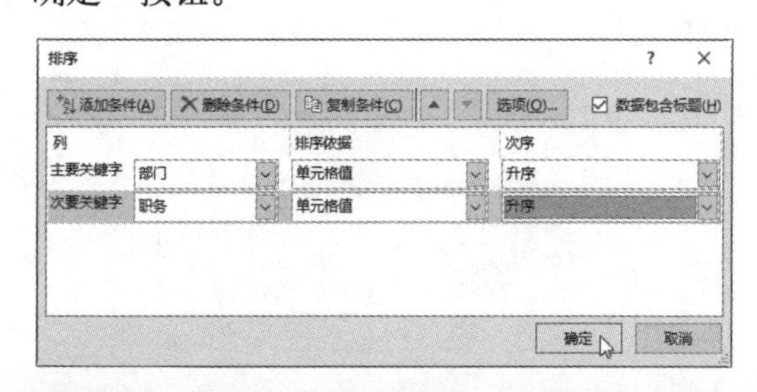

知识点拨　关于分类汇总的多条件排序

在设置多条件排序条件时，设置排序条件的先后顺序必须和汇总数据的类别顺序一致。

步骤02 返回工作表后，单击“数据”选项卡下“分级显示”选项组中的“分类汇总”按钮。

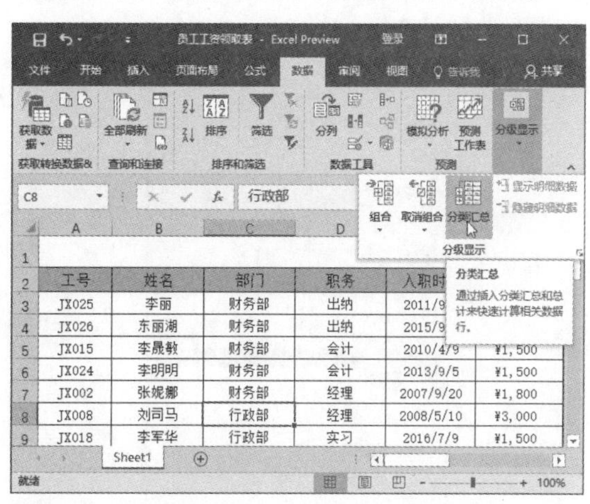

步骤03 在“分类汇总”对话框中对“部门”字段进行分类汇总设置。

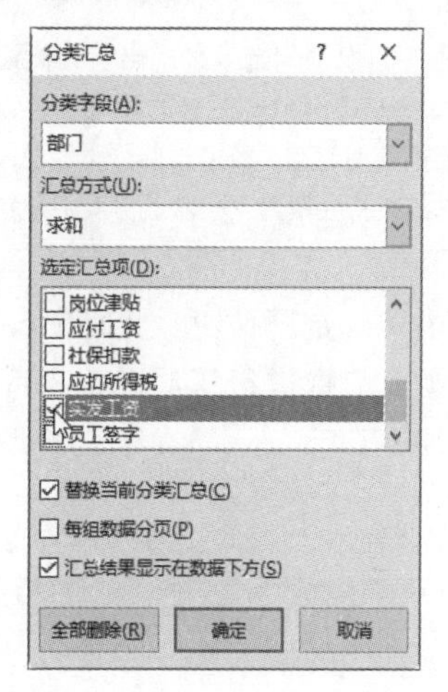

步骤04 单击“确定”按钮，返回工作表中再次单击“分级显示”选项组中的“分类汇总”按钮。

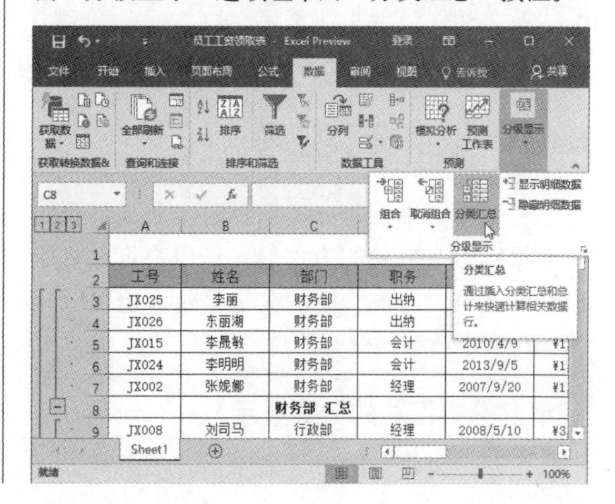

步骤05 在“分类汇总”对话框中对“职务”字段进行分类汇总设置，并取消勾选“替换当前分类汇总”复选框。

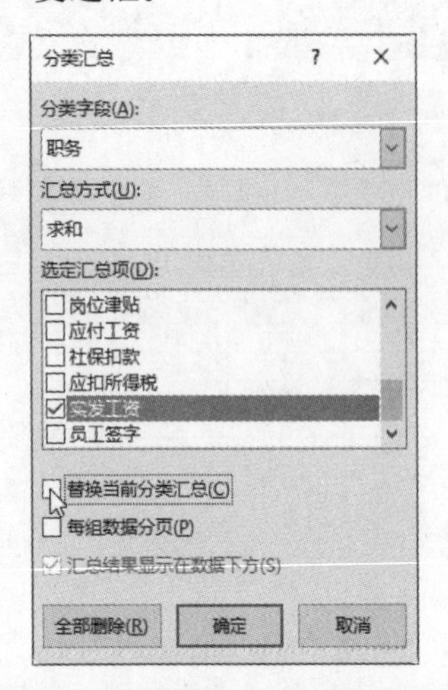

知识点拨　关于“替换当前分类汇总”复选框

在这一步骤中，取消勾选“替换当前分类汇总”复选框，则Excel将在已有分类汇总的基础上再创建一个分类汇总；若不取消勾选“替换当前分类汇总”复选框，则本次汇总结果将会覆盖上一次的分类汇总结果。

步骤06 单击“确定”按钮，此时Excel不仅对每个部门的实发工资进行了汇总，不同职务的工资也分别进行了汇总。

员工工资领取表

姓名	部门	职务	入职时间	基本工资	工龄	工龄工资	绩效奖金	岗位津贴	应付工资	社保扣款	应扣所得税	实发工资
李丽	财务部	出纳	2011/9/5	¥1,500	6	¥600	¥420	¥0	¥2,520	¥440		¥2,080
东丽湖	财务部	出纳	2015/9/5	¥1,500	2	¥100	¥420	¥0	¥2,020	¥440		¥1,580
		出纳 汇总										¥3,660
李晟敏	财务部	会计	2010/4/9	¥1,500	7	¥700	¥450	¥600	¥3,250	¥380		¥2,870
李明明	财务部	会计	2013/9/5	¥1,500	4	¥400	¥420	¥600	¥2,920	¥440		¥2,480
		会计 汇总										¥5,350
张妮娜	财务部	经理	2007/9/20	¥1,800	10	¥1,000	¥500	¥800	¥4,100	¥440	33.6	¥3,626
		经理 汇总										¥3,626
	财务部 汇总											¥12,636
刘司马	行政部	经理	2008/5/10	¥3,000	9	¥900	¥600	¥800	¥5,300	¥380	56.2	¥4,864
		经理 汇总										¥4,864
李军华	行政部	实习	2016/7/9	¥1,500	1	¥50	¥480	¥300	¥2,330	¥440		¥1,890
		实习 汇总										¥1,890
萨好好	行政部	专员	2010/7/9	¥1,500	7	¥700	¥480	¥600	¥3,280	¥440		¥2,840
赵公明	行政部	专员	2008/5/10	¥3,000	9	¥900	¥600	¥600	¥5,100	¥380	48.5	¥4,672
刘雪梅	行政部	专员	2008/5/10	¥3,000	9	¥900	¥600	¥600	¥5,100	¥380	48.5	¥4,672

8.3.3 取消分类汇总

在工作表中创建分类汇总后，如果不再需要数据以分类汇总的方式显示，用户可以清除已经设置好的分类汇总的分级显示，也可以删除工作表中所有的分类汇总。

1. 清除分类汇总的分级显示

清除分类汇总的分级显示后，汇总数据将被保留，具体如下。

步骤01 打开“嵌套分类汇总”工作表，切换至“数据”选项卡，单击“取消组合”下三角按钮，选择“清除分级显示”选项。

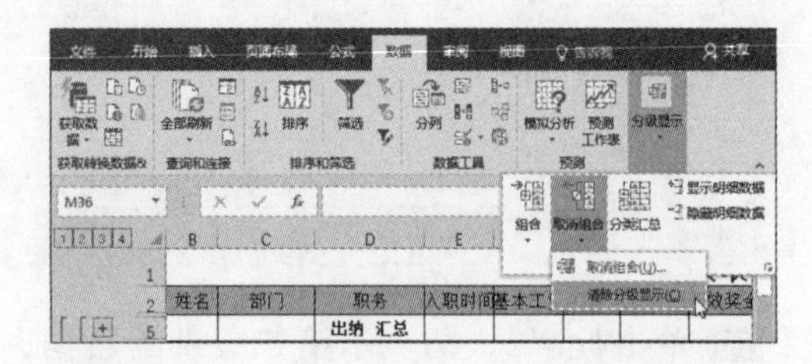

步骤02 即可查看清除分级显示后的效果。

员工工资领取表

姓名	部门	职务	入职时间	基本工资	工龄	工龄工资	绩效奖金
李丽	财务部	出纳	2011/9/5	¥1,500	6	¥600	¥420
东丽湖	财务部	出纳	2015/9/5	¥1,500	2	¥100	¥420
		出纳 汇总					
李晟敏	财务部	会计	2010/4/9	¥1,500	7	¥700	¥450
李明明	财务部	会计	2013/9/5	¥1,500	4	¥400	¥420
		会计 汇总					
张妮娜	财务部	经理	2007/9/20	¥1,800	10	¥1,000	¥500
		经理 汇总					
	财务部 汇总						
刘司马	行政部	经理	2008/5/10	¥3,000	9	¥900	¥600

步骤03 清除分类汇总的分级显示后，要想重新显示分级显示，则需要单击“分级显示”选项组的对话框启动器按钮。

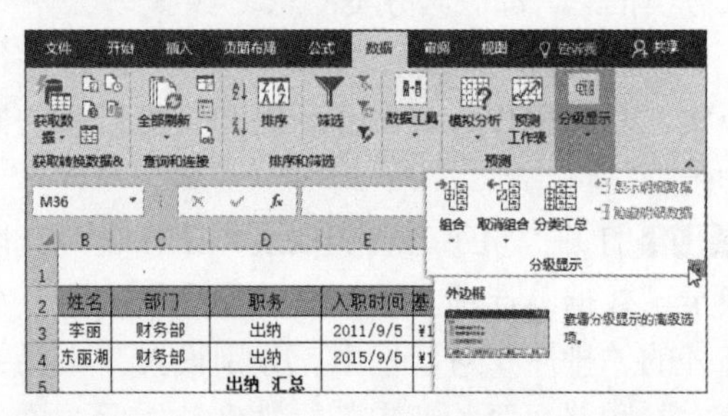

步骤04 打开“设置”对话框，单击“创建”按钮即可。

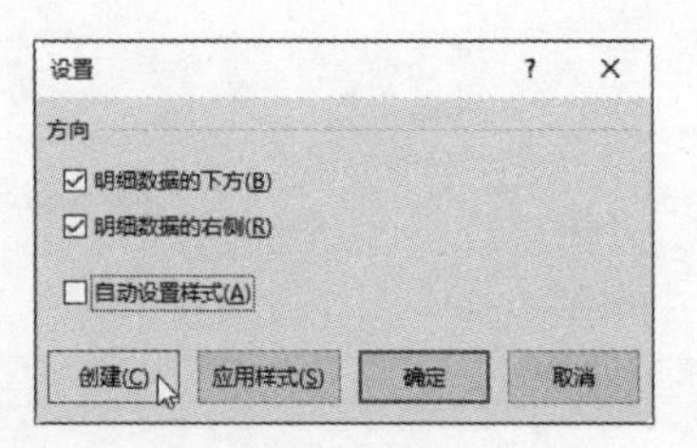

2. 隐藏分类汇总的分级显示

用户也可以不清除分类汇总，只隐藏分类汇总的分级显示，具体步骤如下。

步骤01 打开“嵌套分类汇总”工作表，单击“文件”标签，选择“选项”选项。

步骤02 在“Excel选项”对话框的“高级”选项面板中，取消勾选“此工作表的显示选项”选项区域中的“如果应用了分级显示，则显示分级显示符号”复选框。

步骤03 单击“确定”按钮返回工作表中，可以看到已经隐藏分级显示符号。

3. 删除工作表中所有的分类汇总

用户还可以删除工作表中所有的分类汇总，具体操作如下。

步骤01 打开“嵌套分类汇总”工作表，切换至“数据”选项卡，单击“分级显示”选项组中的“分类汇总”按钮。

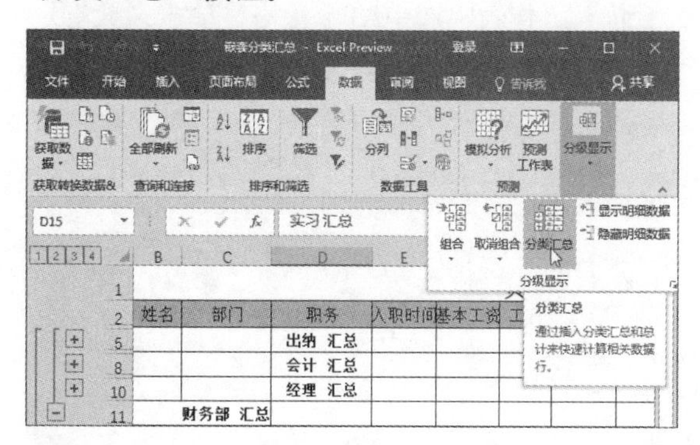

步骤02 打开“分类汇总”对话框，单击“全部删除”按钮。

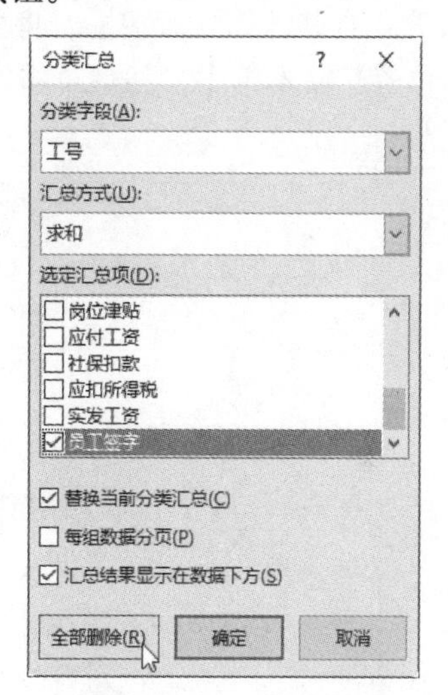

步骤03 返回工作表中，查看删除分类汇总后的效果。

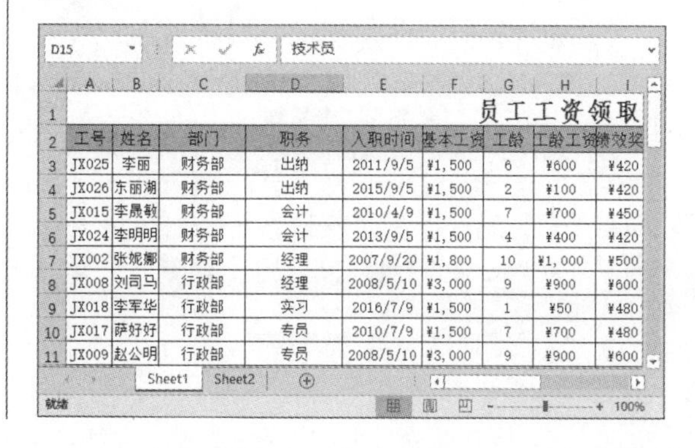

8.3.4 多张明细表生成汇总表

在工作中，经常需要将不同的明细数据合并在一起生成汇总表格，在Excel中应用合并计算功能可以轻松完成，具体步骤如下。

步骤01 打开“各部门工资统计”工作表，在“汇总”工作表中选中A1单元格，单击“数据”选项卡中的“合并计算”按钮。

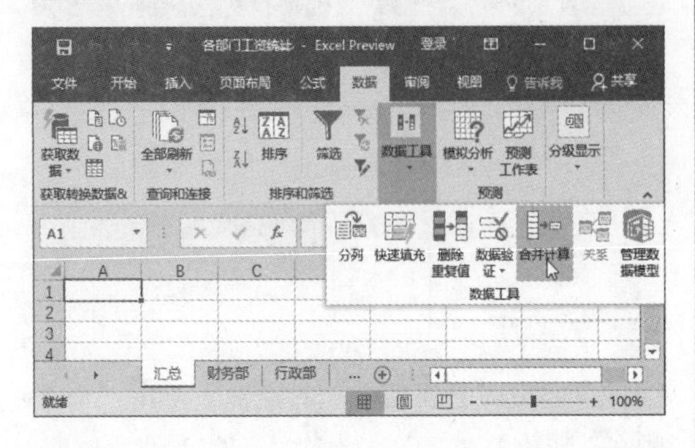

步骤02 打开“合并计算”对话框，将光标定位至“引用位置”文本框中，然后单击右侧的折叠按钮。

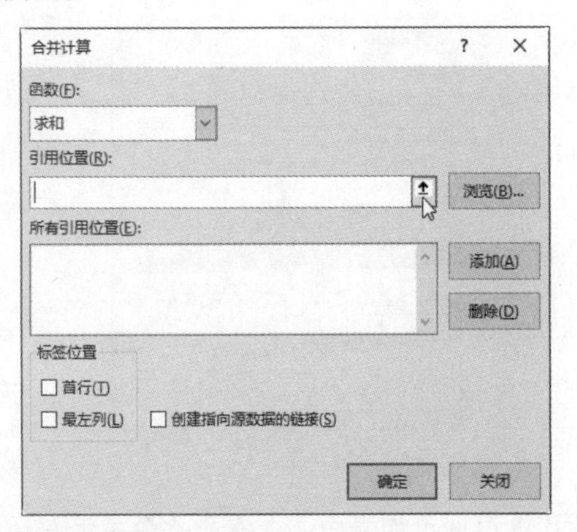

步骤03 切换至“财务部”工作表，选中A2：H7单元格区域后，再次单击折叠按钮。

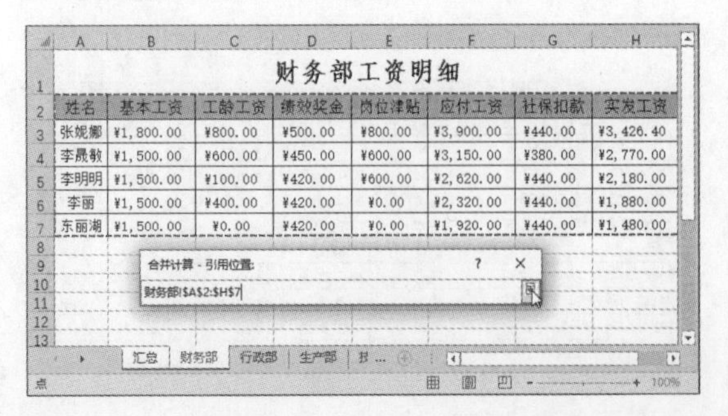

步骤04 返回“合并计算”对话框中，单击“添加”按钮。

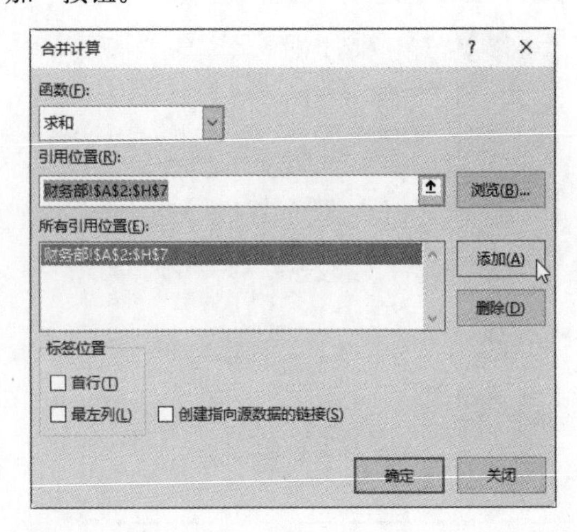

步骤05 同样的方法，添加“行政部”、“技术部”、“客服部”和“生产部”的工资明细，勾选“首行”和“最左列”复选框。

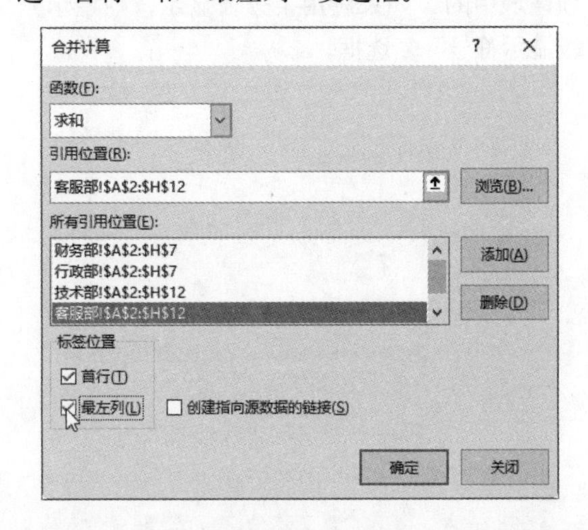

步骤06 单击“确定”按钮，返回工作表中查看“汇总”工作表中的合并计算结果。

8.4 条件格式的应用

Excel的条件格式功能可以根据条件使用数据条、色阶和图标集等，以更直观的方式显示单元格中的相关数据信息。通过设置条件格式，可以突出显示某些单元格或强调特殊的值。

8.4.1 突出显示指定的单元格

在Excel中，用户可以使用条件格式功能快速显示工作表中的特定数据。下面介绍如何突出显示工资统计表中实发工资大于3000元的单元格，具体步骤如下。

步骤01 在“技术部”工作表中选中H3：H12单元格区域，在“开始”选项卡中单击“条件格式”下拉按钮，在下拉列表中选择“突出显示单元格规则>大于”选项。

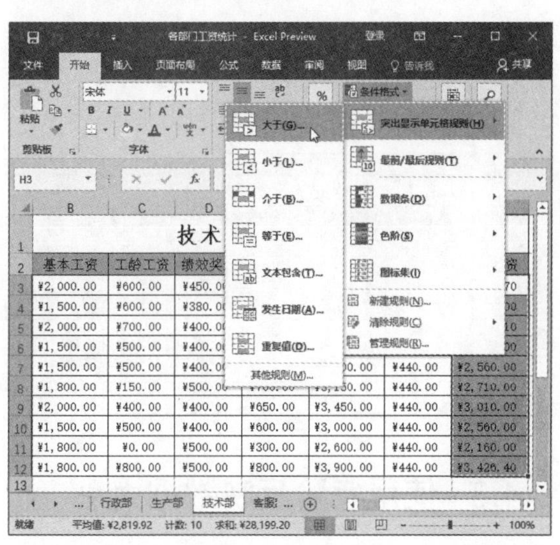

步骤02 打开“大于”对话框，在“为大于以下值的单元格设置格式”数值框中输入3000，单击“设置为”右侧的下拉按钮，选择“绿填充色深绿色文本”选项。

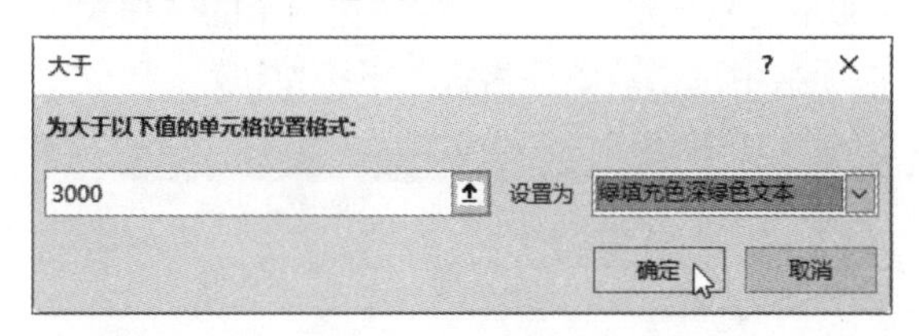

步骤03 单击“确定”按钮返回工作表中，可以看到所选单元格区域中，数值大于3000的单元格已经显示为绿色填充、深绿色文本的效果。

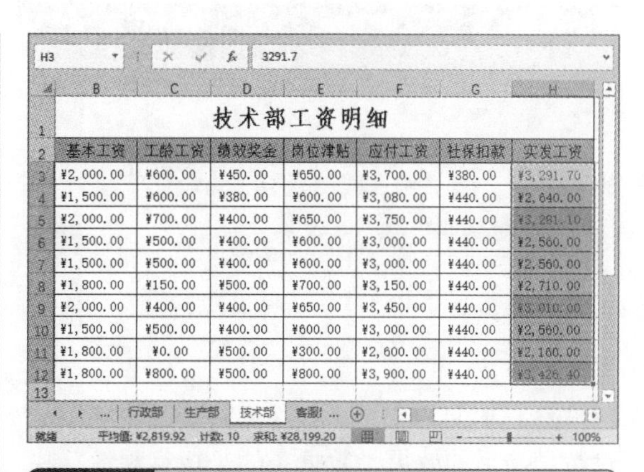

技术部工资明细

基本工资	工龄工资	绩效奖金	岗位津贴	应付工资	社保扣款	实发工资
¥2,000.00	¥600.00	¥450.00	¥650.00	¥3,700.00	¥380.00	¥3,291.70
¥1,500.00	¥600.00	¥380.00	¥600.00	¥3,080.00	¥440.00	¥2,640.00
¥2,000.00	¥700.00	¥400.00	¥650.00	¥3,750.00	¥440.00	¥3,281.10
¥1,500.00	¥500.00	¥400.00	¥600.00	¥3,000.00	¥440.00	¥2,560.00
¥1,500.00	¥500.00	¥400.00	¥600.00	¥3,000.00	¥440.00	¥2,560.00
¥1,800.00	¥150.00	¥500.00	¥700.00	¥3,150.00	¥440.00	¥2,710.00
¥2,000.00	¥400.00	¥400.00	¥650.00	¥3,450.00	¥440.00	¥3,010.00
¥1,500.00	¥500.00	¥400.00	¥600.00	¥3,000.00	¥440.00	¥2,560.00
¥1,800.00	¥0.00	¥500.00	¥300.00	¥2,600.00	¥440.00	¥2,160.00
¥1,800.00	¥800.00	¥500.00	¥800.00	¥3,900.00	¥440.00	¥3,426.40

知识点拨 自定义单元格的显示格式

当“大于”对话框的“设置为”下拉列表中的选项都不符合需要时，用户可以根据自定义显示格式。方法为：选择下拉列表中的“自定义格式”选项，打开“设置单元格格式”对话框，分别对满足条件单元格中的字体和填充颜色进行设置。

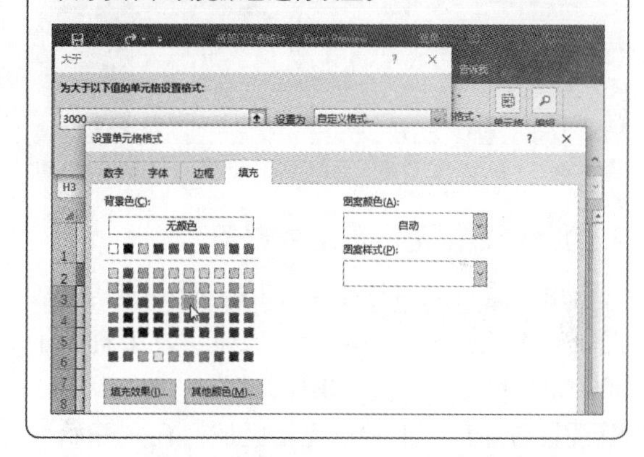

8.4.2 使用数据条展示数据大小

使用Excel的数据条功能，可以快速为一组数据插入底纹颜色，并根据数值自动调整颜色长度，数值越大数据条越长，数值越小数据条越短。

1. 快速展示一组数据大小

下面以“工资领取表”为例，使用Excel的数据条功能，展示实发工资的大小，具体操作如下。

步骤01 打开“工资领取表”工作表，选中L3：L39单元格区域，在“开始”选项卡中单击“条件格式”下拉按钮，在下拉列表中选择“数据条”选项，然后在子列表中选择所需的数据条样式。

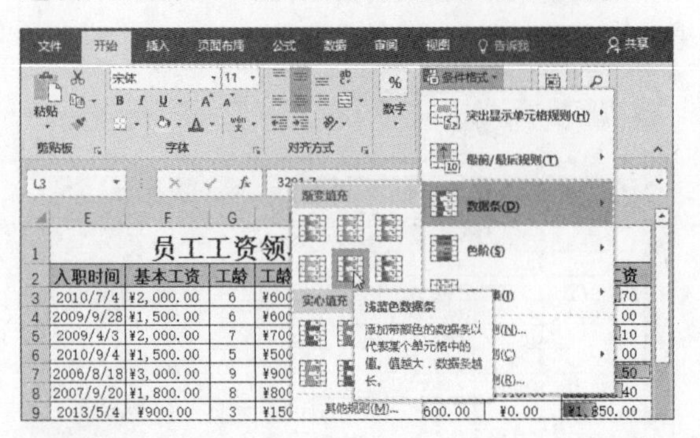

步骤02 这时可以看到为L3：L39单元格区域创建数据条后的效果，数据条的长短直观地反映实发工资的大小。

2. 为某一数据范围应用数据条

用户也可只对选中单元格区域中的某一数据段应用数据条。下面介绍突显实发工资大于3000元的单元格，具体操作如下。

步骤01 选中L3：L39单元格区域，在“开始”选项卡中单击“条件格式”下拉按钮，从中选择“数据条>其他规则”选项。

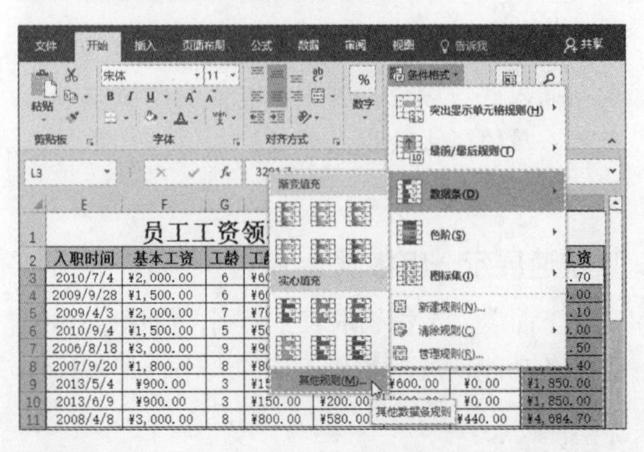

步骤02 在“新建格式规则”对话框中，设置“最小值”来控制数据条条形图的显示范围。这里设置“最小值”的“类型”为“数字”，“值”为3000，然后设置数据条的显示样式。

步骤03 单击“确定”按钮返回工作表中，可以看到所选单元格区域中，实发工资大于3000元的单元格已经显示为所设置的数据条样式。

8.4.3 使用色阶反映数据大小

在对数据进行查看比较时，为了能够更直观地了解整体效果，用户可以使用“色阶”功能展示数据的整体分布情况。

步骤01 打开“工资领取表”工作表，选中L3：L39单元格区域，在“开始”选项卡的“样式”选项组中单击“条件格式”下拉按钮。

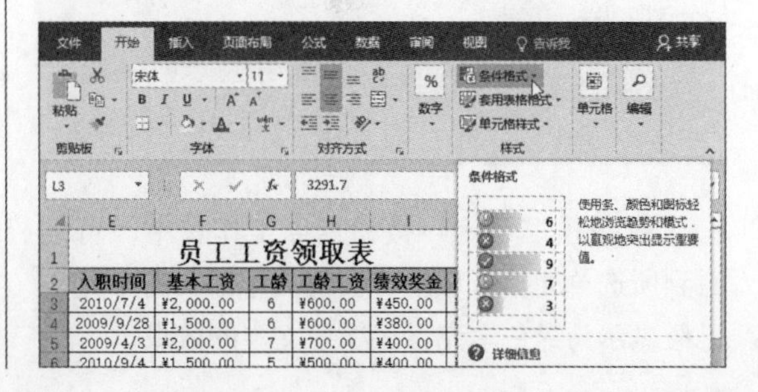

步骤02 在打开的下拉列表中选择“色阶”选项，在子列表中选择需要的色阶样式，这里选择“红-白色阶”选项。

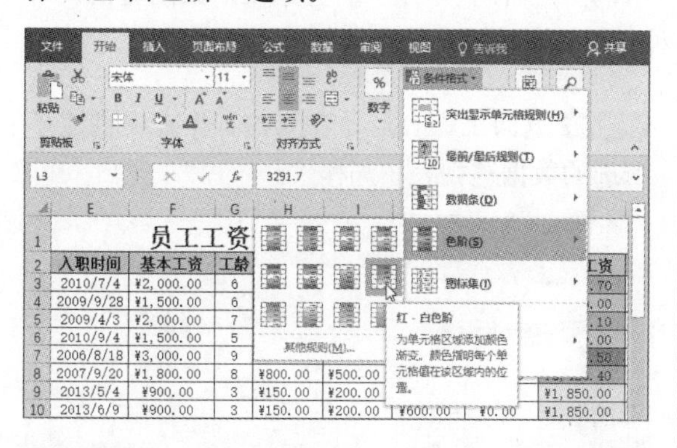

步骤03 这时可以查看L3：L39单元格区域创建数据条后的效果，红色底纹的深浅变化表示数值的大小范围。

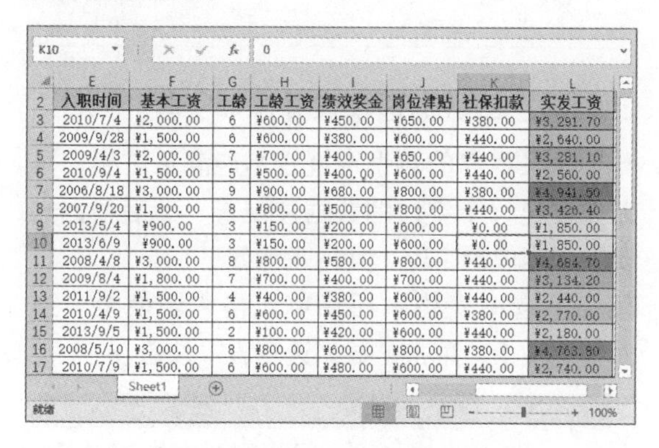

8.4.4 使用图标集分类数据

在进行数据展示时，用户可以应用条件格式中的“图标集”功能对数据进行等级划分，更直观明了地查看需要的数据信息。

下面介绍如何在“工资领取表”工作表中应用图标集来对各个工资段进行划分，划分标准是：大于或等于4000为一个等级，大于或等于2500而小于4000为一个等级；小于2500为一个等级，具体步骤如下。

步骤01 选中L3：L39单元格区域，在“开始”选项卡中单击“条件格式”下拉按钮，选择“图标集>其他规则”选项。

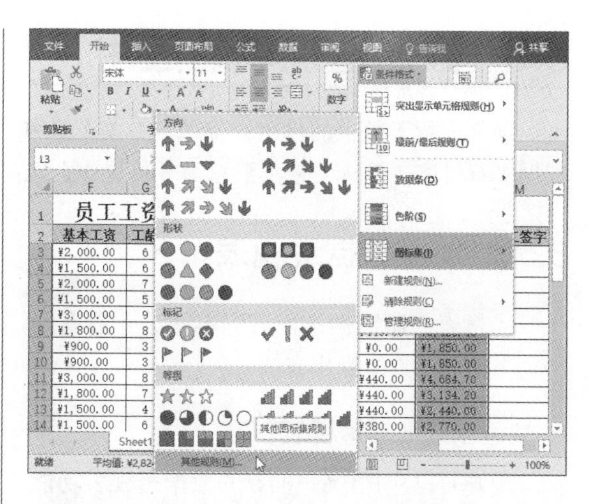

步骤02 在“新建格式规则”对话框中，设置“格式样式”为“图标集”，在“图标样式”库中选择需要的样式，然后设置各个数值段的划分标准。

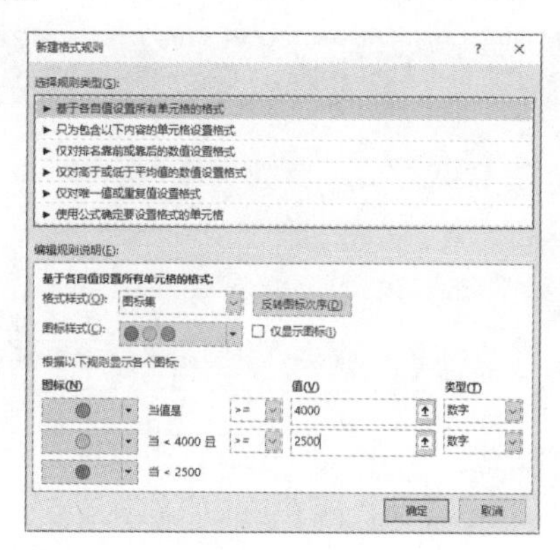

步骤03 单击“确定”按钮返回工作表中，可以看到运用3等级条件格式后的效果。

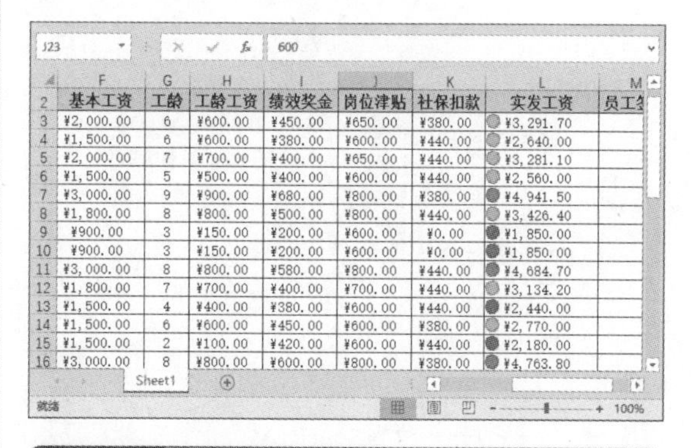

知识点拨　清除条件格式

单击“开始”选项卡中的“条件格式”下拉按钮，选择“清除规则”选项，然后在子列表中选择要清除条件格式的范围即可。

8.5 数据透视表的应用

前面介绍了数据的排序、筛选、分类汇总和合并计算等操作，本小节将介绍使用数据透视表对数据进行排序、筛选、分类汇总等分析操作，以多种不同的方式展示数据特征。

8.5.1 创建数据透视表

为报表创建数据透视表的方法，一般有两种，下面介绍具体操作方法。

1. 快速创建数据透视表

用户可以应用Excel推荐的数据透视表功能快速创建数据透视表，步骤如下。

步骤01 打开“工资领取表”工作表，选中表格中任意单元格，切换至“插入”选项卡，单击“推荐的数据透视表”按钮。

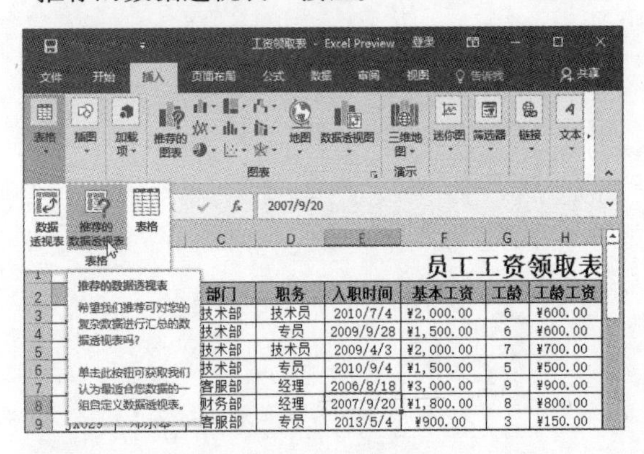

步骤02 打开“推荐的数据透视表”对话框，选择推荐的数据透视表类型后，单击“确定”按钮。

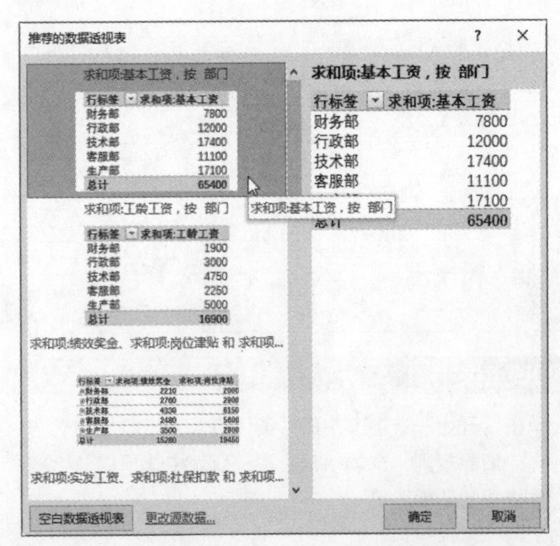

步骤03 返回工作表后，在新的工作表中创建了所选的数据透视表布局样式。

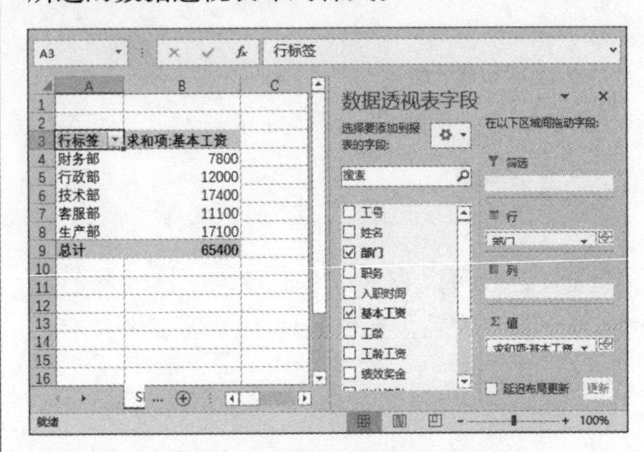

2. 创建空白数据透视表并添加字段

如果推荐的数据透视表不能满足需要，可以先创建一个空白的数据透视表，然后根据需要添加相应的字段，具体步骤如下。

步骤01 选中表格中任意单元格，切换至“插入”选项卡，单击“数据透视表”按钮。

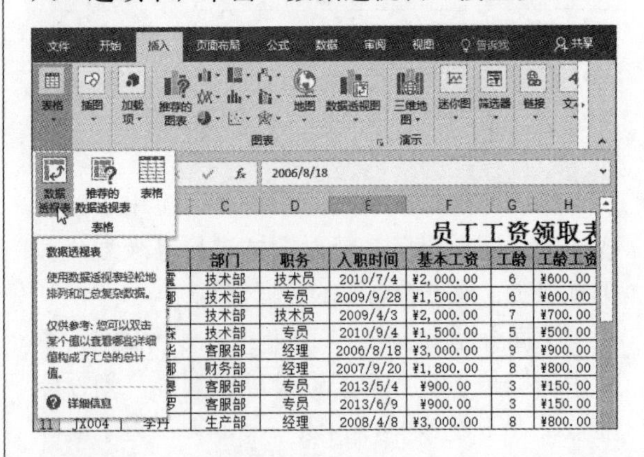

步骤02 打开“创建数据透视表”对话框，保持“表/区域”文本框中默认选择的单元格区域不变，单击“确定”按钮。

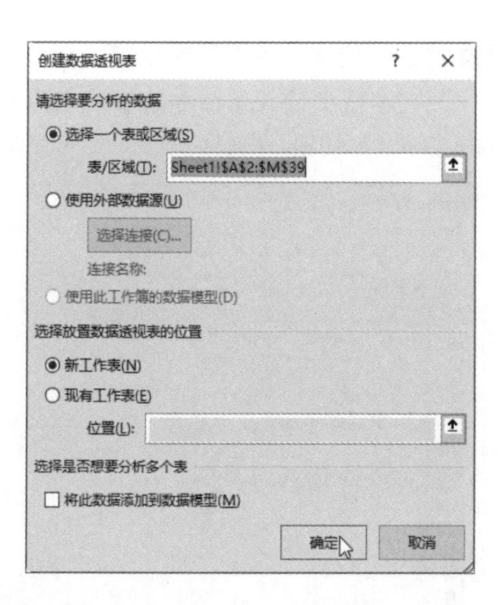

步骤 03 这时可以看到在新打开的工作表中创建的空白数据透视表，同时打开“数据透视表字段”任务窗格。

步骤 04 在“数据透视表字段”任务窗格中，分别勾选“部门”和“实发工资”复选框后，“部门”出现在窗格中的“行”区域中，“实发工资”出现在“值”区域中，相关的求和数据出现在数据透视表中。

8.5.2 管理数据透视表字段

创建数据透视表后，用户可以根据需要对数据透视表字段进行相应的编辑，以达到数据分析的目的。

1. 隐藏/显示“数据透视表字段”任务窗格

要隐藏或显示“数据透视表字段”任务窗格，常用的方法有以下几种。

（1）在快捷菜单中设置

步骤 01 在数据透视表的任意单元格内单击鼠标右键，在弹出的快捷菜单中选择“隐藏字段列表”命令。

步骤 02 即可隐藏“数据透视表字段”任务窗格。若要显示任务窗格，则再次在数据透视表的任意单元格内单击鼠标右键，在弹出的快捷菜单中选择“显示字段列表”命令即可。

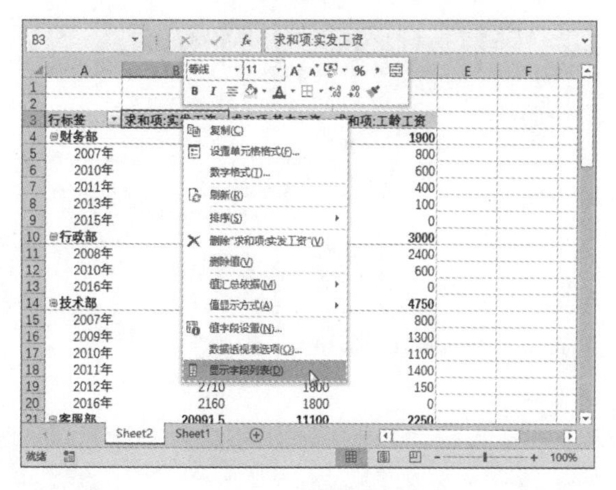

（2）在功能区中设置

选择数据透视表中的任一单元格，切换至“数据透视表工具—分析”选项卡，单击“字段列表”按钮，即可在“数据透视表字段”任务窗格的显示与隐藏之间切换。

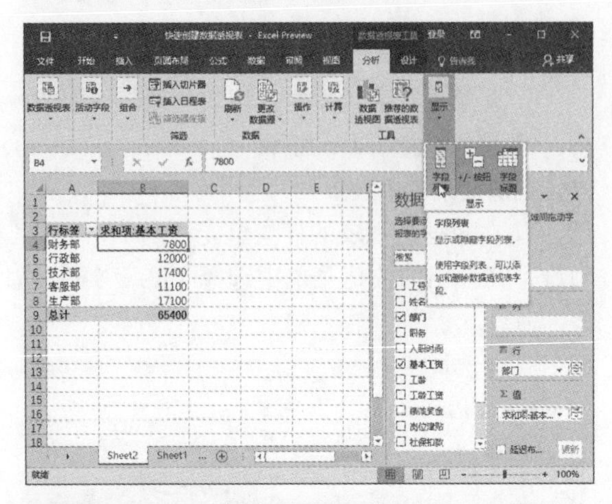

知识点拨 直接关闭任务窗格

用户可以直接单击“数据透视表字段”任务窗格右上角的“关闭”按钮，关闭任务窗格。

2. 重命名字段名称

创建数据透视表后，用户可以根据需要对数据透视表中的字段名称进行重命名操作，具体方法如下。

步骤01 选中需要重命名的字段单元格，切换至“数据透视表工具—分析”选项卡，单击“字段设置”按钮。

步骤02 打开“值字段设置”对话框，在“自定义名称”文本框中输入重命名的字段名称，然后单击“确定”按钮。

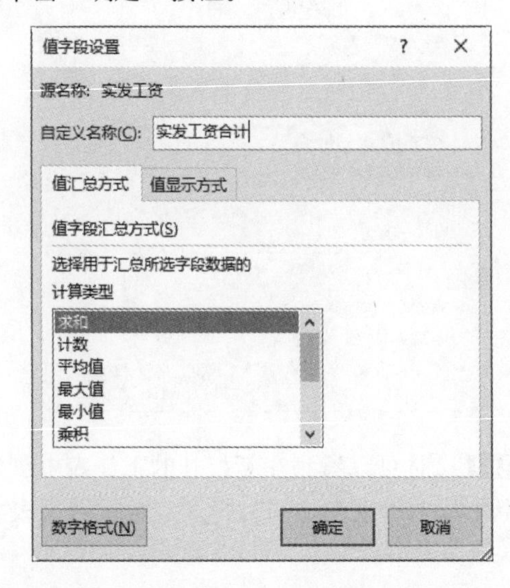

步骤03 返回工作表中，可见字段已被重命名。

知识点拨 删除字段

应用数据透视表进行数据分析后，用户可以将不需要的字段进行删除。

方法1：选中需要删除的字段，单击鼠标右键，在快捷菜单中选择“删除‘字段名’”命令，即可删除选中的字段；

方法2：选中数据透视表中任意单元格，打开“数据透视表字段”窗格，单击需要删除的字段，在快捷菜单中选择“删除字段”命令。

8.5.3 编辑数据透视表

在工作表中创建数据透视表后，用户可以根据需要对创建的数据透视表进行相应的编辑操作。

1. 隐藏和显示部分数据

下面介绍如何根据需要显示或隐藏数据透视表中的相关数据信息，具体方法如下。

步骤01 打开“创建数据透视表”工作表后，单击“行标签”右侧筛选按钮。

步骤02 在打开的下拉列表中取消勾选需要隐藏数据前面的复选框，这里取消勾选“技术部”和“行政部”复选框。

步骤03 单击“确定”按钮返回工作表，可见“行政部”和“技术部”的相关信息已经隐藏了。

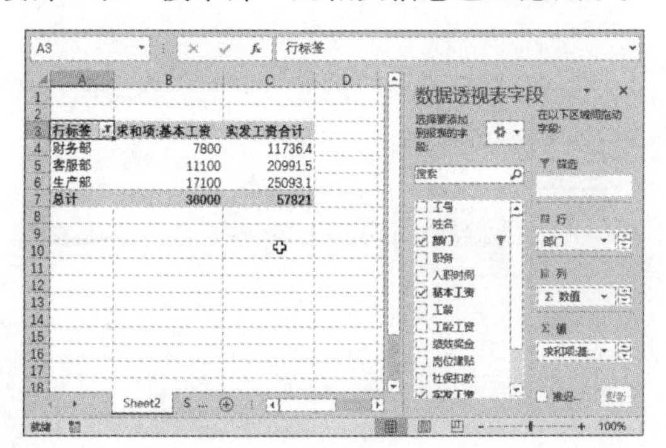

> **知识点拨 显示隐藏的数据**
>
> 若需要显示隐藏的信息，则单击“行标签”的筛选按钮，在下拉列表中勾选“全选”复选框，然后单击“确定”按钮即可。

2. 查看汇总数据的详细信息

通常在数据分析过程中，可以根据需要查看数据透视表中汇总数据的详细信息，具体操作方法介绍如下。

步骤01 选中A4单元格并单击鼠标右键，在弹出的快捷菜单中选择“展开/折叠>展开”命令。

步骤02 弹出“显示明细数据”对话框，选择要展开的明细字段。

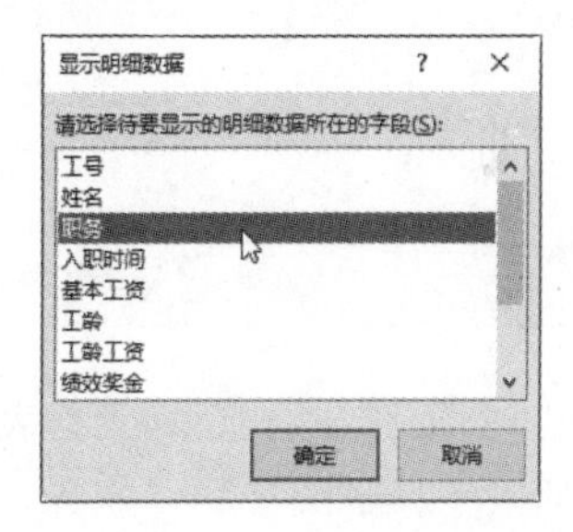

步骤03 单击“确定”按钮返回数据透视表中，可见职务的详细信息均已显示出来。

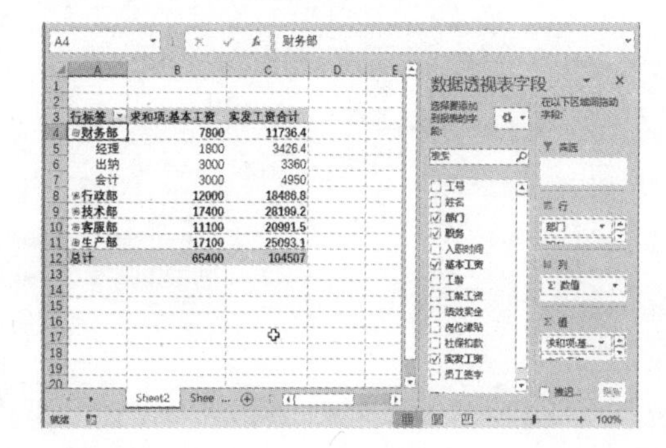

3. 使用切片器筛选数据

Excel切片器提供了一种可视性极强的筛选方法，用于筛选数据透视表中的数据，具体使用方法如下。

步骤01 选中数据透视表中任意单元格，在“数据透视表工具—分析”选项卡下，单击“筛选”选项组中的“插入切片器”按钮。

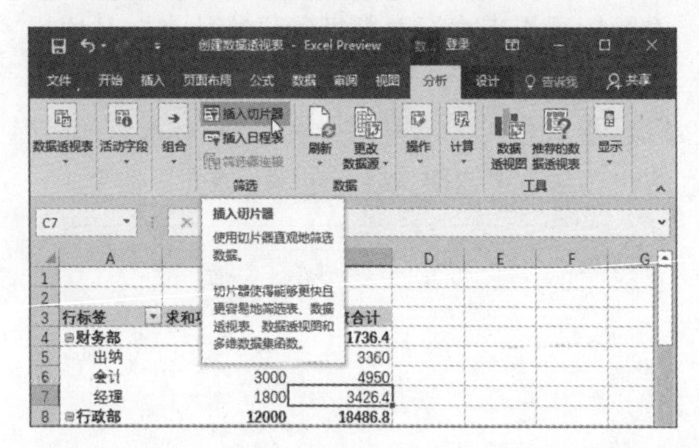

步骤02 打开“插入切片器”对话框，勾选要插入的切片器字段的复选框。

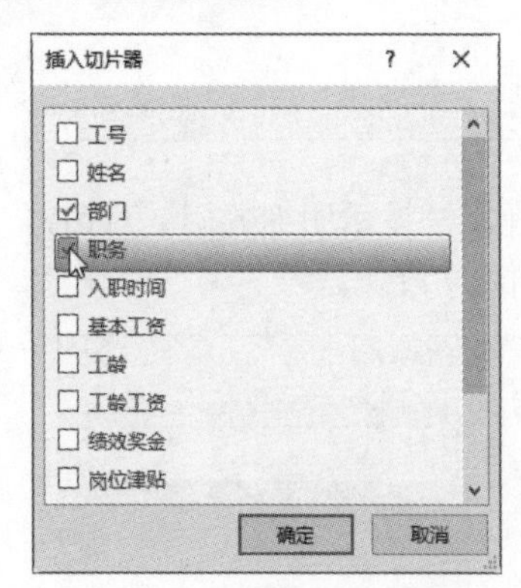

步骤03 单击“确定”按钮返回工作表中，可以看到已经插入了“部门”和“职务”两个切片器。选中需要移动的切片器，按住鼠标左键不放并拖动，将切片器移至合适的位置。

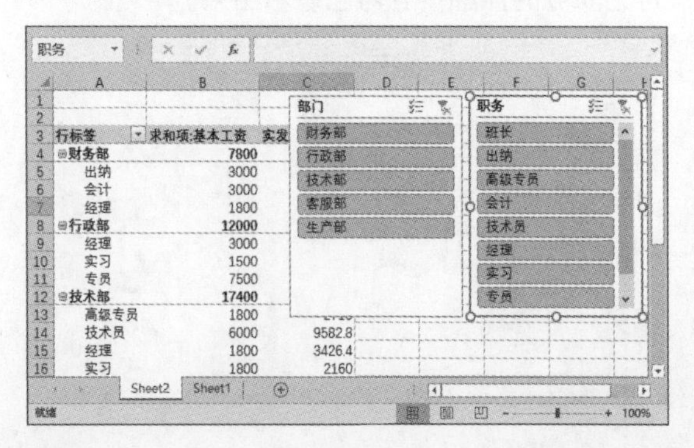

步骤04 选择“部门”切片器中的“技术部”选项，数据透视表会立即显示所有技术部的数据明细情况。

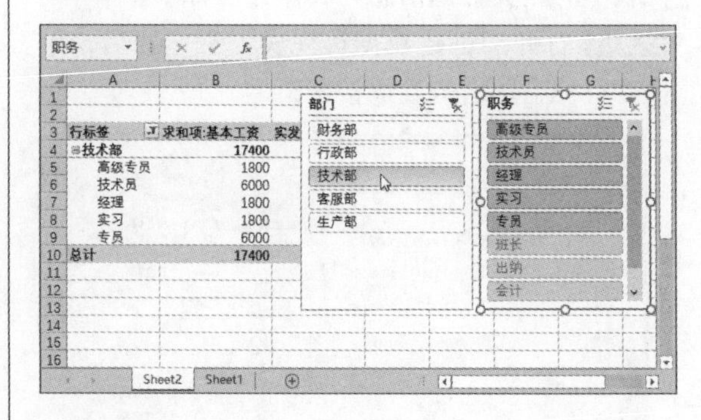

步骤05 在“职务”切片器中选择“高级专员”选项，数据透视表中显示所有技术部高级专员的数据明细。

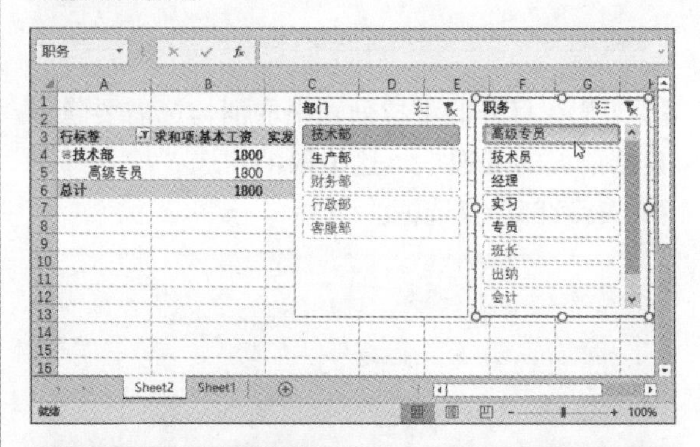

> **知识点拨　多条件筛选**
>
> 要进行多条件的筛选，则单击切片器右上角的“多选”按钮后，选择多个选项进行筛选，数据透视表即可显示相应的筛选数据。要取消多选模式，则再次单击“多选”按钮。

步骤06 如果要清除某一切片器中的筛选，则单击该切片器右上角的“清除筛选器”按钮，或按下Alt+C组合键即可。

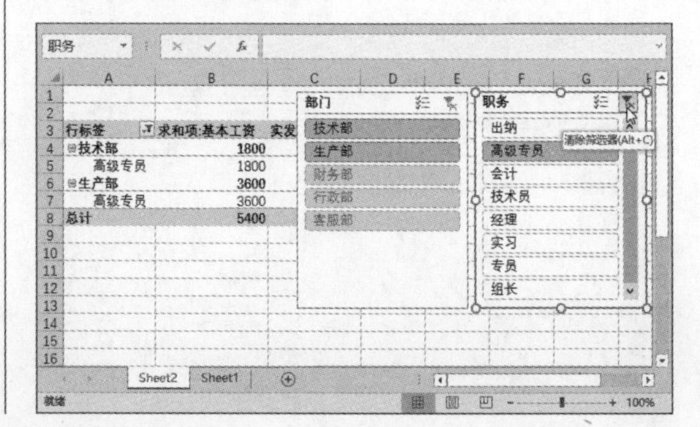

步骤07 如果要删除不需要的切片器，则右击切片器，在弹出的快捷菜单中选择“删除‘部门’”命令，将切片器删除。

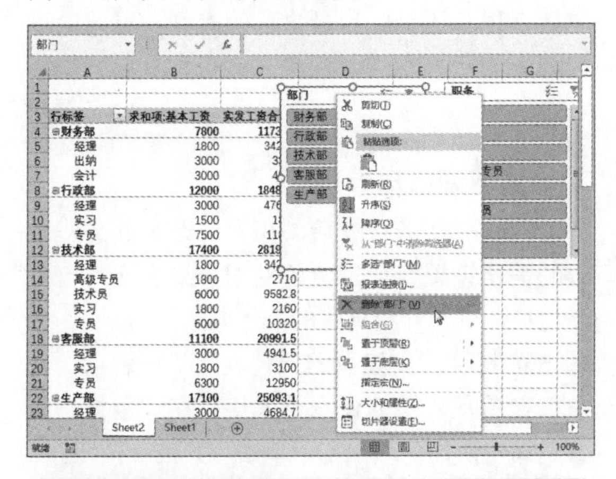

知识点拨 编辑切片器

在数据透视表中插入切片器后，在“切片器工具—选项”选项卡下，根据需要对切片器的外观、位置、大小等进行设置，使之操作起来更便捷。

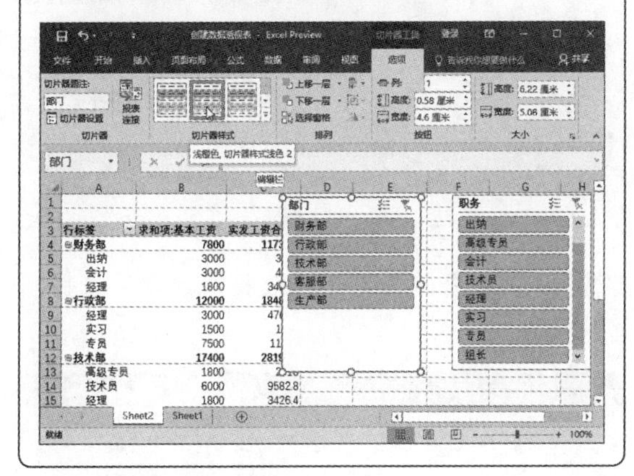

4. 刷新数据透视表

数据透视表是源数据的表现形式，当源数据发生变化时，需要对数据透视表进行相应的刷新操作，具体方法如下。

（1）手动刷新数据

选中数据透视表中任意单元格，在“数据透视表工具—分析”选项卡下，单击“刷新”按钮即可。

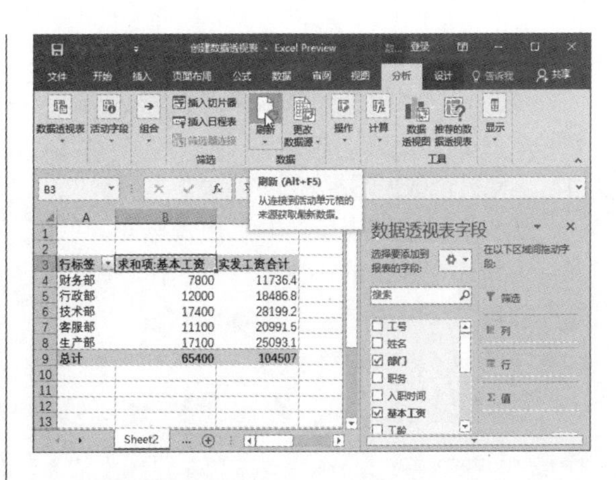

（2）设置自动刷新数据

步骤01 选中数据透视表中任意单元格，在“数据透视表工具—分析”选项卡下，单击“数据透视表”选项组中的“选项”按钮。

步骤02 打开“数据透视表选项”对话框，在“数据”选项卡中勾选“打开文件时刷新数据”复选框，单击“确定”按钮即可。

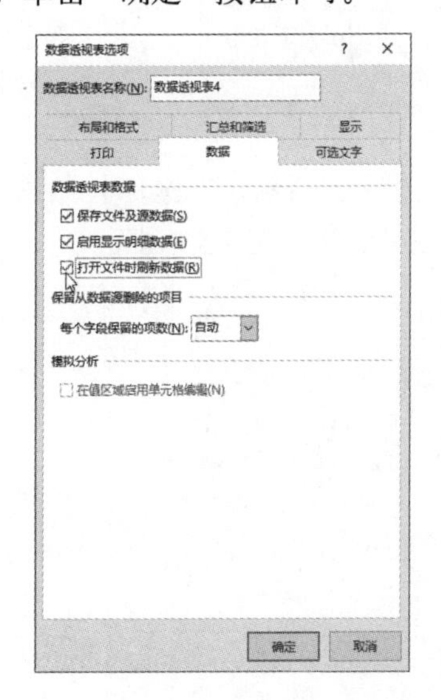

5. 删除数据透视表

用户可以删除整个数据透视表，也可以只删除数据透视表中的数据。

（1）删除整个数据透视表

选中数据透视表所在的工作表标签，单击鼠标右键，在弹出的快捷菜单中选择“删除”命令即可。

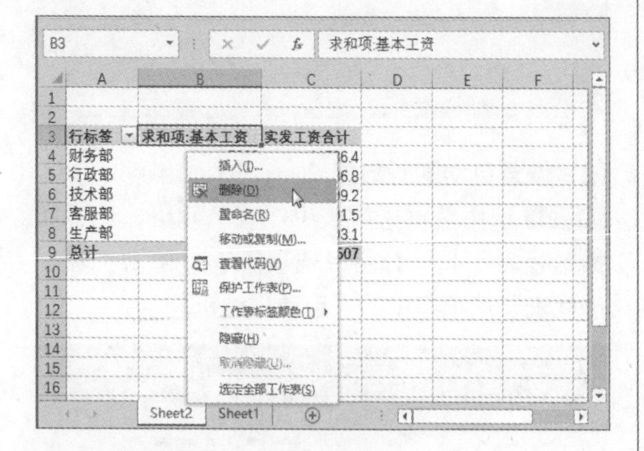

（2）删除数据透视表中的数据

步骤01 选中要删除数据的数据透视表，在“开始”选项卡下单击“删除”按钮。

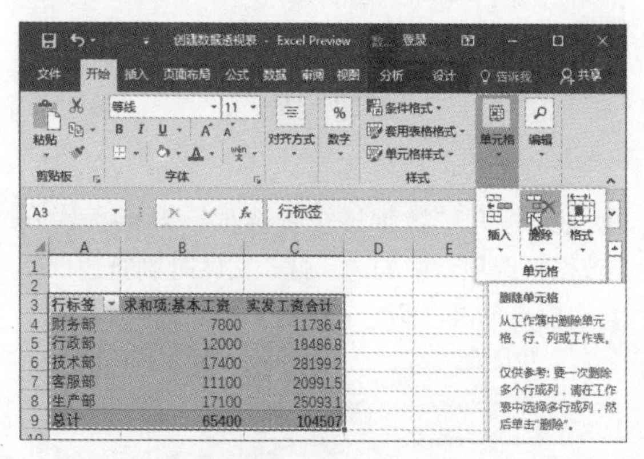

步骤02 这时可以看到，工作表中选中的数据透视表单元格区域数据已经被删除。

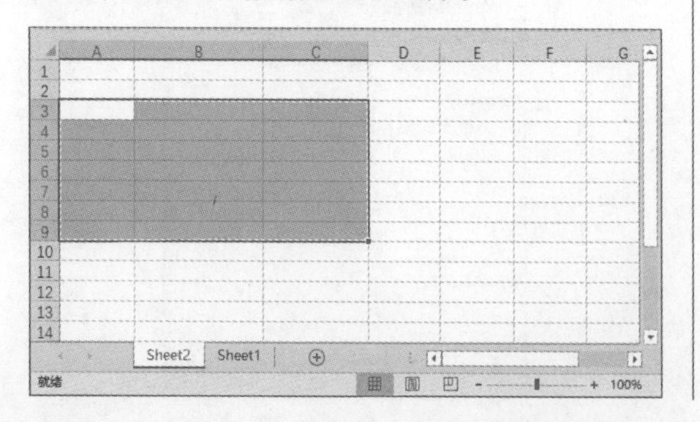

8.5.4 设置数据透视表显示方式

介绍了应用数据透视表进行数据分析处理后，用户还可以根据自己的喜好，更改数据透视表的布局和外观，使之更符合自己的使用习惯。

1. 美化数据透视表

创建数据透视表后，用户可以为其进行相应的美化设置，让创建的数据透视表变得更赏心悦目，下面介绍具体的美化方法。

步骤01 打开“创建数据透视表”工作表后，选中数据透视表中的任意单元格，在“数据透视表工具—设计”选项卡下单击“其他”按钮。

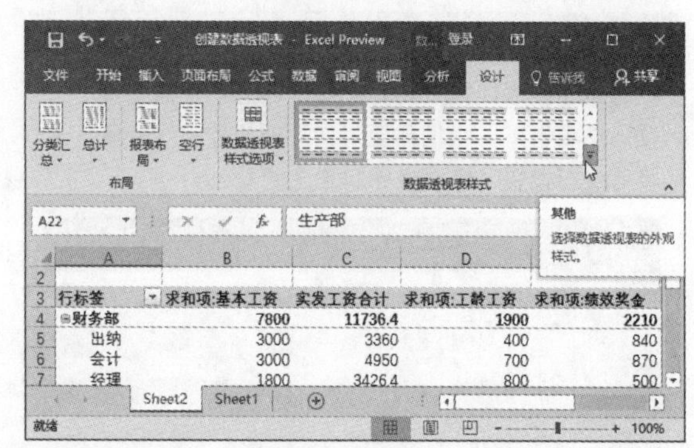

步骤02 在打开的数据透视表样式库中，选择所需的样式。

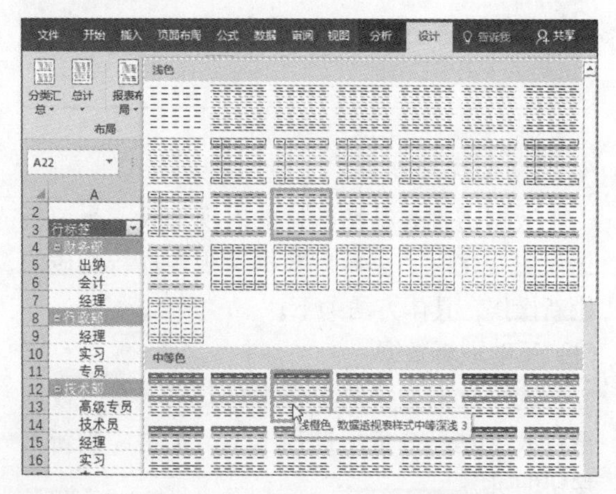

步骤03 即可为数据透视表应用该样式。

	A	B	C	D	E	F
3	行标签	求和项:基本工资	实发工资合计	求和项:工龄工资	求和项:绩效奖金	求和项:社保扣款
4	财务部	7800	11736.4	1900	2210	2140
5	出纳	3000	3360	400	840	880
6	会计	3000	4950	700	870	820
7	经理	1800	3426.4	800	500	440
8	行政部	12000	18486.8	3000	2760	2020
9	经理	3000	4763.8	800	600	380
10	实习	1500	1840	0	480	440
11	专员	7500	11883	2200	1680	1200
12	技术部	17400	28199.2	4750	4330	4340
13	高级专员	1800	2710	150	500	440
14	技术员	6000	9582.8	1700	1250	1260
15	经理	1800	3426.4	800	500	440
16	实习	1800	2160	0	500	440
17	专员	6000	10320	2100	1580	1760
18	客服部	11100	20991.5	2250	2480	380
19	经理	3000	4941.5	900	680	380

2. 设置数据透视表的报表布局

Excel为用户提供3种报表布局形式，分别为“以压缩形式显示”、“以大纲形式显示”和“以表格形式显示”。

步骤01 打开包含数据透视表的工作簿，此时的报表布局形式为“以压缩形式显示”，这是系统默认的形式。

	A	B	C	D	E	F
3	行标签	求和项:基本工资	实发工资合计	求和项:工龄工资	求和项:绩效奖金	求和项:社保扣款
4	财务部	7800	11736.4	1900	2210	2140
5	经理	1800	3426.4	800	500	440
6	出纳	3000	3360	400	840	880
7	会计	3000	4950	700	870	820
8	行政部	12000	18486.8	3000	2760	2020
9	技术部	17400	28199.2	4750	4330	4340
10	经理	1800	3426.4	800	500	440
11	高级专员	1800	2710	150	500	440
12	技术员	6000	9582.8	1700	1250	1260
13	实习	1800	2160	0	500	440
14	专员	6000	10320	2100	1580	1760
15	客服部	11100	20991.5	2250	2480	380
16	经理	3000	4941.5	900	680	380
17	实习	1800	3100	300	400	0
18	专员	6300	12950	1050	1400	0
19	生产部	17100	25093.1	5000	3500	3080
20	经理	3000	4684.7	800	580	440
21	班长	6000	7799.8	1600	1160	880
22	高级专员	3600	6268.7	1400	800	880
23	专员	1500	2440	400	380	440
24	组长	3000	3899.9	800	580	440
25	总计	65400	104507	16900	15280	11960

步骤02 选中数据透视表内任意单元格，切换至“数据透视表工具—设计”选项卡，单击“报表布局”下三角按钮，选择“以大纲形式显示”选项。

步骤03 返回工作表中，查看“以大纲形式显示”的效果。

	A	B	C	D	E	F	G
3	部门	职务	求和项:基本工资	实发工资合计	求和项:工龄工资	求和项:绩效奖金	求和项:社保扣款
4	财务部		7800	11736.4	1900	2210	2140
5	财务部	经理	1800	3426.4	800	500	440
6	财务部	出纳	3000	3360	400	840	880
7	财务部	会计	3000	4950	700	870	820
8	行政部		12000	18486.8	3000	2760	2020
9	技术部		17400	28199.2	4750	4330	4340
10	技术部	经理	1800	3426.4	800	500	440
11	技术部	高级专员	1800	2710	150	500	440
12	技术部	技术员	6000	9582.8	1700	1250	1260
13	技术部	实习	1800	2160	0	500	440
14	技术部	专员	6000	10320	2100	1580	1760
15	客服部		11100	20991.5	2250	2480	380
16	客服部	经理	3000	4941.5	900	680	380
17	客服部	实习	1800	3100	300	400	0
18	客服部	专员	6300	12950	1050	1400	0
19	生产部		17100	25093.1	5000	3500	3080
20	生产部	经理	3000	4684.7	800	580	440
21	生产部	班长	6000	7799.8	1600	1160	880
22	生产部	高级专员	3600	6268.7	1400	800	880
23	生产部	专员	1500	2440	400	380	440
24	生产部	组长	3000	3899.9	800	580	440
25	总计		65400	104507	16900	15280	11960

步骤04 单击“布局”选项组中的“报表布局”下三角按钮，选择“以表格形式显示”选项。返回工作表中，查看以表格形式显示的效果。

	A	B	C	D	E	F	G
3	部门	职务	求和项:基本工资	实发工资合计	求和项:工龄工资	求和项:绩效奖金	求和项:社保扣款
4	财务部	经理	1800	3426.4	800	500	440
5	财务部	出纳	3000	3360	400	840	880
6	财务部	会计	3000	4950	700	870	820
7	财务部 汇总		7800	11736.4	1900	2210	2140
8	行政部		12000	18486.8	3000	2760	2020
9	技术部	经理	1800	3426.4	800	500	440
10	技术部	高级专员	1800	2710	150	500	440
11	技术部	技术员	6000	9582.8	1700	1250	1260
12	技术部	实习	1800	2160	0	500	440
13	技术部	专员	6000	10320	2100	1580	1760
14	技术部 汇总		17400	28199.2	4750	4330	4340
15	客服部	经理	3000	4941.5	900	680	380
16	客服部	实习	1800	3100	300	400	0
17	客服部	专员	6300	12950	1050	1400	0
18	客服部 汇总		11100	20991.5	2250	2480	380
19	生产部	经理	3000	4684.7	800	580	440
20	生产部	班长	6000	7799.8	1600	1160	880
21	生产部	高级专员	3600	6268.7	1400	800	880
22	生产部	专员	1500	2440	400	380	440
23	生产部	组长	3000	3899.9	800	580	440
24	生产部 汇总		17100	25093.1	5000	3500	3080
25	总计		65400	104507	16900	15280	11960

从3种报表布局形式可以发现，以表格显示的透视表更加直观，更便于查看。这种报表布局也是用户首选的显示方式。

用户还可以启用经典数据透视表布局，然后对数据透视表中的字段进行拖动，数据透视表显示的结果也不一样。

步骤01 打开包含数据透视表的工作簿，切换至“数据透视表工具—分析”选项卡，单击“选项”按钮。

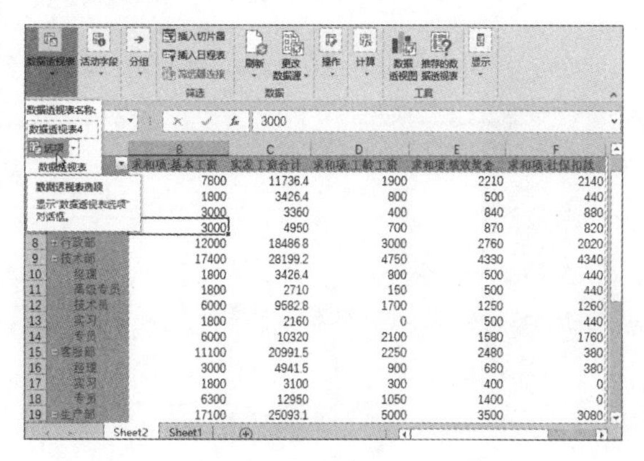

步骤02 打开“数据透视表选项”对话框，在“显示”选项卡中勾选经典数据透视表布局复选框，单击“确定”按钮。

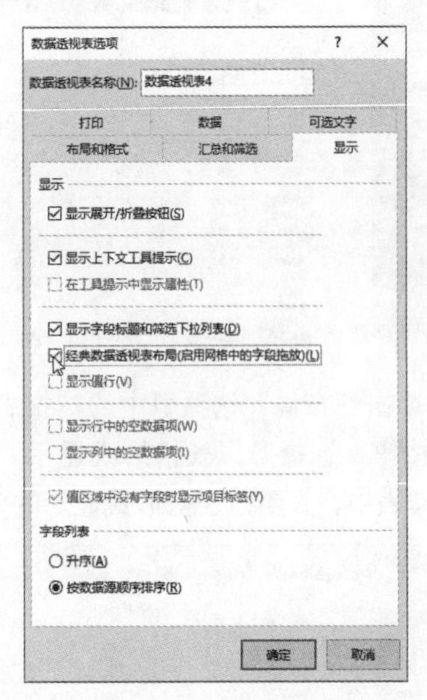

步骤03 将光标移至字段上时，光标会出现4个方向箭头，按住鼠标左键拖曳至合适的位置。

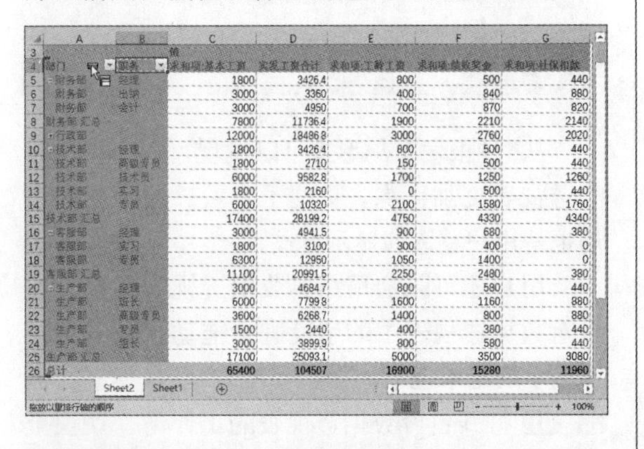

部门	职务	求和项:基本工资	实发工资合计	求和项:工龄工资	求和项:绩效奖金	求和项:社保扣款
财务部	经理	1800	3426.4	800	500	440
财务部	出纳	3000	3360	400	840	880
财务部	会计	3000	4950	700	870	820
财务部 汇总		7800	11736.4	1900	2210	2140
行政部		12000	18486.8	3000	2760	2020
技术部	经理	1800	3426.4	800	500	440
技术部	高级专员	1800	2710	150	500	440
技术部	技术员	6000	9582.8	1700	1250	1260
技术部	实习	1800	2160	0	500	440
技术部	专员	6000	10320	2100	1580	1760
技术部 汇总		17400	28199.2	4750	4330	4340
客服部	经理	3000	4941.5	900	680	380
客服部	实习	1800	3100	300	400	0
客服部	专员	6300	12950	1050	1400	0
客服部 汇总		11100	20991.5	2250	2480	380
生产部	经理	3000	4684.7	800	580	440
生产部	班长	6000	7799.8	1600	1160	880
生产部	高级专员	3600	6268.7	1400	800	880
生产部	专员	1500	2440	400	380	440
生产部	组长	3000	3899.9	800	580	440
生产部 汇总		17100	25093.1	5000	3500	3080
总计		65400	104507	16900	15280	11960

步骤04 将“职务”字段拖曳至“部门”字段前，查看数据透视表的显示效果。

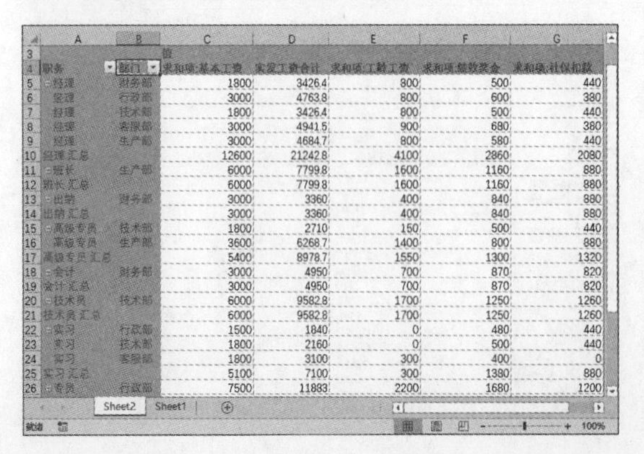

职务	部门	求和项:基本工资	实发工资合计	求和项:工龄工资	求和项:绩效奖金	求和项:社保扣款
经理	财务部	1800	3426.4	800	500	440
经理	行政部	3000	4763.8	800	600	380
经理	技术部	1800	3426.4	800	500	440
经理	客服部	3000	4941.5	900	680	380
经理	生产部	3000	4684.7	800	580	440
经理 汇总		12600	21242.8	4100	2860	2080
班长	生产部	6000	7799.8	1600	1160	880
班长 汇总		6000	7799.8	1600	1160	880
出纳	财务部	3000	3360	400	840	880
出纳 汇总		3000	3360	400	840	880
高级专员	技术部	1800	2710	150	500	440
高级专员	生产部	3600	6268.7	1400	800	880
高级专员 汇总		5400	8978.7	1550	1300	1320
会计	财务部	3000	4950	700	870	820
会计 汇总		3000	4950	700	870	820
技术员	技术部	6000	9582.8	1700	1250	1260
技术员 汇总		6000	9582.8	1700	1250	1260
实习	行政部	1500	1840	0	480	440
实习	技术部	1800	2160	0	500	440
实习	客服部	1800	3100	300	400	0
实习 汇总		5100	7100	300	1380	880
专员	行政部	7500	11883	2200	1680	1200

8.5.5 应用数据透视图

数据透视图是数据透视表内数据的一种表现方式，是通过图形的方式直观、形象地展示数据。本节主要介绍创建数据透视图、数据透视图的常规操作以及美化数据透视图等。

1. 创建数据透视图

创建数据透视图的方法很简单，下面介绍具体操作步骤。

步骤01 打开“工资领取表”工作表，选中表格中的任意单元格，在“插入”选项卡中单击“数据透视图”按钮。

步骤02 打开“创建数据透视图”对话框，保持各选项为默认状态，单击“确定”按钮。

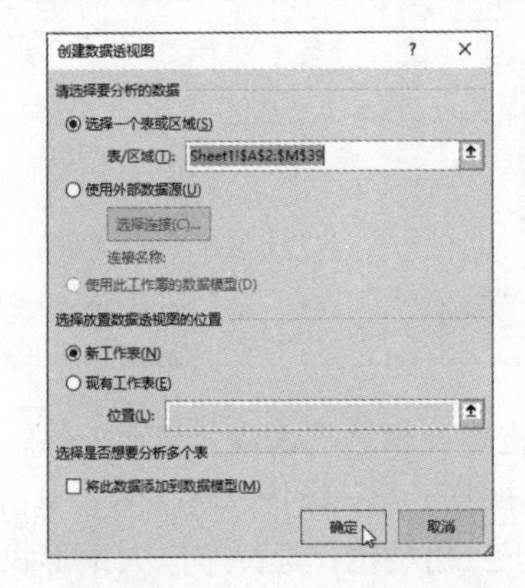

步骤03 即可创建空白的数据透视表和数据透视图，并打开“数据透视图字段”任务窗格。

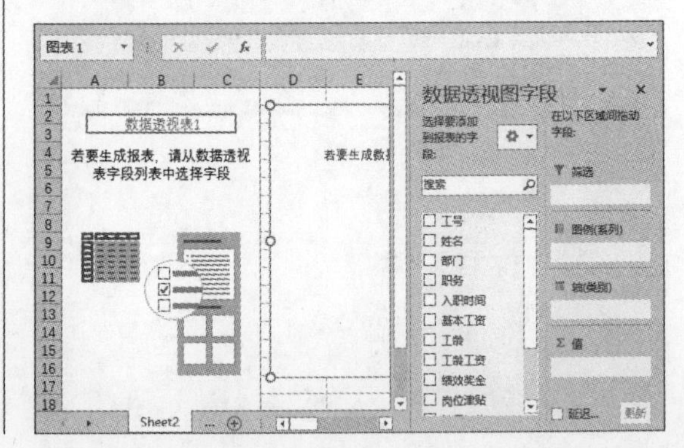

步骤04 在“数据透视图字段”窗格中，将“选择要添加到报表的字段”区域中“部门”字段拖曳至“轴（类别）”区域。

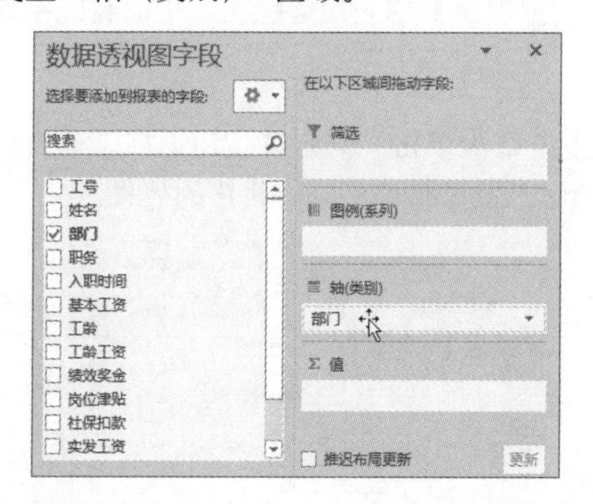

步骤05 将“工龄工资”和“绩效奖金”字段拖曳至“值”区域。

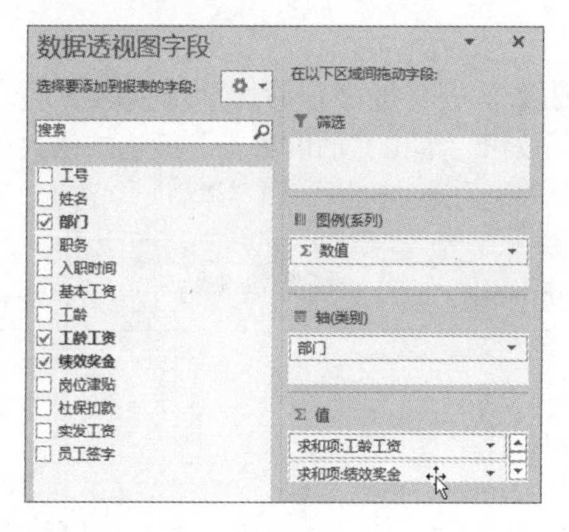

2. 更改数据透视图的类型

用户可以根据个人需要更改数据透视图的类型，具体操作方法如下。

步骤01 选中数据透视图，在“数据透视图工具—设计”选项卡中单击“更改图表类型”按钮。

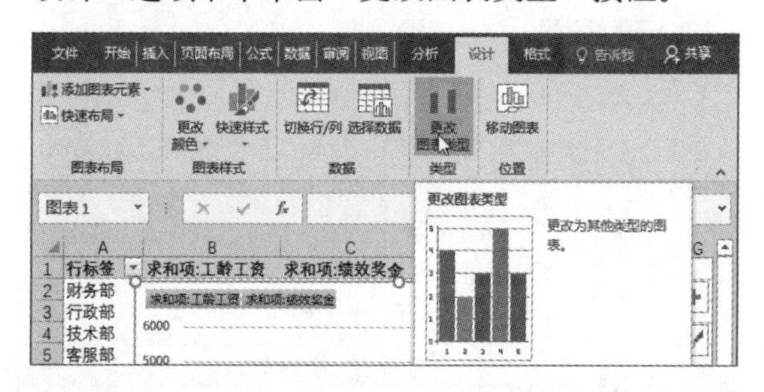

步骤02 打开“更改图表类型”对话框，选择合适的图表，此处选择“折线图”选项，单击“确定”按钮。

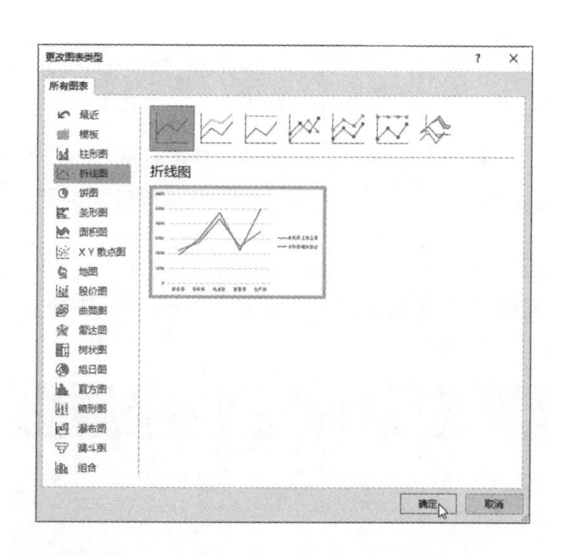

步骤03 返回工作表中，查看将柱形图更改为折线图的效果。

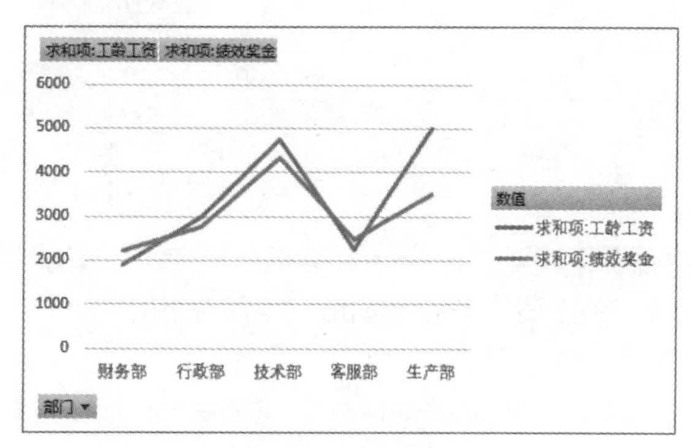

3. 设置数据透视图的布局

用户可以根据需要设置数据透视图的布局。选中数据透视图，在“数据透视图工具—设计”选项卡中单击“添加图表元素”下三角按钮，根据需要选择要添加的图表元素，这里将为图表添加标题。

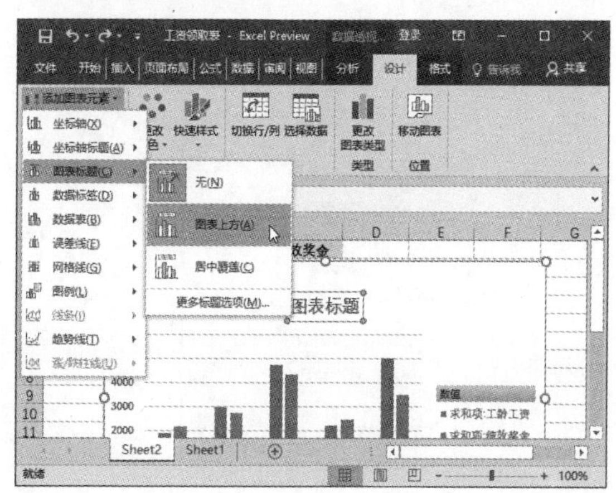

动手练习 制作酒类销售汇总表

本章主要学习了数据的排序、筛选、分类汇总以及数据透视表的应用等操作。下面将以制作酒类销售汇总表为例，对所学知识进行巩固练习。

步骤01 打开“酒类销售汇总表”工作表，选中表格内任意单元格，在“数据”选项卡中单击“排序”按钮。

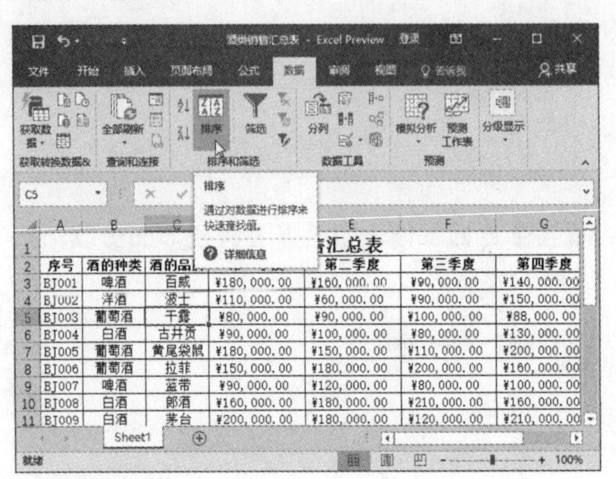

序号	酒的种类	酒的品牌	第一季度	第二季度	第三季度	第四季度
BJ001	啤酒	百威	¥180,000.00	¥160,000.00	¥90,000.00	¥140,000.00
BJ002	洋酒	波士	¥110,000.00	¥60,000.00	¥90,000.00	¥150,000.00
BJ003	葡萄酒	干露	¥80,000.00	¥90,000.00	¥100,000.00	¥88,000.00
BJ004	白酒	古井贡	¥90,000.00	¥100,000.00	¥80,000.00	¥130,000.00
BJ005	葡萄酒	黄尾袋鼠	¥180,000.00	¥150,000.00	¥110,000.00	¥200,000.00
BJ006	葡萄酒	拉菲	¥150,000.00	¥180,000.00	¥200,000.00	¥160,000.00
BJ007	啤酒	蓝带	¥90,000.00	¥120,000.00	¥80,000.00	¥100,000.00
BJ008	白酒	郎酒	¥160,000.00	¥180,000.00	¥210,000.00	¥160,000.00
BJ009	白酒	茅台	¥200,000.00	¥180,000.00	¥120,000.00	¥210,000.00

步骤02 打开“排序”对话框，设置“酒的品牌”为主要关键字，单击“选项”按钮。

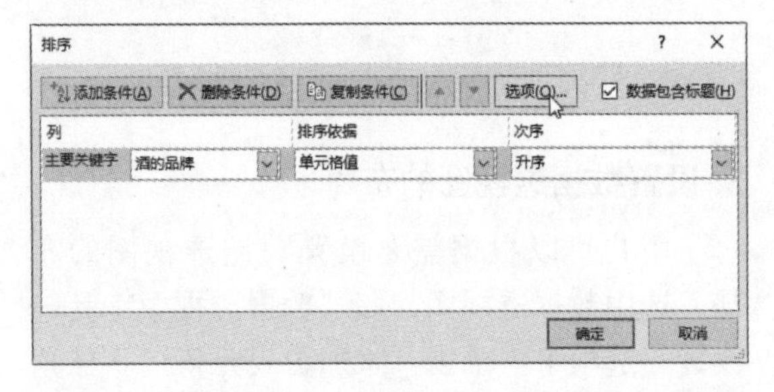

步骤03 打开“排序选项”对话框，选中“笔划排序”单选按钮。

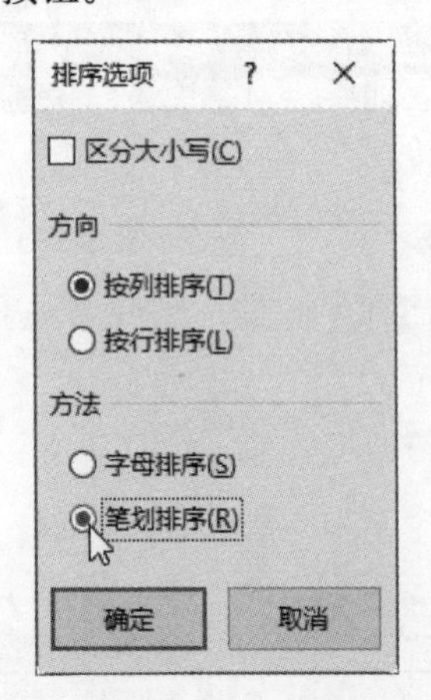

步骤04 依次单击“确定”按钮返回工作表中，查看酒的品牌按笔划升序排序的效果。

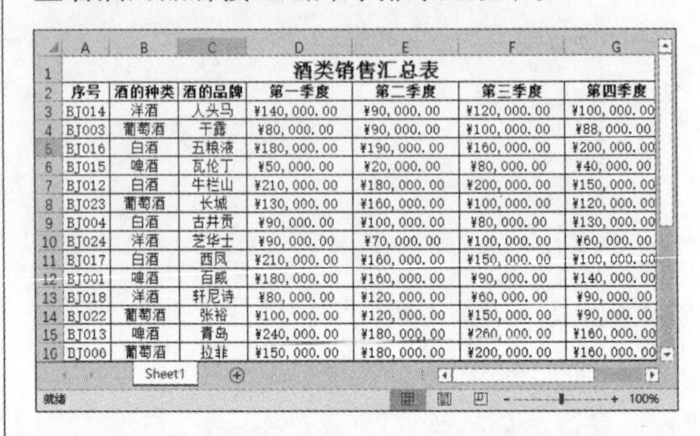

酒类销售汇总表

序号	酒的种类	酒的品牌	第一季度	第二季度	第三季度	第四季度
BJ014	洋酒	人头马	¥140,000.00	¥90,000.00	¥120,000.00	¥100,000.00
BJ003	葡萄酒	干露	¥80,000.00	¥90,000.00	¥100,000.00	¥88,000.00
BJ016	白酒	五粮液	¥180,000.00	¥190,000.00	¥160,000.00	¥200,000.00
BJ015	啤酒	瓦伦丁	¥50,000.00	¥20,000.00	¥80,000.00	¥40,000.00
BJ012	白酒	牛栏山	¥210,000.00	¥180,000.00	¥200,000.00	¥150,000.00
BJ023	葡萄酒	长城	¥130,000.00	¥160,000.00	¥100,000.00	¥120,000.00
BJ004	白酒	古井贡	¥90,000.00	¥100,000.00	¥80,000.00	¥130,000.00
BJ024	洋酒	芝华士	¥90,000.00	¥70,000.00	¥100,000.00	¥60,000.00
BJ017	白酒	西凤	¥210,000.00	¥160,000.00	¥150,000.00	¥100,000.00
BJ001	啤酒	百威	¥180,000.00	¥160,000.00	¥90,000.00	¥140,000.00
BJ018	洋酒	轩尼诗	¥80,000.00	¥120,000.00	¥60,000.00	¥90,000.00
BJ022	葡萄酒	张裕	¥100,000.00	¥120,000.00	¥150,000.00	¥90,000.00
BJ013	啤酒	青岛	¥240,000.00	¥180,000.00	¥260,000.00	¥160,000.00
BJ006	葡萄酒	拉菲	¥150,000.00	¥180,000.00	¥200,000.00	¥160,000.00

步骤05 单击“排序和筛选”选项组中的“筛选”按钮，单击“酒的种类”筛选按钮，在列表中取消勾选“啤酒”和“洋酒”复选框。

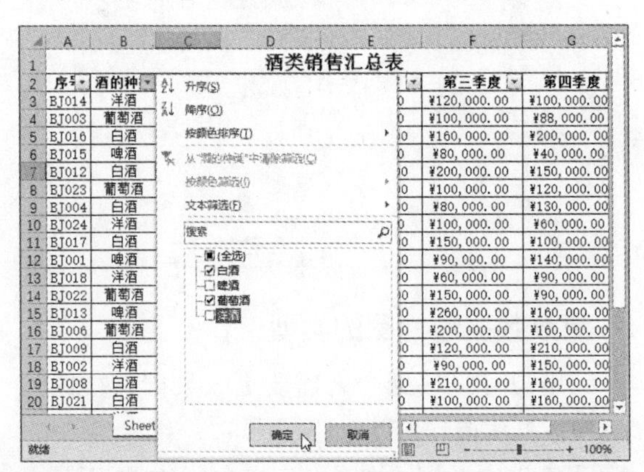

步骤06 单击“确定”按钮，返回工作表中查看筛选后的效果。

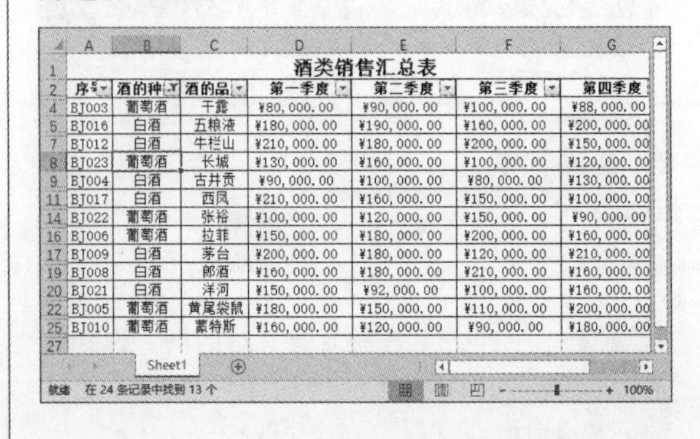

酒类销售汇总表

序号	酒的种类	酒的品牌	第一季度	第二季度	第三季度	第四季度
BJ003	葡萄酒	干露	¥80,000.00	¥90,000.00	¥100,000.00	¥88,000.00
BJ016	白酒	五粮液	¥180,000.00	¥190,000.00	¥160,000.00	¥200,000.00
BJ012	白酒	牛栏山	¥210,000.00	¥180,000.00	¥200,000.00	¥150,000.00
BJ023	葡萄酒	长城	¥130,000.00	¥160,000.00	¥100,000.00	¥120,000.00
BJ004	白酒	古井贡	¥90,000.00	¥100,000.00	¥80,000.00	¥130,000.00
BJ017	白酒	西凤	¥210,000.00	¥160,000.00	¥150,000.00	¥100,000.00
BJ022	葡萄酒	张裕	¥100,000.00	¥120,000.00	¥150,000.00	¥90,000.00
BJ006	葡萄酒	拉菲	¥150,000.00	¥180,000.00	¥200,000.00	¥160,000.00
BJ009	白酒	茅台	¥200,000.00	¥180,000.00	¥120,000.00	¥210,000.00
BJ008	白酒	郎酒	¥160,000.00	¥180,000.00	¥210,000.00	¥160,000.00
BJ021	白酒	洋河	¥150,000.00	¥92,000.00	¥100,000.00	¥160,000.00
BJ005	葡萄酒	黄尾袋鼠	¥180,000.00	¥150,000.00	¥110,000.00	¥200,000.00
BJ010	葡萄酒	蒙特斯	¥160,000.00	¥120,000.00	¥90,000.00	¥180,000.00

在 24 条记录中找到 13 个

步骤07 取消筛选，选中B3单元格，单击“排序和筛选”选项组中的“降序”按钮，然后单击“分级显示”选项组中的“分类汇总”按钮。

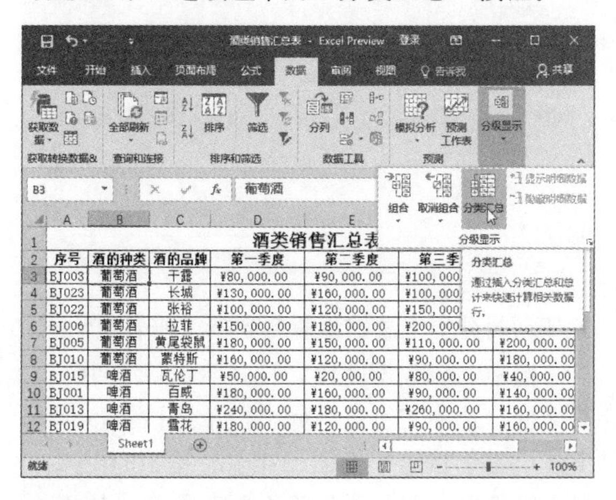

步骤08 打开“分类汇总”对话框，设置“分类字段”为“酒的种类”，选择汇总项，单击“确定”按钮。

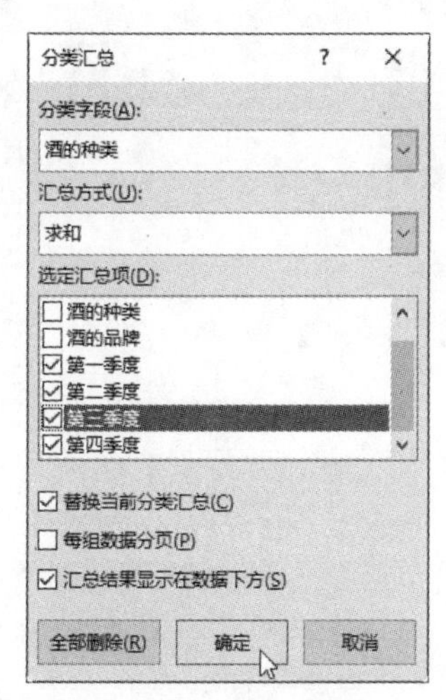

步骤09 返回工作表中，查看分类汇总后的效果。如果要删除分类汇总，则在“分类汇总”对话框中单击“全部删除”按钮即可。

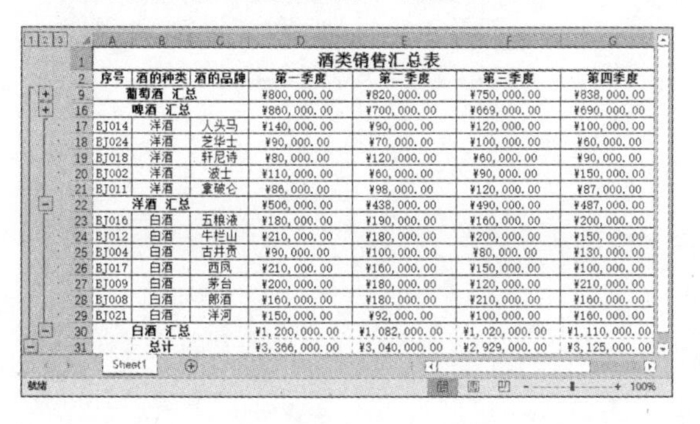

步骤10 选中表格中任意单元格，切换至“插入”选项卡，单击“图表”选项组中的“数据透视图”按钮。

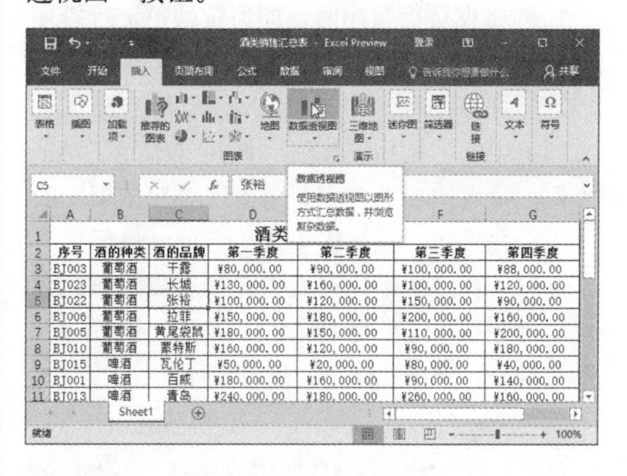

步骤11 在打开的对话框中单击“确定”按钮，打开新工作表，在打开的“数据透视图字段”窗格中设置数据透视图字段。

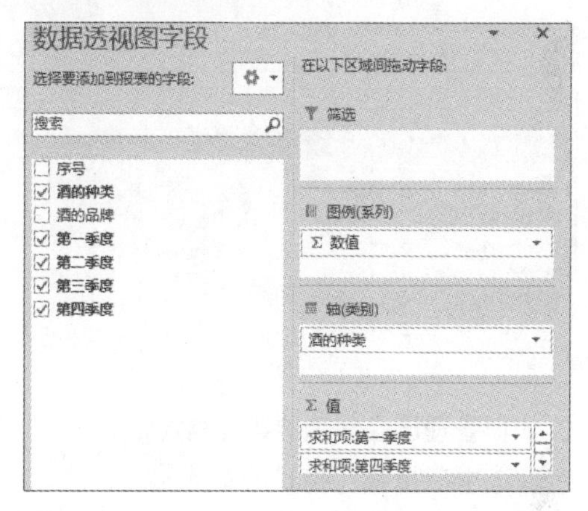

步骤12 选中图表，在“数据透视图工具—设计”选项卡中单击“快速布局”下三角按钮，在列表中选择合适的布局，输入标题，并设置标题的格式，查看效果。

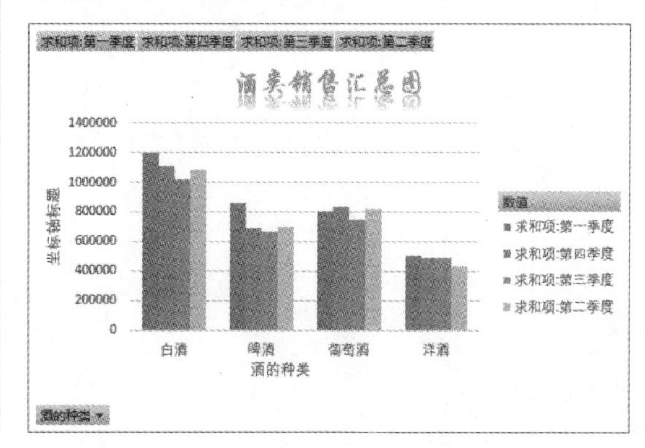

秒杀疑惑

1. 对数据进行排序时，如何按颜色进行排序操作？

打开工作表，单击“排序和筛选”选项组中的“排序”按钮，打开“排序”对话框，设置主要关键字，单击“排序依据”的下三角按钮，在列表中选择“单元格颜色”选项，在“次序”列表中选择所需的颜色色块，然后单击“添加条件”按钮，设置各颜色排序，单击“确定”按钮即可。

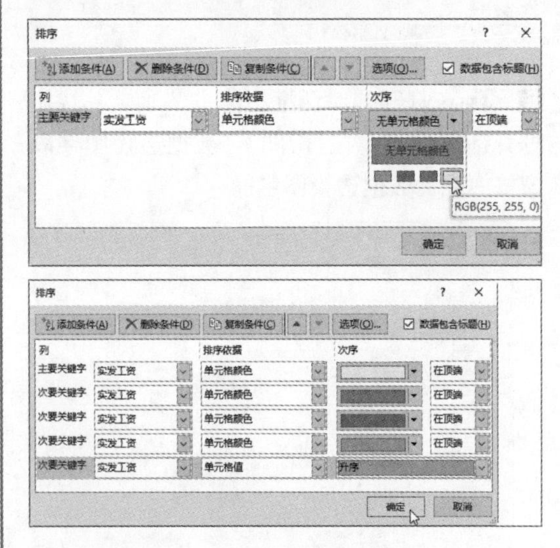

2. 如何管理已经创建的条件格式？

选中应用条件格式的单元格，单击“样式”选项组中的“条件格式”下三角按钮，在列表中选择“管理规则”选项，打开“条件格式规则管理器”对话框，可以对当前条件格式实行管理，如新建、编辑或删除规则。

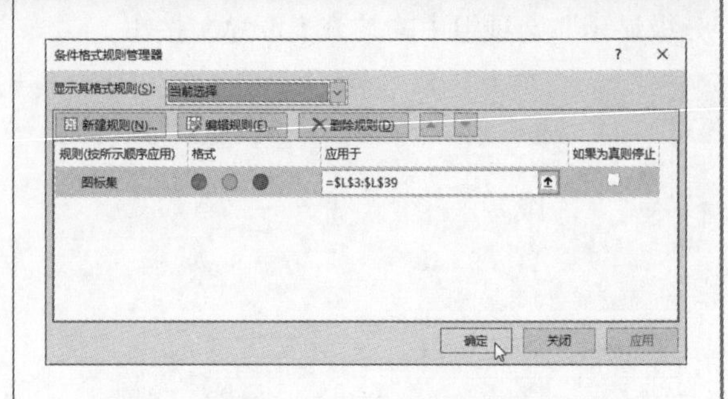

3. 如何将分类汇总结果复制到新工作表中？

选中汇总数据区域，打开“定位条件”对话框，选中“可见单元格”单选按钮，单击“确定”按钮。返回工作表，按下Ctrl+C组合键复制单元格，切换至新工作表，按下Ctrl+V组合键粘贴即可。

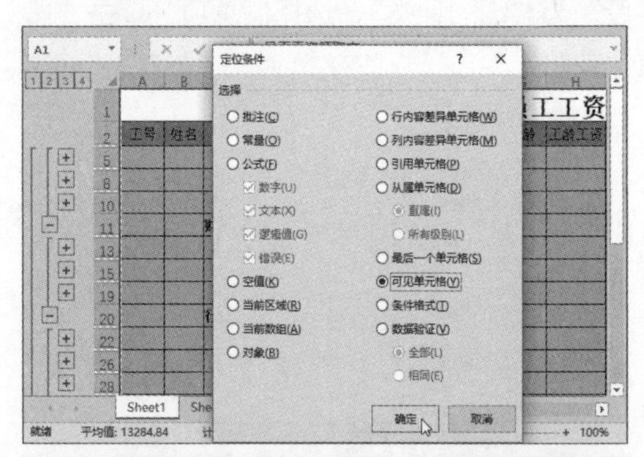

Chapter 09

Excel图表的应用

Excel为用户提供了多种图形类型来展示不同的数据，如柱形图、条形图、饼图、折线图和面积图等。此外，还可以应用迷你图来直观地展示一组数据的变化超势。

9.1 Excel图表的创建

图表是数据的图形化展示，使用图表可以帮助我们直观地分析和比较数据，使那些抽象、繁琐的数据报告变得更形象、具体。

9.1.1 图表的类型

Excel为用户提供了14种类型的图表，如柱形图、折线图、饼图等，每种图表还包含对应的子类型图表，如三维簇状柱形图和复合饼图等。

常见的图表类型有柱形图、折线图、饼图、条形图、面积图、XY（散点图）、股份图、曲面图、雷达图、树状图、旭日图、直方图、箱形图和瀑布图等，在“插入图表”对话框中“所有图表”选项卡中可见。

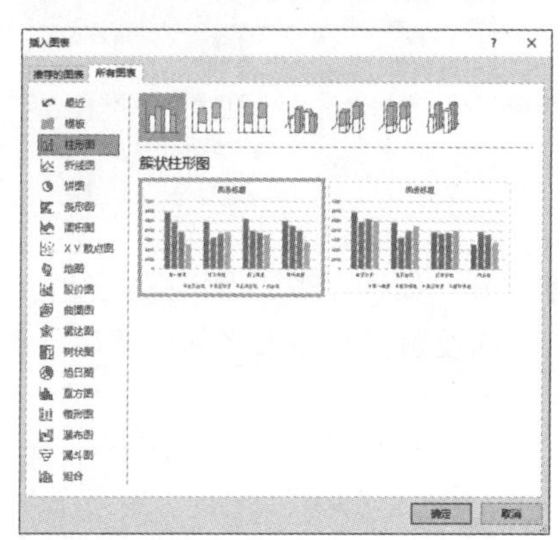

9.1.2 创建图表的流程

创建图表基本上分两大步骤，首先为图表选中数据区域，然后插入图表。下面详细介绍创建图表的操作。

1. 选择数据

数据是创建图表的基础，所以创建图表时首先在工作表中为图表选择数据。

若创建图表的数据是连续的单元格区域时，则可以选择该区域或单击该区域中任意的单元格。

若创建图表的数据是不连续时，则可以按住Ctrl键选中相应的单元格区域；也可以将某些特定的行或列进行隐藏，然后再创建图表，即可在图表中显示没有隐藏的数据。

2. 插入图表

选择数据后就可以插入图表了，Excel提供的“推荐的图表”功能，可以根据不同的数据为用户推荐合适的图表。

步骤01 切换至“插入”选项卡，单击“图表”选项组中的“推荐的图表”按钮。

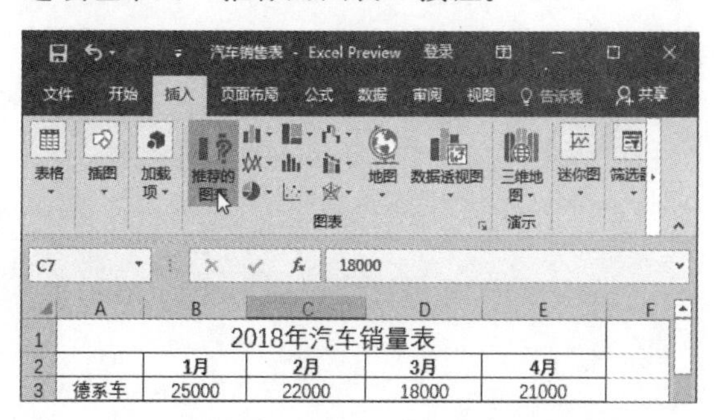

步骤02 弹出“插入图表”对话框，选择Excel推荐的图表类型，此处选择“簇状柱形图”。

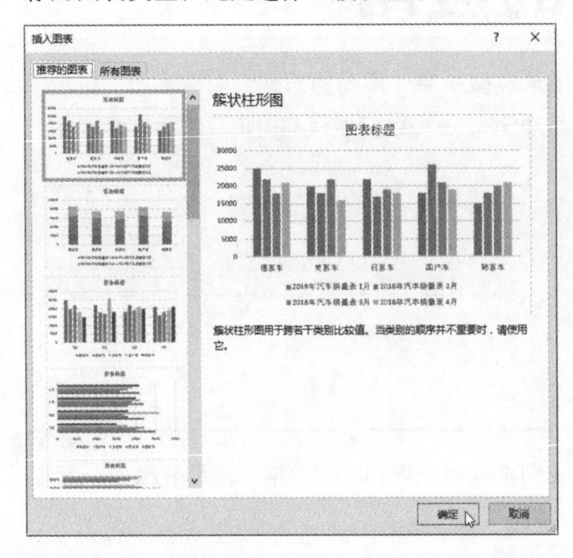

步骤03 如果推荐的图表列表中没有满意的图表时，可以切换至“所有图表”选项卡，选择合适的图表类型，此处选择“折线图”，单击“确定”按钮。

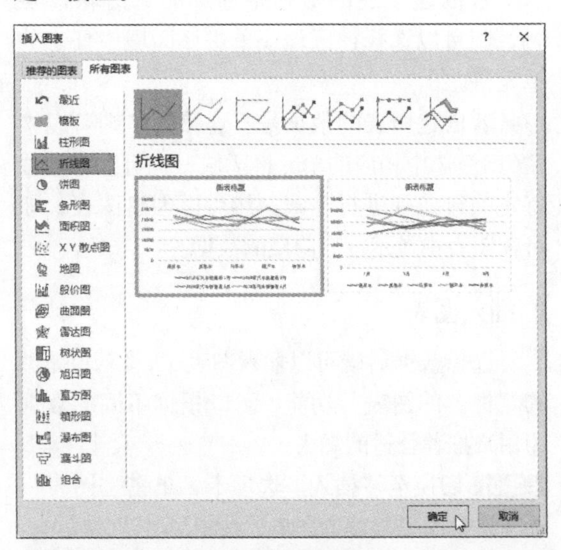

知识点拨 使用快捷键创建图表

选中数据区域，然后按Alt+F1组合键，即可在数据所在的工作表中创建一个图表；如果按F11功能键，可创建一个名为Chart1的图表工作表。

步骤04 返回工作表中查看插入的折线图。

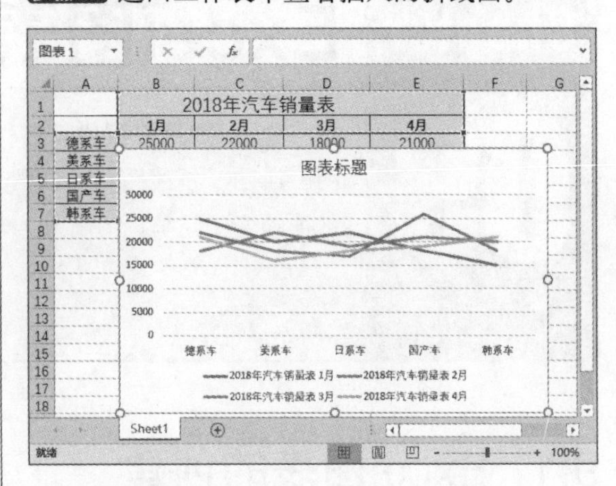

3. 移动图表

创建图表后，通常还需要将图表移动到工作表中的合适位置。要移动图表，则只需要将光标移至图表上，当变为十字形状时按住鼠标左键并拖动即可。

若将图表在不同的工作表中移动时，可按以下步骤进行操作。

步骤01 选中图表，然后切换至“图表工具—设计”选项卡，单击“位置”选项组中的“移动图表”按钮。

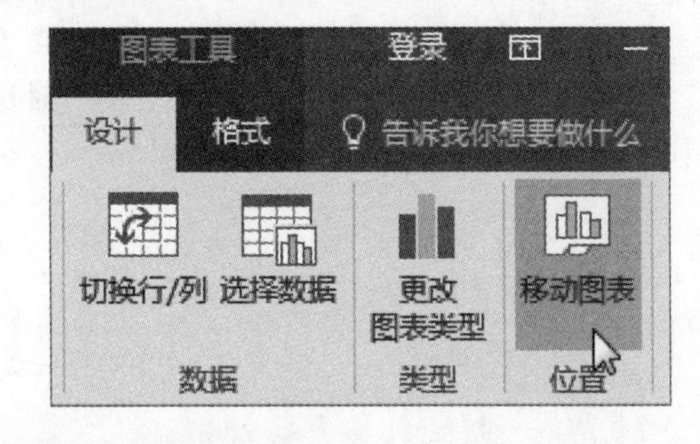

步骤02 打开“移动图表”对话框，选中“新工作表”单选按钮，并输入名称，然后单击“确定”按钮即可。

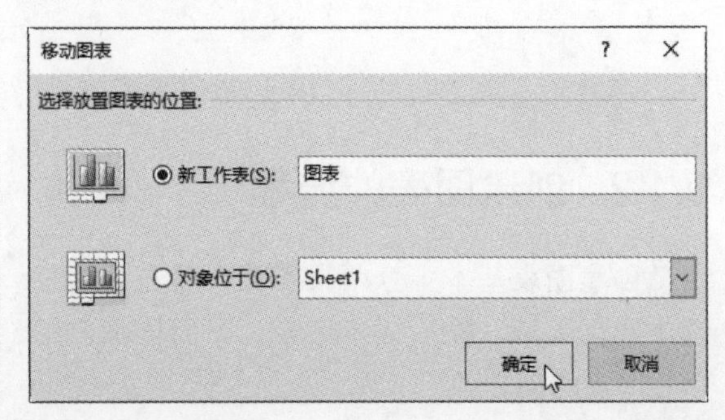

9.2 Excel图表的编辑

图表创建后，用户可以根据不同的需要对图表进行编辑操作。本节将介绍更改图表类型、添加数据标签以及添加图表标题等操作的方法。

9.2.1 更改图表类型

如果插入的图表不能很直观地展示数据，用户可以更改图表的类型，下面介绍具体操作方法。

步骤01 选中图表，切换至“图表工具—设计”选项卡，单击“类型”选项组中的“更改图表类型”按钮。

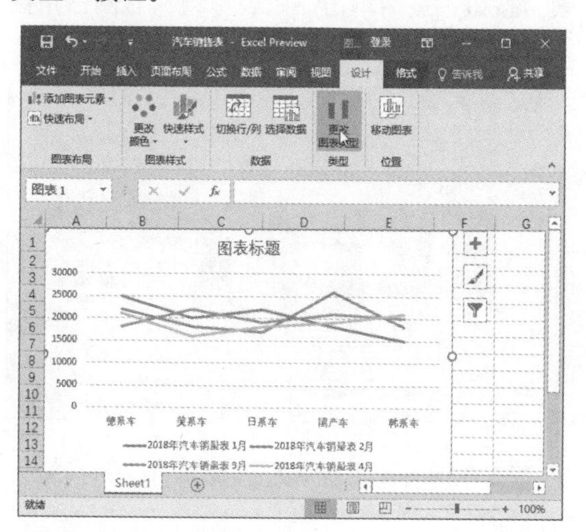

步骤02 弹出“更改图表类型”对话框，在“所有图表”选项卡中选择“柱形图”选项，然后选择“簇状柱形图”，单击“确定”按钮。

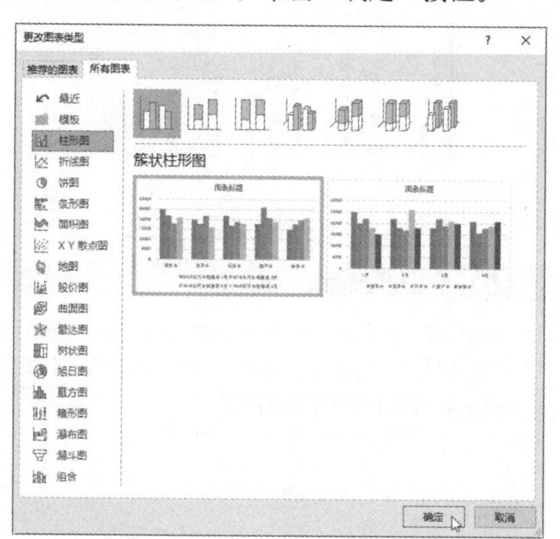

步骤03 返回工作表中，查看将折线图更改为柱形图的效果。

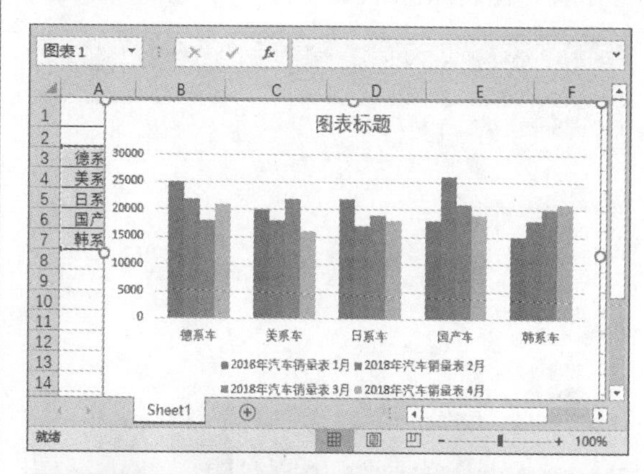

> **知识点拨　更改图表类型的其他方法**
>
> 选中图表后，切换至“插入”选项卡，单击相应的图表类型下三角按钮，重新选择所需的图表类型即可。用户也可以选中图表，单击鼠标右键，在弹出的快捷菜单中选择“更改图表类型”命令，打开的“更改图表类型”对话框，重新选择所需的图表类型。

9.2.2 添加图表标题

图表创建完成后，用户可以为其添加标题，让图表更完善。

若插入的图表包含标题文本框，则直接选中该文本框然后输入标题，单击图表外的任意空白地方即可完成。

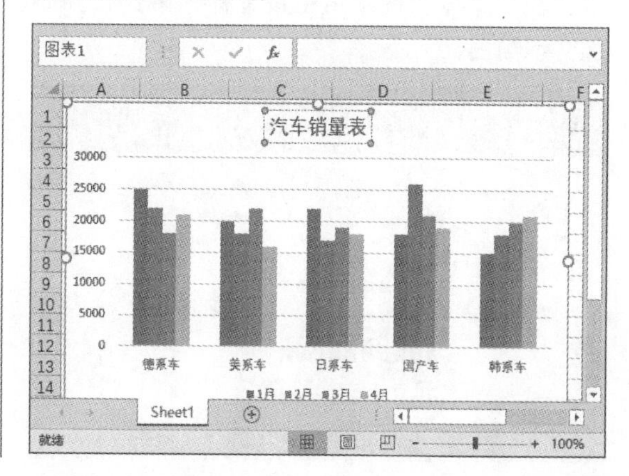

如果插入的图表没有标题文本框，可以通过以下两种方法添加标题。

● 方法1：功能区添加法

步骤01 打开工作表，选中图表，切换至“图表工具—设计”选项卡，单击“图表布局”选项组中的“添加图表元素”下三角按钮，在列表中选择“图表标题>图表上方”选项。

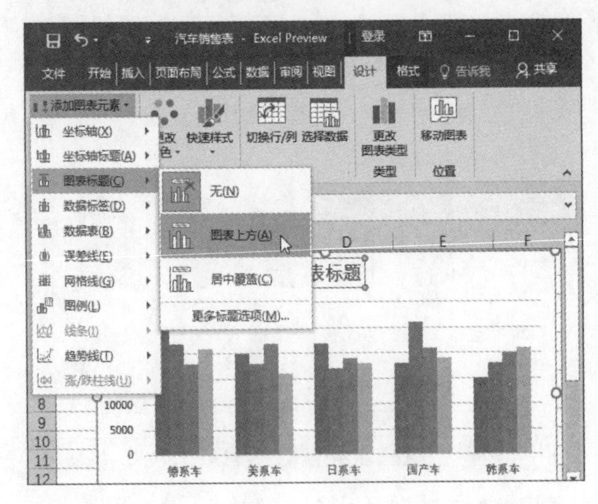

步骤02 在图表上方插入标题文本框，然后输入标题即可。

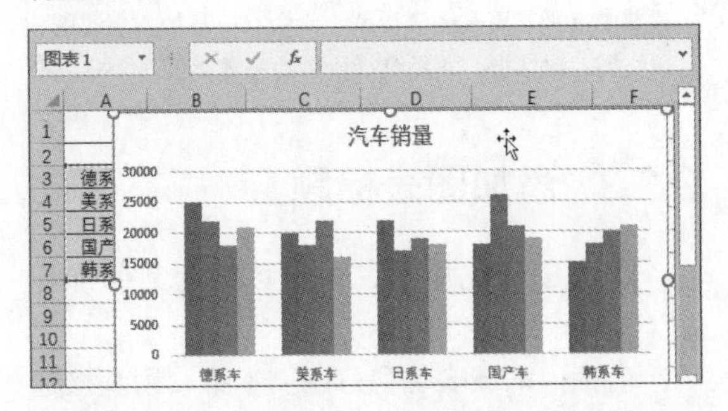

步骤03 选中标题文字，切换至“开始”选项卡，在“字体”选项组中设置标题格式，并添加文字颜色。

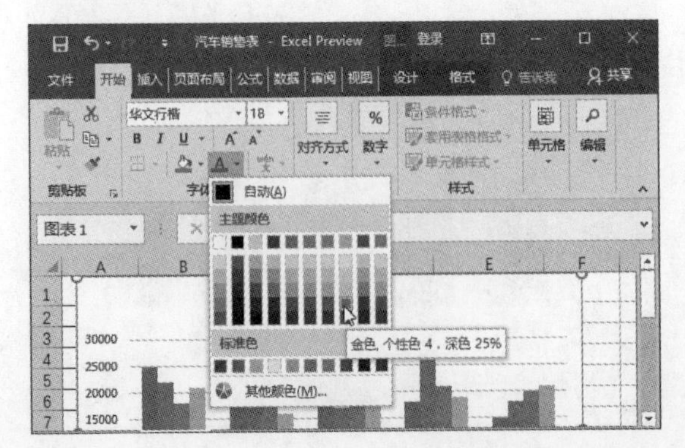

步骤04 设置完成后查看图表标题的效果。

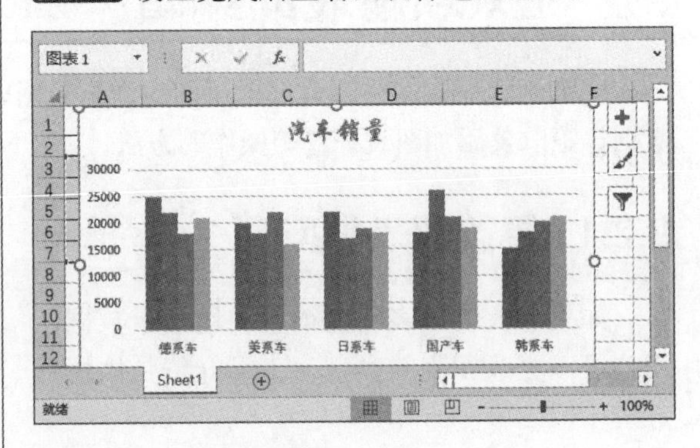

● 方法2：快捷按钮法

步骤01 选中图表，单击图表右上角的“图表元素”按钮，然后单击“图表标题”右侧三角按钮，在列表中选择“图表上方”选项。

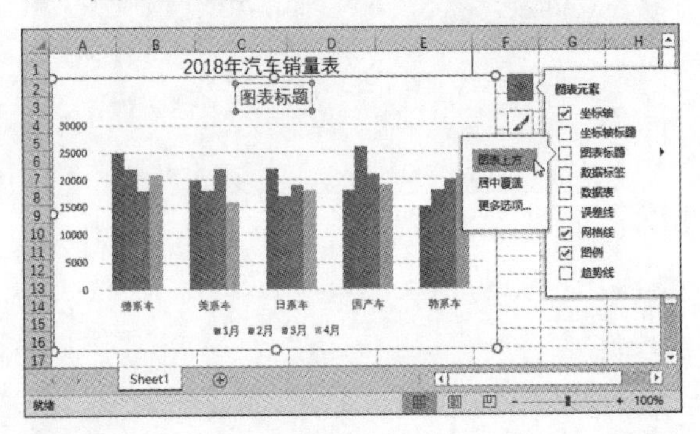

步骤02 在图表上方插入标题文本框，然后输入标题即可。

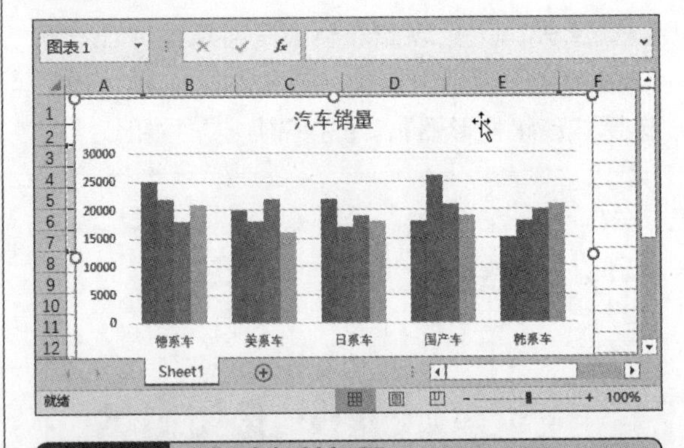

知识点拨 添加坐标轴标题

添加坐标轴标题的方法和添加图表标题的方法一样，都可以通过以上两种方法添加，添加完之后也可以在“字体”选项组中设置字体的格式。

9.2.3 设置数据标签

为图表添加数据标签，可以直观地显示图表中的数据大小。默认情况下，数据标签与工作表中的数据是链接的，可以随着数据的变化而变化。

步骤 01 打开“汽车销售表”工作表，选中图表，切换至“图表工具—设计”选项卡，单击“添加图表元素”下三角按钮，在列表中选择“数据标签>数据标签内”选项。

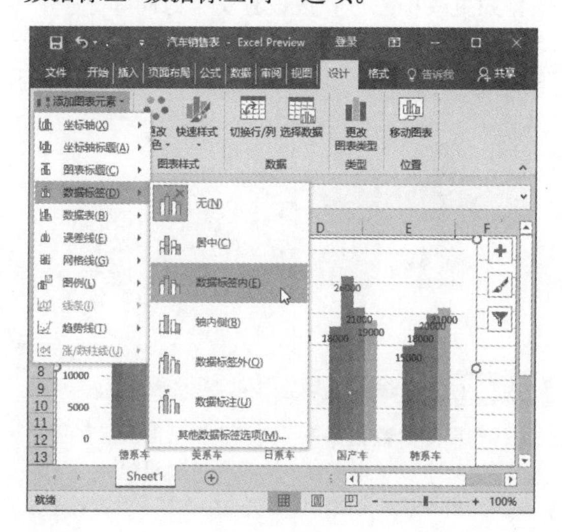

步骤 02 返回工作表中，查看添加数据标签的效果。

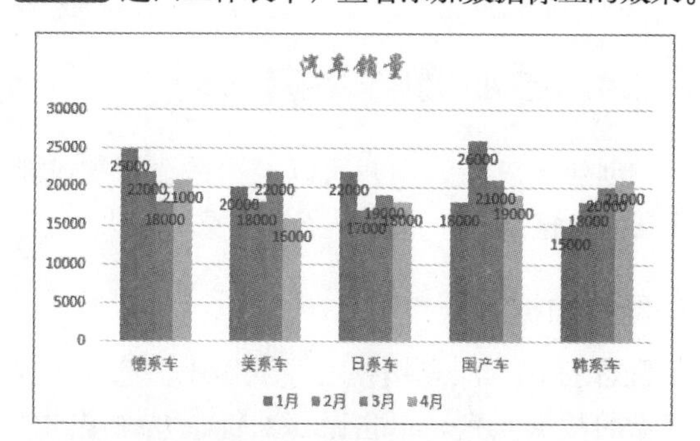

知识点拨 快捷按钮添加数据标签

单击“图表元素”按钮，在列表中单击“数据标签”右侧三角按钮，在子列表中选择“数据标签内”选项即可。

添加完数据标签后，若数字比较多且比较乱，用户可以为各个系列的数据添加相对应的填充颜色等格式，这样可以分清各个系列的数值。

步骤 01 选中“1月”系列的数据标签，单击鼠标右键，在弹出的快捷菜单中选择“设置数据标签格式”命令。

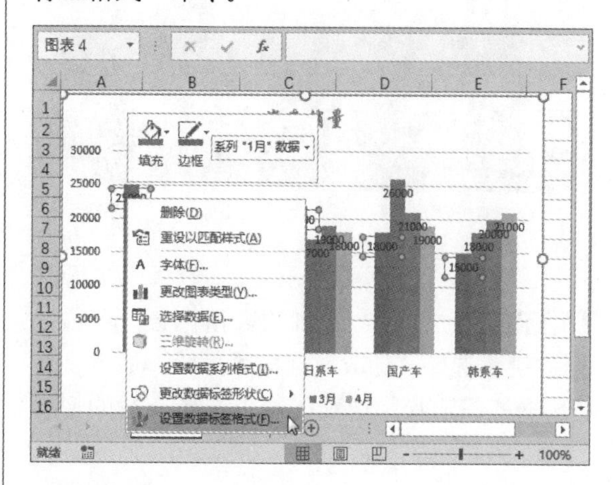

步骤 02 打开“设置数据标签格式”窗格，在“填充与线条”选项卡下，选中“纯色填充”单选按钮，设置颜色为浅蓝色。

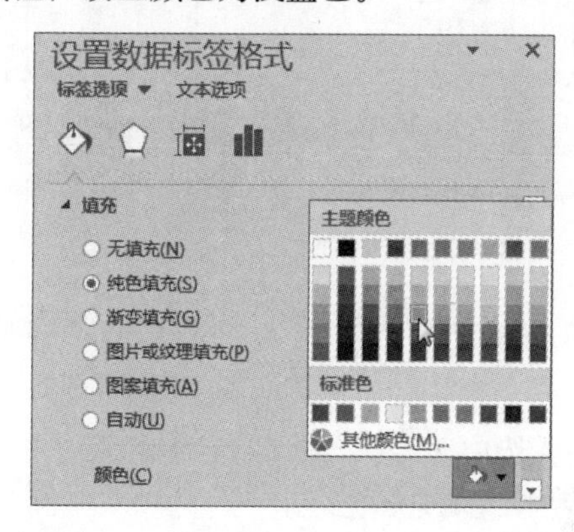

步骤 03 在“标签位置”选项区域中选中“居中”单选按钮。

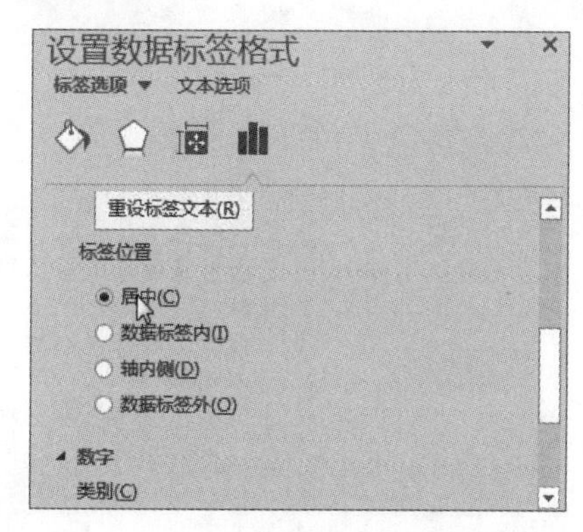

步骤 04 即可查看设置“1月”系列数据标签后的效果。

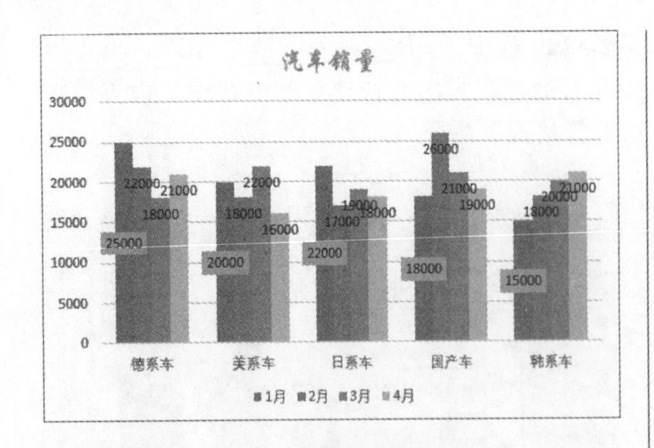

步骤05 选中“2月”系列的数据标签，单击鼠标右键，选择“更改数据标签形状”命令，在“数据标签形状”选项区域中选择合适的形状选项。

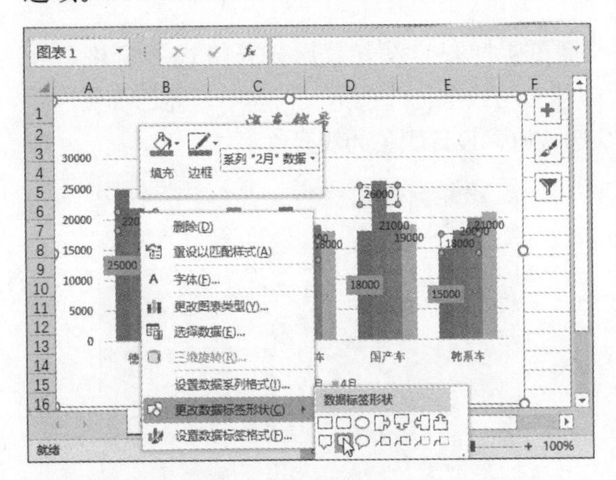

步骤06 选中“2月”系列的数据标签，按照上述方法设置填充颜色。

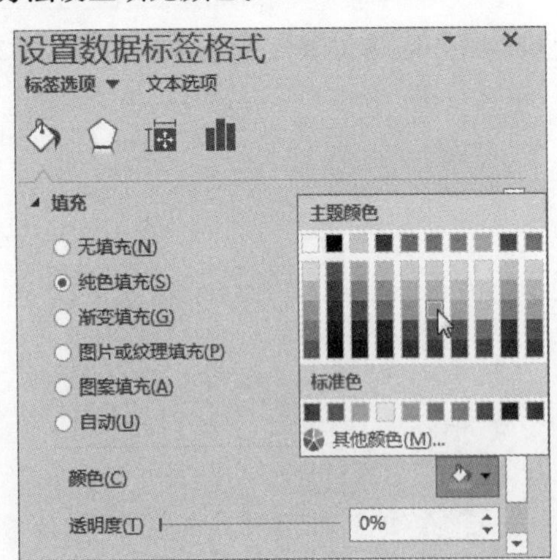

步骤07 设置完成后，查看设置“2月”系列数据标签的效果。

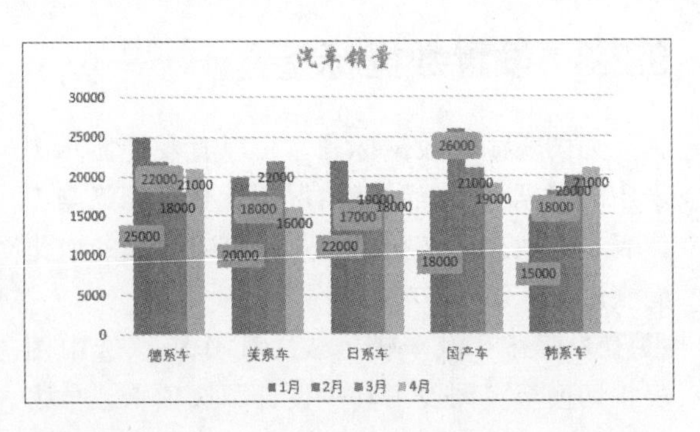

步骤08 根据以上方法设置其他数据标签的效果，如更改标签形状或设置文字方向等。

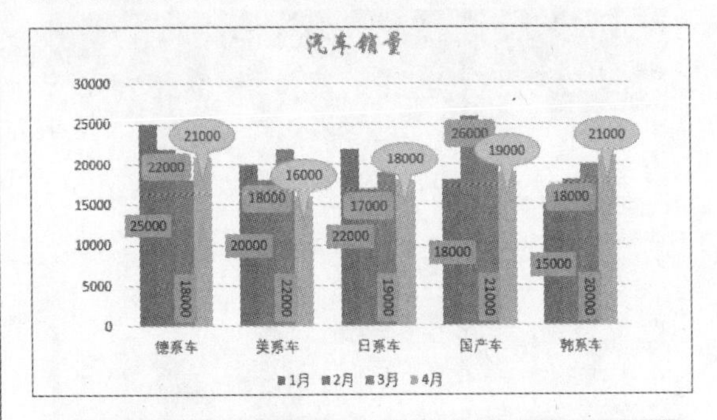

知识点拨　删除数据标签

如果需要删除数据标签，则切换至“图表工具—设计”选项卡，单击“图表布局”选项组中的“添加图表元素”下三角按钮，在列表中选择“数据标签>无”选项即可。

9.2.4　添加/删除数据系列

创建图表后，用户可以根据需要添加或删除任何数据系列，下面介绍具体操作方法。

1. 删除数据系列

步骤01 打开“汽车销售表”工作表，选择需要删除的数据系列，单击鼠标右键，在弹出的快捷菜单中选择“删除”命令。

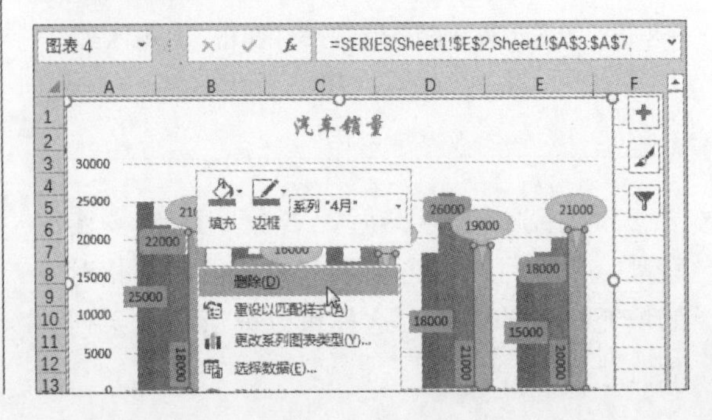

步骤02 查看删除“4月”数据系列后的效果。

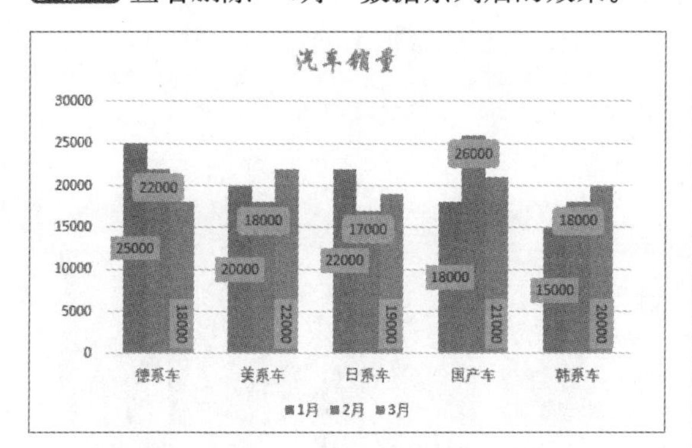

用户还可以在“选择数据源”对话框中删除图例项和水平轴标签，具体操作如下。

步骤01 选中图表，切换至“图表工具—设计”选项卡，单击“选择数据”按钮。

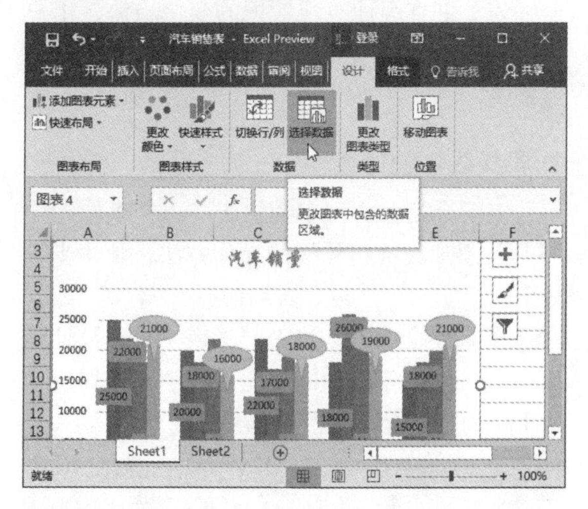

步骤02 打开“选择数据源”对话框，在“图例项”和“水平轴标签”区域中，取消勾选需要删除的复选框，单击“确定”按钮即可。

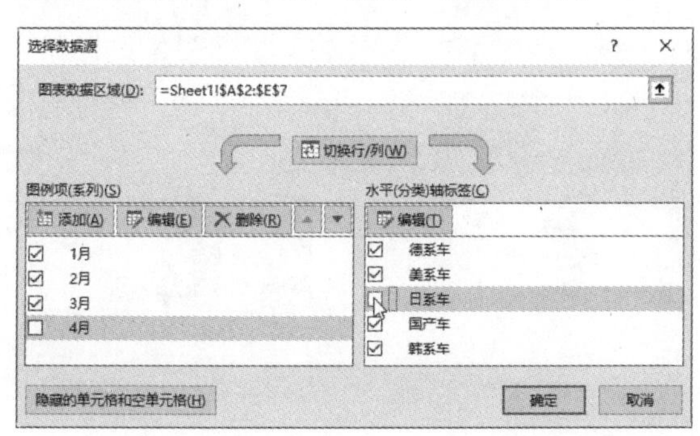

步骤03 取消勾选“4月”和“日系车”复选框，返回工作表中查看最终效果。

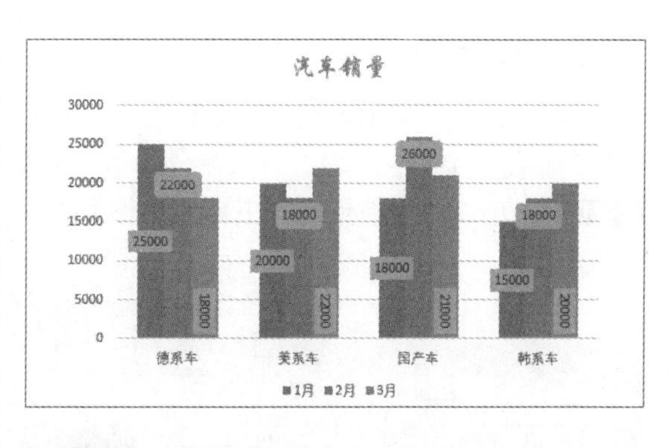

步骤04 在“选择数据源”对话框中，也可以单击“图表数据区域”右侧的折叠按钮。

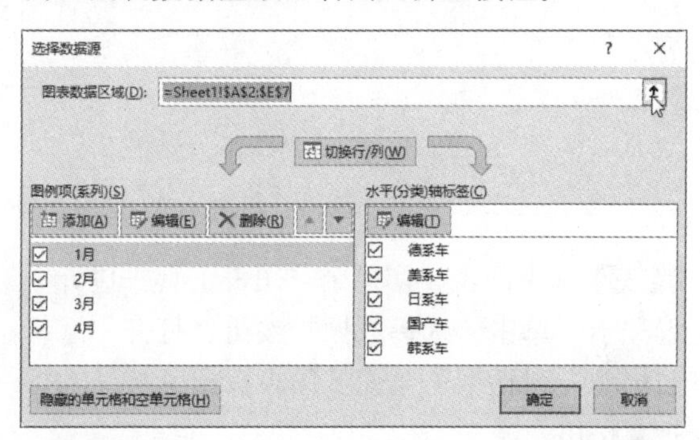

步骤05 返回工作表中，按住Ctrl键选择需要的数据区域。

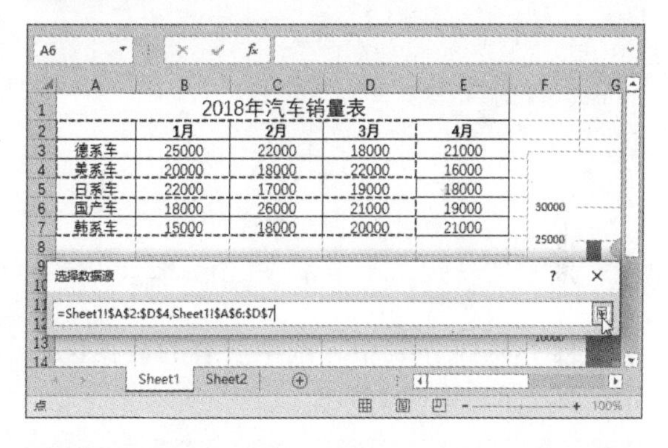

步骤06 再次单击该折叠按钮，返回上级对话框并单击“确定”按钮，即可删除数据系列。

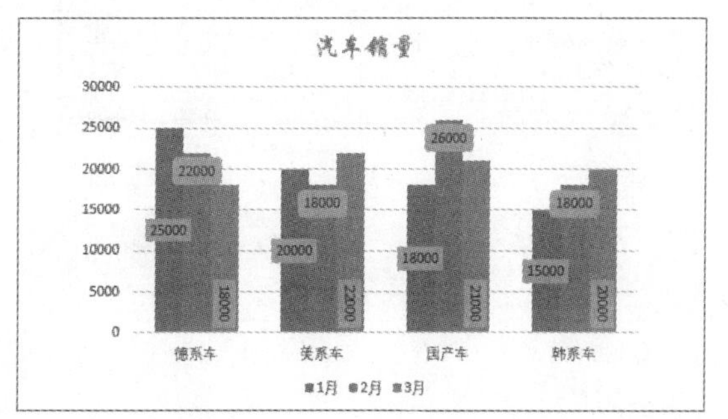

2. 添加数据系列

添加数据系列的操作也可以在“选择数据源”对话框中完成。

步骤01 打开“汽车销售表”工作表，添加5月份汽车销量。

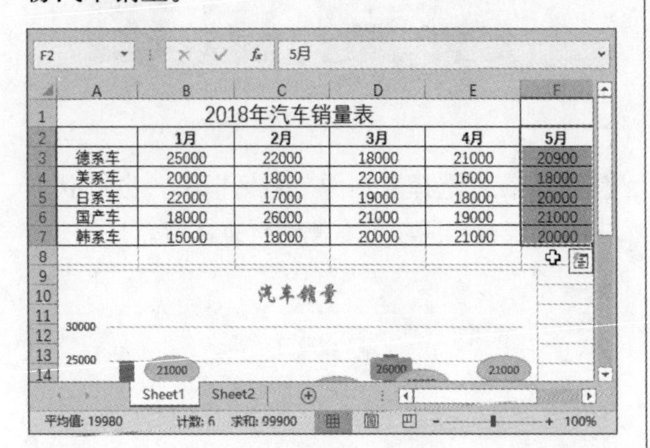

2018年汽车销量表

	1月	2月	3月	4月	5月
德系车	25000	22000	18000	21000	20900
美系车	20000	18000	22000	16000	18000
日系车	22000	17000	19000	18000	20000
国产车	18000	26000	21000	19000	21000
韩系车	15000	18000	20000	21000	20000

步骤02 选中图表，切换至“图表工具—设计”选项卡，单击“选择数据”按钮。打开“选择数据源”对话框，单击“图表数据区域”右侧折叠按钮。

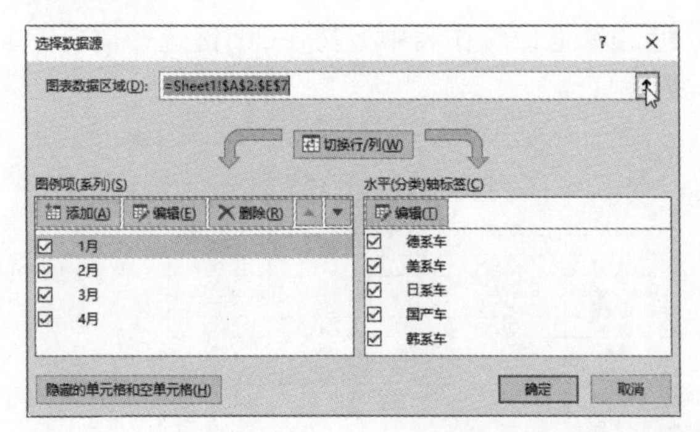

步骤03 返回工作表中，选中所有的数据区域后，再次单击该折叠按钮。

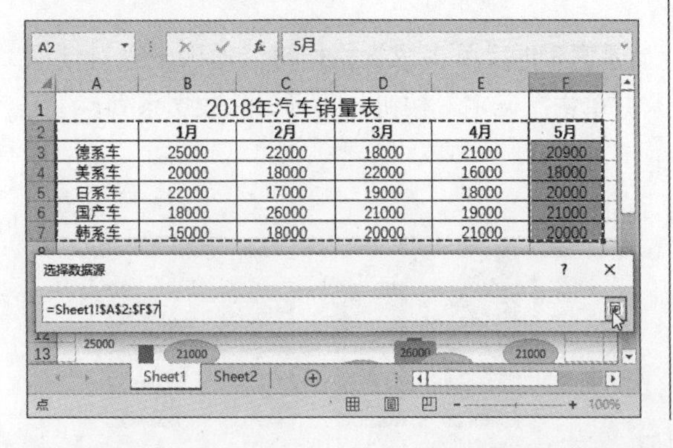

步骤04 返回上级对话框并单击“确定”按钮，即可添加5月份的数据系列。

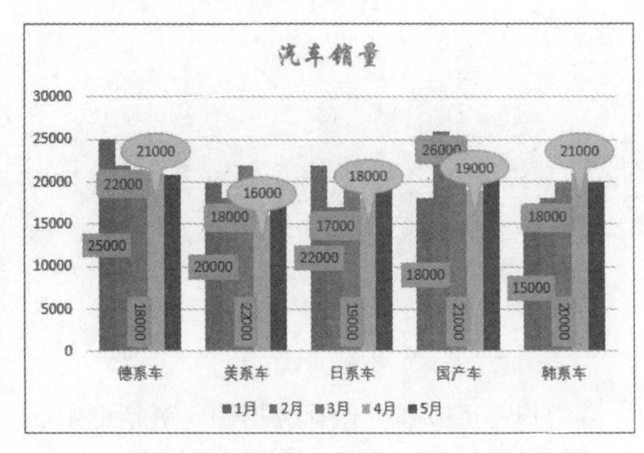

9.2.5 添加趋势线

为了更直观地表现数据的变化趋势，用户可以为图表添加趋势线。在销售统计表中使用趋势线，还可以预测下一阶段的销售情况。

1. 添加线性趋势线

下面介绍在“汽车销售表”工作表中，为“3月”添加线性趋势线的操作方法，具体步骤如下。

步骤01 选中图表，切换至“图表工具—设计”选项卡，单击“添加图表元素”下三角按钮，从下拉列表中选择“趋势线/线性”选项。

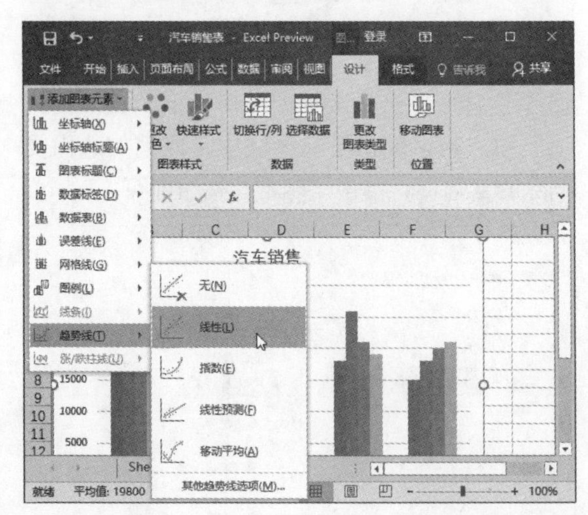

步骤02 打开“添加趋势线”对话框，选择需要添加的系列，然后单击“确定”按钮。

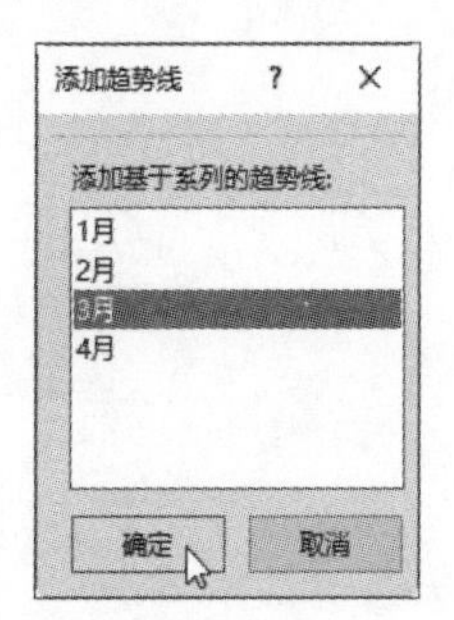

步骤03 返回工作表中，查看添加3月的趋势线情况，趋势线为图中的虚线。

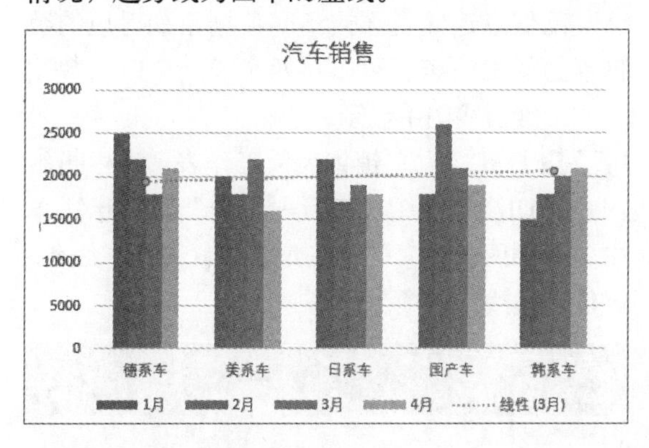

2. 添加线性预测趋势线

用户可以根据已有的数据预测国产汽车5月份的销量，具体操作步骤如下。

步骤01 打开“汽车销售表”工作表，创建图表后选中该图表，切换至“图表工具—设计”选项卡，单击“添加图表元素”下三角按钮，从下拉列表中选择“趋势线>线性预测”选项。

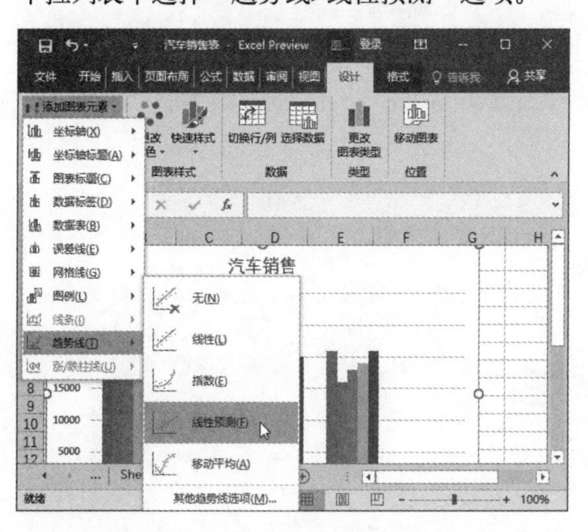

步骤02 打开“添加趋势线”对话框，选择“国产车”系列选项，然后单击“确定”按钮。

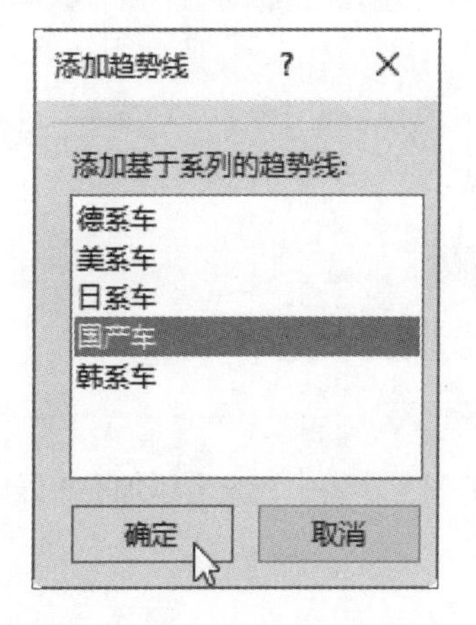

步骤03 返回工作表中，即可查看国产车销售预测情况的线性预测趋势线。

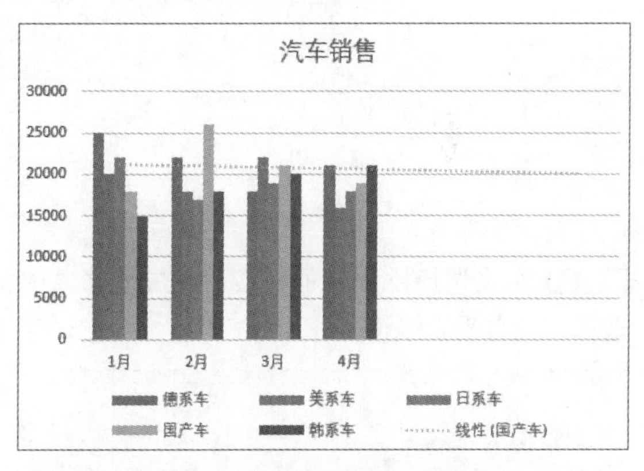

知识点拨　趋势线适用的图表类型

趋势线主要适用于非堆积的二维图表，如面积图、条形图、柱形图、折线图、条形图、散点图等。

9.2.6 添加线条

在Excel中，线条包括垂直线和高低点连线两种，下面具体介绍这两种线条的使用方法。

1. 添加垂直线

垂直线是连接水平轴与数据系列之间的线条，主要用在折线图和面积图中。

步骤01 打开“汽车销售表”工作表，创建折线图，切换至“图表工具—设计”选项卡，单击“添加图表元素”下三角按钮，选择“线条>垂直线”选项。

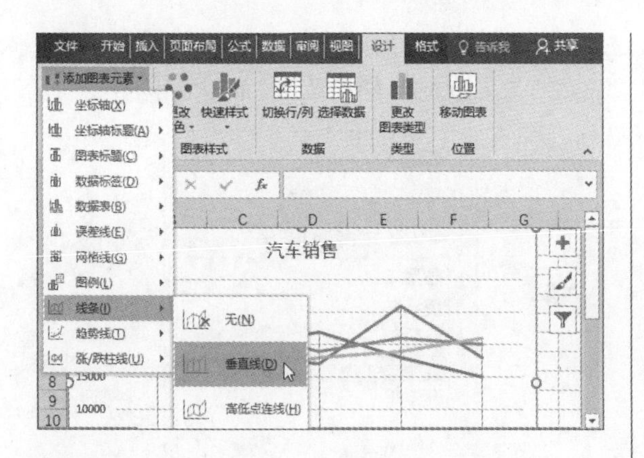

步骤02 返回工作表中，查看添加垂直线的效果。

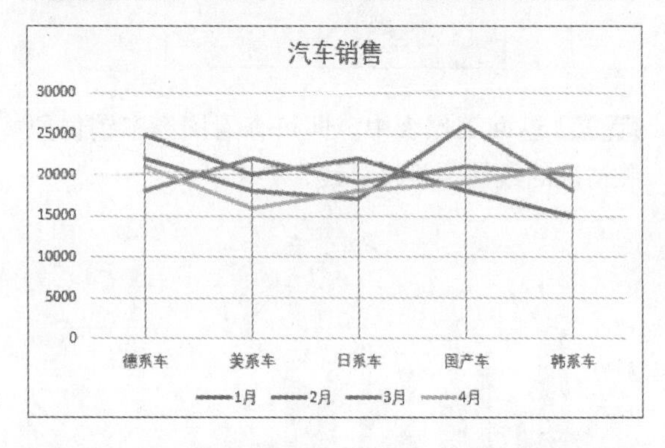

步骤03 右击选择添加的垂直线，在快捷菜单中选择“设置垂直线格式”命令。

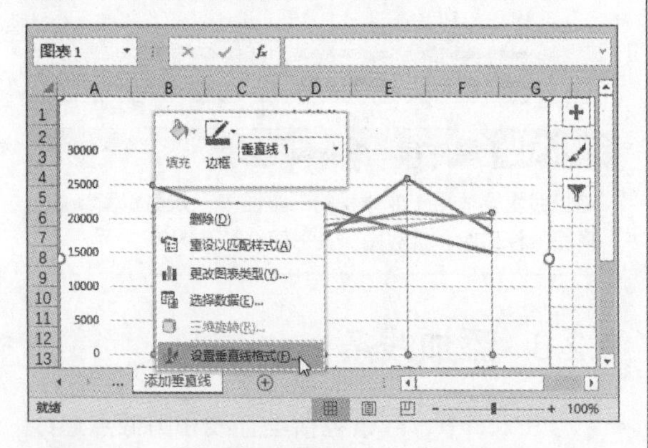

步骤04 打开“设置垂直线格式”窗格，选中“实线”单选按钮，然后设置垂直线的颜色。

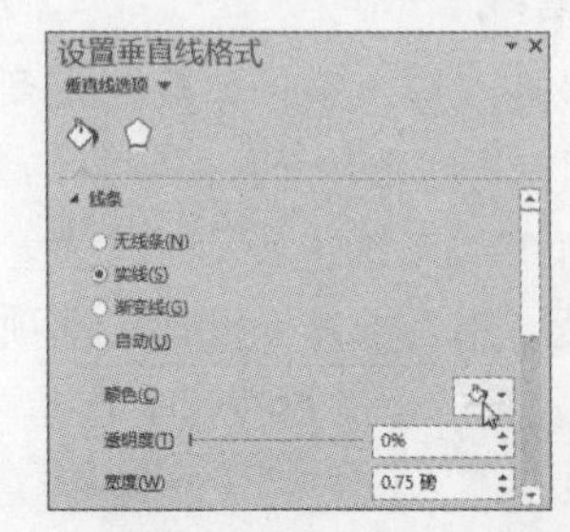

步骤05 查看设置垂直线格式后的效果。

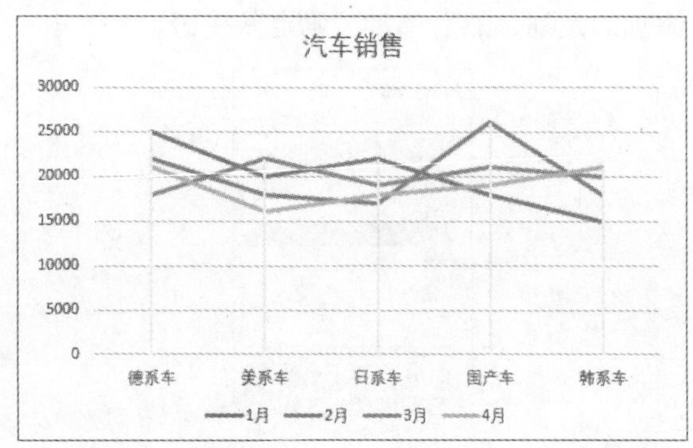

2. 添加高低点连线

高低点连线是连接不同数据系列对应的数据点之间的线条，可以在两个或两个以上数据系列二维折线图中显示。

步骤01 打开“汽车销售表”工作表，选中折线图表，切换至“图表工具—设计”选项卡，单击“添加图表元素”下三角按钮，选择“线条>高低点连线”选项。

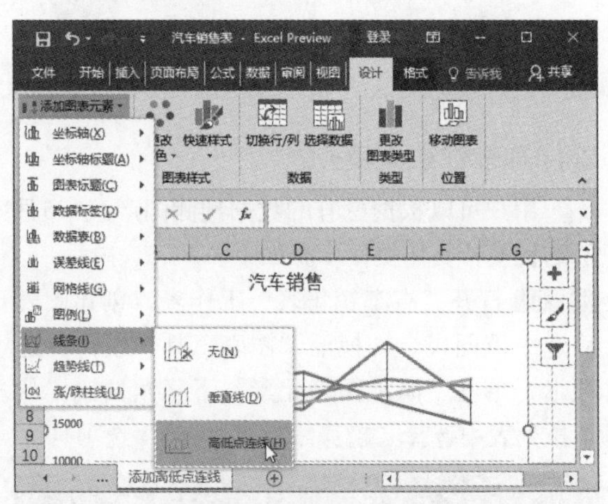

步骤02 返回工作表中，查看添加高低点连线的效果。

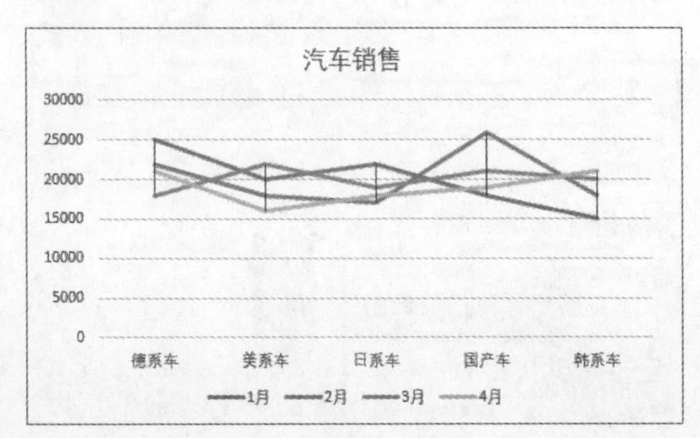

步骤03 选中添加的高低点连线，单击鼠标右键，在快捷菜单中选择“设置高低点连线格式”命令。

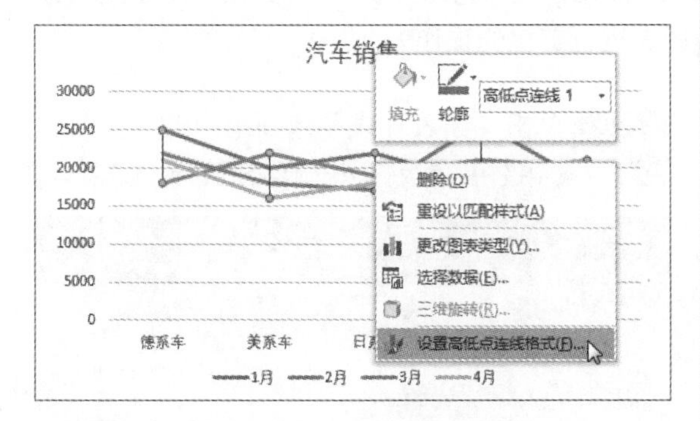

步骤04 打开“设置高低点连线格式”窗格，选中“实线”单选按钮，然后设置垂直线的颜色和宽度。

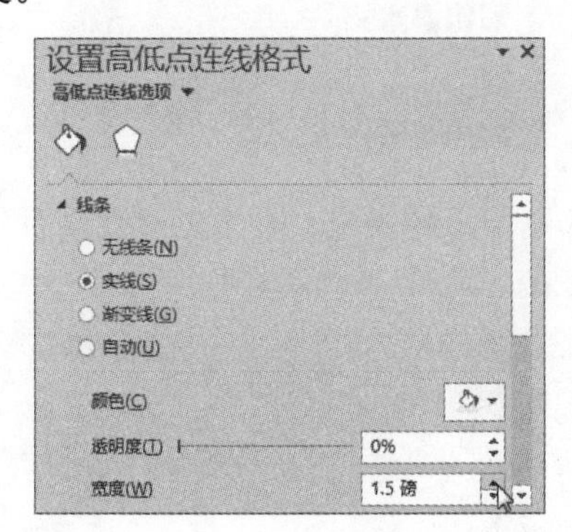

步骤05 返回工作表中，查看设置高低点连线格式后的效果。

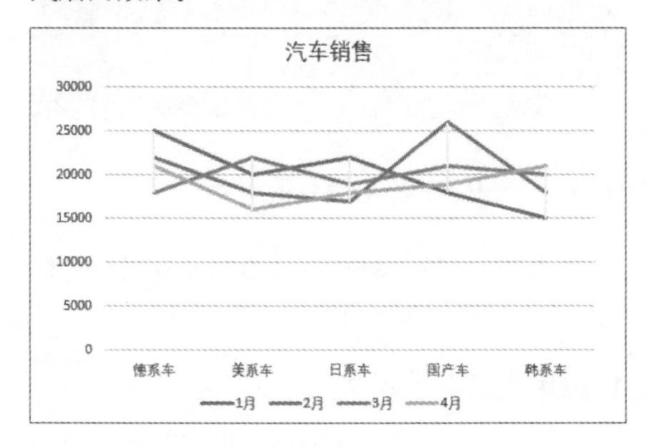

9.2.7 添加误差线

误差线是能够添加在数据系列上的所有数据点，主要应用于二维面积图、条形图、柱形图、散点图、折线图和气泡图。下面介绍在折线图中添加误差线的操作方法，具体如下。

步骤01 选中图表，切换至“图表工具—设计”选项卡，单击“添加图表元素”下三角按钮，选择“误差线>其他误差线选项”选项。

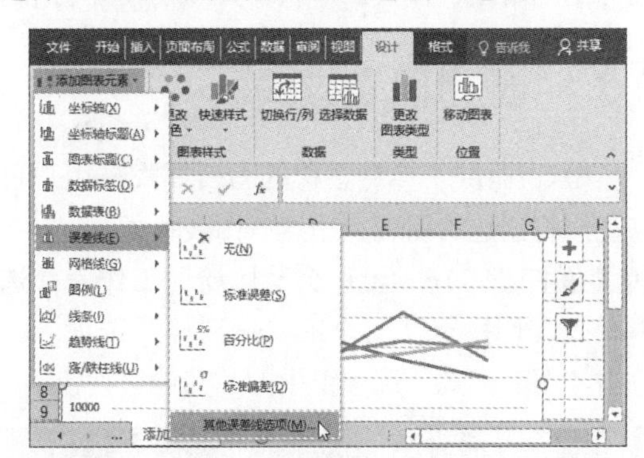

步骤02 打开“添加误差线”对话框，选择“2月”选项，单击“确定”按钮，即可为“2月”系列添加误差线。

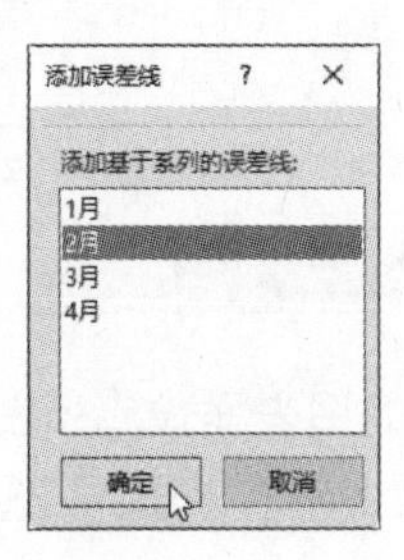

步骤03 打开“设置误差线格式”窗格，设置误差线的颜色和宽度。

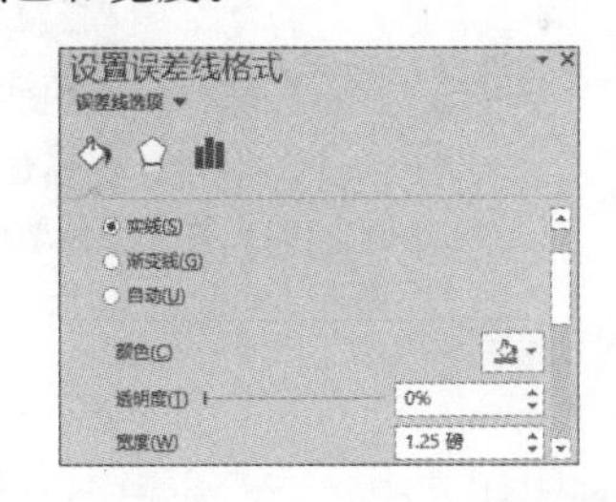

步骤04 返回工作表中，查看添加误差线后的效果。

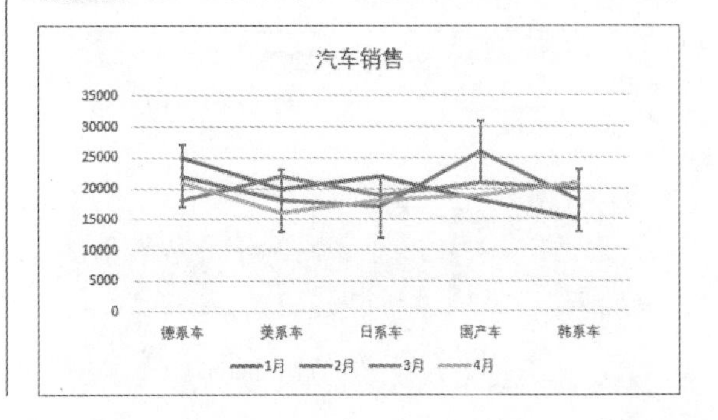

9.3 Excel图表的美化

图表创建完成后，如果想让图表展示效果更加突出，用户还需要对图表进行美化。本小节将详细介绍应用图表样式、形状样式以及设置艺术字对图表进行美化的操作方法。

9.3.1 应用图表样式

Excel提供了多种多样的图表样式，用户可以直接将创建的图表应用这些图表样式。

步骤01 打开“16年奥运会奖牌榜”工作表，选中图表，切换至“图表工具—设计”选项卡，单击“图表样式”选项组中的“其他”按钮。

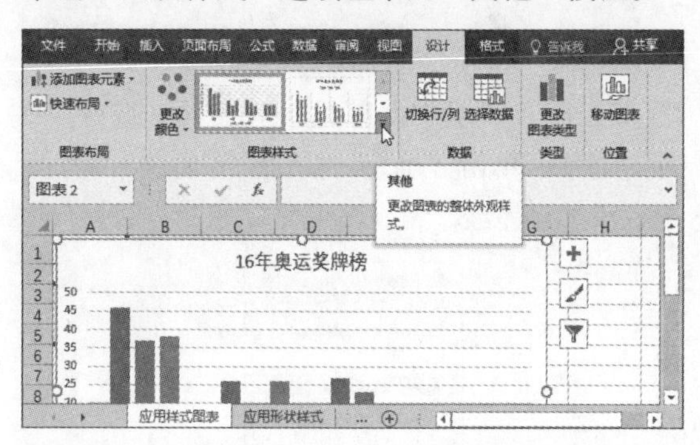

步骤02 在打开的图表样式库列表中选择合适的图表样式，此处选择“样式4”选项。

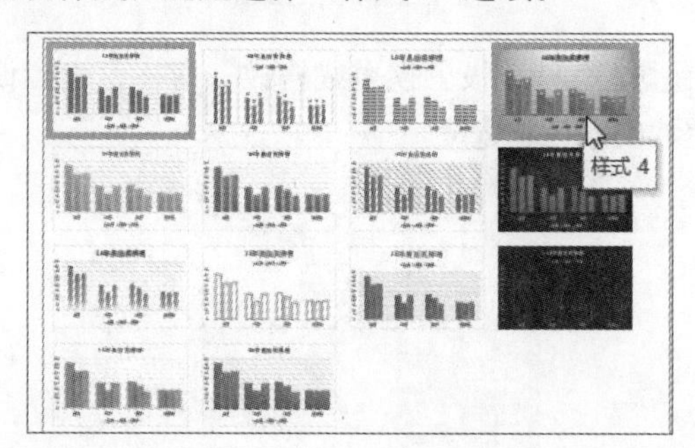

步骤03 返回工作表中，查看应用图表样式后的效果。

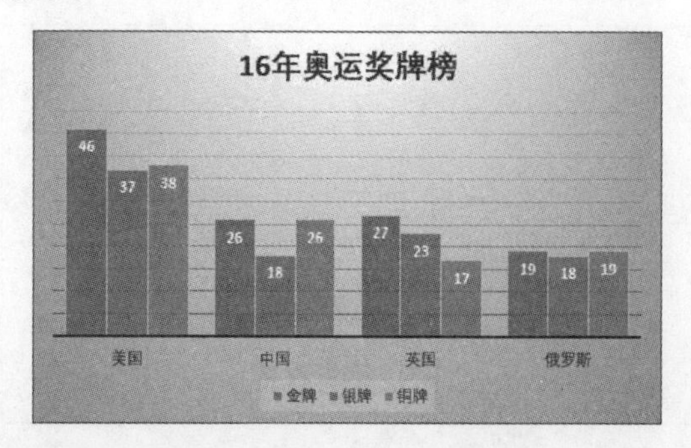

步骤04 单击“图表样式”选项组中的“更改颜色”下三角按钮，在列表中选择合适的颜色选项。

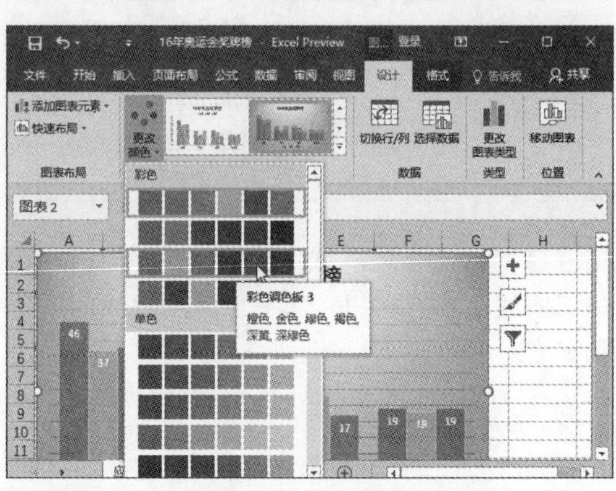

步骤05 返回工作表中，查看更改数据系列颜色后的效果。

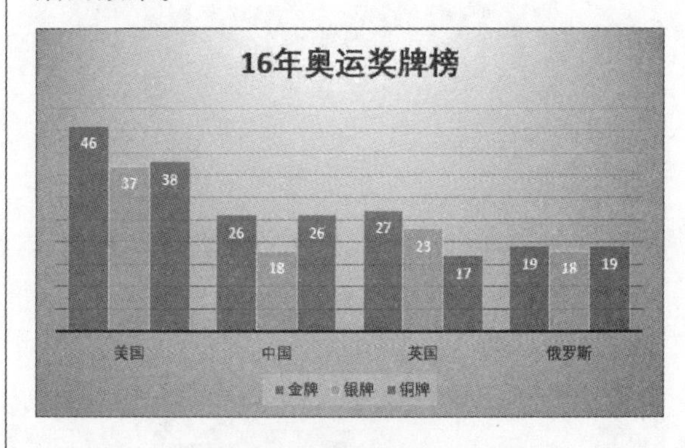

9.3.2 应用形状样式

创建图表后，用户可以为图表应用形状样式，并对形状效果进行设置。

1. 应用内置形状样式

应用形状样式和应用图表样式的操作方法一样，具体操作步骤如下。

步骤01 打开“16年奥运会奖牌榜”工作表，创建三维簇状柱形图，切换至“图表工具—格式”选项卡，单击“形状样式”选项组中的“其他”按钮。

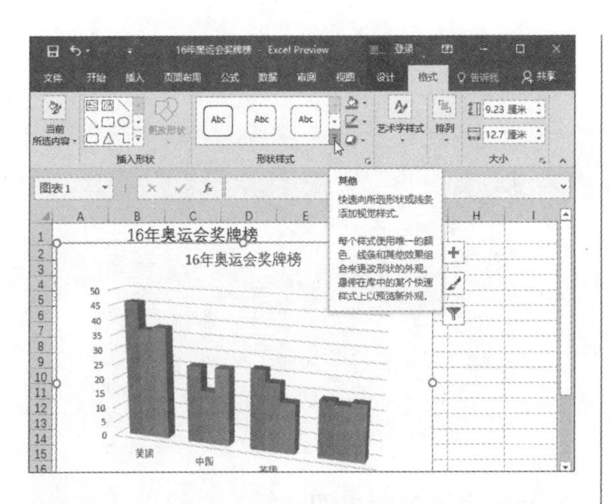

步骤02 在打开的形状样式库列表中选择合适的形状样式，此处选择“细微效果 绿色，强调颜色6”样式。

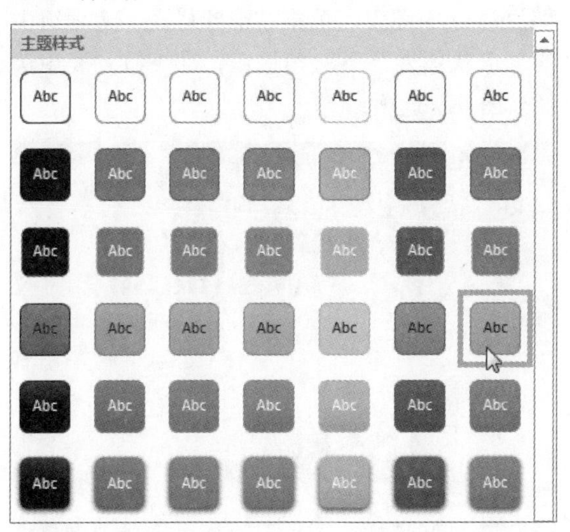

步骤03 返回工作表中，查看应用形状样式后的效果。

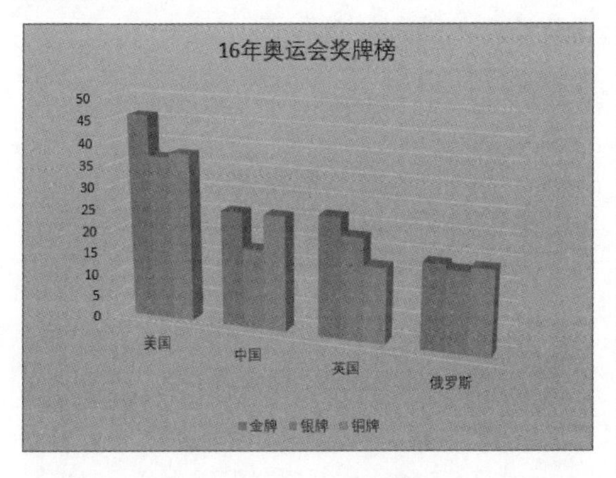

步骤04 单击“形状样式”选项组中的“形状轮廓”下三角按钮，在列表中选择合适的轮廓选项，此处选择“虚线>划线-点”线条轮廓。

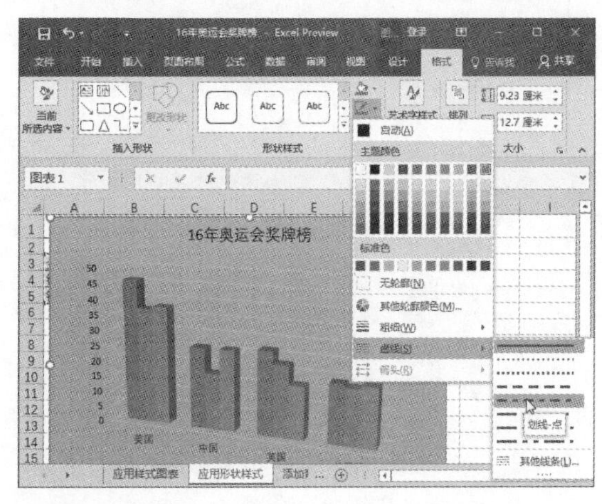

步骤05 再次单击“形状轮廓”下三角按钮，在列表中选择“粗细>2.25磅”选项。

步骤06 返回工作表中，查看为图表应用形状轮廓的效果。

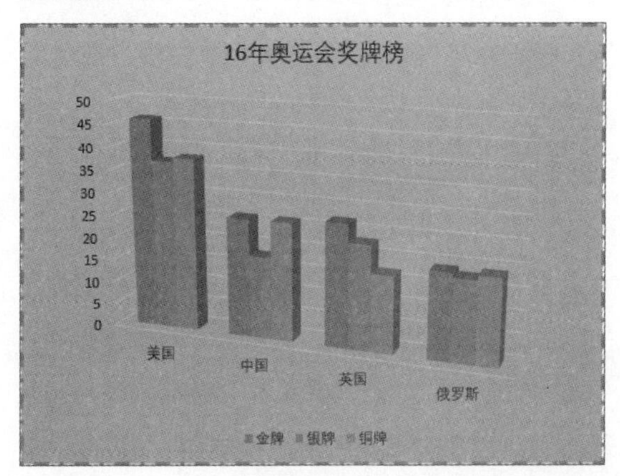

步骤07 单击“形状样式”选项组中的“形状效果”下三角按钮，在列表中选择合适的形状效果选项，此处选择“发光/绿色，8pt发光 个性色6”形状效果。

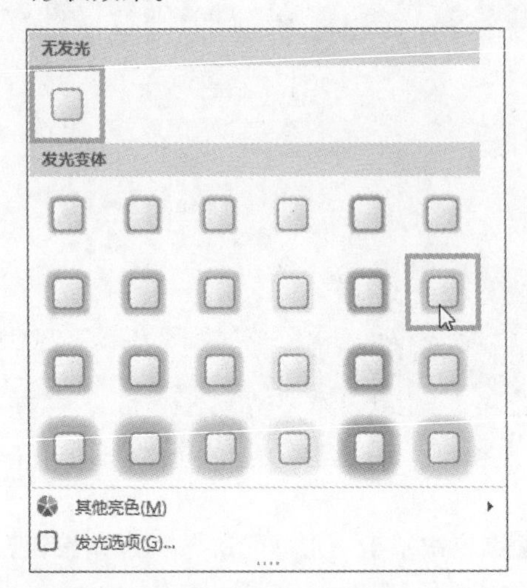

步骤08 单击“形状效果”下三角按钮，在下拉列表中选择“发光>发光选项”选项。

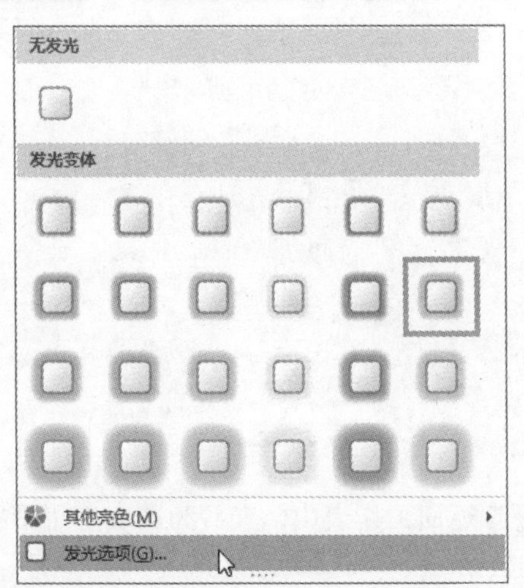

步骤09 打开“设置图表区格式”窗格，在“发光”选项区域中设置发光的颜色和大小。

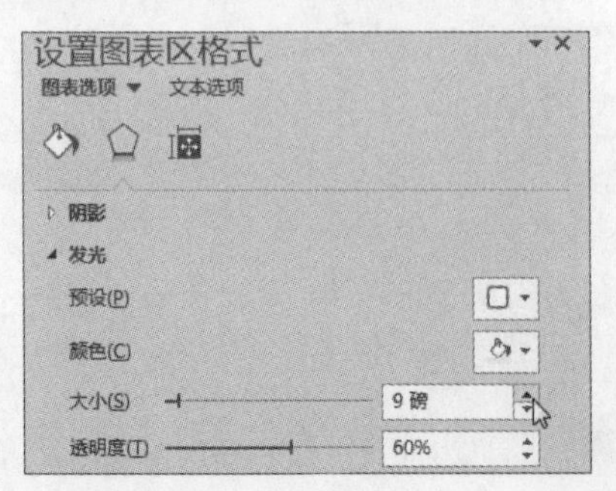

步骤10 返回工作表中，查看设置形状样式的最终效果。

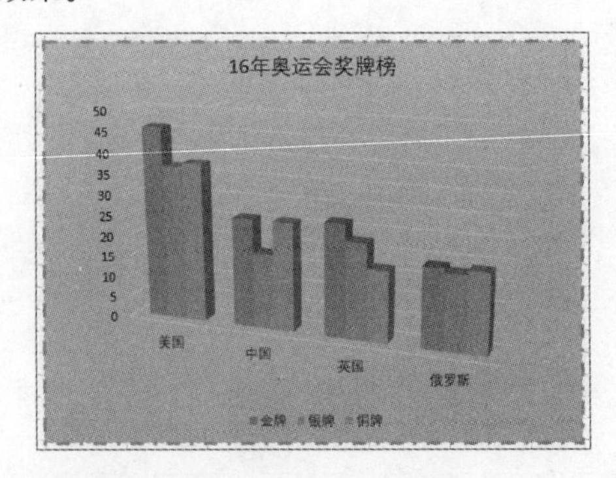

2. 为图表添加背景图片

为了使用图表看起来更加美观大方，用户还可以为其添加背景图片。

步骤01 选中图表，单击“形状样式”选项组中的“形状填充”下三角按钮，在下拉列表中选择“图片”选项。

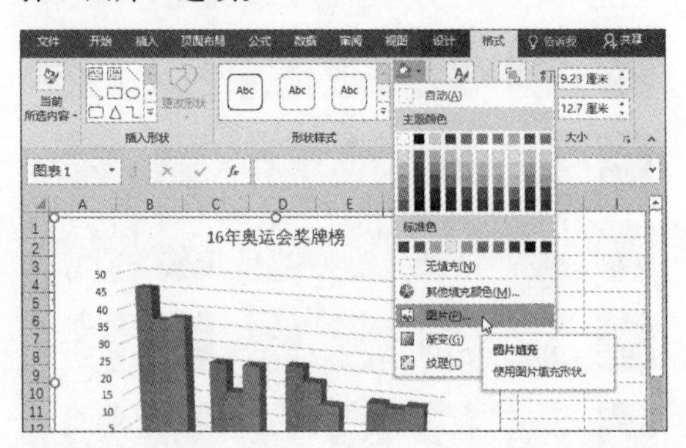

步骤02 打开“插入图片”面板，选择“来自文件”选项，打开“插入图片”对话框，选择合适的图片，单击“插入”按钮，即可为图表添加背景图片。

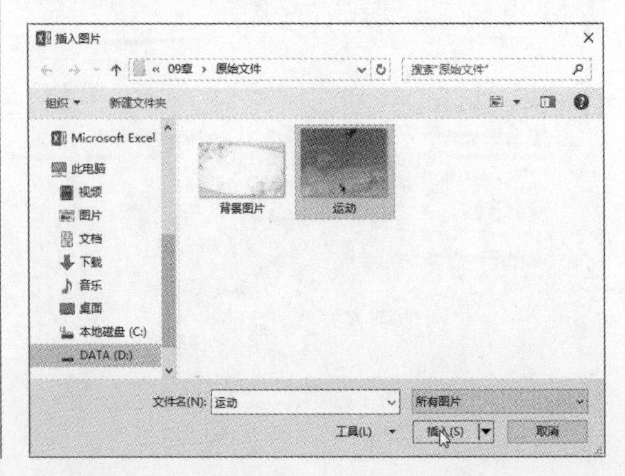

步骤03 返回工作表中，查看为图表添加背景图片的效果。

知识点拨 在窗格中添加背景图片

选中图表，单击鼠标右键，在快捷菜单中选择“设置图表区域格式”命令，打开“设置图表区格式”窗格，在“填充与线条”选项卡中的“填充”区域，选中“图片或纹理填充”单选按钮，单击“文件”按钮，然后根据上述方法插入图片即可。

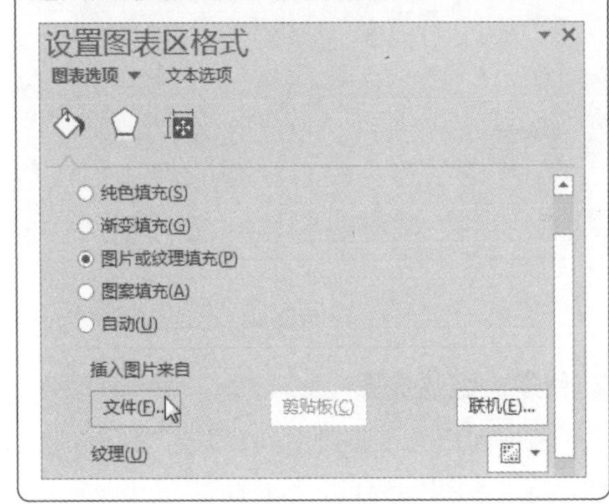

9.3.3 设置艺术字效果

用户不但可以在“开始”选项卡的“字体”选项组中设置图表中文字的字体、字号等格式，还可以为文字添加艺术字效果，使其更具有艺术气息。

步骤01 打开“16年奥运会奖牌榜”工作表，选中标题文字，切换至“开始”选项卡，在“字体”选项组中设置标题文本的字体和字号。

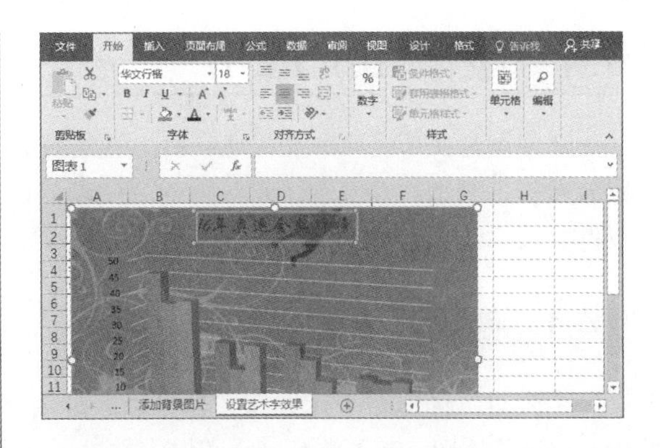

步骤02 保持标题文本的被选中状态，切换至“图表工具—格式”选项卡，单击“艺术字样式”选项组中的“其他”按钮，在下拉列表中选择合适的艺术字样式。

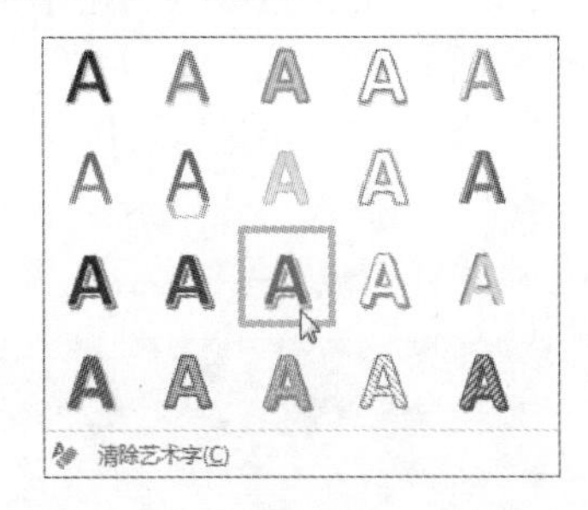

步骤03 单击“艺术字样式”选项组中的“文本效果”下三角按钮，选择合适的文本效果选项。

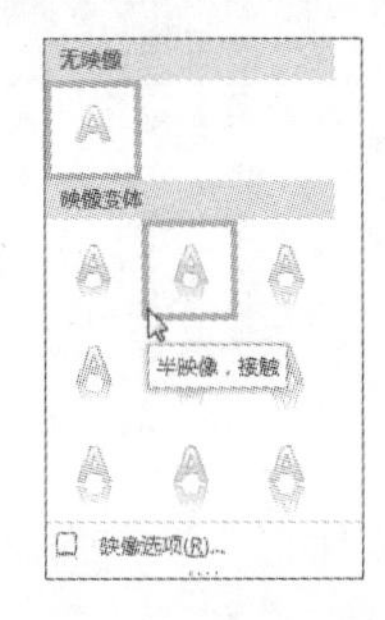

步骤04 然后查看为图表标题设置艺术字的最终效果。

9.4 迷你图的应用

迷你图是在单元格中直观地展示一组数据变化趋势的微型图表，使用迷你图可以快速、有效地比较数据，帮助用户直观了解数据的变化趋势。Excel的迷你图包括折线图、柱形图和盈亏迷你图3种类型。

9.4.1 创建迷你图

用户可以创建单个迷你图，也可以同时创建一组迷你迷图，下面将分别介绍操作方法。

1. 创建单个迷你图

迷你图可以将一组数据的趋势以清晰简洁的图形形式显示在单元格中，创建单个迷你图的具体操作方法如下。

步骤01 打开“婴儿奶粉销量”工作表，选中H3单元格。切换至“插入”选项卡，单击“迷你图”选项组中的“折线”按钮。

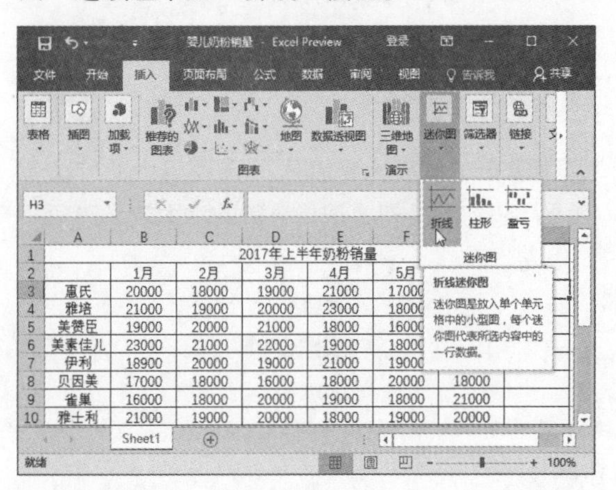

步骤02 打开“创建迷你图”对话框，在“选择所需的数据”区域单击“数据范围”右侧的折叠按钮。

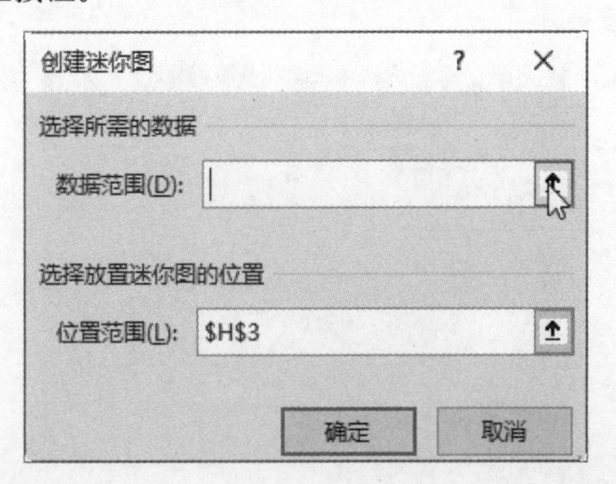

步骤03 返回工作表中，选择B3:G3单元格区域后，再次单击该折叠按钮。

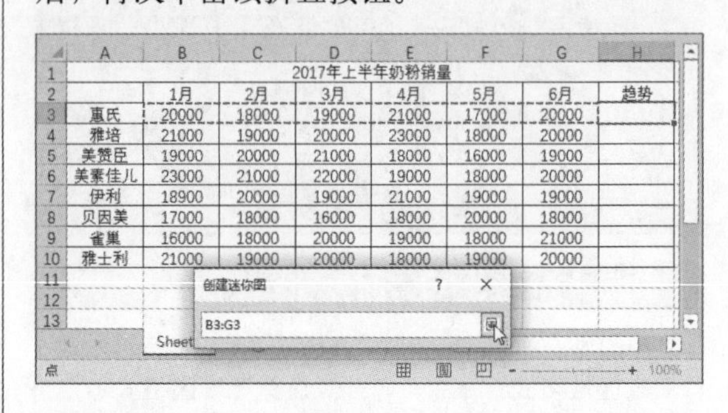

步骤04 返回“创建迷你图”对话框中单击“确定”按钮，即可查看创建的折线迷你图效果。

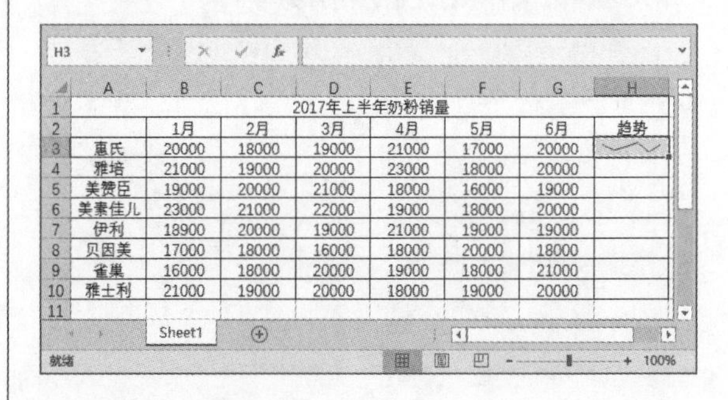

2. 创建一组迷你图

用户可以为多行或多列数据创建一组迷你图，该组迷你图具有相同的特征。

步骤01 打开“婴儿奶粉销量”工作表，选中H3：H10单元格区域，单击“迷你图”选项组中的“柱形”按钮。

步骤02 打开“创建迷你图”对话框，在工作表中选择B3：G10单元格区域为数据范围，然后单击“确定”按钮。

创建迷你图
选择所需的数据
数据范围(D): B3:G10
选择放置迷你图的位置
位置范围(L): $H$3:$H$10
确定 取消

步骤03 返回工作表中，查看创建一组迷你图的效果。

	A	B	C	D	E	F	G	H
1	2017年上半年奶粉销量							
2		1月	2月	3月	4月	5月	6月	趋势
3	惠氏	20000	18000	19000	21000	17000	20000	
4	雅培	21000	19000	20000	23000	18000	20000	
5	美赞臣	19000	20000	21000	18000	16000	19000	
6	美素佳儿	23000	21000	22000	19000	18000	20000	
7	伊利	18900	20000	19000	21000	19000	19000	
8	贝因美	17000	18000	16000	18000	20000	18000	
9	雀巢	16000	18000	20000	19000	18000	21000	
10	雅士利	21000	19000	20000	18000	19000	20000	

知识点拨　设置创建迷你图的位置

如果创建迷你图前没选中单元格的位置，可以在“创建迷你图”对话框中设置创建位置，再选择数据区域。创建单个迷你图只能使用一行或一列数据作为数据源。

9.4.2 快速填充迷你图

填充迷你图是创建单个迷你图后，将该迷你图的特征填充至相邻的单元格区域，下面介绍两种填充迷你图的方法。

● **方法1：填充柄填充法**

步骤01 在H3单元格中插入折线图，选中H3单元格，将光标移至该单元格右下角，当光标变为黑色十字形状时，按住鼠标左键，将其拖曳至H10单元格。

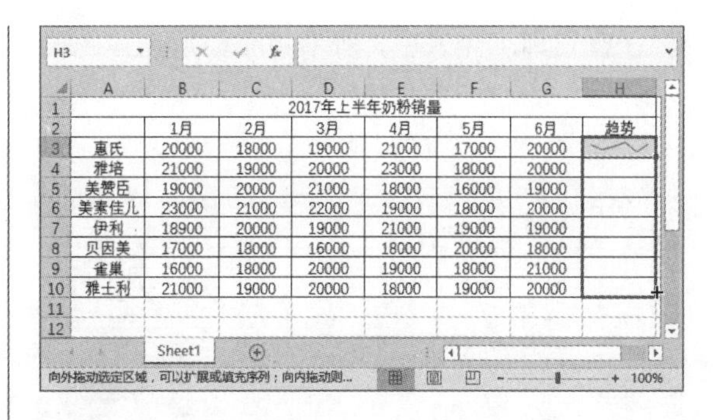

步骤02 放开鼠标左键，即可查看填充折线迷你图的效果。

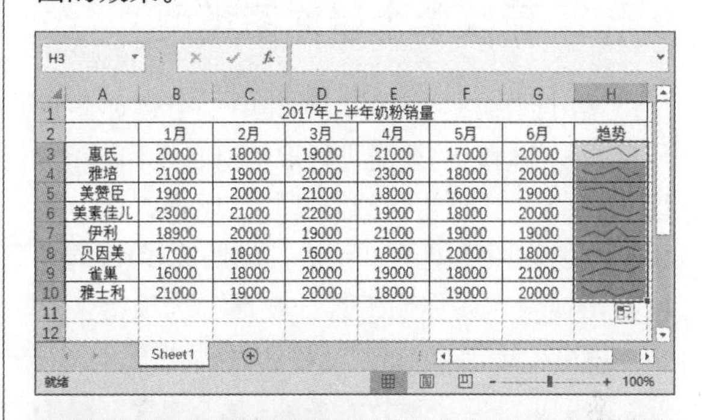

知识点拨　双击填充柄法

选中创建单个迷你图的单元格，然后将光标移至该单元格右下角，当光标变为黑色十字形状时双击，即可将迷你图填充至整个表格。

● **方法2：填充命令法**

步骤01 在H3单元格中插入柱形图，选中H3：H10单元格区域，切换至“开始”选项卡，单击“编辑”选项组中的“填充”下三角按钮，在列表中选择“向下”选项。

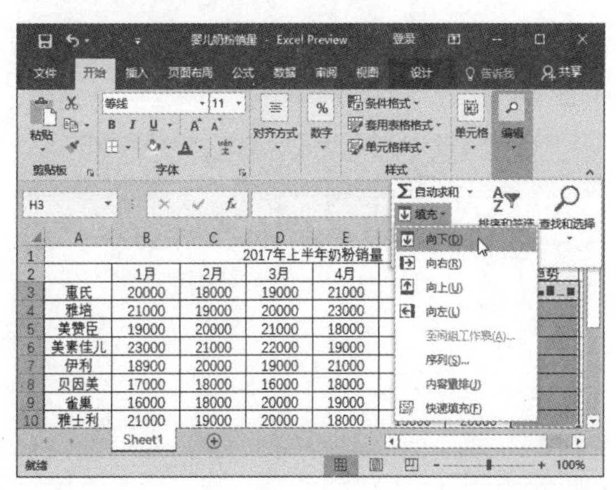

步骤02 返回工作表中，查看填充柱形迷你图的效果。

	A	B	C	D	E	F	G	H
1	2017年上半年奶粉销量							
2		1月	2月	3月	4月	5月	6月	趋势
3	惠氏	20000	18000	19000	21000	17000	20000	
4	雅培	21000	19000	20000	23000	18000	20000	
5	美赞臣	19000	20000	21000	18000	16000	19000	
6	美素佳儿	23000	21000	22000	19000	18000	20000	
7	伊利	18900	20000	19000	21000	19000	19000	
8	贝因美	17000	18000	16000	18000	20000	18000	
9	雀巢	16000	18000	20000	19000	18000	21000	
10	雅士利	21000	19000	20000	18000	19000	20000	

9.4.3 更改单个迷你图类型

按组创建迷你图时，对其中一个迷你图进行单独操作时，需要先进行取消组合操作。

步骤01 打开“婴儿奶粉销量”工作表，选中需要更改迷你图类型的单元格，此处选择H4单元格，切换至“迷你图工具—设计”选项卡，单击“组合”选项组中的“取消组合”按钮。

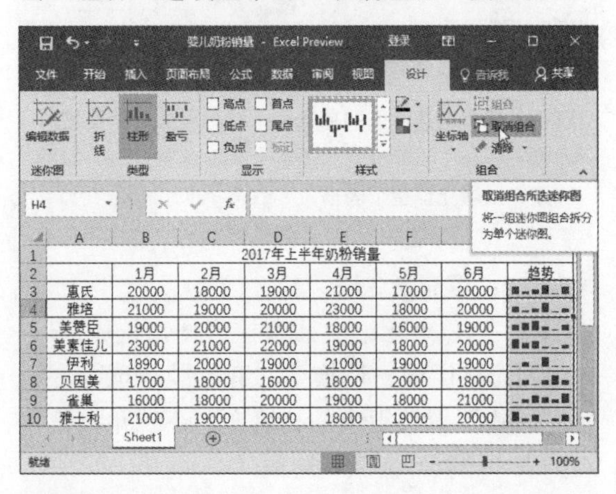

步骤02 然后单击“类型”选项组中的“折线”按钮。

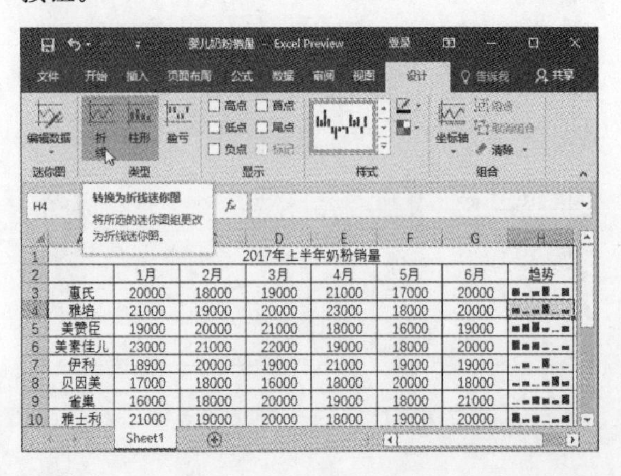

步骤03 返回工作表中，查看更改H4单元格迷你图为折线图的效果。

	A	B	C	D	E	F	G	H
1	2017年上半年奶粉销量							
2		1月	2月	3月	4月	5月	6月	趋势
3	惠氏	20000	18000	19000	21000	17000	20000	
4	雅培	21000	19000	20000	23000	18000	20000	
5	美赞臣	19000	20000	21000	18000	16000	19000	
6	美素佳儿	23000	21000	22000	19000	18000	20000	
7	伊利	18900	20000	19000	21000	19000	19000	
8	贝因美	17000	18000	16000	18000	20000	18000	
9	雀巢	16000	18000	20000	19000	18000	21000	
10	雅士利	21000	19000	20000	18000	19000	20000	

9.4.4 更改一组迷你图类型

如果对创建的迷你图不满意，用户可以更改一组迷你图的类型。

步骤01 打开“婴儿奶粉销量”工作表，选择H3：H10单元格区域，切换至“迷你图工具—设计”选项卡，单击“类型”选项组中的“折线”按钮。

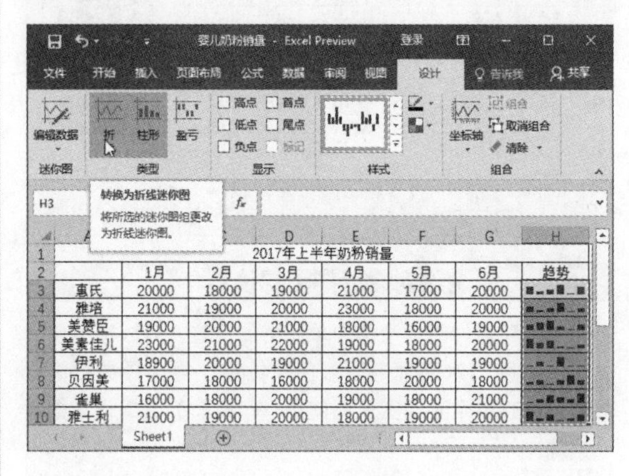

步骤02 返回工作表中，查看将一组柱形图更改为折线图后的效果。

	A	B	C	D	E	F	G	H
1	2017年上半年奶粉销量							
2		1月	2月	3月	4月	5月	6月	趋势
3	惠氏	20000	18000	19000	21000	17000	20000	
4	雅培	21000	19000	20000	23000	18000	20000	
5	美赞臣	19000	20000	21000	18000	16000	19000	
6	美素佳儿	23000	21000	22000	19000	18000	20000	
7	伊利	18900	20000	19000	21000	19000	19000	
8	贝因美	17000	18000	16000	18000	20000	18000	
9	雀巢	16000	18000	20000	19000	18000	21000	
10	雅士利	21000	19000	20000	18000	19000	20000	

用户可以使用“组合”功能更改一组数据的迷你图类型。下面介绍将本案例中H3：H10单元格区域的柱形图更改为B11：G11单元格区域的折线图的操作方法，具体如下。

步骤01 打开“婴儿奶粉销量”工作表，选择H3：H10单元格区域后，按住Ctrl键选中B11：G11单元格区域。

	2017年上半年奶粉销量						
	1月	2月	3月	4月	5月	6月	趋势
惠氏	20000	18000	19000	21000	17000	20000	
雅培	21000	19000	20000	23000	18000	20000	
美赞臣	19000	20000	21000	18000	16000	19000	
美素佳儿	23000	21000	22000	19000	18000	20000	
伊利	18900	20000	19000	21000	19000	19000	
贝因美	17000	18000	16000	18000	20000	18000	
雀巢	16000	18000	20000	19000	18000	21000	
雅士利	21000	19000	20000	18000	19000	20000	

步骤02 然后切换至“迷你图工具—设计”选项卡，单击“组合”选项组中的“组合”按钮。

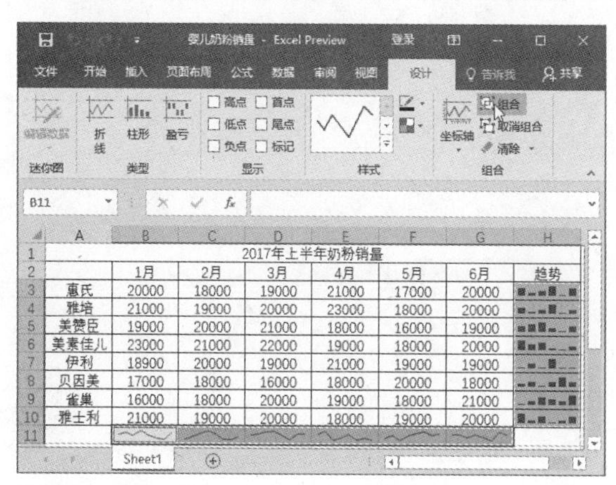

	2017年上半年奶粉销量						
	1月	2月	3月	4月	5月	6月	趋势
惠氏	20000	18000	19000	21000	17000	20000	
雅培	21000	19000	20000	23000	18000	20000	
美赞臣	19000	20000	21000	18000	16000	19000	
美素佳儿	23000	21000	22000	19000	18000	20000	
伊利	18900	20000	19000	21000	19000	19000	
贝因美	17000	18000	16000	18000	20000	18000	
雀巢	16000	18000	20000	19000	18000	21000	
雅士利	21000	19000	20000	18000	19000	20000	

步骤03 返回工作表中，查看更改一组迷你图的效果。

	2017年上半年奶粉销量						
	1月	2月	3月	4月	5月	6月	趋势
惠氏	20000	18000	19000	21000	17000	20000	
雅培	21000	19000	20000	23000	18000	20000	
美赞臣	19000	20000	21000	18000	16000	19000	
美素佳儿	23000	21000	22000	19000	18000	20000	
伊利	18900	20000	19000	21000	19000	19000	
贝因美	17000	18000	16000	18000	20000	18000	
雀巢	16000	18000	20000	19000	18000	21000	
雅士利	21000	19000	20000	18000	19000	20000	

知识点拨 使用组合法的注意事项

在按住Ctrl键选中多个迷你图区域时，组合的迷你图类型取决于最后选中的迷你图类型；通过鼠标拖曳选中连续迷你图时，组合的迷你图类型取决于第一个迷你图的类型。

9.4.5 添加迷你图的数据点

创建迷你图后，用户可为其添加数据点，更清晰地反映数据，下面介绍为折线图添加标记数据点的方法。

步骤01 打开“婴儿奶粉销量”工作表，选择要标记数据点的折线迷你图，切换至“迷你图工具—设计”选项卡，在“显示”选项组中勾选“标记”复选框。

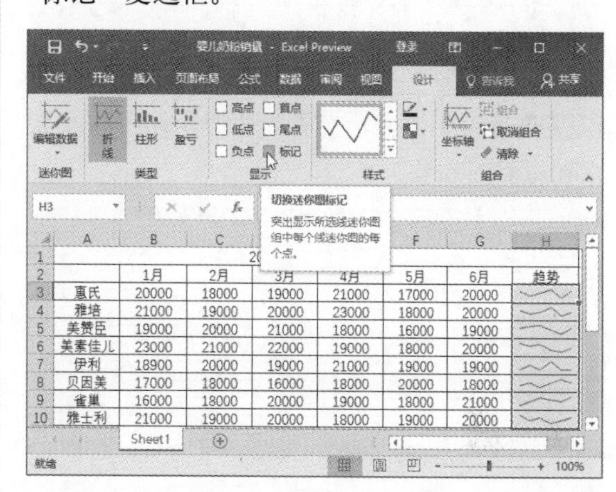

	1月	2月	3月	4月	5月	6月	趋势
惠氏	20000	18000	19000	21000	17000	20000	
雅培	21000	19000	20000	23000	18000	20000	
美赞臣	19000	20000	21000	18000	16000	19000	
美素佳儿	23000	21000	22000	19000	18000	20000	
伊利	18900	20000	19000	21000	19000	19000	
贝因美	17000	18000	16000	18000	20000	18000	
雀巢	16000	18000	20000	19000	18000	21000	
雅士利	21000	19000	20000	18000	19000	20000	

步骤02 返回工作表中，查看添加标记点的效果，标记点默认情况下是红色的。

	2017年上半年奶粉销量						
	1月	2月	3月	4月	5月	6月	趋势
惠氏	20000	18000	19000	21000	17000	20000	
雅培	21000	19000	20000	23000	18000	20000	
美赞臣	19000	20000	21000	18000	16000	19000	
美素佳儿	23000	21000	22000	19000	18000	20000	
伊利	18900	20000	19000	21000	19000	19000	
贝因美	17000	18000	16000	18000	20000	18000	
雀巢	16000	18000	20000	19000	18000	21000	
雅士利	21000	19000	20000	18000	19000	20000	

标记数据点只在折线图中存在，高点、低点、负点、首点和尾点的数据点存在于折线图、柱形图和盈亏迷你图中。下面以柱形图为例，介绍如何添加高点和低点。

步骤01 选择要标记数据点的柱形迷你图，切换至“迷你图工具—设计”选项卡，在“显示”选项组中勾选“高点”和“低点”复选框。

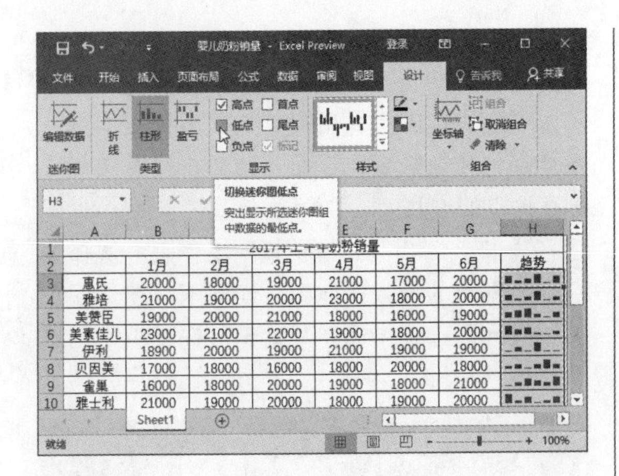

步骤02 返回工作表，查看为柱形迷你图添加高点和低点的效果。

	A	B	C	D	E	F	G	H
1	2017年上半年奶粉销量							
2		1月	2月	3月	4月	5月	6月	趋势
3	惠氏	20000	18000	19000	21000	17000	20000	
4	雅培	21000	19000	20000	23000	18000	20000	
5	美赞臣	19000	20000	21000	18000	16000	19000	
6	美素佳儿	23000	21000	22000	19000	18000	20000	
7	伊利	18900	20000	19000	21000	19000	19000	
8	贝因美	17000	18000	16000	18000	20000	18000	
9	雀巢	16000	18000	20000	19000	18000	21000	
10	雅士利	21000	19000	20000	18000	19000	20000	

知识点拨 标记特殊数据点注意事项

如果已经勾选“标记”复选框，会显示所有的数据点，此时再标记特殊的数据点时，就没有效果了。用户必须先取消勾选“标记”复选框，然后在“显示”选项组中勾选特殊数据点复选框即可。

9.4.6 迷你图也需要美化

创建迷你图后，用户还可以对迷你图进行相应的美化操作，例如应用迷你图样式、设计标记点颜色，如果是折线图还可以设置线条颜色和宽度等。下面以折线图为例，介绍迷你图的美化操作。

步骤01 打开“婴儿奶粉销量”工作表，选择折线迷你图，切换至“迷你图工具—设计”选项卡，单击“样式”选项组中的“其他”按钮。

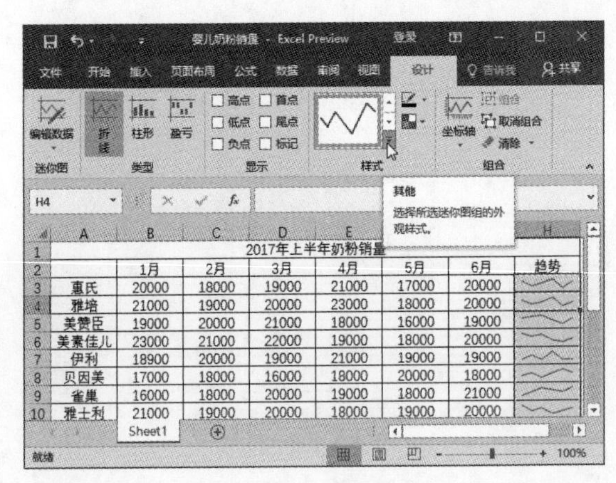

步骤02 在迷你图样式库中选择合适的样式，此处选择“迷你图样式着色2 浅色”。

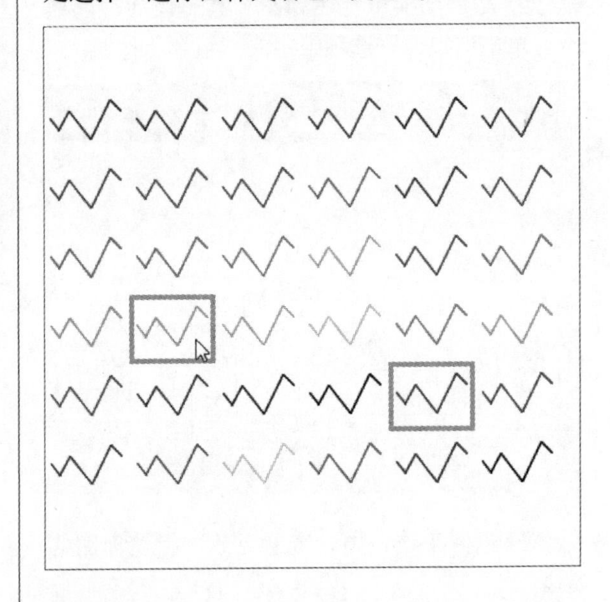

步骤03 返回工作表，查看应用迷你图样式后的效果。

	A	B	C	D	E	F	G	H
1	2017年上半年奶粉销量							
2		1月	2月	3月	4月	5月	6月	趋势
3	惠氏	20000	18000	19000	21000	17000	20000	
4	雅培	21000	19000	20000	23000	18000	20000	
5	美赞臣	19000	20000	21000	18000	16000	19000	
6	美素佳儿	23000	21000	22000	19000	18000	20000	
7	伊利	18900	20000	19000	21000	19000	19000	
8	贝因美	17000	18000	16000	18000	20000	18000	
9	雀巢	16000	18000	20000	19000	18000	21000	
10	雅士利	21000	19000	20000	18000	19000	20000	

步骤04 在“迷你图工具—设计”选项卡中，单击“样式”选项组中“迷你图颜色”下三角按钮，在下拉列表中选择“粗细>1磅”选项。

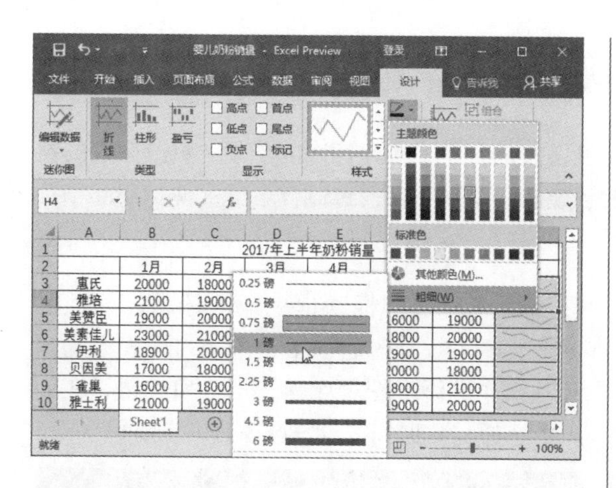

步骤05 单击“迷你图颜色”下三角按钮，在列表中选择合适的迷你图颜色。

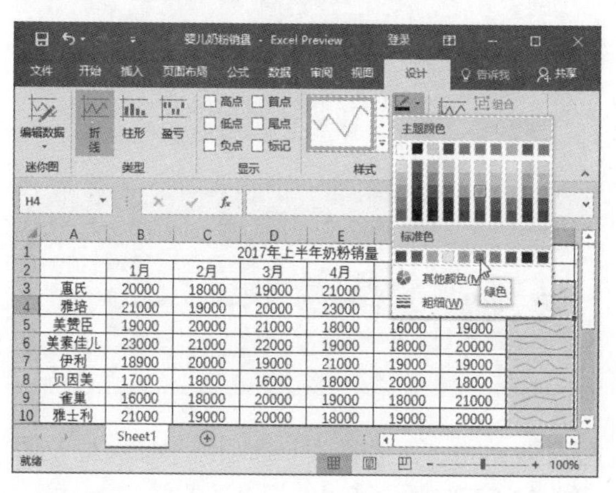

步骤06 单击“样式”选项组中的“标记颜色”下三角按钮，在下拉列表中设置“高点”的颜色为红色。

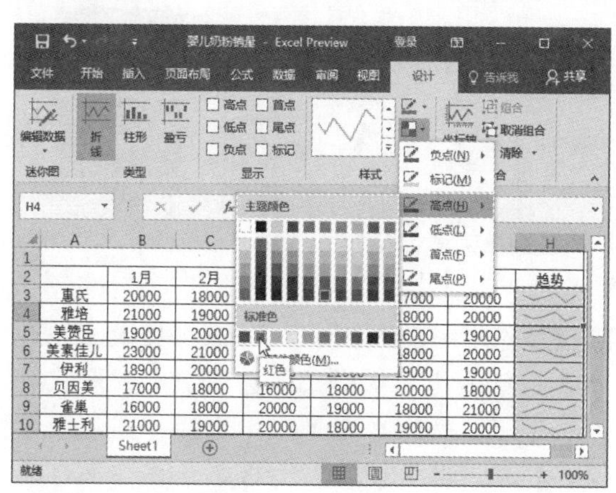

步骤07 单击“样式”选项组的“标记颜色”下三角按钮，在下拉列表中设置“低点”的颜色为绿色，然后返回工作表中，查看美化迷你图的最终效果。

2017年上半年奶粉销量							
	1月	2月	3月	4月	5月	6月	趋势
惠氏	20000	18000	19000	21000	17000	20000	
雅培	21000	19000	20000	23000	18000	20000	
美赞臣	19000	20000	21000	18000	16000	19000	
美素佳儿	23000	21000	22000	19000	18000	20000	
伊利	18900	20000	19000	21000	19000	19000	
贝因美	17000	18000	16000	18000	20000	18000	
雀巢	16000	18000	20000	19000	18000	21000	
雅士利	21000	19000	20000	18000	19000	20000	

9.4.7 清除迷你图

创建迷你图后，如果不再需要迷你图，用户可以对迷你图进行相应的清除操作。

步骤01 选择需要清除的迷你图，切换至“迷你图工具—设计”选项卡，单击“组合”选项组中的“清除”下拉按钮，在列表中选择“清除所选的迷你图”选项。

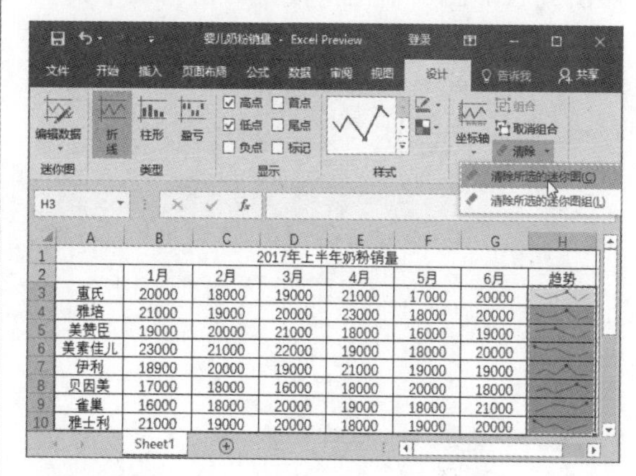

步骤02 返回工作表中，此时被选中的迷你图已被删除。

2017年上半年奶粉销量							
	1月	2月	3月	4月	5月	6月	趋势
惠氏	20000	18000	19000	21000	17000	20000	
雅培	21000	19000	20000	23000	18000	20000	
美赞臣	19000	20000	21000	18000	16000	19000	
美素佳儿	23000	21000	22000	19000	18000	20000	
伊利	18900	20000	19000	21000	19000	19000	
贝因美	17000	18000	16000	18000	20000	18000	
雀巢	16000	18000	20000	19000	18000	21000	
雅士利	21000	19000	20000	18000	19000	20000	

知识点拨 清除迷你图的方法

除了上述介绍的方法外，用户还可以选中需要清除迷你图的单元格区域，单击鼠标右键，在快捷菜单中选择“迷你图>清除所选的迷你图组”命令即可。

动手练习 制作洗护用品销量展示图

本章介绍了图表和迷你图的基础知识，主要包括图表的种类、创建图表的流程、更改图表的类型、添加图表的各种布局、美化图表以及迷你图的创建和美化。下面通过制作各季度洗护用品销量图表和迷你图为例，对所学知识进行巩固练习。

步骤 01 打开工作表输入销量数据，并保存。

	A	B	C	D	E
1		一季度	二季度	三季度	四季度
2	洗发水	3560	4680	4058	4321
3	沐浴露	5581	6018	5675	6219
4	洗手液	3520	5841	6485	4510

步骤 02 选中数据区域任意单元格，切换至“插入”选项卡，单击“图表”选项组中“插入柱形图或条形图”下三角按钮，在列表中选择“簇状柱形图”选项。

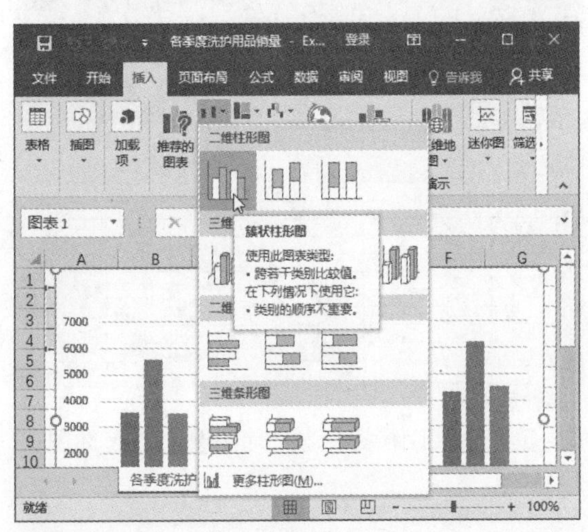

步骤 03 返回工作表查看插入的柱形图。

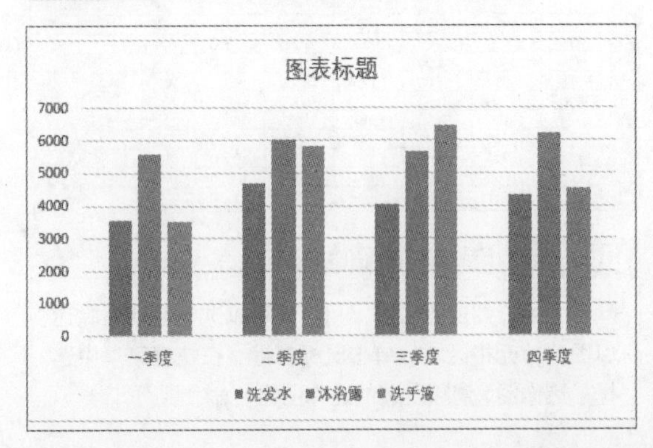

步骤 04 在图表的标题框中输入标题，切换至“图表工具-设计”选项卡，单击“图表布局”选项组中“添加图表元素”下三角按钮，在列表中选择“数据标签>数据标签外”选项。

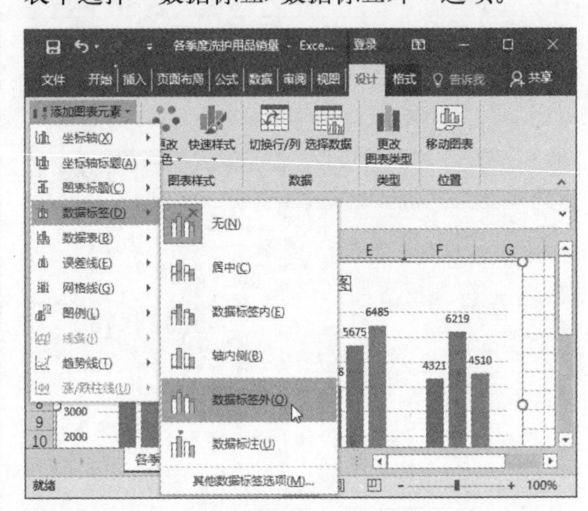

步骤 05 单击“图表样式”选项组中“其他”按钮，在打开的样式库中选择合适的样式。

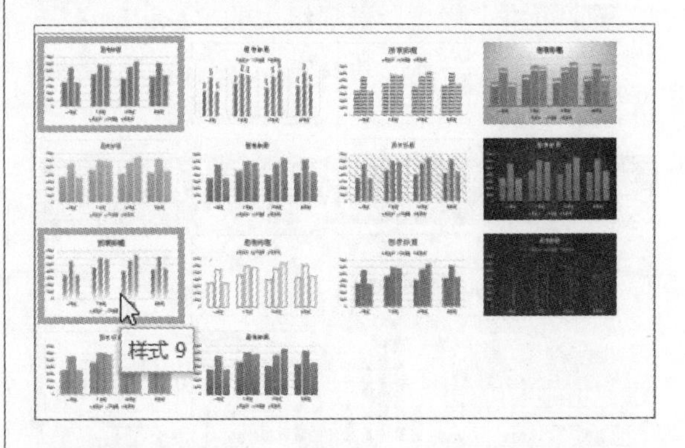

步骤 06 选中图表，切换至“图表工具-格式”选项卡，单击“形状样式”选项组中“形状填充”下三角按钮，在列表中选择“图片”选项，打开“插入图片”面板，单击“来自文件”按钮，打开“插入图片”对话框，选择合适的背景图片，单击“确定”按钮，查看最终效果。

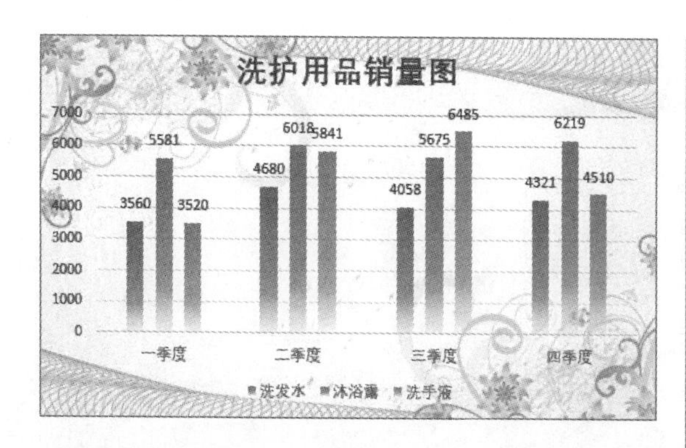

步骤07 单击“类型”选项组中“更改图表类型”按钮。

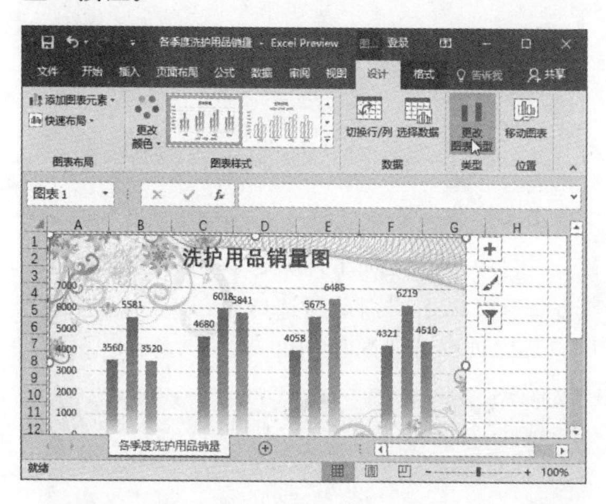

步骤08 打开“更改图表类型”对话框，选择“带数据标记的折线图”类型，单击“确定”按钮，查看更改图表类型的效果。

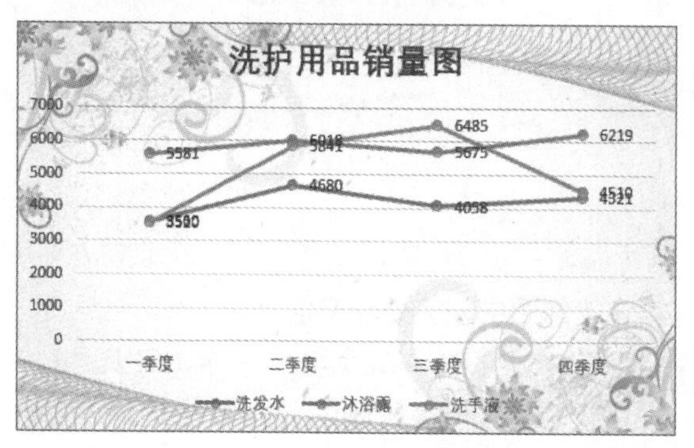

步骤09 选中F2：F4单元格区域，切换至“插入”选项卡，单击“迷你图”选项组中“折线”按钮。

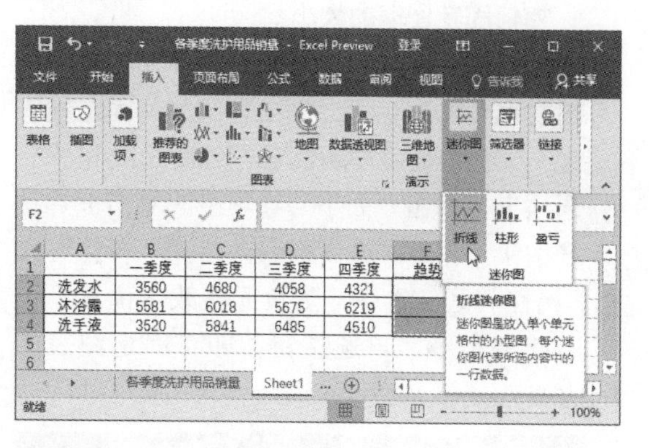

步骤10 弹出“创建迷你图”对话框，选择数据范围，单击“确定”按钮，查看插入的折线迷你图效果。

	A	B	C	D	E	F
1		一季度	二季度	三季度	四季度	趋势
2	洗发水	3560	4680	4058	4321	
3	沐浴露	5581	6018	5675	6219	
4	洗手液	3520	5841	6485	4510	

步骤11 切换至“迷你图工具-设计”选项卡，在“样式”选项组中选择迷你图的样式，在“标记颜色”下拉列表中设置“高点”和“低点”的颜色。

	A	B	C	D	E	F
1		一季度	二季度	三季度	四季度	趋势
2	洗发水	3560	4680	4058	4321	
3	沐浴露	5581	6018	5675	6219	
4	洗手液	3520	5841	6485	4510	

秒杀疑惑

1. 如何固定图表的大小?

创建完图表后，如果调整单元格的大小图表也会随之变化。下面介绍如何固定图表大小，选中图表，切换至“图表工具-格式”选项卡，单击“大小”选项组的对话框启动器按钮。打开“设置图表区格式”窗格，在“属性”区域选中“随单元格改变位置，但不改变大小”单选按钮，即可固定图表的大小。

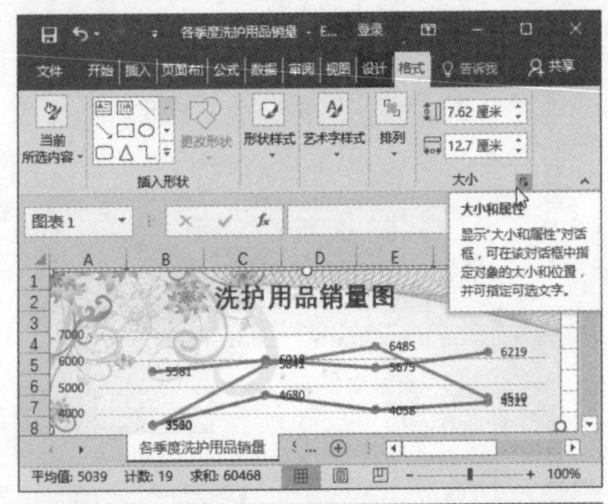

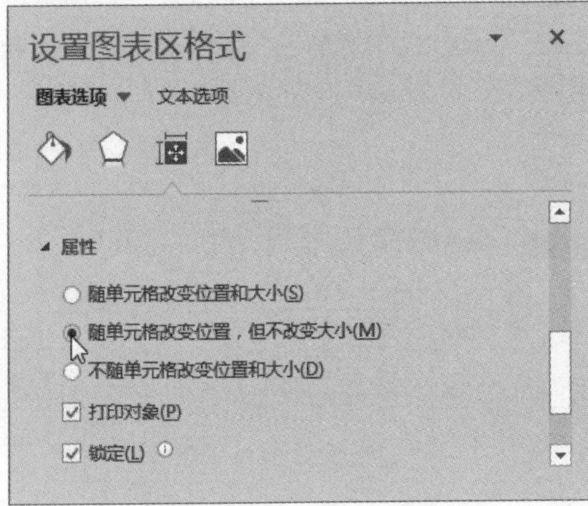

2. 如何将图表背景设置成透明?

选中图表，单击鼠标右键，选择“设置图表区域格式”命令。在打开的窗格中，切换至“填充与线条”选项卡，在“填充”选项区域中拖动“透明度”滑块调整透明度值。

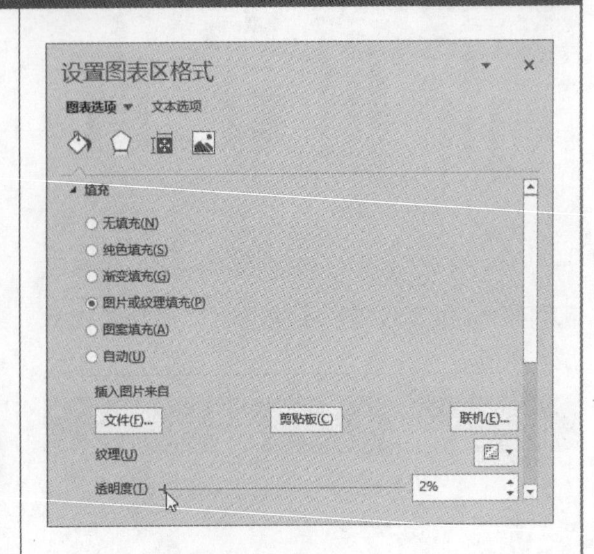

3. 如何快速还原默认样式?

选中需要还原的图表，打开“格式”选项卡，单击“当前所选内容”选项组中的“重设以匹配样式”按钮即可。

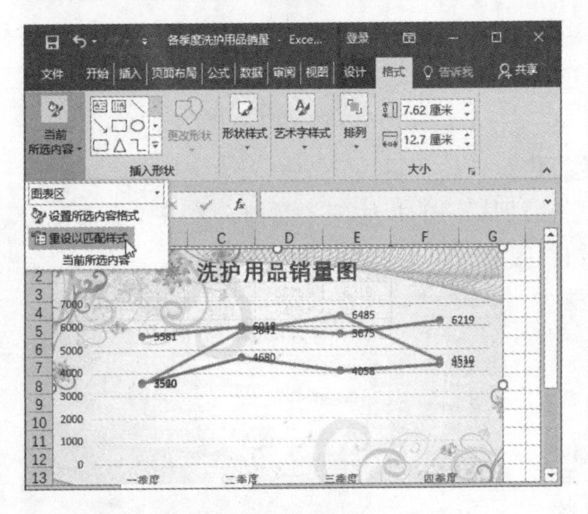

4. 在迷你图中如何处理空值?

选中迷你图，切换至“迷你图工具-设计”选项卡，单击“迷你图”选项组中“编辑数据”下三角按钮，在列表中选择“隐藏和清空单元格”选项，打开“隐藏和空单元格设置”对话框，选中“用直线连接数据点”单选按钮，单击“确定”按钮即可。

Chapter 10 制作固定资产表

本章通过制作固定资产表的操作，来温习巩固之前学的Excel相关知识，如数据的输入、函数的应用以及对数据的分析等。此外，本案例还将介绍数据验证的相关知识，使数据更准确地输入。

10.1 创建固定资产表

固定资产表是一种会计报表，用于反映固定资产在年度内增减变动情况和年末各类固定资产构成情况。本节主要介绍如何创建固定资产表。

10.1.1 新建工作表

首先用户需要创建一个工作表来存储固定资产表的数据。下面介绍新建工作表，并为工作表命名的具体操作方法。

步骤01 打开需要存储工作表的文件夹，单击鼠标右键，在快捷菜单中选择“新建>Microsoft Excel工作表”命令。

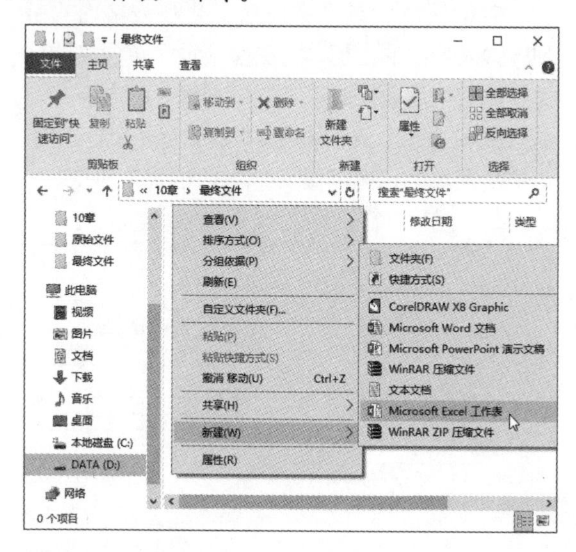

步骤02 新建工作表，而且工作表名称处于可编辑状态，然后输入工作表的名称，并按Enter键确认。

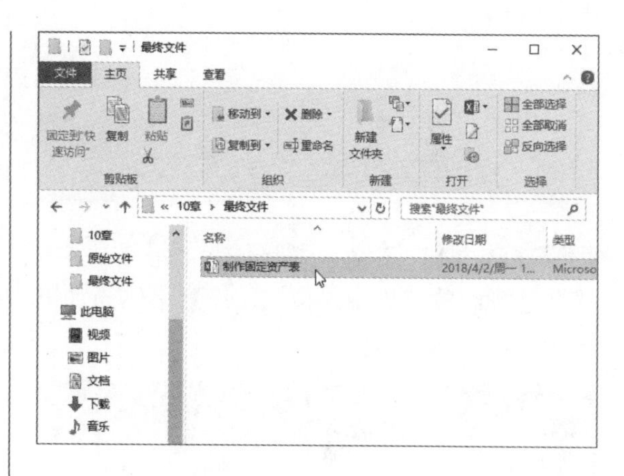

10.1.2 制作表格结构

工作表创建完成后，接着需要制作表格的基本结构，具体操作方法如下。

步骤01 双击新建的工作表，将其打开，选中工作表标签，单击鼠标右键，在快捷菜单中选择“重命名”命令。

步骤02 标签处于可编辑状态，输入“固定资产表”名称，按Enter键确认输入。

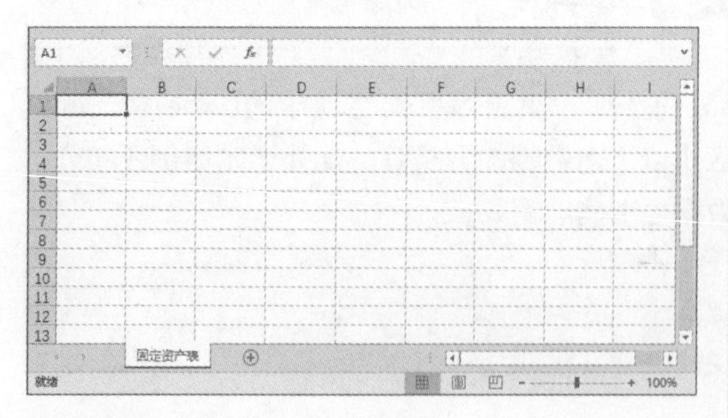

步骤03 选中A1单元格，输入“卡片编号”文本，然后输入工作表的表头内容。

步骤04 选中A1：L1单元格区域，单击“对齐方式”选项组的“居中”按钮，设置字体为加粗显示。

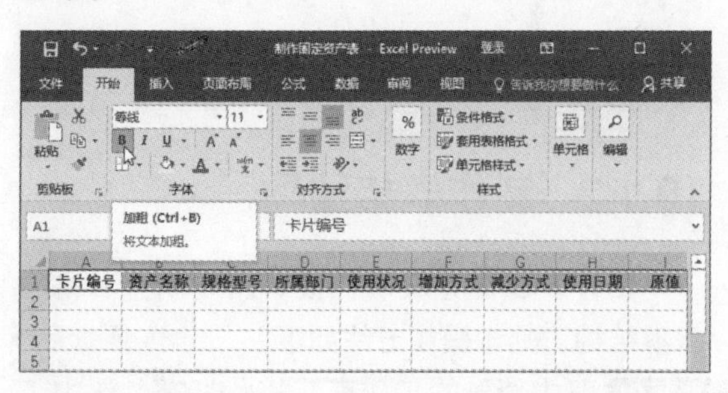

步骤05 单击“字体”选项组中“填充颜色”下拉按钮，选择合适的颜色作为底纹颜色。

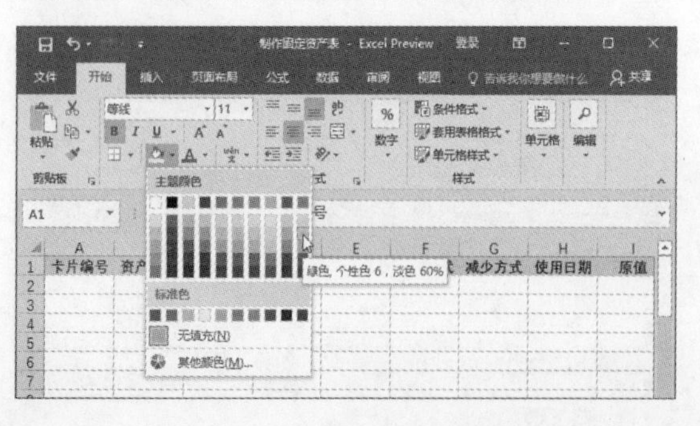

步骤06 选中A1：L16单元格区域，单击“字体”选项组中“边框”下拉按钮，在列表中选择“所有框线”选项。

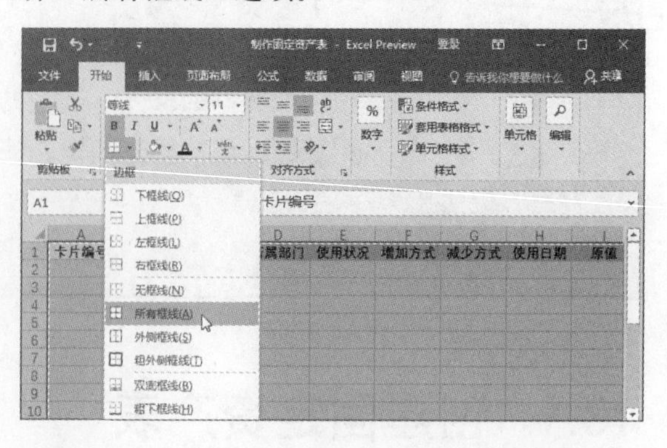

步骤07 至此“固定资产表”的结构制作完成，返回工作表中，查看最终效果。

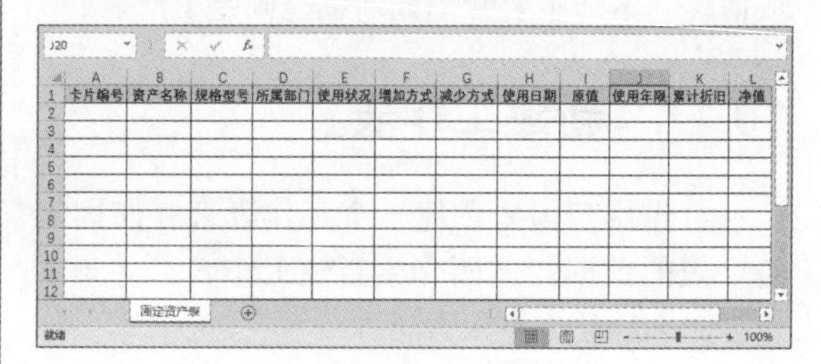

10.1.3 设置表格内容格式

表格的结构制作完成后，要在表格内的每列中输入特定的数据，首先需要设置单元格的格式，然后使用数据验证功能限制输入的内容。

步骤01 选中A2：A16单元格区域，单击鼠标右键，在快捷菜单中选择“设置单元格格式”命令。

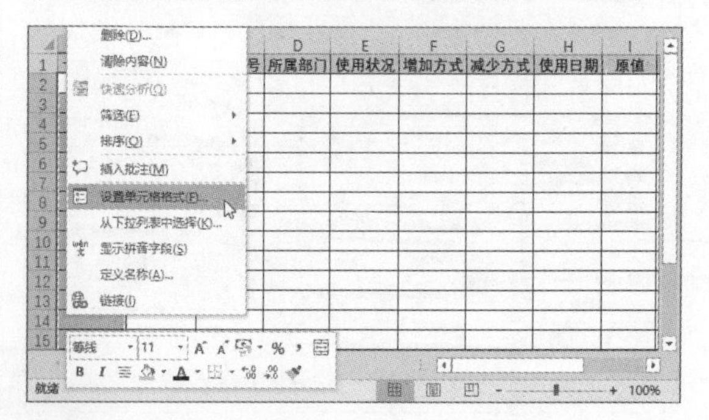

步骤02 打开“设置单元格格式”对话框，在“分类”列表框中选择“自定义”选项，在“类型”文本框中输入“00#”，然后单击“确定”按钮。

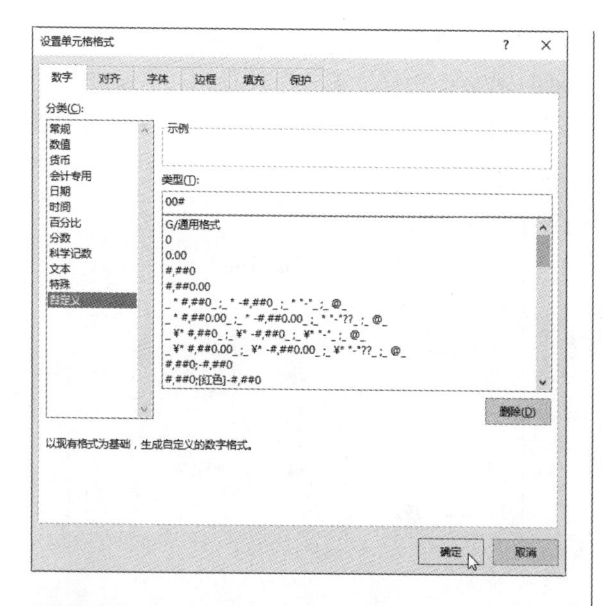

步骤03 选中A2单元格，输入001，然后填充至A16单元格，单击“自动填充选项”下三角按钮，选中“填充序列”单选按钮。

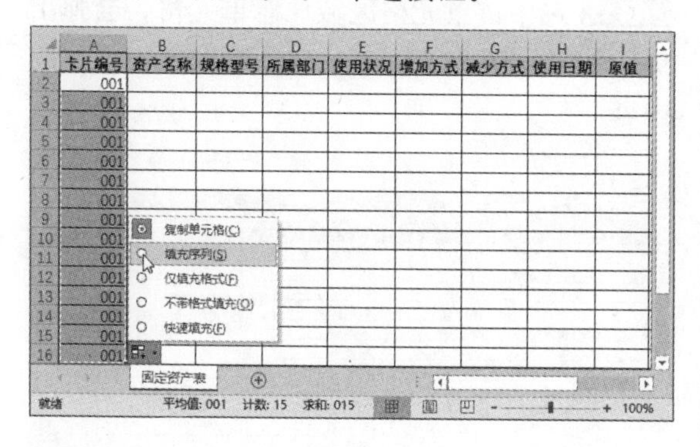

步骤04 在B列和C列输入相关数据。

	A	B	C	D	E	F	G	H
1	卡片编号	资产名称	规格型号	所属部门	使用状况	增加方式	减少方式	使用日期
2	001	华硕电脑	FL8000					
3	002	联想电脑	R720					
4	003	步步高电话	HCD198					
5	004	步步高电话	W163E					
6	005	惠普打印机	P1106					
7	006	佳能扫描仪	LIDE120					
8	007	格力空调	KFR-26GW					
9	008	美的空调	KFR-35GW					
10	009	美的饮水机	MYR720T					
11	010	海尔冰箱	BCD-329WDVL					
12	011	办公桌	DIY					
13	012	办公椅	DIY					
14	013	书柜	DIY					
15	014	索尼投影仪	DX221					
16	015	松下传真机	KX-872					

步骤05 选中D2：D16单元格区域，切换至“数据”选项卡，单击“数据工具”选项组中的“数据验证”按钮。

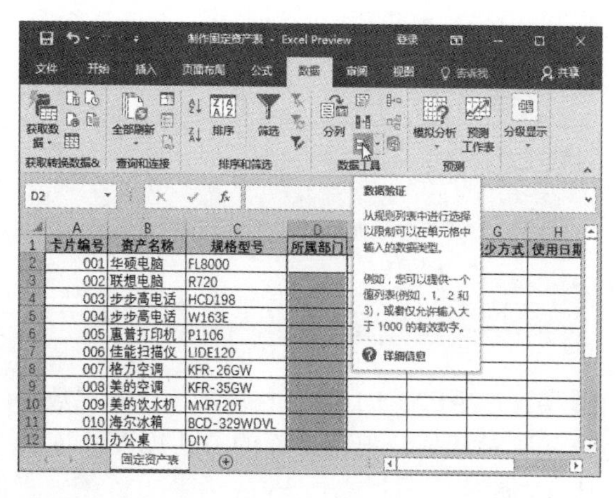

步骤06 打开“数据验证”对话框，切换至“设置”选项卡，在“允许”列表中选择“序列”选项，在“来源”文本框中输入“销售部,人事部,行政部,财务部,策划部”文本。

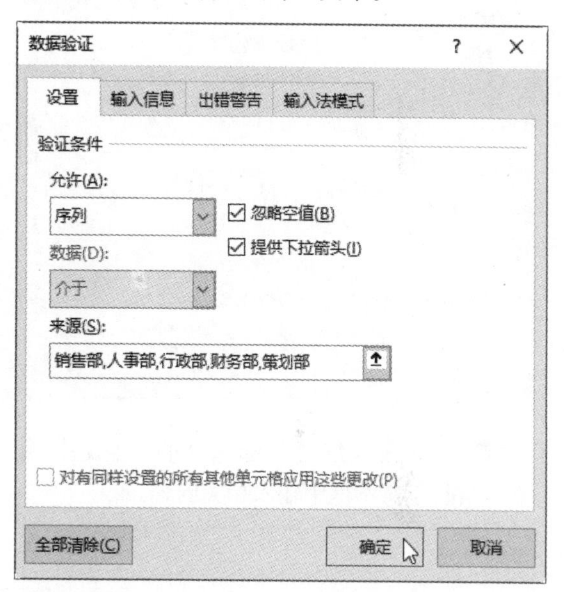

步骤07 单击“确定”按钮，选中该单元格区域的任意单元格，单击右侧下三角按钮，在列表中选择合适的选项即可。

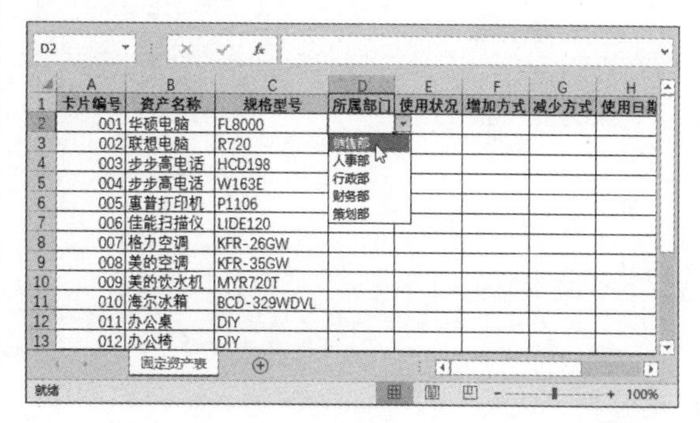

步骤 08 如果输入的内容与设置的内容不一致，则弹出提示对话框。

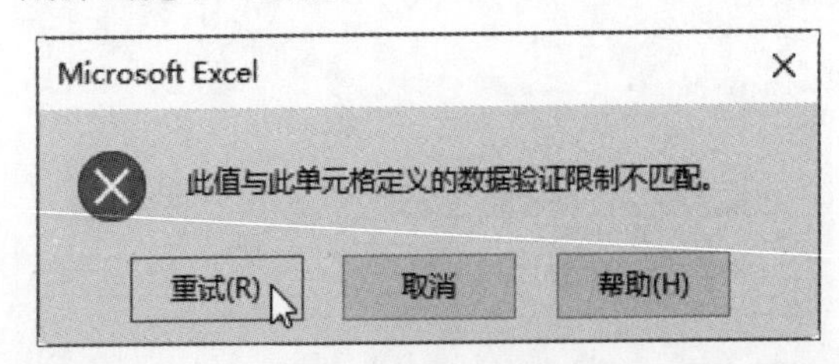

步骤 09 选中E2：E16单元格区域，打开“数据验证”对话框，根据上面的方法设置验证条件、来源等。

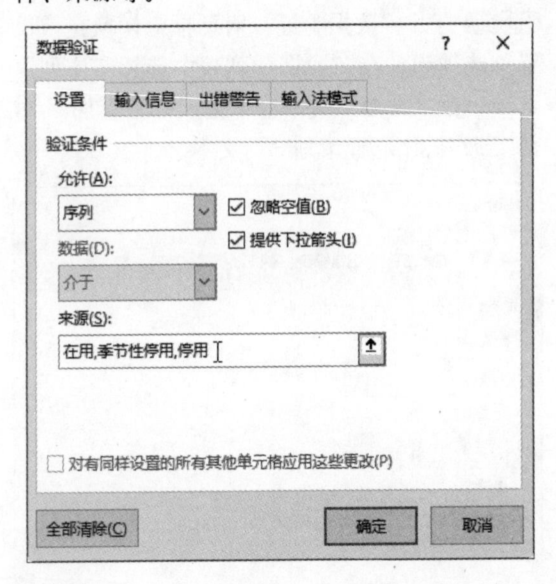

步骤 10 在“输入信息”选项卡的“标题”和“输入信息”文本框中输入相关内容。

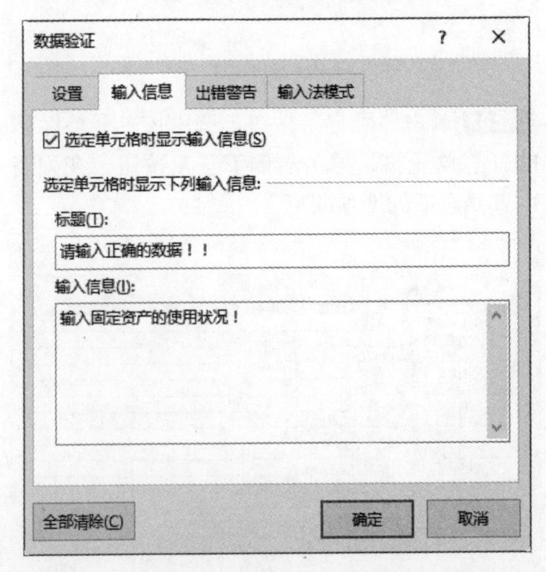

步骤 11 切换至“出错警告”选项卡，在“样式”列表中选择“停止”选项，在“标题”和“错误信息”文本框中输入信息，然后单击“确定”按钮。

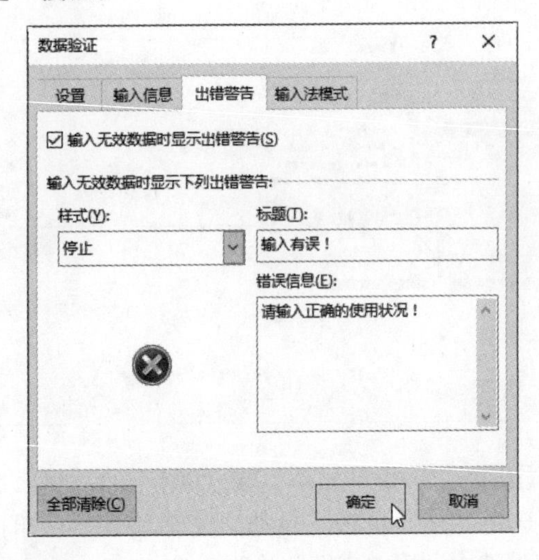

步骤 12 选中该单元格区域任意单元格，会弹出提示信息，即为“输入信息”选项卡中设置的内容。

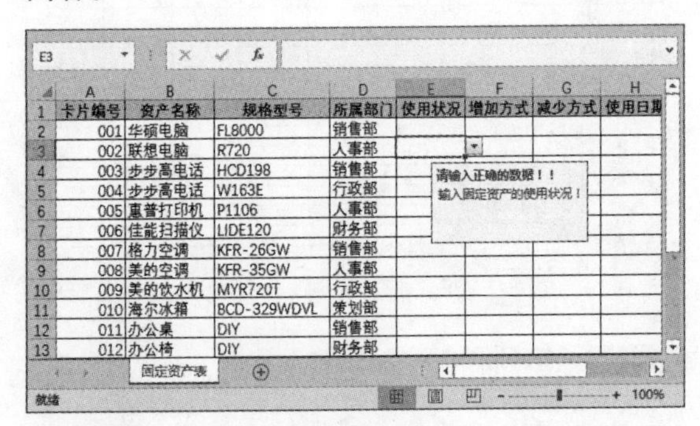

	A	B	C	D	E	F	G	H
1	卡片编号	资产名称	规格型号	所属部门	使用状况	增加方式	减少方式	使用日期
2	001	华硕电脑	FL8000	销售部				
3	002	联想电脑	R720	人事部				
4	003	步步高电话	HCD198	销售部				
5	004	步步高电话	W163E	行政部				
6	005	惠普打印机	P1106	人事部				
7	006	佳能扫描仪	LIDE120	财务部				
8	007	格力空调	KFR-26GW	销售部				
9	008	美的空调	KFR-35GW	人事部				
10	009	美的饮水机	MYR720T	行政部				
11	010	海尔冰箱	BCD-329WDVL	策划部				
12	011	办公桌	DIY	销售部				
13	012	办公椅	DIY	财务部				

步骤 13 单击单元格右侧的下三角按钮，在列表中选择合适的选项，如果输入的数据不正确，会弹出提示对话框，显示“出错警告”选项卡设置的内容。

步骤 14 根据上述相同的方法，分别在“增加方式”和“减少方式”列进行“数据验证”的相关设置，并根据实际需要输入相关数据。

	A	B	C	D	E	F	G	H
1	卡片编号	资产名称	规格型号	所属部门	使用状况	增加方式	减少方式	使用日期
2	001	华硕电脑	FL8000	销售部	在用	购入		
3	002	联想电脑	R720	人事部	在用	购入		
4	003	步步高电话	HCD198	销售部	在用	购入		
5	004	步步高电话	W163E	行政部	在用	购入		
6	005	惠普打印机	P1106	人事部	在用	投资者投入		
7	006	佳能扫描仪	LIDE120	财务部	在用	调拨		
8	007	格力空调	KFR-26GW	销售部	季节性停	投资者投入		
9	008	美的空调	KFR-35GW	人事部	季节性停	投资者投入		
10	009	美的饮水机	MYR720T	行政部	在用	购入		
11	010	海尔冰箱	BCD-329WDVL	策划部	在用	购入		
12	011	办公桌	DIY	销售部	在用	调拨		
13	012	办公椅	DIY	财务部	在用	调拨		
14	013	书柜	DIY	策划部	在用	购入		
15	014	索尼投影仪	DX221	人事部	在用	购入		
16	015	松下传真机	KX-872	行政部	在用	购入		

固定资产表

步骤15 选中H2：H16单元格区域，单击鼠标右键，选择“设置单元格格式”命令，打开“设置单元格格式”对话框，在“分类”列表框中选择“日期”选项，在“类型”列表框中选择所需的日期格式，然后单击“确定”按钮。

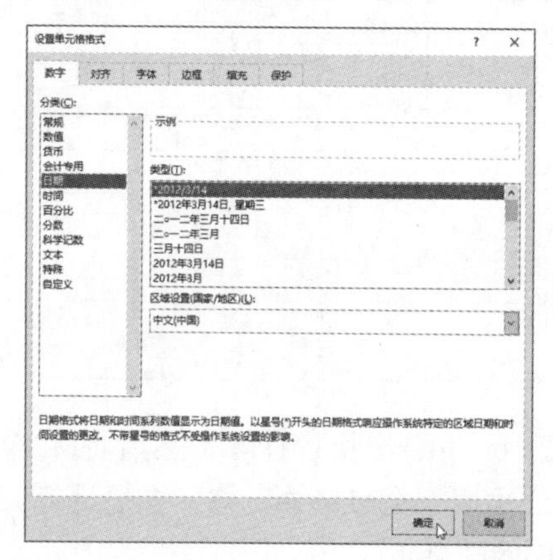

步骤16 选中I2：I16和K2:L16单元格区域，打开“设置单元格格式”对话框，设置单元格区域为货币格式。

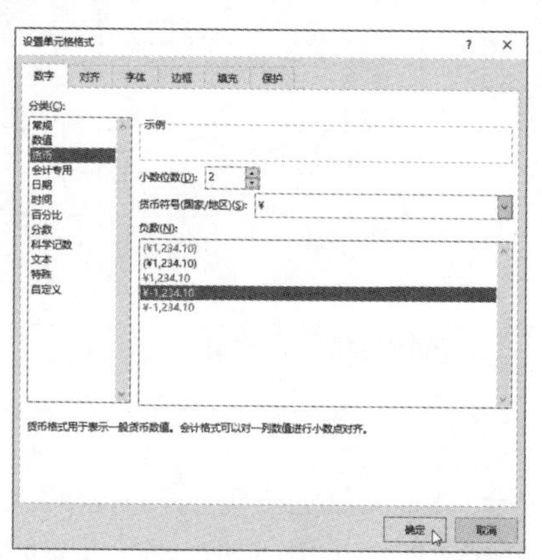

步骤17 选中J2：J16单元格区域，打开“数据验证”对话框，在“允许”列表中选择“整数”选项，设置最小值和最大值后，单击“确定”按钮。

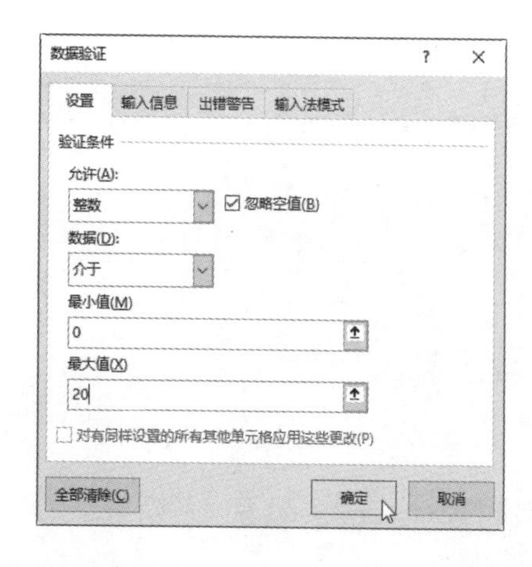

步骤18 选中A1：L16单元格区域，切换至“开始”选项卡，单击“对齐方式”选项组中的“居中”按钮。

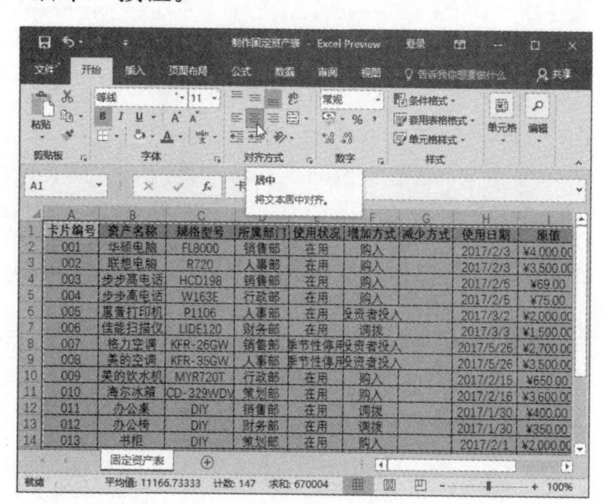

步骤19 适当调整各列宽度，查看最终效果。

	B	C	D	E	F	G	H	I
1	资产名称	规格型号	所属部门	使用状况	增加方式	减少方式	使用日期	原值
2	华硕电脑	FL8000	销售部	在用	购入		2017/2/3	¥4,000.0
3	联想电脑	R720	人事部	在用	购入		2017/2/3	¥3,500.0
4	步步高电话	HCD198	销售部	在用	购入		2017/2/5	¥69.00
5	步步高电话	W163E	行政部	在用	购入		2017/2/5	¥75.00
6	惠普打印机	P1106	人事部	在用	投资者投入		2017/3/2	¥2,000.0
7	佳能扫描仪	LIDE120	财务部	在用	调拨		2017/3/3	¥1,500.0
8	格力空调	KFR-26GW	销售部	季节性停用	投资者投入		2017/5/26	¥2,700.0
9	美的空调	KFR-35GW	人事部	季节性停用	投资者投入		2017/5/26	¥3,500.0
10	美的饮水机	MYR720T	行政部	在用	购入		2017/2/15	¥650.00
11	海尔冰箱	BCD-329WDVL	策划部	在用	购入		2017/2/16	¥3,600.0
12	办公桌	DIY	销售部	在用	调拨		2017/1/30	¥400.00
13	办公椅	DIY	财务部	在用	调拨		2017/1/30	¥350.00
14	书柜	DIY	策划部	在用	购入		2017/2/1	¥2,000.0
15	索尼投影仪	DX221	人事部	在用	购入		2017/6/2	¥2,500.0
16	松下传真机	KX-872	行政部	在用	购入		2017/6/3	¥800.00

固定资产表

10.1.4 使用函数计算折旧

表格制作完成后，现在开始计算资产的折旧，所有资产按5%的残值率计算。

步骤01 在I列后插入一列，命名为“净残值”，选中J2单元格，输入公式“=I2*5%”。

PV　=I2*5%

	E	F	G	H	I	J	K	L
1	使用状况	增加方式	减少方式	使用日期	原值	净残值	使用年限	累计折旧
2	在用	购入		2017/2/3	¥4,000.00	=I2*5%	15	
3	在用	购入		2017/2/3	¥3,500.00		15	
4	在用	购入		2017/2/5	¥69.00		10	
5	在用	购入		2017/2/5	¥75.00		10	
6	在用	投资者投入		2017/3/2	¥2,000.00		12	
7	在用	调拨		2017/3/3	¥1,500.00		10	
8	季节性停用	投资者投入		2017/5/26	¥2,700.00		8	
9	季节性停用	投资者投入		2017/5/26	¥3,500.00		8	
10	在用	购入		2017/2/15	¥650.00		5	
11	在用	购入		2017/2/16	¥3,600.00		10	
12	在用	调拨		2017/1/30	¥400.00		15	
13	在用	调拨		2017/1/30	¥350.00		10	
14	在用	购入		2017/2/1	¥2,000.00		18	
15	在用	购入		2017/6/2	¥2,500.00		10	
16	在用	购入		2017/6/3	¥800.00		12	

固定资产表

步骤02 按Enter键执行计算，然后将公式填充至J16单元格。

J2　=I2*5%

	E	F	G	H	I	J	K	L
1	使用状况	增加方式	减少方式	使用日期	原值	净残值	使用年限	累计折旧
2	在用	购入		2017/2/3	¥4,000.00	¥200.00	15	
3	在用	购入		2017/2/3	¥3,500.00	¥175.00	15	
4	在用	购入		2017/2/5	¥69.00	¥3.45	10	
5	在用	购入		2017/2/5	¥75.00	¥3.75	10	
6	在用	投资者投入		2017/3/2	¥2,000.00	¥100.00	12	
7	在用	调拨		2017/3/3	¥1,500.00	¥75.00	10	
8	季节性停用	投资者投入		2017/5/26	¥2,700.00	¥135.00	8	
9	季节性停用	投资者投入		2017/5/26	¥3,500.00	¥175.00	8	
10	在用	购入		2017/2/15	¥650.00	¥32.50	5	
11	在用	购入		2017/2/16	¥3,600.00	¥180.00	10	
12	在用	调拨		2017/1/30	¥400.00	¥20.00	15	
13	在用	调拨		2017/1/30	¥350.00	¥17.50	10	
14	在用	购入		2017/2/1	¥2,000.00	¥100.00	18	
15	在用	购入		2017/6/2	¥2,500.00	¥125.00	10	
16	在用	购入		2017/6/3	¥800.00	¥40.00	12	

固定资产表

步骤03 在K列右侧插入一列，命名为“折旧月数”，选中L2单元格，输入公式“=INT(DAYS360(H2,DATE(2018,4,3))/30)”。

PV　=INT(DAYS360(H2,DATE(2018,4,3))/30)

	F	G	H	I	J	K	L	M
1	增加方式	减少方式	使用日期	原值	净残值	使用年限	折旧月数	累计折旧
2	购入		2017/2/3	¥4,000.00	¥200.00	=INT(DAYS360(H2,DATE(2018,4,3))/30)		
3	购入		2017/2/3	¥3,500.00	¥175.00			
4	购入		2017/2/5	¥69.00	¥3.45	10		
5	购入		2017/2/5	¥75.00	¥3.75	10		
6	投资者投入		2017/3/2	¥2,000.00	¥100.00	12		
7	调拨		2017/3/3	¥1,500.00	¥75.00	10		
8	投资者投入		2017/5/26	¥2,700.00	¥135.00	8		
9	投资者投入		2017/5/26	¥3,500.00	¥175.00	8		
10	购入		2017/2/15	¥650.00	¥32.50	5		
11	购入		2017/2/16	¥3,600.00	¥180.00	10		
12	调拨		2017/1/30	¥400.00	¥20.00	15		
13	调拨		2017/1/30	¥350.00	¥17.50	10		
14	购入		2017/2/1	¥2,000.00	¥100.00	18		
15	购入		2017/6/2	¥2,500.00	¥125.00	10		
16	购入		2017/6/3	¥800.00	¥40.00	12		

固定资产表

步骤04 按Enter键执行计算，然后将L2单元格中的公式填充至L16单元格，查看计算折旧月数的结果。

知识点拨　函数解析

INT函数用于将数值向下取整最接近的整数。

语法格式：INT(number)

其中number是需要进行向下取整的数字。

	F	G	H	I	J	K	L	M
1	增加方式	减少方式	使用日期	原值	净残值	使用年限	折旧月数	累计折旧
2	购入		2017/2/3	¥4,000.00	¥200.00	15	14	
3	购入		2017/2/3	¥3,500.00	¥175.00	15	14	
4	购入		2017/2/5	¥69.00	¥3.45	10	13	
5	购入		2017/2/5	¥75.00	¥3.75	10	13	
6	投资者投入		2017/3/2	¥2,000.00	¥100.00	12	13	
7	调拨		2017/3/3	¥1,500.00	¥75.00	10	13	
8	投资者投入		2017/5/26	¥2,700.00	¥135.00	8	10	
9	投资者投入		2017/5/26	¥3,500.00	¥175.00	8	10	
10	购入		2017/2/15	¥650.00	¥32.50	5	13	
11	购入		2017/2/16	¥3,600.00	¥180.00	10	13	
12	调拨		2017/1/30	¥400.00	¥20.00	15	14	
13	调拨		2017/1/30	¥350.00	¥17.50	10	14	
14	购入		2017/2/1	¥2,000.00	¥100.00	18	14	
15	购入		2017/6/2	¥2,500.00	¥125.00	10	10	
16	购入		2017/6/3	¥800.00	¥40.00	12	10	

固定资产表

就绪　平均值: 12.53333333　计数: 15　求和: 188　100%

步骤05 选中M2单元格，然后输入公式“=DB(I2,J2,K2*12,L2,12-MONTH(H2))”。

PV　=DB(I2,J2,K2*12,L2,12-MONTH(H2))

	F	G	H	I	J	K	L	M
1	增加方式	减少方式	使用日期	原值	净残值	使用年限	折旧月数	累计折旧
2	购入		2017/2/3	¥4,000.00	¥200.00	15	14	=DB(I2,J2,K2*12,L2,12-MONTH(H2))
3	购入		2017/2/3	¥3,500.00	¥175.00	15	14	
4	购入		2017/2/5	¥69.00	¥3.45	10	13	
5	购入		2017/2/5	¥75.00	¥3.75	10	13	
6	投资者投入		2017/3/2	¥2,000.00	¥100.00	12	13	
7	调拨		2017/3/3	¥1,500.00	¥75.00	10	13	
8	投资者投入		2017/5/26	¥2,700.00	¥135.00	8	10	
9	投资者投入		2017/5/26	¥3,500.00	¥175.00	8	10	
10	购入		2017/2/15	¥650.00	¥32.50	5	13	
11	购入		2017/2/16	¥3,600.00	¥180.00	10	13	
12	调拨		2017/1/30	¥400.00	¥20.00	15	14	
13	调拨		2017/1/30	¥350.00	¥17.50	10	14	
14	购入		2017/2/1	¥2,000.00	¥100.00	18	14	
15	购入		2017/6/2	¥2,500.00	¥125.00	10	10	
16	购入		2017/6/3	¥800.00	¥40.00	12	10	

固定资产表

编辑　100%

步骤06 按Enter键执行计算，然后将M2单元格中的公式填充至M16单元格，查看计算固定资产折旧的结果。

	F	G	H	I	J	K	L	M
1	增加方式	减少方式	使用日期	原值	净残值	使用年限	折旧月数	累计折旧
2	购入		2017/2/3	¥4,000.00	¥200.00	15	14	¥54.57
3	购入		2017/2/3	¥3,500.00	¥175.00	15	14	¥47.75
4	购入		2017/2/5	¥69.00	¥3.45	10	13	¥1.28
5	购入		2017/2/5	¥75.00	¥3.75	10	13	¥1.39
6	投资者投入		2017/3/2	¥2,000.00	¥100.00	12	13	¥32.73
7	调拨		2017/3/3	¥1,500.00	¥75.00	10	13	¥27.85
8	投资者投入		2017/5/26	¥2,700.00	¥135.00	8	10	¥63.88
9	投资者投入		2017/5/26	¥3,500.00	¥175.00	8	10	¥82.81
10	购入		2017/2/15	¥650.00	¥32.50	5	13	¥17.58
11	购入		2017/2/16	¥3,600.00	¥180.00	10	13	¥66.70
12	调拨		2017/1/30	¥400.00	¥20.00	15	14	¥5.45
13	调拨		2017/1/30	¥350.00	¥17.50	10	14	¥6.31
14	购入		2017/2/1	¥2,000.00	¥100.00	18	14	¥23.37
15	购入		2017/6/2	¥2,500.00	¥125.00	10	10	¥50.40
16	购入		2017/6/3	¥800.00	¥40.00	12	10	¥14.03

固定资产表

就绪　平均值: ¥33.07　计数: 15　求和: ¥496.10　100%

知识点拨　函数解析

DB函数表示使用固定余额递减法，计算资产在给定期间的折旧值。

语法格式：DB(cost,salvage,life,period,month)

其中cost表示资产的原值，salvage表示资在期末的价值，life表示折旧的期限，period表示需要计算折旧值的期间，month表示第一年的月份。

10.2 分析固定资产表中的数据

固定资产表创建完成后，用户可以根据实际需要对表中的数据进行分析。例如对数据进行排序、筛选以及创建数据透视表等等。

10.2.1 对数据进行排序

下面介绍如何在固定资产表中对固定资产的原值进行降序排列，具体如下。

步骤01 打开工作表，选中I2单元格，切换至“数据”选项卡，单击“排序和筛选”选项组中的“降序”按钮。

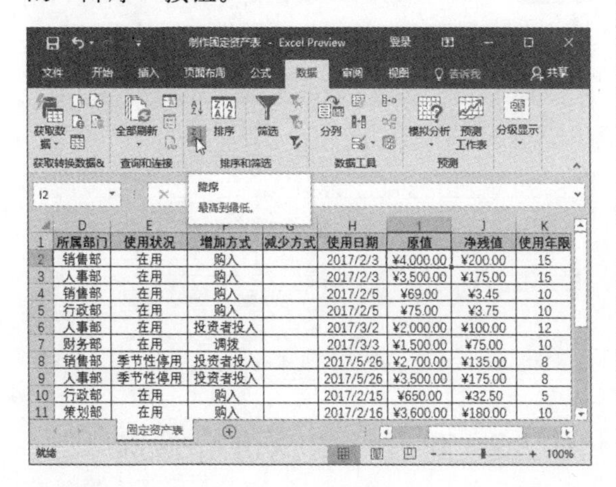

步骤02 返回工作表中，查看按原值降序排序的效果。

	D	E	F	G	H	I	J	K
1	所属部门	使用状况	增加方式	减少方式	使用日期	原值	净残值	使用年限
2	销售部	在用	购入		2017/2/3	¥4,000.00	¥200.00	15
3	策划部	在用	购入		2017/2/16	¥3,600.00	¥180.00	10
4	人事部	在用	购入		2017/2/3	¥3,500.00	¥175.00	15
5	人事部	季节性停用	投资者投入		2017/5/26	¥3,500.00	¥175.00	8
6	销售部	季节性停用	投资者投入		2017/5/26	¥2,700.00	¥135.00	8
7	人事部	在用	购入		2017/6/2	¥2,500.00	¥125.00	10
8	人事部	在用	投资者投入		2017/3/2	¥2,000.00	¥100.00	12
9	策划部	在用	购入		2017/2/1	¥2,000.00	¥100.00	18
10	财务部	在用	调拨		2017/3/3	¥1,500.00	¥75.00	10
11	行政部	在用	购入		2017/6/3	¥800.00	¥40.00	12
12	行政部	在用	购入		2017/2/15	¥650.00	¥32.50	5
13	销售部	在用	调拨		2017/1/30	¥400.00	¥20.00	15
14	财务部	在用	调拨		2017/1/30	¥350.00	¥17.50	10
15	行政部	在用	购入		2017/2/5	¥75.00	¥3.75	10
16	销售部	在用	购入		2017/2/5	¥69.00	¥3.45	10

现在根据需要按使用日期升序排序，如果使用日期一样，按所属部门降序排序，具体操作步骤如下。

步骤01 打开工作表，选中表格中任意单元格，切换至“数据”选项卡，单击“排序和筛选”选项组的“排序”按钮。

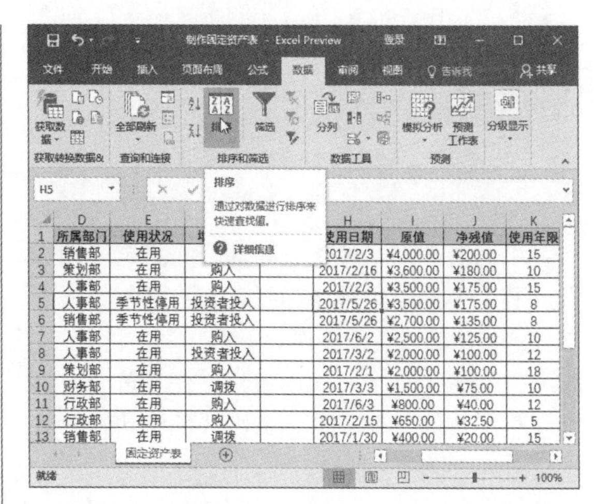

步骤02 打开“排序”对话框，设置“主要关键字”为“使用日期”，“次序”为“升序”，然后单击“添加条件”按钮。

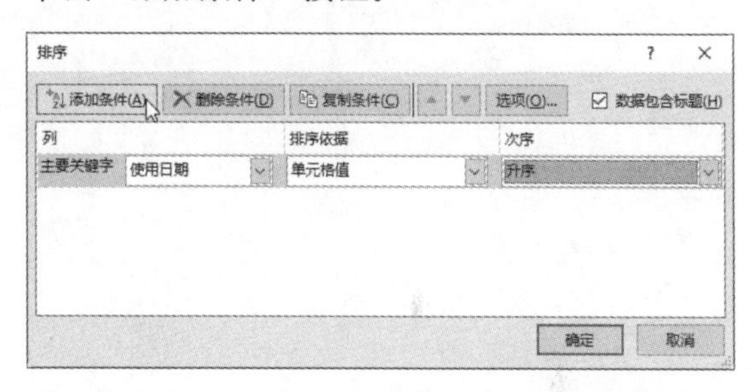

步骤03 设置“次要关键字”为“所属部门”，“次序”为“降序”，然后单击“确定”按钮。

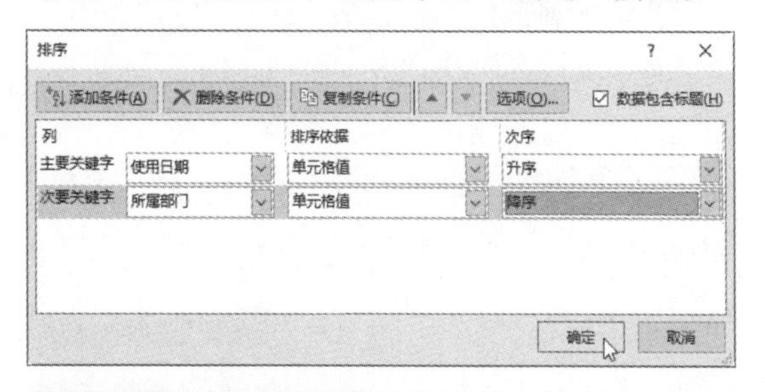

知识点拨　删除排序条件

如果需要删除排序的条件，则在“排序”对话框中选择排序条件，然后单击“删除条件”按钮即可。

步骤04 返回工作表中，查看最终的排序效果。

所属部门	使用状况	增加方式	减少方式	使用日期	原值	净残值	使用年限
销售部	在用	调拨		2017/1/30	¥400.00	¥20.00	15
财务部	在用	调拨		2017/1/30	¥350.00	¥17.50	10
策划部	在用	购入		2017/2/1	¥2,000.00	¥100.00	18
销售部	在用	购入		2017/2/3	¥4,000.00	¥200.00	15
人事部	在用	购入		2017/2/3	¥3,500.00	¥175.00	15
销售部	在用	购入		2017/2/5	¥69.00	¥3.45	10
行政部	在用	购入		2017/2/5	¥75.00	¥3.75	10
行政部	在用	购入		2017/2/15	¥650.00	¥32.50	5
策划部	在用	购入		2017/2/16	¥3,600.00	¥180.00	10
人事部	在用	投资者投入		2017/3/2	¥2,000.00	¥100.00	12
财务部	在用	调拨		2017/3/3	¥1,500.00	¥75.00	10
销售部	季节性停用	投资者投入		2017/5/26	¥2,700.00	¥135.00	8
人事部	季节性停用	投资者投入		2017/5/26	¥3,500.00	¥175.00	8
人事部	在用	购入		2017/6/2	¥2,500.00	¥125.00	10
行政部	在用	购入		2017/6/3	¥800.00	¥40.00	12

根据财务部要求查看各部门的固定资产情况，其中各部门的排序为行政部、财务部、人事部、销售部，具体操作如下。

步骤01 打开工作表，选中表格中任意单元格，切换至“数据”选项卡，单击“排序和筛选”选项组的“排序”按钮。

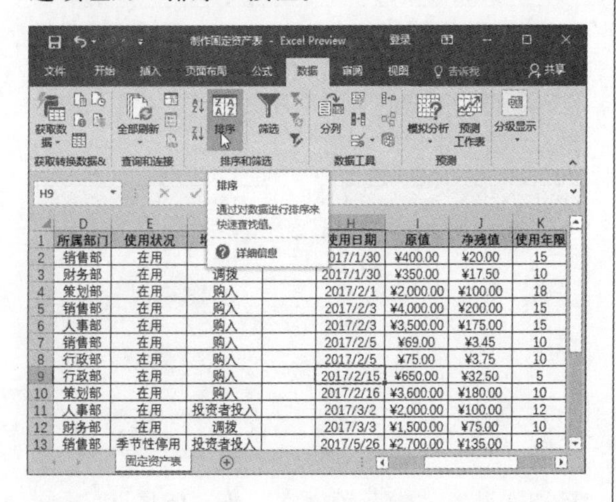

步骤02 打开“排序”对话框，设置“主要关键字”为“所属部门”，在“次序”下拉列表中选择“自定义序列”选项。

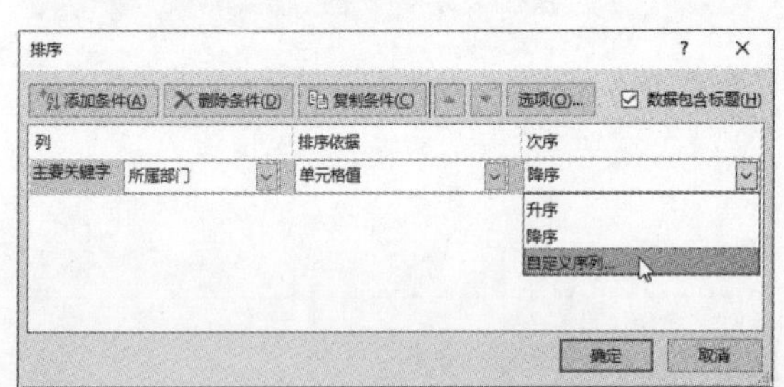

步骤03 打开“自定义序列”对话框，在“输入序列”文本框中输入“行政部，财务部，人事部，销售部”，单击“添加”按钮。

步骤04 单击“确定”按钮返回“排序”对话框，单击“确定”按钮，查看排序的效果。

卡片编号	资产名称	规格型号	所属部门	使用状况	增加方式	减少方式	使用日期
004	步步高电话	W163E	行政部	在用	购入		2017/2/5
009	美的饮水机	MYR720T	行政部	在用	购入		2017/2/15
015	松下传真机	KX-872	行政部	在用	购入		2017/6/3
012	办公椅	DIY	财务部	在用	调拨		2017/1/30
006	佳能扫描仪	LIDE120	财务部	在用	调拨		2017/3/3
002	联想电脑	R720	人事部	在用	购入		2017/2/3
005	惠普打印机	P1106	人事部	在用	投资者投入		2017/3/2
008	美的空调	KFR-35GW	人事部	季节性停用	投资者投入		2017/5/26
014	索尼投影仪	DX221	人事部	在用	购入		2017/6/2
011	办公桌	DIY	销售部	在用	调拨		2017/1/30
001	华硕电脑	FL8000	销售部	在用	购入		2017/2/3
003	步步高电话	HCD198	销售部	在用	购入		2017/2/5
007	格力空调	KFR-26GW	销售部	季节性停用	投资者投入		2017/5/26
013	书柜	DIY	策划部	在用	购入		2017/2/1
010	海尔冰箱	BCD-329WDVL	策划部	在用	购入		2017/2/16

10.2.2 对表格数据进行筛选

用户可根据需要查看所有购入固定资产的折旧情况。

步骤01 打开工作表，选中表格中任意单元格，切换至“数据”选项卡，单击“排序和筛选”选项组中的“筛选”按钮。

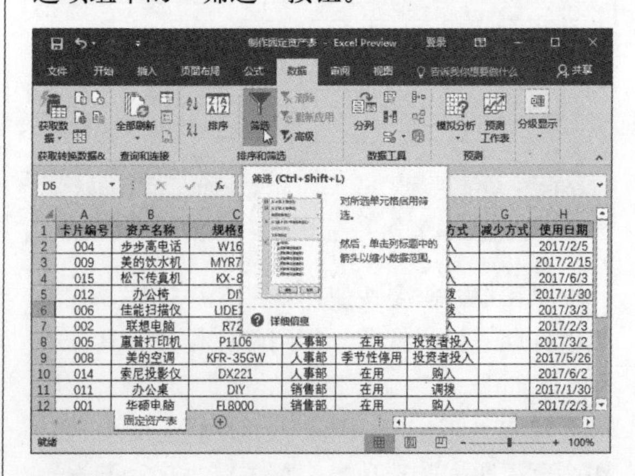

步骤02 单击“增加方式”右侧的筛选按钮，只勾选“购入”复选框，然后单击“确定”按钮。

	A 卡片编号	B 资产名称	C 规格型号	H 使用日期
2	004	步步高电话	W163E	2017/2/5
3	009	美的饮水机	MYR720T	2017/2/15
4	015	松下传真机	KX-872	2017/6/3
5	012	办公椅	DIY	2017/1/30
6	006	佳能扫描仪	LIDE120	2017/3/3
7	002	联想电脑	R720	2017/2/3
8	005	惠普打印机	P1106	2017/3/2
9	008	美的空调	KFR-35GV	2017/5/26
10	014	索尼投影仪	DX221	2017/6/2
11	011	办公桌	DIY	2017/1/30
12	001	华硕电脑	FL8000	2017/2/3
13	003	步步高电话	HCD198	2017/2/5
14	007	格力空调	KFR-26GV	2017/5/26
15	013	书柜	DIY	2017/2/1
16	010	海尔冰箱	BCD-329WD	2017/2/16

升序(S)
降序(O)
按颜色排序(T)
从"增加方式"中清除筛选(C)
按颜色筛选(I)
文本筛选(F)
搜索
(全选)
购入
调拨
投资者投入
确定 取消

步骤03 返回工作表中，查看筛选出购入固定资产的折旧情况。

D6 财务部

	A 卡片编号	B 资产名称	C 规格型号	D 所属部门	E 使用状况	F 增加方式	G 减少方式	H 使用日期
2	004	步步高电话	W163E	行政部	在用	购入		2017/2/5
3	009	美的饮水机	MYR720T	行政部	在用	购入		2017/2/15
4	015	松下传真机	KX-872	行政部	在用	购入		2017/6/3
7	002	联想电脑	R720	人事部	在用	购入		2017/2/3
10	014	索尼投影仪	DX221	人事部	在用	购入		2017/6/2
12	001	华硕电脑	FL8000	销售部	在用	购入		2017/2/3
13	003	步步高电话	HCD198	销售部	在用	购入		2017/2/5
15	013	书柜	DIY	策划部	在用	购入		2017/2/1
16	010	海尔冰箱	BCD-329WDVL	策划部	在用	购入		2017/2/16

现在需要查看固定资产的使用日期在2017/2/5至2017/3/10之间的信息，具体操作方法如下。

步骤01 单击"使用日期"右侧的筛选按钮，在下拉列表中选择"日期筛选>介于"选项。

	D 所属部门	E 使用状况	K 使用年限
2	行政部	在用	10
3	行政部	在用	5
4	行政部	在用	12
5	财务部	在用	10
6	财务部	在用	10
7	人事部	在用	15
8	人事部	在用	12
9	人事部	季节性	8
10	人事部	在用	10
11	销售部	在用	15
12	销售部	在用	15
13	销售部	在用	10
14	销售部	季节性	8
15	策划部	在用	18
16	策划部	在用	10

升序(S)
降序(O)
按颜色排序(T)
从"使用日期"中清除筛选(C)
按颜色筛选(I)
日期筛选(F)
搜索(全部)
(全选) 2017 一月 二月 三月 五月 六月

之后(A)...
介于(W)...
明天(T)
今天(O)
昨天(D)
下周(K)
本周(H)
上周(L)
下月(M)
本月(S)
上月(N)
下季度(Q)
本季度(U)
上季度(R)

步骤02 打开"自定义自动筛选方式"对话框，在"使用日期"区域设置对应的日期，然后单击"确定"按钮。

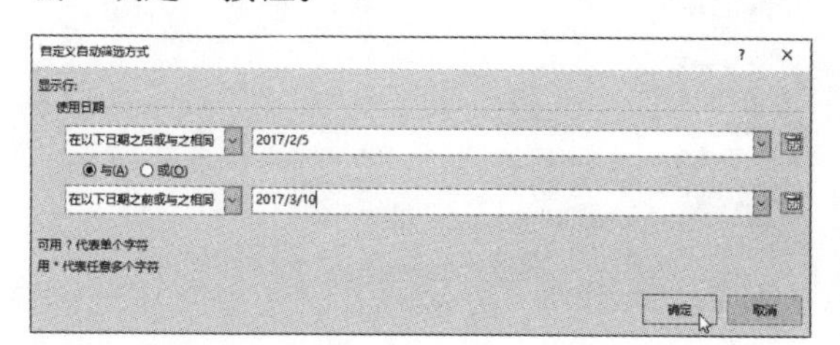

步骤03 返回工作表中，查看日期筛选的最终效果。

D6 财务部

	D 所属部门	E 使用状况	F 增加方式	G 减少方式	H 使用日期	I 原值	J 净残值	K 使用年限
2	行政部	在用	购入		2017/2/5	¥75.00	¥3.75	10
3	行政部	在用	购入		2017/2/15	¥650.00	¥32.50	5
6	财务部	在用	调拨		2017/3/3	¥1,500.00	¥75.00	10
8	人事部	在用	投资者投入		2017/3/2	¥2,000.00	¥100.00	12
13	销售部	在用	购入		2017/2/5	¥69.00	¥3.45	10
16	策划部	在用	购入		2017/2/16	¥3,600.00	¥180.00	10

就绪 在 15 条记录中找到 6 个

现在需要查看销售部在用的并且是购入的固定资产明细，具体操作如下。

步骤01 在D18：F19单元格区域内输入筛选的条件。

	B 资产名称	C 规格型号	D 所属部门	E 使用状况	F 增加方式	G 减少方式	H 使用日期	I 原值
2	步步高电话	W163E	行政部	在用	购入		2017/2/5	¥75.00
3	美的饮水机	MYR720T	行政部	在用	购入		2017/2/15	¥650.00
4	松下传真机	KX-872	行政部	在用	购入		2017/6/3	¥800.00
5	办公椅	DIY	财务部	在用	调拨		2017/1/30	¥350.00
6	佳能扫描仪	LIDE120	财务部	在用	调拨		2017/3/3	¥1,500.00
7	联想电脑	R720	人事部	在用	购入		2017/2/3	¥3,500.00
8	惠普打印机	P1106	人事部	在用	投资者投入		2017/3/2	¥2,000.00
9	美的空调	KFR-35GW	人事部	季节性停用	投资者投入		2017/5/26	¥3,500.00
10	索尼投影仪	DX221	人事部	在用	购入		2017/6/2	¥2,500.00
11	办公桌	DIY	销售部	在用	调拨		2017/1/30	¥400.00
12	华硕电脑	FL8000	销售部	在用	购入		2017/2/3	¥4,000.00
13	步步高电话	HCD198	销售部	在用	购入		2017/2/5	¥69.00
14	格力空调	KFR-26GW	销售部	季节性停用	投资者投入		2017/5/26	¥2,700.00
15	书柜	DIY	策划部	在用	购入		2017/2/1	¥2,000.00
16	海尔冰箱	BCD-329WDVL	策划部	在用	购入		2017/2/16	¥3,600.00
18			所属部门	使用状况	增加方式			
19			销售部	在用	购入			

步骤02 切换至"数据"选项卡，单击"排序和筛选"选项组中的"高级"按钮。

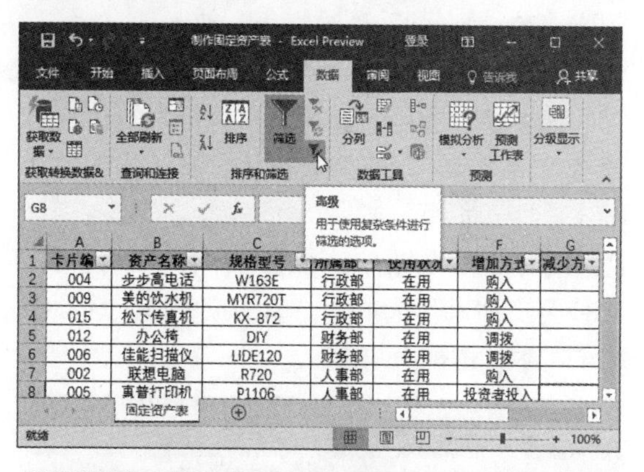

知识点拨 完全显示筛选内容

数据筛选后，很多的原始数据信息将被隐藏，如果要将这些原始的数据完全显示出来，只需单击该序列的筛选按钮，在打开的列表中勾选"全部"复选框，或按Ctrl+Z组合键即可。

步骤03 打开“高级筛选”对话框，保持“列表区域”为默认状态，单击“条件区域”右侧的折叠按钮，选择条件的单元格区域，单击“确定”按钮。

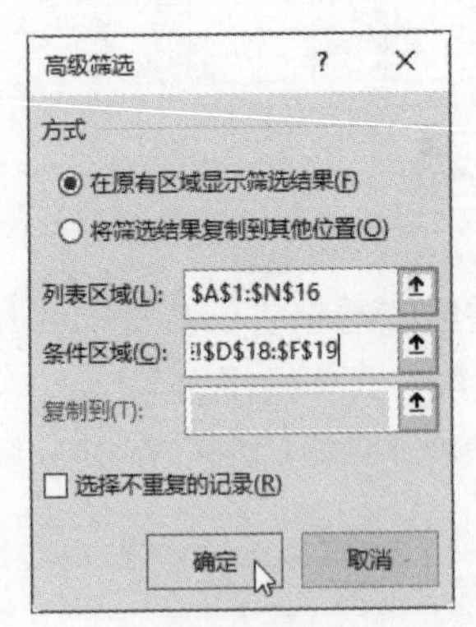

步骤04 返回工作表，查看筛选的最终效果。

	A	B	C	D	E	F	G
1	卡片编号	资产名称	规格型号	所属部门	使用状况	增加方式	减少方式
12	001	华硕电脑	FL8000	销售部	在用	购入	
13	003	步步高电话	HCD198	销售部	在用	购入	
17							
18				所属部门	使用状况	增加方式	
19				销售部	在用	购入	
20							
21							
22							
23							

固定资产表　就绪　在 15 条记录中找到 2 个

10.2.3 创建数据透视表

固定资产表中数据比较多，现在只需要查看资产的名称、原值和折旧值，具体操作方法如下。

步骤01 打开工作表，选中表格中任意单元格，切换至“插入”选项卡，单击“表格”选项组中的“数据透视表”按钮。

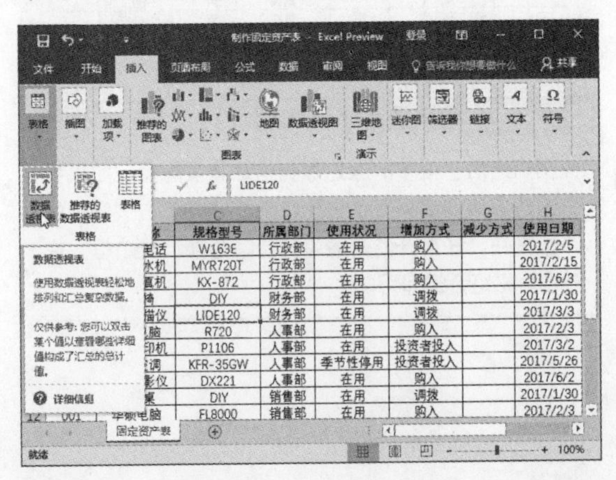

步骤02 打开“创建数据透视表”对话框，保持默认状态，单击“确定”按钮。

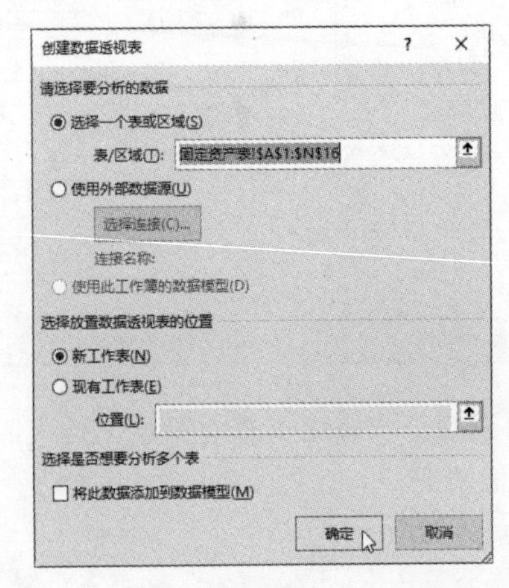

步骤03 在新工作表中创建空白的数据透视表，同时打开“数据透视表字段”窗格，将所需的字段拖曳至不同的区域。

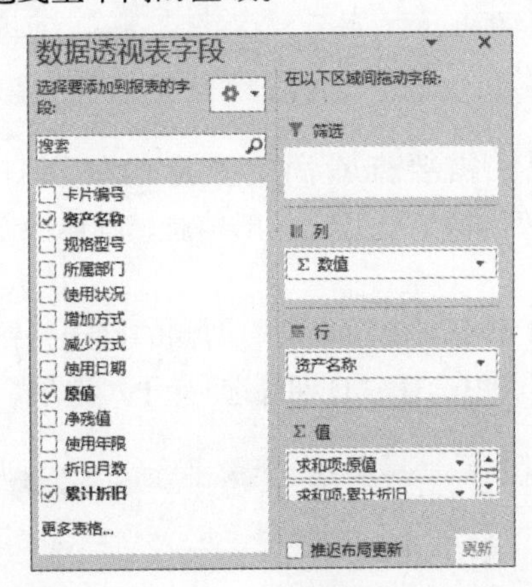

步骤04 返回工作表中，设置单元格的格式为货币，查看数据透视表的最终结果。

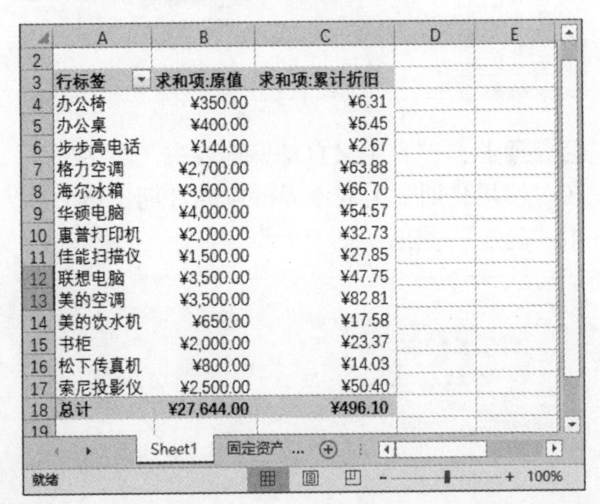

	A	B	C
3	行标签	求和项:原值	求和项:累计折旧
4	办公椅	¥350.00	¥6.31
5	办公桌	¥400.00	¥5.45
6	步步高电话	¥144.00	¥2.67
7	格力空调	¥2,700.00	¥63.88
8	海尔冰箱	¥3,600.00	¥66.70
9	华硕电脑	¥4,000.00	¥54.57
10	惠普打印机	¥2,000.00	¥32.73
11	佳能扫描仪	¥1,500.00	¥27.85
12	联想电脑	¥3,500.00	¥47.75
13	美的空调	¥3,500.00	¥82.81
14	美的饮水机	¥650.00	¥17.58
15	书柜	¥2,000.00	¥23.37
16	松下传真机	¥800.00	¥14.03
17	索尼投影仪	¥2,500.00	¥50.40
18	总计	¥27,644.00	¥496.10

Sheet1　固定资产 ...　就绪

步骤05 选中C3单元格，然后切换至“数据透视表工具—分析”选项卡，单击“活动字段”选项组中的“字段设置”按钮。

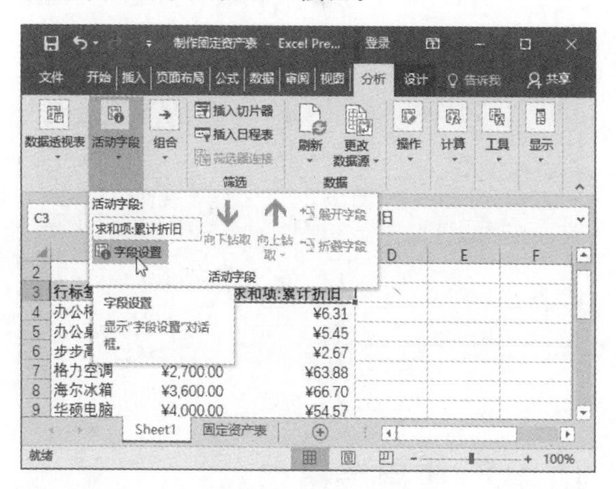

步骤06 打开“值字段设置”对话框，在“计算类型”列表框中，选择“平均值”选项，单击“确定”按钮。

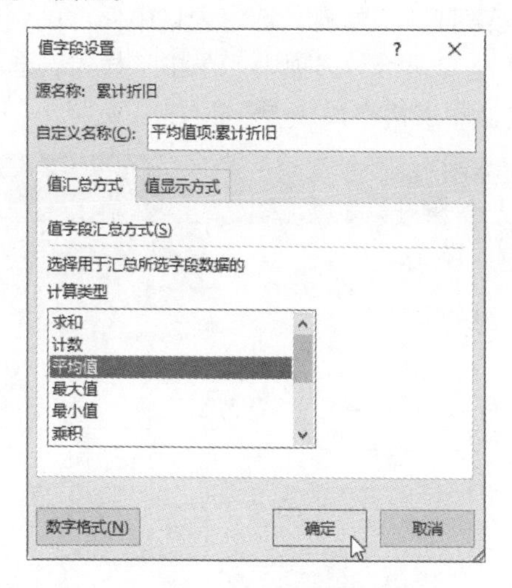

步骤07 返回工作表中查看最终结果。

10.2.4 设置数据透视表样式

Excel提供了很多内置的数据透视表样式，用户可以直接套用，具操作步骤如下。

步骤01 选中数据透视表，切换至“数据透视表工具—设计”选项卡，单击“数据透视表样式”选项组中的“其他”按钮。

步骤02 在打开的数据透视表样式库中选择合适的样式。

步骤03 返回工作表，查看应用数据透视表样式后的效果。

	A	B	C
3	行标签	求和项:原值	平均值项:累计折旧
4	办公椅	¥350.00	¥6.31
5	办公桌	¥400.00	¥5.45
6	步步高电话	¥144.00	¥1.33
7	格力空调	¥2,700.00	¥63.88
8	海尔冰箱	¥3,600.00	¥66.70
9	华硕电脑	¥4,000.00	¥54.57
10	惠普打印机	¥2,000.00	¥32.73
11	佳能扫描仪	¥1,500.00	¥27.85
12	联想电脑	¥3,500.00	¥47.75
13	美的空调	¥3,500.00	¥82.81
14	美的饮水机	¥650.00	¥17.58
15	书柜	¥2,000.00	¥23.37
16	松下传真机	¥800.00	¥14.03
17	索尼投影仪	¥2,500.00	¥50.40
18	总计	¥27,644.00	¥33.07

10.3 美化固定资产表

固定资产表创建完成后，要想使表格看起来更美观、大方，用户可以对表格进行相应的美化操作。本小节将介绍的知识点包括为工作表应用单元格的样式、套用表格格式以及添加背景图片等。

10.3.1 应用单元格样式

用户可以直接套用Excel内置的单元格样式，快速美化固定资产表，具体操作步骤如下。

步骤01 选择A1：N16单元格区域，切换至“开始”选项卡，单击“样式”选项组中的“单元格样式”下拉按钮。

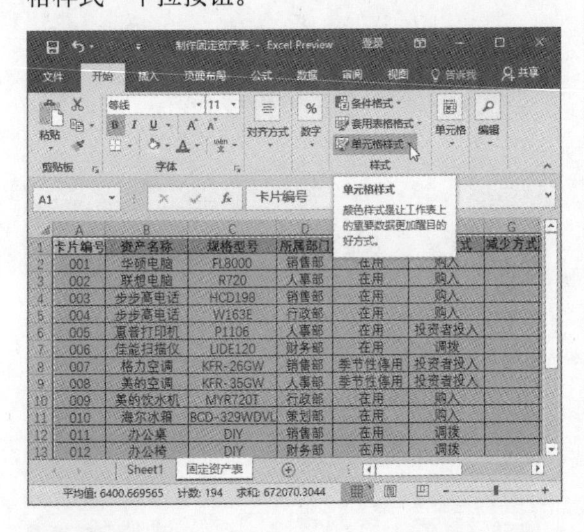

步骤02 打开单元格样式库，在列表中选择合适的样式选项。

步骤03 返回工作表中，查看应用单元格样式后的效果。

	A	B	C	D	E	F	G
1	卡片编号	资产名称	规格型号	所属部门	使用状况	增加方式	减少方式
2	001	华硕电脑	FL8000	销售部	在用	购入	
3	002	联想电脑	R720	人事部	在用	购入	
4	003	步步高电话	HCD198	销售部	在用	购入	
5	004	步步高电话	W163E	行政部	在用	购入	
6	005	惠普打印机	P1106	人事部	在用	投资者投入	
7	006	佳能扫描仪	LIDE120	财务部	在用	调拨	
8	007	格力空调	KFR-26GW	销售部	季节性停用	投资者投入	
9	008	美的空调	KFR-35GW	人事部	季节性停用	投资者投入	
10	009	美的饮水机	MYR720T	行政部	在用	购入	
11	010	海尔冰箱	BCD-329WDVL	策划部	在用	购入	
12	011	办公桌	DIY	销售部	在用	调拨	
13	012	办公椅	DIY	财务部	在用	调拨	

10.3.2 应用表格格式

Excel提供了60种表格格式，用户可直接套用到报表中，具体操作步骤如下。

步骤01 打开工作表，选中表格中任意单元格，切换至“开始”选项卡，单击“样式”选项组的“套用表格格式”下三角按钮。

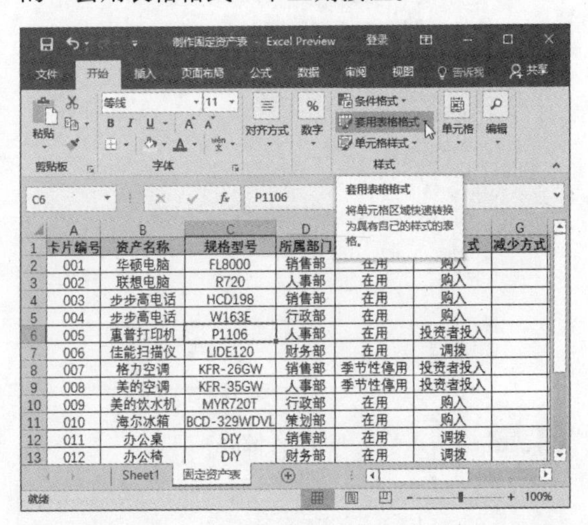

步骤02 打开表格格式库，在列表中选择合适的格式，此处选择“表样式中等深浅14”选项。

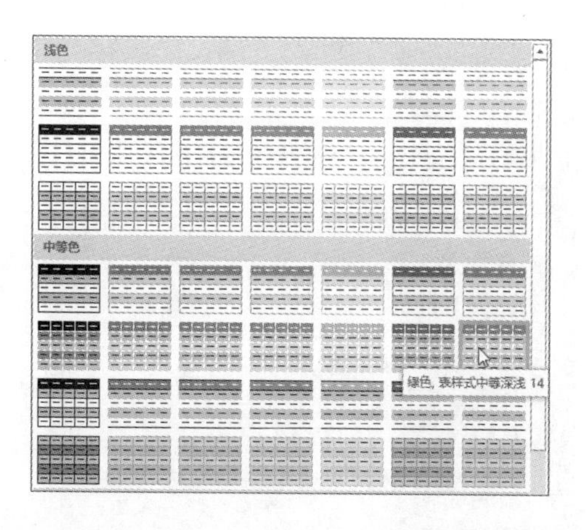

步骤03 打开“套用表格式”对话框，单击“表数据的来源”的折叠按钮，选择数据区域，单击“确定”按钮。

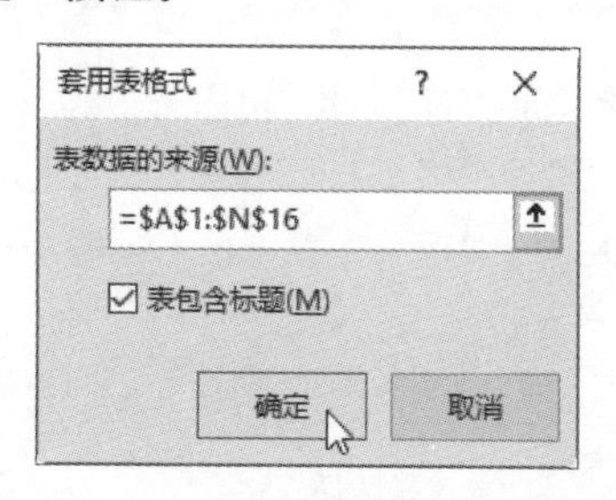

步骤04 此时表头字段右侧出现筛选按钮。

	A	B	C	D	E	F	G
1	卡片编号	资产名称	规格型号	所属部门	使用状况	增加方式	减少方式
2	001	华硕电脑	FL8000	销售部	在用	购入	
3	002	联想电脑	R720	人事部	在用	购入	
4	003	步步高电话	HCD198	销售部	在用	购入	
5	004	步步高电话	W163E	行政部	在用	购入	
6	005	惠普打印机	P1106	人事部	在用	投资者投入	
7	006	佳能扫描仪	LIDE120	财务部	在用	调拨	
8	007	格力空调	KFR-26GW	销售部	季节性停用	投资者投入	
9	008	美的空调	KFR-35GW	人事部	季节性停用	投资者投入	
10	009	美的饮水机	MYR720T	行政部	在用	购入	
11	010	海尔冰箱	BCD-329WDVL	策划部	在用	购入	
12	011	办公桌	DIY	销售部	在用	调拨	
13	012	办公椅	DIY	财务部	在用	调拨	

步骤05 切换至“表格工具—设计”选项卡，单击“工具”选项组中的“转换为区域”按钮。

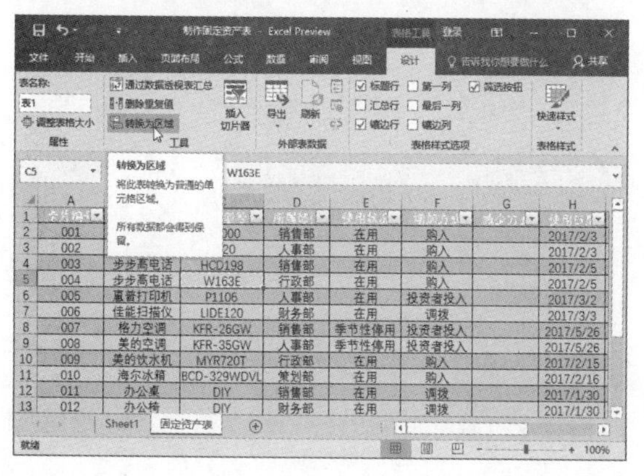

步骤06 弹出提示对话框，单击“是”按钮，返回工作表中，查看应用表格格式的效果。

	A	B	C	D	E	F	G	H
1	卡片编号	资产名称	规格型号	所属部门	使用状况	增加方式	减少方式	使用日期
2	001	华硕电脑	FL8000	销售部	在用	购入		2017/2/3
3	002	联想电脑	R720	人事部	在用	购入		2017/2/3
4	003	步步高电话	HCD198	销售部	在用	购入		2017/2/5
5	004	步步高电话	W163E	行政部	在用	购入		2017/2/5
6	005	惠普打印机	P1106	人事部	在用	投资者投入		2017/3/2
7	006	佳能扫描仪	LIDE120	财务部	在用	调拨		2017/3/3
8	007	格力空调	KFR-26GW	销售部	季节性停用	投资者投入		2017/5/26
9	008	美的空调	KFR-35GW	人事部	季节性停用	投资者投入		2017/5/26
10	009	美的饮水机	MYR720T	行政部	在用	购入		2017/2/15
11	010	海尔冰箱	BCD-329WDVL	策划部	在用	购入		2017/2/16
12	011	办公桌	DIY	销售部	在用	调拨		2017/1/30
13	012	办公椅	DIY	财务部	在用	调拨		2017/1/30

10.3.3 为固定资产表添加背景

为表格添加背景图片，可以使表格更完美，具体操作步骤如下。

步骤01 打开工作表，切换至“页面布局”选项卡，单击“页面设置”选项组中的“背景”按钮。

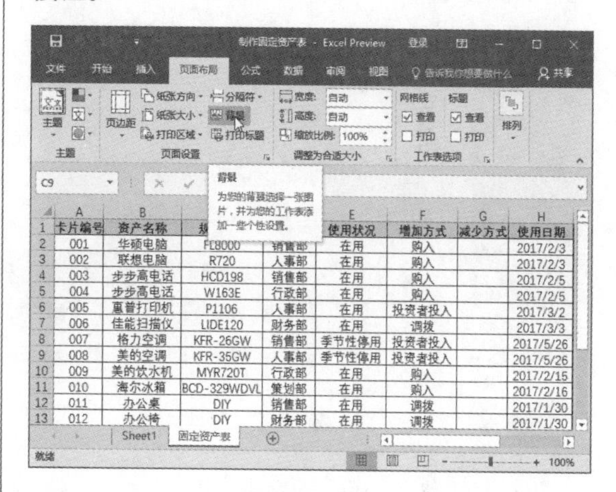

步骤02 打开“插入图片”面板，单击“浏览”按钮，打开“工作表背景”对话框，选择合适的图片，单击“插入”按钮。

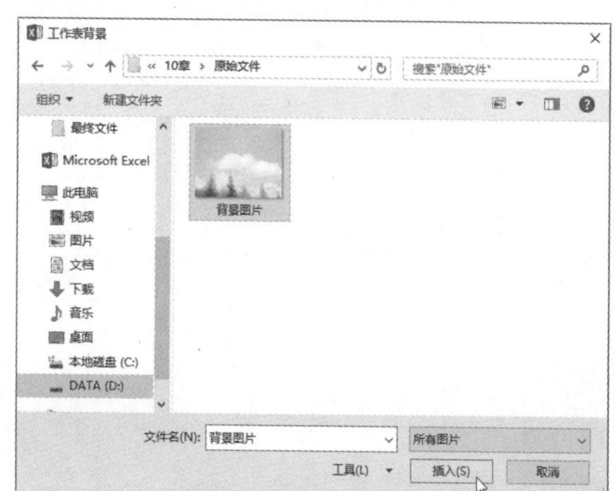

步骤 03 返回工作表，查看为工作表添加背景图片的效果。

	A	B	C	D	E	F	G	H
1	卡片编号	资产名称	规格型号	所属部门	使用状况	增加方式	减少方式	使用日期
2	001	华硕电脑	FL8000	销售部	在用	购入		2017/2/3
3	002	联想电脑	R720	人事部	在用	购入		2017/2/3
4	003	步步高电话	HCD198	销售部	在用	购入		2017/2/5
5	004	步步高电话	W163E	行政部	在用	购入		2017/2/5
6	005	惠普打印机	P1106	人事部	在用	投资者投入		2017/3/2
7	006	佳能扫描仪	LIDE120	财务部	在用	调拨		2017/3/3
8	007	格力空调	KFR-26GW	销售部	季节性停用	投资者投入		2017/5/26
9	008	美的空调	KFR-35GW	人事部	季节性停用	投资者投入		2017/5/26
10	009	美的饮水机	MYR720T	行政部	在用	购入		2017/2/15
11	010	海尔冰箱	BCD-329WDVL	策划部	在用	购入		2017/2/16
12	011	办公桌	DIY	销售部	在用	调拨		2017/1/30
13	012	办公椅	DIY	财务部	在用	调拨		2017/1/30

10.3.4 打印固定资产表

表格创建完成后，有时需要打印出来进行传阅，具体操作步骤如下。

步骤 01 打开工作表，单击“文件”标签，选择“打印”选项。

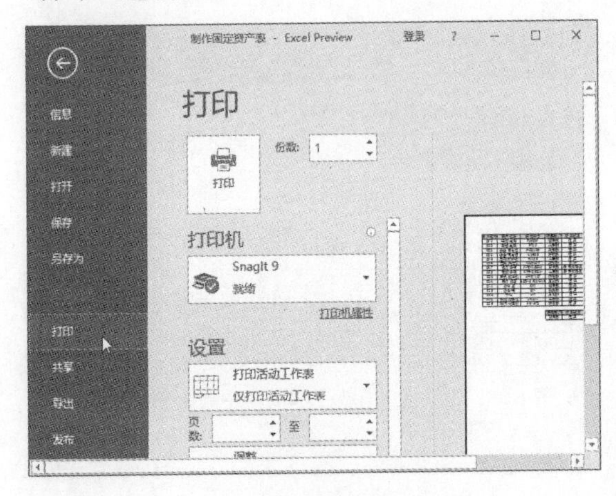

步骤 02 在右侧的打印预览区域，可见总共需打印两页，因为表格的宽度太长了。

原值	净残值	使用年限	折旧月数	累计折旧	净值
¥4,000.00	¥200.00	15	14	¥54.57	
¥3,500.00	¥175.00	15	14	¥47.75	
¥69.00	¥3.45	10	13	¥1.28	
¥75.00	¥3.75	10	13	¥1.39	
¥2,000.00	¥100.00	12	13	¥32.73	
¥1,500.00	¥75.00	10	13	¥27.85	
¥2,700.00	¥135.00	8	10	¥63.88	
¥3,500.00	¥175.00	8	10	¥82.81	
¥650.00	¥32.50	5	13	¥17.58	
¥3,600.00	¥180.00	10	13	¥66.70	
¥400.00	¥20.00	15	14	¥5.45	
¥350.00	¥17.50	10	14	¥6.31	
¥2,000.00	¥100.00	18	14	¥23.37	
¥2,500.00	¥125.00	10	10	¥50.40	
¥800.00	¥40.00	12	10	¥14.03	

步骤 03 在“设置”区域，单击“纵向”下三角按钮，在列表中选择“横向”选项。

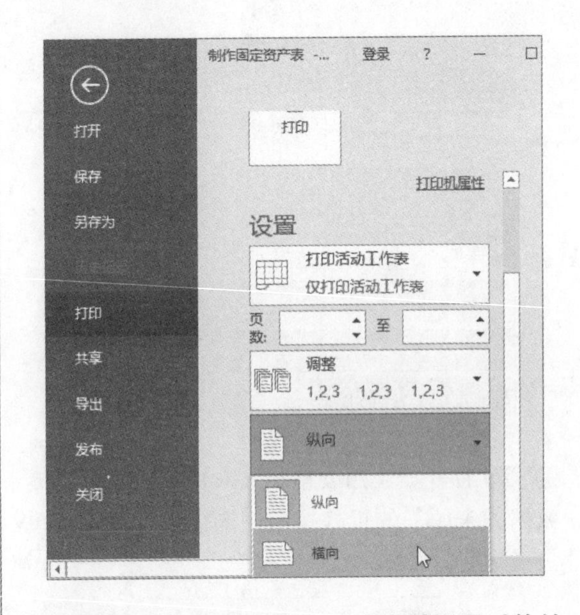

步骤 04 在右侧的打印预览区域查看设置后的效果，可见整个表格都打印在一页了。

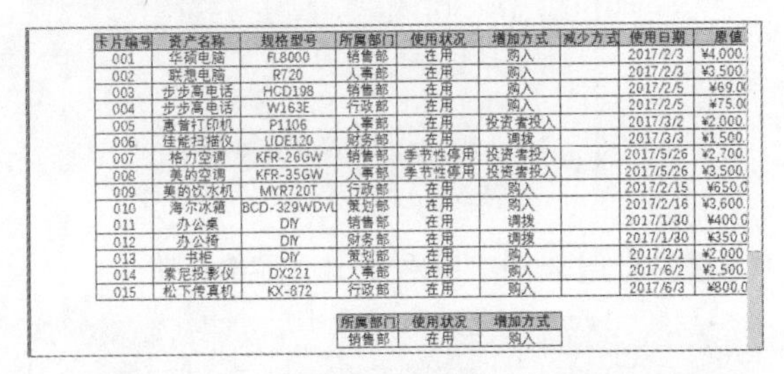

卡片编号	资产名称	规格型号	所属部门	使用状况	增加方式	减少方式	使用日期	原值
001	华硕电脑	FL8000	销售部	在用	购入		2017/2/3	¥4,000.
002	联想电脑	R720	人事部	在用	购入		2017/2/3	¥3,500.
003	步步高电话	HCD198	销售部	在用	购入		2017/2/5	¥69.0
004	步步高电话	W163E	行政部	在用	购入		2017/2/5	¥75.0
005	惠普打印机	P1106	人事部	在用	投资者投入		2017/3/2	¥2,000.
006	佳能扫描仪	LIDE120	财务部	在用	调拨		2017/3/3	¥1,500.
007	格力空调	KFR-26GW	销售部	季节性停用	投资者投入		2017/5/26	¥2,700.
008	美的空调	KFR-35GW	人事部	季节性停用	投资者投入		2017/5/26	¥3,500.
009	美的饮水机	MYR720T	行政部	在用	购入		2017/2/15	¥650.0
010	海尔冰箱	BCD-329WDVL	策划部	在用	购入		2017/2/16	¥3,600.
011	办公桌	DIY	销售部	在用	调拨		2017/1/30	¥400.0
012	办公椅	DIY	财务部	在用	调拨		2017/1/30	¥350.0
013	书柜	DIY	策划部	在用	购入		2017/2/1	¥2,000
014	索尼投影仪	DX221	人事部	在用	购入		2017/6/2	¥2,500.
015	松下传真机	KX-872	行政部	在用	购入		2017/6/3	¥800.0

所属部门	使用状况	增加方式
销售部	在用	购入

除了上面介绍打印整个工作表外，用户还可以打印表格中某个区域，具体操作如下。

选中表格中需要打印的区域，单击“文件”标签，选择“打印”选项，单击“打印活动工作表”下三角按钮，选择“打印选定区域”选项即可。

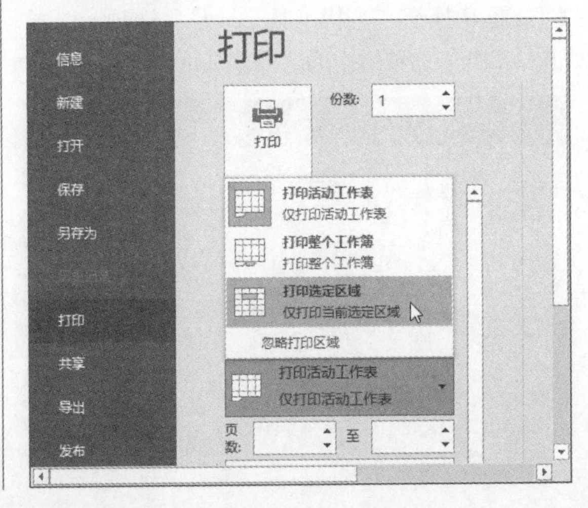

Part 03

PPT应用篇

Chapter 11

PowerPoint演示文稿的制作

本章将对演示文稿的基本操作进行介绍，如幻灯片的基本操作、幻灯片页面的编辑、幻灯片版式的设置、SmartArt图形的应用以及母版的设置等。通过对这些基础知识的学习，使用户可以为后期的复杂案例制作奠定良好的基础。

11.1 幻灯片的基本操作

在编辑演示文稿的过程中，需要对幻灯片进行各种操作，比如删除幻灯片、移动幻灯片、复制幻灯片、隐藏幻灯片等，本节将对这些内容进行详细介绍。

11.1.1 新建与删除幻灯片

如果当前演示文稿页数较少，不能合理安排当前内容，就需要新建幻灯片来满足用户需求。反之，如果不需要当前幻灯片，则可以将其删除。

1. 新建幻灯片

用户不仅可以通过功能区命令或右键快捷菜单创建新幻灯片，还可以通过快捷键进行创建。

● 方法1：功能区命令法

选择一张幻灯片，单击“开始”选项卡的“新建幻灯片”下拉按钮，从展开的列表中选择一种合适的版式，就可以在所选幻灯片后面添加一个既定版式的幻灯片。

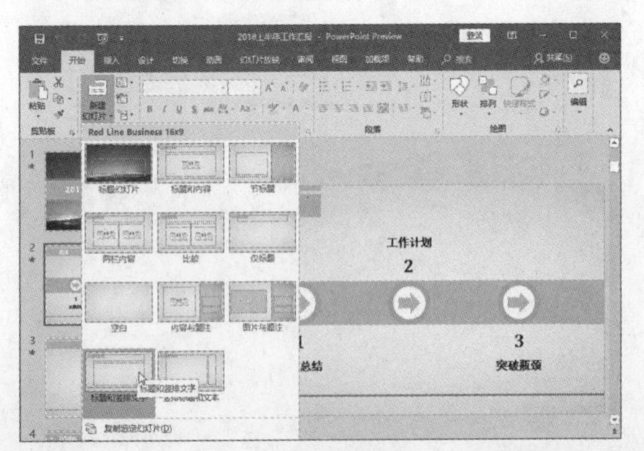

● 方法2：右键菜单法

选择幻灯片，单击鼠标右键，从弹出的快捷菜单中选择“新建幻灯片”命令，即可在所选幻灯片下方添加一张新的幻灯片。

● 方法3：快捷键令法

选择幻灯片后，直接在键盘上按下Enter键，即可在所选幻灯片下方插入一张新的空白幻灯片。

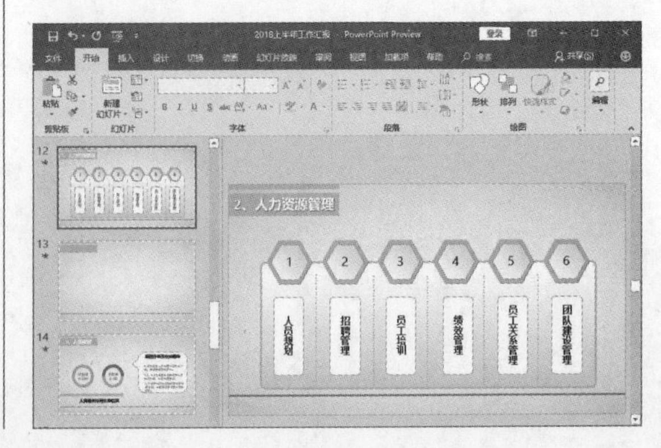

2. 删除幻灯片

当演示文稿内的幻灯片较多，不需要添加新内容时，可以将其删除。下面将对常见的删除幻灯片的操作进行介绍。

● **方法1：右键菜单法**

选择一张幻灯片，单击鼠标右键，从弹出的快捷菜单中选择“删除幻灯片”命令，即可将所选幻灯片删除。

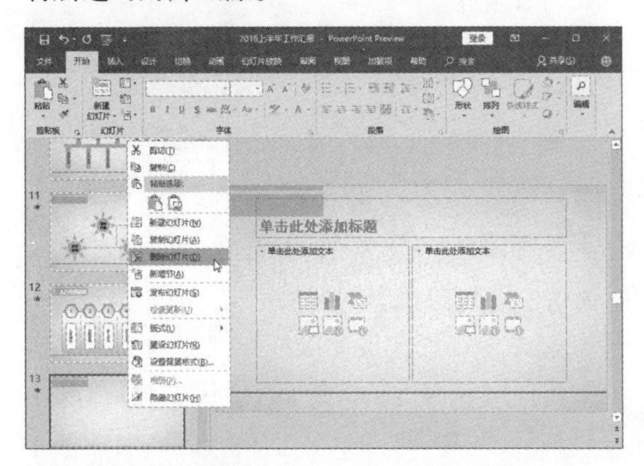

● **方法2：快捷键法**

选择需要删除的幻灯片，直接在键盘上按下Delete键，即将所选幻灯片删除。

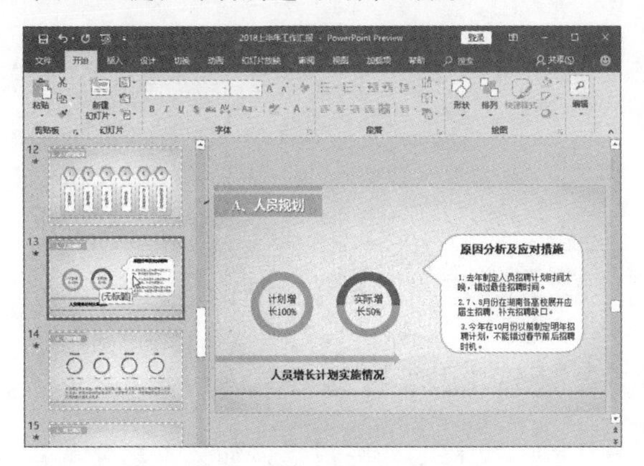

11.1.2 移动与复制幻灯片

编辑演示文稿过程中，如果需要调整演示文稿的顺序，可以移动幻灯片。如果需要添加一张相同格式的幻灯片，则可以复制幻灯片。

1. 移动幻灯片

将一张幻灯片调整到其他位置，称作移动幻灯片，常见的方法有以下几种。

● **方法1：功能区按钮移动法**

步骤 01 选择想要移动的幻灯片，单击“开始”选项卡的“剪切”按钮。

步骤 02 在需要的位置插入光标，单击“粘贴”下拉按钮，从列表中选择“使用目标主题”选项，即可将幻灯片移至目标位置。

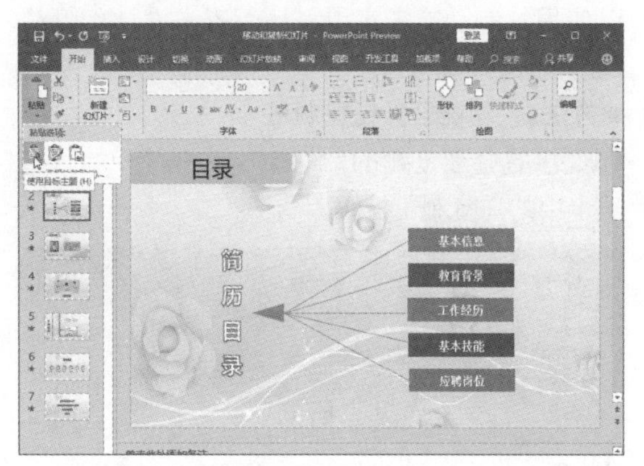

● **方法2：右键快捷菜单移动法**

选择幻灯片后，单击鼠标右键，从弹出的快捷菜单中选择“剪切”命令，然后将幻灯片粘贴至需要移动的位置即可。

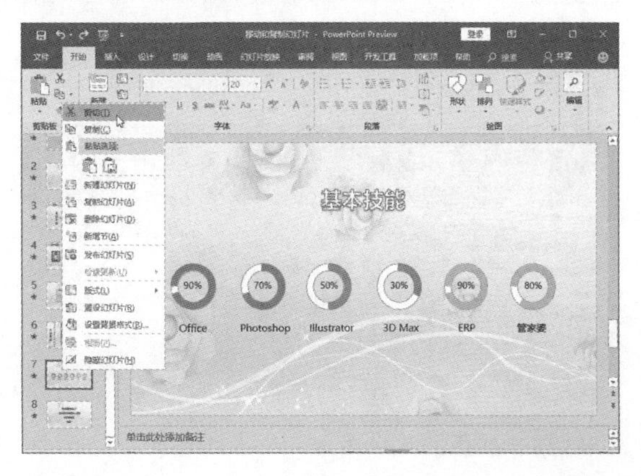

● **方法3：鼠标拖动移动法**

选择幻灯片，按住鼠标左键并拖动至合适的位置，释放鼠标左键完成幻灯片的移动。

2. 复制幻灯片

在编辑演示文稿过程中，若想添加和已编辑完成幻灯片格式相同或者相似的幻灯片，可以使用复制功能来实现，从而省去设计幻灯片的时间。

● **方法1：功能区按钮复制法**

步骤 01 选择要复制的幻灯片，单击“开始”选项卡中的“复制”按钮。

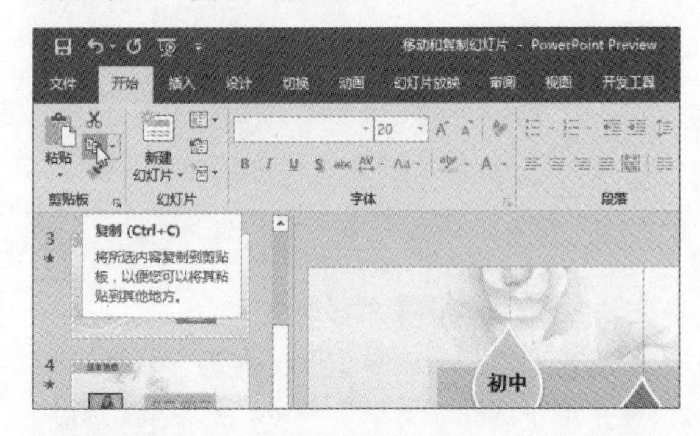

步骤 02 在需要粘贴的位置插入光标，单击“粘贴”下拉按钮，从列表中选择“使用目标主题”选项。

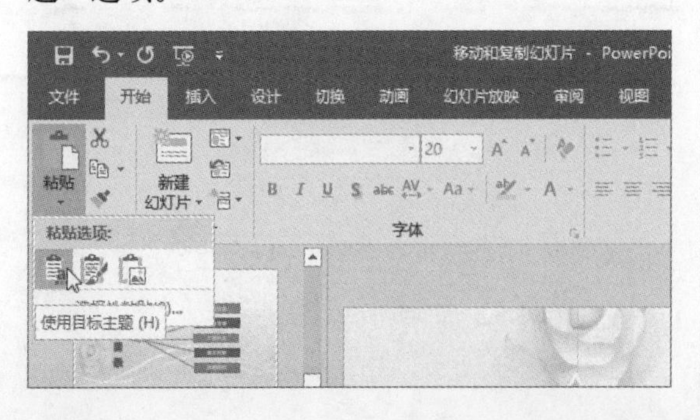

● **方法2：右键快捷菜单复制法**

选择幻灯片后，单击鼠标右键，从弹出的快捷菜单中选择“复制幻灯片”命令。

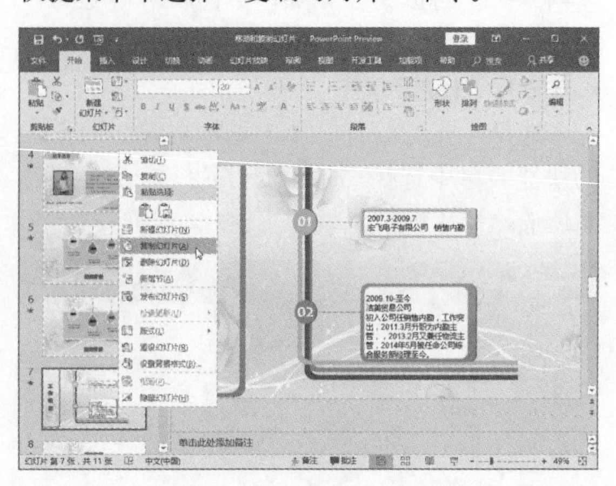

● **方法3：鼠标+键盘复制法**

选择幻灯片，按住鼠标左键拖动至合适的位置，同时在键盘上按住Ctrl键不放，释放鼠标左键后松开Ctrl键。

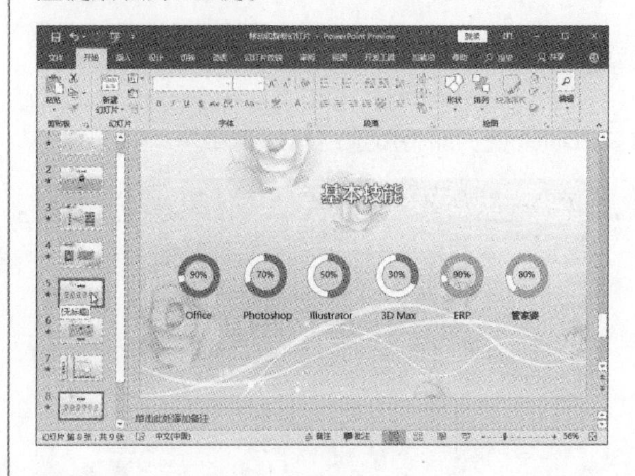

11.1.3 隐藏与显示幻灯片

演示文稿制作完成后，如果不想要某张幻灯片的内容在播放的时候放映，但又不想删除这些幻灯片，可以将幻灯片隐藏起来。同样，如果想要将隐藏的幻灯片放映出来，则可以将其显示，下面将对这些操作分别进行介绍。

1. 隐藏幻灯片

将不需要播放的幻灯片隐藏起来很简单，常用的有两种方法，下面对其进行详细介绍。

● **方法1：功能区命令隐藏法**

步骤 01 选择需隐藏的幻灯片，单击“幻灯片放映”选项卡的“隐藏幻灯片”按钮。

步骤 02 可将所选择的幻灯片隐藏，已经隐藏幻灯片缩略图左上角的序号会出现隐藏符号。

● **方法2：右键快捷菜单隐藏法**

选择需要隐藏的幻灯片，单击鼠标右键，从弹出的快捷菜单中选择“隐藏幻灯片”命令。

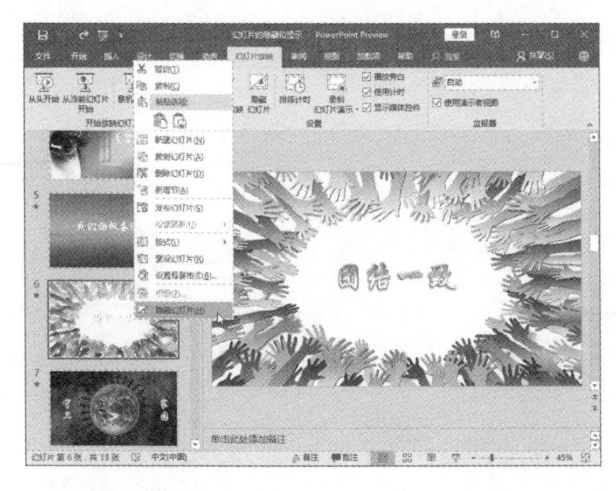

2. 显示幻灯片

如果想要把隐藏的幻灯片在播放时显示出来，用下面的方法可以实现。

● **方法1：功能区命令显示法**

步骤 01 选择隐藏的幻灯片，单击“幻灯片放映”选项卡的“隐藏幻灯片”按钮。

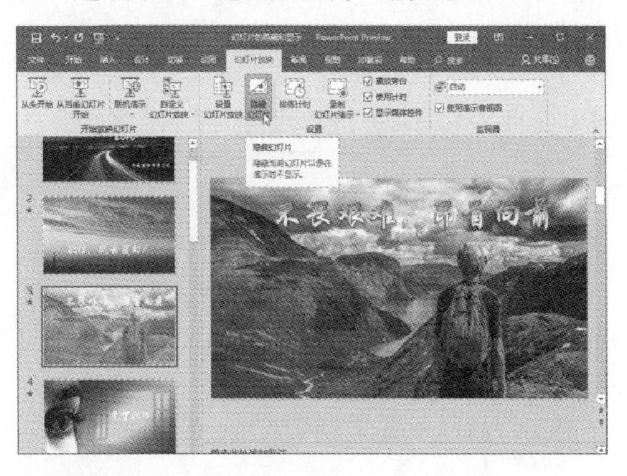

步骤 02 可以将隐藏的幻灯片显示出来。

● **方法2：右键快捷菜单显示法**

选中隐藏的幻灯片，单击鼠标右键，在快捷菜单中再次选择“隐藏幻灯片”命令，即可将隐藏的幻灯片显示出来。

11.2 幻灯片版式的应用

幻灯片版式的存在，可以很好地解决用户不知道如何安排幻灯片中文字图片等布局的烦恼。应用幻灯片版式可以让用户轻松地对文字、图片等更加合理简洁得完成布局，本节将对幻灯片版式的应用进行介绍。

11.2.1 认识幻灯片版式

幻灯片版式是指幻灯片中的内容（文字、图片、图表等）在幻灯片上的排列方式，而版式又由占位符组成，在占位符中，用户可以根据需要放置文字（例如，标题和文本内容）和幻灯片内容（表格、图表、图片、形状等）。下面将对幻灯片版式进行详细地介绍。

1. 幻灯片版式分类

新建幻灯片后，单击“开始”选项卡中的“版式”下拉按钮，从展开的列表中可查看当前主题所提供的所有版式。

应用Office主题、“丝状”主题和“水汽尾迹”主题效果分别如下：

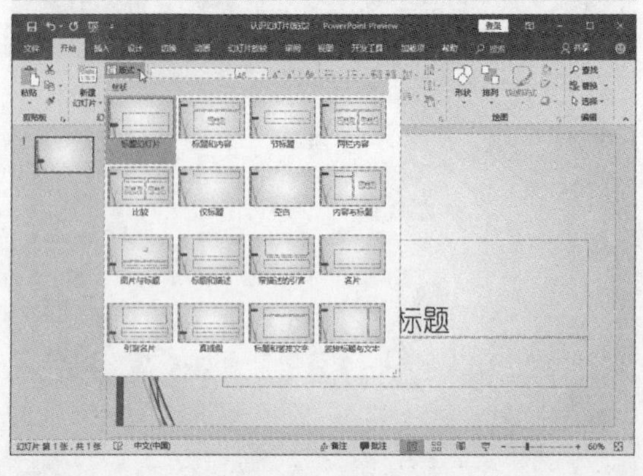

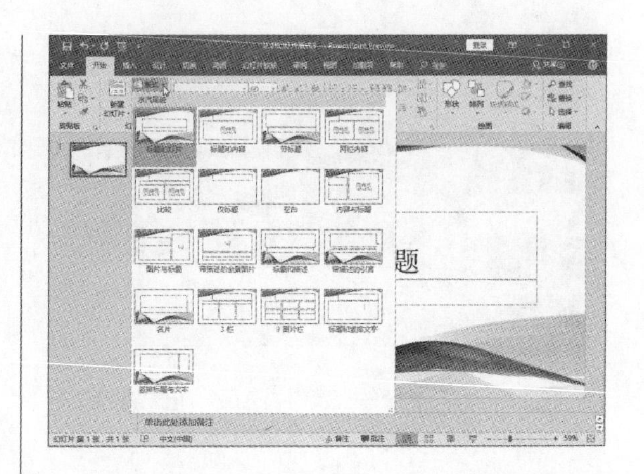

从上面三张图片可以看出，不同的主题提供的幻灯片版式，稍微有些差别。

2. 常见幻灯片版式

下面将对几种常用的幻灯片版式进行介绍。

（1）标题幻灯片版式

标题幻灯片版式由两个占位符组成，一个用于输入标题，另外一个用于添加副标题。输入文本后，文本的字体格式（字体、字号、排列方式等）都会按照既定的格式显示，其格式与占位符中的字体预览格式一致，将光标定位至占位符中，即可开始添加内容。

（2）标题和内容版式

该版式由一个标题占位符和一个内容占位符组成，内容占位符可用于输入文本、插入表格、插入图表、插入SmartArt图形、插入图片或插入联机视频等，单击相应对象的图标，即可根据提示插入该对象。例如，想要插入表格，则单击占位符中的表格图标即可。

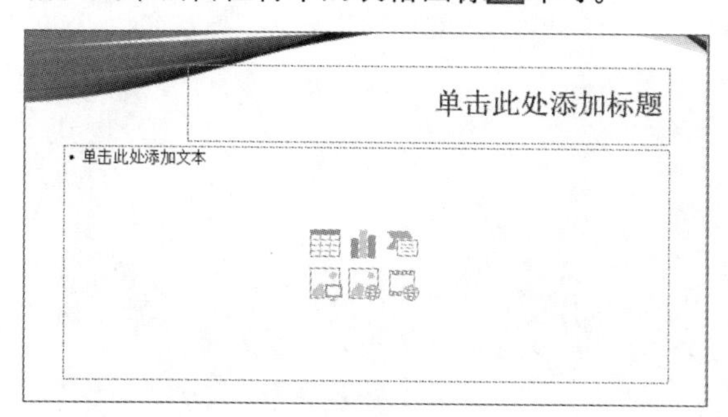

（3）两栏内容版式

该版式由三个占位符组成，一个标题占位符，两个内容占位符。

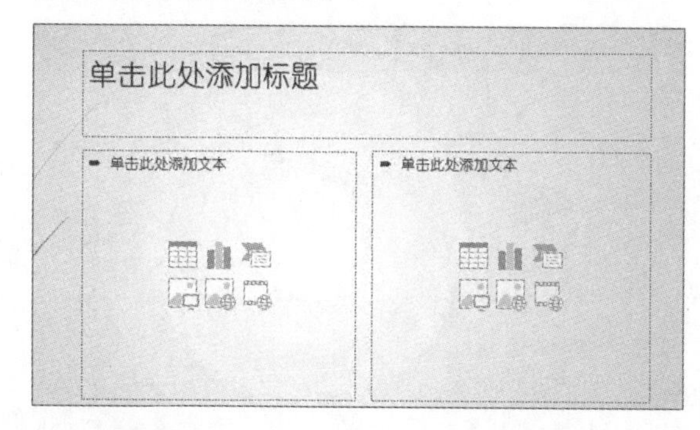

（4）比较版式

该版式由五个占位符组成，即一个标题占位符、两个文本占位符和两个内容占位符，用于比较对象的文本占位符说明。

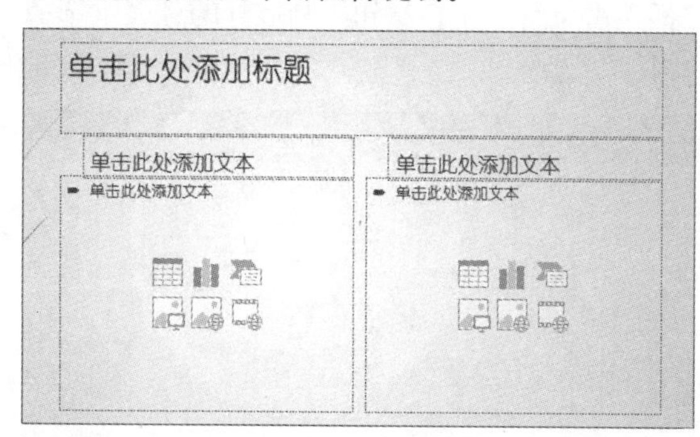

11.2.2 设计幻灯片版式

如果用户对当前主题提供的幻灯片版式不满意，需要多次用到其他的排列方式，可以在母版视图中设计一个可以满足需求的幻灯片版式。

步骤01 打开演示文稿后，单击“视图”选项卡中的“幻灯片母版”按钮。

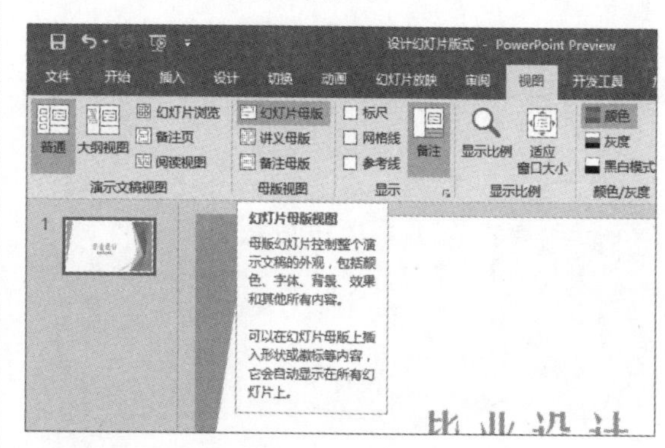

步骤02 自动打开“幻灯片母版”选项卡，单击该选项卡中的“插入版式”按钮。

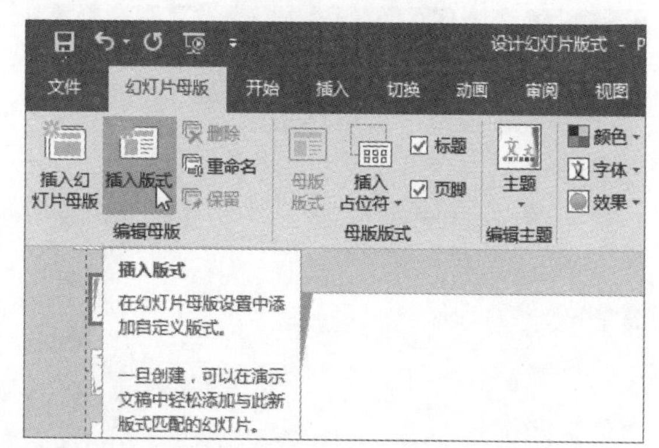

步骤03 在幻灯片母版设置中添加一个自定义版式，该版式包含一个标题占位符和三个页脚占位符。

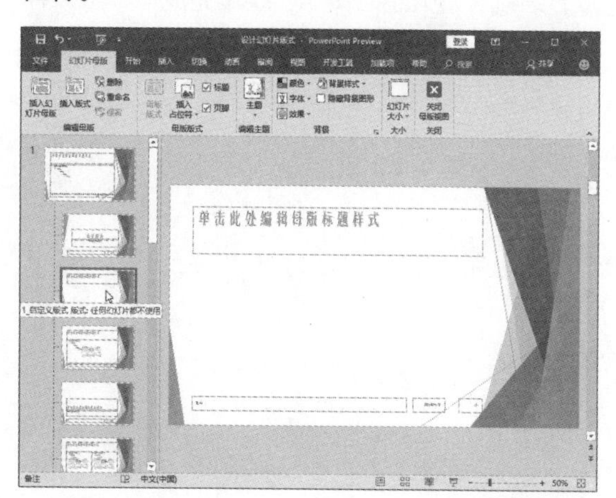

步骤04 在“母版版式”选项组中，取消勾选“标题”和“页脚”复选框，使标题和页脚隐藏。

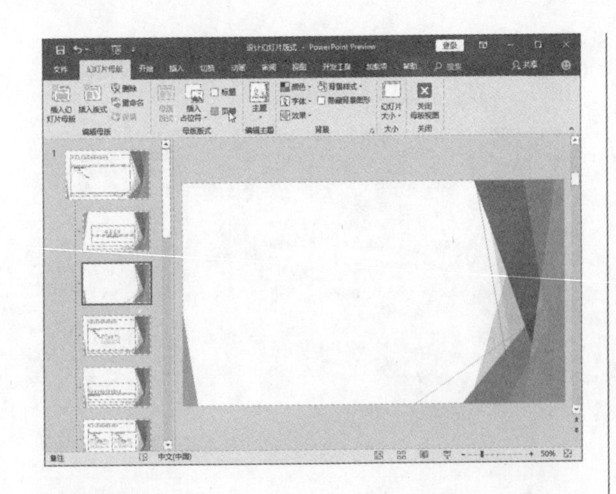

步骤 05 单击“插入占位符”下拉按钮，从展开的列表中选择“文字（竖排）”选项。

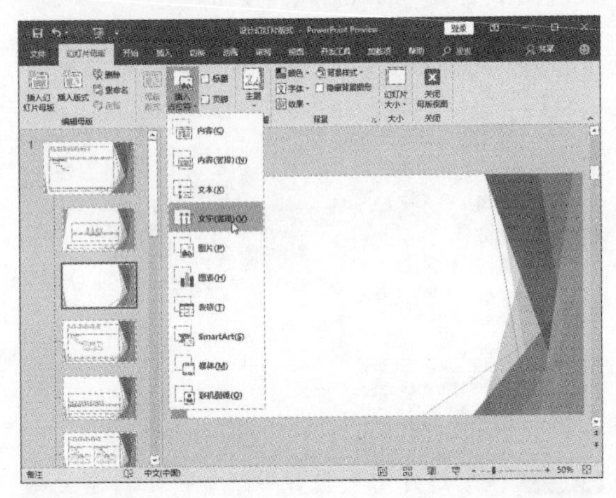

步骤 06 光标变为十字形状，按住鼠标左键不放，绘制合适大小的图形，绘制完成后释放鼠标左键。

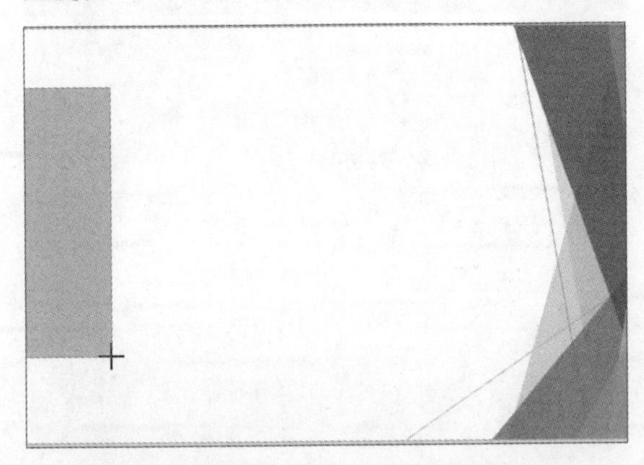

步骤 07 自动切换至“绘图工具—格式”选项卡，通过该选项卡功能区中的命令，可以对绘制的图形格式进行设置。

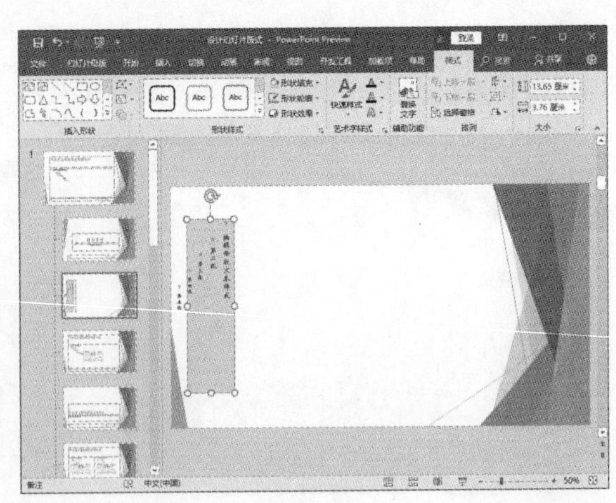

步骤 08 切换至“开始”选项卡，通过“字体”和“段落”选项组中的命令，对占位符中的字体格式和段落格式进行设置。

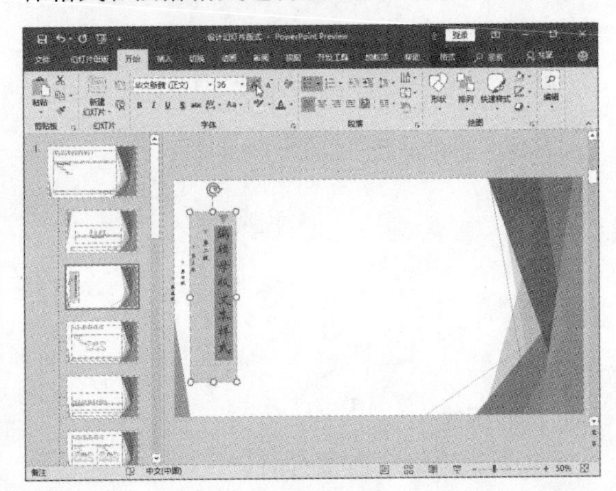

步骤 09 切换至“幻灯片母版”选项卡，单击“插入占位符”下拉按钮，从展开的列表中选择“图片”选项。

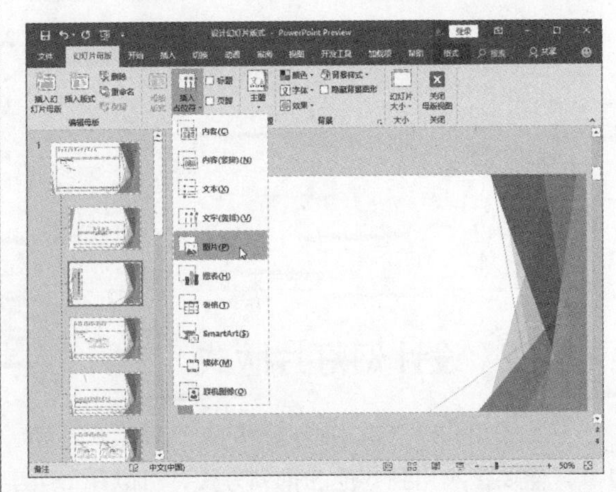

步骤10 绘制合适大小的图片占位符，然后复制多个到其他位置。

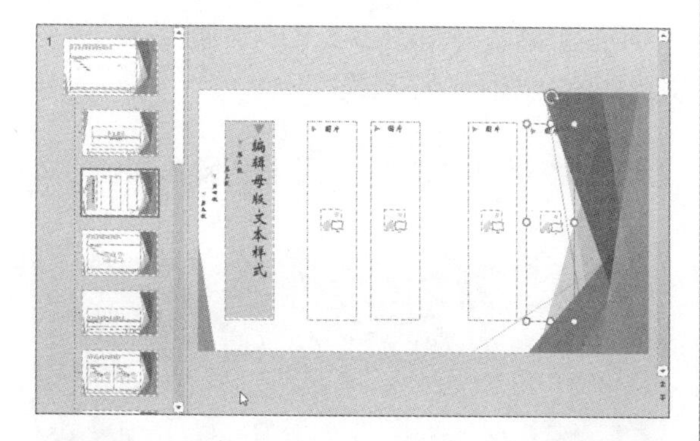

步骤11 在键盘上按Ctrl+A组合键，选择页面中的所有占位符，然后单击“绘图工具—格式”选项卡的“对齐”按钮，从展开的列表中选择“顶端对齐”选项，然后选择“横向分布”命令。

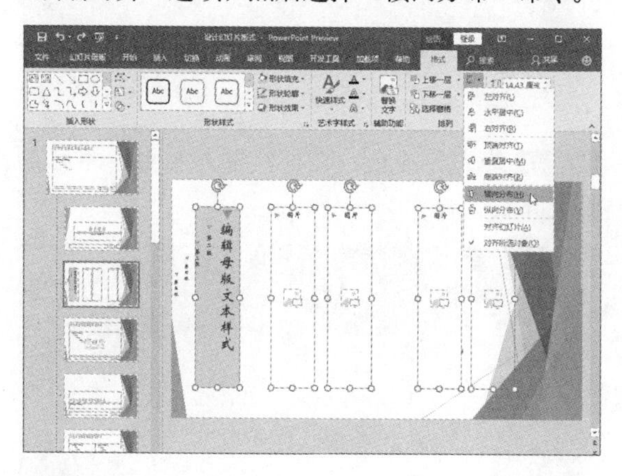

步骤12 切换至“幻灯片母版”选项卡，单击“关闭母版视图”按钮。

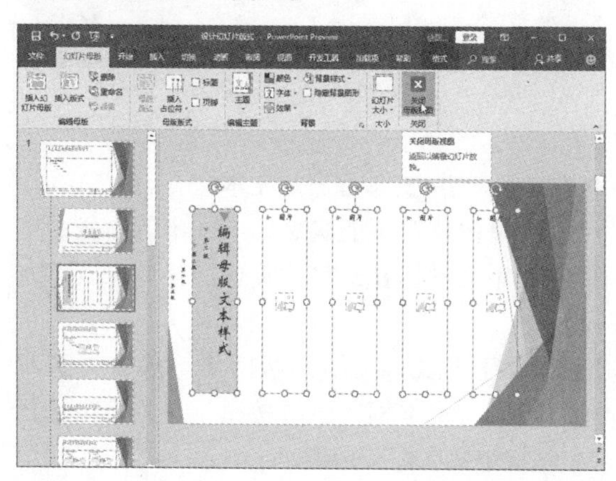

步骤13 单击“开始”选项卡中的“版式”按钮，在展开的列表中可以发现刚刚自定义的幻灯片版式。

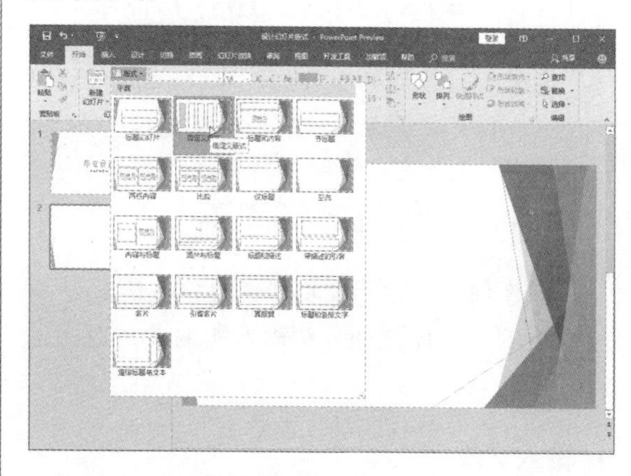

11.2.3 更改幻灯片版式

制作好一页幻灯片后，若对当前幻灯片版式不满意，或觉得排版方式不合适，可以对幻灯片的版式进行更改。

步骤01 选择需要更改版式的幻灯片，单击“开始”选项卡中的“版式”按钮，从展开的列表中选择“标题和内容”版式选项。

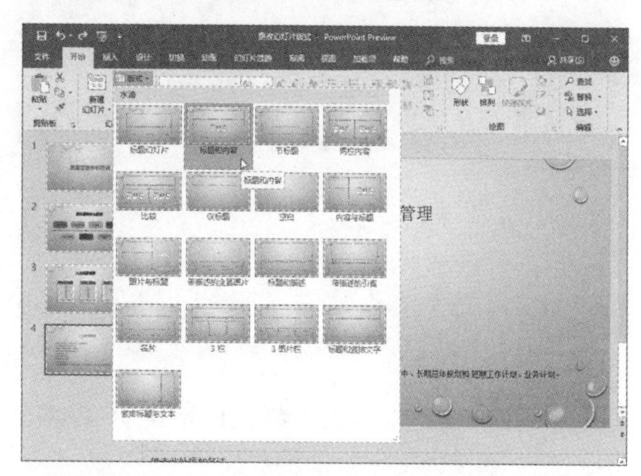

步骤02 即可将幻灯片版式更改所选样式。

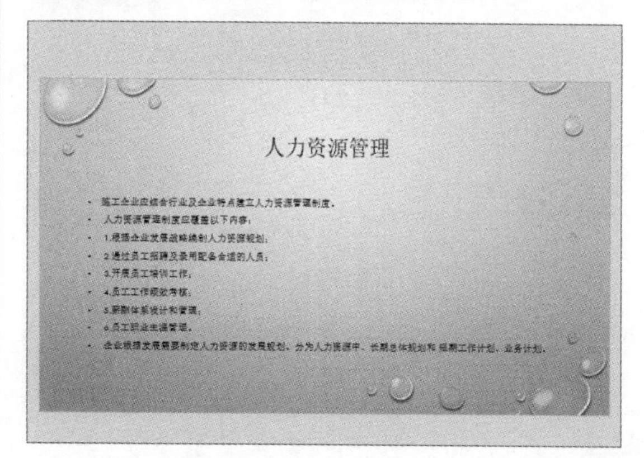

11.3 幻灯片页面的编辑

创建演示文稿并添加幻灯片后，需要对幻灯片页面进行编辑。一般来说，幻灯片页面的编辑包括文本、图片、艺术字、声音和视频，本节将依次对这些内容进行详细介绍。

11.3.1 输入与编辑文本

在任何一个演示文稿中，文本内容都是不可或缺的，下面详细介绍输入和编辑文本格式的方法。

1. 输入文本

输入文本的操作方法包含以下两种。

● **方法1：使用占位符添加文本**

步骤01 打开演示文稿，可以看到“单击此处添加标题”、“单击此处添加副标题”的虚线框，即为文本占位符。

步骤02 在虚线框中单击，将光标定位至文本框中，原文本框内文字自动消失。

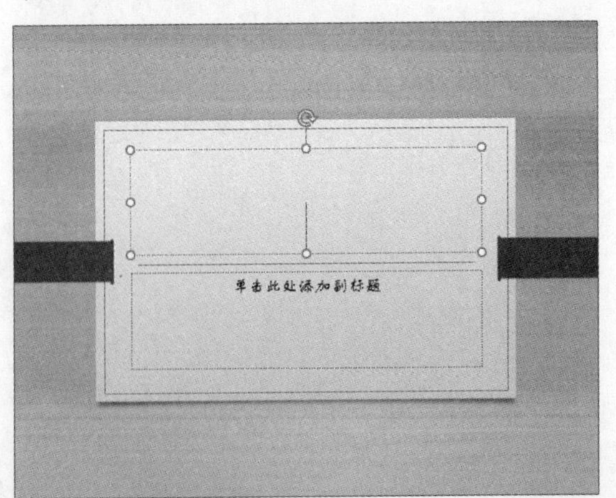

步骤03 然后通过键盘在文本框内输入相应的文本内容。

步骤04 输入完成后，在虚线框外单击，即可完成文本输入操作。

● **方法2：使用文本框添加文本**

如果占位符不能满足输入文本的需求，则可以使用文本框在幻灯片页面的任意位置添加文本。

步骤01 打开演示文稿，切换至“插入”选项卡，单击“文本框”下拉按钮，从列表中选择“绘制横排文本框”选项。

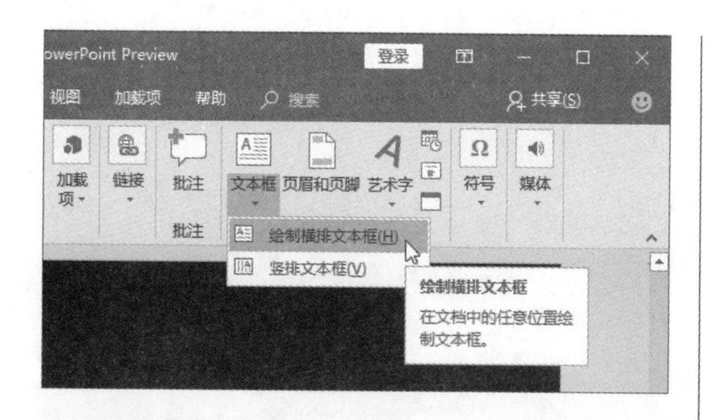

步骤02 将光标移至幻灯片页面，按住鼠标左键不放，光标变为黑色十字形时拖动鼠标，绘制文本框。

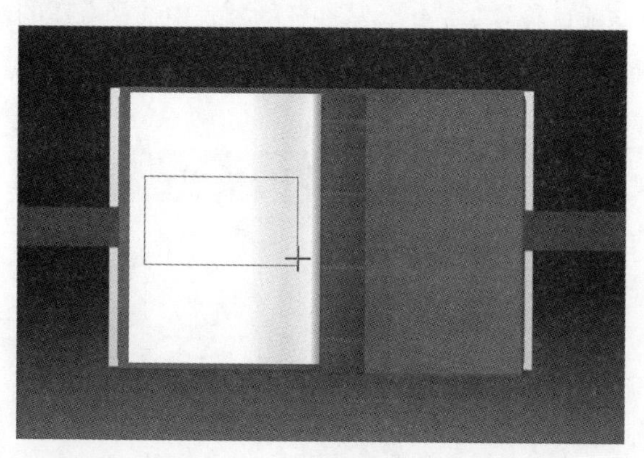

步骤03 绘制完成后，释放鼠标左键，光标将自动定位到绘制的文本框中，输入文本信息即可。

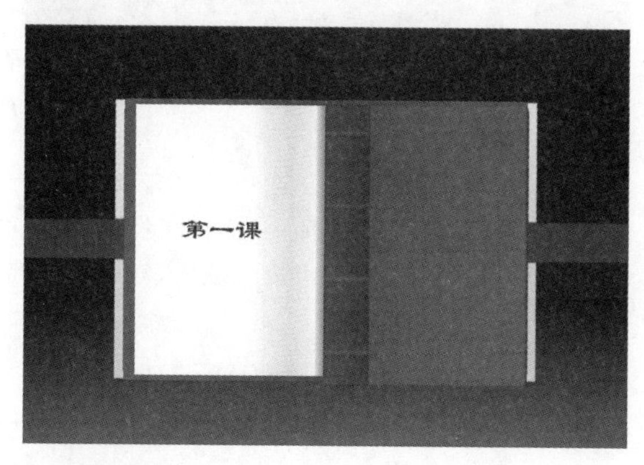

2. 编辑文本

输入文本后，如果默认的字体格式不符合当前需求，可以对字体格式进行设置。

步骤01 选择需要编辑的文本，单击“开始”选项卡中的“字体”按钮，从展开的列表中选择合适的字体选项。

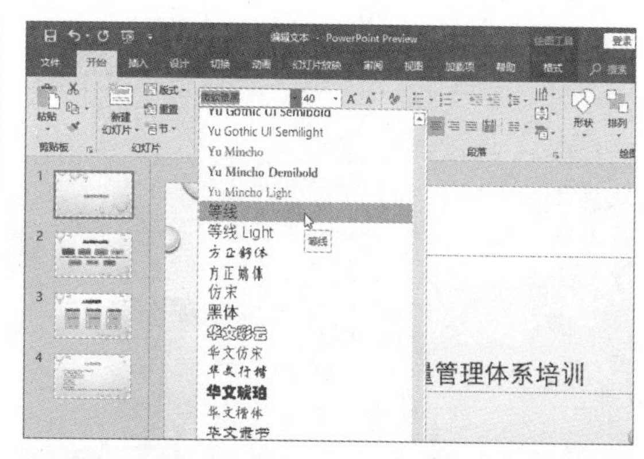

步骤02 选择需要编辑的文本，单击“开始”选项卡中的“字号”按钮，从展开的列表中选择合适的字号选项。

步骤03 选择需要编辑的文本，单击“开始”选项卡中的“字体颜色”下三角按钮，从展开的列表中选择合适的字体颜色。

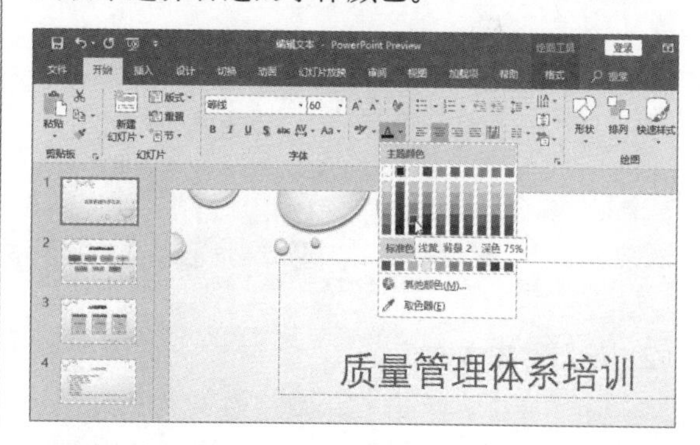

步骤04 用户还可以通过“字体”选项组中的“加粗”、“倾斜”、“下划线”、“阴影”等功能对文本进行设置。如果用户经过多次设置后，对文本格式不满意，可以单击“清除所有格式”按钮，清除所选文本的所有格式，只留下普通、无格式的文本。

3. 文本段落设置

如果幻灯片页面中有大量文本内容，为了使这些文本整齐、美观地排列，可以对这些文本的段落格式进行设置，如设置文本方向、对齐方式、项目符号和编号等。

(1) 设置文字方向

选择需要更改文字方向的文本，单击“开始”选项卡中的“文字方向”按钮，从展开的列表中选择“竖排”选项即可。

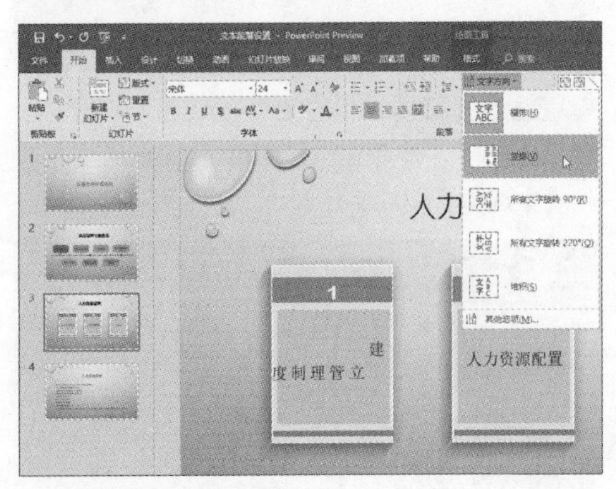

(2) 设置对齐方式

选择文本，单击“开始”选项卡中的“对齐文本”按钮，从展开的列表中选择“中部对齐”选项。

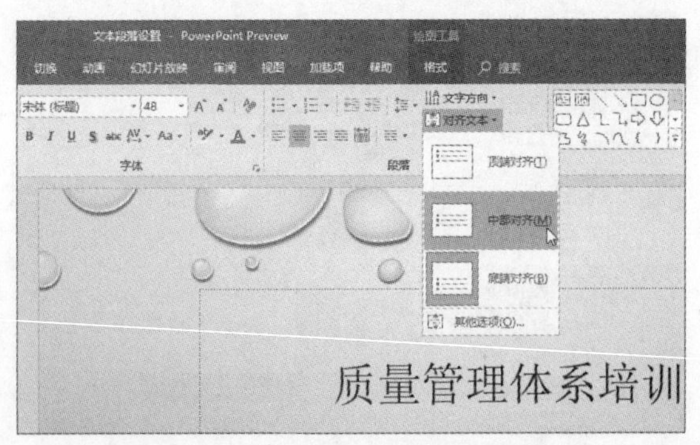

(3) 设置项目符号和编号

步骤01 选择文本，单击“开始”选项卡中的“项目符号”按钮，从展开的列表中选择合适的项目符号样式，即可为选中的文本添加所选项目符号。

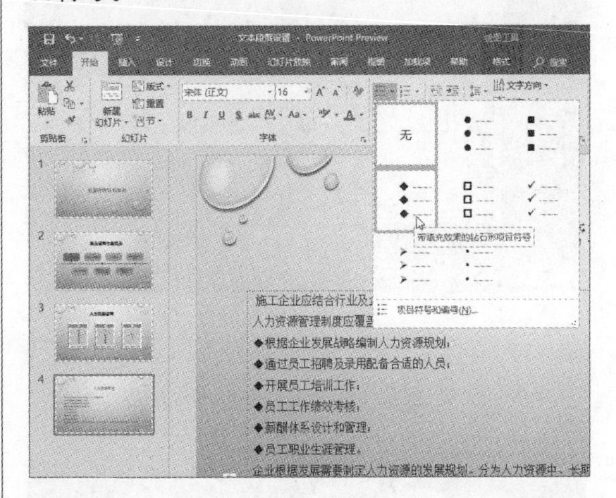

步骤02 如果用户对列表中的项目符号样式不满意，还可以在上一步骤的“项目符号”列表中选择“项目符号和编号”选项，打开相应对话框，在“项目符号”选项卡下对项目符号的大小和颜色等进行设置，也可以单击“自定义”按钮。

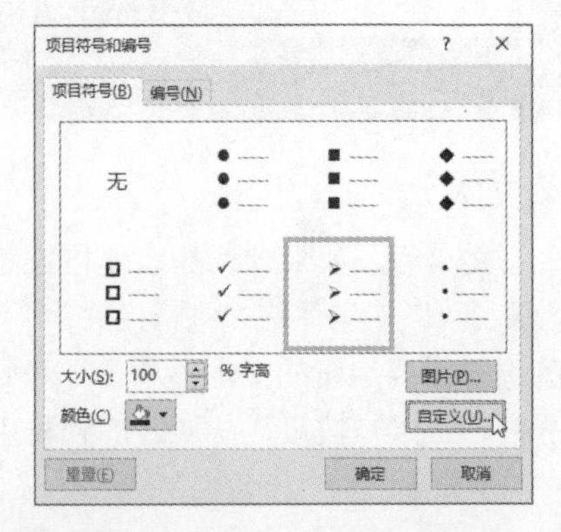

步骤03 打开“符号”对话框，选择一种合适的样式，然后单击“确定”按钮。

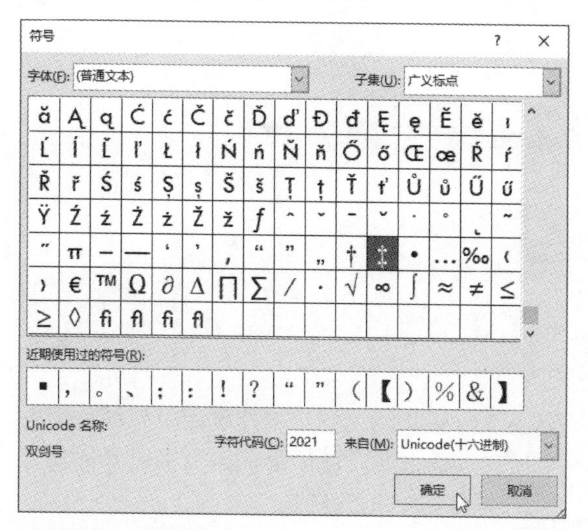

步骤04 返回“项目符号和编号”对话框，然后对符号的大小和颜色进行设置，设置完成后单击“确定”按钮即可。

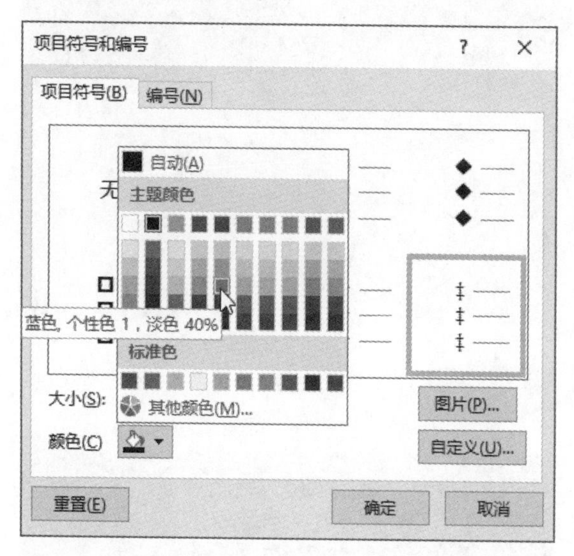

步骤05 用户也可以单击“项目符号和编号”对话框中的“图片”按钮，打开“插入图片”面板，选择“来自文件”选项。

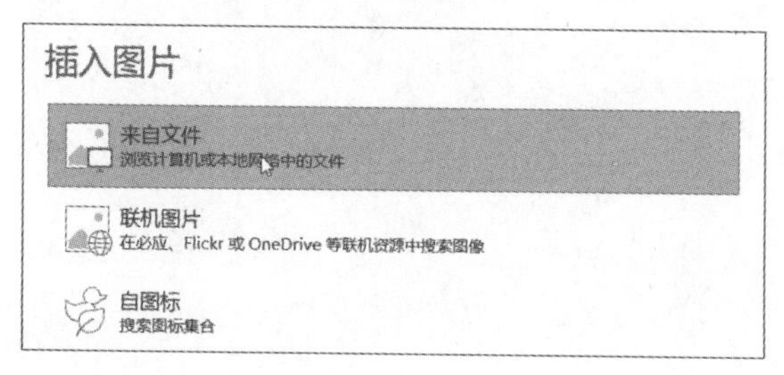

步骤06 打开“插入图片”对话框，选择合适的图片，单击“插入”按钮，返回对话框并单击“确定”按钮，即可将所选图片作为项目符号使用。

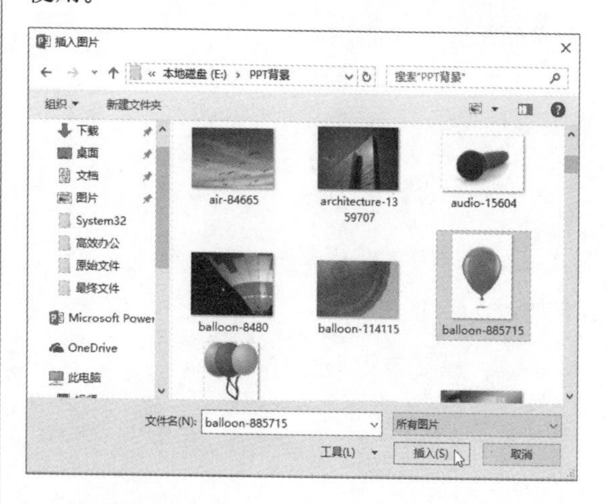

（4）设置项目编号

步骤01 选择文本，单击“开始”选项卡的“编号”按钮，从展开的列表中选择合适的项目编号样式即可。

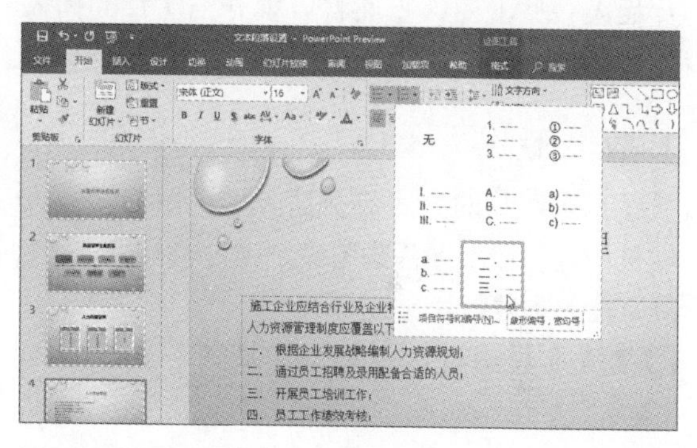

步骤02 如果用户对“编号”下拉列表中的项目编号样式不满意，还可以选择“项目符号和编号”选项，打开对应的对话框，在“编号”选项卡下，对其颜色、起始编号进行设置。

(5) 设置段落格式

选择文本，单击“开始”选项卡中“段落”选项组的对话框启动器按钮，打开“段落”对话框，可以对文本的对齐方式、缩进、段落间距进行详细设置。

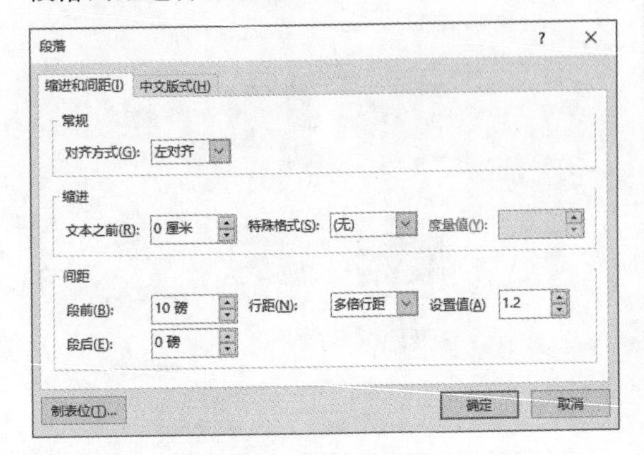

11.3.2 插入图片对象

在安排幻灯片内容时，为了吸引观众注意力以及更好地解释文本内容，用户可以在幻灯片插入一些配图，下面将着重介绍图片的插入和编辑操作。

1. 插入图片

插入图片的方式包括插入本地图片、插入联机图片、插入屏幕截图等。

(1) 插入本地图片

步骤 01 选择幻灯片，单击“插入”选项卡的“图片”按钮。

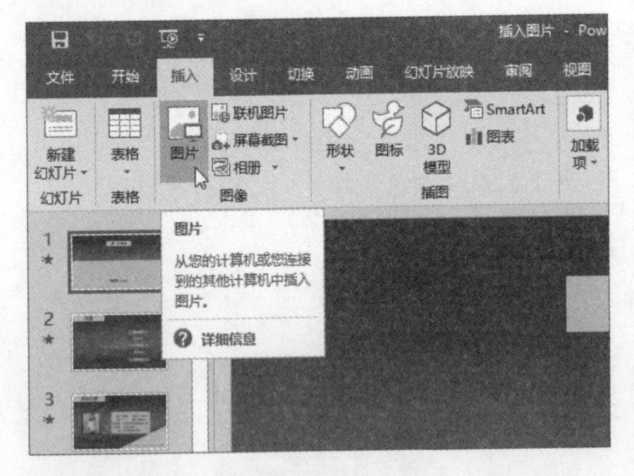

步骤 02 打开“插入图片”对话框，选择需要的图片，单击“插入”按钮。

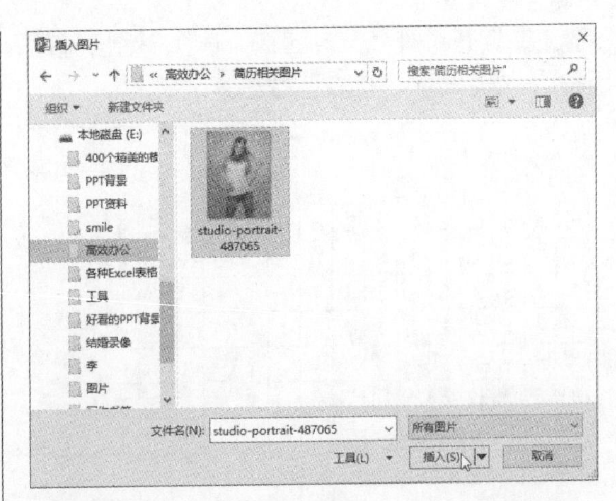

步骤 03 将图片插入到幻灯片页面，光标移至图片右下角控制点，按住鼠标左键不放并拖动，调整图片的大小。

步骤 04 选中图片，然后按住鼠标左键不放，将图片移至合适位置。

(2) 插入联机图片

步骤01 选择幻灯片，单击“插入”选项卡中的“联机图片”按钮。

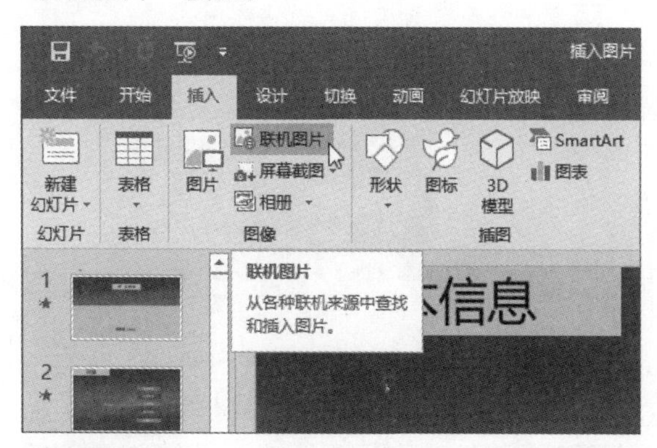

步骤02 打开“在线图片”对话框，在文本框中输入“图标”，单击“搜索”按钮。

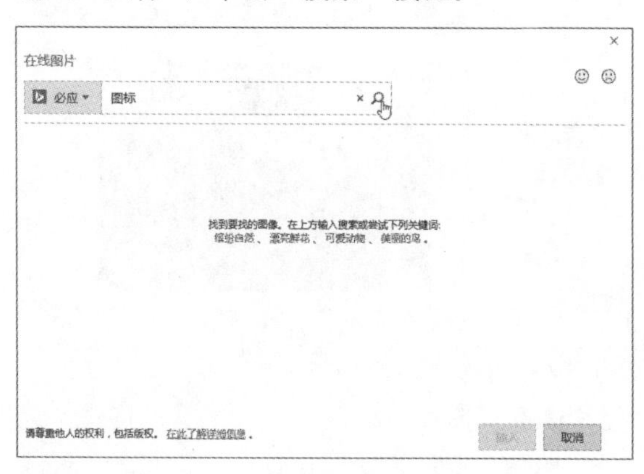

步骤03 稍等片刻，即可看到搜索到的图片，选择需要的图片，单击“插入”按钮，即可将选择的图片插入到幻灯片页面。

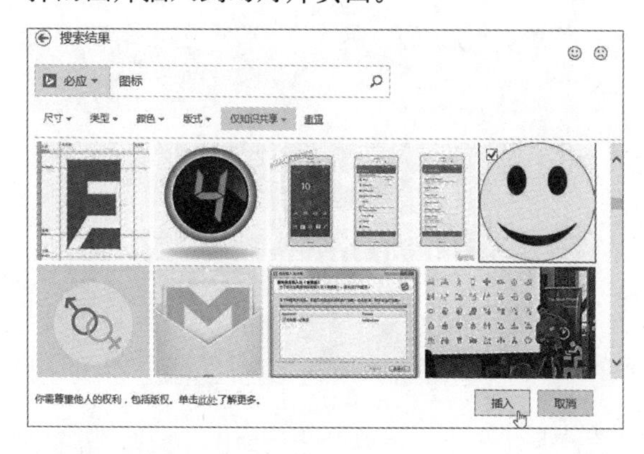

(3) 插入屏幕截图

步骤01 选择幻灯片，单击“插入”选项卡中的“屏幕截图”按钮，从展开的列表中选择一个可用的视窗，即可将该视窗截图并插入到当前幻灯片。

步骤02 如果想要插入部分屏幕截图，则可以在上一步的“屏幕截图”下拉列表中选择“屏幕剪辑”选项，此时光标会变为十字形状，按住鼠标左键不放，截取合适的图片即可。

2. 编辑图片

在页面中插入图片后，用户可以根据需要对图片进行编辑，包括更改图片、删除图片背景、对图片进行美化等。

(1) 更改图片

步骤01 如果用户对插入的图片不满意，可以更改插入的图片。选择需要更改的图片，单击“图片工具—格式”选项卡中的“更改图片”下拉按钮，在列表中选择“来自文件”选项。

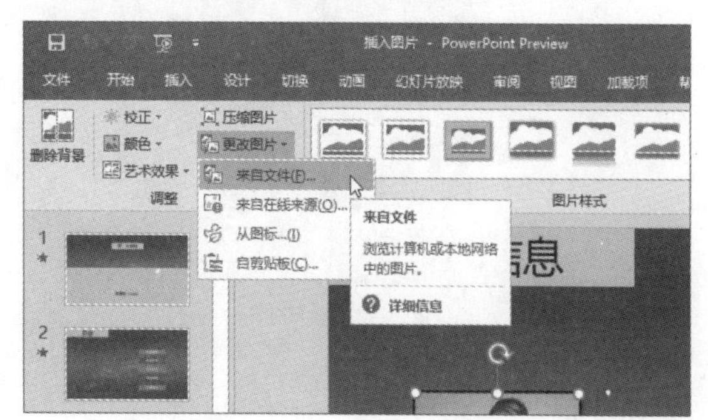

步骤 02 打开“插入图片”对话框，然后根据提示插入所需图片即可。

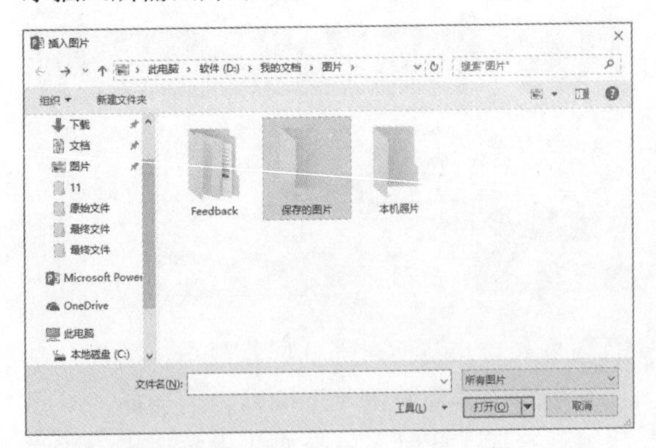

(2) 删除图片背景

步骤 01 打开演示文稿，选择图片，单击“图片工具—格式”选项卡中的“删除背景”按钮。

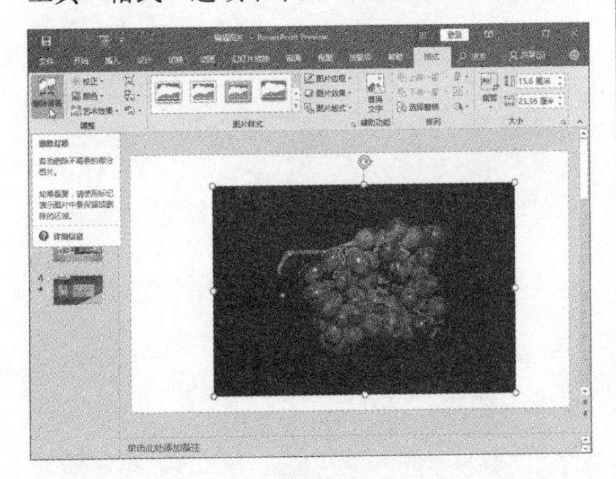

步骤 02 切换至“背景消除”选项卡，单击“标记要保留的区域”按钮。

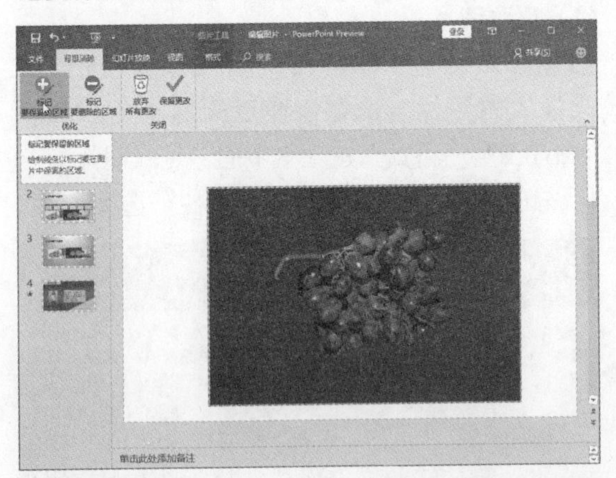

步骤 03 光标将变为笔样式，依次在需要保留的区域涂抹。

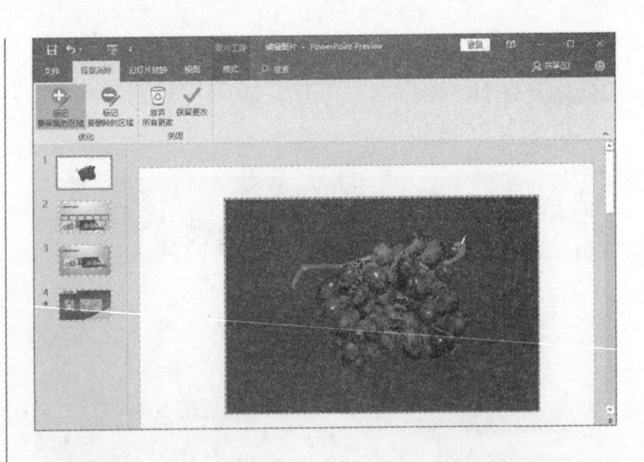

步骤 04 标记完成后，单击“保留更改”按钮，或者在图片外单击，退出“背景消除”选项卡。

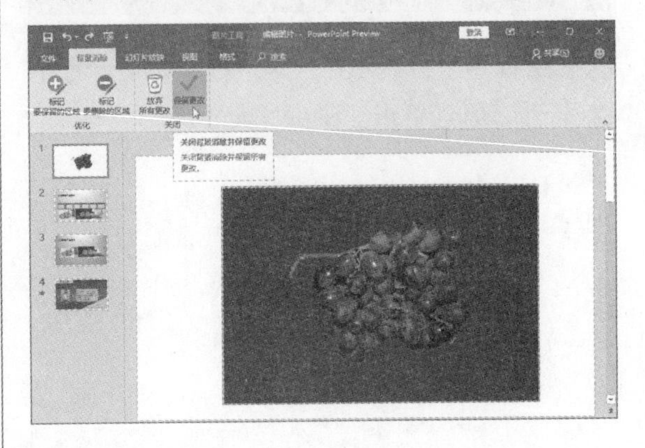

(3) 裁剪图片

步骤 01 选择图片，单击“图片工具—格式”选项卡中的“裁剪”按钮，展开下拉列表，可以看到裁剪、将图片裁剪为形状、按纵横比裁剪等选项，用户可以根据需求自行选择合适的选项。

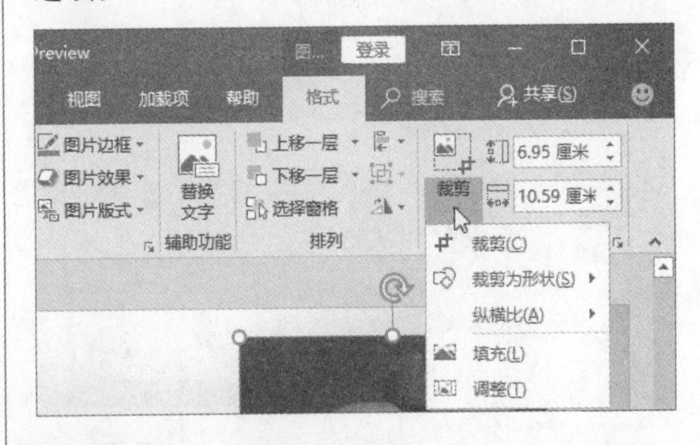

步骤 02 以选择“裁剪”选项为例，此时在图片周围出现八个裁剪点，按住鼠标左键不放，即可按需裁剪图片。

知识点拨　通过功能区调整图片大小

选择图片后，打开“图片工具—格式”选项卡，调整“大小”选项组中“高度”和“宽度”数值框中的数值，来调整图片大小。

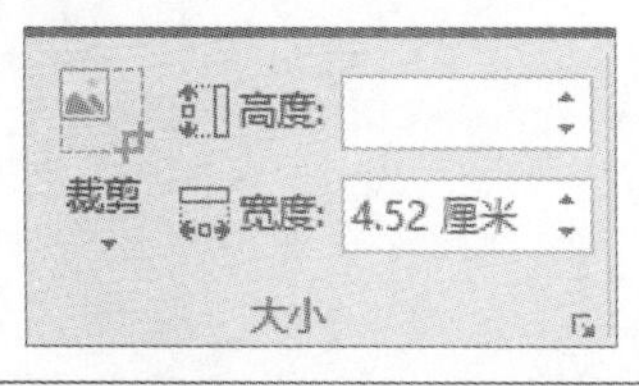

（4）更改图片排列方式

应用“图片工具—格式”选项卡“排列”选项组中的命令，可以调整图片的排列方式。

直接单击“上移一层”按钮，可以将处于下方的图片上移一层，而选择其下拉列表中的“置于顶层”选项，可以将所选图片置于顶层。将图片下移一层的操作方法与上移一层类似。

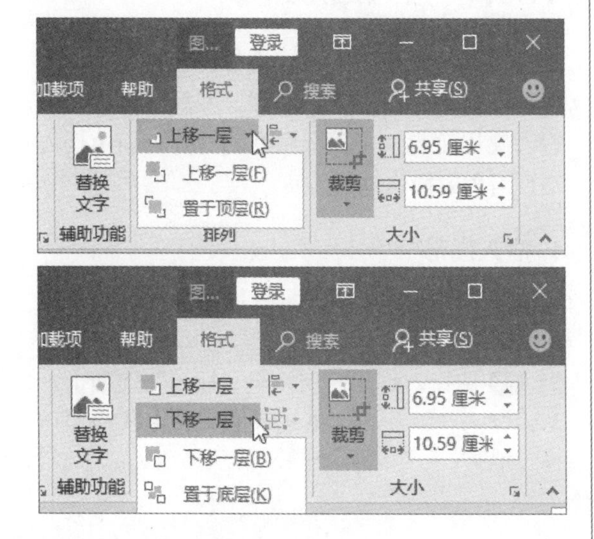

选择多张图片，通过选择“对齐”列表中的对应选项，可以设置多张图片的对齐方式。

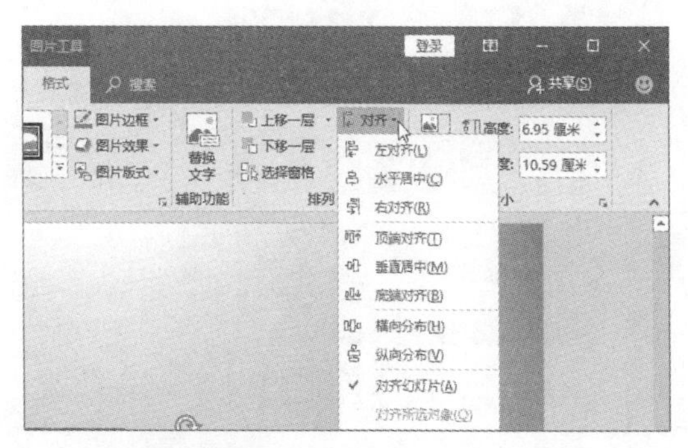

选择图片，通过“旋转”列表中的选项可以向左、向右旋转图片，也可以垂直和水平翻转图片。

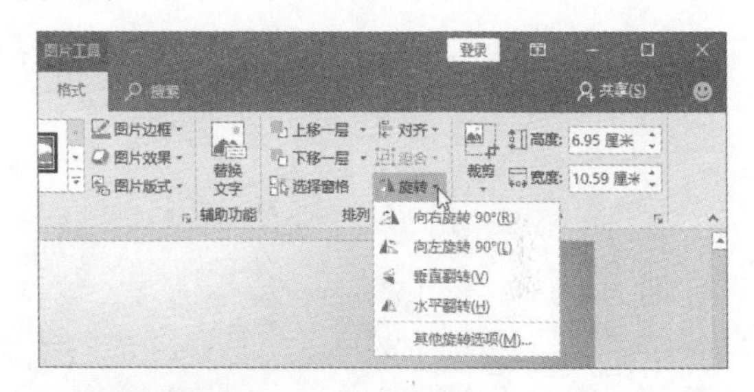

（5）美化图片

步骤01 选择图片，单击“图片工具—格式”选项卡中的“校正”按钮，在展开的列表中选择合适的选项，可以对图片的锐化/柔化以及亮度/对比度进行调整。

步骤02 通过“颜色”列表中的选项，可以对图片的饱和度、色调进行调整，也可以为图片重新着色。

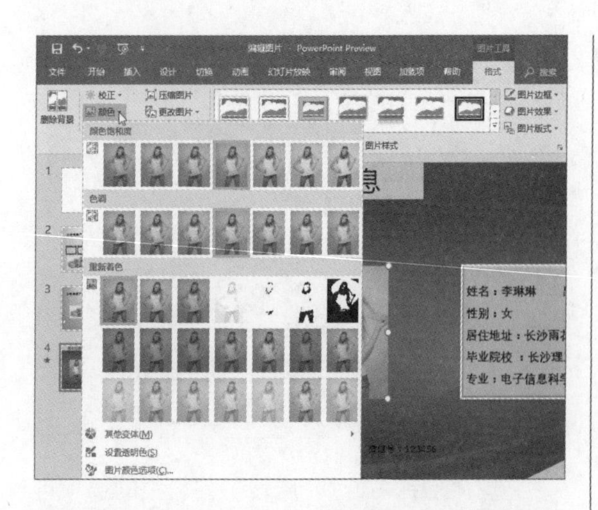

步骤 03 在“艺术效果”列表中选择合适的选项，可以为图片设置相应的艺术效果。

步骤 04 单击“图片样式”选项组中“其他”按钮，在展开的列表中为图片选择合适的样式。

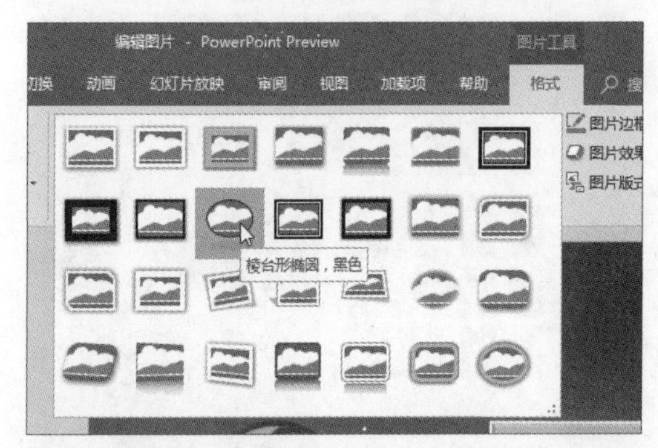

步骤 05 单击“图片边框”按钮，通过展开列表中的选项或者其级联列表中的选项，可以为图片设置合适的边框。而通过选择“图片效果”下拉列表中的选项，可以为图片设置特殊效果。

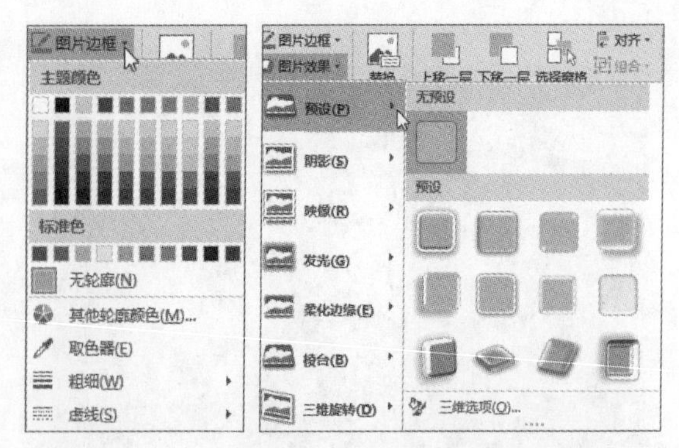

步骤 06 单击“图片样式”选项组的“设置形状格式”按钮，打开“设置图片格式”窗格，在“效果”选项卡下，可以对图片的阴影、映像、发光等格式进行详细设置。

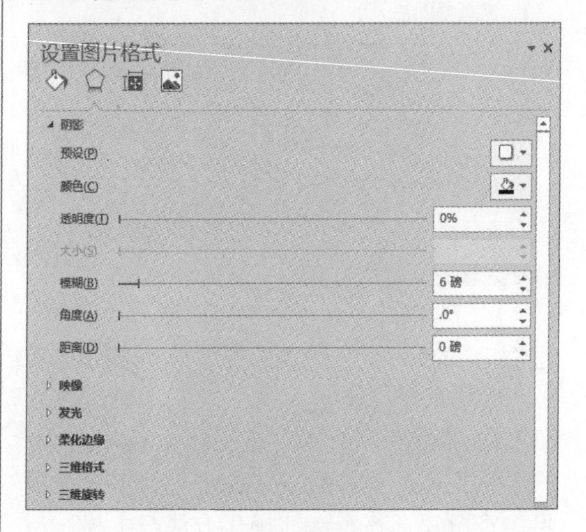

11.3.3 插入图形对象

对演示文稿中的内容进行说明时，利用图形可以有效地吸引观众眼球，并且可以简化内容，突出重点。下面介绍在幻灯片页面中插入图形对象的操作方法。

1. 插入图形

在幻灯片页面中，插入图形的具体操作方法如下。

步骤 01 选择幻灯片，切换至“插入”选项卡，单击“形状”按钮，从展开的列表中选择“矩形”形状。

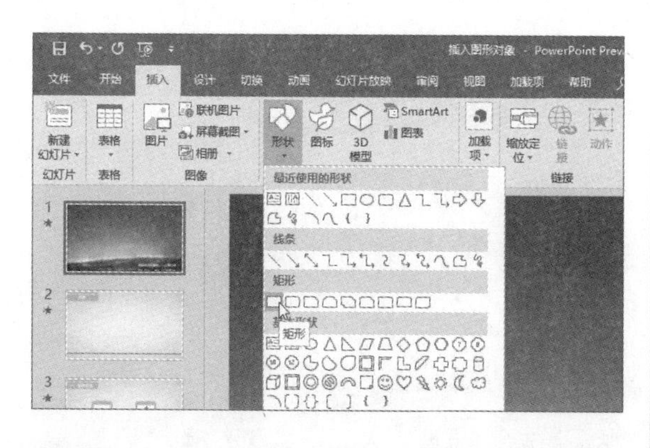

步骤02 光标将变为十字形状，按住鼠标左键不放并拖动，绘制合适大小的图形，绘制完成后，释放鼠标左键即可。

步骤03 绘制完成后，根据需要再插入其他图形，然后对图形格式进行设置，并添加合适的文本即可。

2. 编辑图形

插入图形后，图形的颜色和边框都是默认的，其颜色和演示文稿应用的主题色相匹配，但是往往这样的图形格式并不是我们所需要的，那么如何对其进行更改呢？下面介绍对图形效果进行编辑的操作方法。

(1) 更改图形形状

对图形设置格式后，如果觉得当前图形的形状不尽人意，可以随时做出更改。选择图形后，单击“绘图工具—格式”选项卡中的“编辑形状”按钮，从展开的列表中选择“更改形状”选项，然后从子列表中选择合适的形状即可。

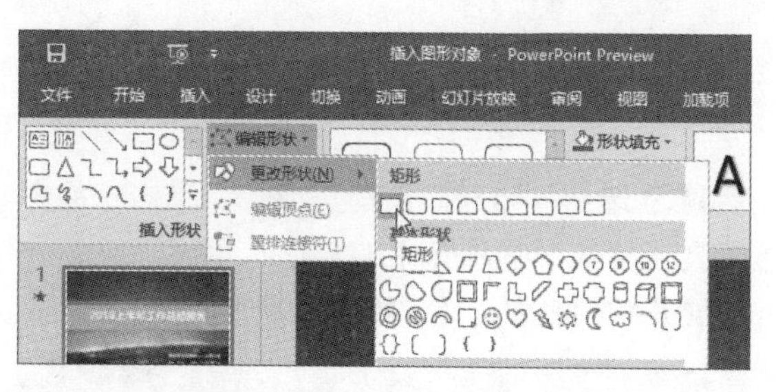

(2) 编辑图形顶点

步骤01 如果在原有图形的基础上，对图形进行改动，则需要在“绘图工具—格式”选项卡的“编辑形状”下拉列表中，选择“编辑顶点”选项。

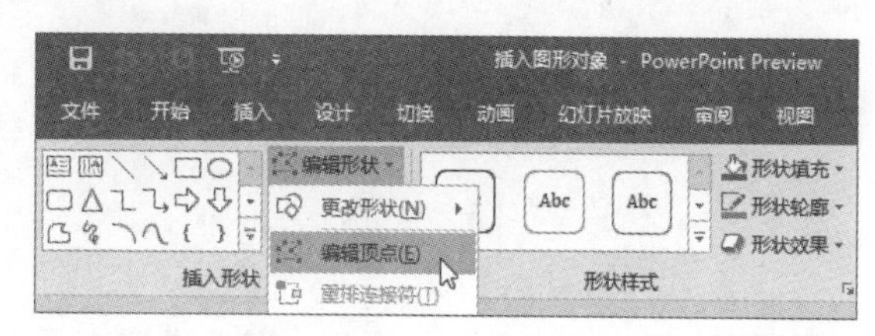

步骤02 图形的周围会出现黑色的小点，即为可以编辑的顶点，将光定位至编辑顶点上，按住鼠标左键不放并拖动，对其进行编辑即可。

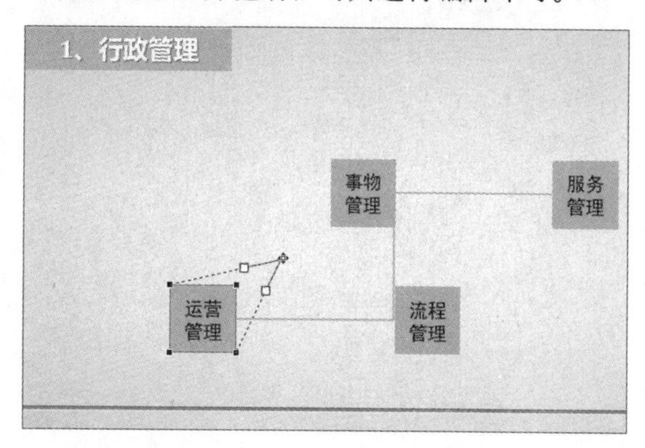

(3) 更改图形颜色和边框

步骤01 首先在幻灯片中，根据需要插入一个矩形、两个圆形和一个向右箭头。

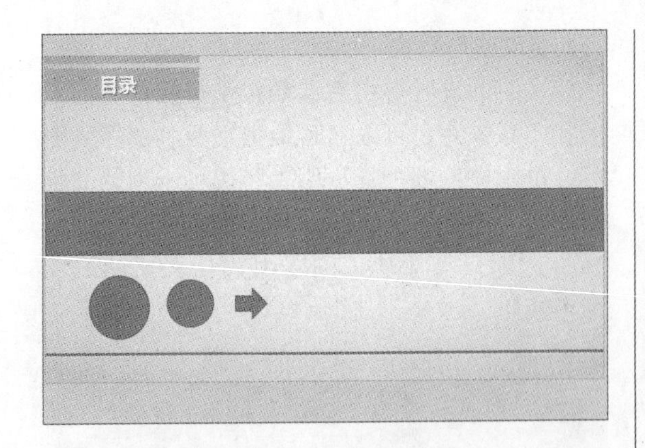

步骤02 选择矩形和向右箭头形状，单击“绘图工具—格式”选项卡中的“形状填充”按钮，从展开的列表中选择“橙色”颜色。

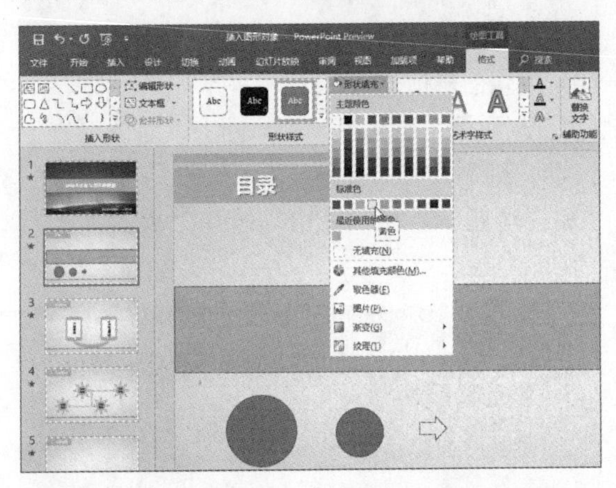

步骤03 按照同样的方法，为两个圆形设置合适的填充色。

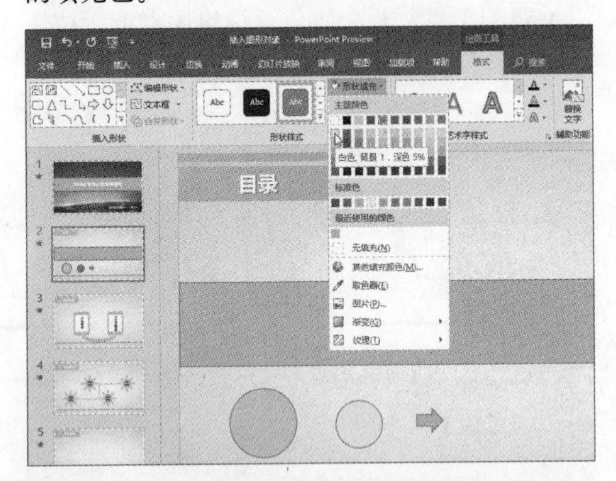

步骤04 选择所有图形，单击“形状轮廓”按钮，从展开的列表中选“无轮廓”选项。

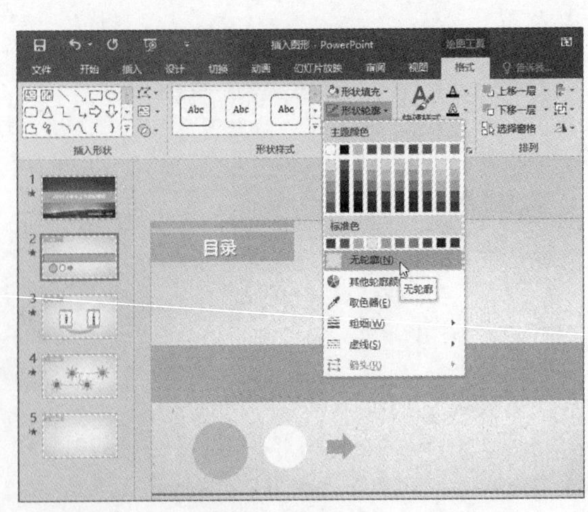

步骤05 然后将所有图形根据需要依次移至合适的位置。

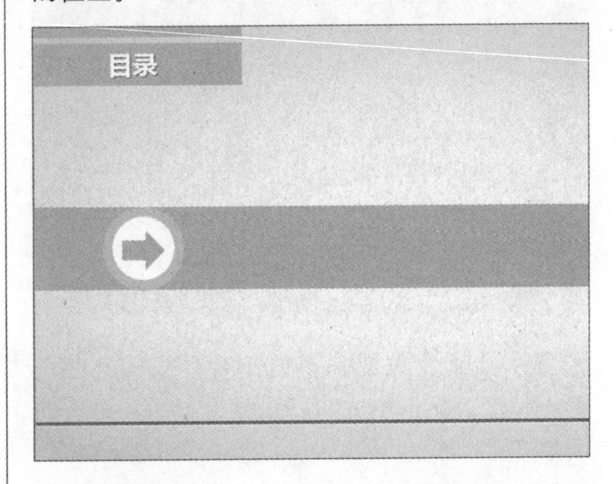

(4) 组合图形

按住Ctrl键不放的同时，依次选择两个圆形和向右箭头，然后右击，从弹出的快捷菜单中选择“组合>组合”命令，然后将组合后的图形复制到其他位置。

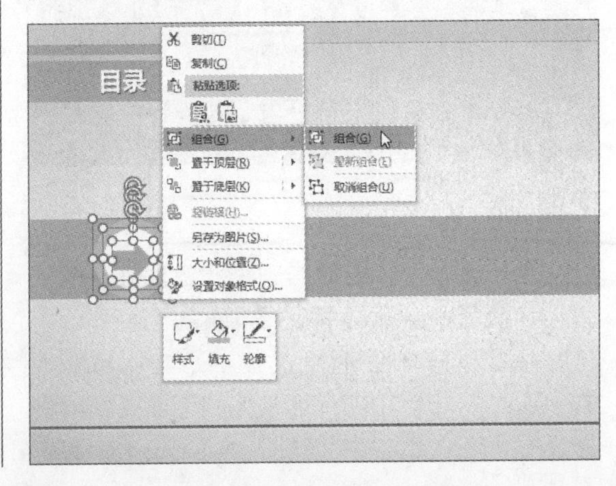

(5) 对齐图形

选择所有组合图形，单击“绘图工具—格式”选项卡中的“对齐”按钮，从展开的列表中选择“横向分布”命令。

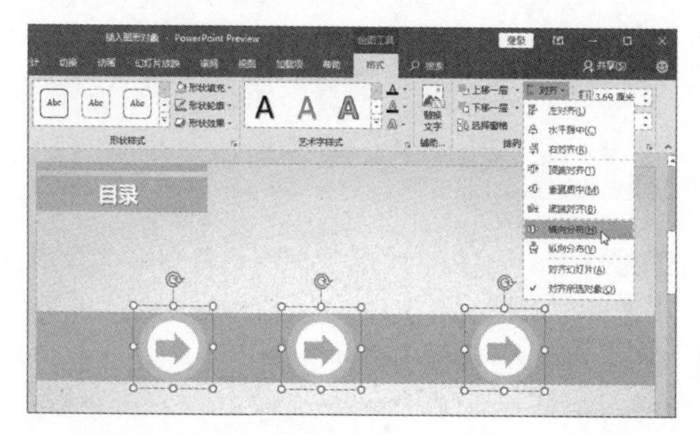

(6) 设置图形三维格式

步骤01 选择图形，单击“绘图工具—格式”选项卡中的“形状效果”按钮，从展开的列表中选择合适的选项，然后从子列表中选择合适的效果即可。

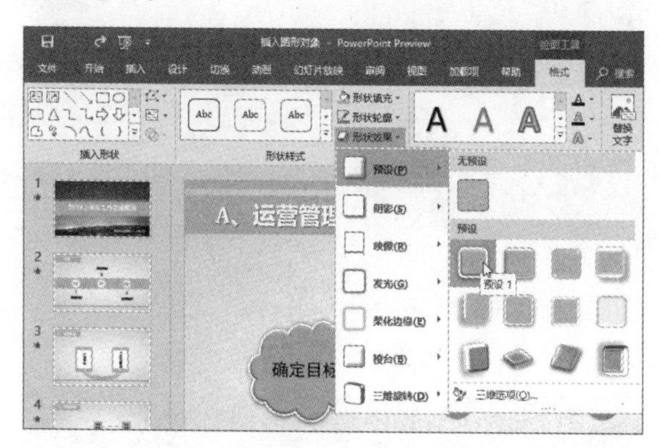

步骤02 如果用户想要自行设置形状效果，则可以选择图形后，单击鼠标右键，从弹出的快捷菜单中选择“设置形状格式”命令。

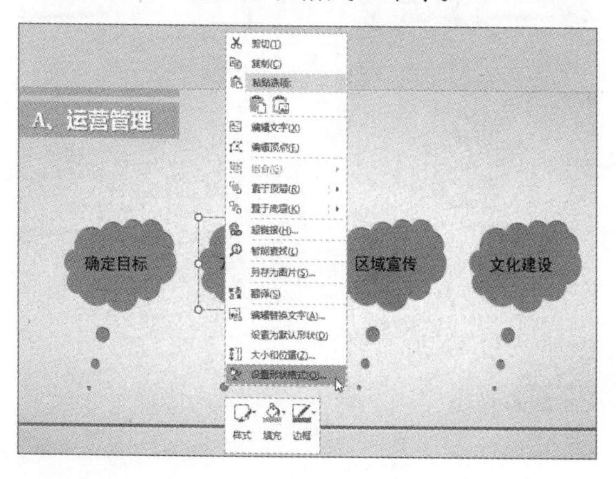

步骤03 打开“设置形状格式”窗格，可以在“形状选项”的“效果”选项卡下，对图形的阴影、映像、发光、柔化边缘、三维格式、三维旋转等效果进行详细地设置。

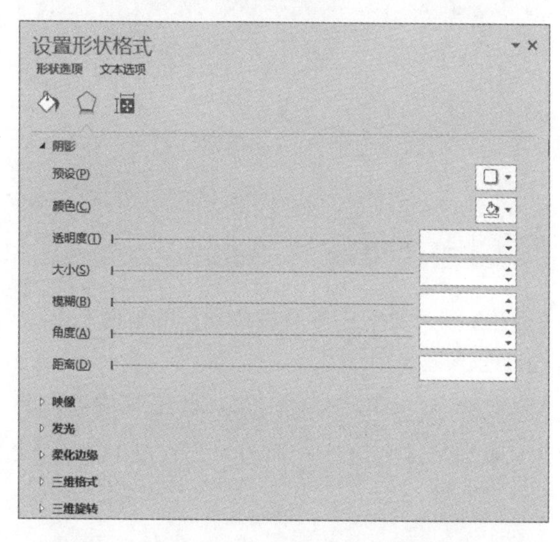

11.3.4 插入艺术字对象

在制作演示文稿时，用户可以灵活应用艺术字来吸引读者的眼球，下面将对插入艺术字的相关操作进行介绍。

步骤01 选择幻灯片，单击“插入”选项卡中的“艺术字”按钮，从展开的列表中选择合适的艺术字样式即可，这里选择“填充：白色；边框：橙色，主题色2；清晰阴影：橙色，主题色2”选项。

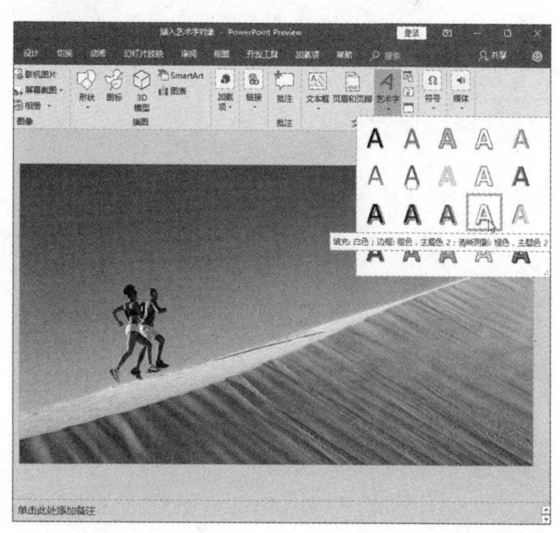

步骤02 在幻灯片页面中会出现一个带有所选样式的文本框。

步骤03 输入文本，然后按照同样的方法在其他位置插入艺术字。

步骤04 选择艺术字，单击“绘图工具—格式”选项卡中的“文本填充”按钮，从展开的列表中选择“取色器”选项。

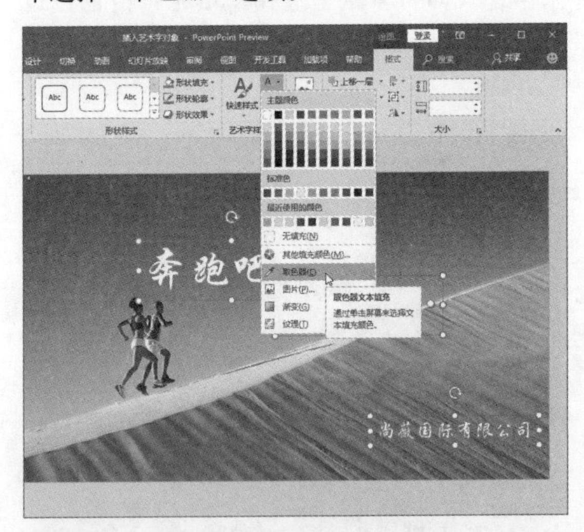

步骤05 移动光标，当光标停留在某一颜色上时，将会出现其RGB值和色块预览，在合适的颜色上单击，即可选取该颜色。

步骤06 单击“文本轮廓”按钮，从展开的列表中选择“无轮廓”选项。

步骤07 单击“文本效果”按钮，选择“发光：5磅；蓝色，主题色1”选项。

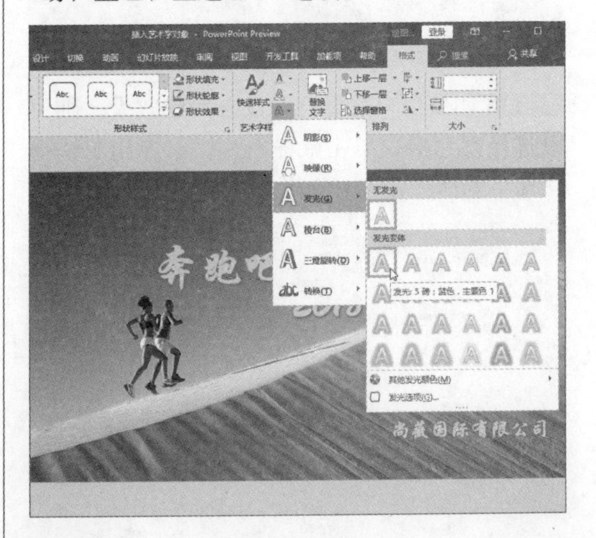

步骤08 单击“文本效果”按钮，选择“三维转换>透视：右”选项。

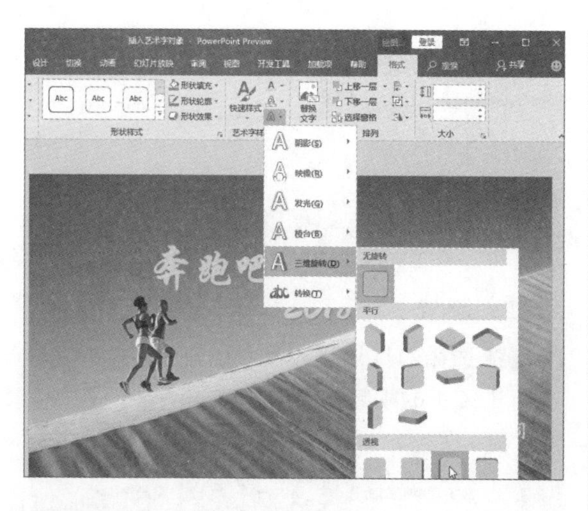

步骤09 单击“文本效果”按钮，选择“转换>波形：下”选项。

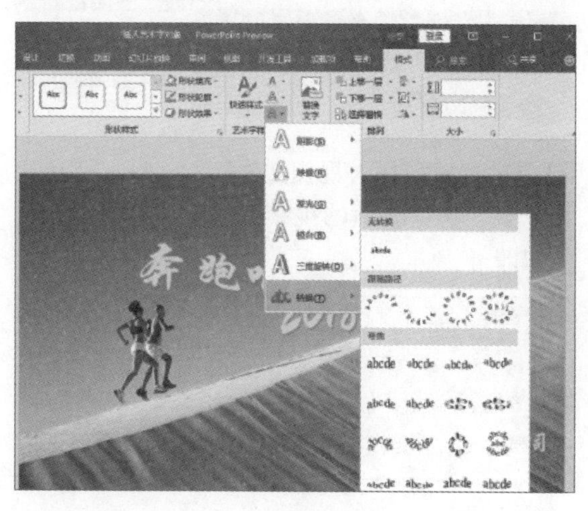

步骤10 如果默认的文本效果不能满足用户需求，则可以单击“艺术字样式”选项组的对话框启动器按钮。

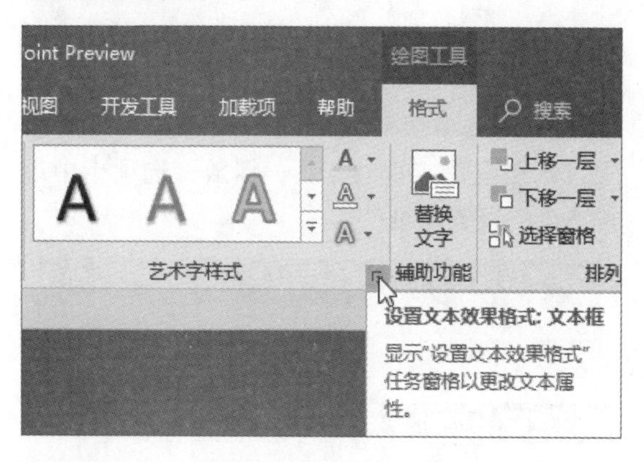

步骤11 打开“设置形状格式”窗格，对文本的阴影、映像、发光等效果进行详细设置即可。

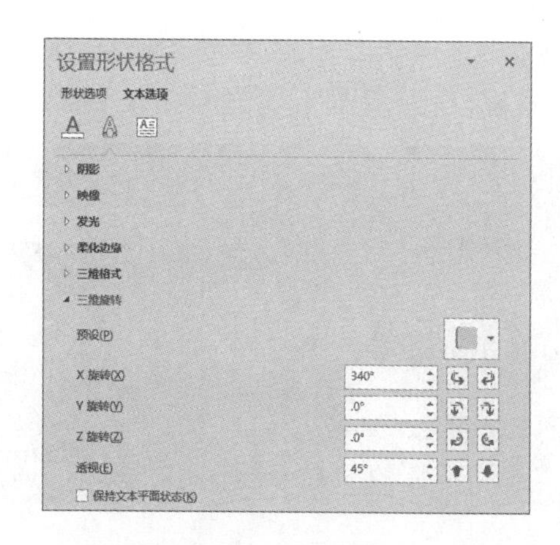

11.3.5 插入声音和影片对象

在使用演示文稿演示的过程中，如果一味地照本宣科，或许会令观众比较乏味，适时地添加一些符合场景的音乐或视频，可以更好地让观众集中精力。下面介绍在演示文稿中添加声音和影片的操作方法。

1. 插入声音

步骤01 打开演示文稿后，选择幻灯片，单击“插入”选项卡中的“音频”按钮，从展开的列表中选择“PC上的音频”选项。

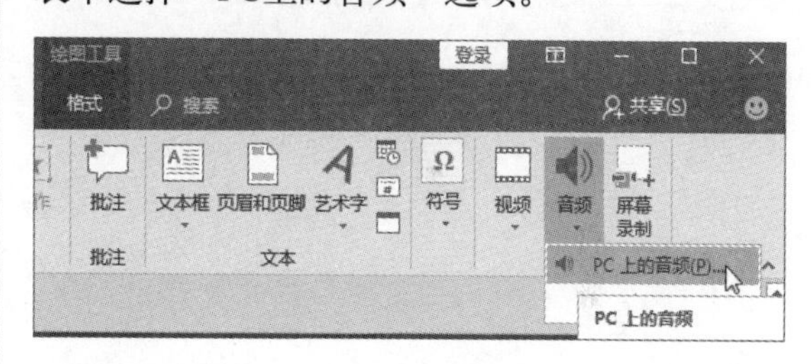

步骤02 打开“插入音频”对话框，选择合适的音频文件，单击“插入”按钮。

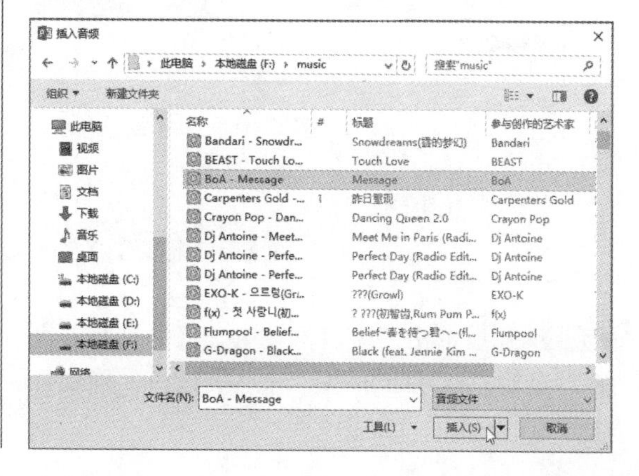

步骤03 将音频插入到幻灯片页面后，根据需要将其移至合适位置即可。

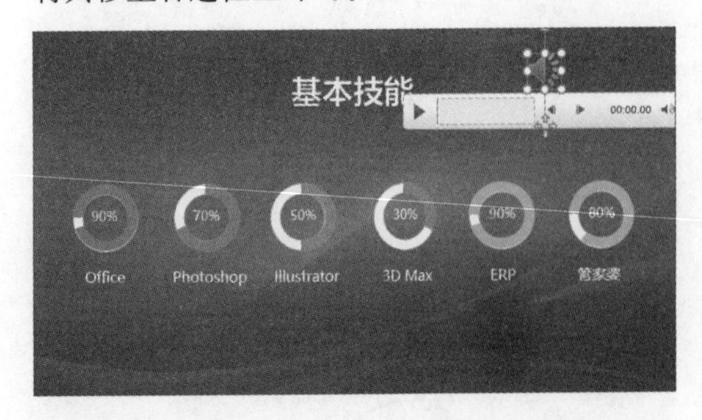

步骤04 如果用户需要插入自己录制的音频，则可以在“音频”下拉列表中选择“录制音频”选项。

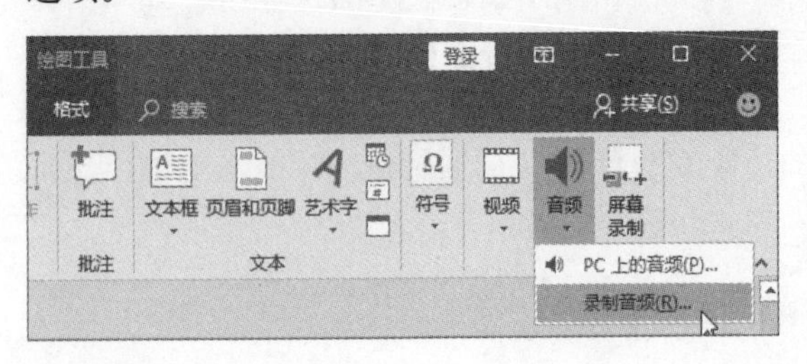

步骤05 打开“录制声音”对话框，单击“录制”按钮，即可开始录制音频。

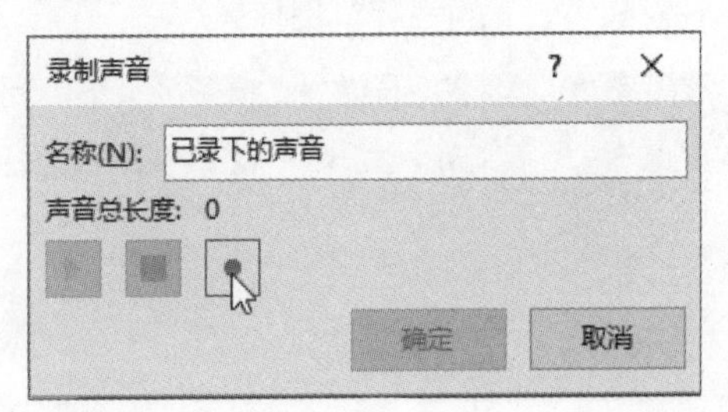

步骤06 录制完成后，单击“停止”按钮，即可停止录制。

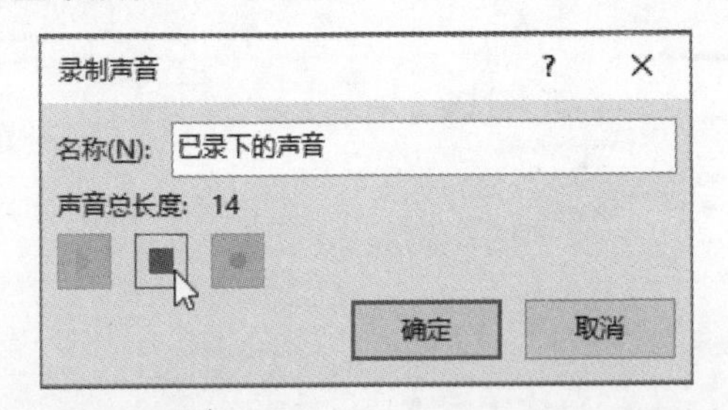

步骤07 随后单击“播放”按钮，试听录制的音频。录制完成后，单击“确定”按钮，确认插入录制的音频。

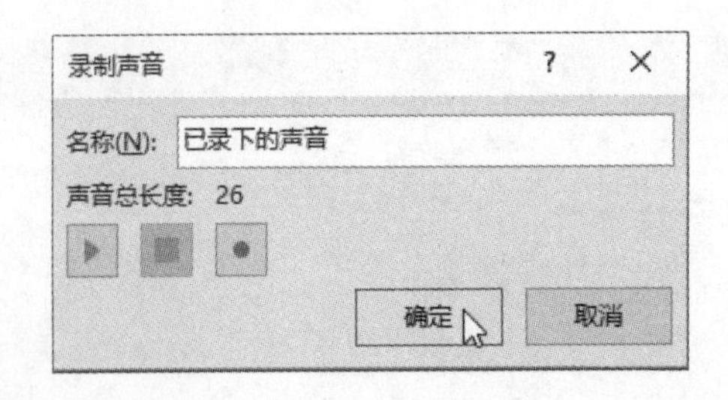

2. 插入影片

步骤01 选择幻灯片后，在“视频”下拉列表中选择“PC上的视频”选项。

步骤02 打开“插入视频文件”对话框，然后根据需要，选择合适的视频文件，单击“插入”按钮即可。

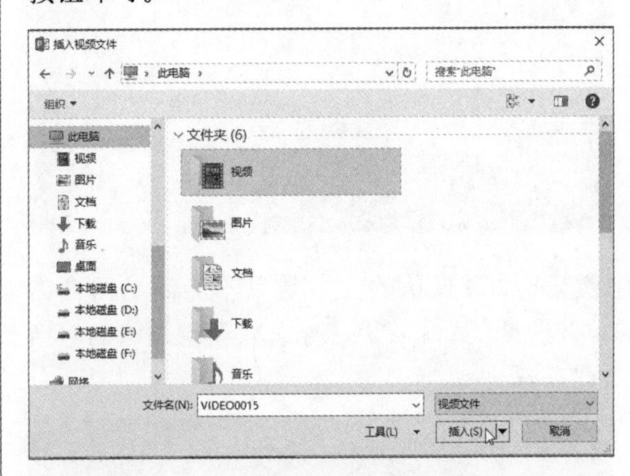

步骤03 如果希望对视频的播放进行一定的设置，则可以在“视频工具—播放”选项卡中进行适当的设置即可。

知识点拨　对视频进行美化

如果需要美化视频文件，则可以选择视频，在“视频工具—格式”选项卡中对视频进行适当的美化。

11.4 打造立体化幻灯片

在演示文稿时，经常需要添加大量的文本，而这些文本之间存在着一定的关系，例如流程、并列说明等，利用SmartArt图形，不但可以一目了然地阐述这些关系，还可以使幻灯片更加立体、生动。下面介绍如何在幻灯片中应用SmartArt图形。

11.4.1 创建SmartArt图形

下面介绍在演示文稿中创建SmartArt图的操作方法，具体步骤如下。

步骤01 打开演示文稿，选择幻灯片，单击“插入”选项卡中的SmartArt按钮。

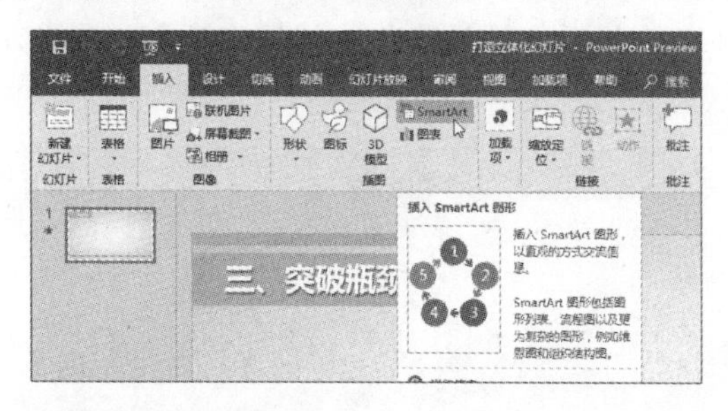

步骤02 打开“选择SmartArt图形”对话框，在“列表”选项面板中选择“分组列表”样式，在右上方的预览区域，将会出现该样式的效果，并且在右下方会有对该列表样式的简要说明，单击“确定”按钮。

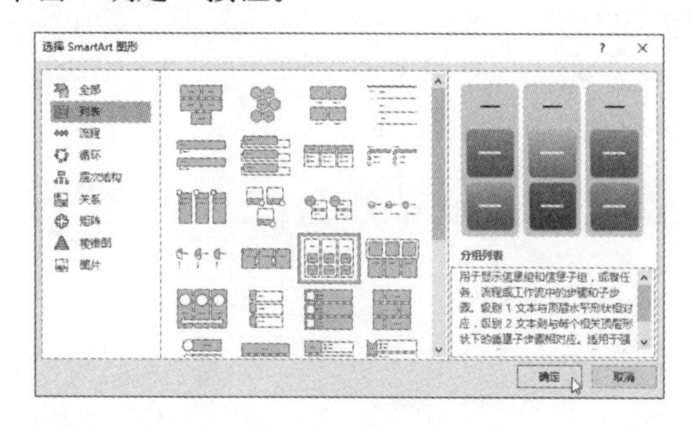

步骤03 返回幻灯片页面，查看插入的SmartArt图形。

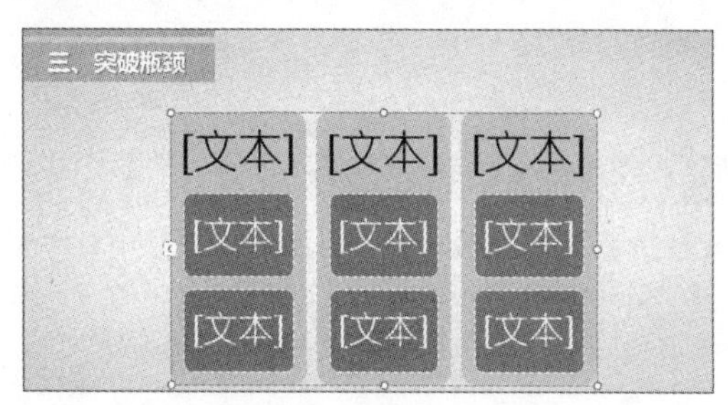

11.4.2 编辑SmartArt图形

插入SmartArt图形后，用户还可以根据需要在图形中添加文本、增加或者删除形状或更改SmartArt图形版式，下面分别对其进行介绍。

1. 为SmartArt图形添加文本

步骤01 插入SmartArt图形后，将光标直接定位至需要添加文本的形状中，输入文本内容即可。

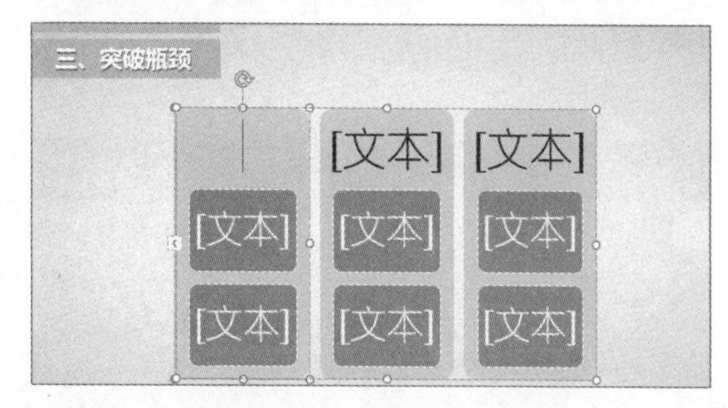

步骤02 也可以选择SmartArt图形后，单击“SmartArt工具—设计”选项卡中的“文本窗格”按钮。

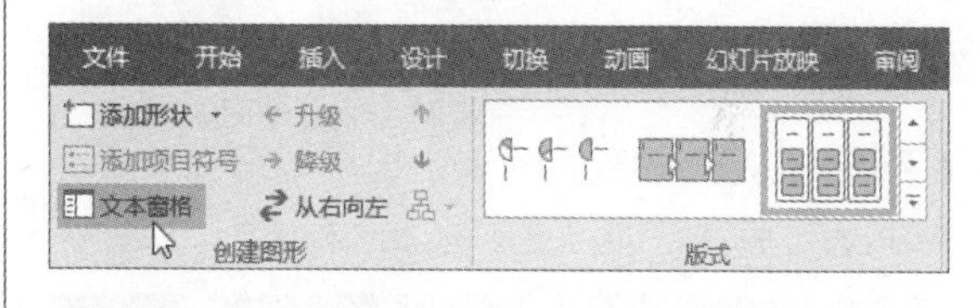

步骤03 打开文本窗格，将光标定位至对应项并输入该项文本内容。

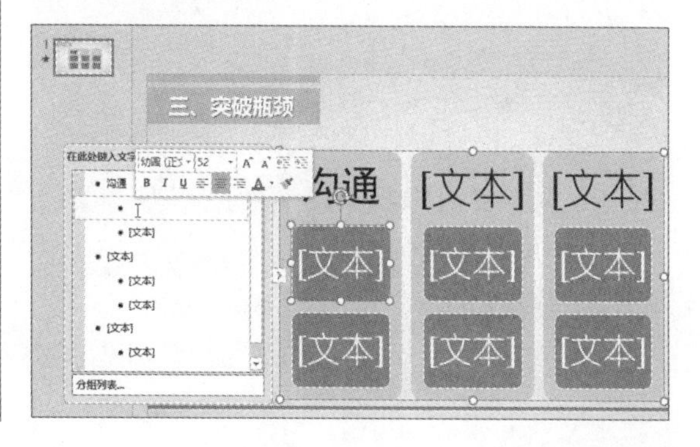

步骤04 输入完成后，直接单击文本窗格右上角的“关闭”按钮，完成输入。

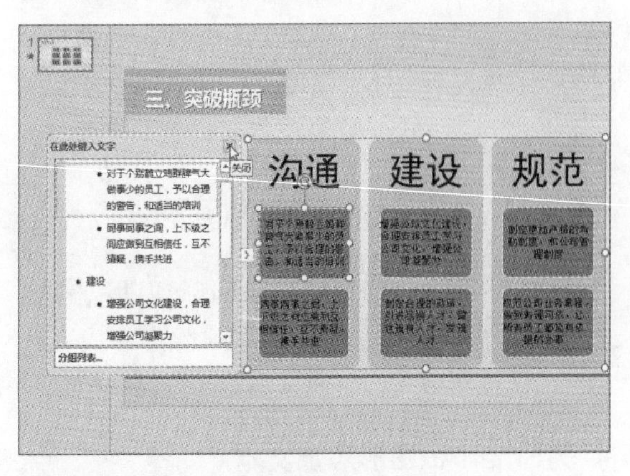

2. 更改SmartArt图形版式

步骤01 选择SmartArt图形，单击“SmartArt工具—设计”选项卡中“版式”选项组的“其他”按钮。

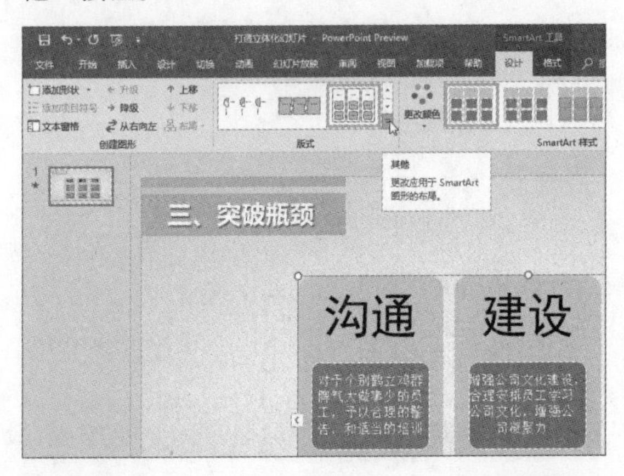

步骤02 在打开的版式列表中选择“垂直项目符号列表”版式，即可更改原版式样式。

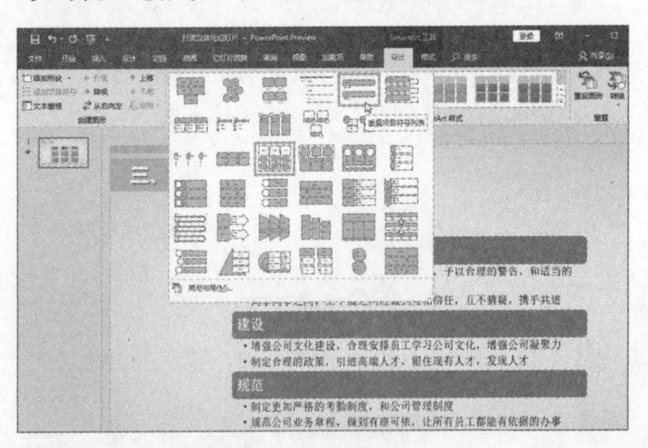

知识点拨 调整SmartArt图形结构

SmartArt图形中的形状可以根据用户需求升级、降级、上移、下移、从右向左转换，通过“SmartArt工具—设计”选项卡中“创建图形”选项组的相应按钮即可实现。

11.4.3 美化SmartArt图形

完成SmartArt图形的创建后，用户可以对其进行美化。例如，更改图形颜色、图形样式等，下面将对其进行介绍。

步骤01 选择入SmartArt图形，单击“SmartArt工具—设计”选项卡中的“更改颜色”按钮，从展开的列表中选择合适的颜色即可。

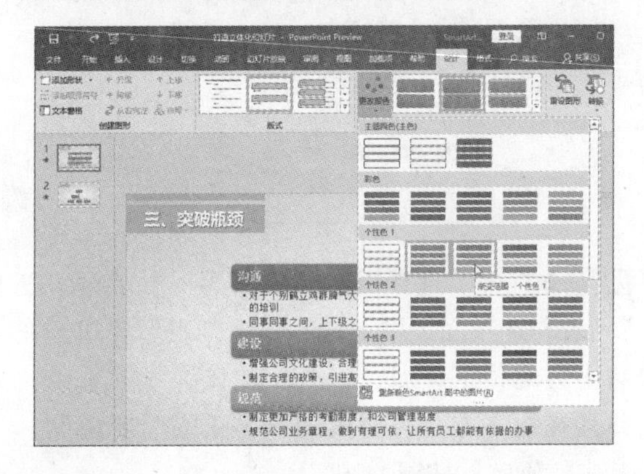

步骤02 单击“SmartArt工具—设计”选项卡中“SmartArt样式”选项组的“其他”按钮，在打开的列表中选择合适的样式即可。

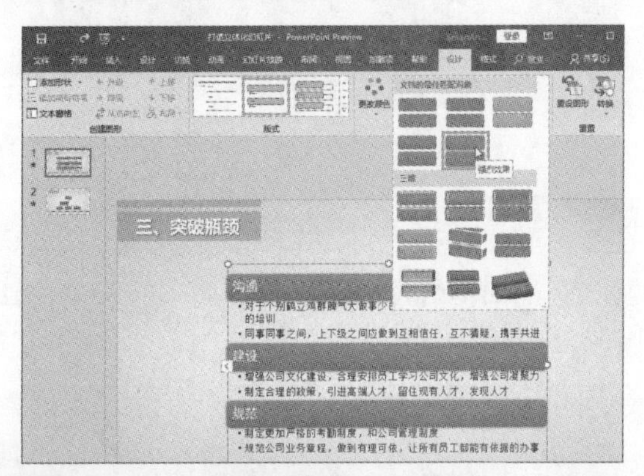

知识点拨 放弃格式编辑操作

如果想要放弃对SmartArt图形所做的更改，则只需单击“SmartArt工具—设计”选项卡的“重设图形”按钮即可。

11.5 母版的应用

若想将演示文稿中所有的幻灯片统一为一种风格，那么应用母版功能将会带给你无穷的惊喜。通过演示文稿母版的应用，可以统一设置幻灯片的主题颜色、字体、页面背景、版式等，下面介绍具体操作方法。

11.5.1 幻灯片母版

利用幻灯片母版功能可以轻松地为演示文稿中的幻灯片设置统一的背景、页面颜色、字体格式等，下面对其相关操作进行介绍。

步骤 01 打开演示文稿，单击“视图”选项卡中的“幻灯片母版”按钮。

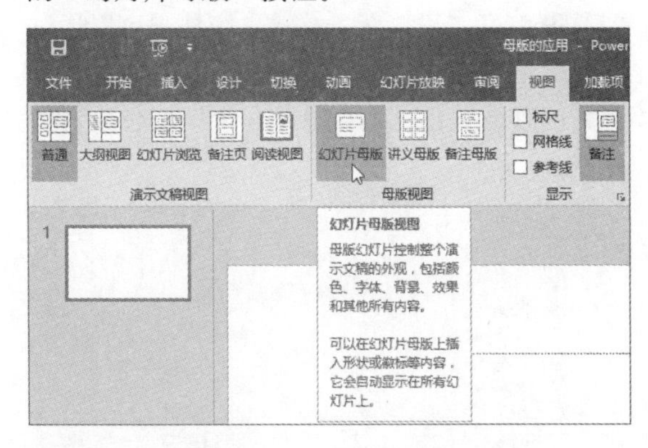

步骤 02 自动切换至“幻灯片母版”选项卡，查看第一张幻灯片版式。

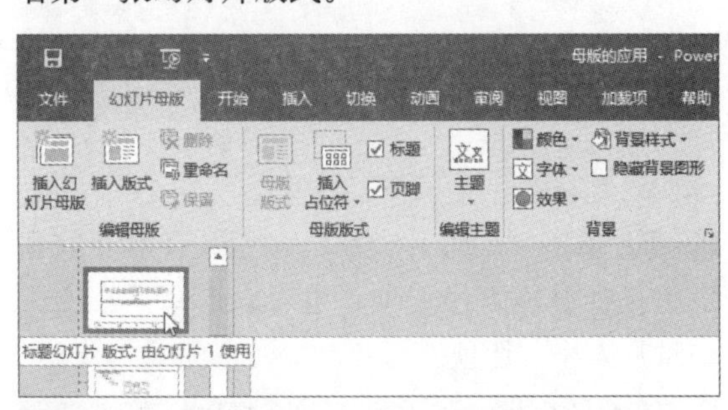

步骤 03 选择第一张幻灯片版式，单击“母版版式”按钮。

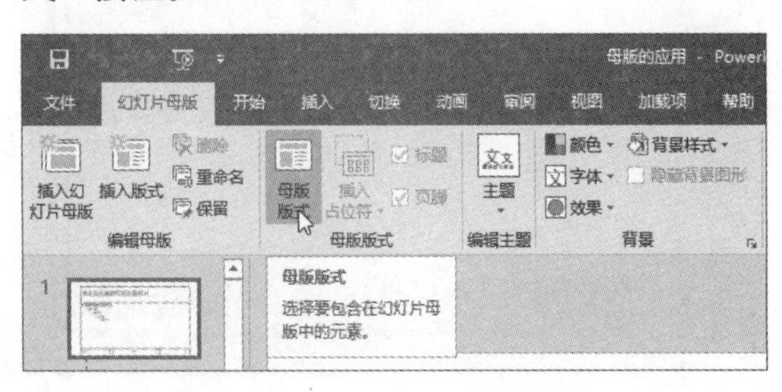

步骤 04 打开“母版版式”对话框，从中可以选择在母版中显示哪些占位符，设置完成后，单击“确定”按钮。

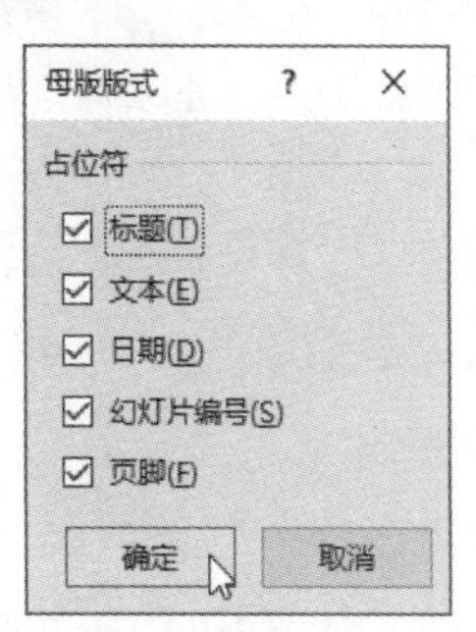

步骤 05 单击“主题”按钮，从展开的主题列表中选择一种合适的主题样式。

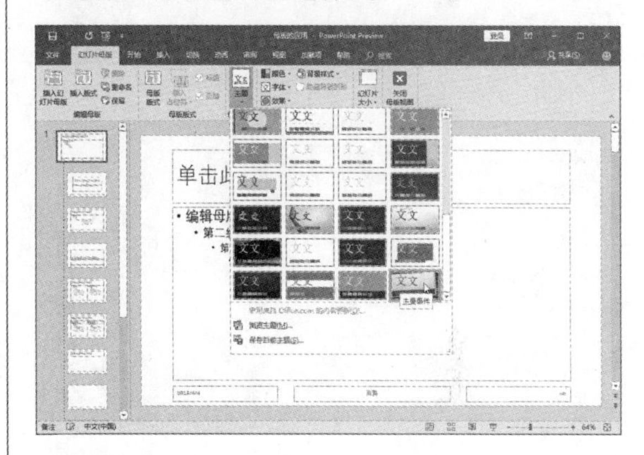

步骤 06 单击“颜色”按钮，从展开的列表中选择一种合适的主题颜色。

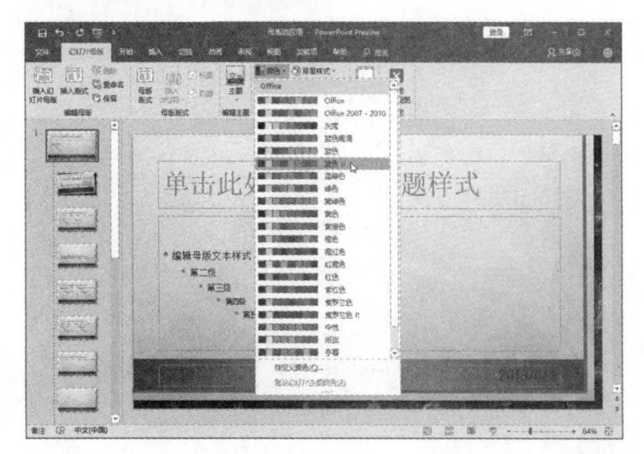

步骤 07 若列表中的主题颜色不能满足需求，则可以在上一步骤中，选择“自定义颜色”选项，打开“新建主题颜色”对话框，对主题颜色进行详细设置，设置完成后，单击“保存”按钮，即可应用该自定义主题色。

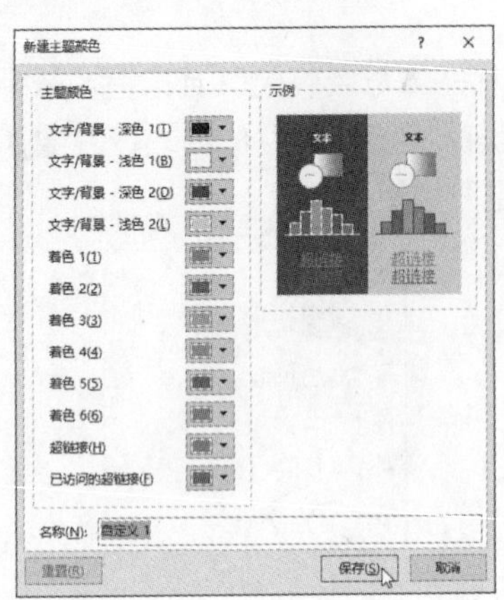

步骤 08 单击“字体”按钮，从展开的列表中选择合适的字体选项。当然，用户也可以像自定义主题颜色一样自定义字体样式。

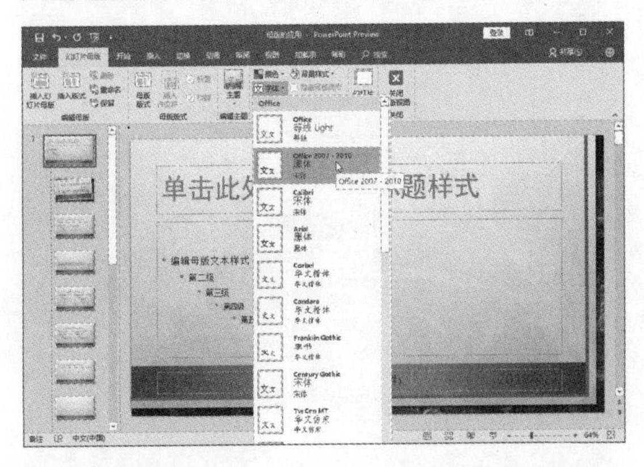

步骤 09 单击“效果”按钮，在展开的列表中选择合适的效果选项。

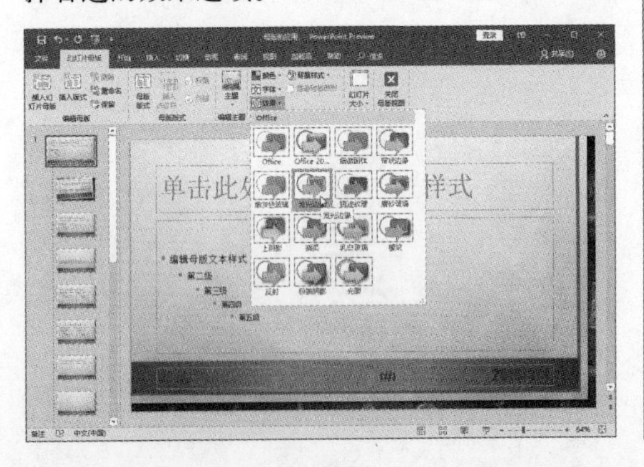

步骤 10 单击“背景样式”按钮，从展开的列表中选择合适的样式，如果需要更加多元化的背景，可以选择“设置背景格式”选项。

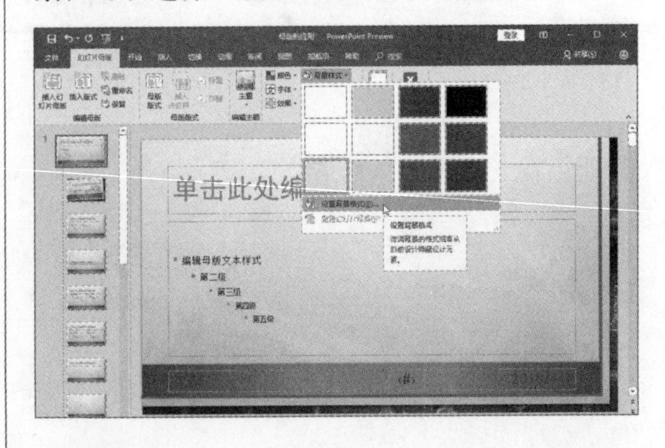

步骤 11 打开“设置背景格式”窗格，可以通过该窗格中相应的命令，设置一个漂亮的背景，背景可以是纯色，也可以是一个渐变色或者图片等。

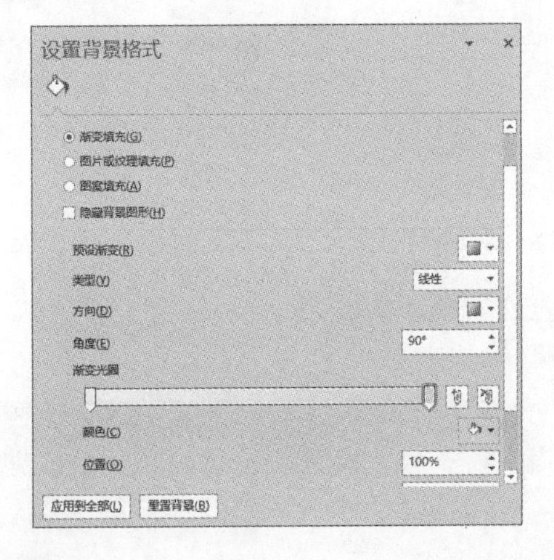

步骤 12 单击“幻灯片大小”按钮，在展开的列表中选择合适大小选项，也可以选择“自定义幻灯片大小”选项。

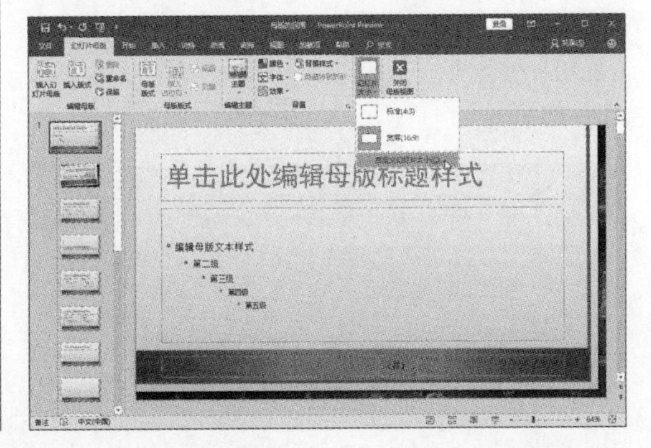

步骤13 打开“幻灯片大小”对话框，从中可以设置幻灯片的方向、大小、幻灯片编号起始值等，设置完成后，单击“确定”按钮。

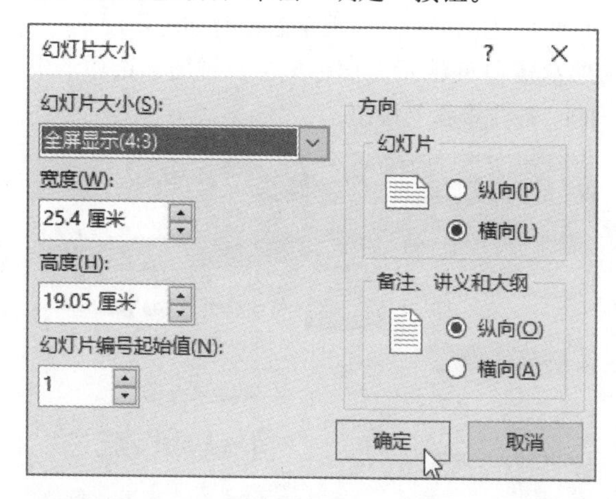

步骤14 弹出一个提示对话框，单击“确保适合”按钮即可。

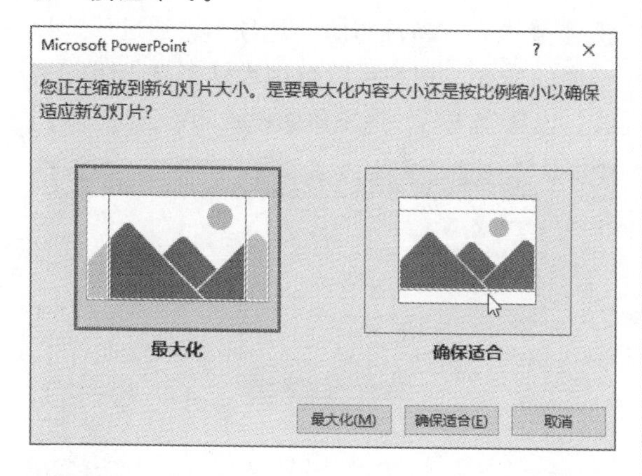

步骤15 完成幻灯片页面设置后，单击“关闭母版视图”按钮，退出母版视图。

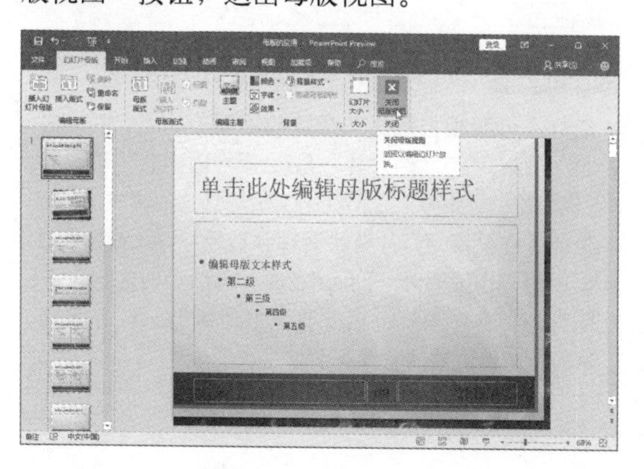

知识点拨 标题母版

在母版视图模式中，第二张幻灯片版式即为标题幻灯片版式，用户可以像设置母版幻灯片一样，对标题幻灯片进行设置。

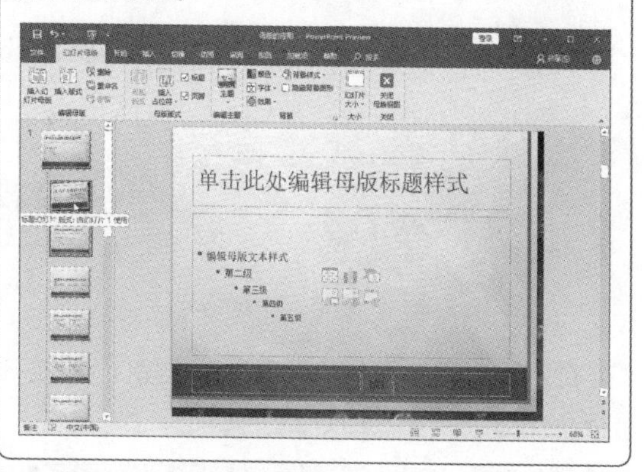

11.5.2 讲义母版

讲义母版定义了演示文稿用作打印讲义时的格式，用户可以自由定义讲义的设计和布局，下面对其进行介绍。

步骤01 打开演示文稿，单击“视图”选项卡中的“讲义母版”按钮。

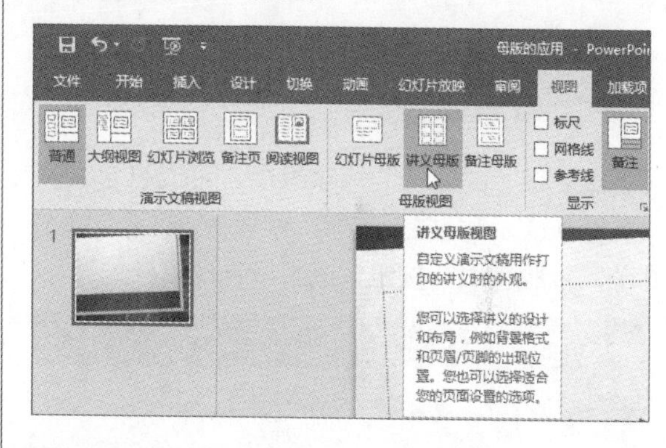

步骤02 单击“讲义母版”选项卡中的“讲义方向”按钮，设置讲义方向。

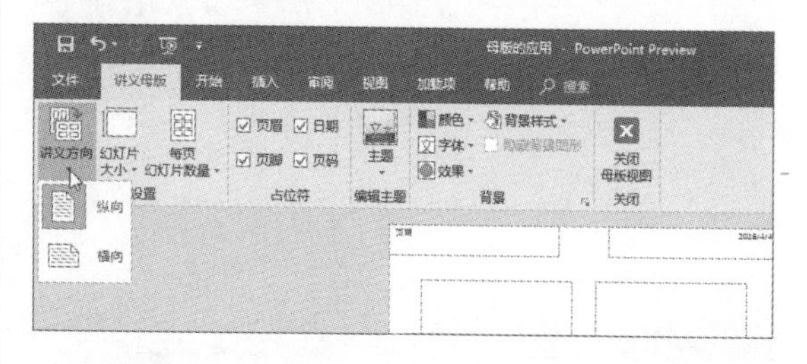

步骤03 单击“幻灯片大小”按钮，通过列表中的选项设置讲义的大小。

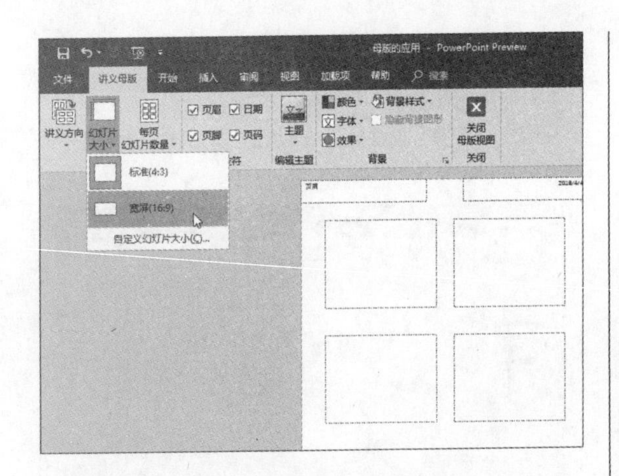

步骤04 单击“每页幻灯片数量”按钮，从展开的列表中选择“2张幻灯片”选项。

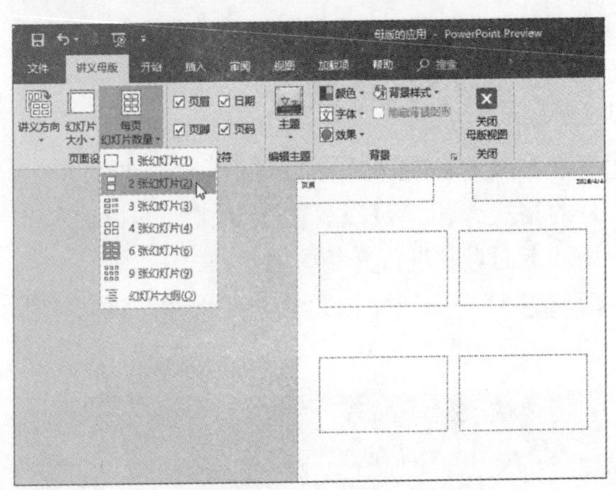

步骤05 在“占位符”选项组中，可以自定义在讲义中显示哪些占位符。设置完成后，单击“关闭母版视图”按钮，退出母版视图模式。

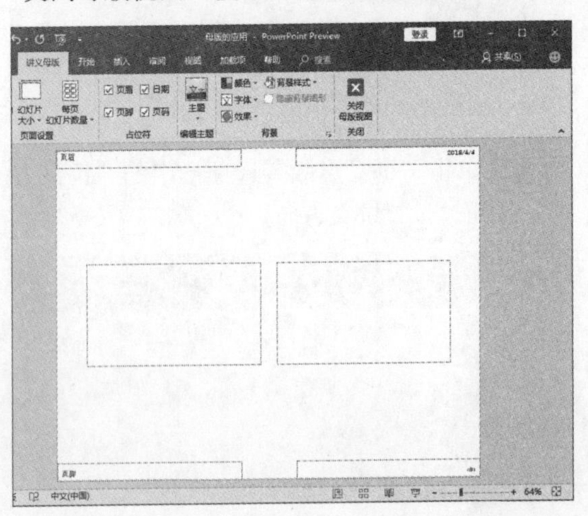

11.5.3 备注母版

备注母版定义了演示文稿与备注一起打印时的外观，用户可以根据需要对其进行设置。

步骤01 打开演示文稿，单击“视图”选项卡中的“备注母版”按钮。

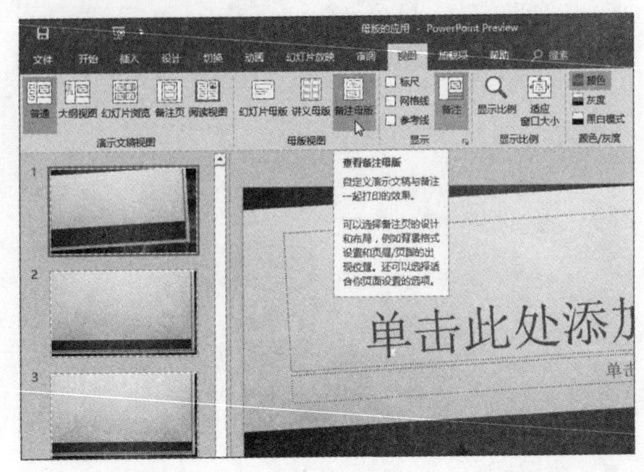

步骤02 进入“备注母版”选项卡，通过该选项卡中的命令，用户可以自由设计备注母版的格式，设置完成后，退出母版模式即可。

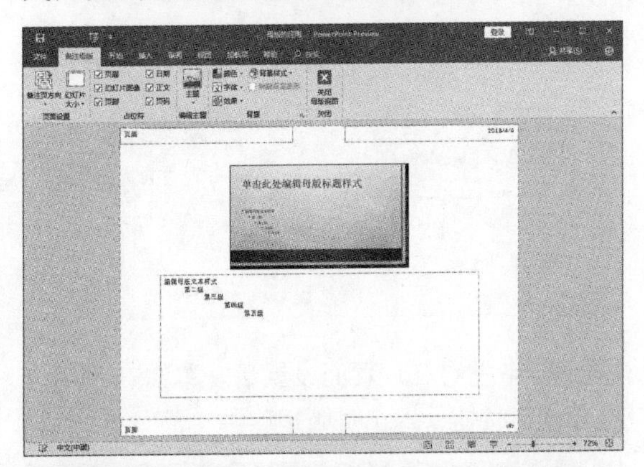

知识点拨 关于幻灯片母版的说明

幻灯片母版根据版式和用途的不同分为“Office主题”母版、“标题幻灯片”母版、“标题内容”母版和“节标题”母版等，它们共同决定幻灯片的样式。

为什么在设置幻灯片背景时都会选择“Office主题”母版呢？这是因为“Office主题”母版中的内容会在所有幻灯片中显示，因此更改该母版的幻灯片背景后，所有幻灯片的背景都会发生改变。

动手练习 制作工作报告文稿

学习完演示文稿制作的相关知识后，接下来用户可以练习制作一个工作中常见的工作报告演示文稿，其中运用到的知识点包括母版的应用、图片的应用、SmartArt图形的创建、图表的设计等。

步骤01 在桌面单击鼠标右键，在弹出的菜单中选择“新建>Microsoft PowerPoint演示文稿”命令，新建一个演示文稿。

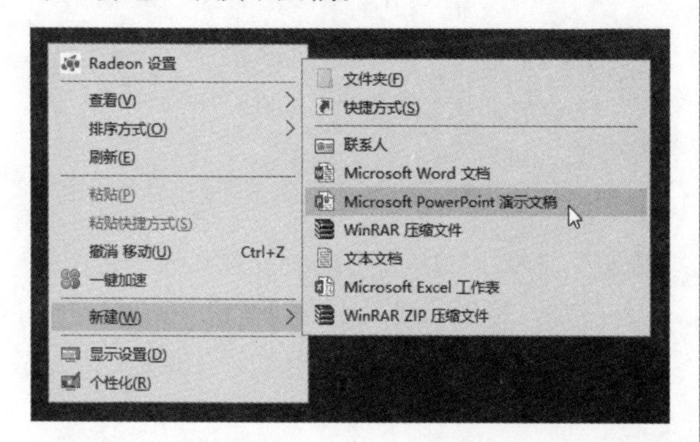

步骤02 为演示文稿命名后，双击该演示文稿图标，打开演示文稿。打开“视图”选项卡，单击“幻灯片母版”按钮，进入母版模式，选择幻灯片母版版式，单击“背景样式”按钮，从列表中选择“设置背景格式”选项。

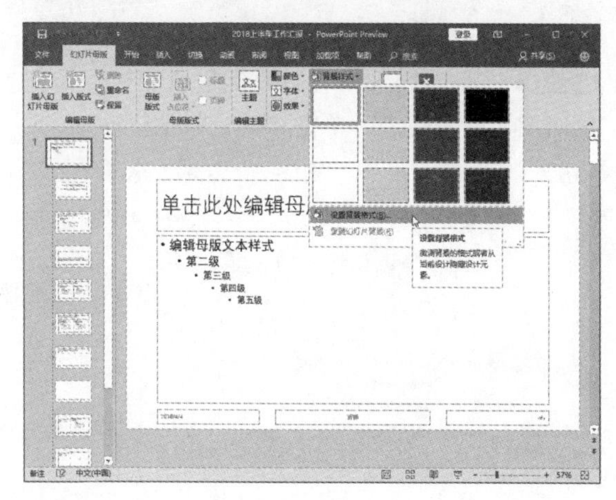

步骤03 打开“设置背景格式”窗格，选择“图片或纹理填充”单选按钮，然后单击“文件”按钮。

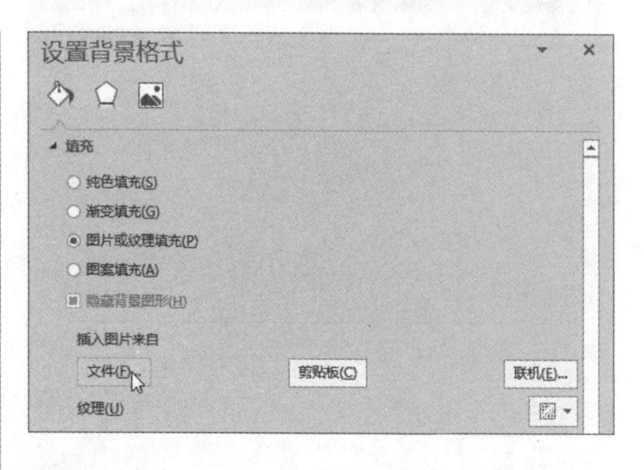

步骤04 打开“插入图片”对话框，选择图片，单击“插入”按钮。

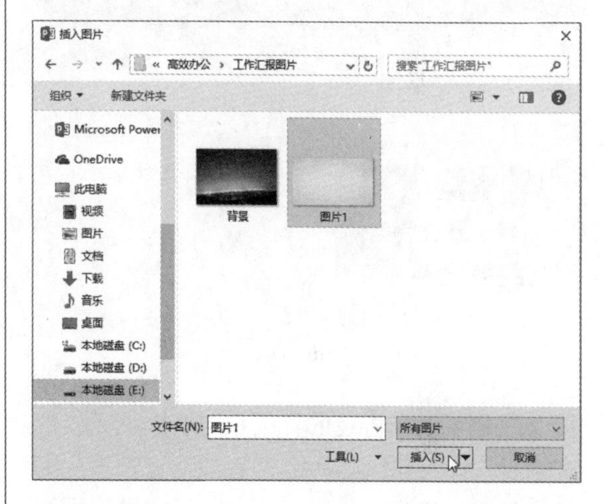

步骤05 单击“插入”选项卡中的“形状”按钮，在其列表中选择“矩形”样式，绘制两个矩形。然后单击“绘图工具—格式”选项卡中的“形状填充”按钮，在列表中选择“橙色”选项；将“形状轮廓”设为“无轮廓”，然后将其图形移至底层。

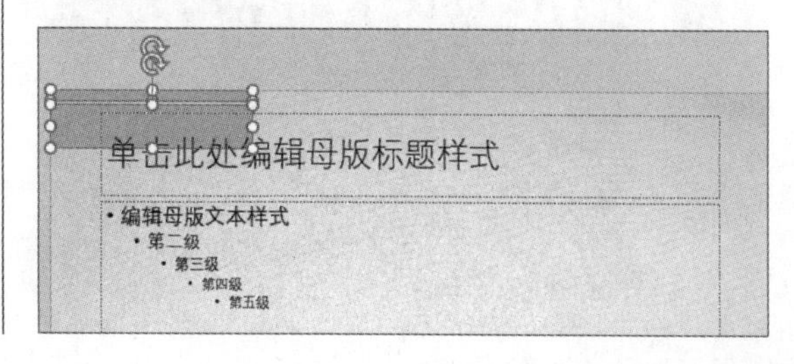

步骤 06 选择标题占位符，将其移至插入的橙色矩形上方，然后设置字体为微软雅黑、32号、白色、加粗、阴影、居中显示。

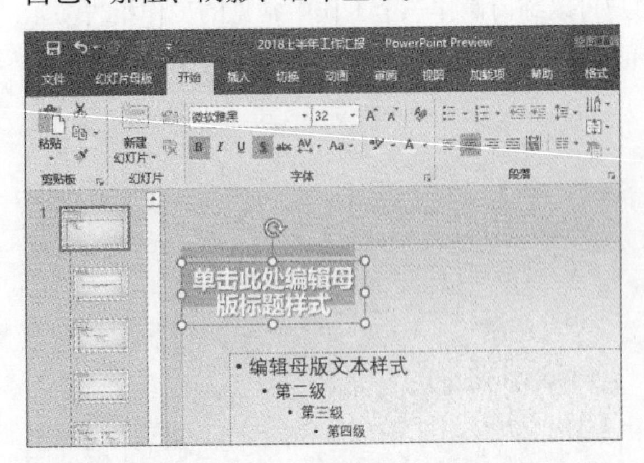

步骤 07 选择标题幻灯片版式，为其设置一个漂亮的背景，在“设置背景格式”窗格中勾选“隐藏背景图形”复选框。

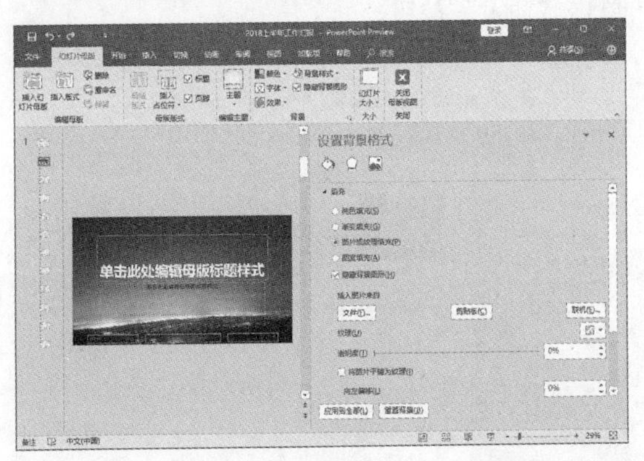

步骤 08 插入两条橙色的直线和一个橙色无轮廓的矩形，设置标题字体格式为：微软雅黑、60号、白色、加粗、阴影、居中显示。设置副标题字体格式为：微软雅黑、24号、白色、加粗、左对齐。然后退出母版视图。

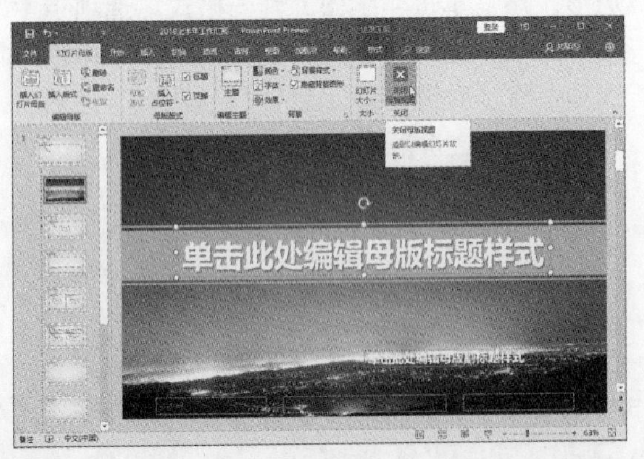

步骤 09 输入标题，然后按Enter键添加幻灯片，制作目录页，插入合适的形状，并且设置合适的格式后，按次序叠放，输入文本。

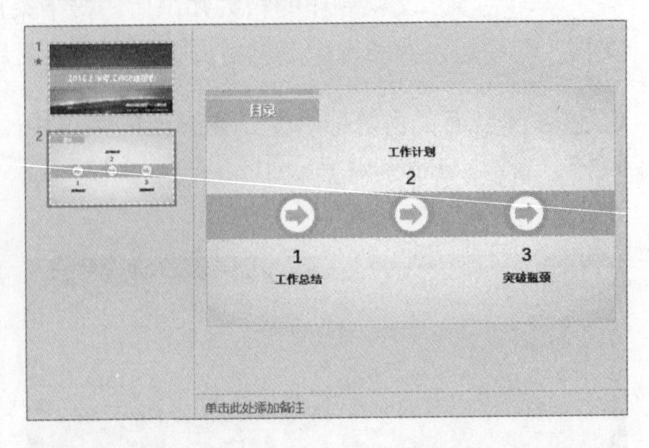

步骤 10 按照同样的方法依次设置其他包含图形的幻灯片，单击“插入图表”按钮。

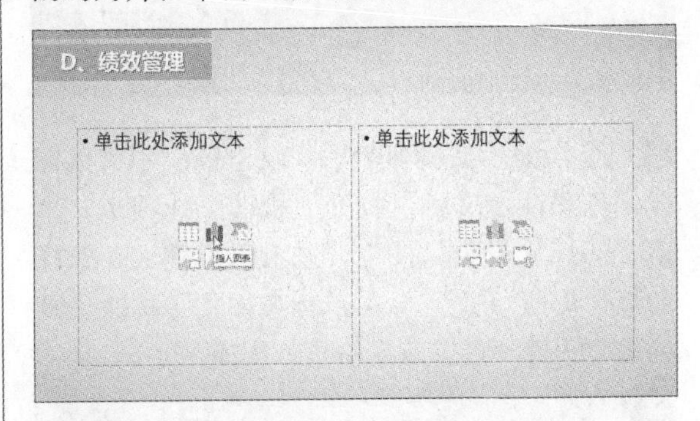

步骤 11 打开“插入图表”对话框，选择“堆积条形图”图表类型，单击“确定”按钮。

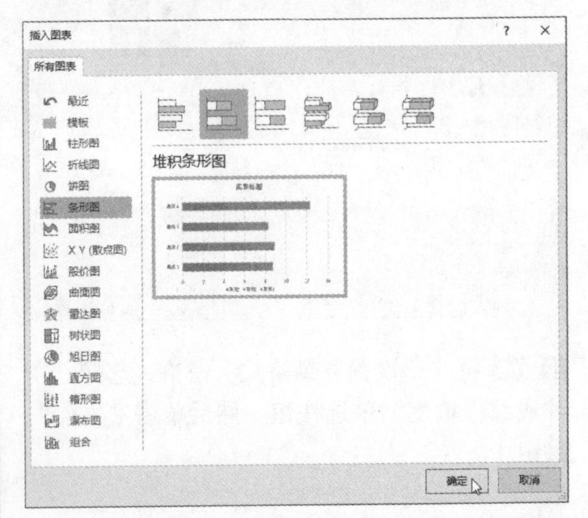

步骤12 在自动打开的表格中输入数据，然后关闭表格。

Microsoft PowerPoint 中的图表

	A	B	C	D	E	F
1		0.5年以下	0.5年—1年	1年以上		
2	销售	25	45	20		
3	后勤	8	10	20		
4	讲师	3	4	3		
5	管理	4	6	15		
6						
7						
8		若要调整图表数据区域的大小，请拖拽区域的右下角。				
9						
10						
11						
12						
13						

步骤13 通过“图表工具—设计”选项卡中的命令，对图表样式进行设计。

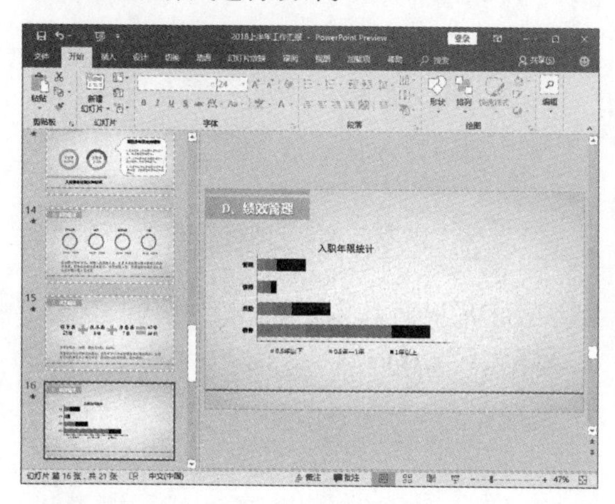

步骤14 选择图表中某一数据系列，单击“图表工具—格式”选项卡中的“形状填充”按钮，为数据系列设置合适的填充色。

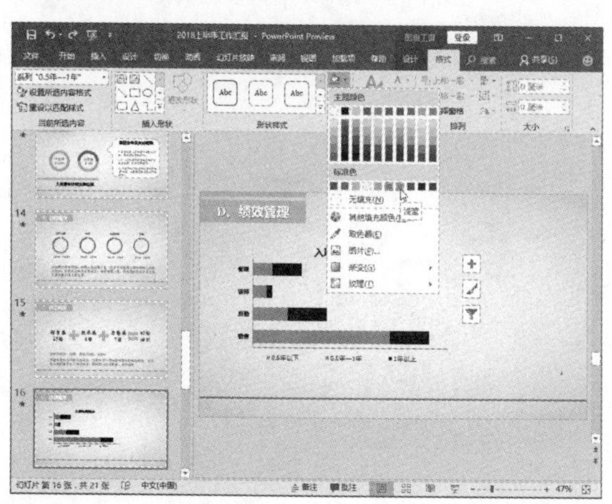

步骤15 插入一个无填充边框的黑色圆角矩形，并在其中输入文本。

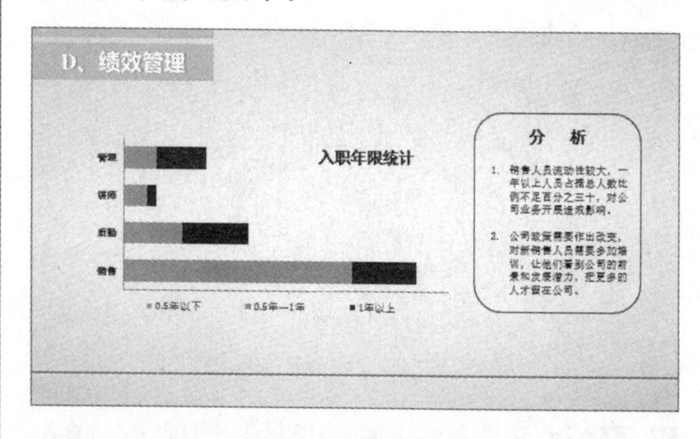

步骤16 按照同样的方法，设置其他需要插入图表的幻灯片，然后插入一个8行5列的表格。

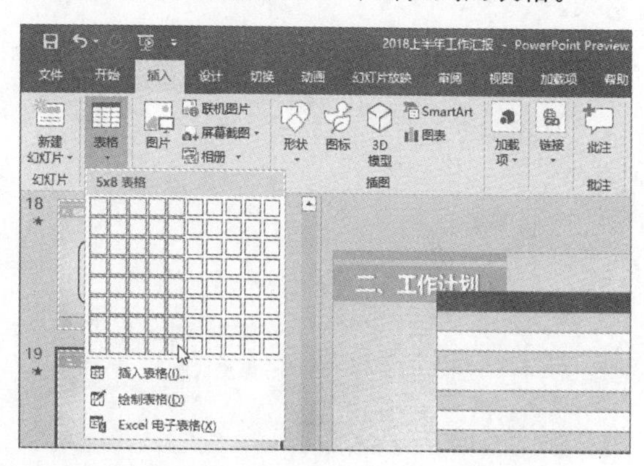

步骤17 切换至“表格工具—设计”选项卡，单击“表格样式”选项组的“其他”按钮，选择“浅色样式3-强调2”选项，为表格应用样式。

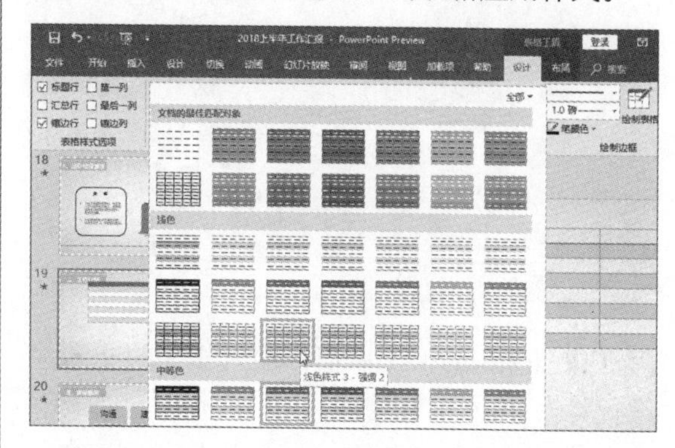

步骤18 选择需要合并的单元格，单击“表格工具—布局”选项卡中的“合并单元格”按钮，进行合并单元格操作。

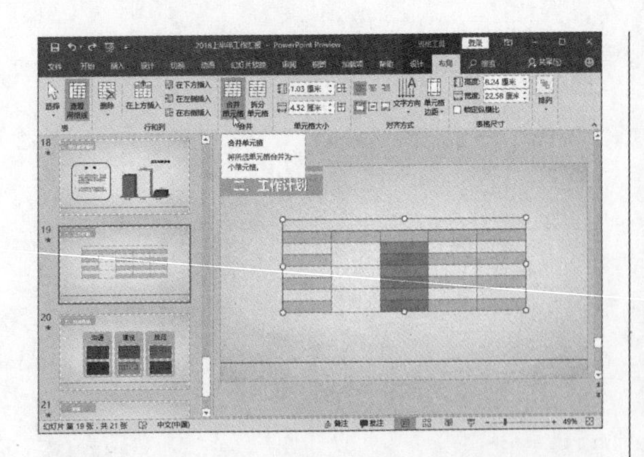

步骤19 返回“表格工具—设计”选项卡，单击“绘制表格”按钮，按住鼠标左键不放，绘制斜线。

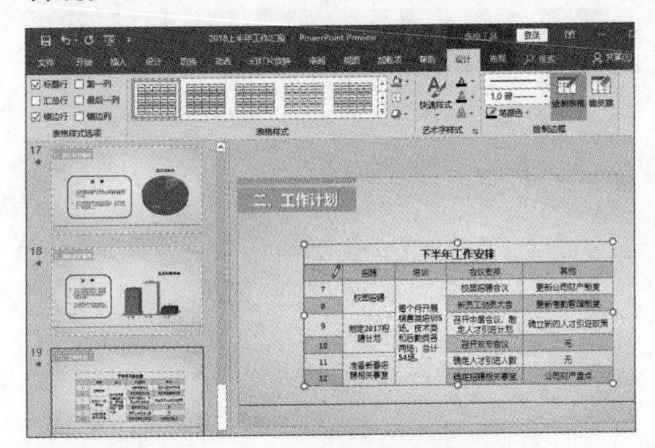

步骤20 输入文本，按需调整表格即可。

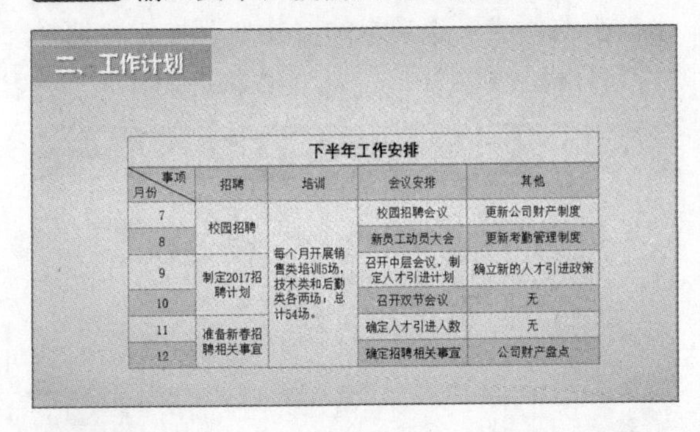

下半年工作安排

事项/月份	招聘	培训	会议安排	其他
7	校园招聘	每个月开展销售类培训5场，技术类和后勤类各两场，总计54场。	校园招聘会议	更新公司财产制度
8			新员工动员大会	更新考勤管理制度
9	制定2017招聘计划		召开中层会议，制定人才引进计划	确立新的人才引进政策
10			召开双节会议	无
11	准备新春招聘相关事宜		确定人才引进人数	无
12			确定招聘相关事宜	公司财产盘点

步骤21 插入SmartArt图形，输入相关的文本并进行美化。

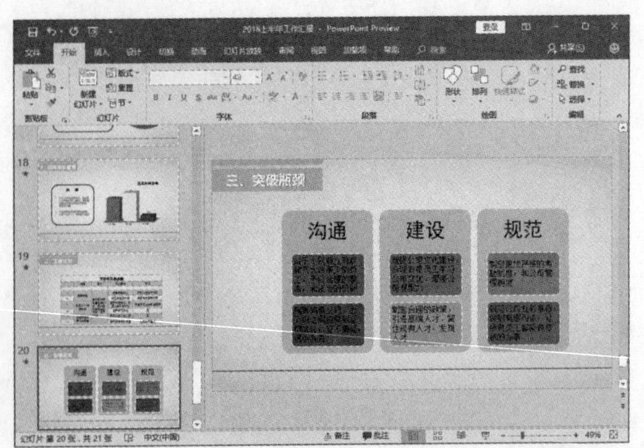

步骤22 切换至“插入”选项卡，单击“艺术字”下拉按钮，从列表中选择合适的样式，并输入文本。

步骤23 最后根据需求设置艺术字格式。至此，完成该演示文稿的制作。按Ctrl+S组合键保存即可。

秒杀疑惑

1. 快捷键在复制、移动幻灯片中的应用

除了本章介绍的方法可以复制和移动幻灯片外，用户还可以选择幻灯片后，通过Ctrl + C组合键复制幻灯片，然后通过Ctrl + V组合键将其粘贴至合适位置。若选择幻灯片后直接按Ctrl + D组合键，将快速将当前幻灯片复制在该幻灯片的下方。

用户也可以选择幻灯片后，按Ctrl + X组合键进行剪切幻灯片，然后通过Ctrl + V组合键将其粘贴至需要移动的位置。

2. 如何删除组织结构图中多余形状？

若添加的形状有剩余，可以将其选中，随后直接在键盘上按Delete键删除。用户也可以选择形状后，单击鼠标右键，从快捷菜单中选择“剪切”命令，将多余的形状删除。

3. 为什么根据Word文件制作的演示文稿会一下子变成好多页？

不知道细心的用户有没有发现，其实在Word文档中有多少行，转化成演示文稿后，就会有多少页，所以，需要放在演示文稿同一页面上的文本内容，可以先在Word文档中进行调整，然后再转化，就可以达到你想要的效果了！

4. 如何将幻灯片中的图片背景保存起来？

若在其他演示文稿中看到一些精美的图片或是图片背景，用户可以将其保存起来，即在图片上右击并选择“另存为图片”命令，根据提示保存图片即可。

5. 如何为SmartArt图形中的某一个图形进行独特的设置？

只需选择SmartArt图形中的形状，然后通过“SmartArt工具—格式”选项卡上功能区中的命令，进行相应设置即可。

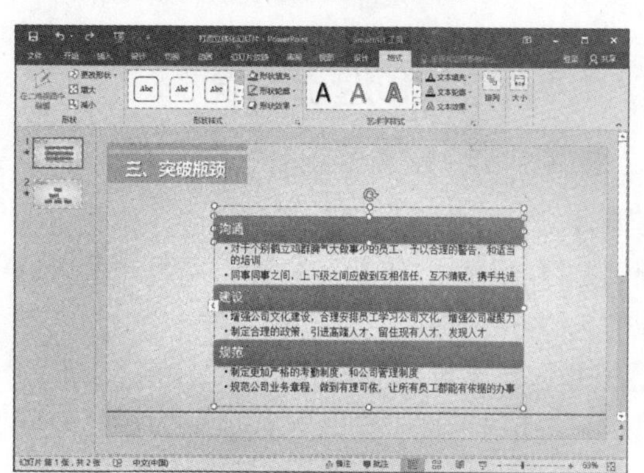

Chapter 12 幻灯片动画效果的设计

幻灯片动画效果的设计主要包括为幻灯片页面中的对象设置动画效果、页面切换动画效果的制作以及为幻灯片添加超链接等，通过对本章内容的学习，将为以后PPT综合动画效果的制作奠定良好的基础。

12.1 为对象添加动画效果

动画效果按照不同类型可分为：进入动画、退出动画、强调动画、路径动画及组合动画，若想在放映幻灯片时，能够更加吸引观众注意力，增强可观赏性，可以为幻灯片中的对象（图形、表格、图片、文本框等）添加合适的动画效果。

12.1.1 进入和退出动画

所谓进入动画，是指可以让对象从幻灯片页面外以特有的方式进入到幻灯片，而退出动画则是以特有方式退出幻灯片，进入和退出动画的应用方法如下。

步骤01 选择需要添加动画效果的对象，单击“动画”选项卡中“动画”选项组的“其他”按钮。

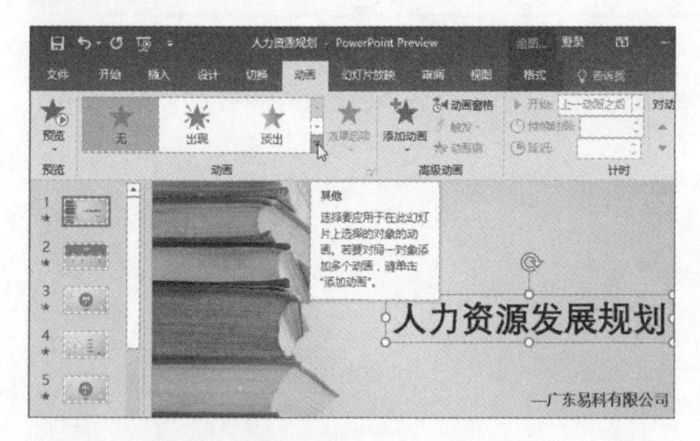

步骤02 展开动画效果列表，在“进入”选项区域中选择合适的进入效果，这里选择“飞入”效果选项。

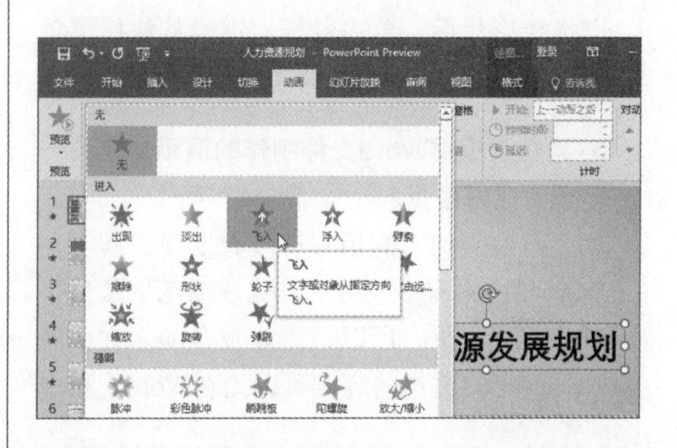

步骤03 单击“效果选项”按钮，从展开的列表中选择“自右侧”选项。

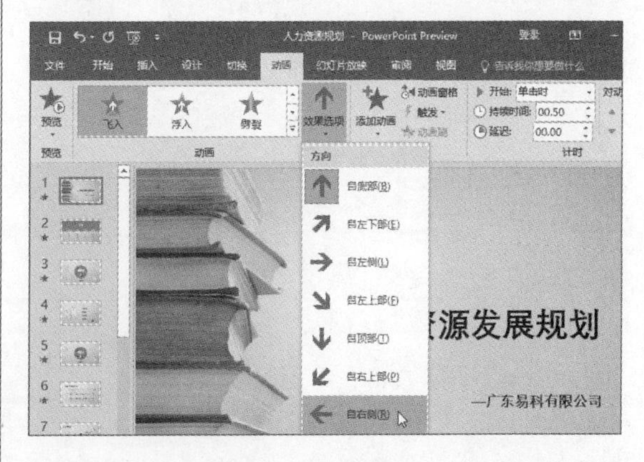

步骤04 单击“添加动画”按钮，在下拉列表的“退出”选项区域中，选择“飞出”效果。

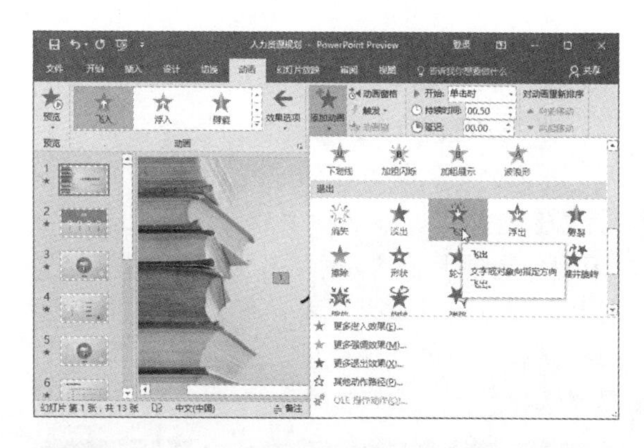

步骤 05 单击“效果选项”按钮，从展开的列表中选择“到左侧”选项。

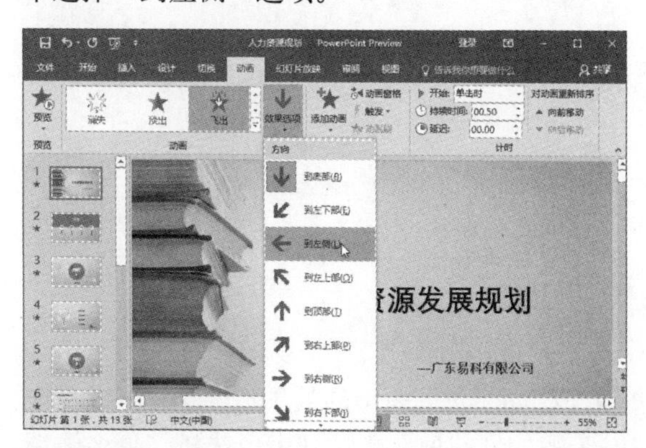

步骤 06 单击“开始”右侧下拉按钮，从列表中选择“上一动画之后”选项。

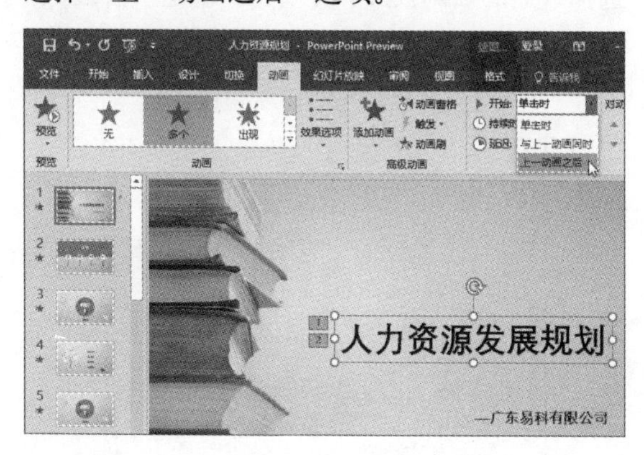

步骤 07 然后在“持续时间”数值框中，设置动画效果的持续时间。

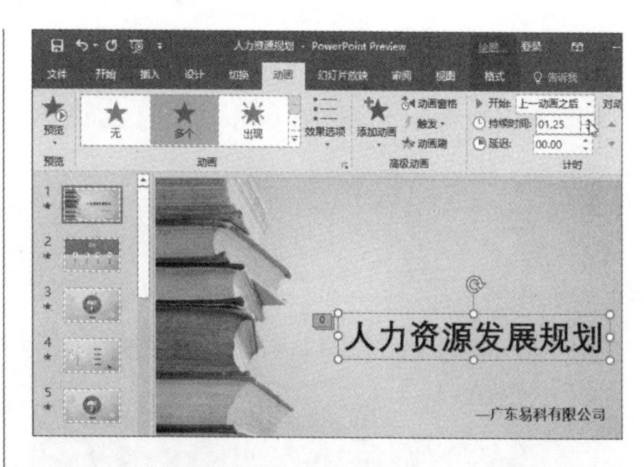

步骤 08 选择需要复制动画效果的对象，双击“动画刷”按钮。

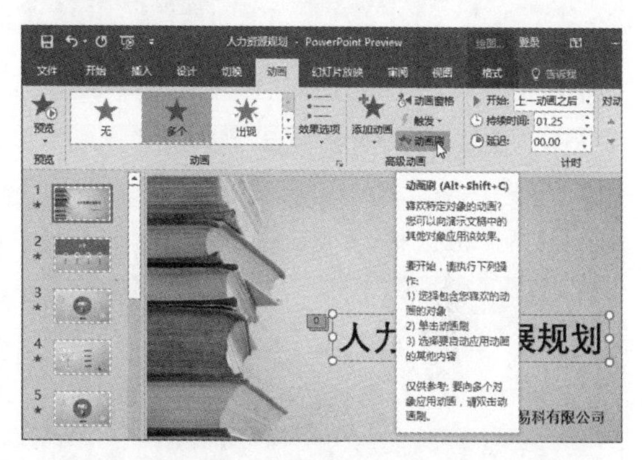

步骤 09 光标变为小刷子形状，单击需要添加动画效果的对象，可以将动画效果复制到该对象上面。

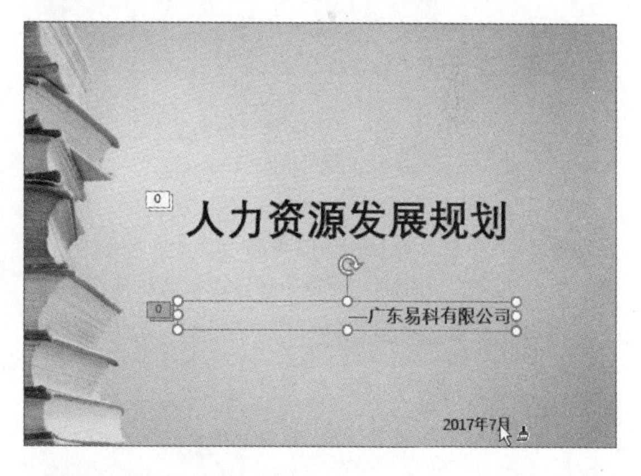

步骤 10 设置完成后，单击“预览”按钮，预览设置的动画效果。

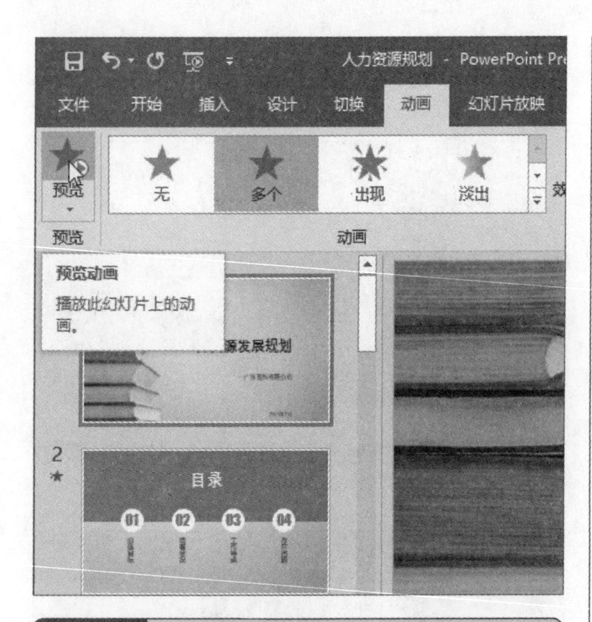

知识点拨　精确控制动画效果

如果需要对动画效果进行编辑，可以单击“动画”选项卡中的“动画窗格”按钮。

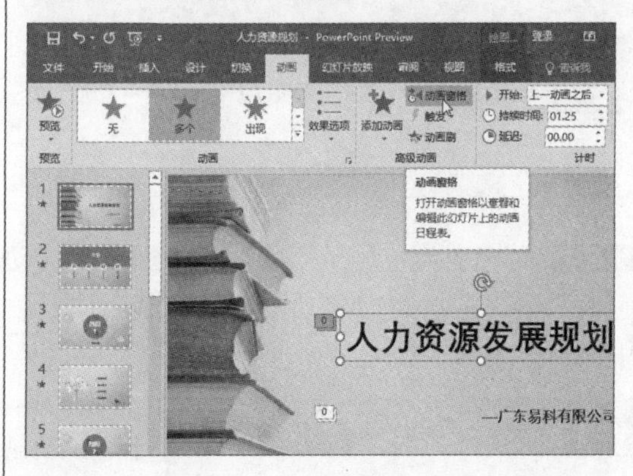

在打开的“动画窗格”中选择需要编辑的对象，对其进行设置。其中，“向前”按钮功能等同于功能区中的“向前移动”按钮，可以将选择对象向前移动。“向后”按钮功能等同于功能区中的“向后移动”按钮，可以将选择对象向后移动。

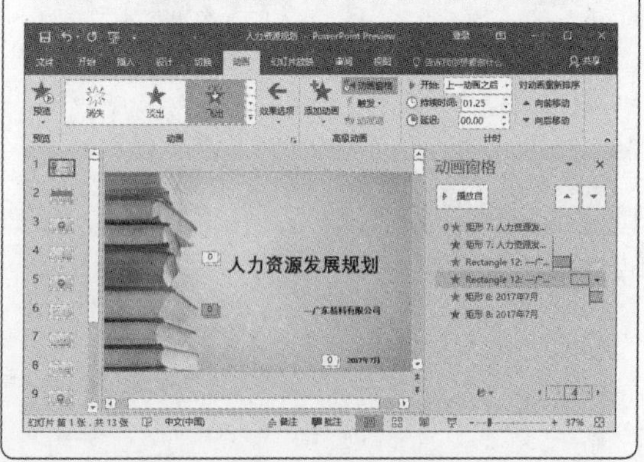

12.1.2 强调动画

强调动画可以突出对象，让对象重点显示，下面介绍强调动画的应用。

步骤01 选择需要添加动画效果的对象，单击“动画”选项卡上“动画”选项组中的“其他”按钮，展开动画效果列表，在“强调”选项区域中选择合适的强调效果，这里选择“脉冲”效果选项。

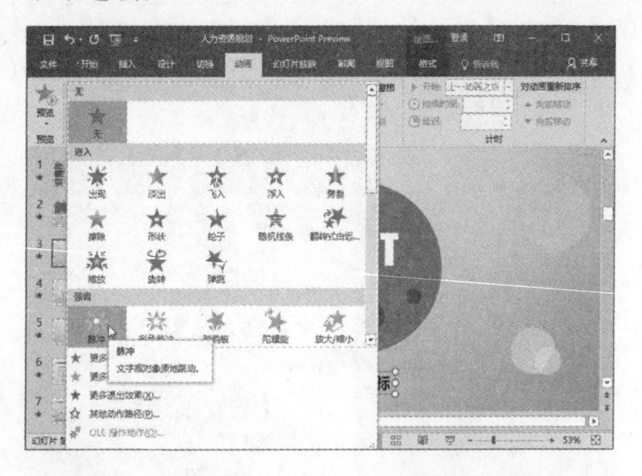

步骤02 如果对列表中的效果不满意，可以在上一步骤的“其他”下拉列表中选择“更多强调效果”选项，打开“更改强调效果”对话框，选择合适的强调效果，并单击“确定”按钮。

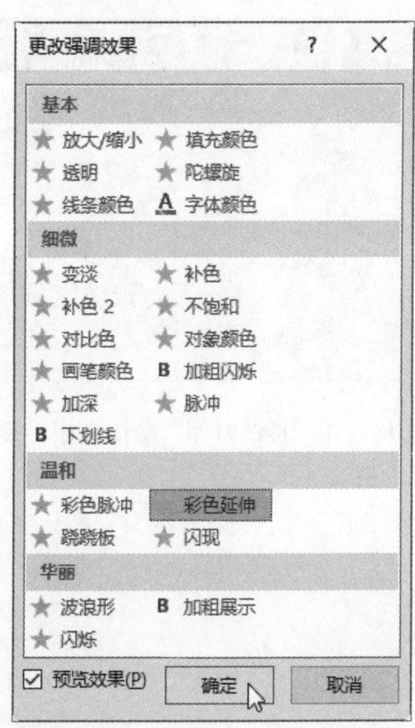

步骤03 单击“效果选项”按钮，从列表中选择合适的颜色选项。

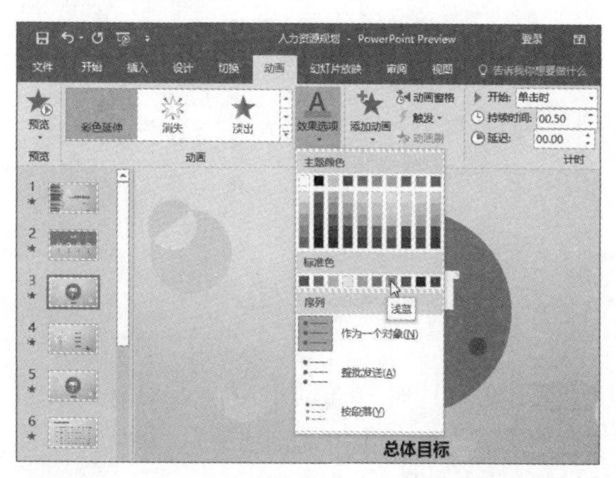

步骤04 在“计时”选项组中设置动画效果的开始方式为“上一动画之后”，设置“持续时间”为01.00秒。

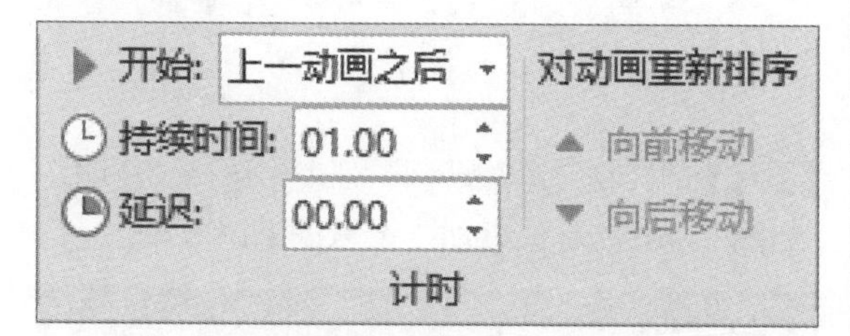

12.1.3 路径动画

路径动画即指定对象沿设定好的路径进行运动的动画，其具体的设置方法介绍如下。

步骤01 选择需要添加动画效果的对象，单击“动画”选项卡上“动画”选项组中的“其他”按钮，在展开动画效果列表的“动作路径”选项区域中选择“弧形”效果。

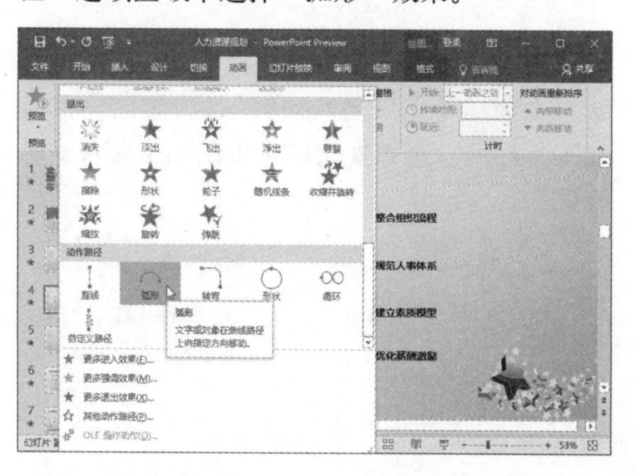

步骤02 单击“效果选项”按钮，从列表中选择合适“编辑顶点”选项。

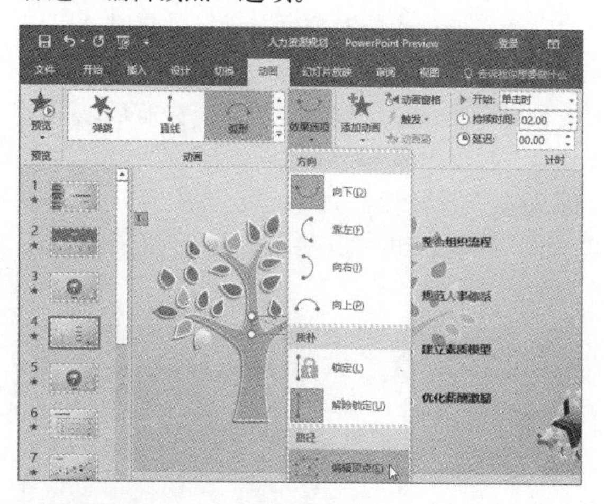

步骤03 动作路线由虚线变为红线，上面出现黑色的顶点即为可编辑顶点，将光标移至上方，按住鼠标左键不放并拖动，即可对该顶点进行编辑，编辑完成后，释放鼠标左键即可。

步骤04 设置好之后即可预览效果。

知识点拨 手绘路径

在动画效果下拉列表的“动作路径”选项区域中，若选择“自定义路径”选项，则可以自由绘制动作路径，绘制完成后，按Esc键退出绘制。

12.1.4 组合动画

为幻灯片中的对象添加动画效果时，可以为同一对象添加多个动画效果，并且这些动画效果可以是一起出现，也可以有先有后，下面将对其具体操作进行介绍。

步骤01 选择需要添加动画效果的对象，单击“动画”选项卡的“其他”按钮，为选择对象添加动画效果。

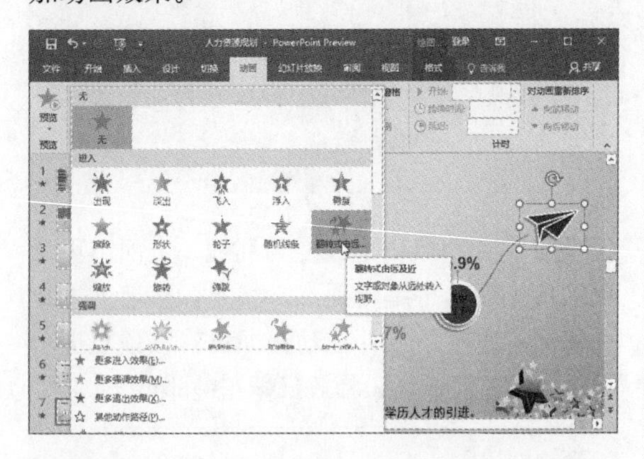

步骤02 单击“添加动画”按钮，从列表中选择“陀螺旋”选项。

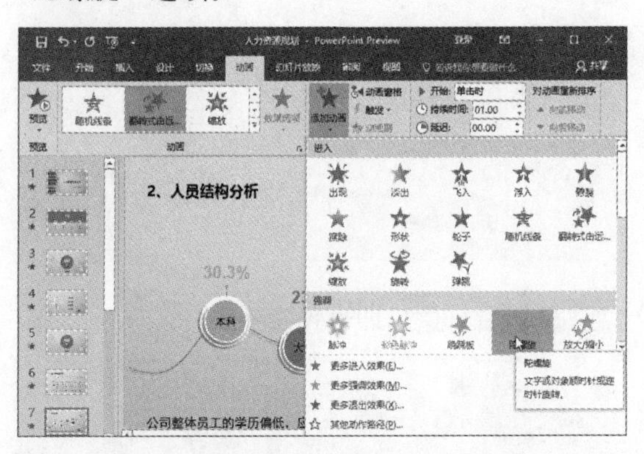

步骤03 在“计时”选项组中设置动画效果的开始方式为“与上一动画同时”，设置“持续时间”为00.50秒。

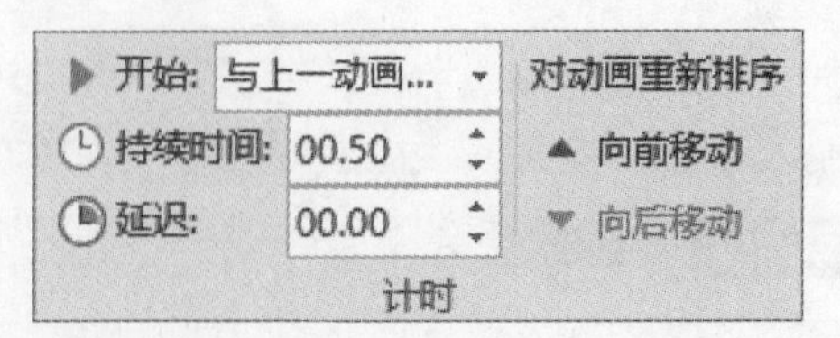

步骤04 在“添加动画”列表中，选择“收缩并旋转”效果，为所选对象添加退出动画效果。

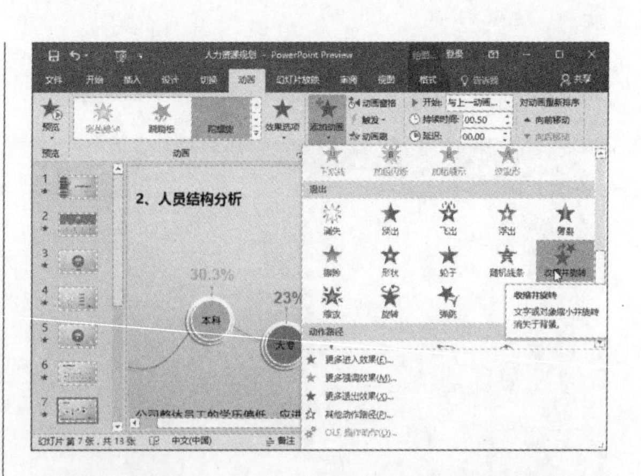

步骤05 在“计时”选项组中设置动画效果的“开始方式”为“上一动画之后”，设置“持续时间”为00.50秒。

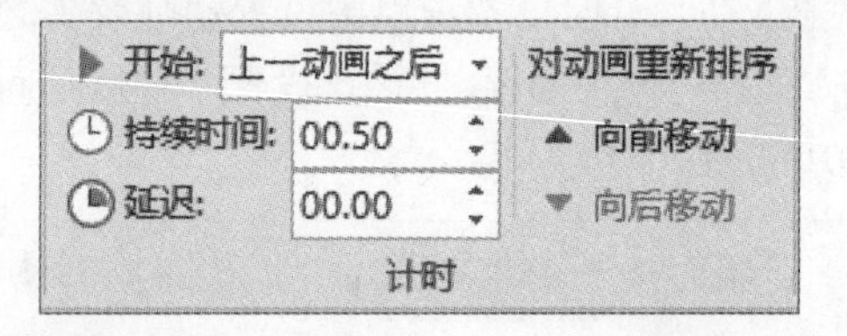

步骤06 同样在“添加动画”列表中选择“透明”效果，为所选对象添加一个强调动画效果。

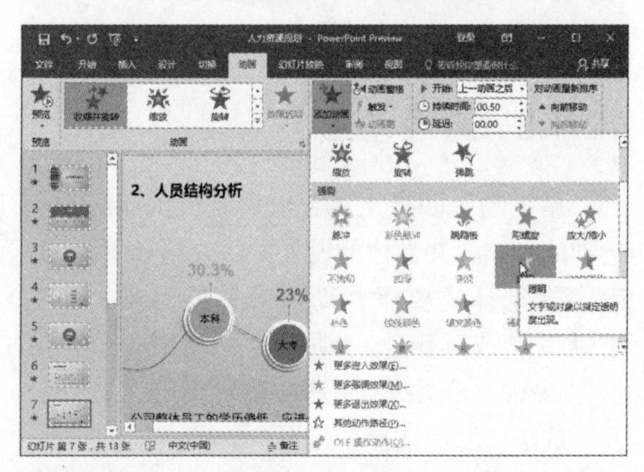

步骤07 在“计时”选项组中设置动画效果的开始方式为“与上一动画同时”，设置“持续时间”为自动。这样就为该对象添加了多种动画效果。

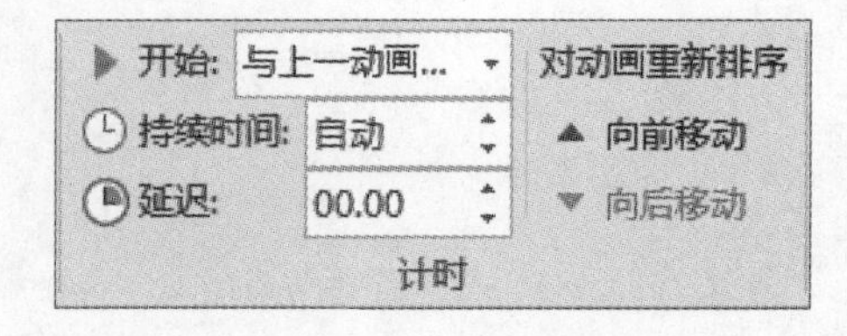

12.2 为幻灯片设置切换动画

播放演示文稿时，还可以应用幻灯片的切换效果，使幻灯片页面动起来，让观众眼前一亮。

12.2.1 应用切换动画效果

幻灯片的切换效果应用起来很简单，用户可以根据幻灯片内容和受众的不同，为幻灯片页面合理地添加切换动画。

步骤01 打开演示文稿，选择幻灯片，切换至“切换”选项卡，单击“切换到此幻灯片”选项组中的“其他”按钮。

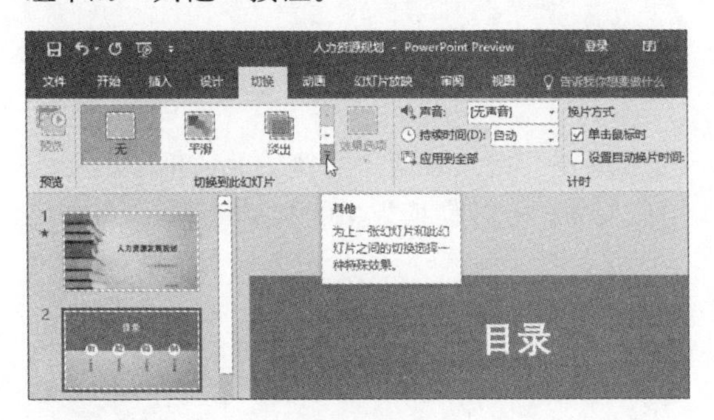

步骤02 从展开的切换效果列表中选择“帘式”效果选项。

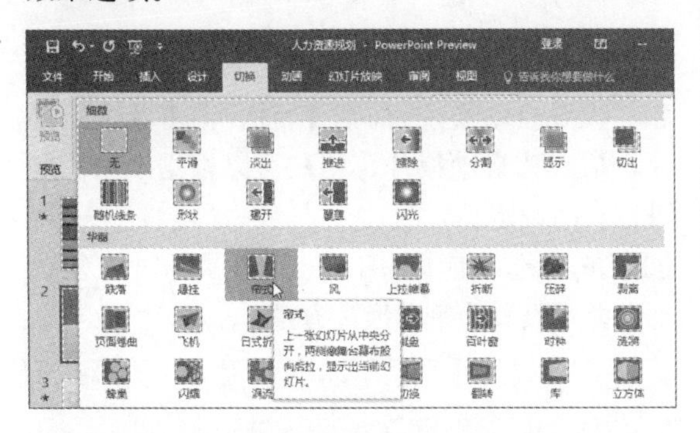

步骤03 随后预览该切换效果。

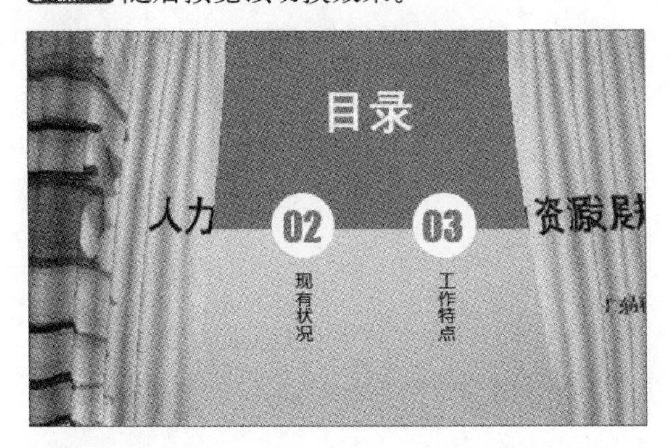

知识点拨 效果选项的添加

如果应用“揭开”切换效果，那么还可以单击“效果选项”按钮，从列表中选择“自顶部”选项。

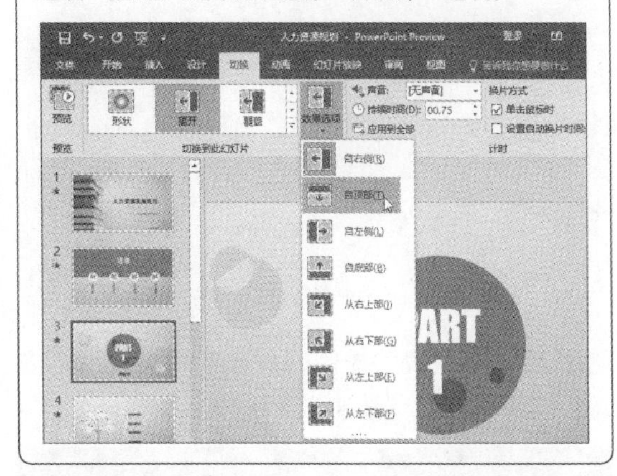

步骤04 为所有幻灯片页面应用切换效果后，需要预览某一幻灯片切换效果时，可以选择该幻灯片后单击“预览”按钮。

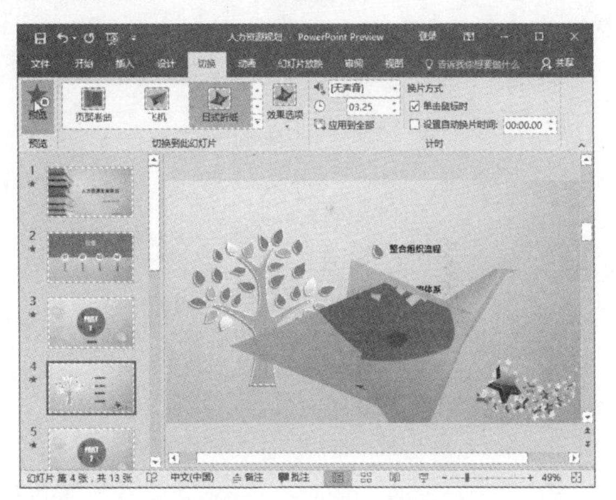

12.2.2 编辑切换声音和速度

为幻灯片应用切换效果后，用户可以为幻灯片添加适合场景的切换声音，并设置切换速度，下面将对其操作进行介绍。

步骤 01 为幻灯片应用“日式折纸”效果后，单击“计时”选项组中“声音”右侧的下拉按钮，从展开的列表中选择“风铃”选项。

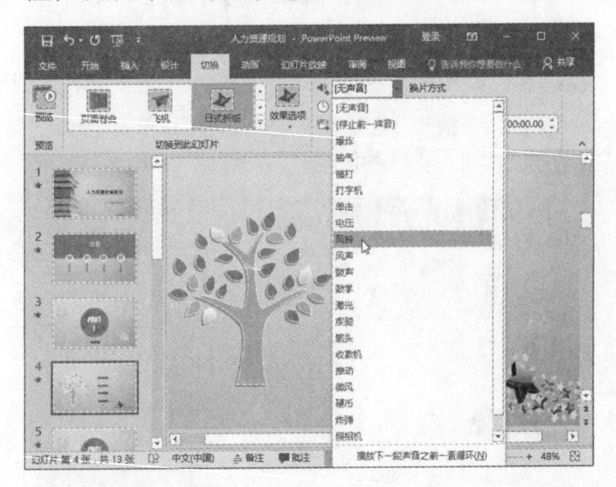

步骤 02 如果列表中提供的声音不能满足用户需求，还可选择“其他声音”选项。

步骤 03 打开“添加音频”对话框，选择合适的音频，单击“确定”按钮即可。

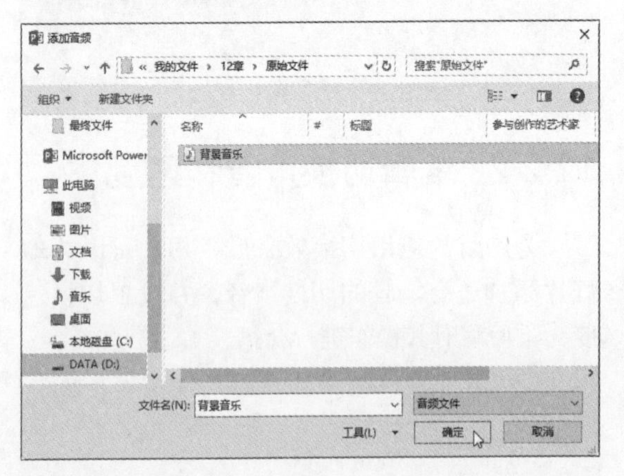

步骤 04 在“声音”列表中，如果选中底部的“播放下一段声音之前一直循环”选项，则可以切换本张幻灯片过程中一直循环该声音。

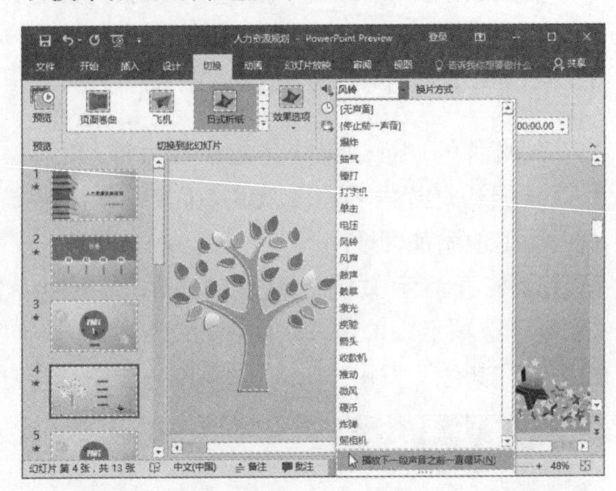

步骤 05 在“持续时间”右侧的数值框中，用户可以设置幻灯片切换效果的持续时间。

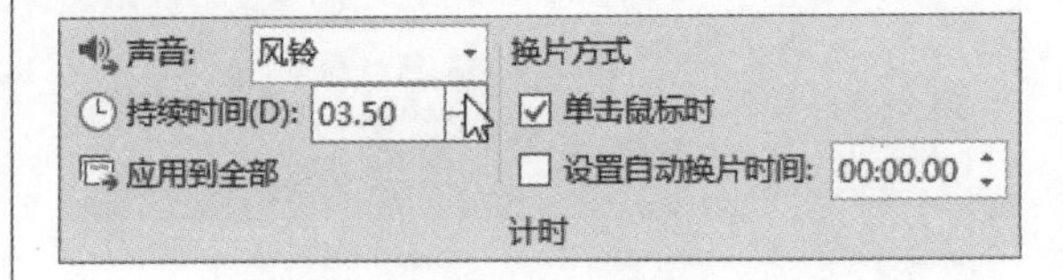

12.2.3 设置幻灯片切换方式

幻灯片的切换方式包括“单击鼠标时”和“设置自动换片时间”两种，前者为手动换片，后者为自动换片，用户可以根据演示需要进行灵活设定。

步骤 01 勾选功能区中的“单击鼠标时”复选框，即可设置为手动换片方式。

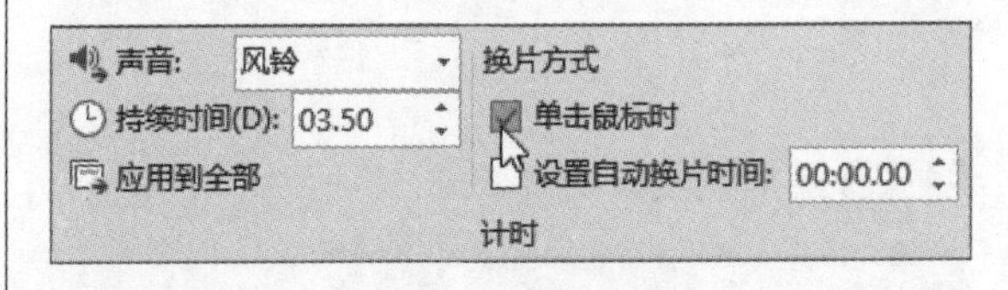

步骤 02 勾选“设置自动换片时间”复选框后，需要通过右侧的数值框进行时间设定。

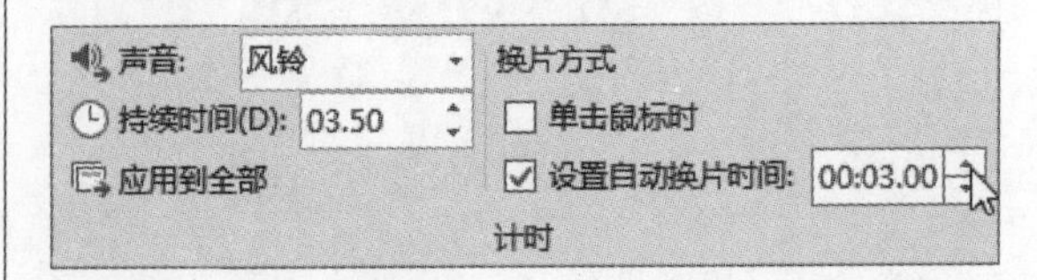

12.3 为幻灯片添加超链接

在演讲时，如果需要引用其他内容，则可以为幻灯片中的对象添加超链接，如果想要从当前幻灯片直接跳跃到其他幻灯片，则可以使用动作按钮，下面对其进行介绍。

12.3.1 超链接的添加

PPT的超链接功能可以将幻灯片页面中的内容和其他内容相链接，在播放幻灯片过程中，单击链接的对象，即可访问其他位置中的内容。下面介绍添加超链接的操作方法，具体如下。

1. 链接到文件

用户可以直接为超链接对象链接电脑中的文件，其具体操作过程如下。

步骤 01 选择需要添加超链接的对象，单击“插入”选项卡中的“链接”按钮。

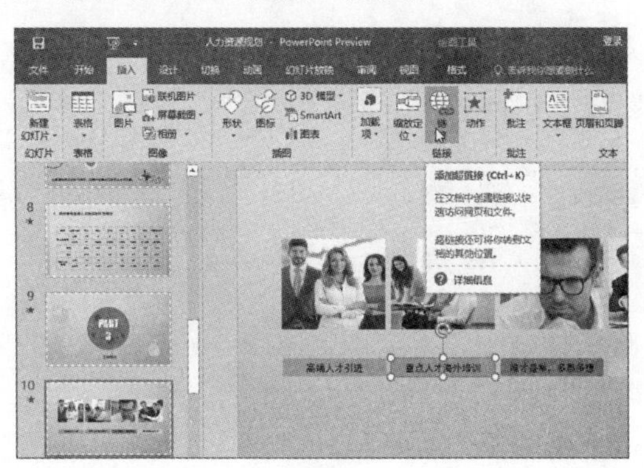

步骤 02 打开“插入超链接”对话框，在“链接到”列表框中选择“现有文件或网页”选项，然后在其右侧面板中选择“当前文件夹”选项，再在列表中选择合适的文件，然后单击“确定”按钮即可。

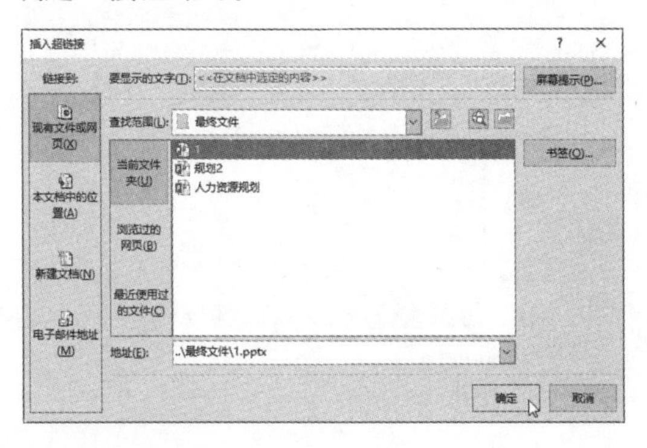

步骤 03 选择添加了超链接的对象，单击鼠标右键，从弹出的快捷菜单中选择“打开链接”命令。或者在放映时直接单击超链接对象，即可访问链接的对象。

2. 链接到网页

除了可以直接链接到现有文件外，用户还可以将对象链接到网页，其具体操作介绍如下。

步骤 01 选择需要插入超链接的对象，在“插入”选项卡中，单击“链接”按钮，打开“插入超链接”对话框，在地址栏中直接粘贴复制的网址，然后单击“确定”按钮。

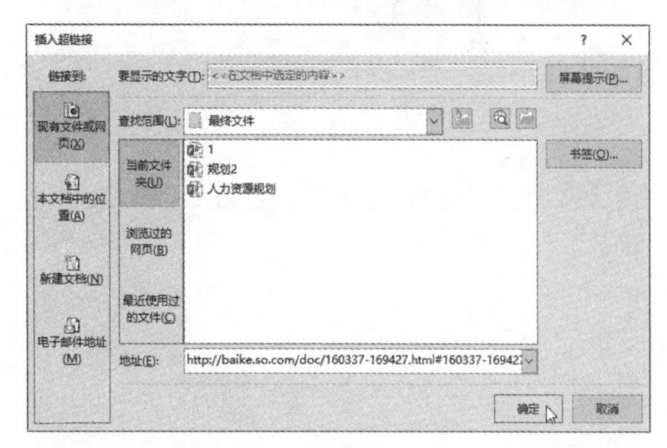

步骤 02 在超链接对象上右击，然后选择快捷菜单中的“打开链接”命令，即可访问超链接的网页。

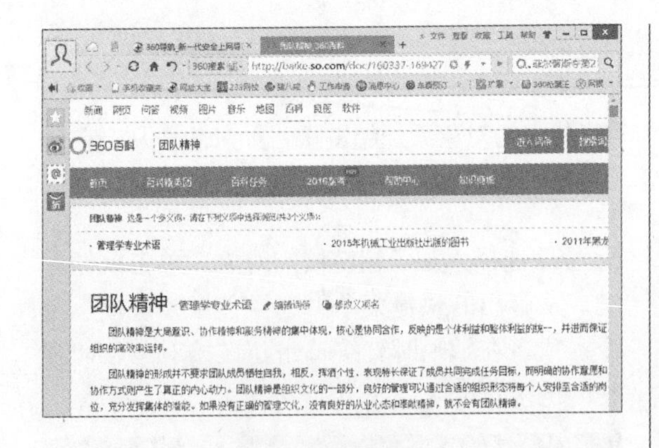

12.3.2 超链接的编辑

在演示文稿中插入超链接后，用户还可以为超链接设置屏幕提示或书签，下面将对其相关操作进行介绍。

1. 设置屏幕提示

设置超链接后，如果用户为了明确该链接链接到的主要内容是什么，可以设置一个屏幕提示，以方便查看。

步骤01 在超链接对象上右击，然后在快捷菜单中选择“编辑链接”命令。

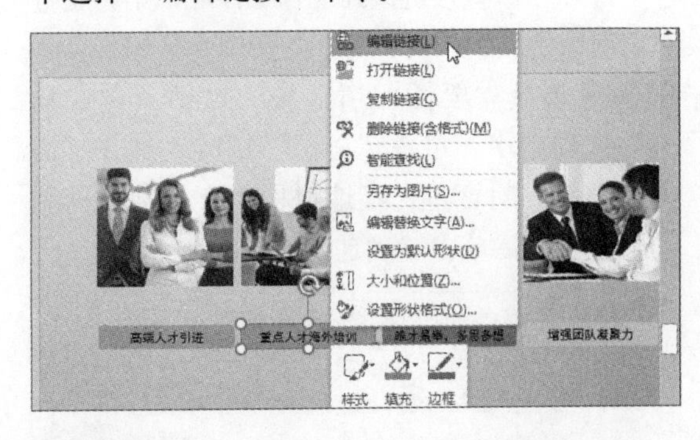

步骤02 打开“编辑超链接”对话框，单击“屏幕提示”按钮。

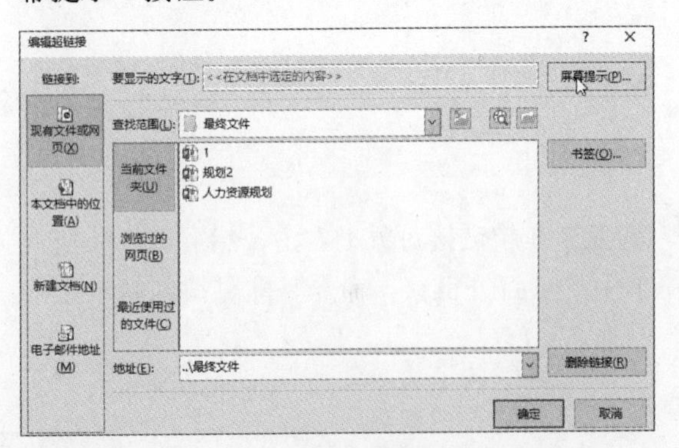

步骤03 打开“设置超链接屏幕提示”对话框，输入屏幕提示文本，单击“确定”按钮，返回上一层对话框单击“确定”按钮，即可完成屏幕提示的设置。

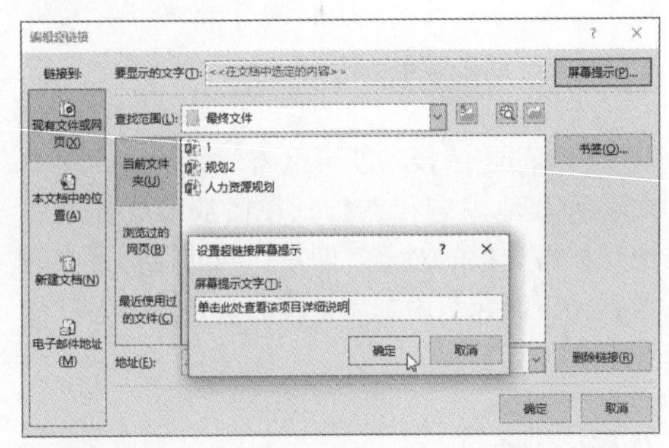

步骤04 在放映幻灯片过程中，将光标移至设置了屏幕提示的超链接对象上方，将会出现屏幕提示。

2. 设置书签

下面介绍书签的添加方法，具体如下。

步骤01 在超链接对象上右击，然后选择快捷菜单中的“编辑链接”命令，打开“编辑超链接”对话框，单击“书签”按钮。

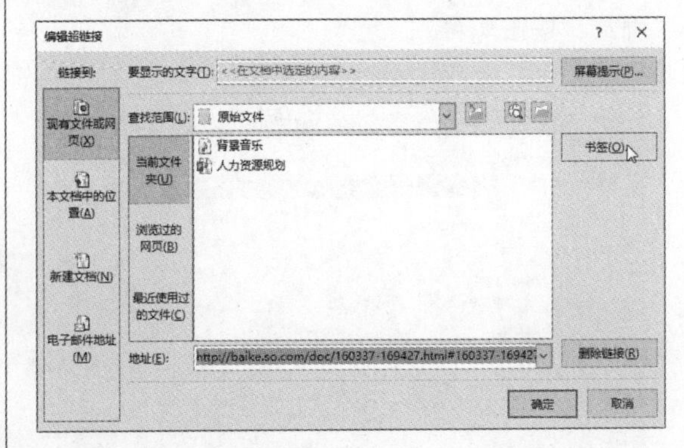

步骤 02 打开“在文档中选择位置”对话框，选择合适的位置后，单击“确定”按钮，返回上一层对话框并单击“确定”按钮即可。

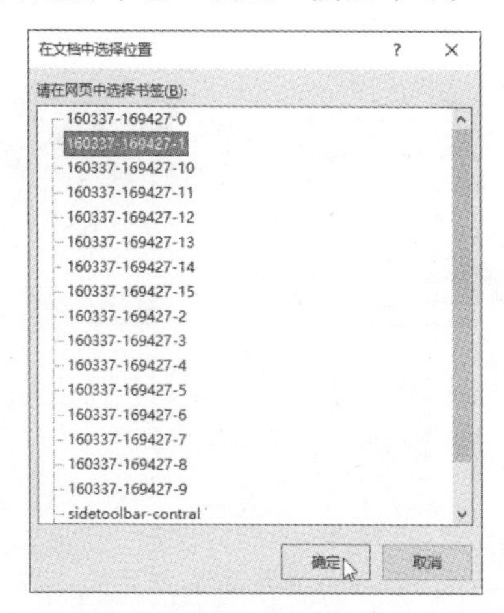

步骤 03 播放幻灯片过程中，单击设置书签的超链接对象。

步骤 04 即可跳转至书签所在位置。

12.3.3 超链接的清除

当不需要对象上的超链接时，用户可以将超链接清除。即选择超链接对象并右击，从弹出的快捷菜单中选择“删除链接”命令即可。

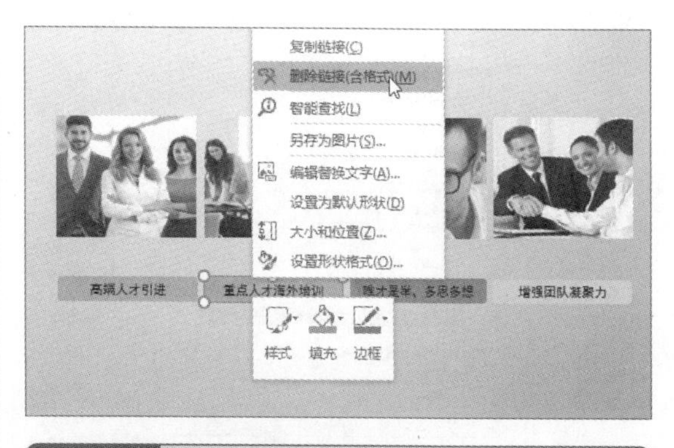

> **知识点拨　对话框删除超链接**
>
> 选择超链接后，在“插入”选项卡中单击“链接”按钮，打开“编辑超链接”对话框，单击“删除链接”按钮即可。

12.3.4 动作的添加

在播放幻灯片时，如果希望可以从当前幻灯片跳转到其他幻灯片，可以使用动作或者动作按钮来实现。

1. 插入动作

用户可以为幻灯片中的对象设置一个动作，从而链接到其他幻灯片，其开始方式为单击鼠标或者鼠标悬停，下面以单击鼠标为例对其进行介绍。

步骤 01 选择需要添加动作的对象，单击“插入”选项卡中的“动作”按钮。

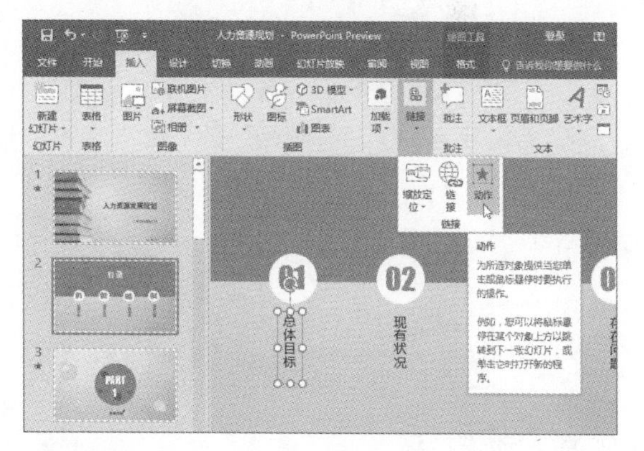

步骤 02 打开“操作设置”对话框，选中“超链接到”单选按钮，然后单击该选项下拉按钮，并在列表中选择“幻灯片…”选项。

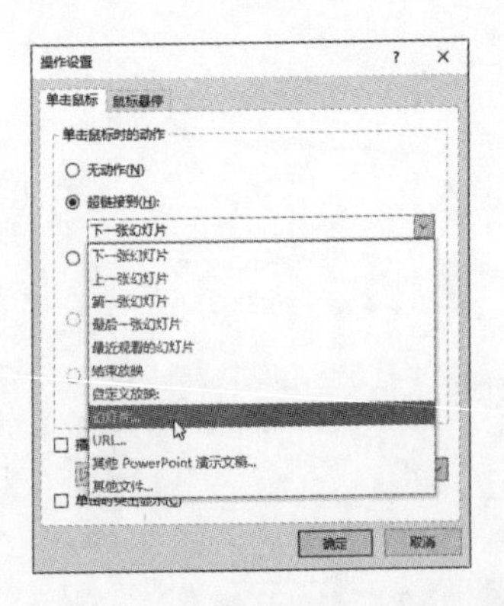

步骤03 打开“超链接到幻灯片”对话框，选择需要链接到的幻灯片，在右侧“预览”区域中可预览效果，然后单击“确定”按钮。

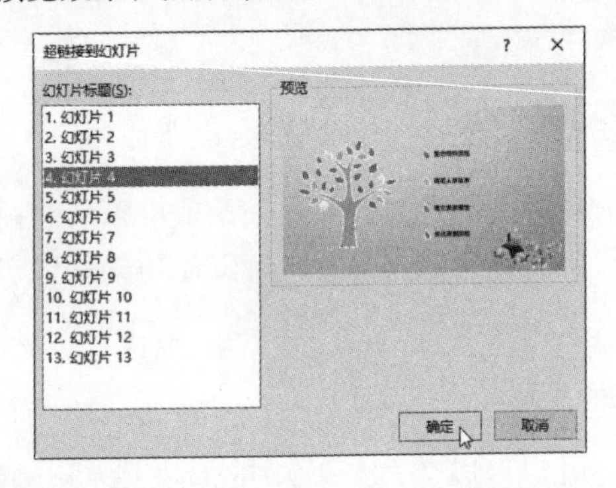

步骤04 返回上一级对话框，勾选“播放声音”复选框，然后单击该选项下拉按钮，从列表中选择“微风”选项。勾选“单击时突出显示”复选框后，单击“确定”按钮。

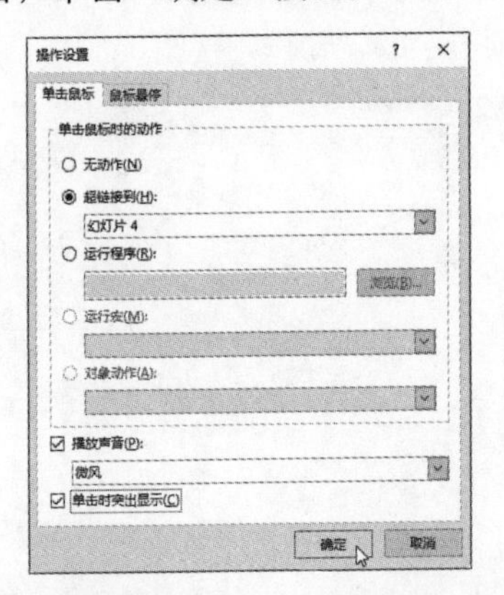

2. 插入动作按钮

动作按钮的功能等同于动作，但是需要在幻灯片页面上绘制一个形状，以便更加明确地提醒使用者，下面对动作按钮的添加进行方法进行详细介绍。

步骤01 选择需要插入动作按钮的幻灯片，单击“插入”选项卡中的“形状”按钮，从列表中的“动作按钮”选项区域中选择“动作按钮：转到主页”选项。

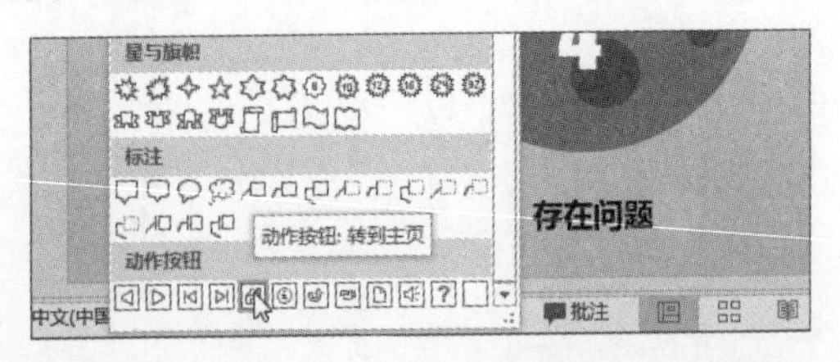

步骤02 光标将变为十字形状，按住鼠标左键不放并拖动，绘制合适的动作按钮。

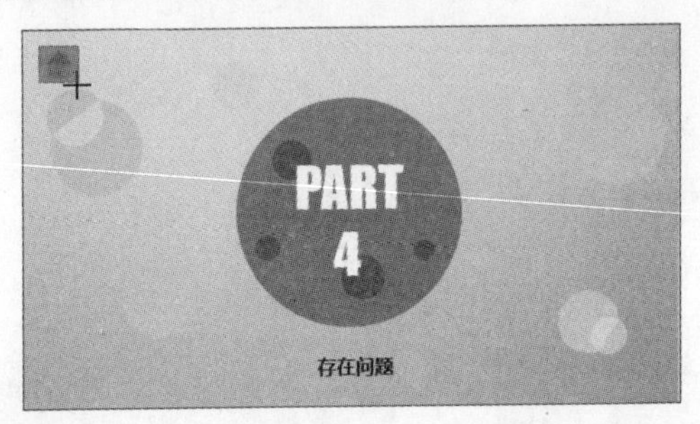

步骤03 随后打开“操作设置”对话框，设置超链接到和播放声音参数，设置完成后，单击“确定”按钮。

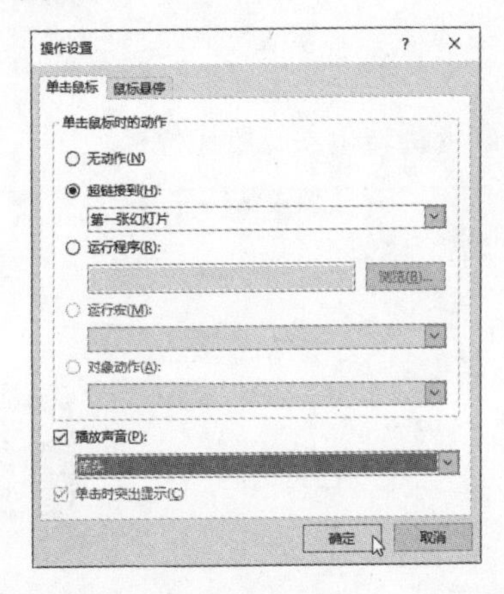

步骤04 接着，在“绘图工具—格式”选项卡中对动作按钮进行简单的美化。

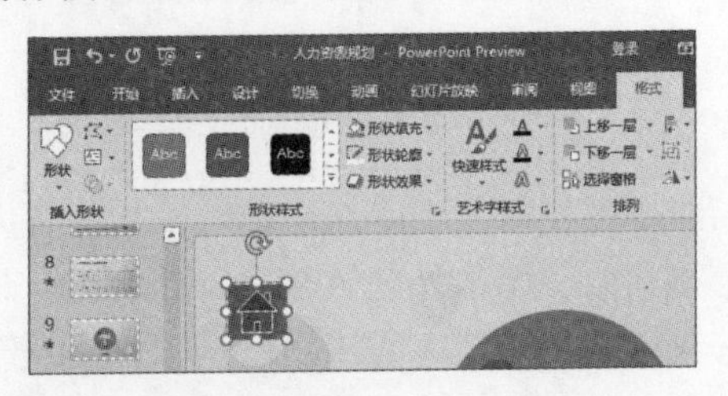

动手练习 制作人力资源规划文稿

为了温习巩固前面所学知识，接下来将练习制作一个带动画效果的人力资源发展规划演示文稿，具体操作过程介绍如下。

步骤01 打开演示文稿后，执行“文件>新建>蓝色书架演示文稿（宽屏）”操作。

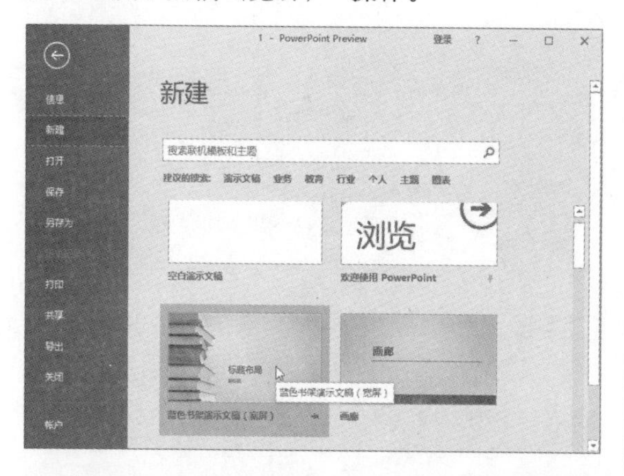

步骤02 在出现的提示框中，单击“创建”按钮。

步骤03 自动打开演示文稿，用户可根据需要输入标题、副标题和日期内容，并调整其位置。

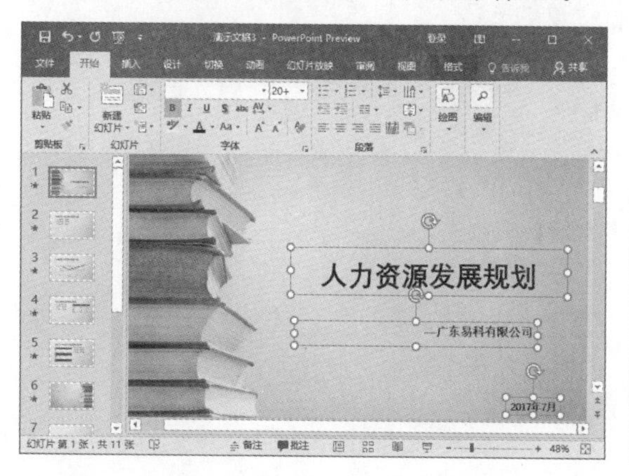

步骤04 选择除了标题外的所有幻灯片，单击“开始”选项卡中的“版式”按钮，从列表中选择“空”版式。

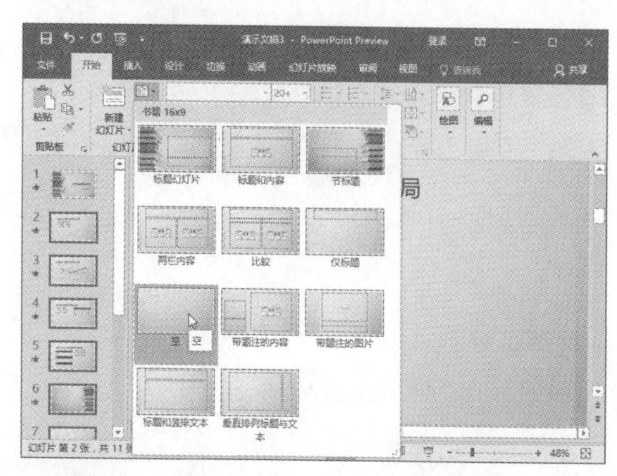

步骤05 选择第2张幻灯片，利用矩形和圆形工具，绘制一个蓝色无边框的矩形和4个白色无边框的圆形。

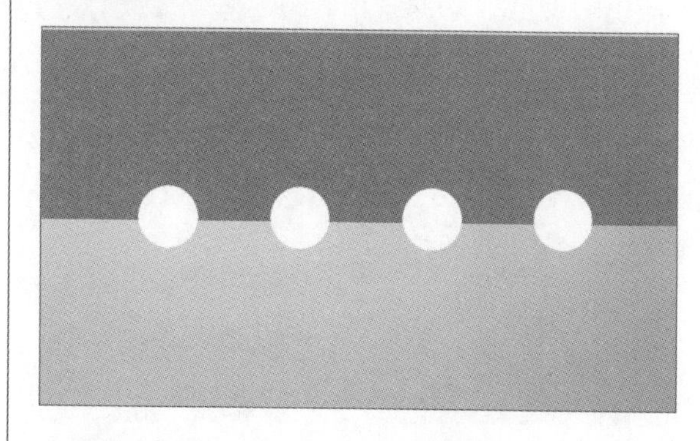

步骤06 根据需要，输入相应的文本，并合理调整排列方式。

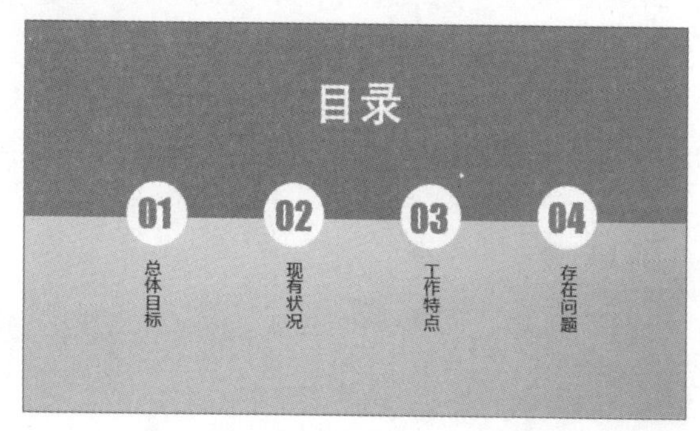

步骤07 按照同样的方法，在第3张幻灯片中插入合适的形状，并输入文本。

步骤08 依次设置其他幻灯片。

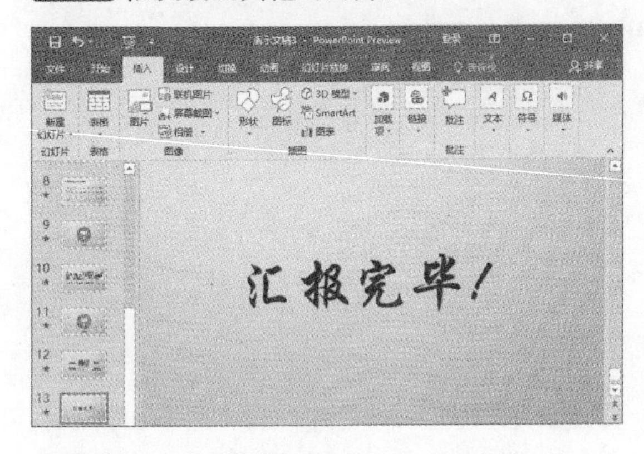

步骤09 选择第1张幻灯片，设置切换效果为“淡出”，设置“效果选项”为“全黑”。

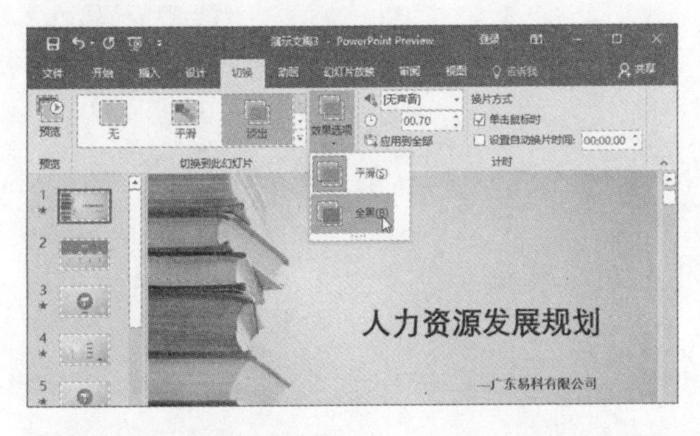

步骤10 选择第2张幻灯片，设置切换效果为“揭开”，设置“效果选项”为“自底部”。

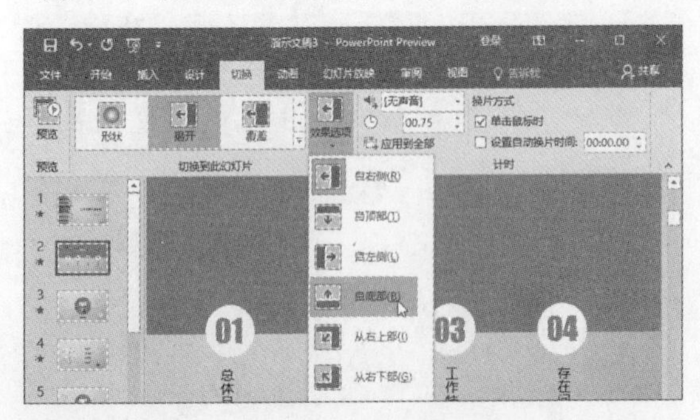

步骤11 同时选中第3、5、9、11张幻灯片，然后设置切换效果为“页面卷曲”，设置“效果”选项为“双右”。

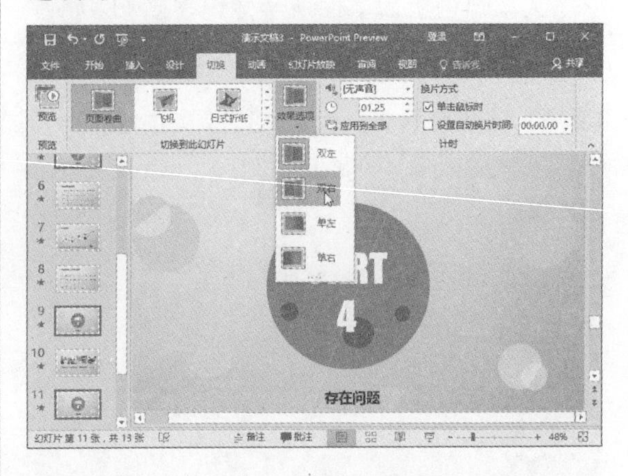

步骤12 选择标题文本，设置动画效果为“飞入”，设置开始方式为“上一动画之后”。

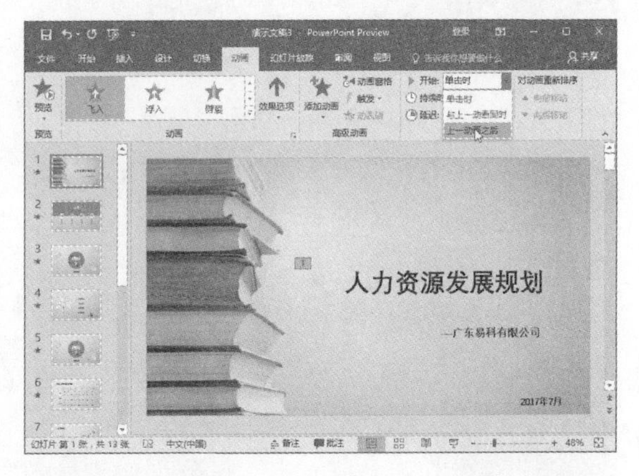

步骤13 双击“动画刷”按钮，复制该动画效果到其他对象上。

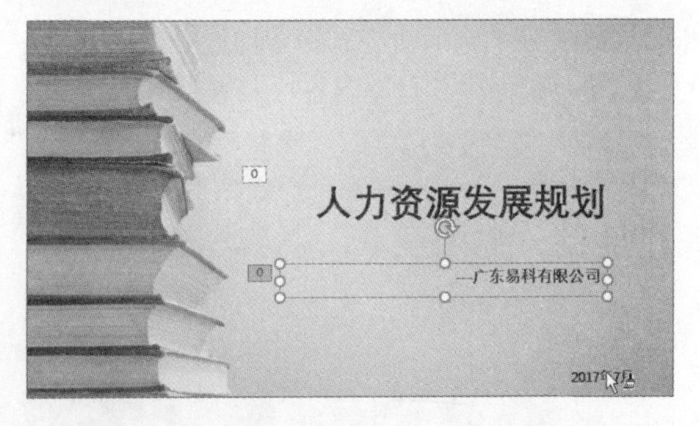

步骤14 选择需要添加超链接的文本，在“插入”选项卡中单击“链接”按钮。

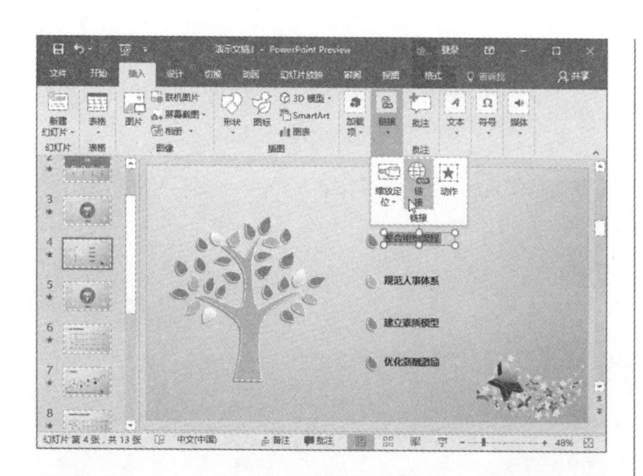

步骤15 打开“插入超链接”对话框，在地址栏中输入需要链接的网址，单击“确定”按钮。

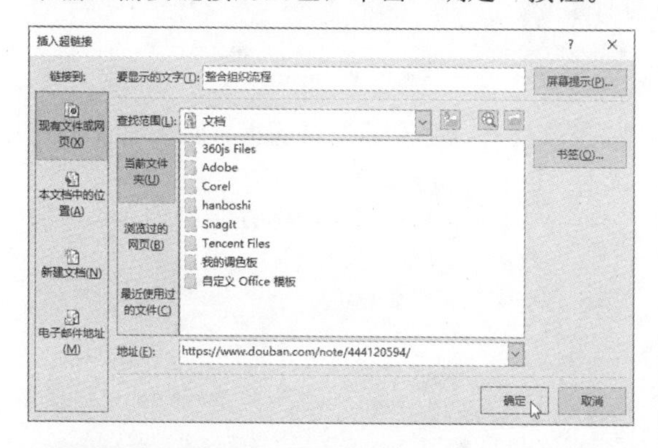

步骤16 选择第2张幻灯片中的对象，在“插入”选项卡中单击“动作”按钮。

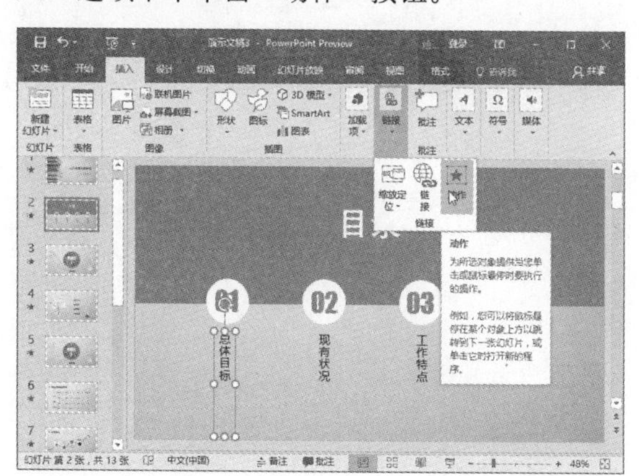

步骤17 打开“操作设置”对话框，选中“超链接到”单选按钮，然后单击其下拉按钮，从列表中选择“幻灯片…”选项。

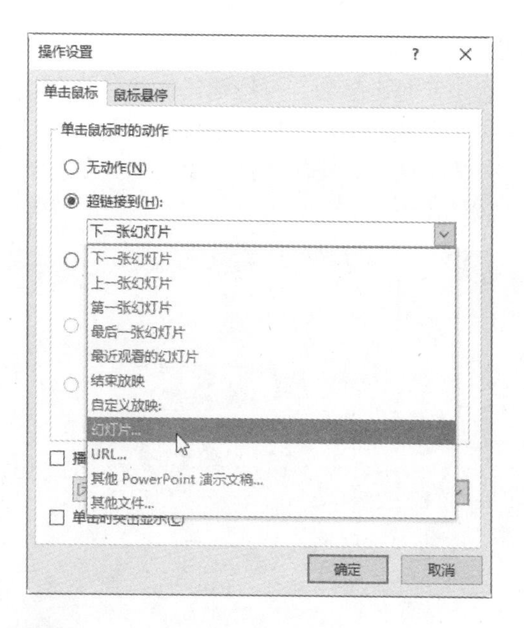

步骤18 在打开的对话框中选择“幻灯片4”，单击“确定”按钮。

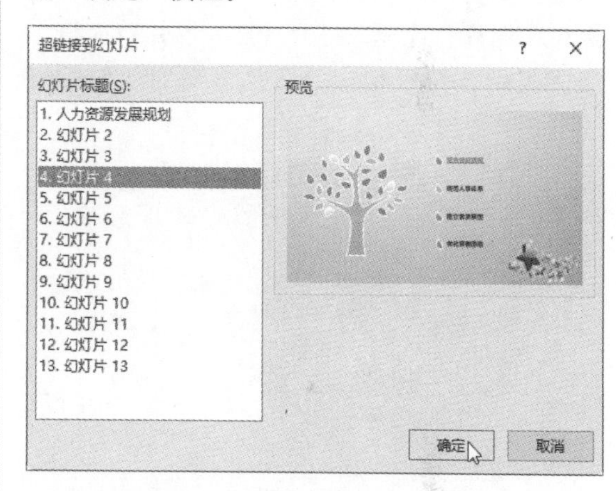

步骤19 按照同样的方法，为其他对象设置动作，然后在“形状”列表中选择“动作按钮：空白”选项。

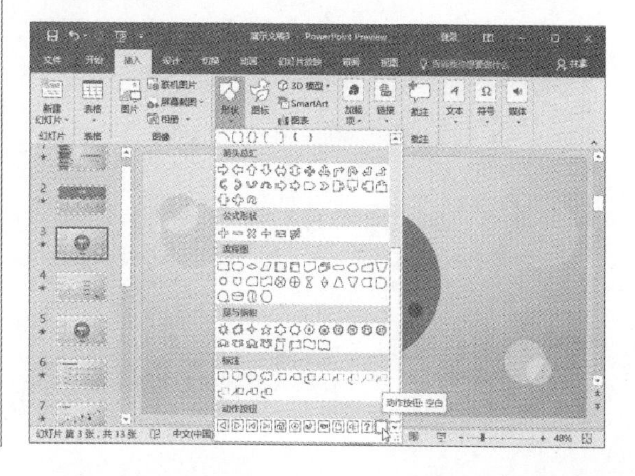

步骤20 绘制动作按钮后，在自动打开的对话框中选中“超链接到”单选按钮，然后单击其下拉按钮，从列表中选择“幻灯片…”选项，在打开的对话框中选择“幻灯片2”，并依次单击“确定”按钮。

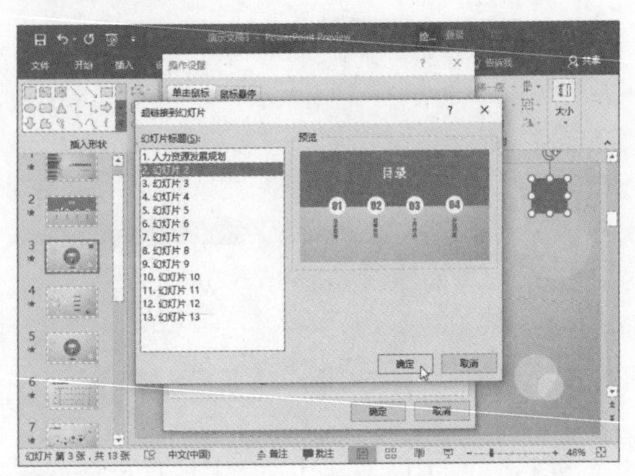

步骤21 选择动作按钮，在“形状填充”列表中选择“图片”选项，打开“插入图片”窗格，根据提示，搜索相应的图片填充到动作按钮即可。

步骤22 复制该动作按钮到其他幻灯片，然后执行“文件>另存为”命令，将文件保存到合适的位置。

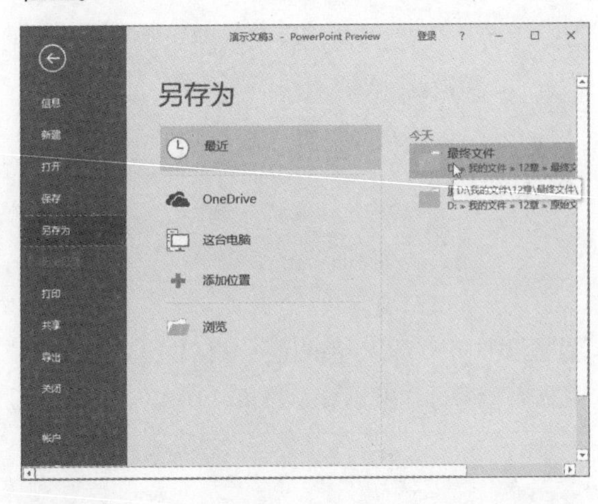

步骤23 打开“另存为”对话框，输入文件名后单击“保存”按钮即可。

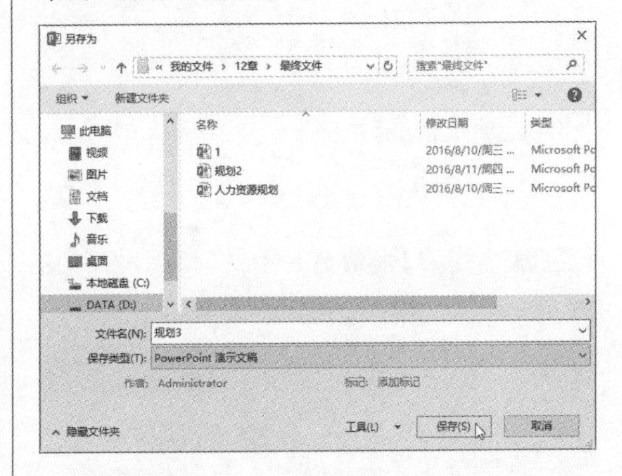

秒杀疑惑

1. 如何为所有幻灯片应用同一切换效果？

只需为任意一张幻灯片设置好切换效果后，单击“应用到全部”按钮即可。

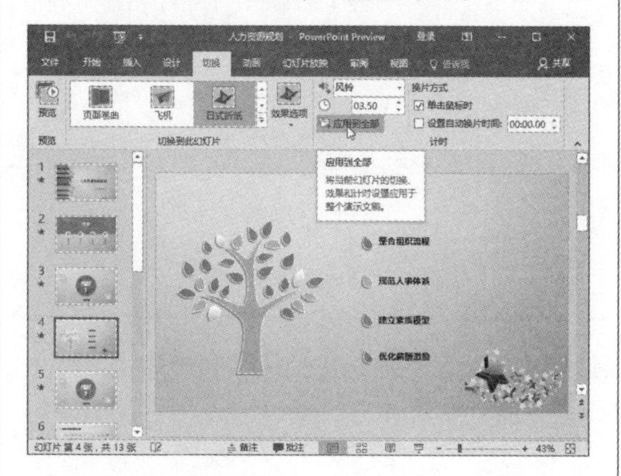

2. 如何删除动画效果

选中动画效果后，在键盘上按下Delete键，即可将所选动画效果删除。

3. 动画效果设计原则

虽然酷炫的动画效果会给演讲带来精彩的视觉效果，但是却不适宜堆积和滥用，动画效果设计需要遵循以下几个原则：

- 同一演示文稿中所有幻灯片的切换效果要不能相互冲突，要具有一致性、合理性，例如，第一张幻灯片利用的是从顶部揭开效果，那么以后的幻灯片中如果还出现揭开效果，最好同样是从顶部揭开。
- 同一幻灯片页面中对象的动画效果，同样要具有一致性，例如，所有对象都是从左侧飞入、从底部浮出等。
- 太过复杂的动画效果并不适合简单的文本或者图片，把简单的对象复杂化，会使整个演讲混乱。
- 动画效果要根据场景设计，例如，如果幻灯片页面中的一个图表中用到了一个曲线连接其他数据，那么可以设置动画效果的动作路径为曲线。

Chapter 13

幻灯片的放映与输出

演示文稿制作完成后，在公开放映之前，可以根据需要对演示文稿的放映进行适当地设置，也可以对演示文稿的输出进行调整。本章将对演示文稿的放映与输出操作进行详细介绍。

13.1 设置放映方式

在进行演讲前，用户首先需要了解如何放映幻灯片，然后再对演示文稿的放映类型进行设置，也可以进行自定义放映或者放映指定的幻灯片等操作，下面分别对其进行介绍。

13.1.1 放映幻灯片

演示文稿制作完成后，该如何将其放映给观众看呢？下面将对其进行介绍。

步骤01 打开演示文稿，单击“幻灯片放映”选项卡中的“从头开始”按钮，即可从第一张幻灯片开始放映。

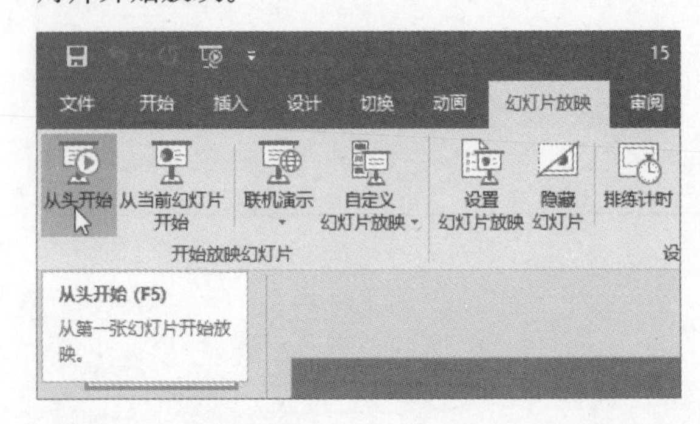

步骤02 选中第4张幻灯片，单击“从当前幻灯片开始”按钮，可从第4张幻灯片开始放映。

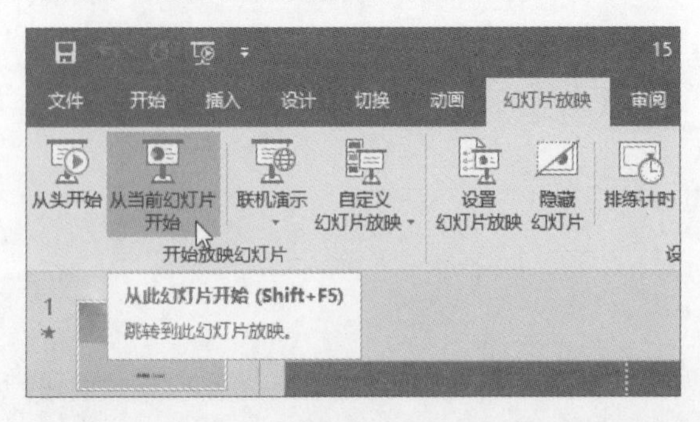

13.1.2 设置放映类型

在对幻灯片放映之前，可以根据需要选择幻灯片的放映类型。幻灯片放映类型主要包括“演讲者放映（全屏幕）”、“观众自行浏览（窗口）”和“在展台浏览（全屏幕）”3种。

步骤01 打开演示文稿，切换至“幻灯片放映”选项卡，单击“设置幻灯片放映”按钮。

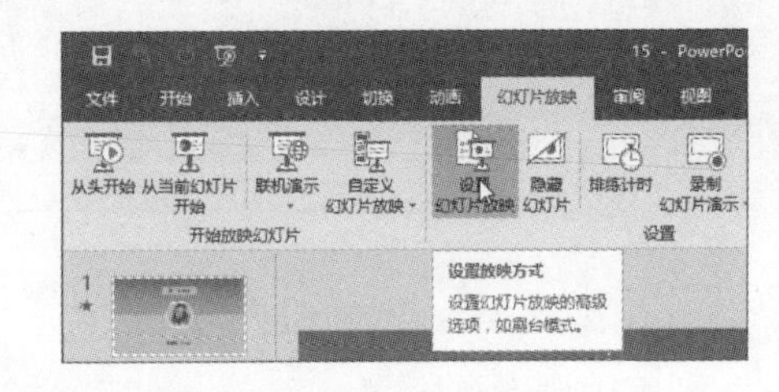

步骤02 打开“设置放映方式”对话框，在“放映类型”选项区域进行选择即可。

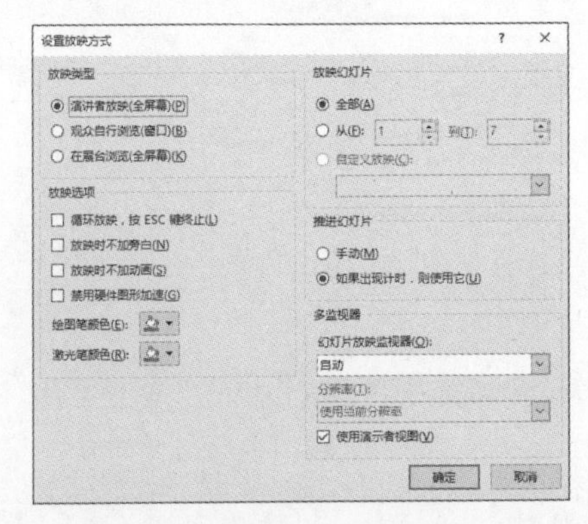

步骤03 若选择“演讲者放映（全屏幕）”单选按钮，则以全屏幕方式放映演示文稿，演讲者对演示文稿有着完全的控制权，可以采用不同放映方式也可以暂停或录制旁白。

步骤04 若选择“观众自行浏览（窗口）”单选按钮，则以窗口形式运行演示文稿，只允许观众对演示文稿进行简单的控制，包括切换幻灯片、上下滚动等。

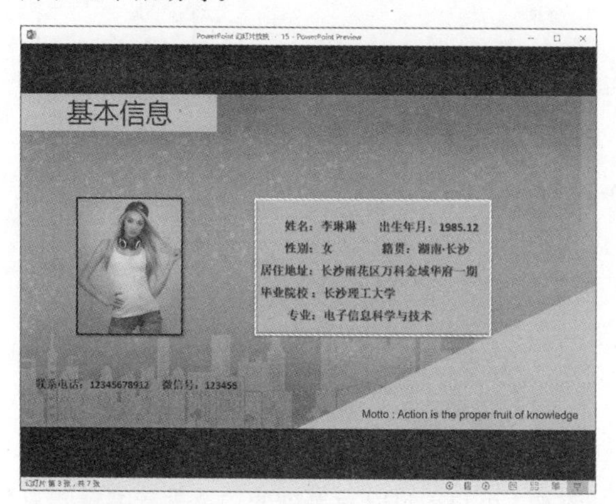

步骤05 若选择“在展台浏览（全屏幕）”单选按钮，则不需要专人控制即可自动放映，不能单击鼠标手动放映幻灯片，但可以通过动作按钮、超链接进行切换。

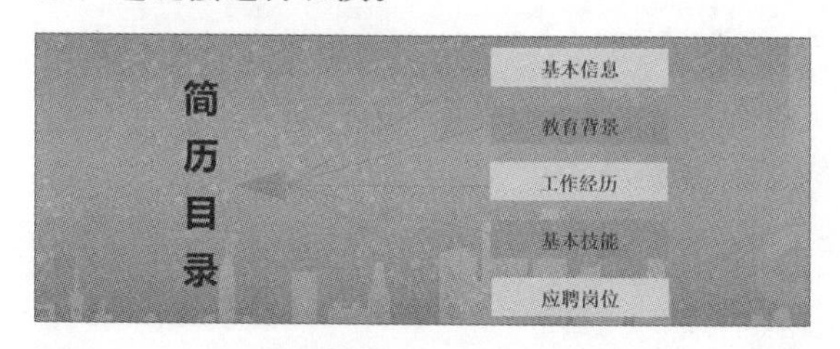

13.1.3 创建自定义放映方式

若用户想要播放演示文稿内指定的几张幻灯片，可以自定义放映幻灯片，这些幻灯片可以是连续的，也可以是不连续的，下面将对其进行介绍。

步骤01 打开演示文稿，单击“幻灯片放映”选项卡中的“自定义幻灯片放映”按钮，从列表中选择“自定义放映”选项。

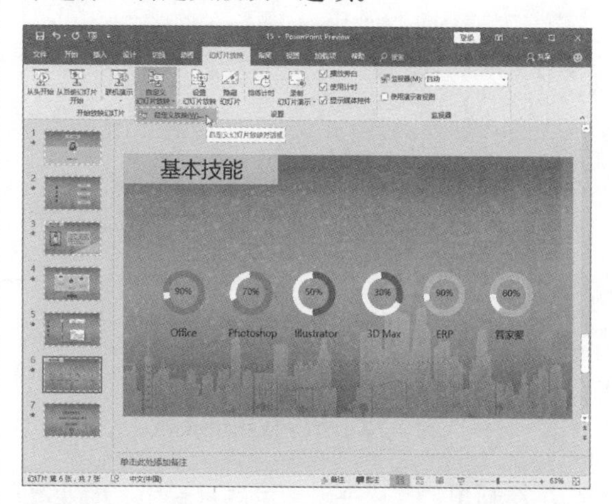

步骤02 打开“自定义放映”对话框，单击“新建”按钮。

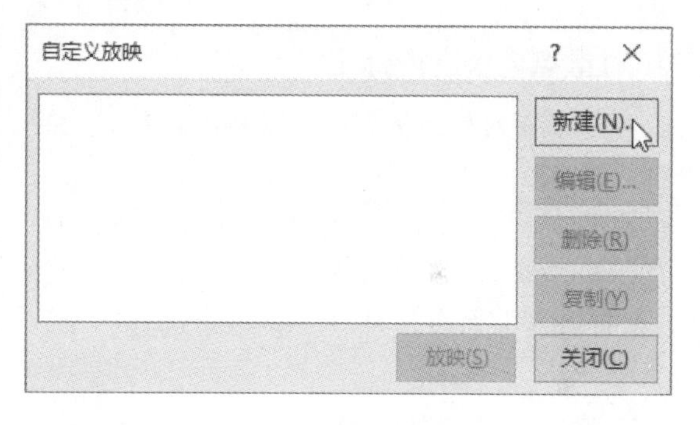

步骤03 打开“定义自定义放映”对话框，在“幻灯片放映名称”右侧文本框中输入“介绍”文本，从“在演示文稿中的幻灯片”列表中选中想要放映的幻灯片，单击“添加”按钮，然后单击“确定”按钮，将返回上一级对话框，单击“放映”按钮即可。

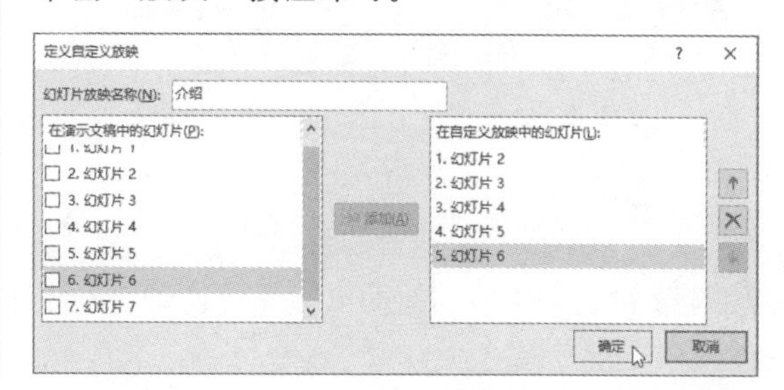

步骤 04 如果演示文稿中已经包含了一个自定义放映，那么单击“自定义幻灯片放映”按钮，从弹出的列表中选择“介绍”选项即可。

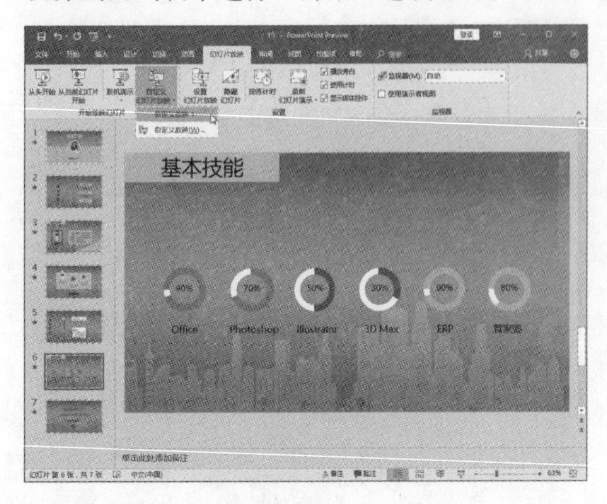

13.1.4 为幻灯片添加标记

在利用幻灯片进行演讲的过程中，如果想要像用黑板一样，对重点内容进行标记，可以通过画笔或者荧光笔功能来进行标记。

1. 对重点内容进行标记

下面将对如何标记演示文稿的操作进行详细介绍。

步骤 01 打开演示文稿，按F5功能键放映幻灯片，单击鼠标右键，从弹出的快捷菜单中选择“指针选项”命令，从其子菜单中选择“笔”命令。

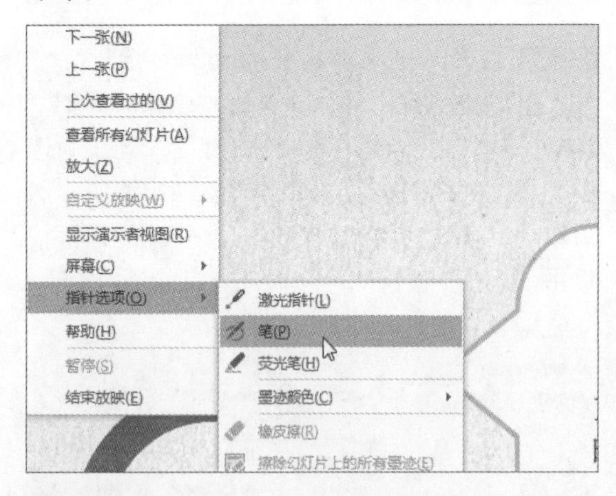

步骤 02 设置完成后，拖动鼠标即可在幻灯片中的对象上进行标记。

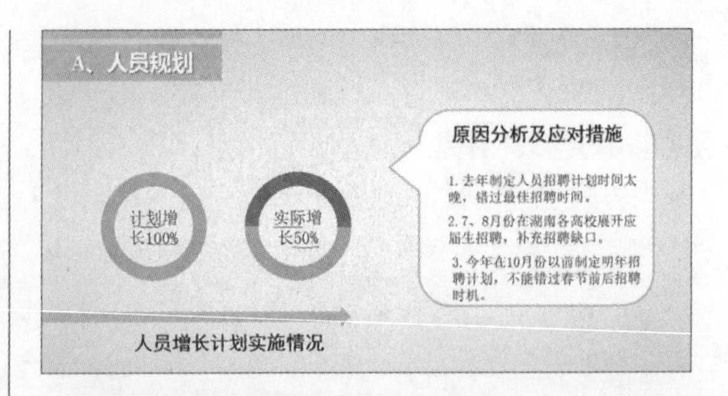

步骤 03 绘制完成后按Esc键退出，将弹出一个对话框，询问用户是否保留墨迹注释，单击“保留”按钮，则保留标记的墨迹；单击“放弃”按钮，则清除标记的墨迹。

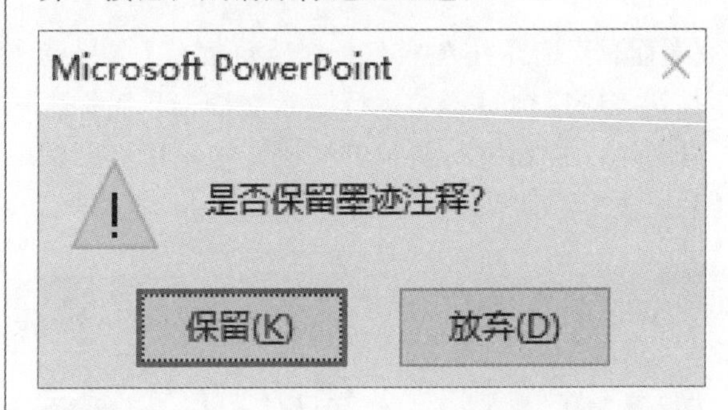

步骤 04 若用户只希望突出显示某个地方，也可以采用激光笔突出显示，只需按住Ctrl键的同时，单击鼠标左键即可显示激光笔。

步骤 05 用户还可以对墨迹的颜色进行编辑，只需选中墨迹，通过出现的“墨迹书写工具—笔”选项卡功能区中的命令进行设计即可。

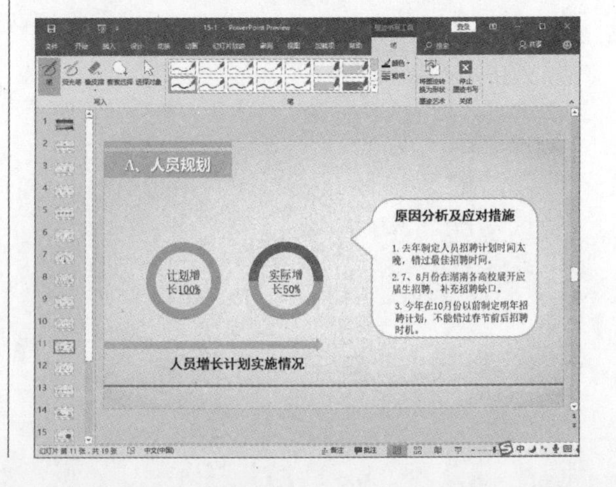

步骤06 在幻灯片放映模式下，单击鼠标右键，执行“屏幕>显示/隐藏墨迹标记”命令，即可隐藏/显示墨迹。

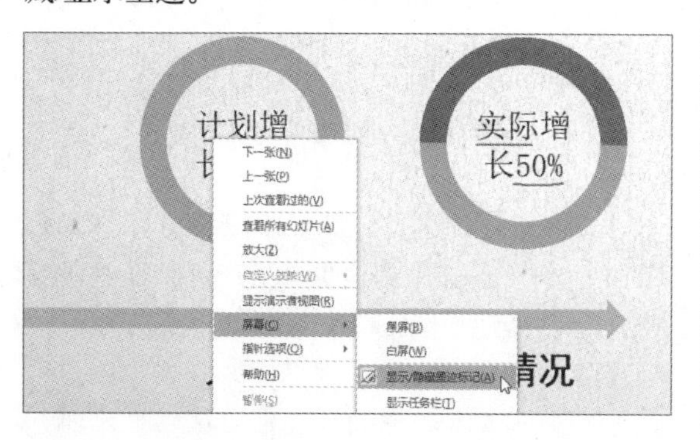

2. 放映时添加文本

下面将对如何在放映时添加文本的操作进行详细介绍。

步骤01 打开演示文稿，单击“文件”标签，选择“选项”选项。

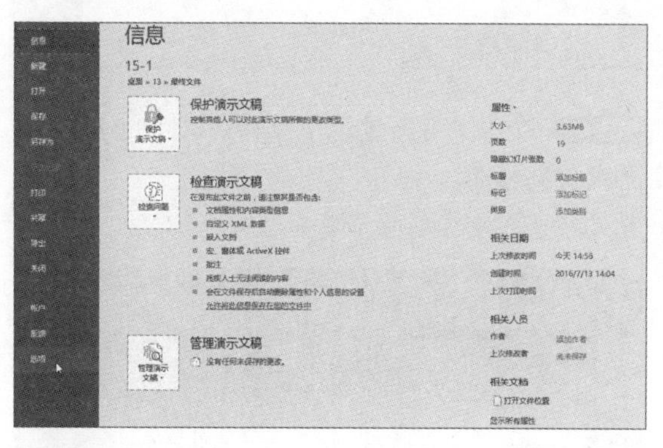

步骤02 打开“PowerPoint选项”对话框，在“自定义功能区”选项面板中勾选“开发工具”复选框，然后单击“确定”按钮关闭对话框。

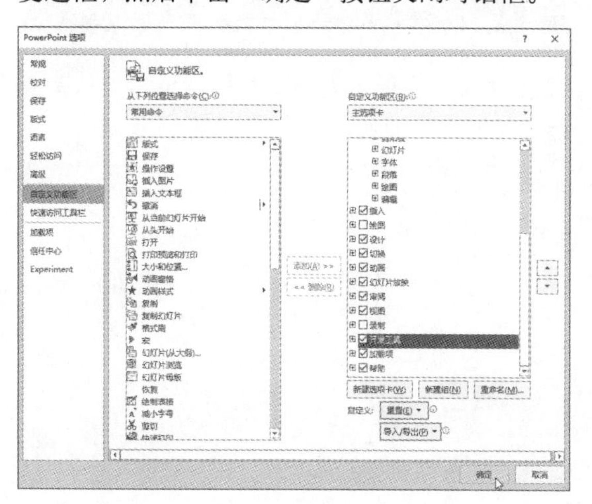

步骤03 返回演示文稿中，将出现“开发工具”选项卡，单击该选项卡中的“文本框（ActiveX控件）”按钮。

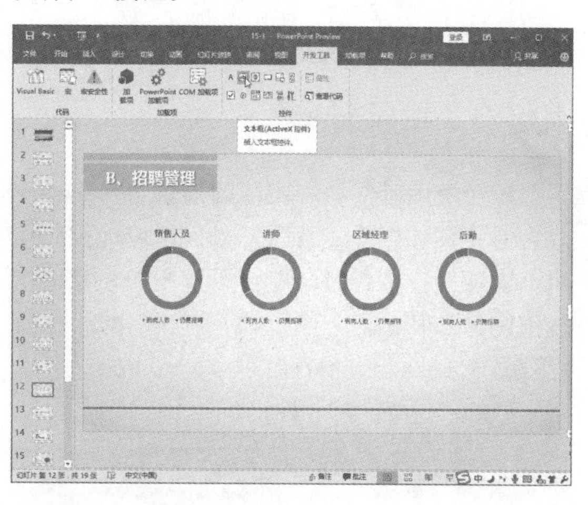

步骤04 拖动鼠标绘制大小合适的文本框控件。

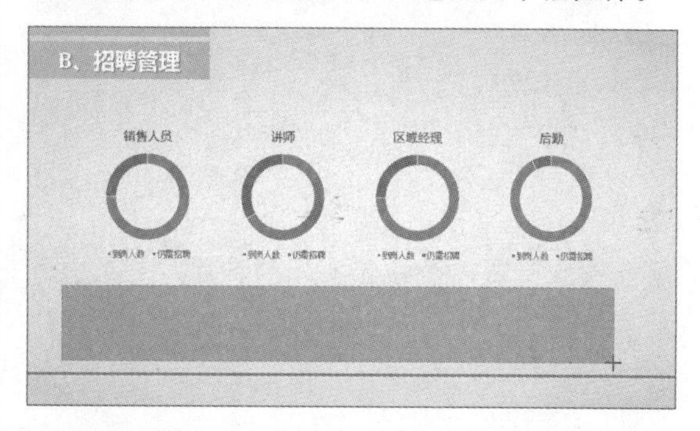

步骤05 按F5功能键播放幻灯片时，就可以在文本框中添加文本了。

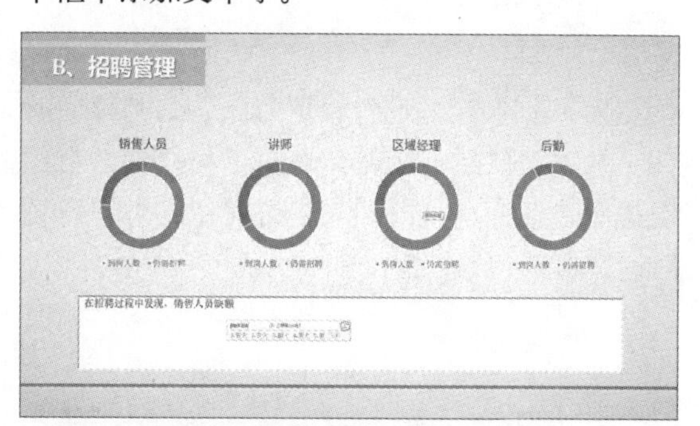

知识点拨 快捷方式放映幻灯片

在键盘上按F5功能键，可以从头开始放映幻灯片。
选择幻灯片，直接按Shift+F5组合键，可以从当前编辑区中的幻灯片开始放映。
用户还可以单击任务栏中的“幻灯片放映”按钮，从当前幻灯片编辑区显示的幻灯片开始放映。

13.2 设置放映时间

在进行演讲之前，若想让幻灯片按照固定的时间进行切换，用户可以设置幻灯片的放映时间。本节将对幻灯片放映时间的设置操作进行详细介绍。

13.2.1 排练计时

同一个演示文稿，不同的演讲节奏，让受众会有不同的感受。那么，如何很好地控制演讲节奏呢？排练计时功能可以让用户轻松地把握演讲时的节奏感，下面将对其进行介绍。

步骤01 打开演示文稿，单击“幻灯片放映”选项卡中的“排练计时”按钮。

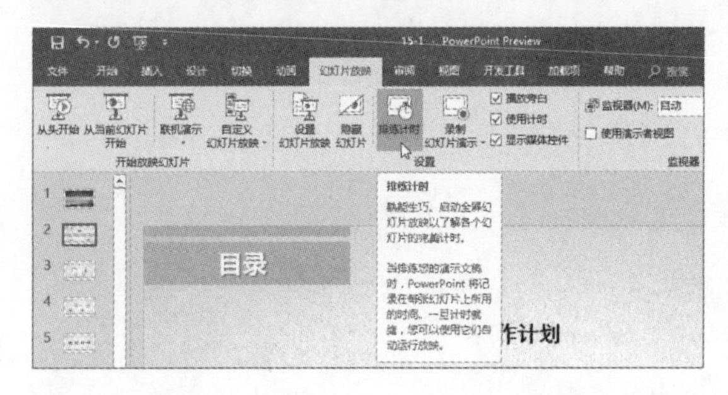

步骤02 自动进入放映状态，幻灯片左上角会显示“录制”工具栏，中间时间代表当前幻灯片放映所需时间，右边时间代表放映所有幻灯片累计所需时间。

步骤03 根据实际需要，设置每张幻灯片停留时间，放映到最后一张时，单击鼠标左键，会出现提示对话框，询问用户是否保留幻灯片排练时间，单击“是”按钮。

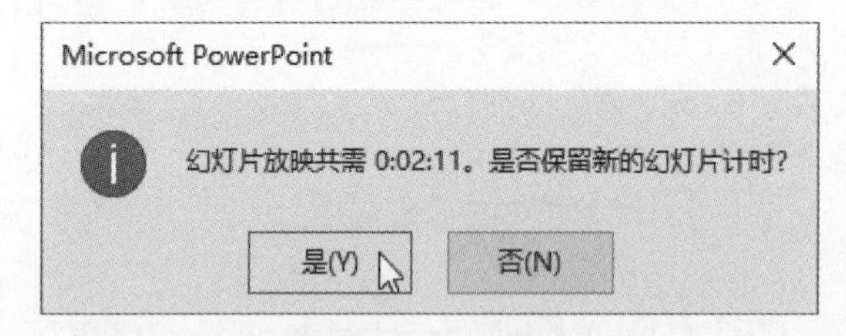

保留排练时间后，执行“视图>幻灯片浏览”命令，可以看到每张幻灯片放映所需时间。

13.2.2 录制幻灯片

放映幻灯片之前，为了更全面地了解幻灯片的主要内容和播放速度，用户可以通过录制幻灯片来实现，下面将对其进行介绍。

步骤01 打开演示文稿，根据需要勾选“幻灯片放映”选项卡中相应的复选框。单击“录制幻灯片演示”下拉按钮，从下拉列表中选择“从头开始录制”选项。

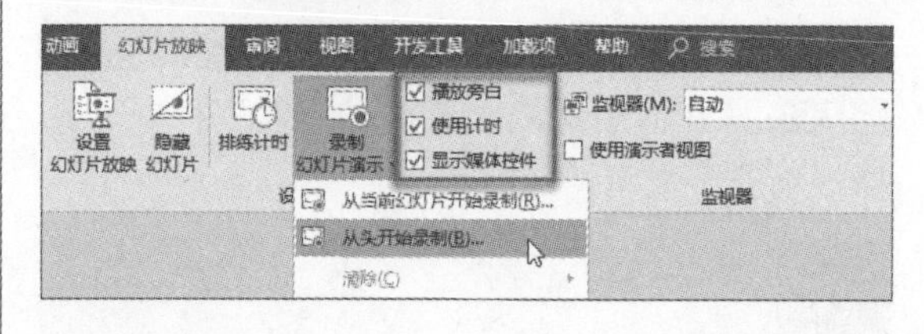

步骤02 幻灯片四周显示工具栏，用户可以根据需求进行录制、停止、重播、备注、清除、设置、画笔、旁白等设置操作。

步骤03 录制完成后返回幻灯片，单击“从头开始”按钮即可放映。

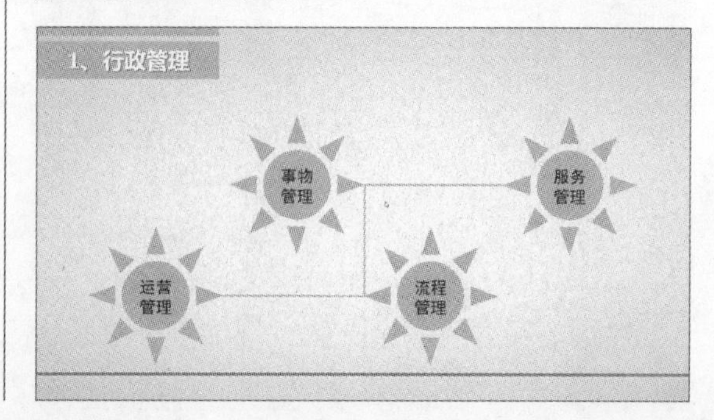

13.3 幻灯片的输出

在制作完成演示文稿后，用户还可以将演示文稿打包以便在任何电脑上都能查看，或者发布在其他位置，便于其他同事访问。

13.3.1 打包演示文稿

演示文稿制作完成后，如果想在没有安装PowerPoint 2019的电脑上查看，该怎么办呢？此时，可以将演示文稿及链接的各种媒体文件进行打包，下面对其操作方法进行详细地介绍。

步骤01 打开演示文稿，单击“文件”标签，选择“导出”选项。

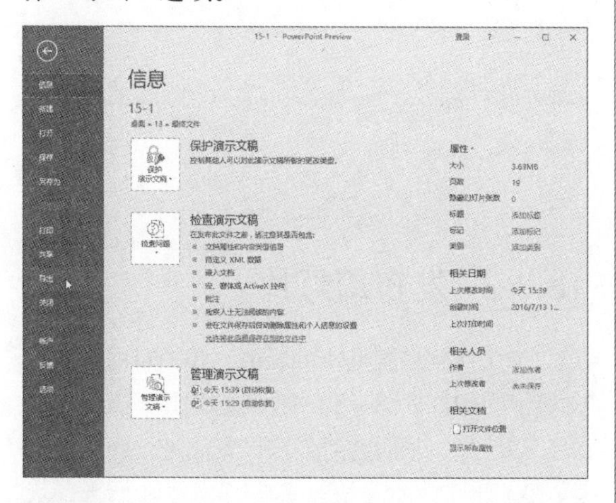

步骤02 在“导出”面板中选择“将演示文稿打包成CD”选项，然后单击右侧“打包成CD”按钮。

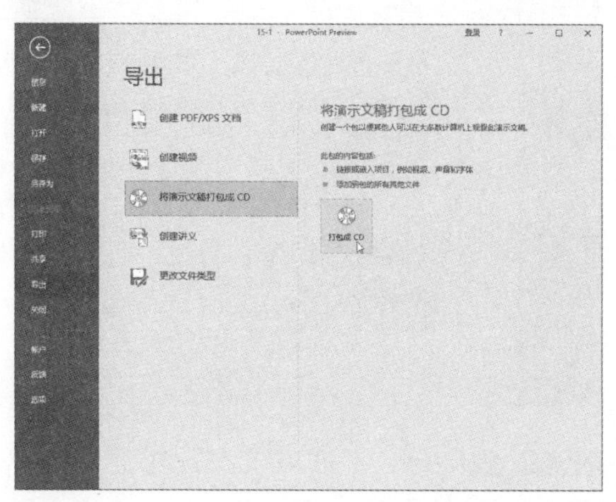

步骤03 弹出“打包成CD”对话框，单击“添加”按钮。

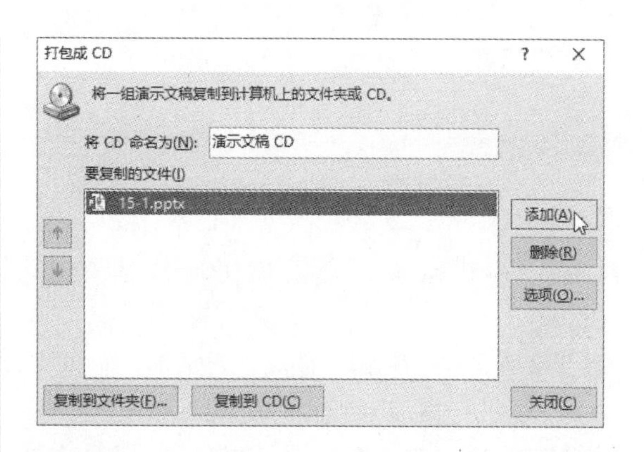

步骤04 弹出“添加文件”对话框，选择需要添加进行打包的演示文稿，单击“添加”按钮。

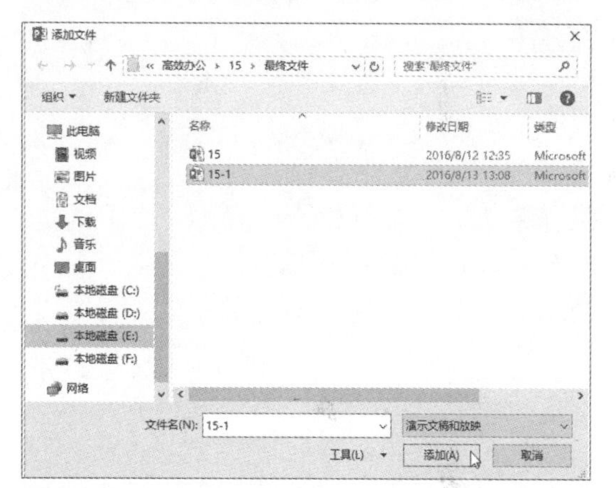

步骤05 返回至“打包成CD”对话框，单击“选项”按钮，打开“选项”对话框，对演示文稿的打包方式进行设置，单击“确定”按钮，这里使用默认设置。

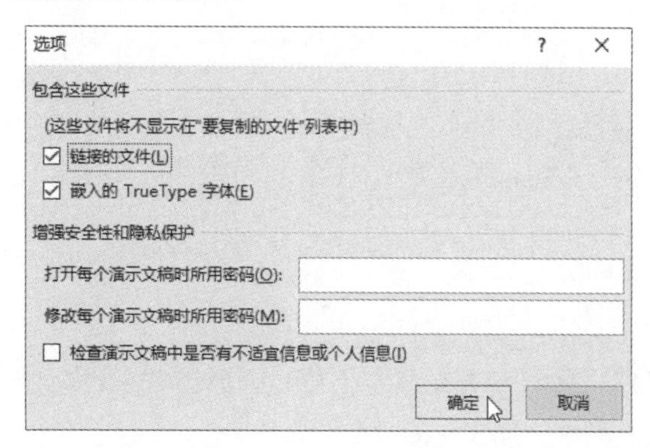

步骤 06 再次返回至“打包成CD”对话框，单击“复制到文件夹”按钮。

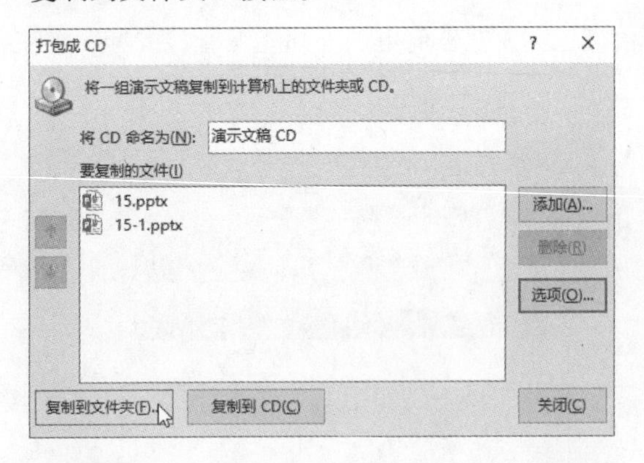

步骤 07 弹出“复制到文件夹”对话框，输入文件夹名称为“简历”，单击“浏览”按钮。

步骤 08 打开“选择位置”对话框，选择合适的位置，单击“选择”按钮。

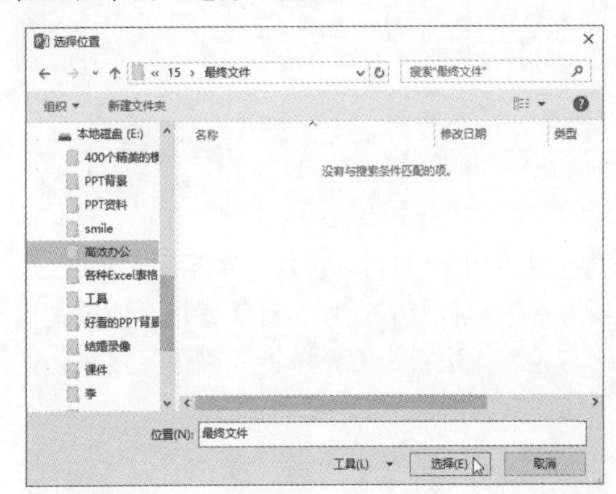

步骤 09 单击“复制到文件夹”对话框的“确定”按钮，弹出提示对话框，单击“是”按钮。

步骤 10 系统开始复制文件，并弹出“正将文件复制到文件夹”提示框。

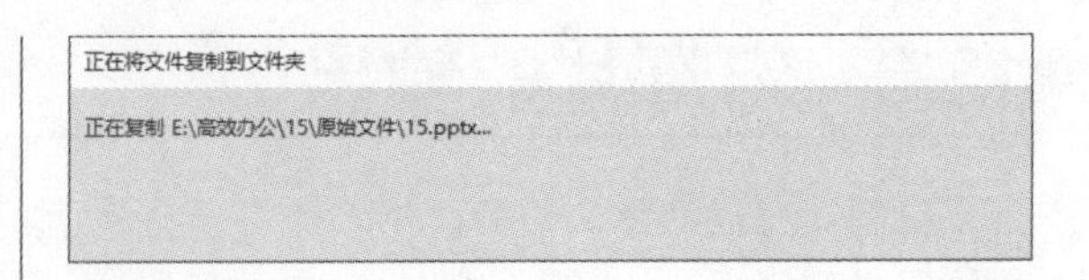

步骤 11 复制完成后，自动弹出文件夹，在该文件夹中可以看到系统保存了所有与演示文稿相关的内容。

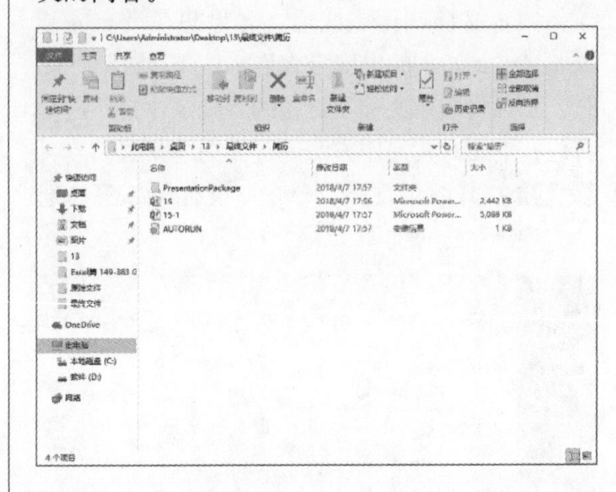

13.3.2 发布幻灯片

为了达到资源共享的目的，用户可以将演示文稿中的幻灯片储存到一个共享位置，以方便调用各幻灯片，下面将对其操作方法进行介绍。

步骤 01 打开演示文稿，单击“文件”标签，选择“共享”选项。

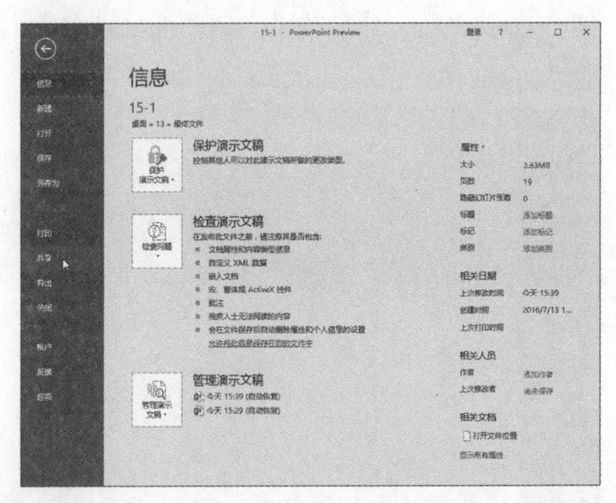

步骤 02 选择右侧“发布幻灯片”选项，然后单击右侧“发布幻灯片”按钮。

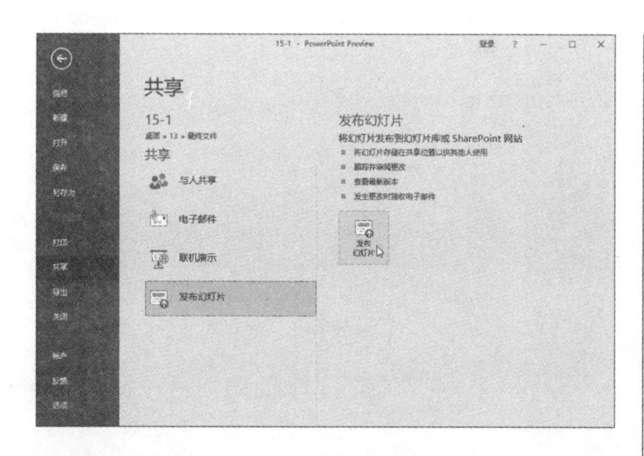

步骤 03 弹出“发布幻灯片”对话框，单击“全选”按钮，然后单击“浏览”按钮。

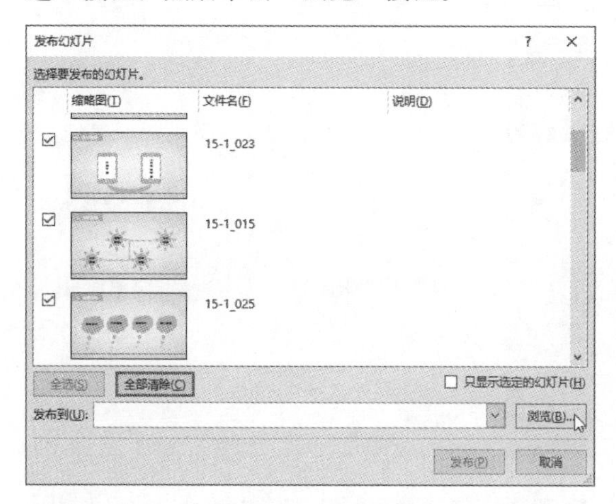

步骤 04 弹出“选择幻灯片库”对话框，选择合适的存储位置，单击“选择”按钮，返回至上一级对话框，单击“发布”按钮即可。

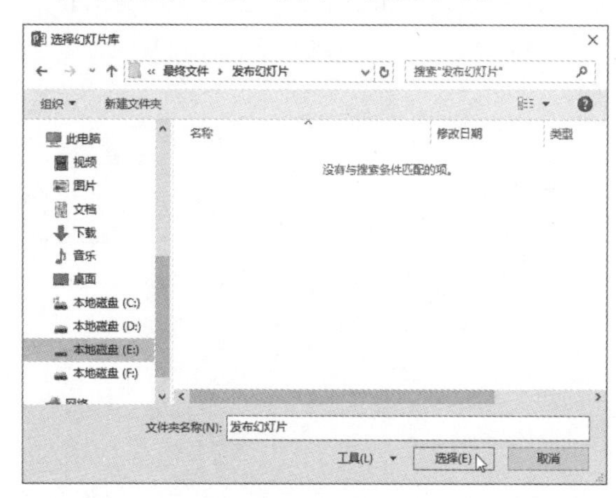

13.3.3 打印幻灯片

制作完演示文稿后，用户还可以将演示文稿打印出来，下面介绍设置并打印幻灯片的方法。

步骤 01 打开演示文稿，单击“文件”标签，选择“打印”选项。

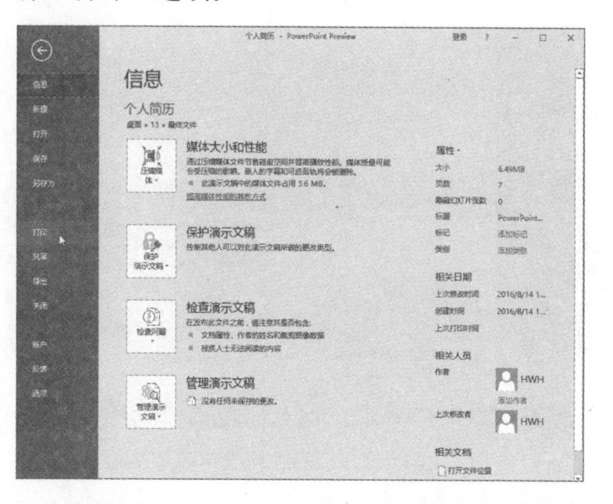

步骤 02 通过在“份数”数值框中输入数值，可以设置需要打印的份数。

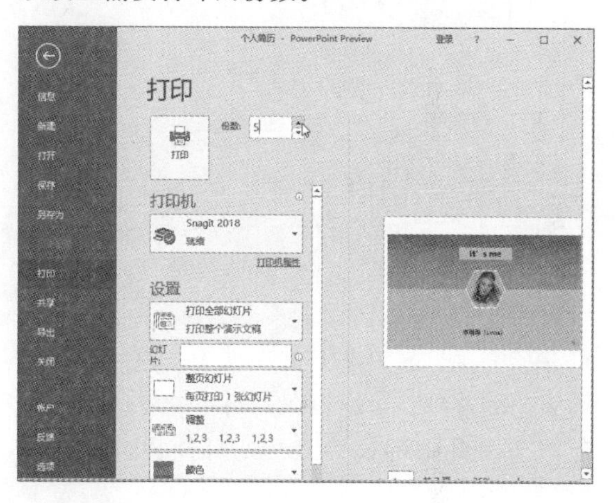

步骤 03 单击“打印机”按钮，可以从列表中选择打印时使用的打印机。

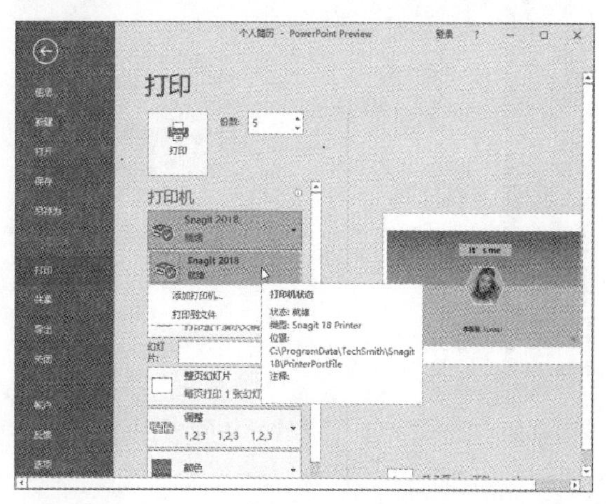

步骤04 单击“设置”按钮，通过列表中的选项，可以选择打印当前演示文稿中的哪些幻灯片。

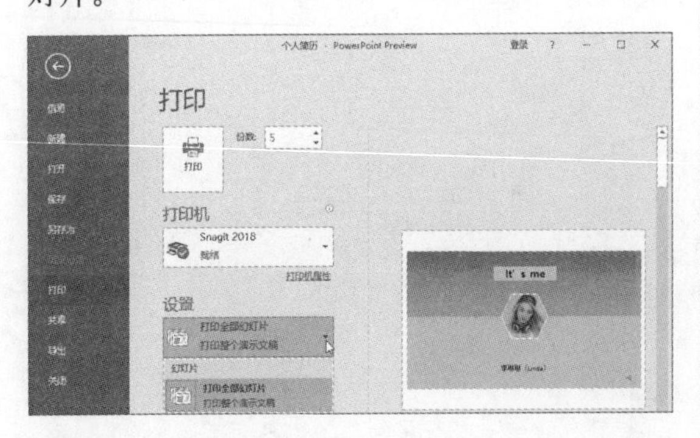

步骤05 如果选择了“自定义范围”选项，则需要在下方“幻灯片”右侧的文本框中输入幻灯片编号或者幻灯片范围。

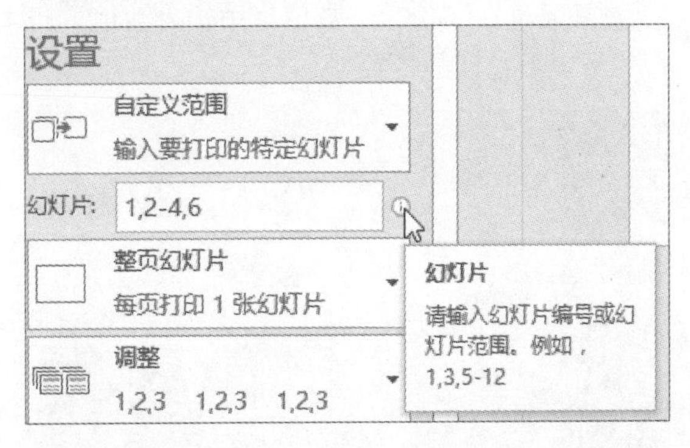

步骤06 单击“整页幻灯片”按钮，通过展开的列表中的选项，可以设置幻灯片的打印版式、每页包含几张幻灯片以及幻灯片是否添加边框等。

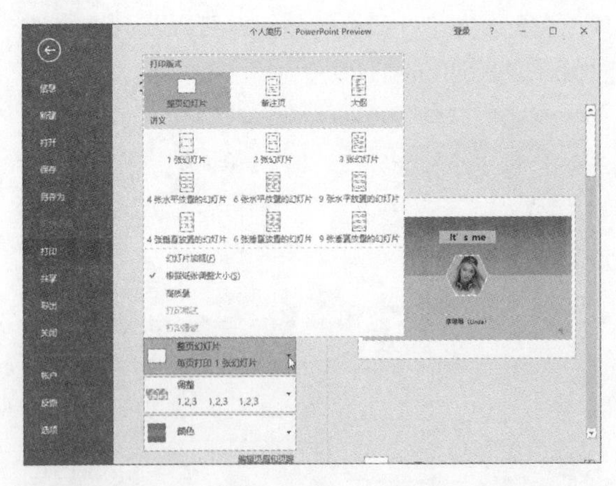

步骤07 单击“颜色”按钮，从列表中选择合适的选项，对打印时的色彩方式进行设置。

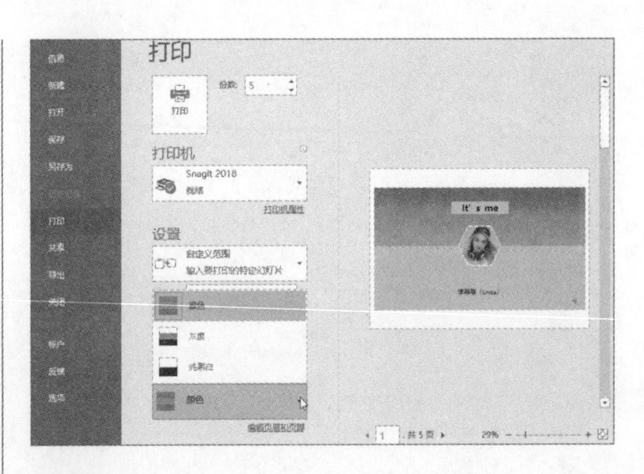

步骤08 若要设置打印时的页眉页脚，则单击“编辑页眉和页脚”超链接。

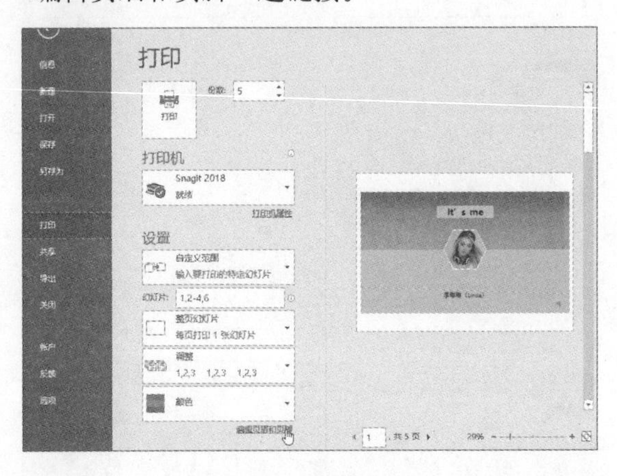

步骤09 打开“页眉和页脚”对话框，对幻灯片/备注和讲义的页眉和页脚进行设置，设置完成后，单击“应用”按钮，为当前幻灯片应用该效果；单击“全部应用”按钮，为所有幻灯片应用该效果。

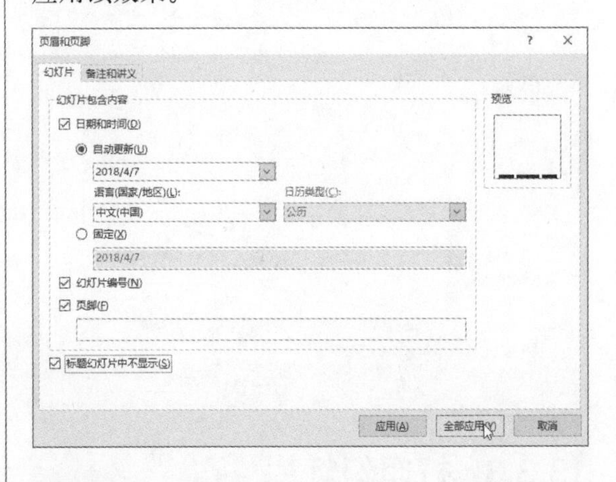

步骤10 设置完成后，单击“打印”按钮即可打印幻灯片。

动手练习 制作自我介绍演示文稿

学习完本章内容后，下面将以制作一个自我介绍演示文稿为例，来对所学知识进行温习巩固。

步骤01 新建一个空白演示文稿，执行“另存为”命令，在打开的“另存为”对话框中输入文件名并进行保存。

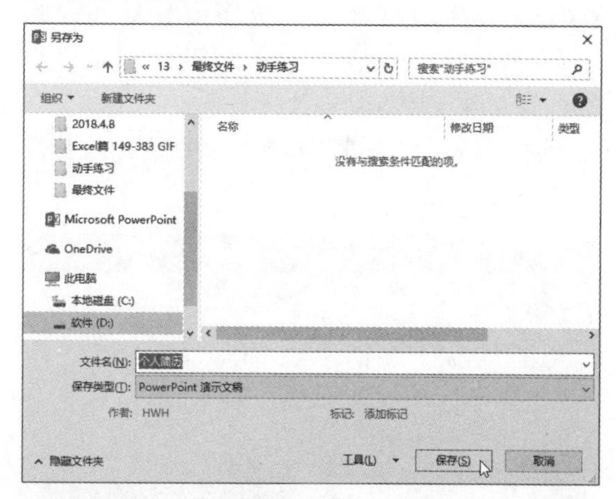

步骤02 打开“视图”选项卡，单击“幻灯片母版”按钮，进入母版视图，选择幻灯片母版，单击“背景样式”按钮，从下拉列表中选择“设置背景格式”选项。

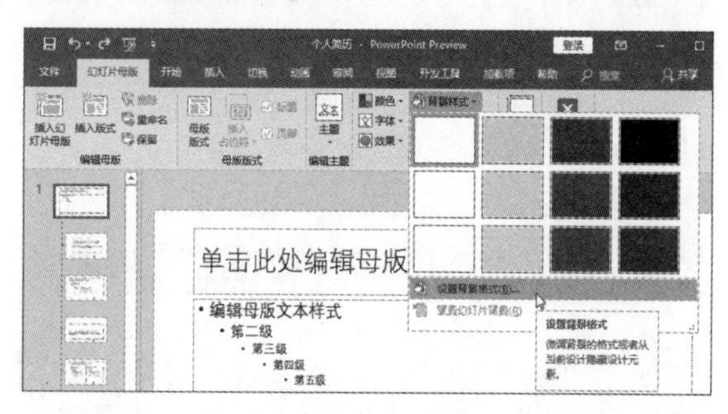

步骤03 打开“设置背景格式”窗格，选中“图片或纹理填充”单选按钮，单击“文件”按钮。

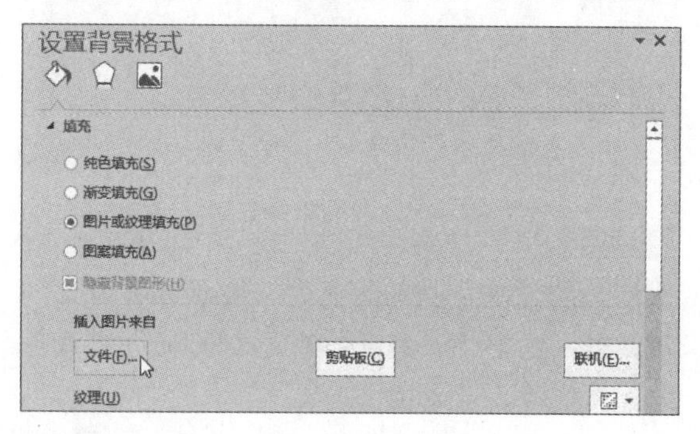

步骤04 打开“插入图片”对话框，选择图片后单击“插入”按钮。

步骤05 返回至“设置背景格式”窗格，单击“全部应用”按钮，然后单击“关闭母版视图”按钮，退出母版视图模式。

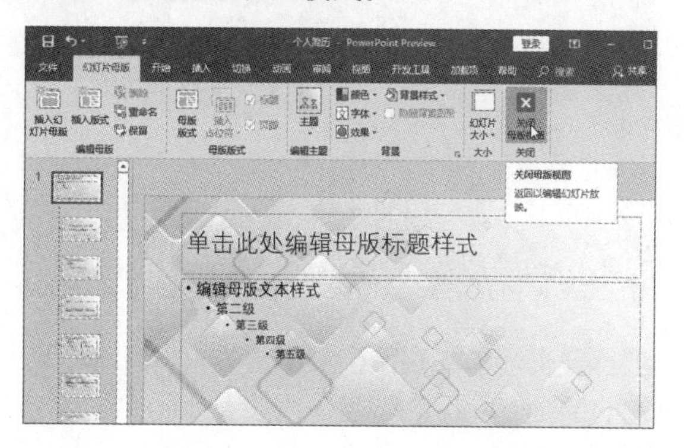

步骤06 执行“插入>形状>矩形”操作，插入两个无轮廓、颜色填充为“蓝色，个性色1，淡色60%”的矩形。执行“插入>图片”操作，插入所需的图片，再执行“图片工具—格式>裁剪>裁剪”命令，将图片裁剪至合适大小。

步骤07 执行“裁剪>裁剪为形状>六边形”操作，将图片裁剪为六边形，然后设置图片边框颜色为白色、粗细为3磅，然后添加合适的标题文本。

步骤08 按照同样的方法，设置其他幻灯片。下面以第6张为例，介绍圆环百分比图表的制作，首先通过“插入>形状”命令插入6个相同的同心圆，再插入一个空心弧，并通过“绘图工具—格式”选项卡“大小”选项组中的“宽度”和“高度”数值框，设置空心弧宽度和高度与同心圆相同。

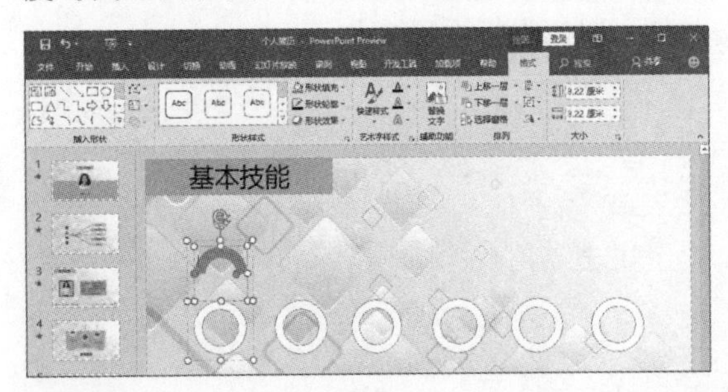

步骤09 将空心弧移至同心圆上方，并且通过两端的编辑点，调节弧长。

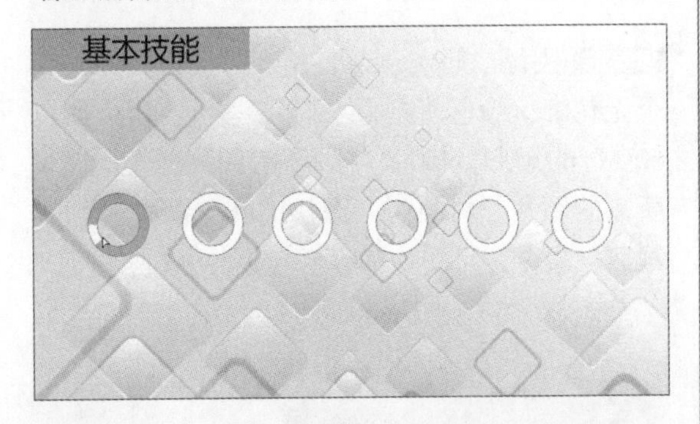

步骤10 为空心弧填充绿色后，将其复制到其他白色同心圆上，然后根据实际情况，调节弧长和填充色，再通过文本框分别输入百分比即可。

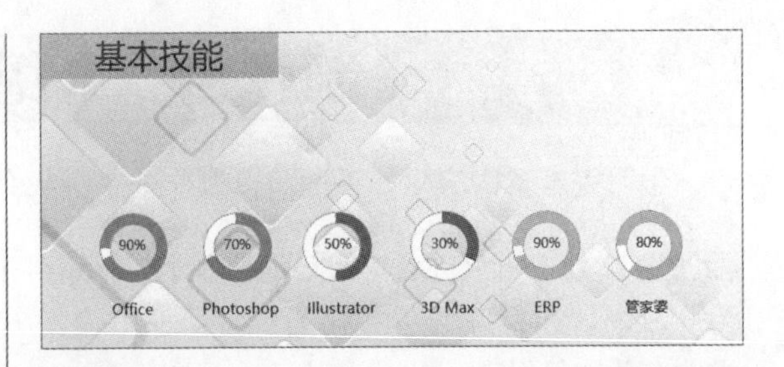

步骤11 选择幻灯片，设置切换效果为“随机”、持续时间为默认，然后设置换片方式为自动换片，并设置自动换片时间为00：08.00，最后单击“应用到全部”按钮，为所有幻灯片应用该切换效果。

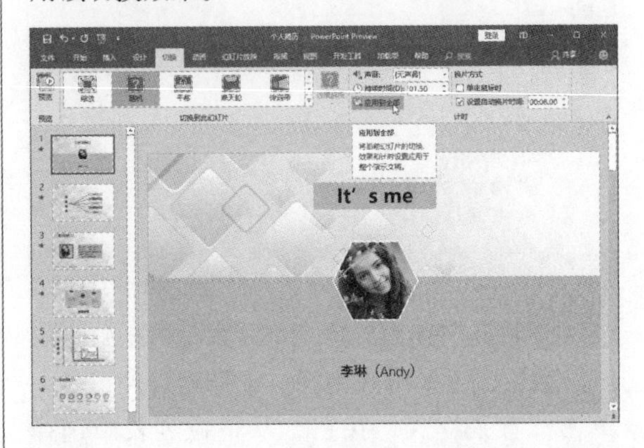

步骤12 选择第1张幻灯片中的标题文本、图片和副标题，然后为其应用浮入动画效果，并设置其开始方式为“上一动画之后”，然后按照同样的方法，设置演示文稿中其他幻灯片中对象的动画效果。

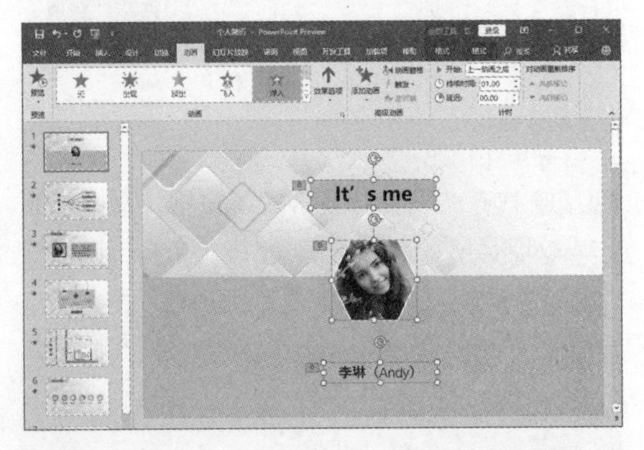

步骤13 打开“幻灯片放映”选项卡，单击“设置幻灯片放映”按钮，打开“设置放映方式”对话框，选中“观众自行浏览（窗口）”单选按钮，然后单击“确定”按钮。

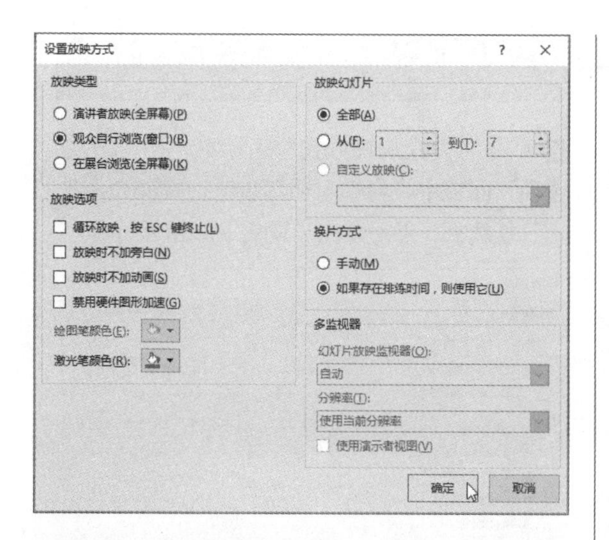

步骤14 根据需要勾选“幻灯片放映”选项卡中相应的复选框。单击“录制幻灯片演示”下拉按钮，从下拉列表中选择“从头开始录制”选项。

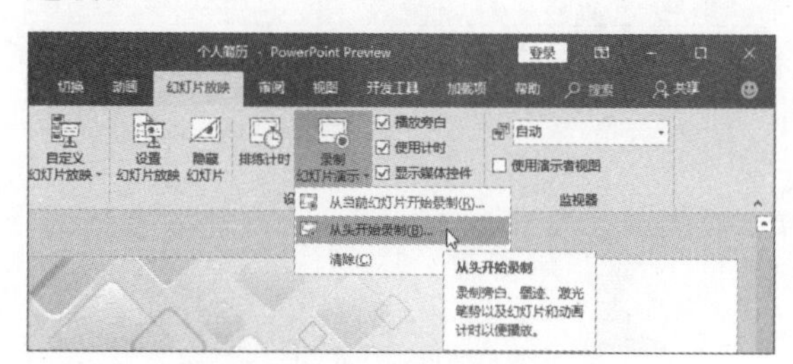

步骤15 在录制窗口中单击“录制”按钮。

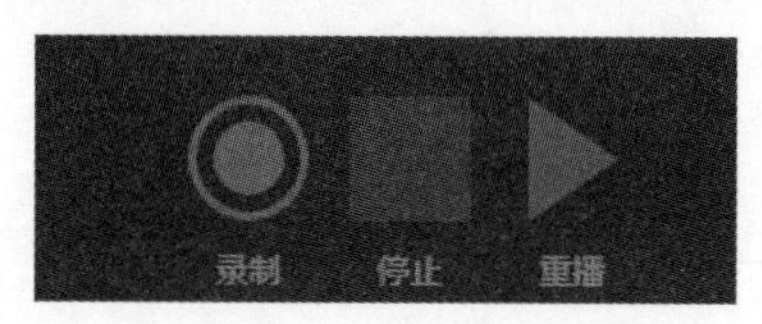

步骤16 这时可以设置幻灯片的放映进度，根据需求进行相应的设置，录制完一张幻灯片后，单击“进入下一张幻灯片”按钮，继续下一张幻灯片的录制。

步骤17 录制完成后，单击“幻灯片放映”选项卡中的“从头开始”按钮，查看幻灯片录制效果。

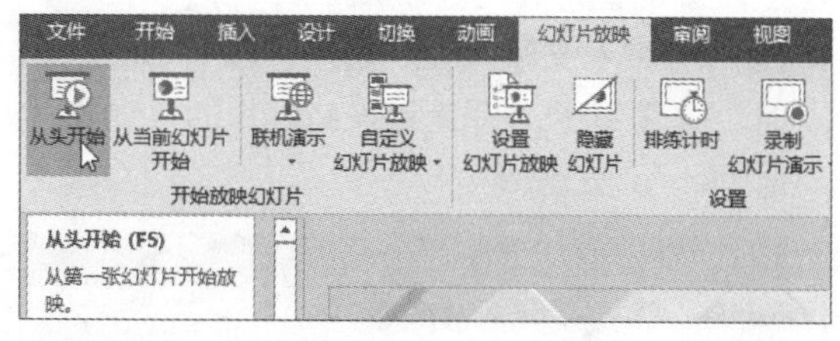

步骤18 单击“文件”标签，在“导出”面板中选择“创建视频”选项，单击“创建视频”按钮。

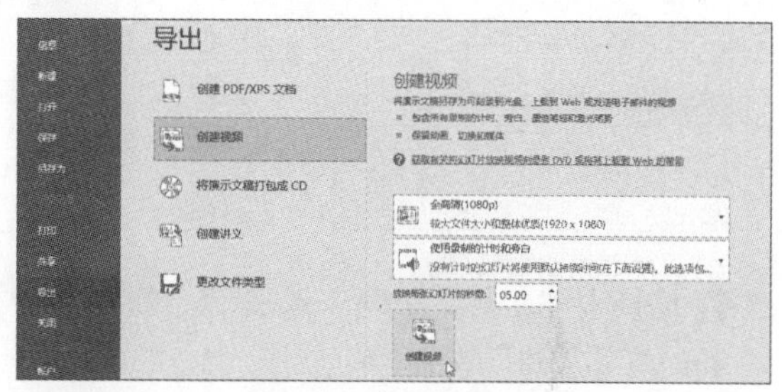

步骤19 打开“另存为”对话框，选择合适的位置，然后设置保存类型为“Windows Media 视频”，最后单击“保存”按钮。

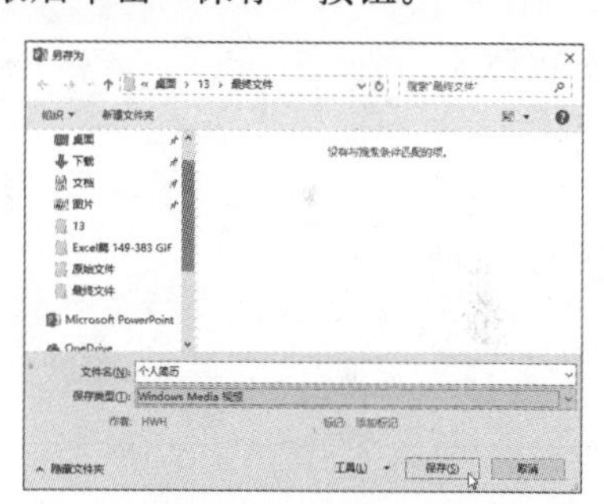

步骤20 在文件夹中找到该视频，双击即可查看，求职时可以将该视频一起发送给HR，是不是很酷呢？

秒杀疑惑

如何让幻灯片循环放映？

01 打开演示文稿，在“切换”选项卡的“计时”选项组中，设置每张幻灯片的自动换片时间。

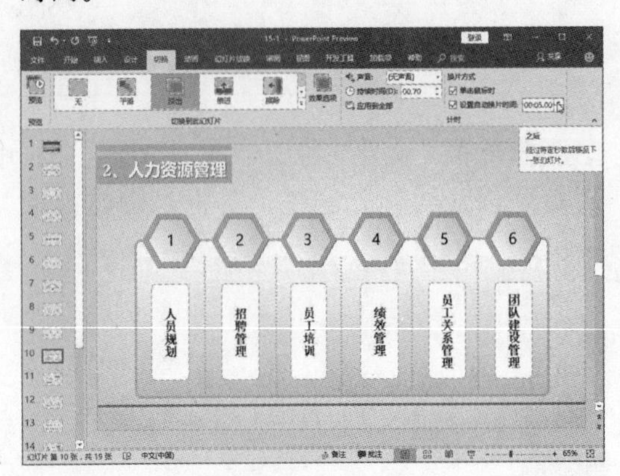

02 切换至“幻灯片放映”选项卡，单击“设置幻灯片放映”按钮。

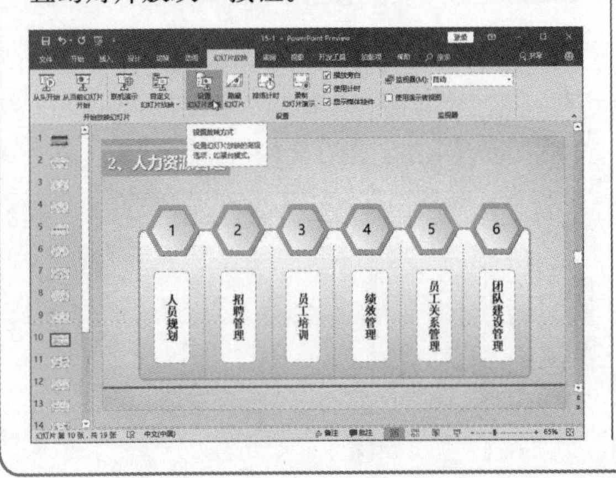

03 打开“设置放映方式”对话框，在“放映选项”区域中，勾选“循环放映，按ESC键终止”复选框，然后单击“确定”按钮即可。

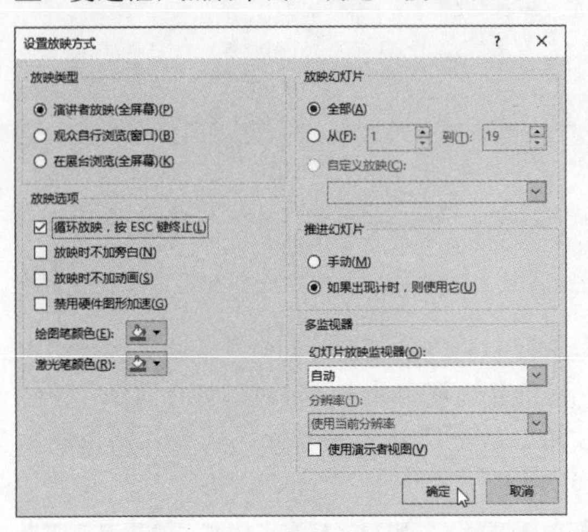

Chapter 14

制作公司宣传演示文稿

本章将介绍制作公司宣传演示文稿的操作方法，其大致过程分为创建并保存演示文稿、制作幻灯片母版、制作幻灯片内容、设计动画效果以及设置幻灯片放映方式等。

14.1 设计幻灯片母版

完成空白演示文稿的创建后，用户可以应用母版功能对幻灯片进行统一设置。在母版视图模式下，用户可以很方便地对母版幻灯片和标题幻灯片进行分别设计。

14.1.1 设计母版幻灯片

首先对母版幻灯片的设计操作进行介绍。

步骤01 单击“视图”选项卡中的“幻灯片母版”按钮。

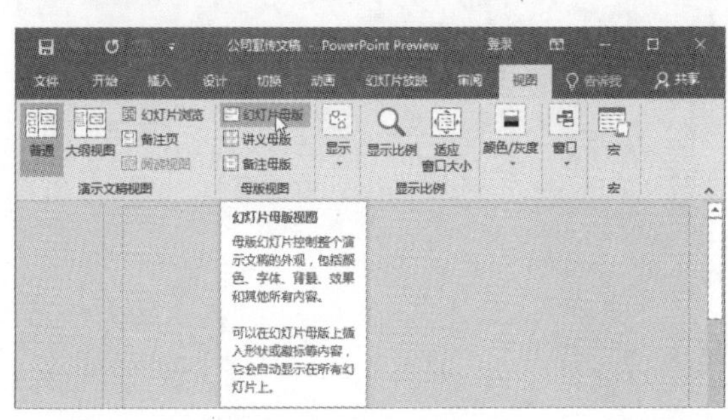

步骤02 打开母版视图，自动进入“幻灯片母版”选项卡，选择母版幻灯片，在“插入”选项卡的“形状”列表中选择“矩形”选项。

步骤03 按住鼠标左键不放，绘制合适大小的矩形，绘制完成后释放鼠标左键。

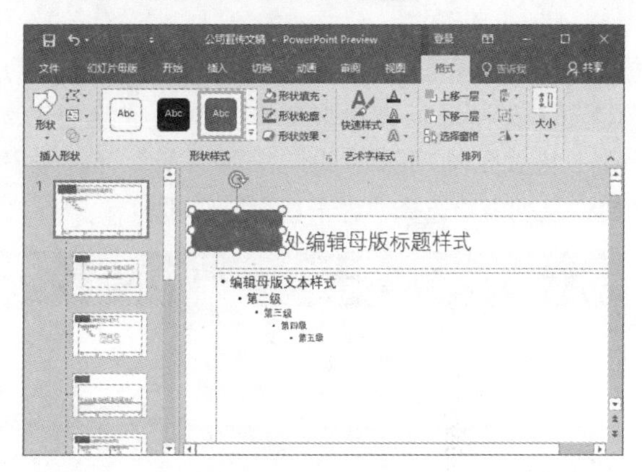

步骤04 选择绘制的图形，单击“绘图工具—格式”选项卡中的“形状填充”按钮，从列表中选择合适的填充颜色。

步骤05 单击“形状轮廓”按钮，从列表中选择“无轮廓”选项。

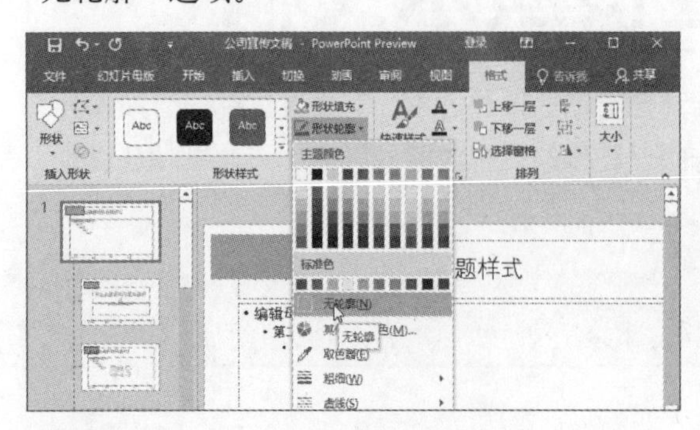

步骤06 重复以上步骤，绘制其他图形，设置填充色和轮廓，并调整图形至合适位置。

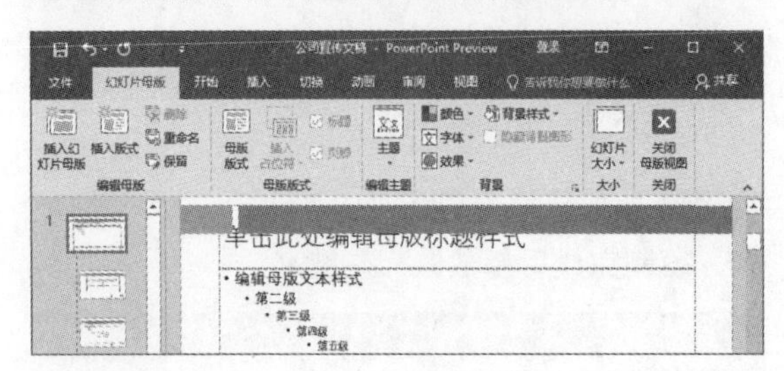

步骤07 选择母版标题占位符，单击“绘图工具—格式”选项卡中的“上移一层”下拉按钮，从列表中选择“置于顶层”选项。

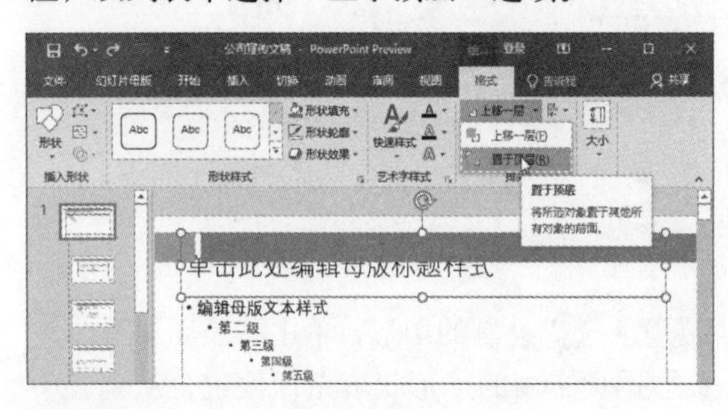

步骤08 选中文本内容，设置字体为“黑体”、大小为28、颜色为白色并加粗显示，然后将文本内容移至合适位置。

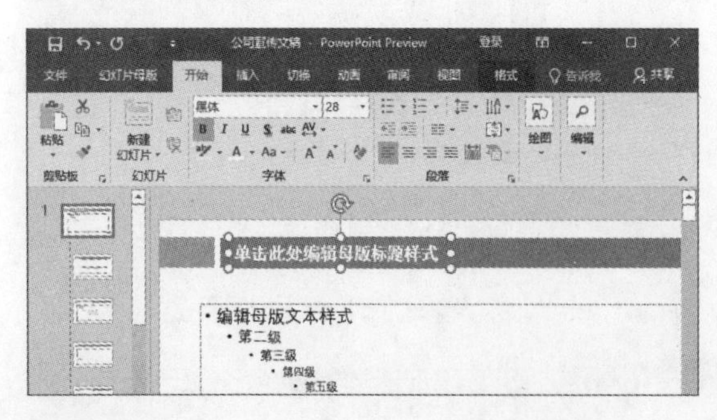

步骤09 删除母版中的内容及页眉页脚占位符。

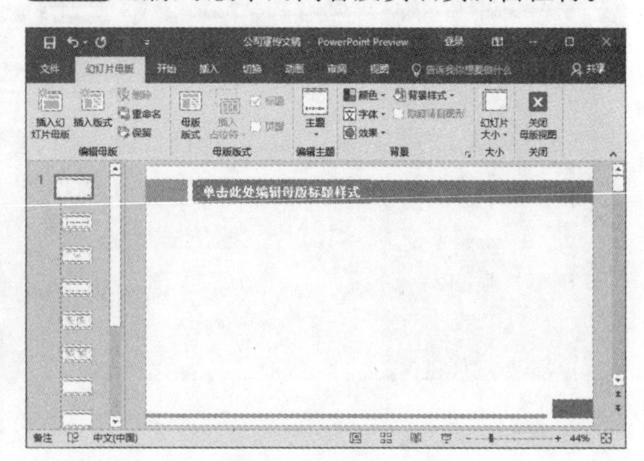

14.1.2 设计标题幻灯片

设计完母版幻灯片样式后，下面介绍设计标题幻灯片的操作过程，具体如下。

步骤01 选择标题幻灯片版式，勾选“幻灯片母版”选项卡中的“隐藏背景图形”复选框，同样删除内容占位符和页眉页脚占位符。

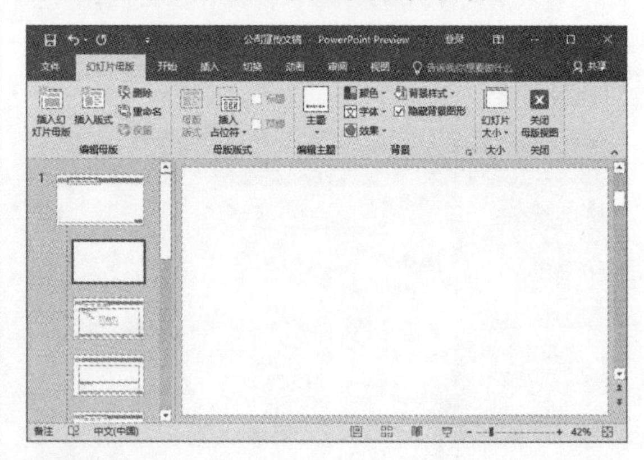

步骤02 单击“关闭母版视图”按钮，关闭母版视图。

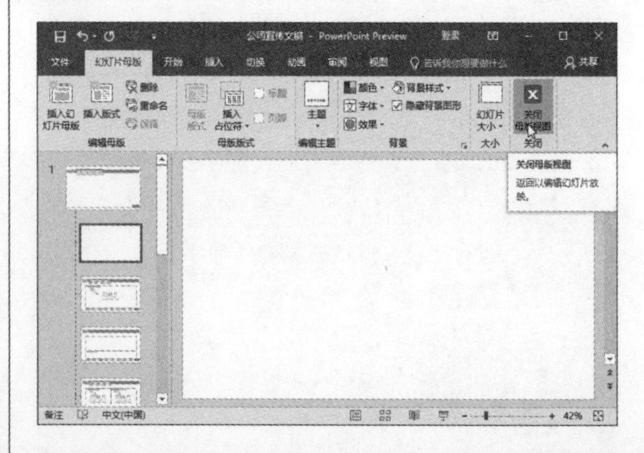

14.2 制作幻灯片页面

对幻灯片母版进行设计后，返回普通视图模式，接着可以开始设计幻灯片的页面，首先设计标题页幻灯片，接下来设计目录页幻灯片、内容页幻灯片以及结尾页幻灯片。

14.2.1 设计标题页幻灯片

标题页幻灯片的设计要求要突出主题，因此其风格比较简洁大方。

步骤 01 在普通视图模式的页面上单击，以添加第一张幻灯片。

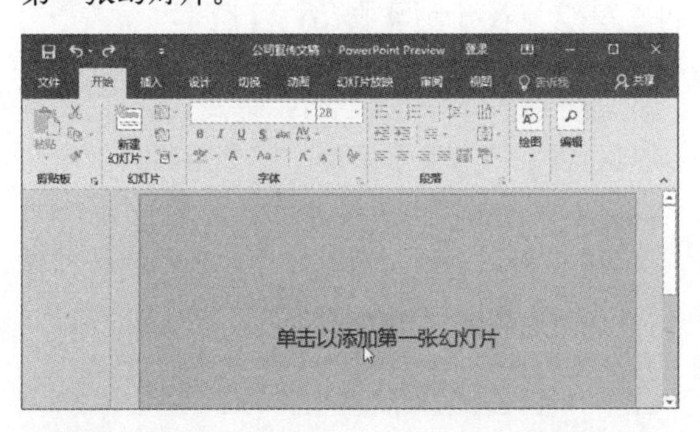

步骤 02 在页面中绘制一个合适大小的矩形。

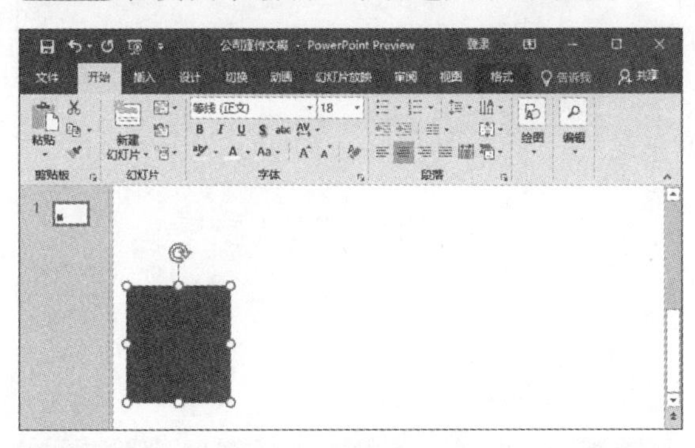

步骤 03 选中该矩形，单击“绘图工具—格式”选项卡中的“形状填充”按钮，从列表中选择合适的填充颜色。

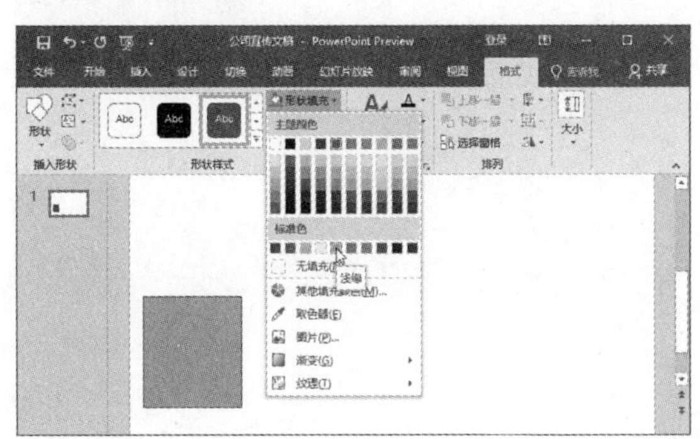

步骤 04 单击“形状轮廓”按钮，从列表中选择“无轮廓”选项。

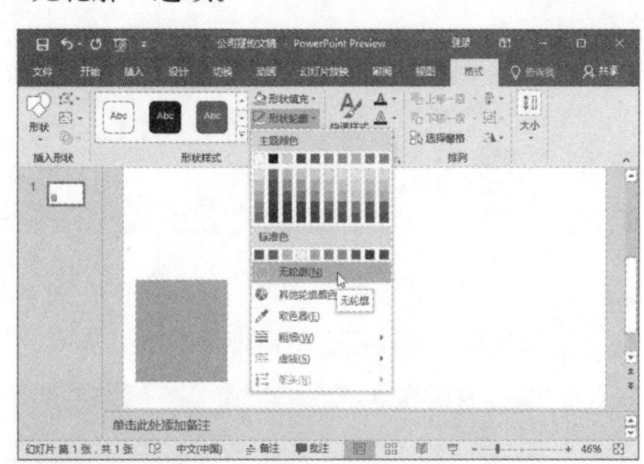

步骤 05 按照同样的方法绘制其他图形，并设置其填充颜色和轮廓。

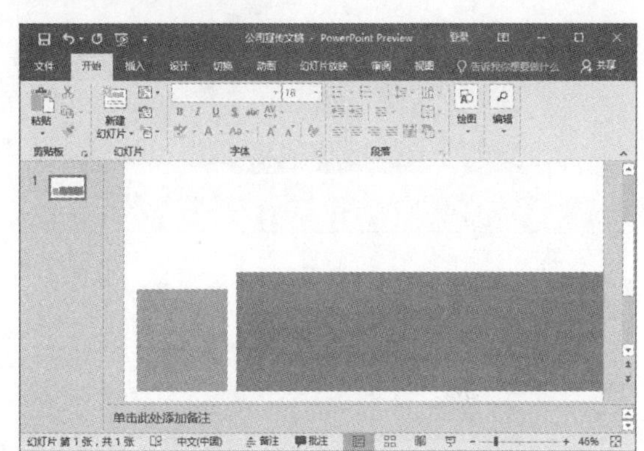

步骤 06 再次绘制两个矩形，设置其轮廓颜色和粗细，并设置其填充颜色为无填充。

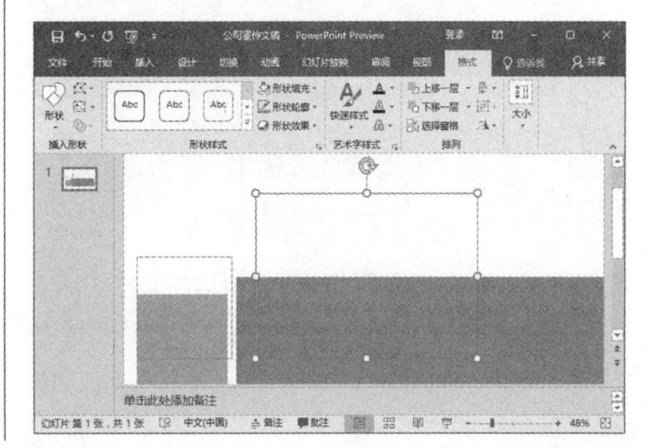

步骤07 将两个矩形置于底层，然后调整矩形的位置和角度。

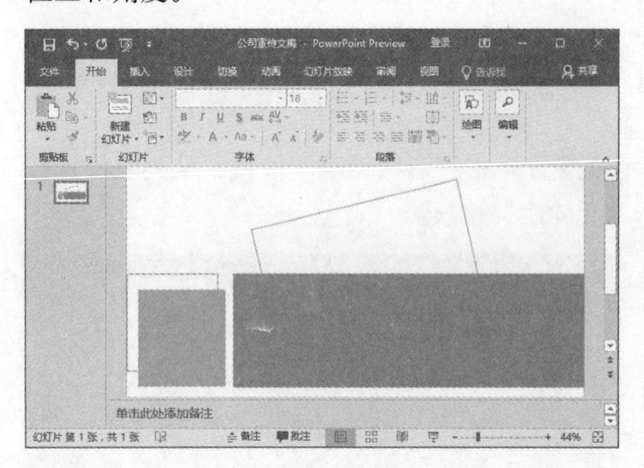

步骤08 切换至“插入”选项卡，单击“文本框”下拉按钮，选择“绘制横排文本框”选项。

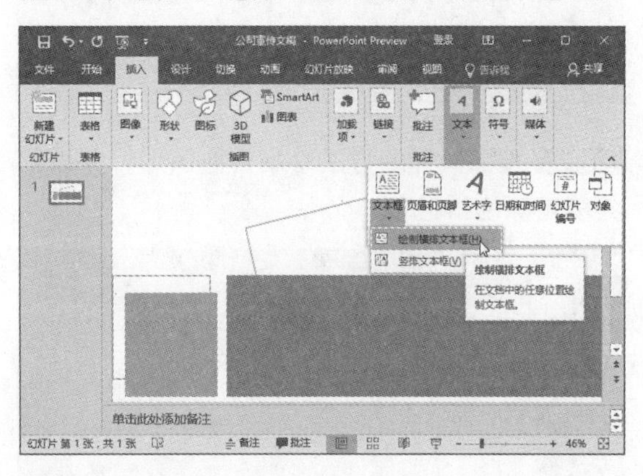

步骤09 绘制文本框，并在文本框中输入内容，设置字体、字号和颜色，并放置在合适位置。

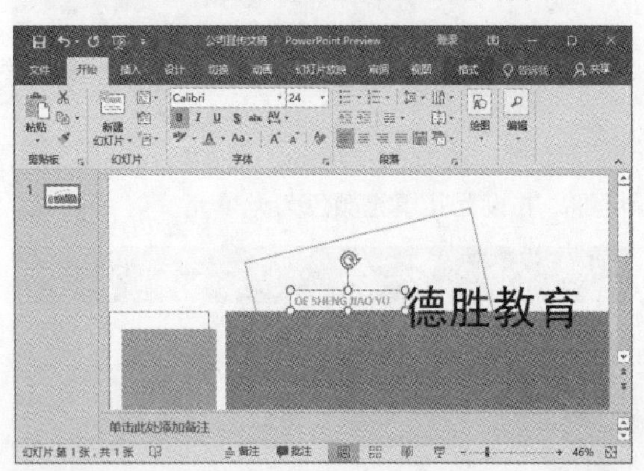

步骤10 选择右下方的矩形，按住Ctrl键的同时选择“德胜教育”文本框，单击“绘图工具—格式”选项卡中的“合并形状”下拉按钮，选择“组合”选项。

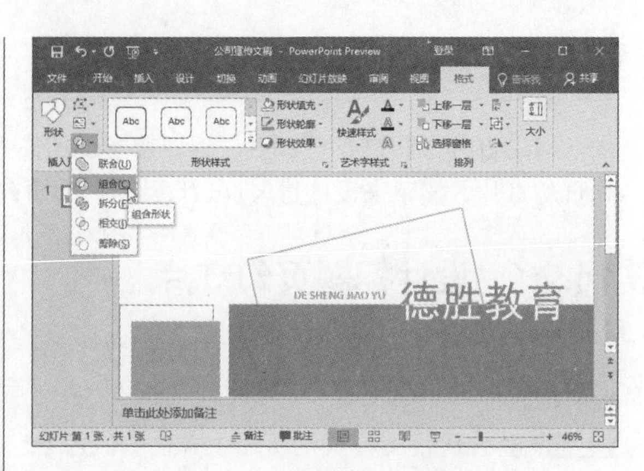

14.2.2 设计目录页幻灯片

接下来设计第2张幻灯片样式，第2张为目录页，需要插入多个图形，下面对其具体操作进行介绍。

步骤01 单击“新建幻灯片”下拉按钮，从列表中选择“标题幻灯片”选项。

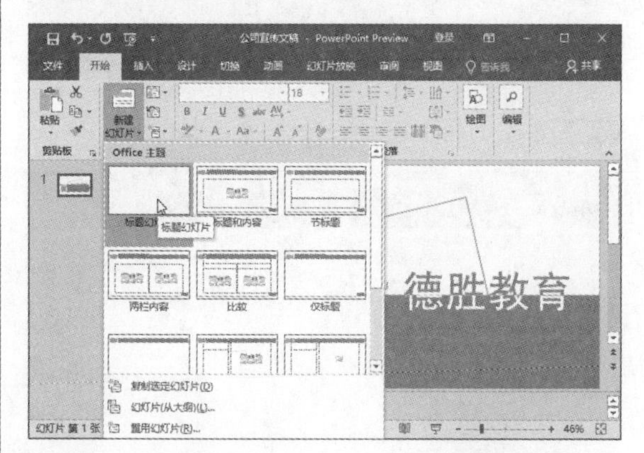

步骤02 在页面中绘制一个矩形。

步骤03 单击“绘图工具—格式”选项卡中的“形状填充”按钮，从列表中选择合适的颜色，单击“形状轮廓”按钮，选择“无轮廓”选项。

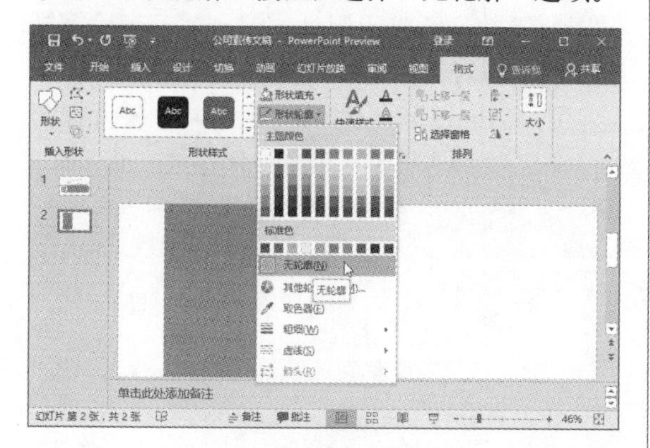

步骤04 在“插入”选项卡中单击“文本框”下拉按钮，选择“竖排文本框”选项。

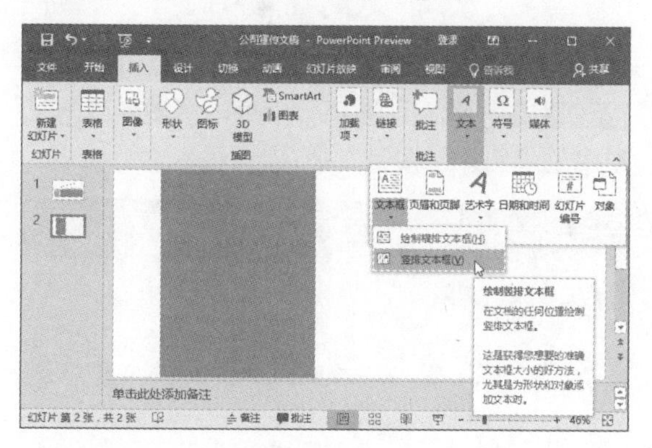

步骤05 绘制文本框并输入内容，设置文本的字体和字号，将文本放置在合适位置。

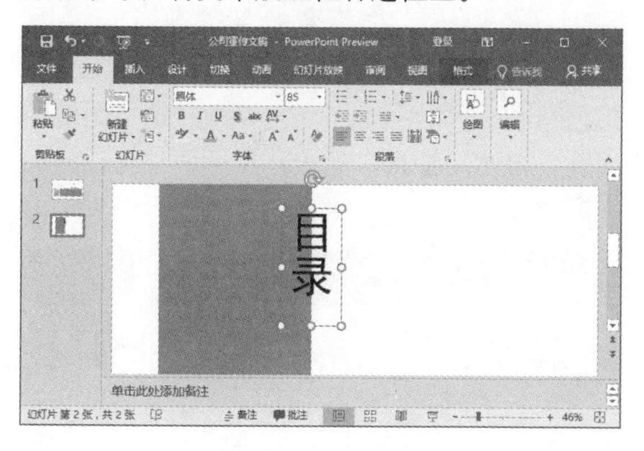

步骤06 选择矩形图形，按住Ctrl键的同时选择文本框，单击“绘图工具—格式”选项卡中的“合并形状”下拉按钮，选择“组合”选项。

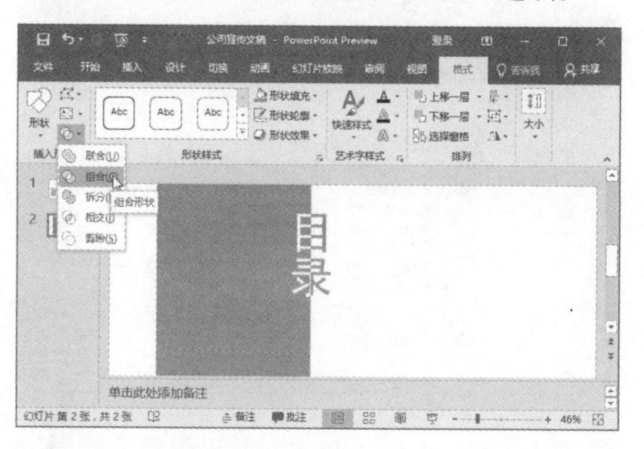

步骤07 在“插入”选项卡中单击“形状”下拉按钮，从列表中选择“椭圆”选项。

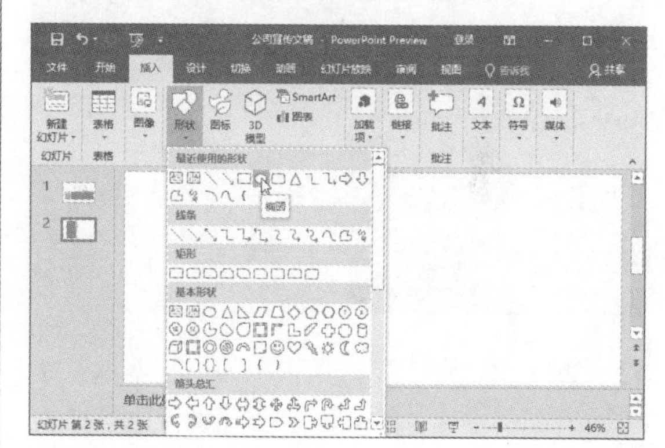

步骤08 按住Shift键的同时，拖动鼠标左键绘制正圆，设置填充颜色和形状轮廓，并将其移至合适位置。

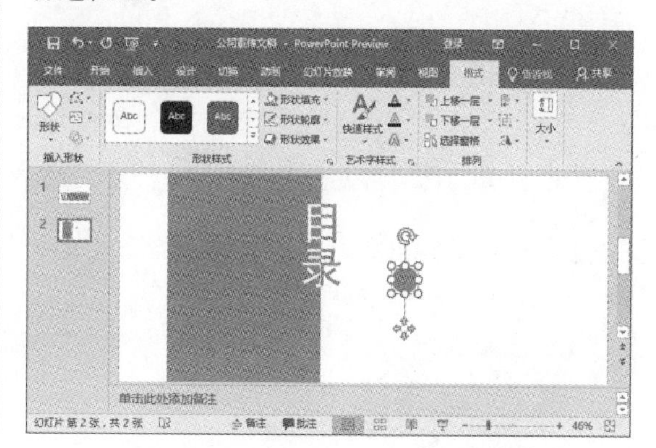

步骤09 选择图形，单击鼠标右键，从快捷菜单中选择“编辑文字”命令。

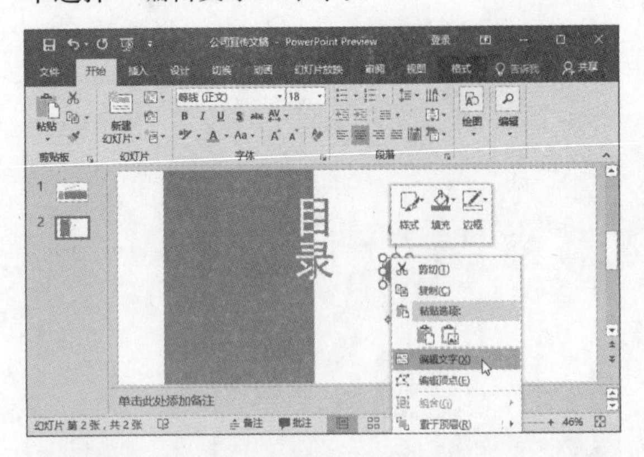

步骤10 在图形内输入数字，并设置数字的字体和字号。

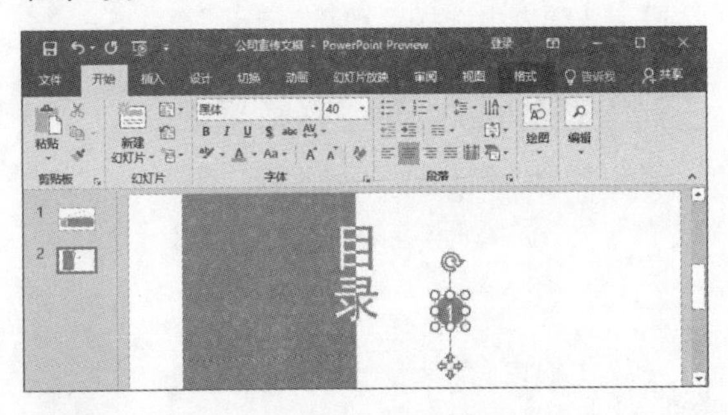

步骤11 单击“插入”选项卡中的“文本框”按钮，绘制文本框，输入内容，并设置内容的文本格式。

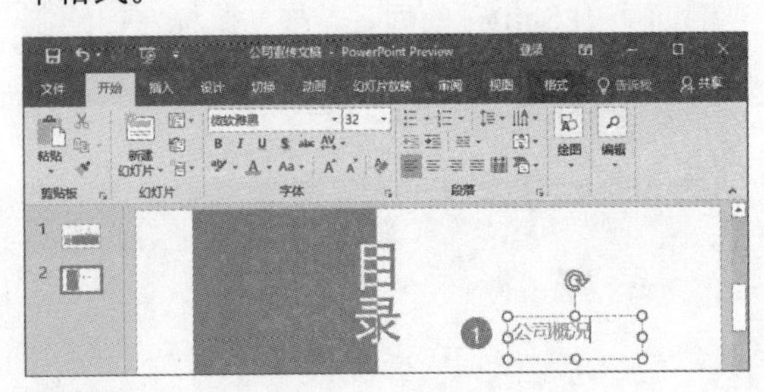

步骤12 复制图形和文本框，根据需要输入文本内容，更改文本格式即可。

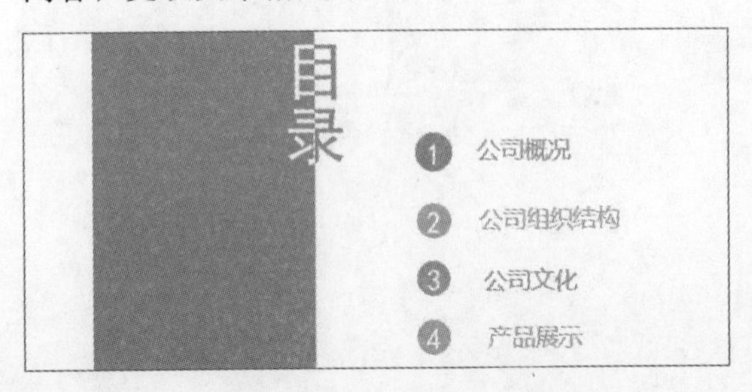

14.2.3 设计内容页幻灯片

接下来制作内容页，在制作内容页幻灯片时需要执行添加组织结构图、插入表格等操作，在此将对其具体操作进行介绍。

步骤01 按Enter键添加第3张幻灯片，输入标题内容和正文内容，然后设置字体格式。

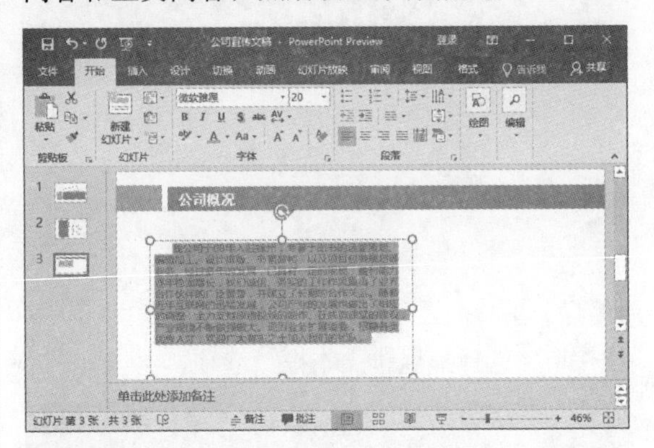

步骤02 在“插入”选项卡中单击“图像”选项组中的“图片”按钮。

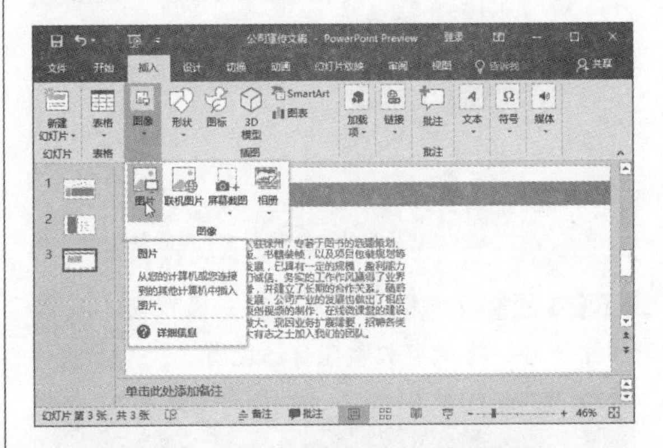

步骤03 打开“插入图片”对话框，选择需要的图片，单击“插入”按钮，然后调整图片的大小和位置。

步骤04 按Enter键添加第4张幻灯片，并输入标题文本内容。

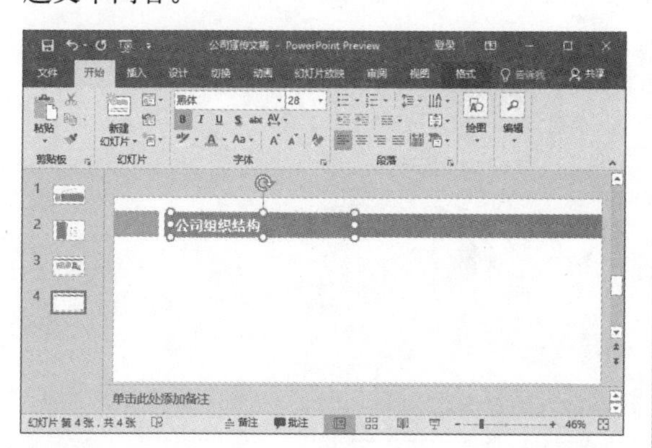

步骤05 单击“插入”选项卡中的SmartArt按钮，打开“选择SmartArt图形”对话框，选择“水平多层层次结构”选项，单击“确定”按钮。

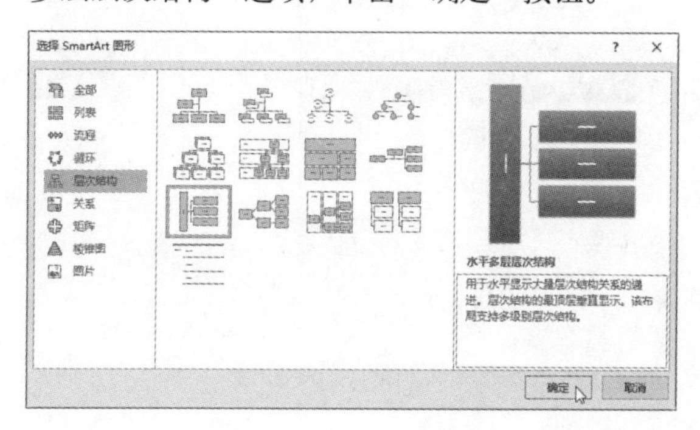

步骤06 插入层次结构图后，选择上方的图形，单击“SmartArt工具—设计”选项卡中的“添加形状”按钮，从列表中选择“在下方添加形状”选项。

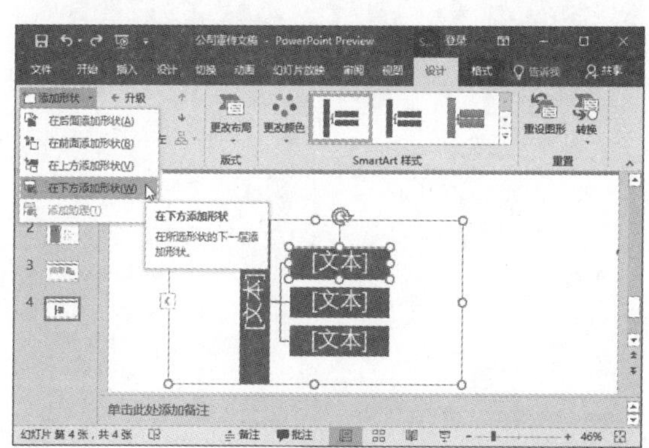

步骤07 按照同样的方法添加其他图形，并调整结构图的大小，将其移至的合适位置。

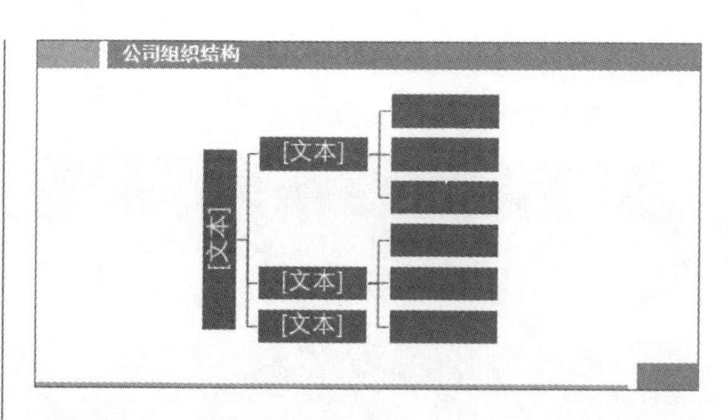

步骤08 然后输入所需的文本，选择结构图，单击“SmartArt工具—设计”选项卡中的“更改颜色”按钮，从列表中选择合适的颜色选项。

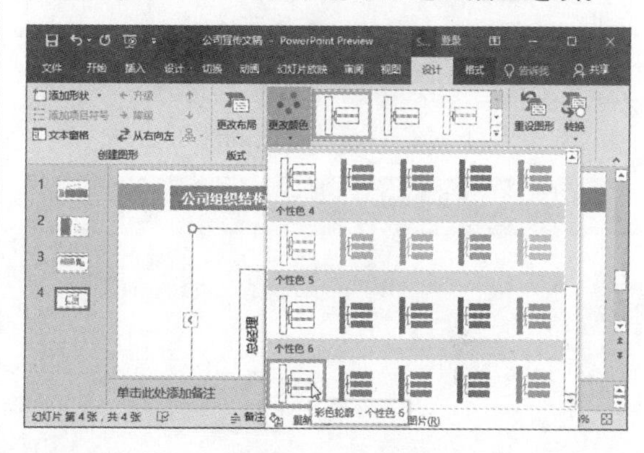

步骤09 查看更改颜色后的效果。

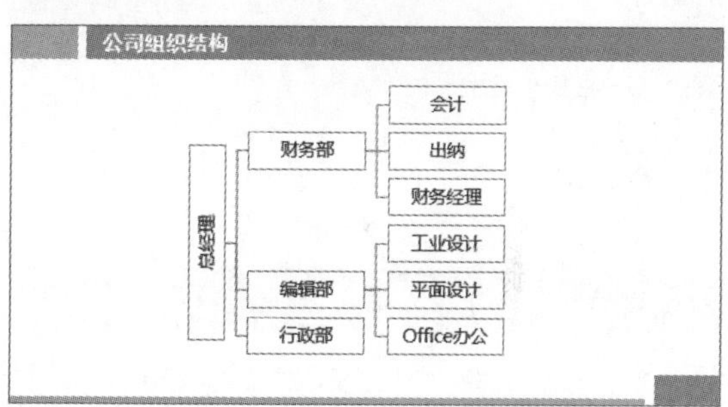

步骤10 按Enter键添加第5张幻灯片，并输入标题内容，使用形状命令，绘制圆角矩形。

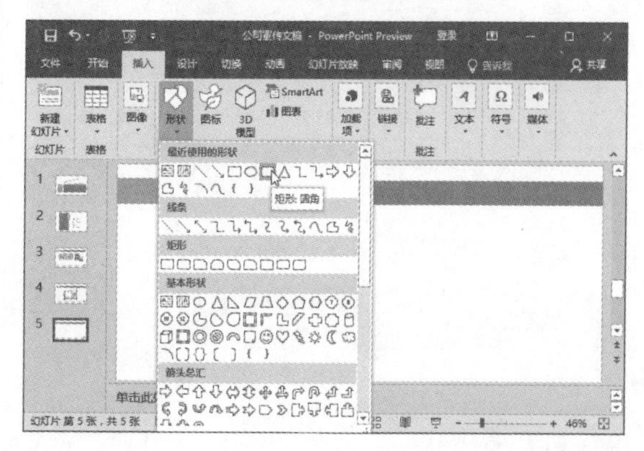

步骤11 设置圆角矩形的填充为无填充，并设置其轮廓颜色和粗细。

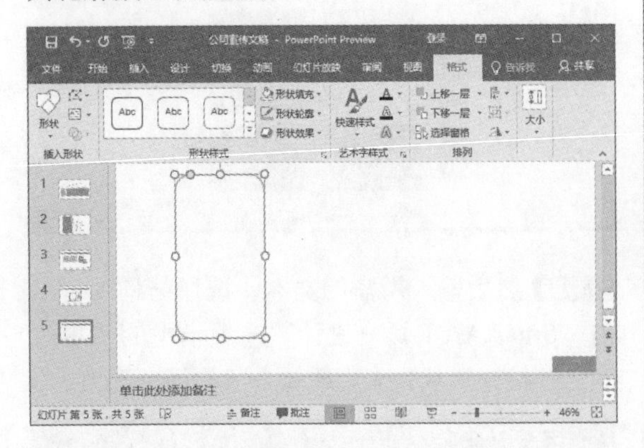

步骤12 单击“形状效果”按钮，选择“映像”选项，并从子列表中选择合适的选项。

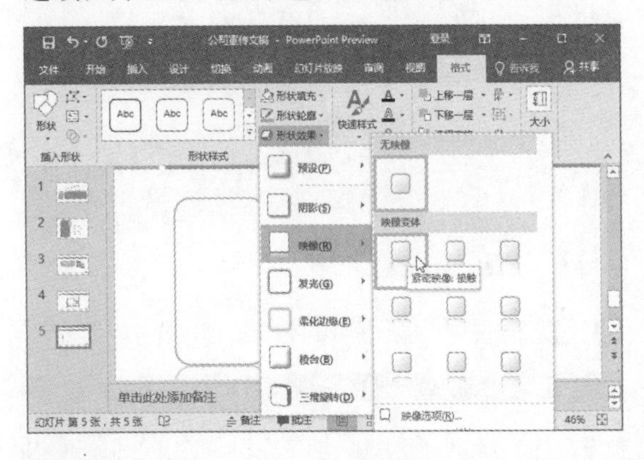

步骤13 在“形状”下拉列表中，选择“矩形：圆顶角”选项。

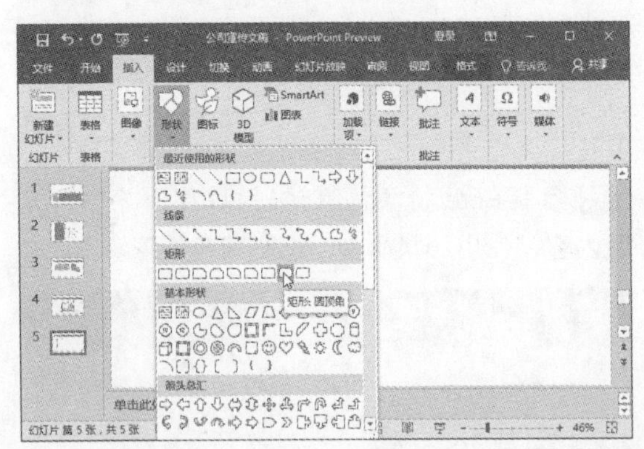

步骤14 绘制一个圆顶角矩形，调整形状的大小和角度，并将其移至合适的位置。

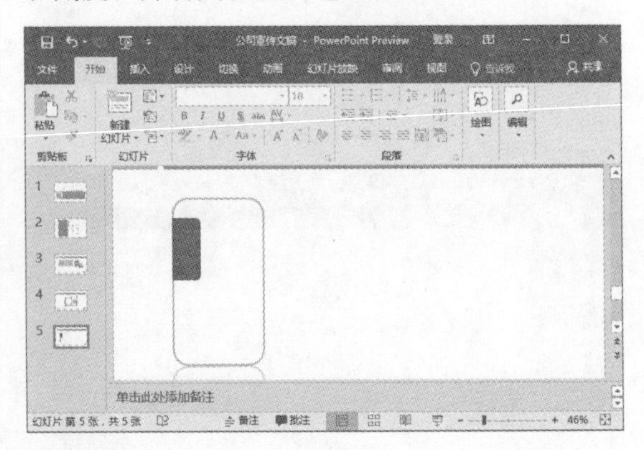

步骤15 选择形状，设置其填充颜色和轮廓，单击“形状效果”按钮，选择“阴影”选项，并在子列表中选择合适的选项。

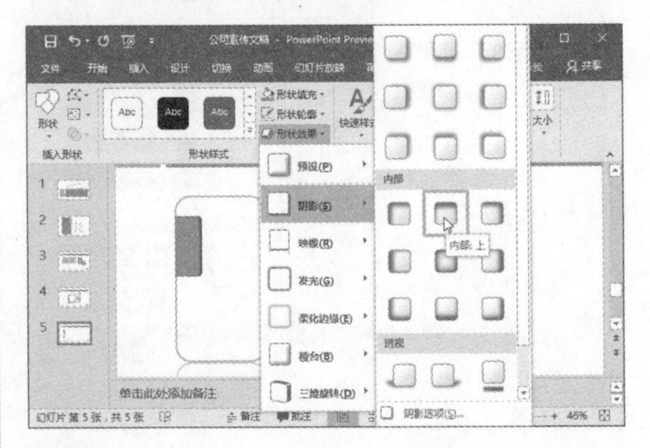

步骤16 在“插入”选项卡中，选择“竖排文本框”选项。

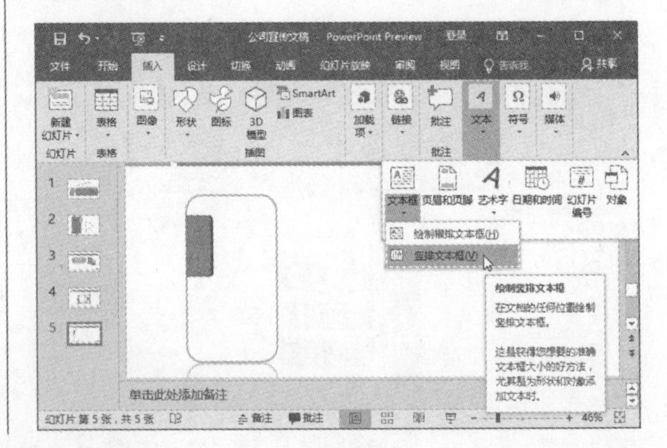

步骤 17 绘制竖排文本框，输入文本内容，并设置文本的字体格式。

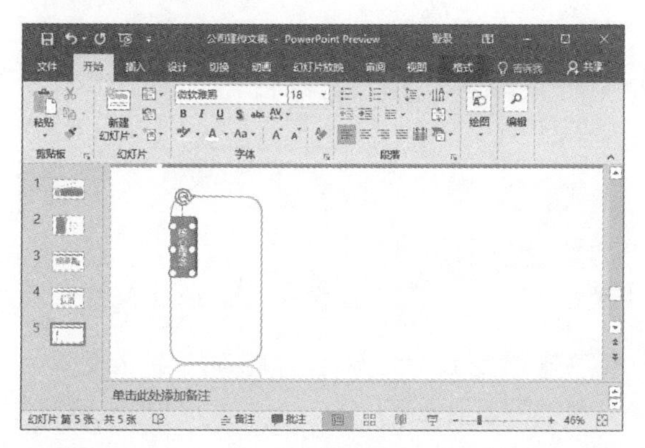

步骤 18 按照同样的方法绘制文本框，并输入内容，设置文本内容的字体格式。

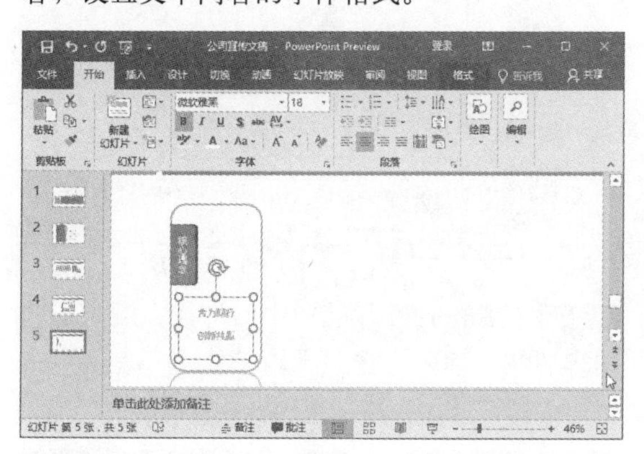

步骤 19 在“插入”选项卡中单击“图片”按钮，打开“插入图片”对话框，选择需要的图片，单击“插入”按钮。

步骤 20 插入图片后，调整图片的大小，并将其移至合适的位置。

步骤 21 按照同样的方法绘制其他图形，根据需要输入内容并插入所需的图片。

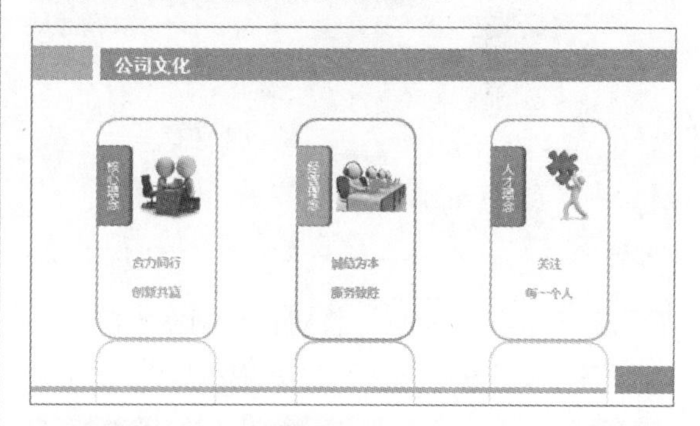

步骤 22 按Enter键添加第6张幻灯片，输入标题内容。然后在“形状”列表中，选择“矩形：圆角”选项。

步骤23 绘制圆角矩形，设置其形状填充为无填充，并设置形状轮廓颜色和粗细。

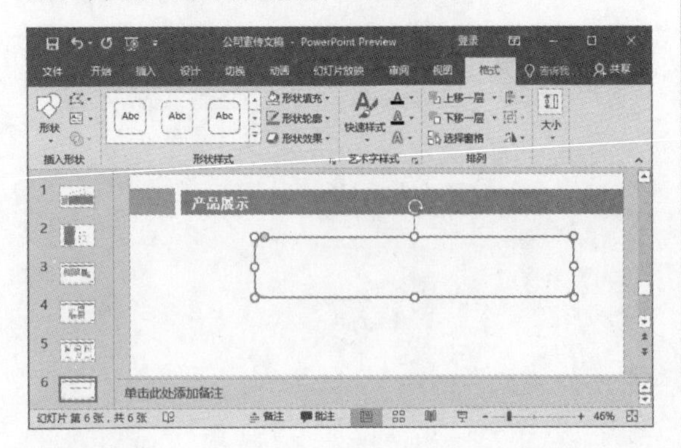

步骤24 单击“形状效果”按钮，选择“阴影”选项，并在子列表中选择合适的选项。

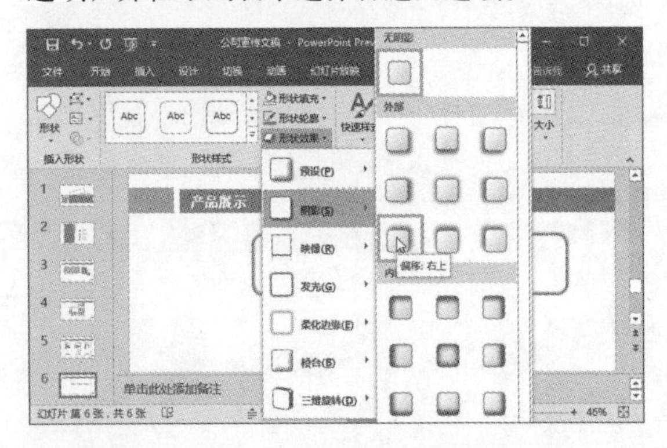

步骤25 单击“文本框”按钮，绘制文本框，输入文本内容，并设置文本的字体格式。

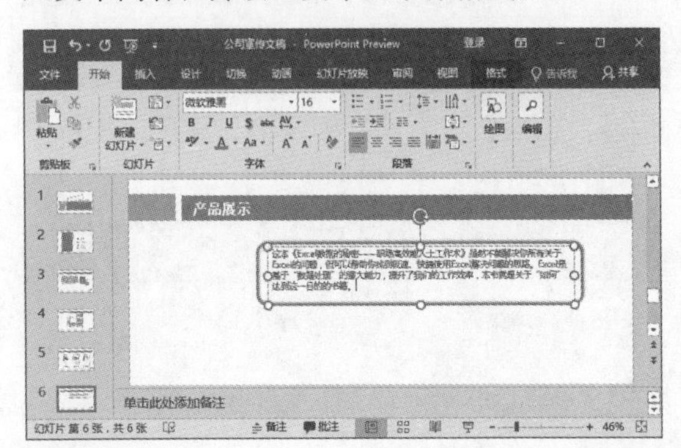

步骤26 在文本框左侧插入图片，并调整图片的大小和位置。

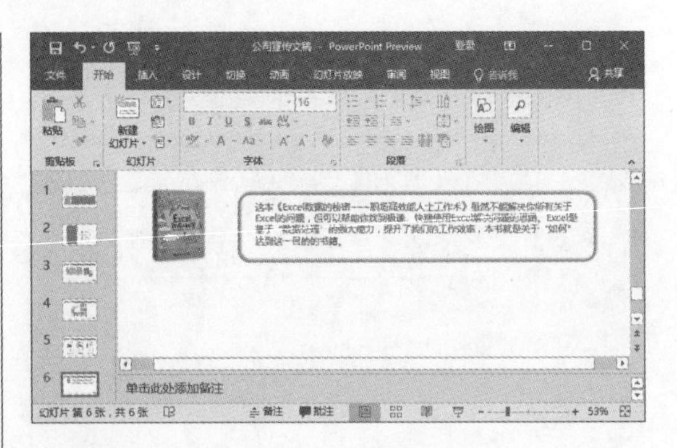

步骤27 按照同样的方法绘制图形，输入文本，并根据需要插入图片。

步骤28 按Enter键添加第7张幻灯片，输入标题内容。在“插入”选项卡中，单击“表格”按钮，选择“插入表格”选项。

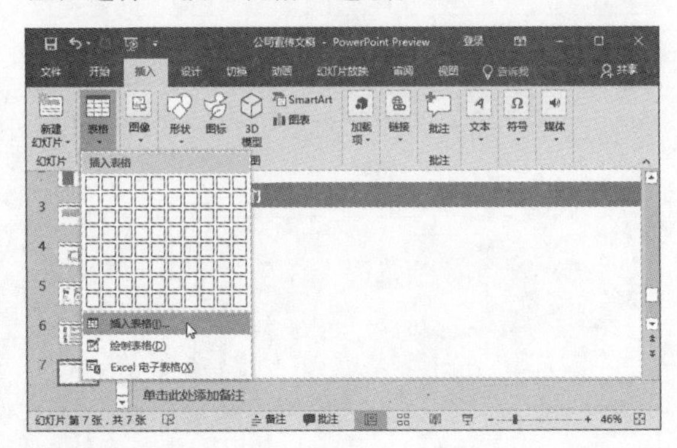

步骤29 打开“插入表格”对话框，设置行/列数，单击“确定”按钮。

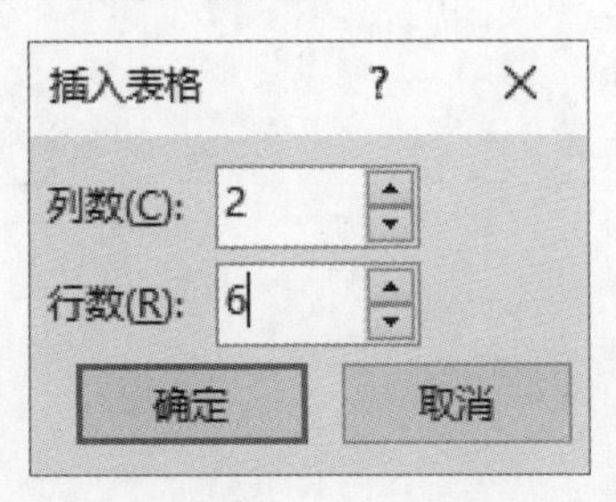

步骤30 插入一个6行2列的表格，输入文本，并调整表格位置至页面中央。

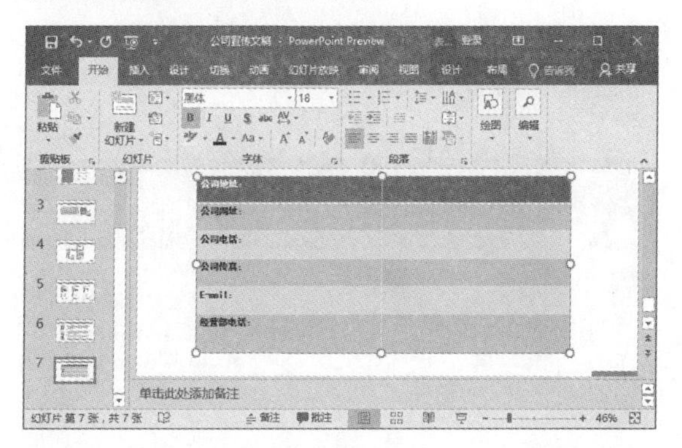

步骤31 选择表格，单击“表格工具—设计”选项卡中“表格样式”选项组的“其他”按钮，从列表中选择合适的表格样式。

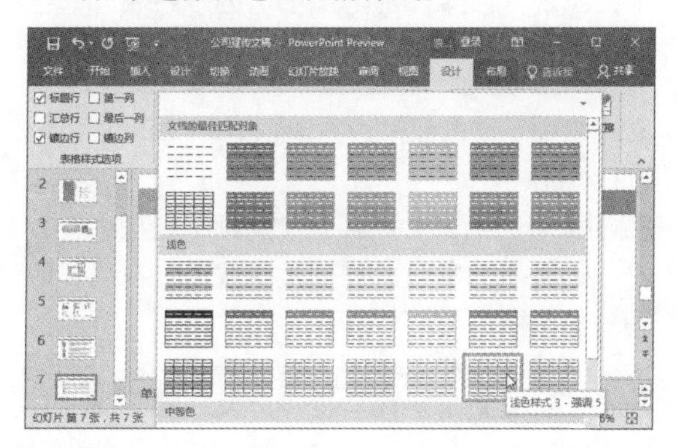

步骤32 查看应用表格样式后的效果。

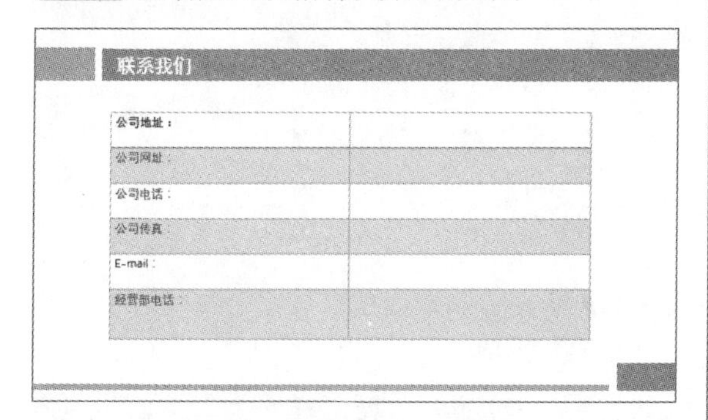

14.2.4 设计结尾页幻灯片

继续制作最后一张幻灯片，结尾幻灯片一般用于标明演讲结束的文本，这时候就需要用到艺术字功能，下面对其进行介绍。

步骤01 首先绘制两个矩形，并设置好大小和填充颜色。

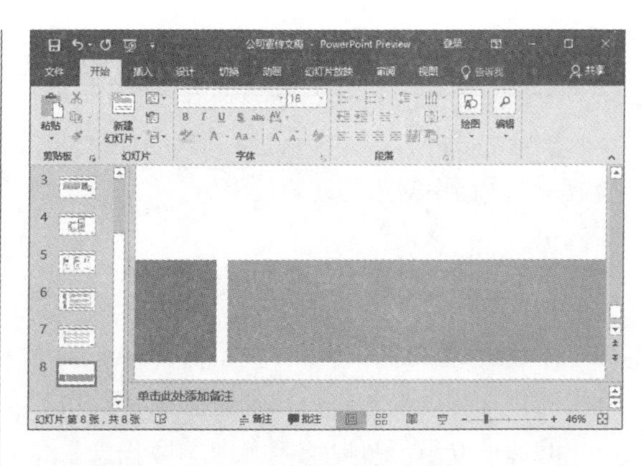

步骤02 单击“插入”选项卡中的“艺术字”下拉按钮，从列表中选择合适的选项。

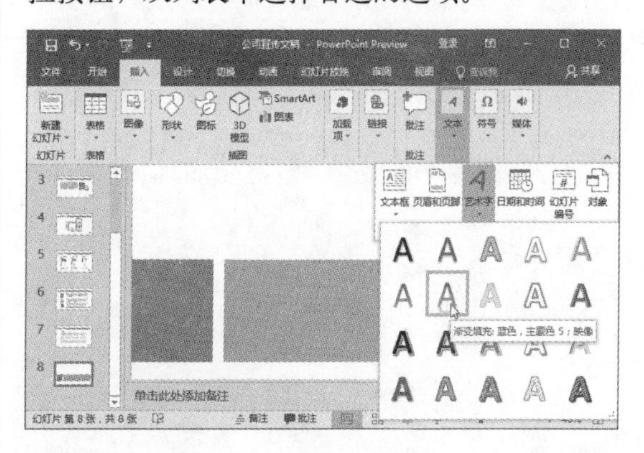

步骤03 输入文本，设置字体为黑体、大小为85，并将其移至合适位置。然后，绘制一个文本框，同时输入相关内容，并设置好字体格式。至此，幻灯片内容已全部制作完成。

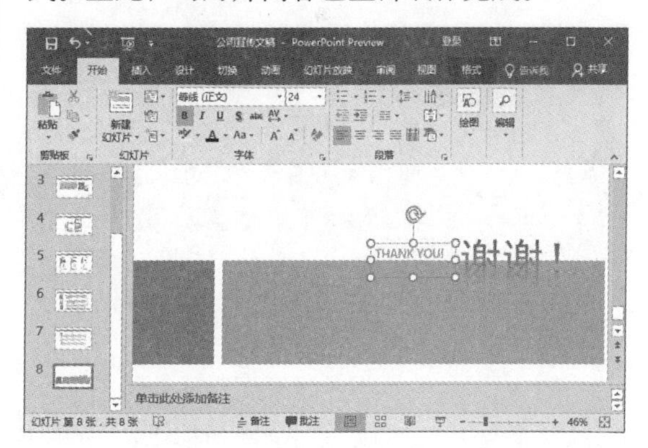

14.3 制作酷炫的动画效果

演示文稿内容制作完成后，接下来用户可以根据需要为幻灯片制作动画效果，包括幻灯片的切换效果、页面中对象的动画效果等。

14.3.1 设计幻灯片切换效果

在放映幻灯片时，从一张幻灯片切换到下一张幻灯片的效果为幻灯片切换效果，运用幻灯片的切换效果，可以使整个演示文稿更具有活力，下面介绍如何运用切换效果。

步骤01 选择第一张幻灯片，在“切换”选项卡的“切换到此幻灯片”选项组中，单击“其他”按钮，在展开的列表中选择“百叶窗”选项。

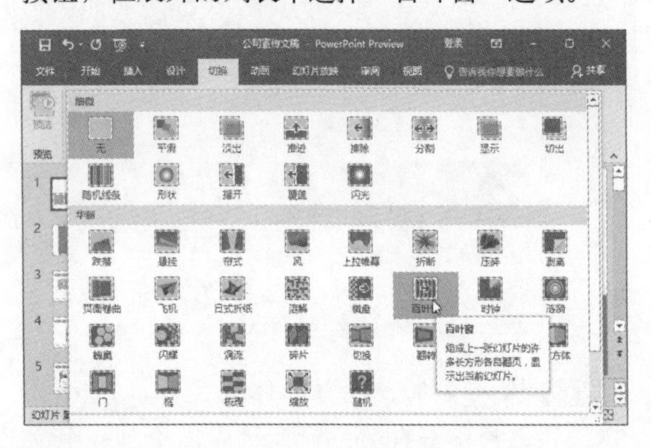

步骤02 然后单击“预览”按钮，预览为幻灯片应用切换的效果。

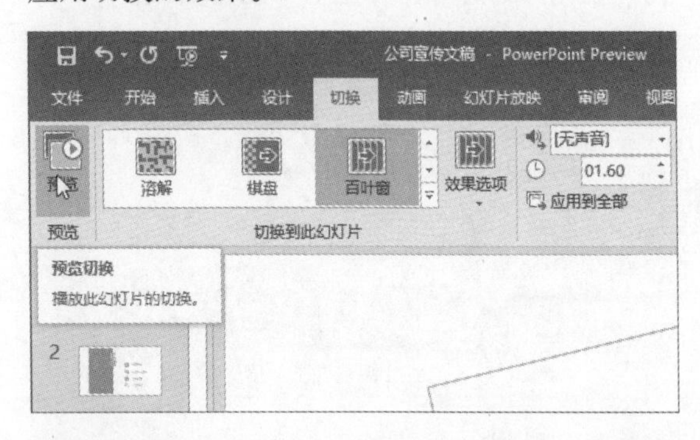

步骤03 随后单击“应用到全部”按钮，为所有幻灯片应用该效果。

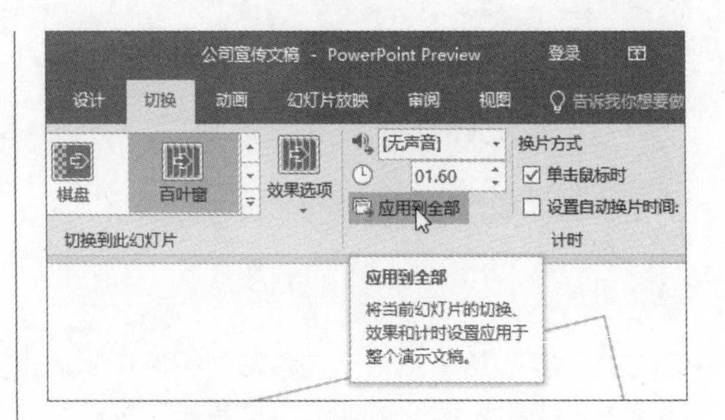

14.3.2 设计对象的动画效果

切换效果设计完成后，还需要为幻灯片中的对象设置动画效果，下面以第2张幻灯片为例进行介绍。

步骤01 选择对象，切换至“动画”选项卡，单击“动画”选项组的“其他”按钮，在展开的列表中选择“飞入”选项。

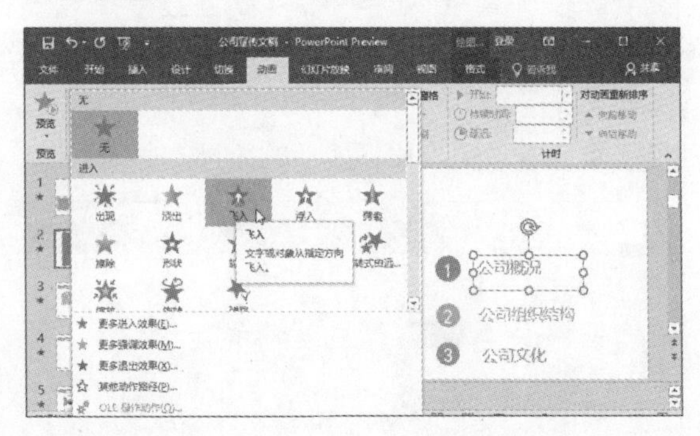

步骤02 单击“效果选项”按钮，从列表中选择“自左侧”选项。

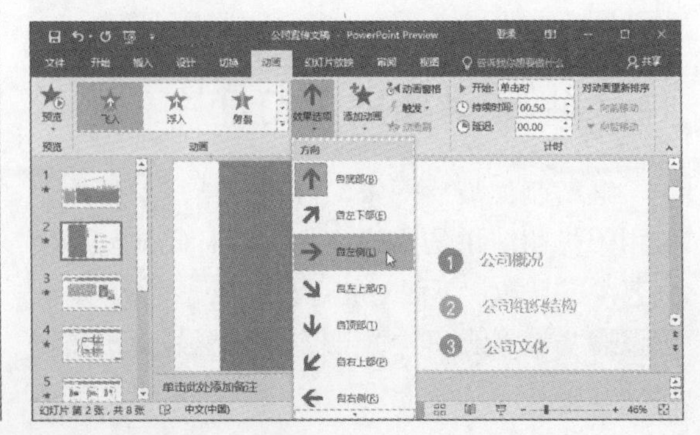

步骤03 单击“开始”右侧的下拉按钮，从列表中选择“上一动画之后”选项。

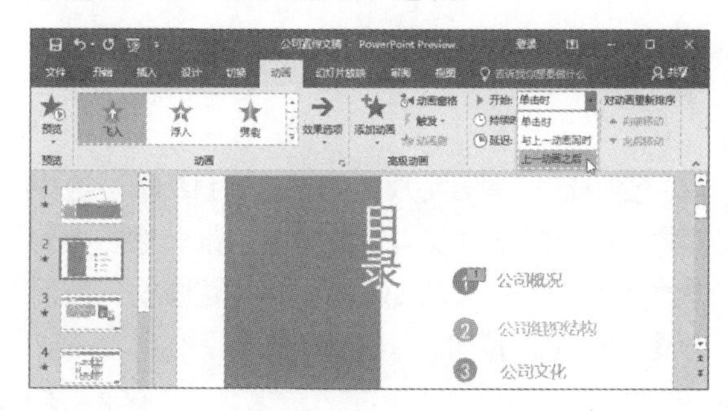

步骤04 然后在“持续时间”数值框中设置动画效果的持续时间。

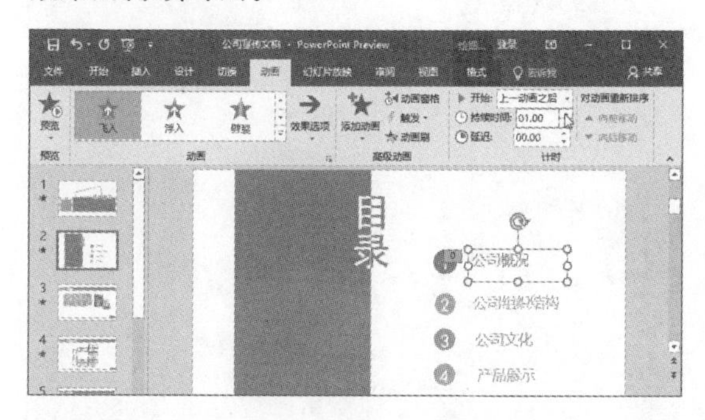

步骤05 选择需要复制动画效果的对象，双击“动画刷”按钮。

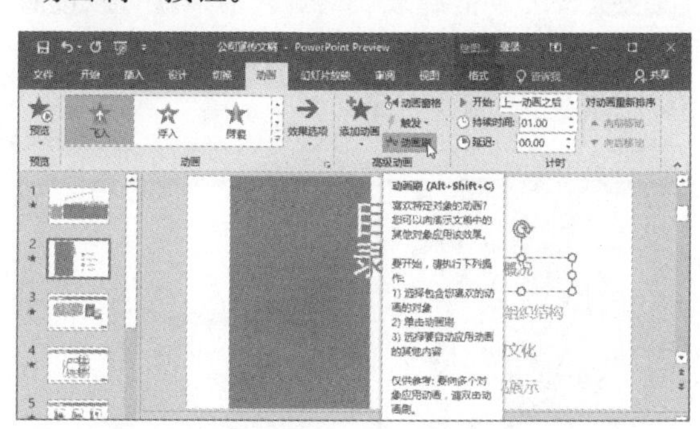

步骤06 此时光标变为小刷子形状，单击需要添加动画效果的对象，可以将动画效果复制到该对象上面。

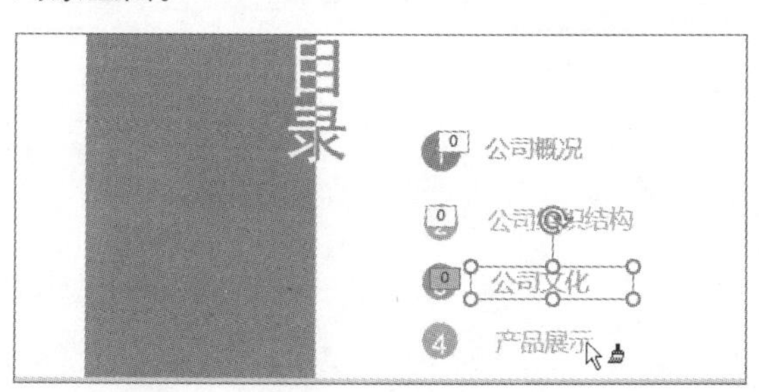

步骤07 在需要设置动画效果的形状上单击，然后按照同样的方法，设置4个圆形形状的动画效果为“轮子”、开始方式为“上一动画之后”。

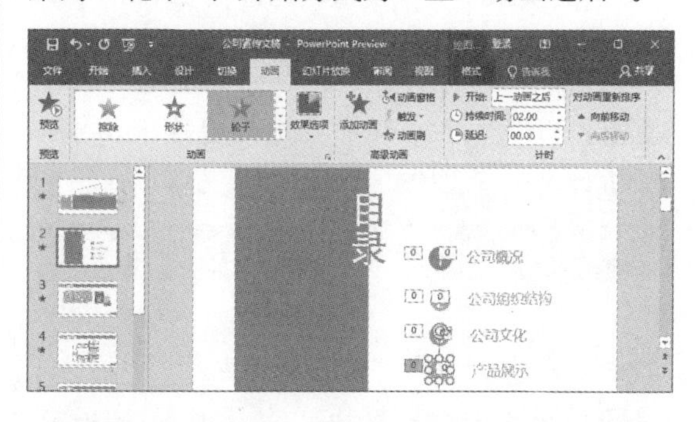

步骤08 设置完成后，单击“动画窗格”按钮。

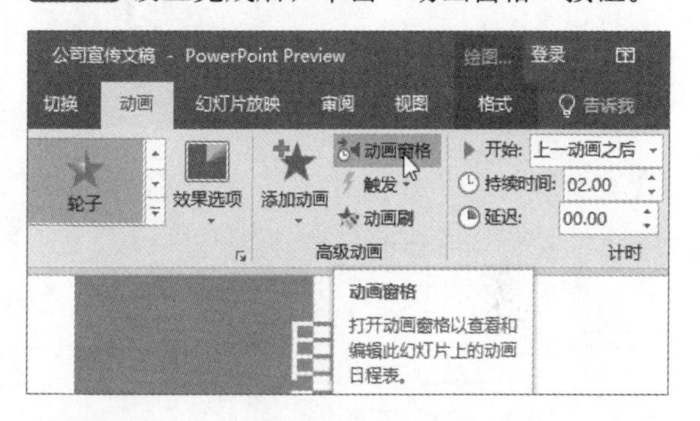

步骤09 打开“动画窗格”窗格，选择需要调整顺序的形状，用鼠标拖动至合适位置。

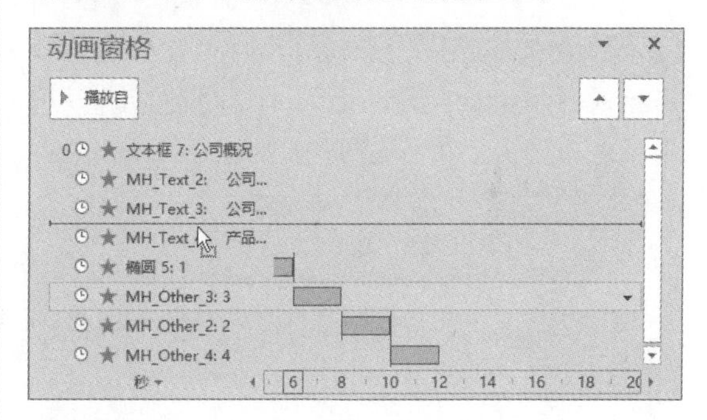

步骤10 全部调整完毕后，单击左上角的“播放自”按钮，查看动画效果，最后关闭窗格即可。

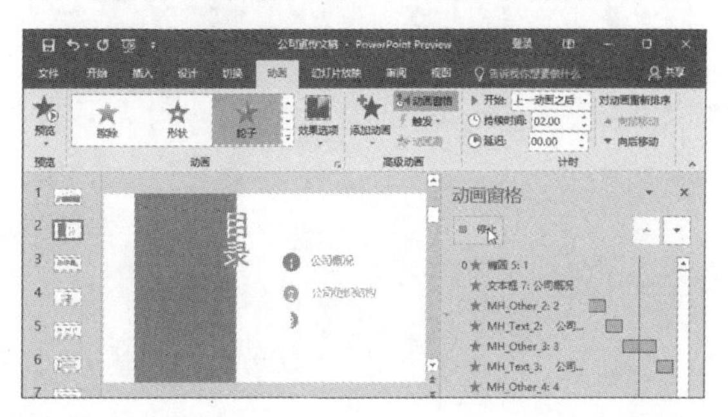

14.4 设置幻灯片放映

宣传类演示文稿在放映之前需要对幻灯片的放映方式进行设置，使其按照一定的时间不断循环播放。下面介绍设置幻灯片放映方式的操作过程，具体介绍如下。

步骤 01 切换至“幻灯片放映”选项卡，单击“排练计时”按钮。

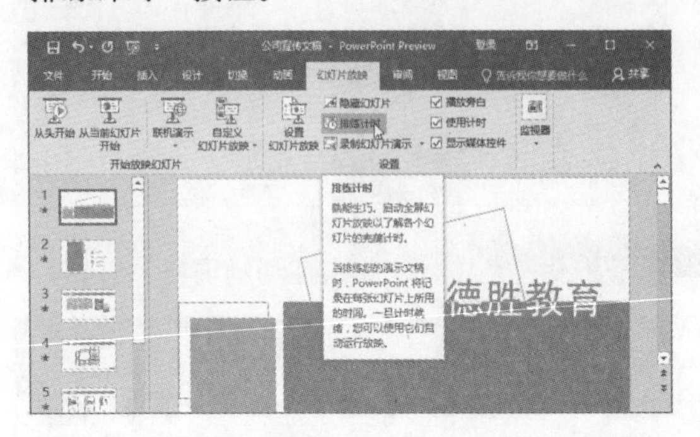

步骤 02 开始自动放映幻灯片，用户可以自行设置每张幻灯片放映的时间，然后单击“下一项”按钮，切换下一张幻灯片，或者直接在幻灯片页面单击。

步骤 03 播放完最后一张幻灯片时，会出现一个提示对话框，询问用户是否采用当前计时，单击“是”按钮，保留幻灯片计时。

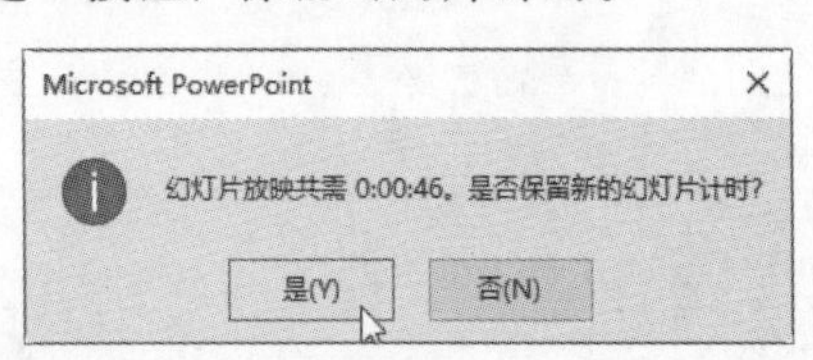

步骤 04 单击“幻灯片放映”选项卡中的“设置幻灯片放映”按钮。

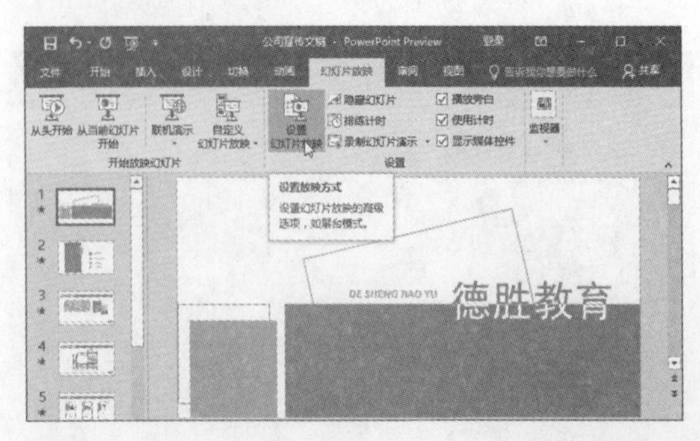

步骤 05 打开“设置放映方式”对话框，选中“观众自行浏览（窗口）”单选按钮，然后再勾选“循环放映，按ESC键终止”复选框，最后单击“确定”按钮。

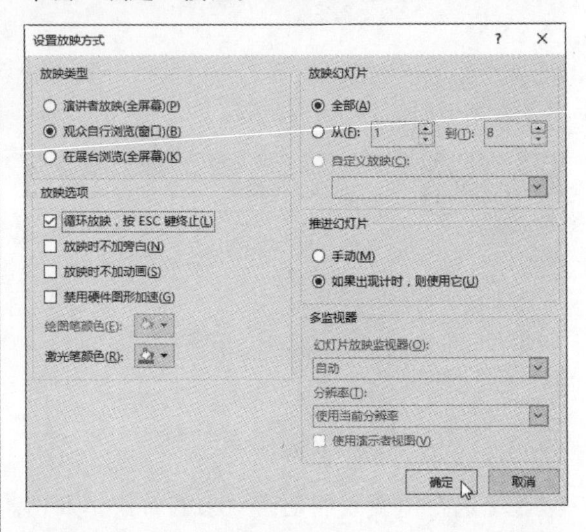

步骤 06 按F5功能键放映幻灯片后，就可以按照排练计时循环放映该演示文稿了。至此公司宣传文稿已全部制作完成。

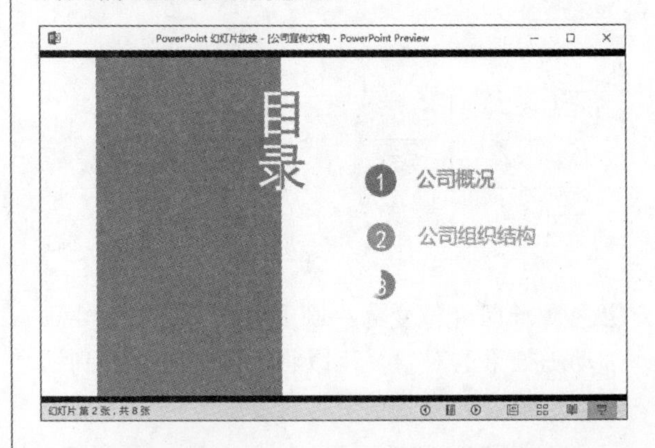

附录 高效办公实用快捷键汇总

为了能够更好地提高工作效率，现总结归纳了Word、Excel、PowerPoint常用快捷键，以供读者参考。

附录A Word 2019常用快捷键

1. 功能键

按键	功能描述	按键	功能描述
F1	寻求帮助文件	F8	扩展所选内容
F2	移动文字或图形	F9	更新选定的域
F4	重复上一步操作	F10	显示快捷键提示
F5	执行定位操作	F11	前往下一个域
F6	前往下一个窗格或框架	F12	执行“另存为”命令
F7	执行“拼写”命令		

2. Ctrl组合功能键

组合键	功能描述	组合键	功能描述
Ctrl+F1	展开或折叠功能区	Ctrl+B	加粗字体
Ctrl+F2	执行“打印预览”命令	Ctrl+I	倾斜字体
Ctrl+F3	剪切至“图文场”	Ctrl+U	为字体添加下划线
Ctrl+F4	关闭窗口	Ctrl+Q	删除段落格式
Ctrl+F6	前往下一个窗口	Ctrl+C	复制所选文本或对象
Ctrl+F9	插入空域	Ctrl+X	剪切所选文本或对象
Ctrl+F10	将文档窗口最大化	Ctrl+V	粘贴文本或对象
Ctrl+F11	锁定域	Ctrl+Z	撤销上一操作
Ctrl+F12	执行“打开”命令	Ctrl+Y	重复上一操作
Ctrl+Enter	插入分页符	Ctrl+A	全选整篇文档

3. Shift组合功能键

组合键	功能描述	组合键	功能描述
Shift+F1	启动上下文相关“帮助”或展现格式	Shift+→	将选定范围扩展至右侧的一个字符
Shift+F2	复制文本	Shift+←	将选定范围扩展至左侧的一个字符

（续表）

组合键	功能描述	组合键	功能描述
Shift+F3	更改字母大小写	Shift+ ↑	将选定范围扩展至上一行
Shift+F4	重复“查找”或“定位”操作	Shift+ ↓	将选定范围扩展至下一行
Shift+F5	移至最后一处更改	Shift+ Home	将选定范围扩展至行首
Shift+F6	转至上一个窗格或框架	Shift+ End	将选定范围扩展至行尾
Shift+F7	执行“同义词库”命令	Ctrl+Shift+ ↑	将选定范围扩展至段首
Shift+F8	减少所选内容的大小	Ctrl+Shift+ ↓	将选定范围扩展至段尾
Shift+F9	在域代码及其结果间进行切换	Shift+Page Up	将选定范围扩展至上一屏
Shift+F10	显示快捷菜单	Shift+Page Down	将选定范围扩展至下一屏
Shift+F11	定位至前一个域	Shift+Tab	选定上一单元格的内容
Shift+F12	执行“保存”命令	Shift+ Enter	插入换行符

4. Alt组合功能键

组合键	功能描述	组合键	功能描述
Alt+F1	前往下一个域	Alt+Shift+ +	扩展标题下的文本
Alt+F3	创建新的“构建基块”	Alt+ Shift+ -	折叠标题下的文本
Alt+F4	退出 Word 2019	Alt+空格	显示程序控制菜单
Alt+F5	还原程序窗口大小	Alt+Ctrl+F	插入脚注
Alt+F6	从打开的对话框移回文档，适用于支持此行为的对话框	Alt+Ctrl+E	插入尾注
Alt+F7	查找下一个拼写错误或语法错误	Alt+Shift+O	标记目录项
Alt+F8	运行宏	Alt+Shift+I	标记引文目录项
Alt+F9	在所有的域代码及其结果间进行切换	Alt+Shift+X	标记索引项
Alt+F10	显示“选择和可见性”任务窗格	Alt+Ctrl+M	插入批注
Alt+F11	显示 Microsoft Visual Basic 代码	Alt+Ctrl+P	切换至页面视图
Alt+←	返回查看过的帮助主题	Alt+Ctrl+O	切换至大纲视图
Alt+→	前往查看过的帮助主题	Alt+Ctrl+N	切换至普通视图

附录B Excel 2019 常用快捷键

1. 功能键

按键	功能描述	按键	功能描述
F1	显示Excel 帮助	F7	显示“拼写检查”对话框
F2	编辑活动单元格并将插入点放在单元格内容的结尾	F8	打开或关闭扩展模式
F3	显示“粘贴名称”对话框，仅当工作簿中存在名称时才可用	F9	计算所有打开的工作簿中的所有工作表
F4	重复上一个命令或操作	F10	打开或关闭按键提示
F5	显示“定位”对话框	F11	在单独的图表工作表中创建当前范围内数据的图表
F6	在工作表、功能区、任务窗格和缩放控件之间切换	F12	打开“另存为”对话框

2. Ctrl组合功能键

组合键	功能描述	组合键	功能描述
Ctrl+1	显示“设置单元格格式”对话框	Ctrl+2	应用或取消加粗格式设置
Ctrl+3	应用或取消倾斜格式设置	Ctrl+4	应用或取消下划线
Ctrl+5	应用或取消删除线	Ctrl+6	在隐藏对象和显示对象之间切换
Ctrl+8	显示或隐藏大纲符号	Ctrl+9（0）	隐藏选定的行（列）
Ctrl+A	选择整个工作表	Ctrl+B	应用或取消加粗格式设置
Ctrl+C	复制选定的单元格	Ctrl+D	使用“向下填充”命令，将选定范围内最顶层单元格的内容和格式复制到下面的单元格中
Ctrl+F	执行查找操作	Ctrl+K	为新的超链接显示“插入超链接”对话框，或为选定现有超链接显示“编辑超链接”对话框
Ctrl+G	执行定位操作	Ctrl+L	显示“创建表”对话框
Ctrl+H	执行替换操作	Ctrl+N	创建一个新的空白工作簿
Ctrl+I	应用或取消倾斜格式设置	Ctrl+U	应用或取消下划线
Ctrl+O	执行打开操作	Ctrl+P	执行打印操作
Ctrl+R	使用“向右填充”命令，将选定范围最左边单元格的内容和格式复制到右边的单元格中	Ctrl+S	使用当前文件名、位置和文件格式保存活动文件
Ctrl+V	在插入点处插入剪贴板的内容，并替换任何所选内容	Ctrl+W	关闭选定的工作簿窗口
Ctrl+Y	重复上一个命令或操作	Ctrl+Z	执行撤销操作
Ctrl+ -	显示用于删除选定单元格的“删除”对话框	Ctrl+;	输入当前日期
Ctrl+Shift+(	取消隐藏选定范围内所有隐藏的行	Ctrl+Shift+&	将外框应用于选定单元格
Ctrl+Shift+~	应用“常规”数字格式	Ctrl+Shift+$	应用带有两位小数的“货币”格式（负数放在括号中）

（续表）

组合键	功能描述	组合键	功能描述
Ctrl+Shift+%	应用不带小数位数的“百分比”格式	Ctrl+Shift+#	应用带有日、月和年的“日期”格式
Ctrl+Shift+^	应用带有两位小数的科学计数格式	Ctrl+Shift+@	应用带有小时和分钟以及 AM 或 PM 的“时间”格式
Ctrl+Shift+!	应用带有两位小数、千位分隔符和减号 (-)的“数值”格式	Ctrl+Shift+"	将值从活动单元格上方的单元格复制到单元格或编辑栏中
Ctrl+Shift+:	输入当前时间	Ctrl+Shift+*	选择环绕活动单元格的当前区域
Ctrl+Shift+ +	显示用于插入空白单元格的“插入”对话框		

3. Shift组合功能键

组合键	功能描述
Alt+Shift+F1	插入新的工作表
Shift+F2	添加或编辑单元格批注
Shift+F3	显示“插入函数”对话框
Shift+F6	在工作表、缩放控件、任务窗格和功能区之间切换
Shift+F8	使用箭头键将非邻近单元格或区域添加到单元格的选定范围中
Shift+F9	计算活动工作表
Shift+F10	显示选定项目的快捷菜单
Shift+F11	插入一个新工作表
Shift+Enter	完成单元格输入并选择上面的单元格

附录C PowerPoint 2019常用快捷键

1. 功能键

按键	功能描述	按键	功能描述
F1	获取帮助文件	F2	在图形和图形内文本间切换
F4	重复最后一次操作	F5	从头开始运行演示文稿
F7	执行拼写检查操作	F12	执行“另存为”命令

2. Ctrl组合功能键

组合键	功能描述	组合键	功能描述
Ctrl+A	选择全部对象或幻灯片	Ctrl+B	应用(解除)文本加粗
Ctrl+C	执行复制操作	Ctrl+D	生成对象或幻灯片的副本
Ctrl+E	段落居中对齐	Ctrl+F	打开“查找”对话框
Ctrl+G	打开“网格线和参考线”对话框	Ctrl+H	打开“替换”对话框
Ctrl+I	应用(解除)文本倾斜	Ctrl+J	段落两端对齐
Ctrl+K	插入超链接	Ctrl+L	段落左对齐
Ctrl+M	插入新幻灯片	Ctrl+N	生成新PPT文件
Ctrl+O	打开PPT文件	Ctrl+P	打开“打印”对话框
Ctrl+Q	关闭程序	Ctrl+R	段落右对齐
Ctrl+S	保存当前文件	Ctrl+T	打开“字体”对话框
Ctrl+U	应用(解除)文本下划线	Ctrl+V	执行粘贴操作
Ctrl+W	关闭当前文件	Ctrl+X	执行剪切操作
Ctrl+Y	重复最后操作	Ctrl+Z	撤销操作
Ctrl+Shift+F	更改字体	Ctrl+Shift+G	组合对象
Ctrl+Shift+P	更改字号	Ctrl+Shift+H	解除组合
Ctrl+Shift+<	增大字号	Ctrl+=	将文本更改为下标(自动调整间距)
Ctrl+Shift+>	减小字号	Ctrl+Shift+=	将文本更改为上标(自动调整间距)

读书笔记